Heidelberger Taschenbücher Band 73

Georg Pólya · Gabor Szegö

Aufgaben und Lehrsätze aus der Analysis

Erster Band

Reihen · Integralrechnung · Funktionentheorie

4. Auflage

Springer-Verlag Berlin · Heidelberg · New York 1970

Prof. Dr. Georg Pólya

Prof. Dr. Gabor Szegö

Department of Mathematics, Stanford University
Stanford, CA/USA

Die 1., 2. und 3. Auflage erschien als Band 19
in den Grundlehren der mathematischen Wissenschaften

Titel-Nr. 3000

Vorwort zur vierten Auflage.

Die vorliegende vierte Auflage des ersten Bandes stimmt mit der Originalauflage überein, abgesehen von der Berichtigung einiger Druckfehler. Jedoch ist für den zweiten Band ein Anhang geplant, der Ergänzungen zu beiden Bänden bringen soll.

Wir haben von mehreren Kollegen gehört, daß unsere „Aufgaben und Lehrsätze" ihnen Wegbereiter zum eigenen mathematischen Schaffen waren. Möge die vorliegende Auflage, für einen breiteren Leserkreis bestimmt, noch manchem Benützer einen ähnlichen Dienst erweisen.

Stanford, Januar 1970 Georg Pólya · Gabor Szegö

Vorwort.

Was ist unterrichten? Zum eigenen Erfinden des Lernenden systematisch Gelegenheit geben. (Nach *H. Spencer.*)

In der mathematischen Literatur (in der französischen noch mehr als in der deutschen) sind verschiedene, zum Teil vortreffliche und recht umfangreiche Aufgabensammlungen, Übungsbücher, Repetitorien usw. vorhanden. Von allen diesen, so scheint es uns, ist das vorliegende Buch dem Zweck, dem Stoff, der Anordnung und auch der Art nach, wie wir uns seine Benutzung denken, ziemlich verschieden. Daher erfordern alle diese Punkte eine Erörterung.

Das hauptsächlichste Ziel dieses Buches — wir hoffen, es ist nicht allzu hoch gesteckt — ist, fortgeschrittene Studierende der Mathematik durch systematisch angeordnete Aufgaben an eigenes Denken und selbständiges Forschen in einigen wichtigen Gebieten der Analysis zu gewöhnen. Es soll dem selbsttätigen, aktiven Studium dienen, sowohl in der Hand des Studierenden, wie in der des Dozenten. Der Studierende kann das Buch entweder zur Vertiefung seiner Lektüre und der angehörten Vorlesungen gebrauchen, oder aber unabhängig davon einzelne Teile vollständig durcharbeiten. Der Dozent kann es bei der Veranstaltung von Übungen oder Seminarien benutzen.

Das Buch ist keine bloße Sammlung von Aufgaben. Die Hauptsache ist die *Anordnung* des Stoffes: sie soll den Leser zur selbständigen Arbeit anregen und ihm zweckmäßige Denkgewohnheiten suggerieren. Wir haben auf eine möglichst wirksame Gestaltung des Stoffes viel mehr Zeit, Sorgfalt und minutiöse Arbeit verwendet, als es dem Unbeteiligten im ersten Moment notwendig erscheinen könnte.

Die Vermittlung von Wissensstoff kommt für uns erst in zweiter Linie in Frage. Vor allem möchten wir die richtige Einstellung des Lesers, eine gewisse Disziplin seines Denkens fördern, worauf es doch beim Studium der Mathematik wohl noch in höherem Maße ankommt als in anderen Wissenschaften.

Irgendwelche „regulae cogitandi", die die zweckmäßigste Disziplin des Denkens genau vorschreiben könnten, sind uns nicht bekannt. Wären solche Regeln auch möglich, sehr nützlich wären sie nicht. Man muß die richtigen Denkregeln nicht etwa auswendig wissen, sondern in Fleisch und Blut, in instinktmäßiger Bereitschaft haben. Daher ist zur Schulung des Denkens nur die Übung des Denkens wirklich nützlich. Die selbständige Lösung spannender Aufgaben wird den Leser mehr fördern als die folgenden Aphorismen, die jedoch am Anfang auch nicht schaden können.

Man suche alles zu verstehen; einzelne Tatsachen durch Aneinanderreihung verwandter Tatsachen, Neuerkanntes durch Anlehnung an das Altbekannte, Ungewohntes durch Analogie mit dem Geläufigen, Spezielles durch Verallgemeinerung, Allgemeines durch geeignete Spezialisierung, verwickelte Tatbestände durch Zerlegen in einzelne Teile, Einzelheiten durch Aufstieg zu einer umfassenden Gesamtansicht.

Es ist etwas Ähnliches, sich in einer Stadt und in einem Wissensgebiet auszukennen: man muß von jedem gegebenen Punkt zu jedem anderen gelangen können[1]). Man kennt sich noch besser aus, wenn man sofort den bequemsten oder den schnellsten Weg von einem Punkt zum anderen einzuschlagen vermag. Kennt man sich sehr gut aus, so kann man auch besondere Kunststücke ausführen, z. B. eine Wanderung mit konsequenter Vermeidung gewisser verbotener, sonst üblicher Wege unternehmen, wie es in gewissen axiomatischen Untersuchungen geschieht.

Es ist etwas Ähnliches, ein wohlzusammenhängendes Wissen aus einzelnen Kenntnissen und eine Mauer aus unbehauenen Steinen aufzubauen: man muß jede neue Erkenntnis und jeden neuen Stein hin- und herwenden, von allen Seiten ansehen, überall anzusetzen versuchen, bis das Neue sich auf dem passendsten Platz in das Vorhandene einordnet, so daß die Berührungsflächen möglichst groß und die Lücken möglichst klein werden, damit das Ganze fest gefügt zusammenhält.

Eine Gerade ist durch zwei Punkte bestimmt. Auch mancher neue Satz entsteht durch eine Art geradlinige „Interpolation" zweier extremer Spezialfälle[2]). Eine Gerade ist auch durch Richtung und

---

[1]) Vgl. z. B. die Aufgabe **92** und die umliegenden im VI. Abschnitt, ferner die Aufgabe **64** im VIII. Abschnitt.

[2]) Vgl. z. B. Aufgabe **139** im I. Abschnitt.

einen Punkt bestimmt. Neue Sätze entspringen ebenfalls häufig dem glücklichen Zusammentreffen der Arbeitsrichtung mit einem eindrucksvollen Spezialfall. Auch das Ziehen von Parallelen ist eine beliebte Methode, um neue Sätze zu konstruieren[1]).

Ein Gedanke, den man einmal anwendet, ist ein Kunstgriff. Wendet man ihn zweimal an, so wird er zur Methode.

Bei vollständiger Induktion sind Beweislast und Beweisträger einander proportional: sie verhalten sich wie $n+1$ zu n. Die Vergrößerung der Beweislast kann also vorteilhaft sein: denn sie stärkt den Beweisträger. Es kommt auch sonst vor, daß die umfassendere Behauptung leichter zu beweisen ist, als die engere: in der *Aufstellung* der umfassenderen Behauptung steckt eben die Hauptleistung, die Absonderung des Wesentlichen, die Erfassung des vollen Tatbestandes[2]).

„Qui nimium probat, nihil probat." Man sehe jeden Beweis mit Argwohn an, ob alle Voraussetzungen auch wirklich benutzt worden sind; man suche dieselbe Folgerung aus weniger Voraussetzungen oder eine schärfere Folgerung aus denselben Voraussetzungen zu gewinnen, und beruhige sich nur dann, wenn Gegenbeispiele zeigen, daß der Rand des Möglichen erreicht ist.

Man vergesse jedoch nicht, es gibt zwei Arten von Verallgemeinerungen, eine wohlfeile und eine wertvolle. Die eine ist die Verallgemeinerung durch *Verdünnung*, die andere die Verallgemeinerung durch *Verdichtung*. Verdünnen heißt: wenig Fleisch in viel Wasser zu einer dünnen Brühe verkochen; verdichten heißt: viel Nahrhaftes in eine Quintessenz konzentrieren. Begriffe, die für die gewöhnliche Anschauung weit auseinanderliegen, in einen einzigen weitumfassenden zusammenzudrängen, ist Verdichtung; so verdichtet z. B. die Gruppentheorie Überlegungen, die früher in Algebra, Zahlentheorie, Geometrie, Analysis zerstreut sehr verschieden aussahen. Beispiele für die Verallgemeinerung durch Verdünnung anzugeben wäre noch leichter, aber man könnte sich Feindschaften zuziehen.

Nicht jeder Stoff eignet sich zu Aufgaben. Eine Sammlung, in der alle wichtigeren Gebiete der Analysis erschöpfend berücksichtigt wären, müßte notwendigerweise allzu lang und schwerfällig ausfallen. Eine Auswahl kann man natürlich auf viele Arten treffen. Wir haben das größte Gewicht auf das zentrale Gebiet der modernen Analysis, auf die Theorie der Funktionen komplexer Veränderlicher gelegt, uns etwas

[1]) Vgl. z. B. den 1. Paragraphen des 1. Kapitels im IV. Abschnitt, insbesondere die Aufgaben **13** und **14**.

[2]) Auch im folgenden weist häufig ein der Aufgabe beigefügter Fingerzeig oder die Gruppierung der umliegenden Aufgaben auf eine Verschärfung oder Verallgemeinerung hin, die der Lösung förderlich sein kann. Man vergleiche miteinander die Aufgaben **1** und **2**, **3** und **4**, **5** und **7**, **6** und **8** des I. Abschnittes.

abseits von der großen Fahrstraße gehalten, auf der sich die üblichen Vorlesungen, Lehrbücher und Aufgabensammlungen bewegen und caeteris paribus solche Gebiete bevorzugt, die unseren persönlichen Interessen näher lagen. Wir haben auch schwierigeren und noch stark in der Entwicklung begriffenen Gebieten, die bisher in Aufgabensammlungen gar nicht und auch in der Lehrbuchliteratur noch kaum berücksichtigt sind, Aufgaben entnommen. Näheres zeigt das Inhaltsverzeichnis. Einzelne Kapitel können auch von dem Spezialisten zu Rate gezogen werden. Wir haben aber nirgendwo die Vollständigkeit einer Monographie angestrebt, indem wir die Auswahl des Stoffes unserem Hauptzweck, *einer möglichst suggestiven Anordnung*, untergeordnet haben.

Der Herkunft nach ist der Stoff sehr mannigfaltig. Wir schöpften aus dem klassischen Allgemeingut der Mathematiker und aus Abhandlungen neueren Datums; wir sammelten Aufgaben, teils solche, die in verschiedenen Zeitschriften bereits veröffentlicht waren, teils solche, die uns von den Verfassern mündlich mitgeteilt worden sind. Wir haben den Stoff unseren Zwecken angepaßt, ergänzt, umgearbeitet und ziemlich viel hinzugefügt. Außerdem sind, in Form von Aufgaben, eine Anzahl eigener Resultate hier zum ersten Mal veröffentlicht. Wir hoffen, so auch dem Kenner einiges Neue bieten zu können.

Der ganze Stoff ist in zwei Bänden angeordnet. Der erste umfaßt drei Abschnitte von mehr grundlegendem Charakter, der zweite sechs Abschnitte, die mehr speziellen Fragen und Anwendungen gewidmet sind.

Jeder Band enthält in seiner ersten Hälfte Aufgaben, in seiner zweiten Hälfte Lösungen. Im Aufgabenteil, insbesondere am Anfang der einzelnen Kapitel, befinden sich auch einige Erklärungen, die die nötigen allgemeinen Begriffe und Sätze in Erinnerung rufen. Den Aufgaben ist häufig eine Wegleitung, ein „Fingerzeig" beigegeben. Die Lösungen sind möglichst kurz, in konzisem Stil gehalten, triviale Schlüsse sind weggelassen; sie sollten jedoch nach ernstlicher Beschäftigung mit der Aufgabe deutlich genug sein. Ausnahmsweise wird die Lösung nur skizziert und auf die Literatur verwiesen. Gelegentlich werden Erweiterungen, andere Anwendungen, ungelöste Fragestellungen gestreift.

Die Abschnitte gliedern sich in Kapitel, die letzteren wieder in Paragraphen. Die einzelnen Paragraphen sind im Aufgabenteil durch Horizontalstriche kenntlich gemacht; sie sind im Inhaltsverzeichnis mit einem besonderen Titel versehen. Sobald eine Erklärung folgt oder ein neuer Gedankengang angeschnitten wird, ist dies durch einen Zwischenraum angedeutet.

Die Anordnung der Aufgaben innerhalb der Kapitel und Paragraphen ist derjenige Punkt, der das vorliegende Buch von den uns bekannten ähnlichen Werken wohl noch mehr unterscheidet als die Auswahl des Stoffes. Die Übungsaufgaben im engeren Sinne, die die Verdeutlichung neu erlernter Sätze und Begriffe an geeigneten Spezialfällen bezwecken, nehmen relativ wenig Raum ein. Vereinzelte Aufgaben sind selten. Die Aufgaben sind meistens längeren *Aufgabenreihen* eingegliedert, die durchschnittlich einen Paragraphen umfassen, und deren organischer Aufbau der Gegenstand unserer größten Sorgfalt gewesen ist.

Man kann Aufgaben nach verschiedenen Gesichtspunkten gruppieren: gemäß Schwierigkeit, Hilfsmitteln, Methode, Resultat. Wir haben uns auf keinen dieser Gesichtspunkte versteift, sondern abwechselnde Anordnungen gewählt, die die Wechselfälle einer selbständigen Untersuchung wiederspiegeln mögen. Der eine Paragraph beschäftigt sich z. B. mit einer Methode, die am Anfang kurz erklärt, nachher zur Lösung möglichst vielgestaltiger Aufgaben herangezogen und dabei immer mehr ausgebaut wird. Ein anderer Paragraph verfährt ähnlich mit einem Satz, der am Anfang ausgesprochen (bewiesen, wenn es leicht und rasch möglich) und dann auf mannigfache Art angewendet und spezialisiert wird. Andere Paragraphen sind aufsteigend gebaut: der allgemeine Satz erscheint erst nach vorangeschickten Spezialfällen und kleinen, abgerissenen Bemerkungen, die zu seiner Vermutung oder zu seinem Beweis hinführen. Hie und da wird ein schwierigerer Beweis in eine längere Kette von Aufgaben zerlegt; jede Aufgabe bringt einen Hilfssatz, einen selbständigen Teil des Beweises oder einen kleinen Ausblick und bildet so eine Sprosse der Gedankenleiter, an der der Leser schließlich zu dem zu beweisenden Satz emporsteigt. Einige Paragraphen („vermischte Aufgaben" enthaltend) sind von loserem Zusammenhang; sie rekapitulieren Vorhergehendes an schwierigeren Anwendungen oder bringen an und für sich interessante vereinzelte Aufgaben.

Hie und da bilden vier nacheinander folgende Aufgaben eine „Proportion", indem die vierte in demselben Verhältnis zur dritten steht, wie die zweite zur ersten (Verallgemeinerung, Umkehrung, Anwendung). Einige Paragraphen sind der längeren Durchführung und Zergliederung von Analogien gewidmet[1]. Da sind die Aufgaben den beiden, miteinander in Parallele gestellten Gegenständen abwechselnd entnommen, gehören paarweise zusammen und bilden sozusagen eine „fortlaufende Proportion". Diese Anordnung schien uns besonders lehrreich zu sein.

Man kann an das Buch herantreten, um darin Übungsstoff für sich selbst, Übungsstoff für andere oder Lektüre zu suchen. In allen Fällen kann sich die Benutzung ziemlich zwanglos gestalten.

[1] Vgl. II. Abschnitt, 2. Kapitel; IV. Abschnitt, 1. Kapitel, § 1; V. Abschnitt, 1. Kapitel, § 1; VIII. Abschnitt, 1. Kapitel, § 4.

Die Anfangskapitel der einzelnen Abschnitte erfordern meistens verhältnismäßig wenig Vorkenntnisse. Die einzelnen Abschnitte sind voneinander, wenn nicht vollständig, so doch weitgehend unabhängig, und auch der Zusammenhang zwischen den Hauptteilen desselben Abschnittes ist häufig lose, so daß man sich nicht etwa ängstlich an die Reihenfolge halten muß.

Der Leser, der die Aufgaben lösen will, bedenke nicht nur *was*, sondern auch *wie* und *wo* gefragt wurde. Manche Aufgaben, die isoliert gestellt auch dem Fortgeschrittenen unzugänglich wären, sind hier von vorbereitenden und erklärenden Aufgaben umgeben, in einem solchen Zusammenhange dargeboten, daß sie bei einiger Ausdauer und Selbständigkeit bezwungen werden sollten. Es kommen allerdings auch recht schwierige Aufgaben ohne Vorbereitung vor, meistens in Paragraphen von weniger straffem Aufbau (vermischte Aufgaben enthaltend), sonst jedoch nur vereinzelt.

Die Fingerzeige stehen dem Leser zu Gebote, sie sollen ihm nicht aufgezwungen werden.

Wem eine Lösung nicht gelingt, der tröste sich. Die „Sokratische Lehrmethode" will nicht im schnellen Antworten abrichten, sondern durch Fragen unterrichten. Wenn wiederholte Anstrengungen vergeblich waren, kann der Leser die Lösung, die in der zweiten Hälfte des Bandes zu finden ist, nachher mit um so schärferer Aufmerksamkeit analysieren, das eigentliche Prinzip, „worauf es ankam", herausschälen und als dauernden Gewinn seinem Gedächtnis einverleiben.

Zur Veranstaltung von Übungen für Studierende in mittleren und höheren Semestern wurde das im Entstehen begriffene Buch schon wiederholt herangezogen. Hierbei wurden die leichteren Aufgaben von den Studierenden sofort mündlich, die schwierigeren nach angemessener Frist schriftlich beantwortet; wichtige, als Paradigma dienende Aufgaben löste der Dozent. Es konnte während eines Semesters in zwei Wochenstunden etwa der Stoff eines Kapitels bewältigt werden. Mehrere Kapitel sind so erprobt und auf Grund der gewonnenen Erfahrungen zum Teil umgearbeitet worden. Wir glauben, die befolgte Methode, wobei also nicht vereinzelte Aufgaben, sondern wohldurchdachte zusammenhängende Aufgabenreihen vorgelegt werden, den Veranstaltern seminaristischer Übungen mit gutem Gewissen empfehlen zu können. Fast alle Kapitel dieses Buches können als Vorlage zu derartigen Übungen benützt werden. Daß hierbei eine gewisse Vorsicht geboten und das Ersetzen einzelner Aufgaben durch verwandte zu empfehlen ist, versteht sich von selbst.

Die fortlaufende Lektüre, wobei nach jeder Aufgabe sofort die Lösung gelesen wird, kann nur Geübteren empfohlen werden. Im ganzen entspricht sie nicht dem Sinn des Buches. Einige Kapitel eignen sich dennoch zu solcher Lektüre und lassen sich im wesentlichen als Lehrbuch gebrauchen; nur die Darstellung ist etwas gedrängt, und die Besinnungspausen zwischen Formulierung und Beweis der Sätze sind etwas gewaltsam markiert.

Wenn unser Beginnen nicht in allen Punkten nach Wunsch gelungen ist, so soll uns zweierlei entschuldigen: Erstens hatten wir keine Vorbilder, an die wir uns hätten anlehnen können, zweitens hätte der weitere Aufbau der einzelnen Kapitel so viel Raum und die Verbesserung der Darstellung um einige Nuancen so viel Zeit beansprucht, daß das Zustandekommen des Planes gefährdet gewesen wäre. Wir wären dem kritischen Leser im Interesse der Sache zu Dank verpflichtet, wenn er unsere Aufmerksamkeit auf etwaige Mängel lenken würde, die bei nächster Gelegenheit beseitigt werden könnten.

Zahlreiche Fachgenossen haben uns unveröffentlichte Einzelheiten überlassen, und andere waren uns bei der Prüfung des Manuskriptes und der Korrekturen mit Ratschlägen aller Art behilflich. Mit Dank erwähnen wir die Namen der Herren *A. Aeppli* (Zürich), *P. Bernays* (Göttingen), *A. Cohn* (Berlin), *R. Courant* (Göttingen), *P. Csillag* (Budapest), *L. Fejér* (Budapest), *M. Fekete* (Budapest), *A. Fleck* (Berlin), *F. Gaßmann* (Zürich), *A. Haar* (Szeged), *A. Hirsch* (Zürich), *E. Jacobsthal* (Berlin), *L. Kollros* (Zürich), *J. Kürschák* (Budapest), *E. Landau* (Göttingen), *E. Lasker* (Berlin), *K. Löwner* (Berlin), *A. Ostrowski* (Göttingen), *M. Plancherel* (Zürich), *H. Prüfer* (Jena), *T. Radó* (Szeged), *M. Riesz* (Stockholm), *A. Stoll* (Zürich), *O. Toeplitz* (Kiel), *A. Walther* (Göttingen). Wir durften auch einiges dem Nachlaß von *A. Hurwitz*, ferner dem von *F.* und *Th. Lukács* entnehmen. Insbesondere möge den Herren *T. Carleman* (Lund) und *I. Schur* (Berlin) für ihre wertvollen Aufgaben, ferner den Herren *A.* und *R. Brauer* (Berlin), *H. Rademacher* (Hamburg), *H. Weyl* (Zürich) für ihre wahrlich aufopfernde Mithilfe unser herzlicher Dank zuteil werden. Auch der Verlagsbuchhandlung, die trotz der gegenwärtigen schweren Zeiten uns in jeder Beziehung entgegenkam, gebührt unser herzlichster Dank.

Zürich und Berlin, im Oktober 1924.

G. Pólya. G. Szegö.

Inhaltsverzeichnis.

Erster Abschnitt.

Unendliche Reihen und Folgen.

1. Kapitel.

Das Rechnen mit Potenzreihen.

2. Kapitel.

Reihentransformationen. Ein Satz von Cesàro.

3. Kapitel.

Die Struktur reeller Folgen und Reihen.

4. Kapitel.

Vermischte Aufgaben.

Zweiter Abschnitt.

Integralrechnung.

1. Kapitel.

Das Integral als Grenzwert von Rechtecksummen.

2. Kapitel.

Ungleichungen.

3. Kapitel.

Einiges über reelle Funktionen.

4. Kapitel.

Verschiedene Arten der Gleichverteilung.

5. Kapitel.

Funktionen großer Zahlen.

Dritter Abschnitt.

Funktionen einer komplexen Veränderlichen. Allgemeiner Teil.

1. Kapitel.

Komplexe Zahlen und Zahlenfolgen.

2. Kapitel.

Abbildungen und Vektorfelder.

3. Kapitel.

Geometrisches über den Funktionsverlauf.

4. Kapitel.

Cauchyscher Integralsatz. Prinzip vom Argument.

5. Kapitel.

Folgen analytischer Funktionen.

6. Kapitel.

Das Prinzip vom Maximum.

Bezeichnungen und Abkürzungen.

Wir haben versucht, in Bezeichnungen und Abkürzungen möglichst konsequent vorzugehen und wenigstens innerhalb eines Paragraphen gleichbedeutende Größen mit denselben Buchstaben zu belegen. Einige Bezeichnungen sind durch besondere Erklärungen auf die Dauer von ein bis zwei Paragraphen festgelegt. Hiervon abgesehen wird die Bedeutung jedes Buchstaben in jeder Aufgabe neu erklärt, sofern nicht auf eine vorige Aufgabe verwiesen ist. Schließt sich eine Aufgabe der unmittelbar vorangehenden an, so wird sie mit dem Vermerk „Fortsetzung" eingeleitet. Schließt sie sich einer früheren an, so wird diese ihrer Nummer nach zitiert, z. B. „Fortsetzung von **286**". In diesen beiden Fällen wird die Bezeichnung nicht neu erklärt.

Abschnitte werden mit römischen, Kapitel (soweit notwendig) mit arabischen Nummern bezeichnet. Die Numerierung der einzelnen Aufgaben erfolgt in jedem Abschnitt von neuem. Die Aufgabennummern sind fett gedruckt. Innerhalb eines Abschnittes zitieren wir bloß die Aufgabennummer, in anderen Abschnitten jedoch auch die betreffenden Abschnittsnummer. Z. B. heißt es II **123**, wenn wir nicht im II. Abschnitt (im Aufgaben- oder Lösungsteil) sind, jedoch bloß **123** im ganzen II. Abschnitt.

Bemerkungen in eckigen Klammern [ ] bedeuten in der Aufgabe stets *Fingerzeig*, in der Lösung Zitate (insbesondere am Anfang der Lösung), oder Hinweise auf andere Aufgaben, die bei den einzelnen Schlüssen der Lösung benötigt werden. Bemerkungen sonstiger Art sind in gewöhnliche Klammern gesetzt. Das Zitieren einer Aufgabennummer bezieht sich im Prinzip sowohl auf die eigentliche Aufgabe, wie auch auf die Lösung, sofern nicht das Gegenteil hervorgehoben wird, z. B.: [Lösung **38**].

Quellenangaben sind fast immer in der Lösung enthalten. Ist die Aufgabe als solche bereits erschienen, so wird dies beim Zitieren hervorgehoben. Zitieren eines Namens, ohne Literatur, heißt, daß die Aufgabe uns als neu mitgeteilt wurde. Zeitschriften werden so abgekürzt, wie bei dem „Jahrbuch über die Fortschritte der Mathematik". Die am häufigsten vorkommenden Zeitschriftenzitate sind:

Acta Math.	= Acta Mathematica.
Arch. d. Math. u. Phys.	= Archiv der Mathematik und Physik.
Batt. G.	= Giornale di matematiche di Battaglini.
C. R.	= Comptes Rendus de l'Académie des Sciences, Paris.
Deutsche Math.-Ver.	= Jahresbericht der Deutschen Mathematiker-Vereinigung.
Gött. Nachr.	= Nachrichten der Gesellschaft der Wissenschaften zu Göttingen.
J. für Math.	= Journal für die reine und angewandte Mathematik.
Lond. M. S. Proc.	= Proceedings of the London Mathematical Society.
Math. Ann.	= Mathematische Annalen.
Math. Zeitschr.	= Mathematische Zeitschrift.
Nouv. Ann.	= Nouvelles Annales de mathématiques.
Rom. Acc. L. Rend.	= Atti della Reale Accademia dei Lincei, Roma.

Folgende Lehrbücher sind öfters und daher bloß mit dem Namen des Verfassers zitiert worden (z. B. *Cesàro*, *Hecke* usw.):

E. Cesàro, Elementares Lehrbuch der algebraischen Analysis und der Infinitesimalrechnung. Leipzig und Berlin: B. G. Teubner 1904.

E. Hecke, Vorlesungen über die Theorie der algebraischen Zahlen. Leipzig: Akademische Verlagsbuchhandlung 1923.

A. Hurwitz—R. Courant, Allgemeine Funktionentheorie und elliptische Funktionen. Geometrische Funktionentheorie. Berlin: J. Springer 1922.

K. Knopp, Theorie und Anwendung der unendlichen Reihen. 2. Auflage. Berlin: J. Springer 1924.

G. Kowalewski, Einführung in die Determinantentheorie. Leipzig: Veit & Co. 1909.

Ferner mögen folgende Bezeichnungen besonders erwähnt werden, die konsequent befolgt wurden:

$a_n \to a$ heißt: a_n strebt gegen a (für $n \to \infty$).

$a_n \sim b_n$ (lies: a_n ist asymptotisch gleich b_n) heißt: $b_n \neq 0$ für genügend große n und $\frac{a_n}{b_n} \to 1$ (für $n \to \infty$).

$O(a_n)$ bzw. $o(a_n)$, $a_n > 0$, bezeichnet eine Größe, die durch a_n dividiert beschränkt bleibt bzw. gegen 0 konvergiert (für $n \to \infty$).

Analoge Bezeichnungen gelten auch für andere Grenzübergänge als $n \to \infty$.

$x \to a + 0$ bzw. $x \to a - 0$ bedeutet, daß x von rechts bzw. links gegen a konvergiert.

$\exp(x) = e^x$, e ist die Basis der natürlichen Logarithmen.

$\mathrm{Max}(a_1, a_2, \ldots, a_n)$ bezeichnet diejenige (oder diejenigen) der n Zahlen $a_1, a_2, \ldots, a_n$, die von keiner anderen übertroffen werden. Ähnliche Bedeutung hat $\mathrm{Min}(a_1, a_2, \ldots, a_n)$. Analog erklärt man $\mathrm{Max}\, f(x)$, $\mathrm{Min}\, f(x)$ für eine im Intervall a, b definierte reelle Funktion, soweit sie dort ein Maximum oder ein Minimum besitzt. Ist dies nicht der Fall, so wird dieselbe Bezeichnung für die obere und untere Grenze von $f(x)$ der Bequemlichkeit halber beibehalten. (Ähnlich, wenn x eine komplexe Variable ist.)

$\mathrm{sg}\, x$ bedeutet das *Kronecker*sche Symbol:

$$\mathrm{sg}\, x = \begin{cases} +1 & \text{für } x > 0, \\ 0 & \text{für } x = 0, \\ -1 & \text{für } x < 0. \end{cases}$$

$[x]$ bedeutet die größte ganze Zahl, die x nicht übertrifft. Jedoch werden, wenn kein Mißverständnis zu befürchten ist, eckige Klammern auch anstatt gewöhnlicher ohne Erklärung gebraucht.

$\bar{z}$ bedeutet die zu z konjugiert-komplexe Zahl, sofern es sich um komplexe Zahlen handelt.

Die Determinante mit dem allgemeinen Element $a_{\lambda,\mu}$, $\lambda, \mu = 1, 2, \ldots, n$, wird abkürzend so bezeichnet:

$$|a_{\lambda\mu}|_1^n \quad \text{oder} \quad |a_{\lambda\mu}|_{\lambda,\mu=1,2,\ldots,n} \quad \text{oder} \quad |a_{\lambda 1}, a_{\lambda 2}, \ldots, a_{\lambda n}|_1^n.$$

Unter *Gebiet* verstehen wir eine zusammenhängende Menge, die aus lauter inneren Punkten besteht, unter *Bereich* ein durch seine Randpunkte ergänztes Gebiet.

Unter einer *stetigen Kurve* verstehen wir das eindeutige stetige Bild des Intervalls $0 \leqq t \leqq 1$, d. h. die Gesamtheit der Punkte $z = x + iy$ mit $x = \varphi(t)$, $y = \psi(t)$, beide Funktionen $\varphi(t)$ und $\psi(t)$ stetig im Intervalle $0 \leqq t \leqq 1$. Sie ist *geschlossen*, wenn $\varphi(0) = \varphi(1)$, $\psi(0) = \psi(1)$, *doppelpunktlos*, wenn aus $\varphi(t_1) = \varphi(t_2)$, $\psi(t_1) = \psi(t_2)$, $t_1 < t_2$ notwendig $t_1 = 0$, $t_2 = 1$ folgt. Anstatt doppelpunktlos sagt man häufig *einfach*. Eine doppelpunktlose, stetige Kurve, die nicht geschlossen ist, heißt auch ein *doppelpunktloser Bogen*.

Eine doppelpunktlose, geschlossene, stetige Kurve (*Jordan*sche Kurve) zerlegt die Ebene in zwei Gebiete, deren gemeinsamen Rand sie bildet.

Integrationslinien von krummlinigen oder komplexen Integralen werden stillschweigend als stetig und rektifizierbar angenommen.

Aufgaben.

Erster Abschnitt.

Unendliche Reihen und Folgen.

I. Kapitel.

Rechnen mit Potenzreihen.

1. Auf wieviel Arten läßt sich ein Franken in Kleingeld umwechseln? Als Kleingeld kommen (in der Schweiz) in Betracht: 1-, 2-, 5-, 10-, 20- und 50-Rappenstücke (1 Franken = 100 Rappen).

2. Es sei n eine ganze Zahl. Die Anzahl der Auflösungen der diophantischen Gleichung

$$x + 2y + 5z + 10u + 20v + 50w = n$$

in nichtnegativen ganzen Zahlen x, y, z, u, v, w bezeichne man mit A_n. Die Summe der Reihe

$$A_0 + A_1\zeta + A_2\zeta^2 + \cdots + A_n\zeta^n + \cdots$$

ist eine rationale gebrochene Funktion der Veränderlichen ζ. Welche?

3. Auf wieviel Arten kann man einen Brief von der Schweiz nach dem Ausland (Gebühr = 40 Rappen) mit *nebeneinander* geklebten Marken zu 5, 10, 15 und 20 Rappen frankieren? (Werden Marken von verschiedenem Werte in anderer Reihenfolge geklebt, so gelte das als eine andere Frankierung.)

4. Es sei B_n die Anzahl aller möglichen Summen mit dem Wert n (n positiv und ganz), deren Summanden die Werte 1, 2, 3 oder 4 haben. (Zwei Summen, die sich bloß in der Reihenfolge der Summanden unterscheiden, sollen auch als verschieden gelten.) Dann stellt die Reihe

$$1 + B_1\zeta + B_2\zeta^2 + \cdots + B_n\zeta^n + \cdots$$

eine rationale gebrochene Funktion der Veränderlichen ζ dar. Welche?

5. Jemand besitzt 8 Gewichtsstücke von je 1, 1, 2, 5, 10, 10, 20, 50 Gramm. Auf wieviel Arten kann er aus diesen ein Gewicht von 78 Gramm zusammensetzen? (Die Benutzung der verschiedenen Gewichtsstücke desselben Gewichts soll als verschieden gelten.)

6. Auf wieviel Arten kann man mit den in **5** erwähnten Gewichtsstücken 78 Gramm wägen, wenn *beide* Wagschalen zum Auflegen der Gewichte benutzt werden dürfen?

7. Man betrachte Summen der Form

$$\varepsilon_1 + \varepsilon_2 + 2\varepsilon_3 + 5\varepsilon_4 + 10\varepsilon_5 + 10\varepsilon_6 + 20\varepsilon_7 + 50\varepsilon_8,$$

wo $\varepsilon_1, \varepsilon_2, \ldots, \varepsilon_8$ nur der beiden Werte 0 und 1 fähig sind. Die Anzahl derartiger Summen mit dem Wert n heiße C_n. Man zerlege die folgende ganze rationale Funktion in Faktoren:

$$C_0 + C_1\zeta + C_2\zeta^2 + \cdots + C_{99}\zeta^{99}.$$

8. Man ändere **7** derart ab, daß man für $\varepsilon_1, \varepsilon_2, \ldots, \varepsilon_8$ die drei Werte $-1, 0, 1$ zuläßt. Es bezeichne jetzt D_n die Anzahl der Summen vom Wert n. Man zerlege den folgenden Ausdruck in Faktoren

$$\sum_{n=-99}^{99} D_n \zeta^n.$$

9. Man verallgemeinere die vorangehenden Aufgaben, indem man als Geldstücke bzw. Briefmarken und Gewichtsstücke nicht bestimmte Zahlen, sondern allgemein $a_1, a_2, \ldots, a_l$ annimmt.

10. p Personen wählen aus ihrer Mitte eine n-köpfige Abordnung; auf wieviel Arten kann das geschehen?

11. Unter p Personen sollen n Franken verteilt werden. Auf wieviel Arten kann dies geschehen?

12. Unter p Personen sollen n Franken verteilt werden, so daß jede mindestens 1 Franken erhält. Auf wieviel Arten kann dies geschehen?

13. Wieviel Glieder enthält die allgemeine ganze rationale homogene Funktion n^{ten} Grades der p Variablen $x_1, x_2, \ldots, x_p$?

14. Hat jemand die Gewichte 1, 2, 4, 8, 16, ... zur Verfügung, so kann er jedes positive ganzzahlige Gewicht einschalig wägen, und zwar nur auf eine Art; d. h. jede positive ganze Zahl kann im Dualsystem geschrieben werden, und zwar nur auf eine Art.

15. Mit den Gewichten 1, 3, 9, 27, 81, ... läßt sich jedes positive ganzzahlige Gewicht zweischalig wägen, und zwar nur auf eine Art.

16. Es sei

$$(1+q\zeta)(1+q\zeta^2)(1+q\zeta^4)(1+q\zeta^8)(1+q\zeta^{16})\cdots$$
$$= a_0 + a_1\zeta + a_2\zeta^2 + a_3\zeta^3 + \cdots.$$

Wie ist der Koeffizient a_n beschaffen?

17. Welches Vorzeichen hat in der Entwicklung des Produktes

$$(1-a)(1-b)(1-c)(1-d)\ldots$$
$$= 1 - a - b + ab - c + ac + bc - abc - d + \cdots$$

das n^{te} Glied? $(n = 0, 1, 2, \ldots)$

18. Man beweise die Identität

$$(1+\zeta+\zeta^2+\cdots+\zeta^9)(1+\zeta^{10}+\zeta^{20}+\cdots+\zeta^{90})(1+\zeta^{100}+\zeta^{200}+\cdots+\zeta^{900})\cdots = \frac{1}{1-\zeta},$$

deren Bestehen gleichbedeutend mit dem Satz ist, daß jede positive ganze Zahl im Dezimalsystem geschrieben werden kann, und zwar nur auf eine Weise.

19.

$$(1+\zeta)(1+\zeta^2)(1+\zeta^3)(1+\zeta^4)\cdots = \frac{1}{(1-\zeta)(1-\zeta^3)(1-\zeta^5)(1-\zeta^7)\cdots}.$$

20. Jede ganze Zahl läßt sich ebensooft aus *verschiedenen* positiven ganzen Summanden zusammensetzen, wie aus *gleichen oder verschiedenen, aber ungeraden* positiven ganzen Summanden. Z. B. sind die Zerlegungen von 6 in verschiedene Summanden

$$6, \qquad 1+5, \qquad 2+4, \qquad 1+2+3$$

und in ungerade Summanden

$$1+5, \qquad 3+3, \qquad 1+1+1+3, \qquad 1+1+1+1+1+1.$$

21. Man kann die positive ganze Zahl n auf $2^{n-1}-1$ verschiedene Arten als Summe von *kleineren* positiven ganzen Zahlen darstellen. Zwei Darstellungen, die sich bloß in der Reihenfolge der Summanden unterscheiden, gelten als verschieden. Z. B. haben nur die folgenden 7 Summen den Wert 4:

$$\begin{array}{llll} 1+1+1+1, & 1+1+2, & 2+2, & 1+3, \\ & 1+2+1, & & 3+1. \\ & 2+1+1, & & \end{array}$$

22. Die Anzahl der nichtnegativen ganzzahligen Lösungen der diophantischen Gleichungen

$$x+2y=n, \qquad 2x+3y=n-1, \qquad 3x+4y=n-2, \ldots,$$
$$nx+(n+1)y=1, \qquad (n+1)x+(n+2)y=0$$

beträgt zusammen $n+1$.

23. Die Anzahl der nichtnegativen ganzzahligen Lösungen der diophantischen Gleichungen

$$x+2y=n-1, \qquad 2x+3y=n-3, \qquad 3x+4y=n-5, \ldots$$

ist zusammen kleiner als $n+2$, und zwar ist die Differenz die Teileranzahl von $n+2$ (vgl. VIII, Kap. 1, § 5).

24. Man zeige, daß die Gesamtanzahl der nichtnegativen Lösungen der diophantischen Gleichungen

$$x+4y=3n-1, \qquad 4x+9y=5n-4, \qquad 9x+16y=7n-9, \ldots$$

gleich n ist.

25. Die Anzahl der nichtnegativen Lösungen der diophantischen Gleichung

$$x + 2y + 3z = n$$

ist gleich der zu $\frac{(n+3)^2}{12}$ nächstgelegenen ganzen Zahl.

26. Die Anzahl der nichtnegativen ganzzahligen Lösungen der Gleichung

$$ax + by = n,$$

wobei a, b, n positive ganze Zahlen bezeichnen und a, b teilerfremd sind, ist gleich $\left[\frac{n}{ab}\right]$ oder $\left[\frac{n}{ab}\right] + 1$.

27. Es seien $a_1, a_2, a_3, \ldots, a_l$ positive ganze, teilerfremde Zahlen. Ist A_n die Anzahl der nichtnegativen ganzzahligen Lösungen von

$$a_1 x_1 + a_2 x_2 + a_3 x_3 + \cdots + a_l x_l = n,$$

so gilt die Grenzbeziehung

$$\lim_{n\to\infty} \frac{A_n}{n^{l-1}} = \frac{1}{a_1 a_2 \ldots a_l (l-1)!}.$$

28. Als Gitterpunkte des Raumes bezeichnet man diejenigen Punkte, deren kartesische Koordinaten x, y, z sämtlich ganze Zahlen sind. Wieviel Gitterpunkte des abgeschlossenen positiven Oktanten ($x \geqq 0$, $y \geqq 0$, $z \geqq 0$) liegen in der Ebene

$$x + y + z = n?$$

Wieviel Gitterpunkte des offenen Oktanten ($x > 0$, $y > 0$, $z > 0$) liegen darin?

29. Es sei n positiv und ganz. Wieviel Gitterpunkte $(x_1, x_2, \ldots, x_p)$ des p-dimensionalen Raumes liegen im „Oktaeder"

$$|x_1| + |x_2| + |x_3| + \cdots + |x_p| \leqq n?$$

30. Die Anzahl derjenigen Gitterpunkte im abgeschlossenen Würfel

$$-n \leqq x, y, z \leqq n,$$

die der Bedingung

$$-s \leqq x + y + z \leqq s$$

genügen, ist gleich

$$\frac{1}{2\pi} \int_{-\pi}^{\pi} \left(\frac{\sin \frac{2n+1}{2} t}{\sin \frac{t}{2}} \right)^3 \frac{\sin \frac{2s+1}{2} t}{\sin \frac{t}{2}} \, dt, \qquad n, s \text{ ganz.}$$

31. Es sei $n \geqq 3$. Die Anzahl der positiven ganzzahligen Lösungen von

$$x + y + z = n,$$

die noch den Bedingungen

$$x \leqq y + z, \qquad y \leqq z + x, \qquad z \leqq x + y$$

genügen, ist gleich

$$\frac{(n+8)(n-2)}{8} \quad \text{bzw.} \quad \frac{n^2-1}{8},$$

je nachdem n gerade oder ungerade ist.

Die Binomialkoeffizienten $\binom{\mu}{\nu}$ definiert man als die Koeffizienten der Entwicklung

$$(1+z)^\mu = \binom{\mu}{0} + \binom{\mu}{1} z + \binom{\mu}{2} z^2 + \cdots + \binom{\mu}{\nu} z^\nu + \cdots, \qquad \binom{\mu}{0} = 1.$$

Hier bezeichnet μ eine beliebige Zahl. Für ganzzahliges μ hat $\binom{\mu}{\nu}$ eine kombinatorische Bedeutung (**10**—**13**). In den folgenden Aufgaben soll n nicht negativ und ganz sein.

32. $\binom{n}{0}^2 + \binom{n}{1}^2 + \binom{n}{2}^2 + \cdots + \binom{n}{n}^2 = \binom{2n}{n}.$

33. $\binom{2n}{0}^2 - \binom{2n}{1}^2 + \binom{2n}{2}^2 - \cdots - \binom{2n}{2n-1}^2 + \binom{2n}{2n}^2 = (-1)^n \binom{2n}{n}.$

34. Aus den Identitäten in z

$$\sum_{k=0}^{\infty} a_k z^k \sum_{l=0}^{\infty} b_l z^l = \sum_{n=0}^{\infty} c_n z^n,$$

$$\sum_{k=0}^{\infty} \frac{\alpha_k}{k!} z^k \sum_{l=0}^{\infty} \frac{\beta_l}{l!} z^l = \sum_{n=0}^{\infty} \frac{\gamma_n}{n!} z^n$$

folgt

$$c_n = a_0 b_n + a_1 b_{n-1} + a_2 b_{n-2} + \cdots + a_n b_0,$$

$$\gamma_n = \alpha_0 \beta_n + \binom{n}{1} \alpha_1 \beta_{n-1} + \binom{n}{2} \alpha_2 \beta_{n-2} + \cdots + \alpha_n \beta_0.$$

35. Setzt man

$$x^{n|h} = x(x-h)(x-2h)\cdots(x-\overline{n-1}\,h),$$

so besteht die Identität:

$$(x+y)^{n|h} = x^{n|h} + \binom{n}{1} x^{n-1|h} y^{1|h} + \binom{n}{2} x^{n-2|h} y^{2|h} + \cdots + y^{n|h}.$$

36. (Fortsetzung.) Man zeige die folgende Verallgemeinerung des polynomischen Satzes:

$$(x_1 + x_2 + x_3 + \cdots + x_l)^{n|h} = \sum_{\nu_1+\nu_2+\nu_3+\cdots+\nu_l=n} \frac{n!}{\nu_1!\,\nu_2!\,\nu_3!\cdots\nu_l!} x_1^{\nu_1|h} x_2^{\nu_2|h} x_3^{\nu_3|h} \cdots x_l^{\nu_l|h}.$$

37. $\binom{n}{1} - 2\binom{n}{2} + 3\binom{n}{3} - \cdots + (-1)^{n-1} n \binom{n}{n} = \begin{cases} 0 \text{ für } n \neq 1, \\ 1 \text{ für } n = 1. \end{cases}$

38.

$$\binom{n}{1} - \frac{1}{2}\binom{n}{2} + \frac{1}{3}\binom{n}{3} - \cdots + (-1)^{n-1}\frac{1}{n}\binom{n}{n} = 1 + \frac{1}{2} + \frac{1}{3} + \cdots + \frac{1}{n}.$$

39. $\sum_{k=0}^{n} (-1)^{n-k} 2^{2k} \binom{n+k+1}{2k+1} = n + 1.$

40. $\sum_{\nu=0}^{n} \left(\frac{\nu}{n} - \alpha\right)^2 \binom{n}{\nu} x^\nu (1-x)^{n-\nu} = (x-\alpha)^2 + \frac{x(1-x)}{n}.$

41. Man setze

$$\varphi(x) = a_0 + a_1 x + a_2 x(x-1) + a_3 x(x-1)(x-2) + \cdots,$$

$$\psi(x) = a_0 + \frac{a_1}{2} x + \frac{a_2}{2^2} x(x-1) + \frac{a_3}{2^3} x(x-1)(x-2) + \cdots,$$

dann ist

$$\binom{n}{0}\varphi(0) + \binom{n}{1}\varphi(1) + \binom{n}{2}\varphi(2) + \cdots + \binom{n}{n}\varphi(n) = 2^n \psi(n)$$

und

$$\binom{n}{0}\varphi(0) - \binom{n}{1}\varphi(1) + \binom{n}{2}\varphi(2) - \cdots + (-1)^n\binom{n}{n}\varphi(n) = (-1)^n a_n n!.$$

42.

$$\binom{n}{0}(0-n)^2 + \binom{n}{1}(2-n)^2 + \binom{n}{2}(4-n)^2 + \cdots + \binom{n}{\nu}(2\nu - n)^2 + \cdots = 2^n n.$$

43.

$$\left.\begin{array}{l} \binom{n}{0}(0-n)^2 - \binom{n}{1}(2-n)^2 + \binom{n}{2}(4-n)^2 - \cdots \\ \qquad + (-1)^\nu \binom{n}{\nu}(2\nu - n)^2 + \cdots \end{array}\right\} = \begin{cases} 0 \text{ für } n \neq 2, \\ 8 \text{ für } n = 2. \end{cases}$$

Es sei y eine beliebig oft differentiierbare Funktion von z. Die Operation $\left(z\frac{d}{dz}\right)^n y$ sei durch die Rekursionsformel

$$\left(z\frac{d}{dz}\right)^n y = z\frac{d}{dz}\left(z\frac{d}{dz}\right)^{n-1} y, \qquad z\frac{d}{dz} y = zy'$$

definiert. Es ist z. B.

$$\left(z\frac{d}{dz}\right)^n z^k = k^n z^k.$$

Ist $f(x) = c_0 + c_1 x + c_2 x^2 + \cdots + c_n x^n$ ein beliebiges Polynom, so setzt man

$$f\left(z\frac{d}{dz}\right) y = c_0 y + c_1 z\frac{d}{dz} y + c_2\left(z\frac{d}{dz}\right)^2 y + \cdots + c_n\left(z\frac{d}{dz}\right)^n y.$$

44. Es ist

$$f\left(z\frac{d}{dz}\right)z^k = f(k)\,z^k.$$

45. Es sei $f(x)$ ein *ganzzahliges* Polynom (vgl. VIII, Kap. 2, § 1); dann ist die Summe der Reihe

$$f(0) + \frac{f(1)}{1!} + \frac{f(2)}{2!} + \cdots + \frac{f(k)}{k!} + \cdots$$

ein ganzzahliges Vielfaches der Zahl e, der Basis der natürlichen Logarithmen.

46. Setzt man

$$\left(z\frac{d}{dz}\right)^n \frac{1}{1-z} = 1^n z + 2^n z^2 + 3^n z^3 + \cdots = \frac{f_n(z)}{(1-z)^{n+1}}, \quad n = 1, 2, 3, \ldots,$$

so ist $f_n(z)$ ein Polynom n^{ten} Grades mit lauter positiven Koeffizienten (mit Ausnahme des Absolutgliedes $f_n(0) = 0$); ferner ist

$$f_n(1) = n!\,.$$

47. Es seien $f(x)$ und $g(x)$ zwei beliebige Polynome, jedoch soll $g(x)$ keine nichtnegativen ganzzahligen Nullstellen haben. Die Reihe

$$y = \frac{f(0)}{g(0)} + \frac{f(1)}{g(1)}z + \frac{f(2)}{g(2)}z^2 + \frac{f(3)}{g(3)}z^3 + \cdots$$

genügt der Differentialgleichung

$$g\left(z\frac{d}{dz}\right)y = f\left(z\frac{d}{dz}\right)\frac{1}{1-z},$$

die durch sukzessive Quadraturen lösbar ist.

48. Es seien $f(x)$ und $g(x)$ zwei teilerfremde Polynome, und zwar sei $g(x)$ nicht von niedrigerem Grade als $f(x)$, ferner $g(0) = 0$, hingegen $g(1), g(2), g(3), \ldots$ von 0 verschieden. Die Reihe

$$y = 1 + \frac{f(1)}{g(1)}z + \frac{f(1)f(2)}{g(1)g(2)}z^2 + \frac{f(1)f(2)f(3)}{g(1)g(2)g(3)}z^3 + \cdots$$

erfüllt die lineare homogene Differentialgleichung

$$g\left(z\frac{d}{dz}\right)y = f\left(z\frac{d}{dz}\right)zy.$$

49. Die Reihe

$$y = 1 + \left(\frac{1}{2}\right)^2 z + \left(\frac{1\,.\,3}{2\,.\,4}\right)^2 z^2 + \cdots + \left(\frac{1\,.\,3\ldots(2n-1)}{2\,.\,4\ldots 2n}\right)^2 z^n + \cdots$$

genügt der Differentialgleichung

$$z(1-z)\frac{d^2y}{dz^2} + (1-2z)\frac{dy}{dz} - \frac{1}{4}y = 0.$$

50. Die Funktion

$$F(z) = (1 - qz)(1 - q^2 z)(1 - q^3 z)\ldots, \qquad |q| < 1,$$

läßt sich in eine Potenzreihe entwickeln:

$$F(z) = A_0 + A_1 z + A_2 z^2 + A_3 z^3 + \cdots.$$

Man bestimme die Koeffizienten A_n mit Hilfe der Funktionalgleichung

$$F(z) = (1 - qz) F(qz).$$

51. Es sei $F(z)$ dieselbe Funktion wie in **50**; man bestimme die Koeffizienten der Reihenentwicklung

$$\frac{1}{F(z)} = B_0 + B_1 z + B_2 z^2 + B_3 z^3 + \cdots.$$

52. Man bestimme die Koeffizienten $C_0, C_1, C_2, \ldots, C_n$ in der Identität

$$(1 + qz)(1 + qz^{-1})(1 + q^3 z)(1 + q^3 z^{-1}) \cdots (1 + q^{2n-1} z)(1 + q^{2n-1} z^{-1})$$
$$= C_0 + C_1(z + z^{-1}) + C_2(z^2 + z^{-2}) + \cdots + C_n(z^n + z^{-n}).$$

53. Man leite aus der Identität von **52** durch Grenzübergang die folgende Gleichung her:

$$\prod_{n=1}^{\infty}(1 + q^{2n-1} z)(1 + q^{2n-1} z^{-1})(1 - q^{2n}) = \sum_{n=-\infty}^{\infty} q^{n^2} z^n, \qquad |q| < 1.$$

54. $$\prod_{n=1}^{\infty}(1 - q^n) = \sum_{n=-\infty}^{\infty}(-1)^n q^{\frac{3n^2+n}{2}}, \qquad |q| < 1.$$

55. $$\frac{1-q^2}{1-q} \cdot \frac{1-q^4}{1-q^3} \cdot \frac{1-q^6}{1-q^5} \cdots = \sum_{n=0}^{\infty} q^{\frac{n(n+1)}{2}}, \qquad |q| < 1.$$

56. Es ist für $|q| < 1$

$$\frac{1-q}{1+q} \cdot \frac{1-q^2}{1+q^2} \cdot \frac{1-q^3}{1+q^3} \cdot \frac{1-q^4}{1+q^4} \cdots = 1 - 2q + 2q^4 - 2q^9 + 2q^{16} - \cdots.$$

57. Es sei $|q| < 1$. Die Funktion von z

$$G(z) = \frac{q}{1-q}(1-z) + \frac{q^2}{1-q^2}(1-z)(1-qz) +$$
$$+ \frac{q^3}{1-q^3}(1-z)(1-qz)(1-q^2 z) + \cdots$$

genügt der Funktionalgleichung

$$1 + G(z) - G(qz) = (1 - qz)(1 - q^2 z)(1 - q^3 z)\ldots.$$

58. Man bestimme die Koeffizienten der Reihenentwicklung der in **57** definierten Funktion

$$G(z) = D_0 + D_1 z + D_2 z^2 + D_3 z^3 + \cdots.$$

59. Man beweise die Identität

$$\sum_{k=1}^{n} \frac{(1-a^n)(1-a^{n-1})\cdots(1-a^{n-k+1})}{1-a^k} = n, \quad n = 1, 2, 3, \ldots$$

und leite daraus die Potenzreihe für $-\log(1-x)$ her. [Es ist, wenn $G(z)$ die in **57** definierte Funktion bezeichnet,

$$G(q^{-n}) = -n, \qquad n = 0, 1, 2, \ldots.]$$

60. Die Potenzreihe

$$f(z) = 1 + \frac{z^2}{3} + \frac{z^4}{5} + \frac{z^6}{7} + \cdots$$

genügt der Funktionalgleichung

$$f\left(\frac{2z}{1+z^2}\right) = (1+z^2) f(z) \qquad [39].$$

Es seien

$$a_0, a_1, a_2, \ldots, a_n, \ldots$$

beliebige komplexe,

$$p_0, p_1, p_2, \ldots, p_n, \ldots$$

nichtnegative reelle Zahlen. Man setze

$$a_0 + a_1 z + a_2 z^2 + \cdots + a_n z^n + \cdots = A(z),$$
$$p_0 + p_1 z + p_2 z^2 + \cdots + p_n z^n + \cdots = P(z).$$

Das Bestehen sämtlicher Ungleichungen

$$|a_0| \leqq p_0, \; |a_1| \leqq p_1, \; |a_2| \leqq p_2, \ldots, |a_n| \leqq p_n, \ldots$$

drückt man in Zeichen so aus:

$$A(z) \ll P(z),$$

oder in Worten so: „$P(z)$ ist Majorante von $A(z)$" oder auch so: „$A(z)$ ist Minorante von $P(z)$".

61. Ist $A(z) \ll P(z)$ und $A^*(z) \ll P^*(z)$, so ist auch

$$A(z) + A^*(z) \ll P(z) + P^*(z),$$
$$A(z)\, A^*(z) \ll P(z)\, P^*(z).$$

62. Für positives ganzzahliges n ist

$$\left(1 + \frac{z}{n}\right)^n \ll e^z.$$

63. Es sei

$$f(z) = z + a_2 z^2 + a_3 z^3 + \cdots + a_n z^n + \cdots.$$

Man folgere aus

$$z \frac{f'(z)}{f(z)} \ll \frac{1+z}{1-z}$$

die Ungleichungen

$$|a_n| \leqq n, \qquad n = 1, 2, 3, \ldots.$$

64. Es seien $a_1, a_2, \ldots, a_l$ positive ganze Zahlen. Man zeige a) mit Hilfe von **9**, b) ohne Heranziehung von **9**, daß

$$(1 + z^{a_1})(1 + z^{a_2}) \cdots (1 + z^{a_l})$$
$$\ll \frac{1}{(1 - z^{a_1})(1 - z^{a_2}) \cdots (1 - z^{a_l})} \ll \frac{1}{1 - z^{a_1} - z^{a_2} - \cdots - z^{a_l}}.$$

2. Kapitel.

Reihentransformationen. Ein Satz von Cesàro.

65. Das dreieckige Zahlenschema

$$\begin{array}{l} p_{00}, \\ p_{10},\ p_{11}, \\ p_{20},\ p_{21},\ p_{22}, \\ \ldots\ldots\ldots\ldots\ldots \end{array}$$

bestehe aus lauter nichtnegativen Zahlen, und die Summe jeder Zeile sei $= 1$ ($p_{n\nu} \geqq 0, p_{n0} + p_{n1} + \cdots + p_{nn} = 1$ für $\nu = 0, 1, \ldots, n$; $n = 0, 1, 2, \ldots$). Bildet man aus einer gegebenen Zahlenfolge $s_0, s_1, s_2, \ldots, s_n, \ldots$ die neue Zahlenfolge $t_0, t_1, t_2, \ldots, t_n, \ldots$ durch die Vorschrift

$$t_n = p_{n0} s_0 + p_{n1} s_1 + \cdots + p_{nn} s_n,$$

so liegt t_n zwischen dem Minimum und dem Maximum der Zahlen $s_0, s_1, s_2, \ldots, s_n$.

66. (Fortsetzung.) Notwendig und hinreichend dafür, daß aus der Existenz von $\lim\limits_{n\to\infty} s_n = s$

$$\lim_{n\to\infty} (p_{n0} s_0 + p_{n1} s_1 + \cdots + p_{nn} s_n) = s$$

folgt, ist die Bedingung, daß für jedes feste ν

$$\lim_{n\to\infty} p_{n\nu} = 0$$

ist. (Die Bedingung besagt, daß das Zahlenschema $p_{n\nu}$ *konvergenzerhaltend* ist[1]). Spezialfall eines wichtigen Satzes von *O. Toeplitz*, vgl. III, Kap. 1, § 5.)

67. Aus der Existenz von $\lim\limits_{n\to\infty} s_n$ folgt

$$\lim_{n\to\infty} \frac{s_0 + s_1 + s_2 + \cdots + s_n}{n+1} = \lim_{n\to\infty} s_n.$$

---

[1]) Bei allgemeineren Betrachtungen, in denen die Gleichheit der beiden fraglichen Grenzwerte nicht im voraus ausbedungen ist, empfiehlt es sich allerdings, die längere Bezeichnung „*regulär* konvergenzerhaltend" zu gebrauchen.

68. Strebt die Folge $p_0, p_1, p_2, \ldots, p_n, \ldots$ mit positiven Gliedern gegen den positiven Grenzwert p, so ist auch

$$\lim_{n\to\infty} \sqrt[n+1]{p_0 p_1 p_2 \cdots p_n} = p .$$

69. Die Berechnung von $\lim\limits_{n\to\infty} \sqrt[n]{\dfrac{n^n}{n!}}$ soll auf die Berechnung von $\lim\limits_{n\to\infty}\left(1 + \dfrac{1}{n}\right)^n$ zurückgeführt werden.

70. Es seien zwei unendliche Folgen

$$a_0, a_1, a_2, \ldots, a_n, \ldots,$$
$$b_0, b_1, b_2, \ldots, b_n, \ldots$$

gegeben. Aus den drei Bedingungen

$$b_n > 0, \qquad n = 0, 1, 2, \ldots;$$
$$b_0 + b_1 + b_2 + \cdots + b_n + \cdots \quad \text{divergiert};$$
$$\lim_{n\to\infty} \frac{a_n}{b_n} = s$$

folgt

$$\lim_{n\to\infty} \frac{a_0 + a_1 + a_2 + \cdots + a_n}{b_0 + b_1 + b_2 + \cdots + b_n} = s .$$

71. Es sei $\alpha > 0$. Man führe die Berechnung von

$$\lim_{n\to\infty} \frac{1^{\alpha-1} + 2^{\alpha-1} + 3^{\alpha-1} + \cdots + n^{\alpha-1}}{n^\alpha}$$

auf die Berechnung von

$$\lim_{n\to\infty} \frac{(n+1)^\alpha - n^\alpha}{n^{\alpha-1}}$$

zurück. (Dieser letzte Grenzwert ist wohl aus der Differentialrechnung bekannt.)

72. Es sei $p_0, p_1, p_2, \ldots, p_n, \ldots$ eine Folge von positiven Zahlen, die der Bedingung

$$\lim_{n\to\infty} \frac{p_n}{p_0 + p_1 + p_2 + \cdots + p_n} = 0$$

genügt. Aus der Existenz von $\lim\limits_{n\to\infty} s_n = s$ folgt

$$\lim_{n\to\infty} \frac{s_0 p_n + s_1 p_{n-1} + s_2 p_{n-2} + \cdots + s_n p_0}{p_0 + p_1 + p_2 + \cdots + p_n} = s .$$

73. Die beiden Folgen von positiven Zahlen

$$p_0, p_1, p_2, \ldots, p_n, \ldots; \qquad q_0, q_1, q_2, \ldots, q_n, \ldots$$

sollen den Bedingungen

$$\lim_{n\to\infty} \frac{p_n}{p_0 + p_1 + p_2 + \cdots + p_n} = 0, \qquad \lim_{n\to\infty} \frac{q_n}{q_0 + q_1 + q_2 + \cdots + q_n} = 0$$

genügen. Setzt man

$$r_n = p_0 q_n + p_1 q_{n-1} + p_2 q_{n-2} + \cdots + p_n q_0, \qquad n = 0, 1, 2, \ldots,$$

so genügt die Zahlenfolge $r_0, r_1, r_2, \ldots, r_n, \ldots$ wieder der Bedingung

$$\lim_{n\to\infty} \frac{r_n}{r_0 + r_1 + r_2 + \cdots + r_n} = 0.$$

74. Es seien

$$p_0, p_1, p_2, \ldots, p_n, \ldots; \qquad q_0, q_1, q_2, \ldots, q_n, \ldots$$

die in **73** erwähnten Folgen,

$$s_0, s_1, s_2, \ldots, s_n, \ldots$$

eine beliebige Folge. Existieren die *beiden* Grenzwerte

$$\lim_{n\to\infty} \frac{s_0 p_n + s_1 p_{n-1} + s_2 p_{n-2} + \cdots + s_n p_0}{p_0 + p_1 + p_2 + \cdots + p_n},$$

$$\lim_{n\to\infty} \frac{s_0 q_n + s_1 q_{n-1} + s_2 q_{n-2} + \cdots + s_n q_0}{q_0 + q_1 + q_2 + \cdots + q_n},$$

so sind sie einander gleich. (Dieser Satz hat ein besonderes Interesse, wenn $\lim_{n\to\infty} s_n$ *nicht* existiert. Existiert $\lim_{n\to\infty} s_n$, so reicht nämlich schon **72** aus.)

75. Es sei $\sigma > 0$. Ist die Reihe

$$a_1 1^{-\sigma} + a_2 2^{-\sigma} + a_3 3^{-\sigma} + \cdots + a_n n^{-\sigma} + \cdots$$

konvergent, so ist

$$\lim_{n\to\infty} (a_1 + a_2 + \cdots + a_n)\, n^{-\sigma} = 0.$$

(Reihen von der betrachteten Form nennt man *Dirichlet*sche Reihen. Vgl. VIII, Kap. 1, § 5.)

76. Es sei $p_1 > 0, p_2 > 0, p_3 > 0, \ldots$, die Reihe $p_1 + p_2 + \cdots + p_n + \cdots$ divergent und $p_1 + p_2 + \cdots + p_n = P_n$ gesetzt, $\lim_{n\to\infty} p_n P_n^{-1} = 0$. Dann ist

$$\lim_{n\to\infty} \frac{p_1 P_1^{-1} + p_2 P_2^{-1} + \cdots + p_n P_n^{-1}}{\log P_n} = 1.$$

$$\left(\text{Verallgemeinerung von } 1 + \frac{1}{2} + \frac{1}{3} + \cdots + \frac{1}{n} \sim \log n.\right)$$

77. Es seien $p_1, p_2, \ldots, p_n, \ldots$ und $q_1, q_2, \ldots, q_n, \ldots$ zwei Folgen von positiven Zahlen und

$$\lim_{n\to\infty} \frac{p_1 + p_2 + p_3 + \cdots + p_n}{n p_n} = \alpha, \quad \lim_{n\to\infty} \frac{q_1 + q_2 + q_3 + \cdots + q_n}{n q_n} = \beta,$$

$$\alpha + \beta > 0.$$

Dann ist

$$\lim_{n\to\infty} \frac{p_1 q_1 + 2 p_2 q_2 + 3 p_3 q_3 + \cdots + n p_n q_n}{n^2 p_n q_n} = \frac{\alpha\beta}{\alpha + \beta}.$$

78. Wenn der Ausdruck

$$(a_1 - a_n) + (a_2 - a_n) + \cdots + (a_{n-1} - a_n)$$

für $n \to \infty$ beschränkt bleibt, so braucht die Reihe $a_1 + a_2 + a_3 + \cdots$ noch nicht zu konvergieren. Wenn aber die Bedingungen

$$a_1 \geqq a_2 \geqq a_3 \geqq \cdots, \qquad \lim_{n\to\infty} a_n = 0$$

hinzukommen, so muß die Reihe $a_1 + a_2 + a_3 + \cdots$ konvergieren.

---

79. Die unendliche Doppelfolge

$$\begin{array}{l} p_{00},\ p_{01},\ p_{02},\ \ldots \\ p_{10},\ p_{11},\ p_{12},\ \ldots \\ p_{20},\ p_{21},\ p_{22},\ \ldots \\ \cdots\cdots\cdots\cdots\cdots \end{array}$$

bestehe aus lauter nichtnegativen Zahlen, und die Summe jeder Zeile sei konvergent und $= 1$ ($p_{n\nu} \geqq 0$, $p_{n0} + p_{n1} + p_{n2} + \cdots + p_{n\nu} + \cdots = 1$ für $n, \nu = 0, 1, 2, \ldots$). Bildet man aus der beschränkten Zahlenfolge $s_0, s_1, s_2, \ldots, s_n, \ldots$ die neue Zahlenfolge $t_0, t_1, t_2, \ldots, t_n, \ldots$ durch die Gleichungen

$$t_n = p_{n0} s_0 + p_{n1} s_1 + p_{n2} s_2 + \cdots + p_{n\nu} s_\nu + \cdots,$$

so liegt t_n zwischen der unteren und der oberen Grenze der Zahlenfolge $s_0, s_1, s_2, \ldots, s_n, \ldots$.

80. (Fortsetzung.) Notwendig und hinreichend dafür, daß aus $\lim\limits_{n\to\infty} s_n = s$

$$\lim_{n\to\infty} (p_{n0} s_0 + p_{n1} s_1 + p_{n2} s_2 + \cdots + p_{n\nu} s_\nu + \cdots) = s$$

folgt, ist die Bedingung, daß für jedes *feste* ν

$$\lim_{n\to\infty} p_{n\nu} = 0$$

ist. (Die Bedingung besagt, daß die Doppelfolge $p_{n\nu}$ *konvergenzerhaltend* ist. Vgl. III, Kap. 1, § 5.)

81. Wenn die Reihe

$$c_1 + 2c_2 + 3c_3 + 4c_4 + \cdots + n c_n + \cdots$$

konvergiert, so konvergiert auch die Reihe

$$c_n + 2c_{n+1} + 3c_{n+2} + 4c_{n+3} + \cdots = t_n,$$

und es ist

$$\lim_{n\to\infty} t_n = 0.$$

82. Die Potenzreihe

$$f(x) = a_0 + a_1 x + a_2 x^2 + \cdots + a_n x^n + \cdots$$

sei konvergent für $x = 1$. Ist $0 < \alpha < 1$, so ist die Potenzreihe

$$f(\alpha) + \frac{f'(\alpha)}{1!} h + \frac{f''(\alpha)}{2!} h^2 + \cdots + \frac{f^{(n)}(\alpha)}{n!} h^n + \cdots$$

konvergent für $h = 1 - \alpha$.

---

83. Die Funktionen

$$\varphi_0(t), \varphi_1(t), \varphi_2(t), \ldots, \varphi_n(t), \ldots$$

seien nichtnegativ im Intervalle $0 < t < 1$; es sei identisch

$$\varphi_0(t) + \varphi_1(t) + \varphi_2(t) + \cdots + \varphi_n(t) + \cdots = 1.$$

Bildet man mittels der beschränkten Zahlenfolge $s_0, s_1, s_2, \ldots, s_n, \ldots$ die Funktion

$$\Phi(t) = s_0\varphi_0(t) + s_1\varphi_1(t) + s_2\varphi_2(t) + \cdots + s_n\varphi_n(t) + \cdots,$$

so ist der Wertevorrat von $\Phi(t)$ zwischen der unteren und der oberen Grenze der Zahlenfolge $s_0, s_1, s_2, \ldots, s_n, \ldots$ enthalten.

84. (Fortsetzung.) Damit für jede konvergente Zahlenfolge $s_0, s_1, s_2, \ldots, s_n, \ldots$ mit $\lim\limits_{n\to\infty} s_n = s$

$$\lim_{t\to 1-0} (s_0\varphi_0(t) + s_1\varphi_1(t) + s_2\varphi_2(t) + \cdots + s_n\varphi_n(t) + \cdots) = s$$

sei, ist notwendig und hinreichend, daß für jedes *feste* ν

$$\lim_{t\to 1-0} \varphi_\nu(t) = 0$$

ist.

85. Es seien zwei unendliche Folgen

$$a_0, a_1, a_2, \ldots, a_n, \ldots; \qquad b_0, b_1, b_2, \ldots, b_n, \ldots$$

gegeben. Aus den drei Bedingungen

$$b_n > 0, \qquad n = 0, 1, 2, \ldots;$$

$$b_0 + b_1 t + b_2 t^2 + \cdots + b_n t^n + \cdots \begin{cases} \text{konvergiert für } |t| < 1 \\ \text{divergiert für } t = 1; \end{cases}$$

$$\lim_{n\to\infty} \frac{a_n}{b_n} = s$$

folgt:

$$a_0 + a_1 t + a_2 t^2 + \cdots + a_n t^n + \cdots \quad \text{konvergiert ebenfalls für } |t| < 1$$

und

$$\lim_{t\to 1-0} \frac{a_0 + a_1 t + a_2 t^2 + \cdots + a_n t^n + \cdots}{b_0 + b_1 t + b_2 t^2 + \cdots + b_n t^n + \cdots} = s.$$

(Dieser Satz rührt von *E. Cesàro* her; er findet im folgenden zahlreiche Anwendungen.)

86. Konvergiert die Reihe

$$a_0 + a_1 + a_2 + \cdots + a_n + \cdots = s,$$

so ist

$$\lim_{t\to 1-0} (a_0 + a_1 t + a_2 t^2 + \cdots + a_n t^n + \cdots) = s.$$

87. Setzt man

$$s_n = a_0 + a_1 + a_2 + \cdots + a_n, \qquad n = 0, 1, 2, \ldots$$

und existiert

$$\lim_{n \to \infty} \frac{s_0 + s_1 + s_2 + \cdots + s_n}{n+1} = s,$$

so ist

$$\lim_{t \to 1-0} (a_0 + a_1 t + a_2 t^2 + \cdots + a_n t^n + \cdots) = s.$$

(Dieser Satz besagt gegenüber **86** nur dann etwas Neues, wenn die Reihe $a_0 + a_1 + a_2 + \cdots + a_n + \cdots$ divergiert [**67**].)

88. Aus den Bedingungen

$$b_n > 0, \qquad \sum_{n=0}^{\infty} b_n \text{ divergiert}, \qquad \lim_{n \to \infty} \frac{a_0 + a_1 + a_2 + \cdots + a_n}{b_0 + b_1 + b_2 + \cdots + b_n} = s$$

folgt

$$\lim_{t \to 1-0} \frac{a_0 + a_1 t + a_2 t^2 + \cdots + a_n t^n + \cdots}{b_0 + b_1 t + b_2 t^2 + \cdots + b_n t^n + \cdots} = s,$$

falls die Reihe im Nenner für $|t| < 1$ konvergiert.

89. Wenn α positiv ist, so existiert der Grenzwert

$$\lim_{t \to 1-0} (1 - t)^{\alpha} (1^{\alpha-1} t + 2^{\alpha-1} t^2 + 3^{\alpha-1} t^3 + \cdots + n^{\alpha-1} t^n + \cdots)$$

und ist positiv.

90. Wenn $0 < k < 1$ und k gegen 1 konvergiert, dann ist

$$\int_0^1 \frac{dx}{\sqrt{(1 - x^2)(1 - k^2 x^2)}} \sim \frac{1}{2} \log \frac{1}{1 - k}. \qquad \text{[II } \mathbf{202}.]$$

91. Es seien A_n und B_n der n^{te} Näherungszähler und -nenner des unendlichen Kettenbruchs

$$\frac{a|}{|1} + \frac{a|}{|3} + \frac{a|}{|5} + \cdots, \quad \text{also} \quad \frac{A_n}{B_n} = \frac{a|}{|1} + \frac{a|}{|3} + \frac{a|}{|5} + \cdots + \frac{a\;|}{|2n-3}, \quad a > 0.$$

Unter der Voraussetzung, daß der Kettenbruch konvergiert, berechne man seinen Wert auf Grund von **85** mittels der Reihen

$$F(x) = \sum_{n=0}^{\infty} \frac{A_n}{n!} x^n, \qquad G(x) = \sum_{n=0}^{\infty} \frac{B_n}{n!} x^n.$$

[Infolge der Rekursionsformel zwischen A_n, B_n genügen $F(x)$ und $G(x)$ einer linearen homogenen Differentialgleichung zweiter Ordnung.]

92. Es sei $\sigma > 0$. Ist die Reihe

$$a_1 1^{-\sigma} + a_2 2^{-\sigma} + a_3 3^{-\sigma} + \cdots + a_n n^{-\sigma} + \cdots$$

konvergent, so ist

$$\lim_{t \to 1-0} (1-t)^{\sigma} (a_1 t + a_2 t^2 + a_3 t^3 + \cdots + a_n t^n + \cdots) = 0 \qquad [\mathbf{75}].$$

93. Man zeige, daß

$$\lim_{t \to 1-0} \sqrt{1-t} \sum_{n=1}^{\infty} (t^{n^2} - 2t^{2n^2})$$

existiert und negativ ist.

94. Es seien zwei unendliche Folgen

$$a_0, a_1, a_2, \ldots, a_n, \ldots; \quad b_0, b_1, b_2, \ldots, b_n, \ldots$$

gegeben. Aus den drei Bedingungen

$$b_n > 0; \qquad \sum_{n=0}^{\infty} b_n t^n \text{ konvergiert für sämtliche Werte von } t;$$

$$\lim_{n \to \infty} \frac{a_n}{b_n} = s$$

folgt:

$a_0 + a_1 t + a_2 t^2 + \cdots + a_n t^n + \cdots$ konvergiert ebenfalls für sämtliche Werte von t, und es ist

$$\lim_{t \to +\infty} \frac{a_0 + a_1 t + a_2 t^2 + \cdots + a_n t^n + \cdots}{b_0 + b_1 t + b_2 t^2 + \cdots + b_n t^n + \cdots} = s. \quad (\text{Vgl. IV } \mathbf{72}.)$$

95. Existiert der Grenzwert $\lim_{n \to \infty} s_n = s$, so ist

$$\lim_{t \to +\infty} \left(s_0 + s_1 \frac{t}{1!} + s_2 \frac{t^2}{2!} + \cdots + s_n \frac{t^n}{n!} + \cdots \right) e^{-t} = s.$$

96. Existiert die Summe

$$a_0 + a_1 + a_2 + \cdots + a_n + \cdots = s,$$

und setzt man

$$g(t) = a_0 + a_1 \frac{t}{1!} + a_2 \frac{t^2}{2!} + \cdots + a_n \frac{t^n}{n!} + \cdots,$$

so ist

$$\int_0^{\infty} e^{-t} g(t)\, dt = s.$$

97. Ist

$$J_0(x) = 1 - \frac{1}{1!\,1!} \left(\frac{x}{2}\right)^2 + \frac{1}{2!\,2!} \left(\frac{x}{2}\right)^4 - \cdots + \frac{(-1)^m}{m!\,m!} \left(\frac{x}{2}\right)^{2m} + \cdots$$

die *Bessel*sche Funktion 0ter Ordnung, so ist

$$\int_0^{\infty} e^{-t} J_0(t)\, dt = \frac{1}{\sqrt{2}}.$$

3. Kapitel.

Die Struktur reeller Folgen und Reihen.

98. Die Zahlenfolge $a_1, a_2, a_3, \ldots$ soll der Bedingung

$$a_{m+n} \leqq a_m + a_n, \qquad m, n = 1, 2, 3, \ldots$$

genügen. Dann muß die Zahlenfolge

$$\frac{a_1}{1}, \frac{a_2}{2}, \frac{a_3}{3}, \ldots, \frac{a_n}{n}, \ldots$$

entweder konvergieren oder gegen $-\infty$ bestimmt divergieren, und zwar ist ihr Grenzwert gleich ihrer unteren Grenze.

99. Die Zahlenfolge $a_1, a_2, a_3, \ldots$ soll der Bedingung

$$a_m + a_n - 1 < a_{m+n} < a_m + a_n + 1$$

genügen. Dann existiert der Grenzwert

$$\lim_{n\to\infty} \frac{a_n}{n} = \omega;$$

und zwar ist ω endlich, und es gilt für $n = 1, 2, 3, \ldots$

$$\omega n - 1 < a_n < \omega n + 1.$$

100. Wenn das allgemeine Glied einer Reihe, die weder konvergiert, noch bestimmt divergiert, gegen 0 strebt, so liegen die Partialsummen überall dicht zwischen ihrem kleinsten und größten Häufungswert.

101. Die Reihe mit positiven Gliedern $a_1 + a_2 + a_3 + \cdots + a_n + \cdots$ sei divergent, jedoch $\lim\limits_{n\to\infty} a_n = 0$. Man setze $a_1 + a_2 + \cdots + a_n = s_n$ und bezeichne mit $[s_n]$ die größte ganze Zahl $\leqq s_n$. Es ist die Gesamtheit der Häufungspunkte der Folge

$$s_1 - [s_1], \; s_2 - [s_2], \; \ldots, \; s_n - [s_n], \; \ldots$$

zu bestimmen.

102. Die Zahlenfolge $t_1, t_2, t_3, \ldots, t_n, \ldots$ soll so beschaffen sein, daß eine gegen Null konvergierende Folge von positiven Zahlen $\varepsilon_1, \varepsilon_2, \varepsilon_3, \ldots, \varepsilon_n, \ldots$ existiert, so daß für jedes n

$$t_{n+1} > t_n - \varepsilon_n$$

ist. Dann liegen die Zahlen $t_1, t_2, t_3, \ldots, t_n, \ldots$ überall dicht zwischen ihrem kleinsten und größten Häufungswert.

103. Es seien $\nu_1, \nu_2, \nu_3, \ldots, \nu_n, \ldots$ positive ganze Zahlen, $\nu_1 \leqq \nu_2 \leqq \nu_3 \leqq \cdots$. Die Gesamtheit der Häufungspunkte der Zahlenfolge

$$\frac{\nu_1}{1+\nu_1}, \frac{\nu_2}{2+\nu_2}, \frac{\nu_3}{3+\nu_3}, \ldots, \frac{\nu_n}{n+\nu_n}, \ldots$$

bildet ein abgeschlossenes Intervall (dessen Länge $=0$ ist, wenn der Grenzwert existiert).

104. Aus jeder konvergenten Folge kann man eine Teilfolge herausgreifen, deren Glieder die sukzessiven Partialsummen einer absolut konvergenten Reihe bilden.

105. Eine Zahlenfolge, die gegen $+\infty$ strebt, besitzt ein bestimmtes Minimum.

106. Eine konvergente Folge besitzt entweder ein Maximum oder ein Minimum oder beides.

Die nun folgenden Sätze zeigen, daß selbst die extravagantesten Zahlenfolgen sich ab und zu *regelmäßig* verhalten, d. h. sich stellenweise so verhalten wie monotone Zahlenfolgen.

107. Ist $l_1, l_2, l_3, \ldots, l_m, \ldots$ eine Folge positiver Zahlen (positiv im Sinne >0) und ist $\liminf_{m\to\infty} l_m = 0$, so gibt es unendlich viele Indices n, für welche l_n kleiner ist als alle ihm vorangehenden Glieder $l_1, l_2, l_3, \ldots, l_{n-1}$.

108. Ist $l_1, l_2, l_3, \ldots, l_m, \ldots$ eine Folge positiver Zahlen (positiv im Sinne >0) und ist $\lim_{m\to\infty} l_m = 0$, so gibt es unendlich viele Indices n, für welche l_n größer ist als alle ihm folgenden Glieder $l_{n+1}, l_{n+2}, l_{n+3}, \ldots$. (Nicht nur die Behauptung, sondern auch die Voraussetzung ist von der in **107** verschieden.)

109. Die beiden Zahlenfolgen

$$l_1, l_2, l_3, \ldots, l_m, \ldots; \qquad l_m > 0;$$

$$s_1, s_2, s_3, \ldots, s_m, \ldots; \qquad s_1 > 0, \quad s_{m+1} > s_m, \qquad m = 1, 2, 3, \ldots$$

seien so beschaffen, daß

$$\lim_{m\to\infty} l_m = 0, \quad \limsup_{m\to\infty} l_m s_m = +\infty.$$

Dann gibt es unendlich viele Indices n, so daß die Ungleichungen zweierlei Art

$$l_n > l_{n+1}, \quad l_n > l_{n+2}, \quad l_n > l_{n+3}, \ldots,$$

$$l_n s_n > l_{n-1} s_{n-1}, \quad l_n s_n > l_{n-2} s_{n-2}, \ldots, \quad l_n s_n > l_1 s_1$$

alle zugleich bestehen. [**107**, **108**.]

110. Wenn die Zahlenfolge $\frac{L_1}{1}, \frac{L_2}{2}, \ldots, \frac{L_m}{m}, \cdots$ gegen $+\infty$ strebt und A größer als ihr Minimum ist [**105**], so gibt es einen Index n (ev. mehrere Indices n), $n \geqq 1$, von der Beschaffenheit, daß die n Quotienten

$$\frac{L_n - L_{n-1}}{1}, \quad \frac{L_n - L_{n-2}}{2}, \quad \frac{L_n - L_{n-3}}{3}, \ldots, \frac{L_n}{n}$$

sämtlich $\leqq A$ und die unendlich vielen Quotienten

$$\frac{L_{n+1}-L_n}{1},\quad \frac{L_{n+2}-L_n}{2},\quad \frac{L_{n+3}-L_n}{3},\ldots$$

sämtlich $\geqq A$ sind. [Es handelt sich um die Richtungskoeffizienten gewisser Verbindungsstrecken der in einem rechtwinkligen Koordinatensystem gezeichneten Punkte

$$(0, L_0),\ (1, L_1),\ (2, L_2),\ \ldots,\ (m, L_m),\ \ldots,$$

$L_0 = 0$ gesetzt. Auch rein analytischer Beweis wünschenswert.]

111. Von der Zahlenfolge $l_1, l_2, l_3, \ldots, l_m, \ldots$ sei nur

$$\lim_{m\to\infty} l_m = +\infty$$

vorausgesetzt. Es sei $A > l_1$; dann existiert ein Index $n, n \geqq 1$, so beschaffen, daß alle Ungleichungen

$$\frac{l_{n-\mu+1}+\cdots+l_{n-1}+l_n}{\mu} \leqq A \leqq \frac{l_{n+1}+l_{n+2}+\cdots+l_{n+\nu}}{\nu},$$

$$\mu = 1, 2, \ldots, n;\ \nu = 1, 2, 3, \ldots$$

zugleich bestehen. Wenn A ins Unendliche strebt, so strebt auch n ins Unendliche.

112. Die Zahlenfolge $l_1, l_2, l_3, \ldots, l_m, \ldots$ unterliege den beiden Bedingungen

$$\limsup_{m\to\infty}(l_1+l_2+\cdots+l_m) = +\infty,\quad \lim_{m\to\infty} l_m = 0.$$

Es sei $l_1 > A > 0$; dann existiert ein Index n, $n \geqq 1$, so beschaffen, daß alle Ungleichungen

$$\frac{l_{n-\mu+1}+\cdots+l_{n-1}+l_n}{\mu} \geqq A \geqq \frac{l_{n+1}+l_{n+2}+\cdots+l_{n+\nu}}{\nu},$$

$$\mu = 1, 2, \ldots, n;\ \nu = 1, 2, 3, \ldots$$

zugleich bestehen. Wenn A gegen 0 strebt, so strebt n ins Unendliche.

Unter dem Konvergenzexponenten der Folge $r_1, r_2, r_3, \ldots, r_m, \ldots$, $0 < r_1 \leqq r_2 \leqq r_3 \leqq \cdots$, $\lim_{m\to\infty} r_m = \infty$, wird die Zahl λ verstanden, die die Eigenschaft besitzt, daß die Reihe

$$r_1^{-\sigma} + r_2^{-\sigma} + r_3^{-\sigma} + \cdots + r_m^{-\sigma} + \cdots$$

für $\sigma > \lambda$ konvergiert, während sie für $\sigma < \lambda$ divergiert. (Für $\sigma = \lambda$ kann sie konvergieren oder divergieren.) Wenn $\sigma = 0$, so divergiert die Reihe, daher ist $\lambda \geqq 0$. Konvergiert die Reihe für keinen Wert von σ, so setzt man $\lambda = \infty$.

113. Man zeige, daß

$$\limsup_{m\to\infty} \frac{\log m}{\log r_m} = \lambda .$$

114. Es seien $x_1, x_2, x_3, \ldots, x_m, \ldots$ beliebige reelle Zahlen, $x_m \neq 0$. Existiert eine positive Distanz δ derart, daß $|x_l - x_k| \geqq \delta$, falls $l < k$, $l, k = 1, 2, 3, \ldots$, so ist der Konvergenzexponent der Beträge $|x_1|, |x_2|, |x_3|, \ldots, |x_m|, \ldots$ höchstens 1.

115. Es sei β größer als der Konvergenzexponent der Folge $r_1, r_2, r_3, \ldots, r_m, \ldots$; dann gibt es unendlich viele Indices n, so beschaffen, daß die $n-1$ Ungleichungen

$$\frac{r_1}{r_n} < \left(\frac{1}{n}\right)^{\frac{1}{\beta}}, \quad \frac{r_2}{r_n} < \left(\frac{2}{n}\right)^{\frac{1}{\beta}}, \ \ldots, \ \frac{r_{n-1}}{r_n} < \left(\frac{n-1}{n}\right)^{\frac{1}{\beta}}$$

bestehen. [**107**.]

116. Der Konvergenzexponent λ der Folge $r_1, r_2, r_3, \ldots, r_m, \ldots$ sei positiv und $0 < \alpha < \lambda < \beta$. Dann gibt es unendlich viele Indices n, so beschaffen, daß die Ungleichungen zweierlei Art

$$\frac{r_\mu}{r_n} > \left(\frac{\mu}{n}\right)^{\frac{1}{\alpha}} \quad \text{für } \mu = n-1,\ n-2, \ldots, 1,$$

$$\frac{r_\nu}{r_n} > \left(\frac{\nu}{n}\right)^{\frac{1}{\beta}} \quad \text{für } \nu = n+1,\ n+2, n+3, \ldots$$

alle zugleich bestehen. [**109**.]

---

117. Es sei $0 < r_1 < r_2 < r_3 < \cdots$. Für welche Werte von x, $x \geqq 0$, ist das m^{te} Glied der Reihe

$$1 + \frac{x}{r_1} + \frac{x^2}{r_1 r_2} + \cdots + \frac{x^m}{r_1 r_2 \ldots r_m} + \cdots$$

größer als alle übrigen, $m = 0, 1, 2, \ldots$?

118. Es sei

$$0 < r_1 \leqq r_2 \leqq r_3 \leqq \cdots, \qquad 0 < s_1 \leqq s_2 \leqq s_3 \leqq \cdots,$$

$$\lim_{m\to\infty} \frac{r_m}{s_m} = \infty .$$

Dann kann man beliebig große Werte von n und r finden, so beschaffen, daß die Ungleichungen

$$\frac{r^k}{r_1 r_2 \ldots r_k} \cdot \frac{r_1 r_2 \ldots r_n}{r^n} \leqq \frac{s_n^k}{s_1 s_2 \ldots s_k} \frac{s_1 s_2 \ldots s_n}{s_n^n} \leqq 1, \qquad k = 0, 1, 2, 3, \ldots$$

alle zugleich bestehen [**111**]. (Eigentlich handelt es sich hier, wie in **122**, um einen Vergleich zwischen zwei Potenzreihen

$$1 + \frac{x}{r_1} + \frac{x^2}{r_1 r_2} + \cdots + \frac{x^m}{r_1 r_2 \ldots r_m} + \cdots,$$

$$1 + \frac{y}{s_1} + \frac{y^2}{s_1 s_2} + \cdots + \frac{y^m}{s_1 s_2 \ldots s_m} + \cdots.\Big)$$

Es sei $p_0 \geqq 0, p_1 \geqq 0, \ldots, p_m \geqq 0, \ldots$; $p_0, p_1, p_2, \ldots$ sollen nicht sämtlich verschwinden. Die Potenzreihe

$$p_0 + p_1 x + p_2 x^2 + \cdots + p_m x^m + \cdots$$

besitze den Konvergenzradius ϱ; $\varrho > 0$, eventuell $\varrho = \infty$. Ist $0 < x < \varrho$, dann strebt die Zahlenfolge

$$p_0, p_1 x, p_2 x^2, \ldots, p_m x^m, \ldots$$

gegen 0, also gibt es darin [**105**] ein größtes Glied das *Maximalglied*, dessen Wert mit $\mu(x)$ bezeichnet wird. D. h. es ist

$$p_m x^m \leqq \mu(x), \qquad m = 0, 1, 2, \ldots.$$

Der *Zentralindex* $\nu(x)$ ist der Index des Maximalgliedes, d. h. $\mu(x) = p_{\nu(x)} x^{\nu(x)}$. Sind unter den Zahlen $p_m x^m$ mehrere gleich $\mu(x)$, so sei $\nu(x)$ der größte unter sämtlichen in Frage kommenden Indices. Ausführlicheres in IV, Kap. 1.

119. Wenn eine stets konvergente Potenzreihe nicht abbricht, so kann darin kein Glied das Amt des Maximalgliedes unbeschränkt lange für sich beanspruchen.

120. Das Amt des Maximalgliedes geht von Gliedern mit niedrigerem Index stets auf solche mit höherem Index über. (Es sind hier die Verhältnisse etwas ungewöhnlich, könnte man sagen; im Verlauf sukzessiver Besitzwechsel gelangt das höchste Amt stets in bessere und bessere Hände.)

121. Die Reihe

$$p_0 + p_1 x + p_2 x^2 + \cdots + p_m x^m + \cdots$$

mit positiven Koeffizienten und endlichem Konvergenzradius ϱ, $p_m > 0$, $\varrho > 0$, sei so beschaffen, daß das Amt des Maximalgliedes sukzessive allen Gliedern, dem einen nach dem anderen, zufällt. Dann hat die Reihe

$$\frac{1}{p_0} + \frac{x}{p_1} + \frac{x^2}{p_2} + \cdots + \frac{x^m}{p_m} + \cdots$$

den Konvergenzradius $\frac{1}{\varrho}$.

122. Das Übergewicht des Maximalgliedes ist in einer stets konvergenten Potenzreihe größer als in einer, die nicht stets konvergiert (es ist am größten in einem Polynom). Genauer gesagt: Der Konvergenzradius der nicht abbrechenden Potenzreihe

$$a_0 + a_1 x + a_2 x^2 + \cdots + a_m x^m + \cdots$$

sei unendlich, der der Potenzreihe

$$b_0 + b_1 y + b_2 y^2 + \cdots + b_m y^m + \cdots$$

endlich. Es sei $a_m \geqq 0$, $b_m > 0$, $m = 0, 1, 2, \ldots$. Die Koeffizienten $b_0, b_1, b_2, \ldots, b_m, \ldots$ der letzteren Potenzreihe seien so beschaffen, daß das Amt des Maximalgliedes sukzessive allen Gliedern $b_m y^m$, dem einen nach dem anderen, zufällt [**120**]. Dann kann man beliebig großen positiven Werten $\bar{x}$ positive Werte $\bar{y}$ zuordnen, derart, daß einander zugeordneten Werten $\bar{x}$ und $\bar{y}$ der *gleiche Zentralindex* in den bezüglichen Reihen entspricht und daß, wenn dieser gemeinsame Zentralindex $= n$ ist, sämtliche Ungleichungen

$$\frac{a_k \bar{x}^k}{a_n \bar{x}^n} \leqq \frac{b_k \bar{y}^k}{b_n \bar{y}^n} \leqq 1, \qquad k = 0, 1, 2, \ldots$$

zugleich bestehen. $\left[\text{Man betrachte das Maximalglied von } \sum_{m=0}^{\infty} \frac{a_m}{b_m} z^m.\right]$

123. Die Ausnahmewerte x^*, denen kein $\bar{y}$ im Sinne von **122** zugeordnet werden kann, sind, wenn sie existieren, auf alle Fälle „selten"; sie haben ein endliches logarithmisches Maß, d. h. die Menge der Punkte $\log x^*$, x^* Ausnahmewert, läßt sich in abzählbar viele Intervalle einschließen, deren Gesamtlänge endlich ist.

Es seien $t_1, t_2, t_3, \ldots, t_n, \ldots$ ganze Zahlen, $0 < t_1 < t_2 < t_3 < \cdots$; die Reihe $a_{t_1} + a_{t_2} + a_{t_3} + \cdots + a_{t_n} + \cdots$ heißt eine *Teilreihe* der Reihe $a_1 + a_2 + a_3 + \cdots + a_n + \cdots$.

124. Man streiche aus der harmonischen Reihe

$$\frac{1}{1} + \frac{1}{2} + \frac{1}{3} + \cdots + \frac{1}{n} + \cdots$$

sämtliche Glieder, deren Nenner im Dezimalsystem geschrieben die Ziffer 9 enthält. Die übrigbleibende Teilreihe ist konvergent. [**113**.]

125. Eine Reihe, von der jede Teilreihe konvergiert, muß absolut konvergent sein.

126. Es sollen k und l positive ganze Zahlen bezeichnen. Muß die konvergente Reihe $a_1 + a_2 + a_3 + \cdots$, von der jede nach einer arithmetischen Progression fortschreitende Teilreihe

$$a_k + a_{k+l} + a_{k+2l} + a_{k+3l} + \cdots$$

konvergiert, absolut konvergent sein?

127. Es sollen k und l ganze Zahlen bezeichnen, $k \geqq 1$, $l \geqq 2$. Muß die konvergente Reihe $a_1 + a_2 + a_2 + \cdots$, von der jede nach einer geometrischen Progression fortschreitende Teilreihe

$$a_k + a_{kl} + a_{kl^2} + a_{kl^3} + \cdots$$

konvergiert, absolut konvergent sein?

128. Es bezeichne $\varphi(x) = c x^l + c_1 x^{l-1} + \cdots$ ein *ganzwertiges* Polynom, d. h. ein solches, das für ganzzahlige x-Werte ganzzahlige Werte annimmt [VIII, Kap. 2], und zwar sei der Grad $l \geqq 1$ und der höchste Koeffizient $c > 0$. Die Werte $\varphi(0), \varphi(1), \varphi(2), \varphi(3), \ldots$ bilden eine arithmetische Progression im weiteren Sinne des Wortes, nämlich eine solche von der Ordnung l; weil $c > 0$, können nur endlich viele Glieder der Progression negativ sein.

Muß eine konvergente Reihe $a_1 + a_2 + a_3 + \cdots$, von der jede nach einer allgemeinen arithmetischen Progression fortschreitende Teilreihe

$$a_{\varphi(0)} + a_{\varphi(1)} + a_{\varphi(2)} + a_{\varphi(3)} + \cdots$$

(Glieder mit negativen Indices weggeworfen) konvergiert, absolut konvergent sein?

129. Wenn die Reihe $a_1 + a_2 + a_3 + \cdots$ absolut konvergiert und jede Teilreihe

$$a_l + a_{2l} + a_{3l} + \cdots, \qquad l = 1, 2, 3, \cdots$$

die Summe 0 besitzt, dann ist $a_1 = a_2 = a_3 = \cdots = 0$.

130. Die Punktmenge, deren Punkte sämtliche Teilreihen der Reihe

$$\frac{2}{3} + \frac{2}{9} + \frac{2}{27} + \cdots + \frac{2}{3^n} + \cdots$$

darstellen, ist perfekt und nirgends dicht. (Es handelt sich um alle, endliche oder unendliche Teilreihen; sogar die „leere" Teilreihe, der die Summe 0 zugeschrieben wird, ist miteinbegriffen.)

131. Die Glieder der konvergenten Reihe

$$p_1 + p_2 + p_3 + \cdots + p_n + \cdots = s$$

sollen den Ungleichungen

$$p_1 \geqq p_2 \geqq p_3 \geqq \cdots,$$

$$0 < p_n \leqq p_{n+1} + p_{n+2} + p_{n+3} + \cdots$$

genügen. Dann kann jede Zahl σ im einseitig geschlossenen Intervall $0 < \sigma \leqq s$ durch eine unendliche Teilreihe

$$p_{t_1} + p_{t_2} + p_{t_3} + \cdots + p_{t_n} + \cdots = \sigma$$

dargestellt werden.

132. Man finde die Reihe $p_1 + p_2 + p_3 + \cdots + p_n + \cdots$, die den Bedingungen

$$p_1 = \tfrac{1}{2}, \quad p_n = p_{n+1} + p_{n+2} + p_{n+3} + \cdots, \qquad n = 1, 2, 3, \ldots$$

genügt und überzeuge sich, daß in diesem Fall jedes in **131** erwähnte σ sich nur durch eine unendliche Teilreihe darstellen läßt.

Es seien $r_1, r_2, r_3, \ldots, s_1, s_2, s_3, \ldots$ zwei monoton steigende Folgen natürlicher Zahlen ohne gemeinsame Glieder von der Beschaffenheit, daß jede natürliche Zahl $1, 2, 3, \ldots$ in einer der beiden Folgen vorkommt ($r_m < r_{m+1}$, $s_n < s_{n+1}$, $r_m \gtrless s_n$ für $m, n = 1, 2, 3, \ldots$). Die beiden Reihen

$$a_{r_1} + a_{r_2} + a_{r_3} + \cdots, \quad a_{s_1} + a_{s_2} + a_{s_3} + \cdots,$$

(die „Roten" und die „Schwarzen") sind zueinander *komplementäre* Teilreihen der Reihe $a_1 + a_2 + a_3 + \cdots$. Es sei $\nu_1, \nu_2, \nu_3, \ldots$ eine Folge natürlicher Zahlen von der Beschaffenheit, daß jede natürliche Zahl $1, 2, 3, \ldots$ in ihr einmal und nur einmal vorkommt (eine Permutation der natürlichen Zahlenreihe). Die Reihe

$$a_{\nu_1} + a_{\nu_2} + a_{\nu_3} + \cdots + a_{\nu_n} + \cdots$$

entsteht aus der Reihe

$$a_1 + a_2 + a_3 + \cdots + a_n + \cdots$$

durch *Umordnung*. Es sind hervorzuheben die Umordnungen, bei denen a_{r_m} nach wie vor der Umordnung das r_m^{te} Glied der Reihe ist, $m = 1, 2, 3, \ldots$, die also die Teilreihe $a_{r_1} + a_{r_2} + a_{r_3} + \cdots$ *an ihrem Platz* belassen. Man sagt, daß die Umordnung die beiden komplementären Teilreihen nur *relativ zueinander verschiebt* (und beide in sich geordnet läßt), wenn nach wie vor der Umordnung a_{r_m} vor a_{r_n} und a_{s_m} vor a_{s_n} steht für alle Zahlenpaare $m, n, m < n$.

133. Wenn von zwei zueinander komplementären Teilreihen einer konvergenten Reihe die eine konvergiert, so konvergiert auch die andere, und eine Umordnung, die die beiden Teilreihen nur relativ zueinander verschiebt, ändert die Summe der Reihe nicht.

134. Wenn von zwei zueinander komplementären Teilreihen einer bedingt konvergenten Reihe die eine gegen $+\infty$ divergiert, so divergiert die andere gegen $-\infty$, und durch Umordnungen, die die beiden Teilreihen nur relativ zueinander verschieben, kann man jede beliebige Reihensumme erzielen.

135. Man kann die Divergenz einer divergenten Reihe mit positiven, monoton abnehmenden Gliedern durch Umordnung der Reihe nicht beschleunigen.

136. Man kann die Divergenz einer divergenten Reihe mit positiven, gegen 0 strebenden Gliedern durch Umordnung der Reihe beliebig verlangsamen. Genauer gesagt, es sei

$$p_n > 0, \qquad \lim_{n\to\infty} p_n = 0, \qquad \lim_{n\to\infty}(p_1 + p_2 + \cdots + p_n) = \infty,$$

$$0 < Q_1 < Q_2 < \cdots < Q_n < \cdots, \qquad \lim_{n\to\infty} Q_n = \infty.$$

Dann gibt es eine umgeordnete Reihe $p_{\nu_1} + p_{\nu_2} + p_{\nu_3} + \cdots + p_{\nu_n} + \cdots$, so beschaffen, daß

$$p_{\nu_1} + p_{\nu_2} + \cdots + p_{\nu_n} \leqq Q_n \qquad \text{für} \qquad n = 1, 2, 3, \ldots.$$

137. Es sei

$$a_1 + a_2 + a_3 + \cdots + a_n + \cdots = s \quad \text{konvergent},$$
$$|a_1| + |a_2| + |a_3| + \cdots + |a_n| + \cdots \quad \text{divergent},$$
$$s' < s < s''.$$

Es ist möglich, durch eine Umordnung, die sämtliche negativen Glieder an ihrem Platz läßt, die Reihensumme s' und durch eine andere Umordnung, die sämtliche positiven Glieder an ihrem Platz läßt, die Reihensumme s'' zu erzielen [**136**].

---

138. Es sei $p_n > 0$, $p_1 \geqq p_2 \geqq p_3 \geqq \cdots$, die Reihe

$$p_1 + p_2 + p_3 + \cdots + p_n + \cdots$$

divergent und die Reihe

$$\varepsilon_1 p_1 + \varepsilon_2 p_2 + \varepsilon_3 p_3 + \cdots + \varepsilon_n p_n + \cdots,$$

worin die Faktoren ε_n nur der beiden Werte -1, 1 fähig sind, konvergent. Existiert unter diesen Bedingungen ein bestimmter Prozentsatz positiver Glieder, so ist er gleich 50%. Genauer gesagt, es ist

$$\liminf_{n\to\infty} \frac{\varepsilon_1 + \varepsilon_2 + \cdots + \varepsilon_n}{n} \leqq 0 \leqq \limsup_{n\to\infty} \frac{\varepsilon_1 + \varepsilon_2 + \cdots + \varepsilon_n}{n}.$$

139. Es sei $p_n > 0$, $p_1 \geqq p_2 \geqq p_3 \geqq \cdots$ und die Reihe

$$\varepsilon_1 p_1 + \varepsilon_2 p_2 + \varepsilon_3 p_3 + \cdots + \varepsilon_n p_n + \cdots,$$

in welcher die Faktoren $\varepsilon_1, \varepsilon_2, \varepsilon_3, \ldots, \varepsilon_n, \ldots$ nur der beiden Werte -1, 1 fähig sind, konvergent. Dann ist

$$\lim_{n\to\infty} (\varepsilon_1 + \varepsilon_2 + \varepsilon_3 + \cdots + \varepsilon_n) p_n = 0.$$

(Man beachte die beiden geläufigen äußersten Fälle, wo $\varepsilon_1 = \varepsilon_2 = \varepsilon_3 = \cdots$ und $\varepsilon_1 = -\varepsilon_2 = \varepsilon_3 = -\varepsilon_4 = \cdots$ ist.)

4. Kapitel.

Vermischte Aufgaben.

Steht die Reihe $a_0 + a_1 + a_2 + \cdots$ in solcher Beziehung zur Zahl A, daß für jedes $n = 0, 1, 2, \ldots$

$$|A - (a_0 + a_1 + a_2 + \cdots + a_n)| < |a_{n+1}|,$$

so sagen wir, daß die Reihe $a_0 + a_1 + a_2 + \cdots$ die Zahl A *umhüllt.* Die umhüllende Reihe kann konvergent oder divergent sein; wenn sie konvergiert, so ist ihre Summe gleich A.

Es seien die Zahlen $A, a_0, a_1, a_2, \ldots$ sämtlich reell. Ist für jedes $n = 0, 1, 2, \ldots$

$$A - (a_0 + a_1 + a_2 + \cdots + a_n) = \theta_n a_{n+1} \qquad \text{mit} \qquad 0 < \theta_n < 1,$$

so wird die Zahl A von der Reihe $a_0 + a_1 + a_2 + \cdots$ umhüllt, und zwar derart, daß sie stets zwischen zwei aufeinander folgenden Partialsummen liegt. Von solchen Reihen sagen wir, daß sie die Zahl A *in engerem Sinne umhüllen.* Für einen nahe verwandten Begriff verwenden *G. A. Scott* und *G. N. Watson* die Bezeichnung: „arithmetically asymptotic" (Quart. J. Bd. 47, S. 312, 1917). Die Glieder einer in engerem Sinne umhüllenden Reihe sind notwendigerweise von abwechselndem Vorzeichen.

140. Es sei $f(x)$ eine reelle Funktion der reellen Veränderlichen x. Wenn die Funktionen $|f'(x)|, |f''(x)|, \ldots$ von 0 bis $x, x > 0$, mit wachsendem x monoton abnehmen (im eigentlichen Sinne!), so wird $f(x)$ von seiner *Maclaurin*schen Reihe umhüllt, sogar in engerem Sinne.

141. Die Funktionen

$$e^{-x}, \quad \log(1+x), \quad (1+x)^{-p}, \qquad p > 0$$

der reellen Veränderlichen x werden für $x > 0$ von ihren *Maclaurin*schen Reihen in engerem Sinne umhüllt.

142. (Fortsetzung.) Man zeige dasselbe für die Funktionen[1])

$$\cos x, \quad \sin x.$$

143. (Fortsetzung.) Man zeige dasselbe für die Funktionen

$$\operatorname{arctg} x, \quad J_0(x) = 1 - \frac{1}{1!\,1!}\left(\frac{x}{2}\right)^2 + \frac{1}{2!\,2!}\left(\frac{x}{2}\right)^4 - \cdots \quad \textbf{[141, 142]}.$$

[1]) Es kommen natürlich nur die von Null verschiedenen Glieder der *Maclaurin*schen Reihe in Betracht. Es ist z. B. die n^{te} Partialsumme der *Maclaurin*schen Reihe für $\cos x$ gleich

$$1 - \frac{x^2}{2!} + \frac{x^4}{4!} - \cdots + (-1)^n \frac{x^{2n}}{(2n)!}, \qquad n = 0, 1, 2, \ldots.$$

144. Die Glieder der Reihe $a_0 + a_1 + a_2 + \cdots$ seien abwechselnd positiv und negativ; ferner existiere eine Zahl A derart, daß

$$A - (a_0 + a_1 + a_2 + \cdots + a_n)$$

stets das Vorzeichen des folgenden Gliedes a_{n+1} hat. Dann wird A von der Reihe in engerem Sinne umhüllt.

145. Umhüllt die Reihe $a_0 + a_1 + a_2 + \cdots$ mit lauter reellen Gliedern die reelle Zahl A, ist ferner $|a_1| > |a_2| > |a_3| > \cdots$, so haben $a_1, a_2, a_3, \ldots$ abwechselndes Vorzeichen, und A wird *in engerem Sinne* umhüllt.

146. Wird die Funktion $f(x)$, die für reelles $x, x > R > 0$ reelle Werte annimmt, von der reellen Reihe $a_0 + \frac{a_1}{x} + \frac{a_2}{x^2} + \frac{a_3}{x^3} + \cdots$ für $x > R$ umhüllt, so haben die Zahlen $a_1, a_2, a_3, \ldots$ abwechselnde Vorzeichen, und die Reihe ist in engerem Sinne umhüllend.

147. Die Funktion $f(t)$ sei für $t \geqq 0$ unbegrenzt differentiierbar, und ihre Ableitungen $f^{(n)}(t)$ $(n = 0, 1, 2, \ldots)$ mögen alle für $t \to \infty$ dem absoluten Betrage nach stets abnehmen und gegen 0 konvergieren. Das Integral

$$\int_0^\infty f(t) \cos x t \, dt$$

wird dann für reelle x von der Reihe

$$-\frac{f'(0)}{x^2} + \frac{f'''(0)}{x^4} - \frac{f^{V}(0)}{x^6} + \frac{f^{VII}(0)}{x^8} - \cdots$$

in engerem Sinne umhüllt. (Beispiel: $f(t) = e^{-t}$.)

148. Die Zahl $\frac{2}{3}$ wird von der Reihe

$$\tfrac{3}{4} + \tfrac{1}{4} - \tfrac{3}{8} - \tfrac{1}{8} + \tfrac{3}{16} + \tfrac{1}{16} - \tfrac{3}{32} - \tfrac{1}{32} + \cdots$$

umhüllt, jedoch nicht in engerem Sinne.

149[1]. Man zeichne die 7 ersten Glieder der Reihe

$$e^i = 1 + \frac{i}{1!} - \frac{1}{2!} - \frac{i}{3!} + \frac{1}{4!} + \frac{i}{5!} - \frac{1}{6!} - \cdots$$

als komplexe Zahlen nacheinander auf und berechne auf diese Weise den Wert von e^i auf 3 Dezimalstellen.

150. Die Funktion $f(z)$ soll längs eines bestimmten, vom Punkt $z = 0$ ausgehenden Halbstrahls $\mathfrak{H}$ die Eigenschaft besitzen, daß ihre sämtlichen Derivierten das Maximum des Betrages im Punkte $z = 0$ und nur da erreichen. Anders gesagt, es gilt für $n = 1, 2, 3, \ldots$

$$|f^{(n)}(z)| < |f^{(n)}(0)|,$$

wenn z auf $\mathfrak{H}$ liegt, und $|z| > 0$ ist. Dann wird

[1]) In **149—155** sind die Reihenglieder komplexe Zahlen, deren geometrische Darstellung [III **1** ff.] benutzt wird.

a) die Funktion $f(z)$ längs des Halbstrahles $\mathfrak{H}$ von der *Maclaurin*schen Reihe

$$f(0) + \frac{f'(0)}{1!} z + \frac{f''(0)}{2!} z^2 + \cdots$$

umhüllt (**140**),

b) die Funktion $F(z) = \int_0^\infty e^{-t} f\left(\frac{t}{z}\right) dt$ längs des Halbstrahls $\bar{\mathfrak{H}}$, der aus $\mathfrak{H}$ mittels Spiegelung an der reellen Achse hervorgeht, durch die Reihe

$$f(0) + \frac{f'(0)}{z} + \frac{f''(0)}{z^2} + \frac{f'''(0)}{z^3} + \cdots$$

umhüllt (**147**). Das Integral ist über die positiven Werte von t erstreckt und konvergiert unter der besagten Voraussetzung notwendigerweise.

151. Die *Maclaurin*schen Reihen von e^{-z}, $\log(1+z)$ und $(1+z)^{-p}$, $p > 0$, umhüllen die Funktion für $\Re z \geqq 0$, $z \neq 0$.

152. Es soll z in einem der Winkelbereiche

$$-\frac{\pi}{4} \leqq \operatorname{arc} z \leqq \frac{\pi}{4}, \qquad \frac{3\pi}{4} \leqq \operatorname{arc} z \leqq \frac{5\pi}{4}, \qquad z \neq 0$$

liegen. Die Funktion $e^{\frac{z^2}{2}} \int_z^\infty e^{-\frac{t^2}{2}} dt$ wird dann von der Reihe

$$\frac{1}{z} - \frac{1}{z^3} + \frac{1 \cdot 3}{z^5} - \frac{1 \cdot 3 \cdot 5}{z^7} + \cdots$$

umhüllt (sogar in engerem Sinne, wenn z reell ist).

153. Es seien a_n und b_n beliebige von 0 verschiedene komplexe Zahlen, jedoch seien a_n und b_n vom gleichen Argumente $\left(\frac{a_n}{b_n}\right.$ reell und positiv$\left.\right)$. Wenn in einem gewissen Punkt $z \neq 0$ die beiden Reihen

$$a_0 + a_1 z + a_2 z^2 + \cdots + a_n z^n + \cdots, \quad b_0 + b_1 z + b_2 z^2 + \cdots + b_n z^n + \cdots$$

die Werte $\varphi(z)$ und $\psi(z)$ umhüllen, so wird dort auch

$$a_0 + b_0 + (a_1 + b_1) z + (a_2 + b_2) z^2 + \cdots + (a_n + b_n) z^n + \cdots$$

den Wert $\varphi(z) + \psi(z)$ umhüllen. (Dasselbe beim Umhüllen in engerem Sinne, wenn alles reell ist.)

154. Liegt z in dem in **152** definierten Bereich, so wird die Funktion $z \coth z$ von ihrer Potenzreihenentwicklung

$$z \coth z = z \frac{e^z + e^{-z}}{e^z - e^{-z}} = 1 + B_1 \frac{(2z)^2}{2!} - B_2 \frac{(2z)^4}{4!} + B_3 \frac{(2z)^6}{6!} - \cdots,$$

umhüllt (sogar in engerem Sinne, wenn z reell ist). Die Koeffizienten $B_1, B_2, B_3, \ldots$ heißen die *Bernoulli*schen Zahlen.

155. Die Funktion

$$\omega(z) = \log \Gamma(1+z) - (z+\tfrac{1}{2})\log z + z - \tfrac{1}{2}\log(2\pi) \qquad \text{[II } \mathbf{31}\text{]}$$

läßt sich für $\Re z > 0$ in der Integralform

$$\omega(z) = 2\int_0^\infty \frac{\operatorname{arctg}\frac{t}{z}}{e^{2\pi t}-1}\,dt$$

darstellen [vgl. *E. Lindelöf*, Le calcul des résidus, S. 88; Paris: Gauthier-Villars 1905]. Man zeige, daß die hieraus fließende (divergente) *Stirling*sche Reihe

$$\frac{B_1}{1\cdot 2\cdot z} - \frac{B_2}{3\cdot 4\cdot z^3} + \frac{B_3}{5\cdot 6\cdot z^5} - \cdots$$

die Funktion $\omega(z)$ umhüllt, wenn z außer $\Re z > 0$ noch der Einschränkung $-\frac{\pi}{4} \leqq \operatorname{arc} z \leqq \frac{\pi}{4}$ unterliegt.

---

156. Es sei $\varphi(x)$ für positive x definiert und für genügend große x durch

$$\varphi(x) = a_0 + \frac{a_1}{x} + \frac{a_2}{x^2} + \cdots + \frac{a_n}{x^n} + \cdots$$

darstellbar, $a_0, a_1, a_2, \ldots, a_n, \ldots$ reell. Die unendliche Reihe

$$\varphi(1) + \varphi(2) + \varphi(3) + \cdots + \varphi(n) + \cdots$$

ist dann und nur dann konvergent, wenn $a_0 = 0$, $a_1 = 0$ ist.

157. (Fortsetzung.) Es sei $\varphi(n) \neq 0$. Das unendliche Produkt

$$\varphi(1)\,\varphi(2)\,\varphi(3)\,\ldots\,\varphi(n)\,\ldots$$

ist dann und nur dann konvergent, wenn $a_0 = 1$, $a_1 = 0$ ist.

158. (Fortsetzung.) In welchen Fällen konvergiert die unendliche Reihe

$$\varphi(1) + \varphi(1)\,\varphi(2) + \varphi(1)\,\varphi(2)\,\varphi(3) + \cdots + \varphi(1)\,\varphi(2)\ldots\varphi(n) + \cdots ?$$

159. Für welche positiven Werte von α ist die Reihe

$$\sum_{n=1}^{\infty}(2-e^{\alpha})\left(2-e^{\frac{\alpha}{2}}\right)\cdots\left(2-e^{\frac{\alpha}{n}}\right)$$

konvergent?

160. $$\int_0^1 x^{-x}\,dx = \sum_{n=1}^{\infty} n^{-n}.$$

161. Alle Quadratwurzeln positiv genommen, ist

$$\sqrt{1+\sqrt{1+\sqrt{1+\cdots}}} = 1 + \cfrac{1}{1+\cfrac{1}{1+\ddots}}.$$

162. Es seien $a_1, a_2, \ldots, a_n, \ldots$ positive Zahlen und

$$t_n = \sqrt{a_1 + \sqrt{a_2 + \cdots + \sqrt{a_n}}},$$

wo alle Quadratwurzeln positiv zu nehmen sind. Die Konvergenz der Folge

$$(t) \qquad t_1, t_2, t_3, \ldots, t_n, \ldots$$

hängt mit der Zahl

$$\limsup_{n \to \infty} \frac{\log \log a_n}{n} = \alpha$$

folgendermaßen zusammen:

ist $\alpha < \log 2$, so ist (t) konvergent,
ist $\alpha > \log 2$, so ist (t) divergent.

163. (Fortsetzung.) Die Folge (t) ist sicher konvergent, wenn die Reihe $\sum_{n=1}^{\infty} 2^{-n} a_n (a_1 a_2 \ldots a_n)^{-\frac{1}{2}}$ es ist.

164. Es ist für $0 < q < 1$

$$\frac{1-q}{1+q}\left(\frac{1-q^2}{1+q^2}\right)^{\frac{1}{2}}\left(\frac{1-q^4}{1+q^4}\right)^{\frac{1}{4}}\left(\frac{1-q^8}{1+q^8}\right)^{\frac{1}{8}} \cdots = (1-q)^2.$$

165. Vorausgesetzt, daß die nach zwei Richtungen unendliche Reihe

$$\cdots + f''(x) + f'(x) + f(x) + \int_0^x f(x)\,dx + \int_0^x dx \int_0^x f(x)\,dx + \cdots$$

gleichmäßig konvergiert, welche Funktion stellt sie dar?

166. Es seien $\varphi_n(x)$ und $\psi_n(x)$ Polynome n^{ten} Grades, $n = 0, 1, 2, \ldots$, definiert durch die Formeln

$$\varphi_0(x) = 1, \quad \varphi_n'(x) = \varphi_{n-1}(x), \quad \varphi_n(0) = 0,$$

$$\psi_0(x) = 1, \quad \psi_n(x+1) - \psi_n(x) = \psi_{n-1}(x), \quad \psi_n(0) = 0, \quad n = 1, 2, 3, \ldots.$$

Man summiere die beiden Reihen

$$\varphi(x) = \varphi_0(x) + \varphi_1(x) + \cdots + \varphi_n(x) + \cdots,$$

$$\psi(x) = \psi_0(x) + \psi_1(x) + \cdots + \psi_n(x) + \cdots.$$

167. Setzt man

$$x_n = y_n e^{-\frac{1}{12n}}, \qquad y_n = n!\, n^{-n-\frac{1}{2}} e^n,$$

so sind die Intervalle $(x_1, y_1), (x_2, y_2), (x_3, y_3), \ldots$ ineinander eingeschachtelt, d. h. jedes enthält das Nachfolgende als Teilintervall.

168. Die Folge

$$a_n = \left(1 + \frac{1}{n}\right)^{n+p}, \qquad n = 1, 2, 3, \ldots$$

ist dann und nur dann monoton abnehmend, wenn $p \geqq \frac{1}{2}$.

169. Die Folge

$$a_n = \left(1 + \frac{1}{n}\right)^n \left(1 + \frac{x}{n}\right), \qquad n = 1, 2, 3, \ldots$$

ist dann und nur dann monoton fallend, wenn $x \geqq \frac{1}{2}$.

170. Es sei n positiv ganz. Dann ist

$$\frac{e}{2n+2} < e - \left(1 + \frac{1}{n}\right)^n < \frac{e}{2n+1}.$$

171. Die Zahl $e = \lim\limits_{n \to \infty} \left(1 + \frac{1}{n}\right)^n$ liegt bekanntlich für einen beliebigen Wert von $n = 1, 2, 3, \ldots$ im Intervalle

$$\left(1 + \frac{1}{n}\right)^n < e < \left(1 + \frac{1}{n}\right)^{n+1} \qquad [168].$$

In welchem Viertel dieses Intervalles liegt e?

172. Die Folge

$$a_n = \left(1 + \frac{x}{n}\right)^{n+1}, \qquad n = 1, 2, 3, \ldots$$

ist dann und nur dann monoton fallend, wenn $0 < x \leqq 2$.

173. Man zeige, daß die n-fach iterierte Sinusfunktion

$$\sin_n x = \sin(\sin_{n-1} x), \qquad \sin_1 x = \sin x$$

für $\sin x > 0$ mit wachsendem n gegen 0 konvergiert, daß ferner der Grenzwertsatz

$$\lim_{n \to \infty} \sqrt{\frac{n}{3}} \sin_n x = 1$$

gilt.

174. Es sei $0 < f(x) < x$ und

$$f(x) = x - a x^k + b x^l + x^l \varepsilon(x), \qquad \lim_{x \to 0} \varepsilon(x) = 0$$

für $0 < x < x_0$, wobei $1 < k < l$, a, b positiv sind. Wenn

$$v_0 = x, \quad v_1 = f(v_0), \quad v_2 = f(v_1), \ldots, \quad v_n = f(v_{n-1}), \ldots$$

gesetzt wird, dann ist für $n \to \infty$

$$n^{\frac{1}{k-1}} v_n \to [(k-1)a]^{-\frac{1}{k-1}}.$$

175. Es ist die Konvergenz der Reihe

$$v_1^s + v_2^s + v_3^s + \cdots$$

zu untersuchen, wenn

$$v_1 = \sin x, \quad v_2 = \sin\sin x, \ldots, \quad v_n = \sin v_{n-1}, \ldots$$

gesetzt wird. Offenbar kann man $v_1 > 0$ voraussetzen.

176. Zu beweisen ist die Formel

$$e^x - 1 = u_1 + u_1 u_2 + u_1 u_2 u_3 + \cdots,$$

wo

$$u_1 = x \gtrless 0; \qquad u_{n+1} = \log \frac{e^{u_n} - 1}{u_n}, \qquad n = 1, 2, 3, \ldots.$$

177. Zu berechnen ist

$$s = \cos^3 \varphi - \frac{1}{3} \cos^3 3\varphi + \frac{1}{3^2} \cos^3 3^2 \varphi - \frac{1}{3^3} \cos^3 3^3 \varphi + \cdots.$$

178. Es seien a_n, b_n, $b_n \neq 0$, $n = 0, 1, 2, \ldots$, zwei Zahlenfolgen, die den Bedingungen genügen:

a) Die Potenzreihe $f(x) = \sum_{n=0}^{\infty} a_n x^n$ besitzt einen von Null verschiedenen Konvergenzradius r.

b) Der Grenzwert

$$\lim_{n \to \infty} \frac{b_n}{b_{n+1}} = q$$

existiert, und es ist $|q| < r$.

Setzt man nun

$$c_n = a_0 b_n + a_1 b_{n-1} + \cdots + a_n b_0, \qquad n = 0, 1, 2, \ldots,$$

so konvergiert $\frac{c_n}{b_n}$ mit wachsendem n gegen $f(q)$.

179. Es seien

$$f_n(x) = a_{n1} x + a_{n2} x^2 + a_{n3} x^3 + \cdots, \qquad n = 1, 2, 3, \ldots$$

beliebige Funktionen, $|a_{nk}| < A$ für sämtliche positive ganze Werte von n und k, ferner

$$\lim_{n \to \infty} f_n(x) = 0,$$

wenn $0 < x < 1$. Dann ist bei festem k, $k = 1, 2, 3, \ldots$,

$$\lim_{n \to \infty} a_{nk} = 0.$$

180. Die Reihen

$$a_{n0} + a_{n1} + a_{n2} + \cdots + a_{nk} + \cdots = s_n, \qquad n = 0, 1, 2, \ldots$$

sollen eine gemeinsame konvergente Majorante

$$A_0 + A_1 + A_2 + \cdots + A_k + \cdots = S$$

besitzen, d. h. die Ungleichungen $|a_{nk}| \leqq A_k$ sollen für alle Werte von n und k erfüllt sein. Es sei ferner

$$\lim_{n \to \infty} a_{nk} = a_k$$

vorhanden für $k = 0, 1, 2, \ldots$. Dann ist die Reihe

$$a_0 + a_1 + a_2 + \cdots + a_k + \cdots = s$$

konvergent, und es ist

$$\lim_{n \to \infty} s_n = s.$$

181. Man rechtfertige die Grenzübergänge in **53** und **59**.

182. Wenn die positive Zahl α fest bleibt und n ganzzahlig gegen $+\infty$ strebt, ist

$$\sum_{\nu=1}^{\infty}{}' \nu^{\alpha-1}(n^\alpha - \nu^\alpha)^{-2} \sim \frac{n^{1-\alpha}}{3}\left(\frac{\pi}{\alpha}\right)^2 .$$

In der Summation ist das sinnlose Glied mit dem Index $\nu = n$ wegzulassen, was durch das Komma am Summationszeichen angedeutet ist. — Man beachte den Fall $\alpha = 1$.

183. Die Zahlen $\varepsilon_0, \varepsilon_1, \varepsilon_2, \ldots, \varepsilon_n, \ldots$ seien nur der drei Werte $-1, 0, +1$ fähig. Dann ist

$$\varepsilon_0\sqrt{2+\varepsilon_1\sqrt{2+\varepsilon_2\sqrt{2+\cdots}}} = 2\sin\left(\frac{\pi}{4}\sum_{n=0}^{\infty}\frac{\varepsilon_0\varepsilon_1\varepsilon_2\ldots\varepsilon_n}{2^n}\right).$$

(Die linke Seite ist als Grenzwert von

$$\varepsilon_0\sqrt{2+\varepsilon_1\sqrt{2+\varepsilon_2\sqrt{2+\cdots+\varepsilon_n\sqrt{2}}}}, \qquad n = 0, 1, 2, \ldots$$

für $n \to \infty$ gemeint; diese Ausdrücke haben für alle Werte von n einen wohlbestimmten Sinn. Die Quadratwurzeln sind stets nichtnegativ zu nehmen.)

184. Jede Zahl x des Intervalls $-2 \leqq x \leqq 2$ läßt sich in der Form

$$x = \varepsilon_0\sqrt{2+\varepsilon_1\sqrt{2+\varepsilon_2\sqrt{2+\cdots}}}$$

darstellen, wobei die „Ziffern" $\varepsilon_0, \varepsilon_1, \varepsilon_2, \ldots$ nur der beiden Werte $-1, +1$ fähig sind. Diese Darstellung ist sogar *eindeutig* möglich, wenn x nicht von der Form $2\cos\frac{p}{2^q}\pi$, p, q ganz, $0 < p < 2^q$, ist. Letztere sind die einzigen Zahlen, welche sich in der endlichen Form

$$\varepsilon_0\sqrt{2+\varepsilon_1\sqrt{2+\varepsilon_2\sqrt{2+\cdots+\varepsilon_n\sqrt{2}}}}$$

darstellen lassen. Man kann sie auf *zweierlei* Art zu einer unendlichen Darstellung ergänzen: Entweder so, daß man

$$\varepsilon_{n+1} = 1, \qquad \varepsilon_{n+2} = -1, \qquad \varepsilon_{n+3} = \varepsilon_{n+4} = \cdots = 1,$$

oder so, daß man

$$\varepsilon_{n+1} = -1, \qquad \varepsilon_{n+2} = -1, \qquad \varepsilon_{n+3} = \varepsilon_{n+4} = \cdots = 1$$

setzt.

185. (Fortsetzung.) Die Zahl x ist dann und nur dann von der Form $x = 2\cos k\pi$, k rational, wenn die Folge $\varepsilon_0, \varepsilon_1, \varepsilon_2, \ldots$ von einem gewissen Gliede ab periodisch ist.

Zweiter Abschnitt.

Integralrechnung.

I. Kapitel.

Das Integral als Grenzwert von Rechtecksummen.

Es sei $f(x)$ eine beschränkte Funktion im endlichen Intervalle $a \leqq x \leqq b$. Dieses Intervall sei durch die Zwischenpunkte $x_0, x_1, x_2, \ldots, x_{n-1}, x_n$, wobei

$$a = x_0 < x_1 < x_2 < \cdots < x_{n-1} < x_n = b$$

ist, in Teilintervalle geteilt; m_ν bzw. M_ν bezeichne die untere, bzw. die obere Grenze von $f(x)$ im ν^{ten} Teilintervalle $x_{\nu-1} \leqq x \leqq x_\nu$, $\nu = 1, 2, \ldots, n$. Dann heißt

$$U = \sum_{\nu=1}^{n} m_\nu (x_\nu - x_{\nu-1}) \quad \text{die Untersumme,}$$

$$O = \sum_{\nu=1}^{n} M_\nu (x_\nu - x_{\nu-1}) \quad \text{die Obersumme,}$$

welche zu der Einteilung $x_0, x_1, x_2, \ldots, x_{n-1}, x_n$ gehört. Eine Obersumme ist stets größer (nicht kleiner) als eine zu irgendeiner Einteilung gehörige Untersumme. Wenn es *nur eine* Zahl gibt, die von keiner Untersumme übertroffen und von keiner Obersumme unterschritten wird, so heißt diese Zahl

$$\int_a^b f(x)\, dx$$

das bestimmte Integral von $f(x)$ im Intervalle a, b, und die Funktion $f(x)$ heißt im *Riemann*schen Sinne (eigentlich) integrabel im Intervalle a, b.

Beispiel.

$$f(x) = \frac{1}{x^2}, \qquad a > 0.$$

Es ist

$$\frac{1}{x_\nu^2} < \frac{1}{x_{\nu-1} x_\nu} < \frac{1}{x_{\nu-1}^2},$$

folglich

$$\sum_{\nu=1}^{n} \frac{x_\nu - x_{\nu-1}}{x_\nu^2} < \sum_{\nu=1}^{n} \frac{x_\nu - x_{\nu-1}}{x_{\nu-1} x_\nu} < \sum_{\nu=1}^{n} \frac{x_\nu - x_{\nu-1}}{x_{\nu-1}^2}.$$

Man hat

$$\sum_{\nu=1}^{n} \frac{x_\nu - x_{\nu-1}}{x_{\nu-1} x_\nu} = \sum_{\nu=1}^{n} \left(\frac{1}{x_{\nu-1}} - \frac{1}{x_\nu} \right) = \frac{1}{a} - \frac{1}{b}.$$

Die Zahl $\frac{1}{a} - \frac{1}{b}$ ist somit größer als jede Untersumme und kleiner als jede Obersumme. Hieraus kann man jedoch

$$\frac{1}{a} - \frac{1}{b} = \int_a^b \frac{dx}{x^2}$$

erst dann schließen, wenn nachgewiesen wird, daß *nur* $\frac{1}{a} - \frac{1}{b}$ und keine andere Zahl unterhalb aller Obersummen und oberhalb aller Untersummen liegt. Da $\frac{1}{x^2}$ monoton, ist der Nachweis leicht. Vgl. z. B. *Cesàro*, S. 692.

1. Es sei $a > 0$, r ganz, $r \geqq 2$. Man zeige auf ähnliche Weise, wie im vorigen Beispiel, daß

$$\sum_{\nu=1}^{n} \frac{1}{r-1} \left(\frac{1}{x_\nu^{r-1} x_{\nu-1}} + \frac{1}{x_\nu^{r-2} x_{\nu-1}^2} + \cdots + \frac{1}{x_\nu x_{\nu-1}^{r-1}} \right) (x_\nu - x_{\nu-1})$$
$$= \frac{1}{r-1} \left(\frac{1}{a^{r-1}} - \frac{1}{b^{r-1}} \right) = \int_a^b \frac{dx}{x^r}.$$

2. Es sei $a > 0$ und r eine positive ganze Zahl. Man zeige, daß das Integral $\int_a^b x^r dx = \frac{b^{r+1} - a^{r+1}}{r+1}$ ist, d. h., daß die Zahl $\frac{b^{r+1} - a^{r+1}}{r+1}$ alle Untersummen übertrifft und von allen Obersummen übertroffen wird.

Die Zwischenpunkte $x_0, x_1, x_2, \ldots, x_{n-1}, x_n$ bilden eine arithmetische Reihe, wenn

$$x_{\nu+1} - x_\nu = x_\nu - x_{\nu-1}$$

für $\nu = 1, 2, \ldots, n-1$ ist. Sie bilden eine geometrische Reihe, wenn

$$\frac{x_{\nu+1}}{x_\nu} = \frac{x_\nu}{x_{\nu-1}}$$

für $\nu = 1, 2, \ldots, n-1$ ist; im letzteren Falle ist $a > 0$ vorausgesetzt.

3. Man bilde die Untersumme und Obersumme für die Funktion e^x im Intervalle a, b, wenn die Zwischenpunkte eine arithmetische Reihe bilden. Was ist der Grenzwert, wenn n ins Unendliche strebt?

4. Man bilde die Untersumme und Obersumme für die Funktion $\frac{1}{x}$ im Intervalle a, b, wenn die Zwischenpunkte eine geometrische Reihe bilden, $a > 0$. Was ist der Grenzwert, wenn n ins Unendliche strebt?

5. Man beweise die Identität

$$1 - \frac{1}{2} + \frac{1}{3} - \frac{1}{4} + \cdots + \frac{1}{2n-1} - \frac{1}{2n} = \frac{1}{n+1} + \frac{1}{n+2} + \cdots + \frac{1}{2n}.$$

Man bestimme den Grenzwert für $n \to \infty$. [Die rechte Seite läßt sich als eine Untersumme auffassen; das Intervall ist 0, 1, die Einteilung geschieht durch eine arithmetische Reihe.]

6. Die unendliche Folge, deren n^{tes} Glied die n^{te} Partialsumme der Reihe

$$\frac{\sin x}{1} + \frac{\sin 2x}{2} + \cdots + \frac{\sin nx}{n} + \cdots$$

an der Stelle $x = \frac{\pi}{n+1}$ ist, hat einen von 0 verschiedenen Grenzwert. (Hieraus geht hervor, daß diese Reihe in der Umgebung der Stelle $x = 0$ nicht gleichmäßig konvergiert.)

7. Die auf S. 34 erwähnte Funktion $f(x)$ sei die Ableitung der Funktion $F(x)$. Irgendeine Untersumme von $f(x)$ sei mit U, irgendeine Obersumme mit O bezeichnet. Dann ist

$$U \leqq F(b) - F(a) \leqq O.$$

(Es ist aber nicht gesagt, daß $F(b) - F(a)$ die *einzige* Zahl ist, die dieser doppelten Ungleichung — für alle U und O — genügt.)

---

8. Es sei $0 < \xi < 1$, die Funktion $f(x)$ im Intervalle $0, \xi$ monoton wachsend, im Intervalle $\xi, 1$ monoton abnehmend, ihr Maximum $f(\xi) = M$. Die Differenz

$$\Delta_n = \int_0^1 f(x)\,dx - \frac{1}{n}\left[f\left(\frac{1}{n}\right) + f\left(\frac{2}{n}\right) + \cdots + f\left(\frac{n}{n}\right)\right]$$

strebt dann für $n \to \infty$ wie $\frac{1}{n}$ gegen Null. Es ist nämlich

$$-\frac{M - f(0)}{n} \leqq \Delta_n \leqq \frac{M - f(1)}{n}.$$

9. Die Funktion $f(x)$ sei im Intervalle $0, 1$ von beschränkter Schwankung. Ist ihre totale Schwankung gleich V, so strebt die Differenz

$$\Delta_n = \int_0^1 f(x)\,dx - \frac{1}{n}\left[f\left(\frac{1}{n}\right) + f\left(\frac{2}{n}\right) + \cdots + f\left(\frac{n}{n}\right)\right]$$

für $n \to \infty$ wie $\frac{1}{n}$ gegen Null. Es ist nämlich

$$|\Delta_n| \leqq \frac{V}{n}.$$

10. Die Funktion $f(x)$ soll im Intervalle a, b eine beschränkte und integrable Ableitung haben. Es sei

$$\Delta_n = \int_a^b f(x)\,dx - \frac{b-a}{n}\sum_{\nu=1}^{n} f\left(a + \nu\frac{b-a}{n}\right)$$

gesetzt. Man bestimme den Grenzwert $\lim_{n\to\infty} n\Delta_n$.

11. Die Funktion $f(x)$ sei zweimal differentiierbar, und $f''(x)$ sei eigentlich integrabel, $a \leqq x \leqq b$. Dann strebt die Differenz

$$\Delta_n' = \int_a^b f(x)\,dx - \frac{b-a}{n}\sum_{\nu=1}^{n} f\left(a + (2\nu - 1)\frac{b-a}{2n}\right)$$

wie $\frac{1}{n^2}$ gegen 0, wenn n ins Unendliche wächst. Es ist sogar der Grenzwert $\lim_{n\to\infty} n^2\Delta_n'$ vorhanden. Man bestimme diesen Grenzwert.

12. (Fortsetzung.) Die Differenz

$$\Delta_n'' = \int_a^b f(x)\,dx - \frac{b-a}{2n+1}\left[f(a) + 2\sum_{\nu=1}^{n} f\left(a + 2\nu\frac{b-a}{2n+1}\right)\right]$$

strebt wie $\frac{1}{n^2}$ gegen 0, wenn n ins Unendliche wächst. Es ist sogar der Grenzwert $\lim_{n\to\infty} n^2\Delta_n''$ vorhanden. Man bestimme diesen Grenzwert.

Man zeige ferner, daß $\Delta_n'' \geqq 0$, wenn $f'(a) \geqq 0$ und $f''(x) \geqq 0$, $a \leqq x \leqq b$.

13. Es sei

$$U_n = \frac{1}{n+1} + \frac{1}{n+2} + \cdots + \frac{1}{2n}, \quad V_n = \frac{2}{2n+1} + \frac{2}{2n+3} + \cdots + \frac{2}{4n-1}.$$

Dann ist

$$\lim_{n\to\infty} U_n = \log 2, \qquad \lim_{n\to\infty} V_n = \log 2,$$

$$\lim_{n\to\infty} n(\log 2 - U_n) = \frac{1}{4}, \qquad \lim_{n\to\infty} n^2(\log 2 - V_n) = \frac{1}{32}.$$

14. Der Ausdruck

$$\frac{1}{\sin\frac{\pi}{n}} + \frac{1}{\sin\frac{2\pi}{n}} + \cdots + \frac{1}{\sin\frac{(n-1)\pi}{n}} - \frac{2n}{\pi}(\log 2n + C - \log\pi)$$

bleibt bei unendlich wachsendem n beschränkt; C ist die *Euler*sche Konstante [Lösung **18**].

15. $\lim\limits_{n\to\infty} e^{\frac{n}{4}} n^{-\frac{n+1}{2}} (1^1 2^2 3^3 \ldots n^n)^{\frac{1}{n}} = 1$.

16. Es sei α positiv und x_n bezeichne die (einzige) Wurzel der Gleichung

$$\frac{1}{2x} + \frac{1}{x-1} + \frac{1}{x-2} + \cdots + \frac{1}{x-n} = \alpha$$

im Intervall n, ∞. Man beweise, daß

$$\lim_{n\to\infty}\left(x_n - \frac{n+\frac{1}{2}}{1-e^{-\alpha}}\right) = 0. \qquad [\mathbf{12}.]$$

17. Es sei α positiv und x_n' bezeichne die (einzige) Wurzel der Gleichung

$$\frac{1}{x} + \frac{2x}{x^2-1^2} + \frac{2x}{x^2-2^2} + \cdots + \frac{2x}{x^2-n^2} = \alpha$$

im Intervall n, ∞. Man beweise, daß

$$\lim_{n\to\infty}\left(x_n' - (n+\tfrac{1}{2})\frac{1+e^{-\alpha}}{1-e^{-\alpha}}\right) = 0. \qquad [\mathbf{12}.]$$

18. $f(x)$ sei differentiierbar für $x \geqq 1$, und $f'(x)$ konvergiere für $x\to\infty$ monoton gegen 0. Dann existiert der Grenzwert

$$\lim_{n\to\infty}\left(\tfrac{1}{2}f(1) + f(2) + f(3) + \cdots + f(n-1) + \tfrac{1}{2}f(n) - \int_1^n f(x)\,dx\right) = s;$$

und zwar ist, wenn $f'(x)$ z. B. wächst,

$$\tfrac{1}{8}f'(n) < \tfrac{1}{2}f(1) + f(2) + f(3) + \cdots + f(n-1) + \tfrac{1}{2}f(n) - \int_1^n f(x)\,dx - s < 0.$$

Man beachte die Spezialfälle $f(x) = \frac{1}{x}$, $f(x) = -\log x$.

19. $f(x)$ sei differentiierbar für $x \geqq 1$, und $f'(x)$ konvergiere monoton wachsend gegen ∞ für $x\to\infty$. Dann ist

$$\tfrac{1}{2}f(1) + f(2) + f(3) + \cdots + f(n-1) + \tfrac{1}{2}f(n) = \int_1^n f(x)\,dx + O[f'(n)].$$

Es ist namentlich

$$0 < \tfrac{1}{2}f(1) + f(2) + f(3) + \cdots + f(n-1) + \tfrac{1}{2}f(n) - \int_1^n f(x)\,dx < \tfrac{1}{8}f'(n) - \tfrac{1}{8}f'(1).$$

Es sei $f(x)$ im endlichen Intervalle $a \leqq x \leqq b$ definiert, mit Ausnahme einer Stelle $x = c$, $a \leqq c \leqq b$, in deren Umgebung $f(x)$ beliebig großer Werte fähig ist. Es sei ferner $f(x)$ eigentlich integrabel in jedem Teilintervalle von a, b, welches c nicht enthält. Dann wird $\int\limits_a^b f(x)\,dx$ durch den Grenzwert

$$\int\limits_a^b f(x)\,dx = \lim_{\varepsilon,\, \varepsilon' \to +0} \left(\int\limits_a^{c-\varepsilon} f(x)\,dx + \int\limits_{c+\varepsilon'}^b f(x)\,dx \right)$$

definiert. (Ist c gleich a oder b, so fällt das eine Integral fort.) Ähnlich geschieht die Definition des Integrals, wenn mehrere (endlich viele) Unendlichkeitsstellen im Intervall a, b liegen.

Die Funktion $f(x)$ sei für $x \geqq a$ definiert, außerdem eigentlich integrabel in jedem endlichen Intervalle $a \leqq x \leqq \omega$. Dann wird $\int\limits_a^\infty f(x)\,dx$ durch den Grenzwert

$$\int\limits_a^\infty f(x)\,dx = \lim_{\omega \to \infty} \int\limits_a^\omega f(x)\,dx$$

definiert.

Durch eine passend gewählte lineare Substitution kann die eine Art von uneigentlichen Integralen stets in die andere Art übergeführt werden.

20. Die Funktion $f(x)$ sei monoton für $0 < x < 1$. Sie braucht an den Stellen $x = 0$ und $x = 1$ nicht beschränkt zu sein, jedoch soll das uneigentliche Integral $\int\limits_0^1 f(x)\,dx$ existieren. Dann ist

$$\lim_{n \to \infty} \frac{f\left(\frac{1}{n}\right) + f\left(\frac{2}{n}\right) + \cdots + f\left(\frac{n-1}{n}\right)}{n} = \int\limits_0^1 f(x)\,dx\,.$$

21. (Fortsetzung.) Wenn $\varphi(x)$ im Intervalle $0 \leqq x \leqq 1$ eigentlich integrabel ist, dann ist

$$\lim_{n \to \infty} \frac{\varphi\left(\frac{1}{n}\right) f\left(\frac{1}{n}\right) + \varphi\left(\frac{2}{n}\right) f\left(\frac{2}{n}\right) + \cdots + \varphi\left(\frac{n-1}{n}\right) f\left(\frac{n-1}{n}\right)}{n} = \int\limits_0^1 \varphi(x)\, f(x)\,dx\,.$$

22. Man beweise anders als in I **71**, daß für $\alpha > 0$

$$\lim_{n \to \infty} \frac{1^{\alpha-1} + 2^{\alpha-1} + \cdots + n^{\alpha-1}}{n^\alpha} = \frac{1}{\alpha}\,.$$

23. Man setze

$$\sum_{k=1}^\infty k^{\alpha-1} z^k \sum_{l=1}^\infty l^{\beta-1} z^l = \sum_{n=1}^\infty a_n z^n, \qquad \alpha, \beta > 0.$$

Der Grenzwert

$$\lim_{n\to\infty} n^{1-\alpha-\beta} a_n$$

existiert und ist von 0 verschieden. (Wenn $0<\alpha<1$, $0<\beta<1$, $\alpha+\beta\geqq 1$, $z=-1$ gewählt wird, so ist die Produktreihe divergent, obwohl die beiden Faktoren konvergieren.)

24. Die Behauptung von **20** läßt sich nicht ohne weiteres umkehren: Es gibt im Intervalle $0<x<1$ monotone Funktionen, für die der Grenzwert links existiert, ohne daß das Integral rechts existierte.

25. Ist $f(x)$ im Intervall $0<x<1$ monoton, für $x=0$ oder für $x=1$ endlich, existiert ferner

$$\lim_{n\to\infty} \frac{f\left(\frac{1}{n}\right)+f\left(\frac{2}{n}\right)+\cdots+f\left(\frac{n-1}{n}\right)}{n},$$

so existiert auch $\int\limits_0^1 f(x)\,dx$.

26. Die Funktion $f(x)$ soll im Intervalle $0<x<1$ definiert und monoton sein. Es ist

$$\lim_{n\to\infty}\frac{1}{n}\sum_{\nu=1}^{n} f\left(\frac{2\nu-1}{2n}\right)=\int\limits_0^1 f(x)\,dx,$$

vorausgesetzt, daß das angeschriebene uneigentliche Integral existiert.

27. Es ist für $\alpha>0$

$$\lim_{n\to\infty}\frac{1^{\alpha-1}-2^{\alpha-1}+3^{\alpha-1}-\cdots+(-1)^{n-1}n^{\alpha-1}}{n^{\alpha}}=0.$$

28. Wenn $f(x)$ in 0,1 eigentlich integrabel ist, so gilt offenbar

$$\lim_{n\to\infty}\frac{f\left(\frac{1}{n}\right)-f\left(\frac{2}{n}\right)+f\left(\frac{3}{n}\right)-\cdots+(-1)^n f\left(\frac{n-1}{n}\right)}{n}=0.$$

Man zeige, daß dies auch dann gilt, wenn $f(x)$ bloß uneigentlich integrabel aber monoton ist.

29. Ist $f(x)$ monoton für $x>0$, $\lim\limits_{n\to\infty}\varepsilon_n=0$, ferner $c>0$, $\varepsilon_n>\frac{c}{n}$, dann ist

$$\lim_{n\to\infty}\frac{f(\varepsilon_n)+f\left(\varepsilon_n+\frac{1}{n}\right)+f\left(\varepsilon_n+\frac{2}{n}\right)+\cdots+f\left(\varepsilon_n+\frac{n-1}{n}\right)}{n}=\int\limits_0^1 f(x)\,dx,$$

vorausgesetzt, daß das letzte Integral existiert.

30. Die Funktion $f(x)$ soll für $x \geqq 0$ definiert und monoton sein. Ferner soll das uneigentliche Integral $\int_0^\infty f(x)\,dx$ existieren. Dann ist

$$\lim_{h \to +0} h\,(f(h) + f(2h) + f(3h) + \cdots) = \lim_{h \to +0} h \sum_{n=1}^{\infty} f(nh) = \int_0^\infty f(x)\,dx .$$

31. Die Γ-Funktion wird für $\alpha > 0$ (oder auch für $\Re\,\alpha > 0$) durch das Integral

$$\Gamma(\alpha) = \int_0^\infty e^{-x} x^{\alpha-1}\,dx$$

definiert. Man zeige auf Grund von I **89**, daß

$$\Gamma(\alpha) = \lim_{n \to \infty} \frac{n^{\alpha-1} n!}{\alpha(\alpha+1)\cdots(\alpha+n-1)}, \qquad \alpha > 0 .$$

32. Die *Euler*sche Konstante C läßt sich bekanntlich [vgl. *Cesàro*, S. 782] durch die Integralformel

$$C = \int_0^\infty e^{-x}\left(\frac{1}{1-e^{-x}} - \frac{1}{x}\right) dx$$

darstellen. Man zeige, daß

$$C = \lim_{t \to 1-0}\left[(1-t)\left(\frac{t}{1-t} + \frac{t^2}{1-t^2} + \frac{t^3}{1-t^3} + \cdots + \frac{t^n}{1-t^n} + \cdots\right) - \log\frac{1}{1-t}\right]$$

ist.

33.

$$\lim_{t \to 1-0} (1-t)\left(\frac{t}{1+t} + \frac{t^2}{1+t^2} + \frac{t^3}{1+t^3} + \cdots + \frac{t^n}{1+t^n} + \cdots\right) = \log 2 .$$

34.

$$\lim_{t \to 1-0} (1-t)^2\left(\frac{t}{1-t} + 2\frac{t^2}{1-t^2} + 3\frac{t^3}{1-t^3} + \cdots + n\frac{t^n}{1-t^n} + \cdots\right) = \frac{\pi^2}{6} .$$

35. Es ist

$$\lim_{t \to 1-0} \sqrt{1-t}\,(1 + t + t^4 + t^9 + \cdots + t^{n^2} + \cdots) = \frac{\sqrt{\pi}}{2} .$$

Allgemeiner für $\alpha > 0$

$$\lim_{t \to 1-0} \sqrt[\alpha]{1-t}\,(1 + t^{1^\alpha} + t^{2^\alpha} + t^{3^\alpha} + \cdots + t^{n^\alpha} + \cdots) = \frac{1}{\alpha}\Gamma\left(\frac{1}{\alpha}\right).$$

36. Es ist zu berechnen

$$\lim_{t \to +\infty}\left(\frac{1}{t} + \frac{2t}{t^2+1^2} + \frac{2t}{t^2+2^2} + \cdots + \frac{2t}{t^2+n^2} + \cdots\right).$$

37. Es sei $\alpha > 1$. Man beweise, daß $g(t) = \prod_{n=1}^{\infty}\left(1 + \frac{t}{n^\alpha}\right)$ gesetzt,

$$\lim_{t\to+\infty} \frac{\log g(t)}{t^{\frac{1}{\alpha}}} = \frac{\pi}{\sin\frac{\pi}{\alpha}}.$$

38. Mittels Grenzübergang aus der für beliebige komplexe t gültigen Formel

$$\frac{\sin t}{t} = \frac{e^{it} - e^{-it}}{2it} = \prod_{n=1}^{\infty}\left(1 - \frac{t^2}{n^2\pi^2}\right)$$

beweise man die Gleichung

$$\int_0^\infty \log(1 - 2x^{-2}\cos 2\varphi + x^{-4})\,dx = 2\pi\sin\varphi, \qquad 0 \leqq \varphi \leqq \pi.$$

39. Das Integral $\int_0^a \log x\,dx$ ist aus der *unendlichen* Rechtecksumme zu berechnen, die den Zwischenpunkten $a, aq, aq^2, aq^3, \ldots$ entspricht, $0 < q < 1$.

40. Für festes positives k und für ganzzahlig ins Unendliche wachsendes n gilt

$$\sum_{\nu=0}^{n} \binom{n}{\nu}^k \sim \frac{2^{kn}}{\sqrt{k}}\left(\frac{2}{\pi n}\right)^{\frac{k-1}{2}}.$$

[**58**.] Vgl. die Spezialfälle $k = 1$, $k = 2$.

---

41. Die positive ganze Zahl n sei durch die Zahlen $1, 2, 3, \ldots, \nu, \ldots, n$ geteilt. Die Division durch ν ergebe den Rest n_ν. Es ist z. B. $17_3 = 2$, $10_{20} = 10$ und immer $n \equiv n_\nu$ (mod. ν), $0 \leqq n_\nu < \nu$. Was ist die Wahrscheinlichkeit dafür, daß $n_\nu \geqq \frac{\nu}{2}$ ist?

Lösung. Es ist

$$n = \nu\left[\frac{n}{\nu}\right] + n_\nu,$$

folglich

$$0 \leqq \frac{2n}{\nu} - 2\left[\frac{n}{\nu}\right] = \frac{2n_\nu}{\nu} < 2.$$

Im günstigen Falle ist

$$n_\nu \geqq \frac{\nu}{2}, \qquad \text{also} \qquad \left[\frac{2n}{\nu}\right] - 2\left[\frac{n}{\nu}\right] = 1;$$

im ungünstigen Falle ist

$$n_\nu < \frac{\nu}{2}, \qquad \text{also} \qquad \left[\frac{2n}{\nu}\right] - 2\left[\frac{n}{\nu}\right] = 0$$

[VIII **3**]. Die gesuchte Wahrscheinlichkeit ist somit

$$w_n = \frac{1}{n} \sum_{\nu=1}^{n} \left(\left[\frac{2n}{\nu} \right] - 2 \left[\frac{n}{\nu} \right] \right).$$

Sie strebt für $n \to \infty$ gegen das *eigentliche* Integral

$$\int_0^1 \left(\left[\frac{2}{x} \right] - 2 \left[\frac{1}{x} \right] \right) dx = \lim_{n \to \infty} \sum_{\nu=1}^{n-1} \int_{\frac{1}{\nu+1}}^{\frac{1}{\nu}} \left(\left[\frac{2}{x} \right] - 2 \left[\frac{1}{x} \right] \right) dx = \lim_{n \to \infty} \sum_{\nu=1}^{n-1} \left(\frac{1}{\nu + \frac{1}{2}} - \frac{1}{\nu + 1} \right)$$

$$= 2 \left(\tfrac{1}{3} - \tfrac{1}{4} + \tfrac{1}{5} - \tfrac{1}{6} + \cdots \right) = 2 \log 2 - 1 = 0{,}38629\ldots.$$

42. (Fortsetzung.) Man berechne

$$\lim_{n \to \infty} \frac{1}{n} \left(\frac{n_1}{1} + \frac{n_2}{2} + \frac{n_3}{3} + \cdots + \frac{n_n}{n} \right).$$

43. (Fortsetzung.) Man berechne

$$\lim_{n \to \infty} \frac{n_1 + n_2 + n_3 + \cdots + n_n}{n^2}.$$

44. (Fortsetzung.) Die Anzahl derjenigen unter den Brüchen

$$\frac{n_1}{1}, \quad \frac{n_2}{2}, \quad \frac{n_3}{3}, \quad \ldots, \quad \frac{n_n}{n},$$

die kleiner sind als eine feste Zahl α, $0 \leqq \alpha \leqq 1$, strebt, durch n dividiert, gegen den Grenzwert

$$\int_0^1 \frac{1 - x^\alpha}{1 - x} dx. \qquad \text{[VIII } \mathbf{4}.\text{]}$$

45. Es sei $\sigma_\alpha(n)$ die Summe der α^{ten} Potenzen sämtlicher Teiler von n (VIII, Kap. 1, § 5) und

$$\textstyle\sum_\alpha(n) = \sigma_\alpha(1) + \sigma_\alpha(2) + \sigma_\alpha(3) + \cdots + \sigma_\alpha(n) = \displaystyle\sum_{\nu=1}^{n} \left[\frac{n}{\nu} \right] \nu^\alpha \qquad \text{[VIII } \mathbf{81}\text{]}.$$

Dann ist für $\alpha > 0$

$$\lim_{n \to \infty} \frac{\sum_\alpha(n)}{n^{\alpha+1}} = \frac{\zeta(\alpha + 1)}{\alpha + 1},$$

wobei $\zeta(s)$ die *Riemann*sche ζ-Funktion bezeichnet (vgl. VIII, Kap. 1, § 5). Für $\alpha > 1$ gilt sogar die Ungleichung

$$\left| \frac{\sum_\alpha(n)}{n^{\alpha+1}} - \frac{\zeta(\alpha + 1)}{\alpha + 1} \right| \leqq \frac{2\zeta(\alpha) - 1}{n}, \qquad n = 1, 2, 3, \ldots.$$

[$\left(\frac{1}{x} - \left[\frac{1}{x} \right] \right) x^\alpha$ ist eigentlich integrabel im Intervall 0, 1, wenn $\alpha > 0$ [**107**]; $\left[\frac{1}{x} \right] x^\alpha$ ist von beschränkter Schwankung, wenn $\alpha > 1$.]

46. Es bezeichne $\tau(n) = \sigma_0(n)$ die Anzahl der Teiler von n; dann ist

$$\tau(1) + \tau(2) + \tau(3) + \cdots + \tau(n) = \sum_{\nu=1}^{n} \left[\frac{n}{\nu}\right] =$$
$$= n(\log n + 2C - 1) + O(\sqrt{n}) \quad [\text{VIII } \mathbf{79}],$$

wenn C die *Euler*sche Konstante ist. [Man wende die Überlegung **9** auf $\frac{1}{x} - \left[\frac{1}{x}\right]$ in dem Intervalle $\left(\frac{1}{m}, 1\right)$, $m = [\sqrt{n}] + 1$, an; Lösung **18**.]

47. Man bezeichne mit U_n die Anzahl der ungeraden, mit G_n die Anzahl der geraden Teiler der Zahl n. Es ist z. B. $U_{20} = 2$, $G_{20} = 4$. Man beweise, daß

$$\lim_{n \to \infty} \frac{U_1 - G_1 + U_2 - G_2 + \cdots + U_n - G_n}{n} = \log 2 .$$

Unter arithmetischem, geometrischem bzw. harmonischem Mittel der n Zahlen $a_1, a_2, a_3, \ldots, a_n$ verstehen wir die Ausdrücke

$$\frac{a_1 + a_2 + a_3 + \cdots + a_n}{n}, \quad \sqrt[n]{a_1 a_2 a_3 \ldots a_n}, \quad \frac{n}{\frac{1}{a_1} + \frac{1}{a_2} + \frac{1}{a_3} + \cdots + \frac{1}{a_n}} .$$

In den zwei letzten Fällen sind sämtliche Zahlen als positiv vorausgesetzt. (Ausführlicheres in Kap. 2.)

48. Die Funktion $f(x)$ sei im Intervalle a, b definiert und eigentlich integrabel;

$$f_{\nu n} = f(a + \nu \delta_n), \qquad \delta_n = \frac{b-a}{n}$$

gesetzt, ist

$$\lim_{n \to \infty} \frac{f_{1n} + f_{2n} + f_{3n} + \cdots + f_{nn}}{n} = \frac{1}{b-a} \int_a^b f(x)\, dx ,$$

$$\lim_{n \to \infty} \sqrt[n]{f_{1n} f_{2n} f_{3n} \cdots f_{nn}} = e^{\frac{1}{b-a} \int_a^b \log f(x)\, dx} ,$$

$$\lim_{n \to \infty} \frac{n}{\frac{1}{f_{1n}} + \frac{1}{f_{2n}} + \frac{1}{f_{3n}} + \cdots + \frac{1}{f_{nn}}} = \frac{b-a}{\int_a^b \frac{dx}{f(x)}} .$$

Diese drei Grenzwerte heißen bzw. arithmetisches, geometrisches und harmonisches Mittel der Funktion $f(x)$. In den zwei letzten Gleichungen ist vorausgesetzt, daß die untere Grenze von $f(x)$ positiv ist.

49. Man zeige anders als in I **69**, daß

$$\lim_{n\to\infty} \frac{\sqrt[n]{n!}}{n}$$

existiert und gleich dem geometrischen Mittel von x im Intervalle 0, 1, d. h. $= \frac{1}{e}$ ist.

50. Es seien a und d positive Zahlen, A_n das arithmetische, G_n das geometrische Mittel der Größen $a, a+d, a+2d, \ldots, a+(n-1)d$. Dann ist

$$\lim_{n\to\infty} \frac{G_n}{A_n} = \frac{2}{e}.$$

51. Man bezeichne mit A_n das arithmetische, mit G_n das geometrische Mittel der Binomialkoeffizienten

$$\binom{n}{0}, \binom{n}{1}, \binom{n}{2}, \ldots, \binom{n}{\nu}, \ldots, \binom{n}{n}.$$

Man zeige, daß

$$\lim_{n\to\infty} \sqrt[n]{A_n} = 2, \qquad \lim_{n\to\infty} \sqrt[n]{G_n} = \sqrt{e}$$

ist.

52. Man beweise

$$\frac{1}{2\pi}\int_0^{2\pi} \log(1 - 2r\cos x + r^2)\,dx = \begin{cases} 2\log r & \text{für} \quad r \geqq 1, \\ 0 & \text{für} \quad 0 \leqq r \leqq 1. \end{cases}$$

53. Es sei r positiv und kleiner als 1; x durchlaufe das Intervall 0, 2π und ξ bezeichne die zu x nächstgelegene Zahl, für welche

$$\sin(x - \xi) = r\sin x$$

gilt. Dann ist

$$\frac{1}{2\pi}\int_0^{2\pi} \log(1 - 2r\cos\xi + r^2)\,dx = \log(1 - r^2).$$

[Man deute e^{ix}, $e^{i\xi}$, r in der komplexen Zahlenebene.]

54. Die Funktion $f(x)$ sei eigentlich integrabel in a, b. Die Bezeichnungen von **48** beibehalten, ist

$$\lim_{n\to\infty} (1 + f_{1n}\delta_n)(1 + f_{2n}\delta_n)\ldots(1 + f_{nn}\delta_n) = e^{\int_a^b f(x)\,dx}.$$

55. Man berechne

$$\lim_{n\to\infty} \frac{(n^2+1)(n^2+2)\ldots(n^2+n)}{(n^2-1)(n^2-2)\ldots(n^2-n)}.$$

56. Man beweise die Identität

$$\left(1+\frac{1}{\alpha-1}\right)\left(1-\frac{1}{2\alpha-1}\right)\left(1+\frac{1}{3\alpha-1}\right)\left(1-\frac{1}{4\alpha-1}\right)\cdots$$
$$\cdots\left(1+\frac{1}{(2n-1)\alpha-1}\right)\left(1-\frac{1}{2n\alpha-1}\right)=$$
$$=\frac{(n+1)\alpha}{(n+1)\alpha-1}\cdot\frac{(n+2)\alpha}{(n+2)\alpha-1}\cdots\frac{(n+n)\alpha}{(n+n)\alpha-1}.$$

Hieraus folgt, daß das linksstehende Produkt, ins Unendliche verlängert, den Grenzwert $2^{\frac{1}{\alpha}}$ hat, vorausgesetzt, daß $\alpha \neq 0, 1, \frac{1}{2}, \frac{1}{3}, \frac{1}{4}, \ldots$ ist. $[(2n)! = 2^n n!\ 1.\ 3.\ 5 \ldots (2n-1).]$

57. Es seien α, β, δ fest, $\delta > 0$ und

$$a = 1+\frac{\alpha}{n}, \qquad b = 1+\frac{\beta}{n}, \qquad d = \frac{\delta}{n}.$$

Man zeige, daß

$$\lim_{n\to\infty}\frac{a}{b}\cdot\frac{a+d}{b+d}\cdot\frac{a+2d}{b+2d}\cdots\frac{a+(n-1)d}{b+(n-1)d} = (1+\delta)^{\frac{\alpha-\beta}{\delta}}.$$

58. Es seien n und ν ganze Zahlen, $0<\nu<n$. Wenn ν mit n so gegen ∞ konvergiert, daß

$$\lim_{n\to\infty}\frac{\nu-\frac{n}{2}}{\sqrt{n}} = \lambda$$

wird, dann ist

$$\lim_{n\to\infty}\frac{\sqrt{n}}{2^n}\binom{n}{\nu} = \sqrt{\frac{2}{\pi}}\,e^{-2\lambda^2}.$$

59. Es sei t eine feste reelle Zahl. Es ist, $z = 2ne^{\frac{it}{\sqrt{n}}}$ gesetzt,

$$\lim_{n\to\infty}\left|\frac{2n-1}{z-1}\cdot\frac{2n-2}{z-2}\cdot\frac{2n-3}{z-3}\cdots\frac{2n-n}{z-n}\right| = \left(\frac{2}{e}\right)^{t^2}.$$

---

60. Die Funktion $f(x,y)$ sei im Rechteck R

$$a \leqq x \leqq b, \qquad c \leqq y \leqq d$$

die zweite gemischte Ableitung einer Funktion $F(x,y)$:

$$\frac{\partial^2 F(x,y)}{\partial x\,\partial y} = f(x,y).$$

Durch die Werte

$$a = x_0 < x_1 < x_2 < \cdots < x_{m-1} < x_m = b,$$
$$c = y_0 < y_1 < y_2 < \cdots < y_{n-1} < y_n = d$$

ist eine Einteilung des gegebenen Rechteckes R in Teilrechtecke $R_{\mu\nu}$: $x_{\mu-1} \leqq x \leqq x_\mu$, $y_{\nu-1} \leqq y \leqq y_\nu$ bestimmt, $\mu = 1, 2, \ldots, m$; $\nu = 1, 2, \ldots, n$.

Man verstehe unter $M_{\mu\nu}, m_{\mu\nu}$ die obere bzw. untere Grenze von $f(x, y)$ in $R_{\mu\nu}$. Bildet man

die Obersumme $$O = \sum_{\mu=1}^{m} \sum_{\nu=1}^{n} M_{\mu\nu} (x_\mu - x_{\mu-1}) (y_\nu - y_{\nu-1}),$$

die Untersumme $$U = \sum_{\mu=1}^{m} \sum_{\nu=1}^{n} m_{\mu\nu} (x_\mu - x_{\mu-1}) (y_\nu - y_{\nu-1}),$$

dann ist stets

$$U \leqq F(b, d) - F(b, c) - F(a, d) + F(a, c) \leqq O.$$

61. $$\iint\limits_{0 \leqq x \leqq y \leqq \pi} \log |\sin(x - y)| \, dx \, dy = -\frac{\pi^2}{2} \log 2.$$

[Man berechne auf zwei Arten das Quadrat des Betrages der Determinante

$$\begin{vmatrix} 1 & 1 & 1 & \dots & 1 \\ 1 & \varepsilon & \varepsilon^2 & \dots & \varepsilon^{n-1} \\ 1 & \varepsilon^2 & \varepsilon^4 & \dots & \varepsilon^{2(n-1)} \\ \dots & \dots & \dots & \dots & \dots \\ 1 & \varepsilon^{n-1} & \varepsilon^{2(n-1)} & \dots & \varepsilon^{(n-1)(n-1)} \end{vmatrix}, \qquad \varepsilon = e^{\frac{2\pi i}{n}}.]$$

62. Es sei $f(x, y)$ im Quadrat $0 \leqq x \leqq 1$, $0 \leqq y \leqq 1$ eigentlich integrabel. Man zeige, daß

$$\lim_{n \to \infty} \prod_{\mu=1}^{n} \prod_{\nu=1}^{n} \left[1 + \frac{1}{n^2} f\left(\frac{\mu}{n}, \frac{\nu}{n}\right)\right] = e^{\int_0^1 \int_0^1 f(x, y) \, dx \, dy}.$$

63. Es sei $f(x, y)$ im Quadrat $0 \leqq x \leqq 1$, $0 \leqq y \leqq 1$ eigentlich integrabel. Man berechne

$$\lim_{n \to \infty} \prod_{\nu=1}^{n} \left\{1 + \frac{1}{n^2}\left[f\left(\frac{1}{n}, \frac{\nu}{n}\right) + f\left(\frac{2}{n}, \frac{\nu}{n}\right) + \dots + f\left(\frac{n}{n}, \frac{\nu}{n}\right)\right]\right\}.$$

64. Der dreidimensionale Bereich $\mathfrak{B}$ sei durch die Ungleichungen

$$-1 \leqq x, y, z \leqq 1, \qquad -\sigma \leqq x + y + z \leqq \sigma$$

definiert. Man zeige auf Grund von I **30**, daß das Volumen von $\mathfrak{B}$ gleich

$$\iiint\limits_{\mathfrak{B}} dx \, dy \, dz = \frac{2^3}{\pi} \int_{-\infty}^{\infty} \left(\frac{\sin t}{t}\right)^3 \frac{\sin \sigma t}{t} \, dt$$

ist.

65. Unter $\alpha_1, \alpha_2, \dots, \alpha_p$ beliebige positive Zahlen verstanden, setze man

$$f_\nu(z) = 1^{\alpha_\nu - 1} z + 2^{\alpha_\nu - 1} z^2 + \dots + n^{\alpha_\nu - 1} z^n + \dots, \quad \nu = 1, 2, \dots, p$$

und

$$f_1(z) f_2(z) \dots f_p(z) = \sum_{n=1}^{\infty} a_n z^n.$$

Man zeige, daß

$$\lim_{n\to\infty} \frac{a_n}{n^{\alpha_1+\alpha_2+\cdots+\alpha_p-1}} =$$

$$= \int\int\cdots\int x_1^{\alpha_1-1} x_2^{\alpha_2-1} \cdots x_{p-1}^{\alpha_{p-1}-1} (1 - x_1 - x_2 - \cdots - x_{p-1})^{\alpha_p-1}\, dx_1\, dx_2 \cdots dx_{p-1},$$

erstreckt über den durch die p Ungleichungen $x_1 \geqq 0$, $x_2 \geqq 0$, ..., $x_{p-1} \geqq 0$, $x_1 + x_2 + \cdots + x_{p-1} \leqq 1$ abgegrenzten tetraederförmigen $(p-1)$-dimensionalen Bereich.

66. (Fortsetzung.) Es ist

$$\int\int\cdots\int x_1^{\alpha_1-1} x_2^{\alpha_2-1} \cdots x_{p-1}^{\alpha_{p-1}-1} (1 - x_1 - x_2 - \cdots - x_{p-1})^{\alpha_p-1}\, dx_1\, dx_2 \cdots dx_{p-1}$$

$$= \frac{\Gamma(\alpha_1)\,\Gamma(\alpha_2)\cdots\Gamma(\alpha_p)}{\Gamma(\alpha_1+\alpha_2+\cdots+\alpha_p)}.$$

67. Man entwickle den Ausdruck unter dem Limeszeichen in **54**, der ein Polynom n^{ten} Grades in δ_n darstellt, nach den Potenzen von δ_n. Man zeige, daß das mit der p^{ten} Potenz von δ_n behaftete Glied bei festem p mit unbegrenzt wachsendem n gegen den Grenzwert

$$\underset{a\leqq x_1\leqq x_2\leqq\cdots\leqq x_p\leqq b}{\int\int\cdots\int} f(x_1)\, f(x_2) \ldots f(x_p)\, dx_1\, dx_2 \ldots dx_p = \frac{1}{p!}\left(\int_a^b f(x)\, dx\right)^p$$

konvergiert.

68. Die $2m$ Funktionen

$$f_1(x),\quad f_2(x), \ldots,\quad f_m(x),$$
$$\varphi_1(x),\quad \varphi_2(x), \ldots,\quad \varphi_m(x)$$

seien eigentlich integrabel im Intervall $a \leqq x \leqq b$. Dann ist

$$\begin{vmatrix} \int_a^b f_1(x)\varphi_1(x)\,dx & \int_a^b f_1(x)\varphi_2(x)\,dx & \ldots & \int_a^b f_1(x)\varphi_m(x)\,dx \\ \int_a^b f_2(x)\varphi_1(x)\,dx & \int_a^b f_2(x)\varphi_2(x)\,dx & \ldots & \int_a^b f_2(x)\varphi_m(x)\,dx \\ \cdots & \cdots & \cdots & \cdots \\ \int_a^b f_m(x)\varphi_1(x)\,dx & \int_a^b f_m(x)\varphi_2(x)\,dx & \ldots & \int_a^b f_m(x)\varphi_m(x)\,dx \end{vmatrix}$$

$$= \frac{1}{m!}\underbrace{\int_a^b\int_a^b\cdots\int_a^b}_{m} \begin{vmatrix} f_1(x_1) f_1(x_2) \ldots f_1(x_m) \\ f_2(x_1) f_2(x_2) \ldots f_2(x_m) \\ \cdots\cdots\cdots \\ f_m(x_1) f_m(x_2) \ldots f_m(x_m) \end{vmatrix} \cdot \begin{vmatrix} \varphi_1(x_1)\varphi_1(x_2)\ldots\varphi_1(x_m) \\ \varphi_2(x_1)\varphi_2(x_2)\ldots\varphi_2(x_m) \\ \cdots\cdots\cdots \\ \varphi_m(x_1)\varphi_m(x_2)\ldots\varphi_m(x_m) \end{vmatrix} dx_1\, dx_2 \ldots dx_m.$$

[Man berechne auf zwei Weisen das „Produkt" der beiden Matrices

$$\left\| f_{\nu n}^{(\lambda)} \right\|_{\substack{\lambda=1,2,\ldots,m \\ \nu=1,2,\ldots,n}} \cdot \left\| \varphi_{\nu n}^{(\mu)} \right\|_{\substack{\mu=1,2,\ldots,m \\ \nu=1,2,\ldots,n}};$$

$$f_{\nu n}^{(\lambda)} = f_\lambda\left(a + \nu\,\frac{b-a}{n}\right), \qquad \varphi_{\nu n}^{(\mu)} = \varphi_\mu\left(a + \nu\,\frac{b-a}{n}\right).\,]$$

2. Kapitel.

Ungleichungen.

Es seien $a_1, a_2, \ldots, a_n$ beliebige reelle Zahlen. Unter ihrem *arithmetischen Mittel* $\mathfrak{A}(a)$ versteht man den Ausdruck

$$\mathfrak{A}(a) = \frac{a_1 + a_2 + \cdots + a_n}{n}.$$

Sind sämtliche Zahlen $a_1, a_2, \ldots, a_n$ positiv, so definiert man ihr *geometrisches* und *harmonisches* Mittel bzw. durch

$$\mathfrak{G}(a) = \sqrt[n]{a_1 a_2 \ldots a_n}, \qquad \mathfrak{H}(a) = \frac{n}{\dfrac{1}{a_1} + \dfrac{1}{a_2} + \cdots + \dfrac{1}{a_n}}.$$

Bezeichnet m die kleinste, M die größte der Zahlen $a_1, a_2, \ldots, a_n$, so ist

$$m \leqq \mathfrak{A}(a) \leqq M, \qquad m \leqq \mathfrak{G}(a) \leqq M, \qquad m \leqq \mathfrak{H}(a) \leqq M.$$

Bei $\mathfrak{G}(a)$ und $\mathfrak{H}(a)$ ist $m > 0$ vorausgesetzt. Die drei Zahlen $\mathfrak{A}(a)$, $\mathfrak{G}(a)$, $\mathfrak{H}(a)$ stellen also *Mittelwerte* von $a_1, a_2, \ldots, a_n$ dar. Das Gleichheitszeichen kann in diesen Ungleichungen nur dann eintreten, wenn sämtliche a_ν untereinander gleich sind.

Es ist

$$\frac{1}{\mathfrak{G}(a)} = \mathfrak{G}\left(\frac{1}{a}\right), \qquad \frac{1}{\mathfrak{H}(a)} = \mathfrak{A}\left(\frac{1}{a}\right),$$

$$\mathfrak{A}(a+b) = \mathfrak{A}(a) + \mathfrak{A}(b), \qquad \mathfrak{G}(ab) = \mathfrak{G}(a)\,\mathfrak{G}(b), \qquad \log \mathfrak{G}(a) = \mathfrak{A}(\log a).$$

$f(x)$ sei im Intervalle $x_1 \leqq x \leqq x_2$ definiert und dort eigentlich integrabel. Unter dem *arithmetischen* Mittel $\mathfrak{A}(f)$ von $f(x)$ versteht man den Ausdruck

$$\mathfrak{A}(f) = \frac{1}{x_2 - x_1} \int_{x_1}^{x_2} f(x)\,dx.$$

Ist $f(x)$ außerdem noch wesentlich positiv, d. h. für alle x oberhalb einer positiven Zahl gelegen, so definiert man das *geometrische* und *harmonische* Mittel von $f(x)$ bzw. durch

$$\mathfrak{G}(f) = e^{\frac{1}{x_2 - x_1}\int\limits_{x_1}^{x_2} \log f(x)\, dx}, \qquad \mathfrak{H}(f) = \frac{x_2 - x_1}{\int\limits_{x_1}^{x_2} \frac{dx}{f(x)}}.$$

[**48.**] Bezeichnet m die untere, M die obere Grenze von $f(x)$ in $x_1 \leqq x \leqq x_2$, so ist

$$m \leqq \mathfrak{A}(f) \leqq M, \qquad m \leqq \mathfrak{G}(f) \leqq M, \qquad m \leqq \mathfrak{H}(f) \leqq M.$$

Bei $\mathfrak{G}(f)$ und $\mathfrak{H}(f)$ ist $m > 0$ vorausgesetzt. Die drei Größen $\mathfrak{A}(f)$, $\mathfrak{G}(f)$, $\mathfrak{H}(f)$ stellen also *Mittelwerte* von $f(x)$ dar. Es ist

$$\frac{1}{\mathfrak{G}(f)} = \mathfrak{G}\left(\frac{1}{f}\right), \qquad \frac{1}{\mathfrak{H}(f)} = \mathfrak{A}\left(\frac{1}{f}\right),$$

$$\mathfrak{A}(f+g) = \mathfrak{A}(f) + \mathfrak{A}(g), \qquad \mathfrak{G}(fg) = \mathfrak{G}(f)\,\mathfrak{G}(g), \qquad \log \mathfrak{G}(f) = \mathfrak{A}(\log f).$$

$a_1, a_2, \ldots, a_n$ seien beliebige positive Zahlen, die nicht alle untereinander gleich sind. Dann ist

$$\frac{n}{\frac{1}{a_1} + \frac{1}{a_2} + \cdots + \frac{1}{a_n}} < \sqrt[n]{a_1 a_2 \ldots a_n} < \frac{a_1 + a_2 + \cdots + a_n}{n},$$

d. h.

$$\mathfrak{H}(a) < \mathfrak{G}(a) < \mathfrak{A}(a).$$

(Satz vom arithmetischen, geometrischen und harmonischen Mittel.) *Cauchy* hat in seiner Analyse algébrique (Note 2; Oeuvres complètes, Serie 2, Bd. 3, S. 375—377; Paris: Gauthier-Villars 1897) einen besonders schönen Beweis für diesen Satz gegeben[1]).

---

[1]) Es genügt offenbar $\mathfrak{A}(a) > \mathfrak{G}(a)$ zu beweisen. Die betreffende Stelle bei *Cauchy* lautet wie folgt:

„*La moyenne géométrique entre plusieurs nombres $A, B, C, D, \ldots$ est toujours inférieure à leur moyenne arithmétique.*

Démonstration. — Soit n le nombre des lettres $A, B, C, D, \ldots$. Il suffira de prouver, qu'on a généralement

$$(1) \qquad \sqrt[n]{ABCD\cdots} < \frac{A + B + C + D + \cdots}{n}$$

ou, ce qui revient au même,

$$(2) \qquad ABCD\cdots < \left(\frac{A + B + C + D + \cdots}{n}\right)^n.$$

69. Die Funktion $f(x)$ sei im Intervall x_1, x_2 definiert und eigentlich integrabel, außerdem sei ihre untere Grenze positiv. Dann ist

$$\frac{x_2 - x_1}{\int\limits_{x_1}^{x_2} \frac{dx}{f(x)}} \leqq e^{\frac{1}{x_2 - x_1}\int\limits_{x_1}^{x_2} \log f(x)\,dx} \leqq \frac{1}{x_2 - x_1}\int\limits_{x_1}^{x_2} f(x)\,dx,$$

d. h. mit den vorher eingeführten Bezeichnungen

$$\mathfrak{H}(f) \leqq \mathfrak{G}(f) \leqq \mathfrak{A}(f).$$

70. Es sei $\varphi(t)$ eine (nicht notwendig differentiierbare) Funktion, die für ein beliebiges Wertepaar $t_1, t_2, t_1 \neq t_2$ der Ungleichung

$$\varphi\left(\frac{t_1 + t_2}{2}\right) < \frac{\varphi(t_1) + \varphi(t_2)}{2}$$

Or, en premier lieu, on aura évidemment, pour $n = 2$,

$$AB = \left(\frac{A + B}{2}\right)^2 - \left(\frac{A - B}{2}\right)^2 < \left(\frac{A + B}{2}\right)^2,$$

et l'on en conclura, en prenant successivement $n = 4$, $n = 8, \ldots,$ enfin $n = 2^m$

$$ABCD < \left(\frac{A + B}{2}\right)^2 \left(\frac{C + D}{2}\right)^2 < \left(\frac{A + B + C + D}{4}\right)^4,$$

$$ABCDEFGH < \left(\frac{A + B + C + D}{4}\right)^4 \left(\frac{E + F + G + H}{4}\right)^4$$
$$< \left(\frac{A + B + C + D + E + F + G + H}{8}\right)^8,$$

. . . .

(3) $$ABCD \cdots < \left(\frac{A + B + C + D + \cdots}{2^m}\right)^{2^m}.$$

En second lieu, si n n'est pas un terme de la progression géométrique

$$2, 4, 8, 16, \ldots,$$

on désignera par 2^m un terme de cette progression supérieur à n, et l'on fera

$$K = \frac{A + B + C + D + \cdots}{n};$$

puis, en revenant à la formule (3), et supposant dans le premier membre de cette formule les $2^m - n$ derniers facteurs égaux à K, on trouvera

$$ABCD \ldots K^{2^m - n} < \left[\frac{A + B + C + D + \cdots + (2^m - n)}{2^m}\right]^{2^m}$$

ou, en d'autres termes,

$$ABCD \ldots K^{2^m - n} < K^{2^m}.$$

On aura donc par suite

$$ABCD \ldots < K^n = \left(\frac{A + B + C + D + \cdots}{n}\right)^n,$$

ce qu'il fallait démontrer."

genügt; dann ist allgemein

$$\varphi\left(\frac{t_1+t_2+\cdots+t_n}{n}\right)<\frac{\varphi(t_1)+\varphi(t_2)+\cdots+\varphi(t_n)}{n},$$

wenn $t_1, t_2, \ldots, t_n$ beliebige Zahlen bezeichnen, die nicht alle untereinander gleich sind.

Eine im Intervalle $m \leqq t \leqq M$ definierte Funktion $\varphi(t)$ heißt dort *von unten konvex*, wenn für jedes Wertepaar $t_1, t_2, t_1 \neq t_2$ die Ungleichung

$$\varphi\left(\frac{t_1+t_2}{2}\right)<\frac{\varphi(t_1)+\varphi(t_2)}{2}$$

gilt. Nach **70** gilt dann allgemein

$$\varphi\left(\frac{t_1+t_2+\cdots+t_n}{n}\right)<\frac{\varphi(t_1)+\varphi(t_2)+\cdots+\varphi(t_n)}{n},$$

wenn $t_1, t_2, \ldots, t_n$ beliebige Zahlen im Intervalle m, M bezeichnen, die nicht alle untereinander gleich sind. Gilt anstatt des Zeichens $<$ das Zeichen $\leqq$, so heißt $\varphi(t)$ *von unten nicht konkav*. Gilt überall anstatt $<$ bzw. $\leqq$ das Zeichen $>$ bzw. $\geqq$, so ist $\varphi(t)$ *von oben konvex* bzw. *von oben nicht konkav*. Wir betrachten im folgenden nur beschränkte konvexe Funktionen; diese sind stetig [vgl. **124**, oft nützlich auch **110**].

71. Die Funktion $f(x)$ sei im Intervall $x_1 \leqq x \leqq x_2$ eigentlich integrabel und $m \leqq f(x) \leqq M$. Ferner sei $\varphi(t)$ im Intervall $m \leqq t \leqq M$ definiert und dort konvex (nicht konkav). Dann gilt die Ungleichung

$$\varphi\left(\frac{1}{x_2-x_1}\int_{x_1}^{x_2} f(x)\,dx\right) \leqq \quad \text{oder} \quad \geqq \frac{1}{x_2-x_1}\int_{x_1}^{x_2} \varphi[f(x)]\,dx,$$

je nachdem $\varphi(t)$ von unten bzw. von oben konvex ist.

72. Die Funktion $\varphi(t)$ sei im Intervall m, M definiert, ferner sei daselbst $\varphi''(t)$ vorhanden und stets $\varphi''(t) > 0$. Dann ist $\varphi(t)$ von unten konvex. Gilt bloß $\varphi''(t) \geqq 0$, so ist $\varphi(t)$ von unten nicht konkav. (Es kann eine Funktion konvex oder nicht konkav sein, ohne daß $\varphi''(t)$ überall existiert.)

73. $\quad t^k \quad (0 < k < 1) \quad$ und $\quad \log t$

sind in jedem positiven Intervall von oben konvex,

$$t^k \quad (k < 0 \text{ oder } k > 1) \quad \text{und} \quad t \log t$$

in jedem positiven Intervall von unten konvex,

$$\log(1+e^t) \quad \text{und} \quad \sqrt{c^2+t^2}$$

$(c > 0)$ sind überall von unten konvex.

74. $\varphi(t)$ sei eine im Intervalle m, M erklärte konvexe (nicht konkave) Funktion, $p_1, p_2, \ldots, p_n$ beliebige positive Zahlen und $t_1, t_2, \ldots, t_n$ beliebige Stellen im Intervall m, M. Dann ist

$$\varphi\left(\frac{p_1 t_1 + p_2 t_2 + \cdots + p_n t_n}{p_1 + p_2 + \cdots + p_n}\right) \leqq \text{oder} \geqq \frac{p_1 \varphi(t_1) + p_2 \varphi(t_2) + \cdots + p_n \varphi(t_n)}{p_1 + p_2 + \cdots + p_n},$$

je nachdem $\varphi(t)$ von unten bzw. von oben konvex ist.

75. $f(x)$ und $p(x)$ seien im Intervall $x_1 \leqq x \leqq x_2$ eigentlich integrabel und $m \leqq f(x) \leqq M$, ferner $p(x) \geqq 0$ und $\int_{x_1}^{x_2} p(x)\,dx > 0$. Außerdem sei $\varphi(t)$ eine konvexe (nicht konkave) Funktion, die im Intervall $m \leqq t \leqq M$ definiert ist. Dann ist

$$\varphi\left(\frac{\int_{x_1}^{x_2} p(x) f(x)\,dx}{\int_{x_1}^{x_2} p(x)\,dx}\right) \leqq \text{oder} \geqq \frac{\int_{x_1}^{x_2} p(x)\,\varphi[f(x)]\,dx}{\int_{x_1}^{x_2} p(x)\,dx},$$

je nachdem $\varphi(t)$ von unten bzw. von oben konvex ist.

76. $\varphi(t)$ sei im Intervall m, M zweimal differentiierbar und $\varphi''(t) > 0$. Dann ist für positive $p_1, p_2, \ldots, p_n$

$$\varphi\left(\frac{p_1 t_1 + p_2 t_2 + \cdots + p_n t_n}{p_1 + p_2 + \cdots + p_n}\right) \leqq \frac{p_1 \varphi(t_1) + p_2 \varphi(t_2) + \cdots + p_n \varphi(t_n)}{p_1 + p_2 + \cdots + p_n};$$

das Gleichheitszeichen gilt dann und nur dann, wenn $t_1 = t_2 = \cdots = t_n$ ist.

77. $f(x)$ und $p(x)$ seien im Intervalle $x_1 \leqq x \leqq x_2$ stetig, ferner $p(x)$ wesentlich positiv und $m \leqq f(x) \leqq M$. Außerdem sei $\varphi(t)$ eine für $m \leqq t \leqq M$ definierte, zweimal differentiierbare Funktion mit $\varphi''(t) > 0$. Dann ist

$$\varphi\left(\frac{\int_{x_1}^{x_2} p(x) f(x)\,dx}{\int_{x_1}^{x_2} p(x)\,dx}\right) \leqq \frac{\int_{x_1}^{x_2} p(x)\,\varphi[f(x)]\,dx}{\int_{x_1}^{x_2} p(x)\,dx}.$$

Das Gleichheitszeichen gilt dann und nur dann, wenn $f(x) =$ konst. ist.

78. Man zeige die folgende Verallgemeinerung des Satzes über das arithmetische, geometrische und harmonische Mittel: Bezeichnen $p_1, p_2, \ldots, p_n, a_1, a_2, \ldots, a_n$ beliebige positive Zahlen und sind $a_1, a_2, \ldots, a_n$ nicht alle untereinander gleich, so gelten die Ungleichungen

$$\frac{p_1 + p_2 + \cdots + p_n}{\frac{p_1}{a_1} + \frac{p_2}{a_2} + \cdots + \frac{p_n}{a_n}} < e^{\frac{p_1 \log a_1 + p_2 \log a_2 + \cdots + p_n \log a_n}{p_1 + p_2 + \cdots + p_n}} < \frac{p_1 a_1 + p_2 a_2 + \cdots + p_n a_n}{p_1 + p_2 + \cdots + p_n}.$$

Außerdem ist

$$e^{\frac{\frac{p_1}{a_1}\log a_1+\frac{p_2}{a_2}\log a_2+\cdots+\frac{p_n}{a_n}\log a_n}{\frac{p_1}{a_1}+\frac{p_2}{a_2}+\cdots+\frac{p_n}{a_n}}} < \frac{p_1+p_2+\cdots+p_n}{\frac{p_1}{a_1}+\frac{p_2}{a_2}+\cdots+\frac{p_n}{a_n}},$$

$$\frac{p_1 a_1+p_2 a_2+\cdots+p_n a_n}{p_1+p_2+\cdots+p_n} < e^{\frac{p_1 a_1\log a_1+p_2 a_2\log a_2+\cdots+p_n a_n\log a_n}{p_1 a_1+p_2 a_2+\cdots+p_n a_n}}.$$

79. $f(x)$ und $p(x)$ seien stetig und positiv im Intervalle $x_1 \leqq x \leqq x_2$. Außerdem sei $f(x)$ keine Konstante. Dann ist

$$\frac{\int_{x_1}^{x_2} p(x)\,dx}{\int_{x_1}^{x_2} \frac{p(x)}{f(x)}\,dx} < e^{\frac{\int_{x_1}^{x_2} p(x)\log f(x)\,dx}{\int_{x_1}^{x_2} p(x)\,dx}} < \frac{\int_{x_1}^{x_2} p(x)\,f(x)\,dx}{\int_{x_1}^{x_2} p(x)\,dx};$$

ferner

$$e^{\frac{\int_{x_1}^{x_2}\frac{p(x)}{f(x)}\log f(x)\,dx}{\int_{x_1}^{x_2}\frac{p(x)}{f(x)}\,dx}} < \frac{\int_{x_1}^{x_2} p(x)\,dx}{\int_{x_1}^{x_2} \frac{p(x)}{f(x)}\,dx}, \qquad \frac{\int_{x_1}^{x_2} p(x)\,f(x)\,dx}{\int_{x_1}^{x_2} p(x)\,dx} < e^{\frac{\int_{x_1}^{x_2} p(x)\,f(x)\log f(x)\,dx}{\int_{x_1}^{x_2} p(x)\,f(x)\,dx}}.$$

80. $a_1, a_2, \ldots, a_n, b_1, b_2, \ldots, b_n$ seien beliebige reelle Zahlen; es gilt die Ungleichung

$$(a_1 b_1 + a_2 b_2 + \cdots + a_n b_n)^2 \leqq (a_1^2 + a_2^2 + \cdots + a_n^2)\,(b_1^2 + b_2^2 + \cdots + b_n^2).$$

Das Gleichheitszeichen tritt dann und nur dann ein, wenn die Zahlen a_ν und b_ν einander proportional sind, d. h. $\lambda a_\nu + \mu b_\nu = 0$, für $\nu = 1, 2, \ldots, n$, $\lambda^2 + \mu^2 > 0$. (*Cauchy*sche Ungleichung.)

81. $f(x)$ und $g(x)$ seien im Intervall x_1, x_2 eigentlich integrabel. Dann ist

$$\left(\int_{x_1}^{x_2} f(x)\,g(x)\,dx\right)^2 \leqq \int_{x_1}^{x_2} [f(x)]^2\,dx \int_{x_1}^{x_2} [g(x)]^2\,dx.$$

(*Schwarz*sche Ungleichung.)

82. $a_1, a_2, \ldots, a_n$ seien beliebige positive Zahlen, die nicht alle untereinander gleich sind. Die Funktion

$$\psi(t) = \left(\frac{a_1^t + a_2^t + \cdots + a_n^t}{n}\right)^{\frac{1}{t}}$$

nimmt für jeden Wert von t monoton zu. Man berechne die Werte

$$\psi(-\infty), \quad \psi(-1), \quad \psi(0), \quad \psi(1), \quad \psi(+\infty).$$

(Für $t=0$ ist $\psi(t)$ durch die Forderung der Stetigkeit definiert.)

83. $f(x)$ sei eine für $x_1 \leqq x \leqq x_2$ definierte eigentlich integrable Funktion, deren untere Grenze positiv ist. Die Funktion

$$\Psi(t) = \left(\frac{1}{x_2 - x_1}\int_{x_1}^{x_2} [f(x)]^t\,dx\right)^{\frac{1}{t}}$$

ist für jeden Wert von t nicht abnehmend. Man berechne

$$\Psi(-\infty), \quad \Psi(-1), \quad \Psi(0), \quad \Psi(1), \quad \Psi(+\infty).$$

Bei der Berechnung von $\Psi(-\infty)$ und $\Psi(+\infty)$ nehme man $f(x)$ als stetig an.

84. $a_\nu, b_\nu, \nu = 1, 2, \ldots, n$ seien beliebige positive Zahlen. Man beweise die Ungleichung

$$\sqrt[n]{(a_1+b_1)(a_2+b_2)\ldots(a_n+b_n)} \geqq \sqrt[n]{a_1 a_2 \ldots a_n} + \sqrt[n]{b_1 b_2 \ldots b_n},$$

d. h.

$$\mathfrak{G}(a+b) \geqq \mathfrak{G}(a) + \mathfrak{G}(b).$$

Das Gleichheitszeichen gilt dann und nur dann, wenn $a_\nu = \lambda b_\nu$, $\nu = 1, 2, \ldots, n$ ist.

85. $f(x)$ und $g(x)$ seien im Intervall $x_1 \leqq x \leqq x_2$ eigentlich integrabel und wesentlich positiv. Dann ist

$$e^{\frac{1}{x_2-x_1}\int_{x_1}^{x_2}\log[f(x)+g(x)]\,dx} \geqq e^{\frac{1}{x_2-x_1}\int_{x_1}^{x_2}\log f(x)\,dx} + e^{\frac{1}{x_2-x_1}\int_{x_1}^{x_2}\log g(x)\,dx},$$

d. h.

$$\mathfrak{G}(f+g) \geqq \mathfrak{G}(f) + \mathfrak{G}(g).$$

86. $f_1(x), f_2(x), \ldots, f_m(x)$ seien im Intervall x_1, x_2 definierte eigentlich integrable Funktionen, die dort alle oberhalb einer positiven unteren Schranke liegen. Ferner seien $p_1, p_2, \ldots, p_m$ beliebige positive Zahlen; dann ist

$$\mathfrak{G}(p_1 f_1 + p_2 f_2 + \cdots + p_m f_m) \geqq p_1\mathfrak{G}(f_1) + p_2\mathfrak{G}(f_2) + \cdots + p_m\mathfrak{G}(f_m).$$

87. Die Funktionen $f_k(x)$, $k = 1, 2, \ldots, m$ seien von beschränkter Schwankung im Intervall $x_1 \leqq x \leqq x_2$ und $p_1, p_2, \ldots, p_k$ seien beliebige positive Zahlen; man setze

$$F(x) = \frac{p_1 f_1(x) + p_2 f_2(x) + \cdots + p_m f_m(x)}{p_1 + p_2 + \cdots + p_m}.$$

Bezeichnen $l_1, l_2, \ldots, l_m, L$ die Bogenlängen von $f_1(x), f_2(x), \ldots, f_m(x), F(x)$ (an den Sprungstellen zählt die Länge des Sprunges zur Bogenlänge mit), dann ist

$$L \leqq \frac{p_1 l_1 + p_2 l_2 + \cdots + p_m l_m}{p_1 + p_2 + \cdots + p_m}.$$

88. $f(x)$ sei positiv, stetig und periodisch mit der Periode 2π, $p(x)$ sei nichtnegativ und eigentlich integrabel im Intervall $0 \leqq x \leqq 2\pi$ und besitze dort ein positives Integral. Dann ist

$$F(x) = \frac{\int_0^{2\pi} p(\xi) f(\xi + x)\, d\xi}{\int_0^{2\pi} p(\xi)\, d\xi}$$

positiv und stetig, ferner ist

$$e^{\frac{1}{2\pi}\int_0^{2\pi} \log F(x)\, dx} \geqq e^{\frac{1}{2\pi}\int_0^{2\pi} \log f(x)\, dx},$$

d. h.

$$\mathfrak{G}(F) \geqq \mathfrak{G}(f).$$

89. $f(x)$ sei periodisch mit der Periode 2π, $p(x)$ nichtnegativ und eigentlich integrabel im Intervall $0 \leqq x \leqq 2\pi$ und besitze dort ein positives Integral. Ist die Funktion $f(x)$ von beschränkter Schwankung, so gilt dasselbe für

$$F(x) = \frac{\int_0^{2\pi} p(\xi) f(\xi + x)\, d\xi}{\int_0^{2\pi} p(\xi)\, d\xi},$$

und wenn l, L die Bogenlänge von $f(x)$ bzw. $F(x)$ im Intervall $0, 2\pi$ bezeichnen, dann ist

$$L \leqq l.$$

90. $a_1, a_2, \ldots, a_n$ und $b_1, b_2, \ldots, b_n$ seien beliebige positive Zahlen; man setze

$$\mathfrak{M}_\varkappa(a) = (a_1^\varkappa + a_2^\varkappa + \cdots + a_n^\varkappa)^{\frac{1}{\varkappa}}.$$

Es ist

$$\mathfrak{M}_\varkappa(a + b) \leqq \text{ bzw. } \geqq \mathfrak{M}_\varkappa(a) + \mathfrak{M}_\varkappa(b),$$

je nachdem $\varkappa \geqq 1$ oder $\varkappa \leqq 1$ ist. Das Gleichheitszeichen kann nur für $a_\nu = \lambda b_\nu$ oder für $\varkappa = 1$ gelten. (Was bedeutet der Satz für $\varkappa = 2$?)

91. $f(x)$ sei eine im Intervall $x_1 \leqq x \leqq x_2$ definierte eigentlich integrable Funktion, die oberhalb einer positiven unteren Grenze liegt. Man setze

$$\mathfrak{M}_\varkappa(f) = \left(\int_{x_1}^{x_2} [f(x)]^\varkappa\, dx\right)^{\frac{1}{\varkappa}}.$$

Bezeichnet $g(x)$ eine ebensolche Funktion wie $f(x)$, so ist

$$\mathfrak{M}_\varkappa(f + g) \leqq \text{ bzw. } \geqq \mathfrak{M}_\varkappa(f) + \mathfrak{M}_\varkappa(g),$$

je nachdem $\varkappa \geqq 1$ oder $\varkappa \leqq 1$ ist.

92. Es seien a, A, b, B positiv, $a < A$, $b < B$. Wenn die n Zahlen $a_1, a_2, \ldots, a_n$ zwischen a und A, die weiteren n Zahlen $b_1, b_2, \ldots, b_n$ zwischen b und B gelegen sind, dann gilt:

$$1 \leqq \frac{(a_1^2 + a_2^2 + \cdots + a_n^2)(b_1^2 + b_2^2 + \cdots + b_n^2)}{(a_1 b_1 + a_2 b_2 + \cdots + a_n b_n)^2} \leqq \left(\frac{\sqrt{\frac{AB}{ab}} + \sqrt{\frac{ab}{AB}}}{2}\right)^2.$$

Die erste Ungleichung ist mit **80** identisch. In der zweiten tritt das Gleichheitszeichen dann und nur dann ein, wenn

$$k = \frac{\frac{A}{a}}{\frac{A}{a} + \frac{B}{b}}\, n, \qquad l = \frac{\frac{B}{b}}{\frac{A}{a} + \frac{B}{b}}\, n$$

ganz sind und k von den Zahlen a_ν mit a, l von den Zahlen a_ν mit A zusammenfallen, während die entsprechenden Zahlen b_ν gleich B bzw. b sind.

93. Es seien a, A, b, B positiv, $a < A$, $b < B$. Wenn die beiden Funktionen $f(x)$ und $g(x)$ im Intervalle $x_1 \leqq x \leqq x_2$ eigentlich integrabel und ihre Werte bzw. zwischen a und A, b und B gelegen sind, dann gilt:

$$1 \leqq \frac{\int_{x_1}^{x_2} [f(x)]^2 dx \int_{x_1}^{x_2} [g(x)]^2 dx}{\left(\int_{x_1}^{x_2} f(x)\, g(x)\, dx\right)^2} \leqq \left(\frac{\sqrt{\frac{AB}{ab}} + \sqrt{\frac{ab}{AB}}}{2}\right)^2.$$

Die untere Abschätzung ist mit der *Schwarz*schen Ungleichung identisch.

94. $f(x)$ sei im Intervalle $0 < x < 1$ definiert, daselbst nicht abnehmend, $f(x) \geqq 0$, jedoch nicht identisch $= 0$. Ferner sei $0 < a < b$. Wenn alle vorkommenden Integrale existieren, so ist

$$1 - \left(\frac{a-b}{a+b+1}\right)^2 \leqq \frac{\left(\int_0^1 x^{a+b} f(x)\, dx\right)^2}{\int_0^1 x^{2a} f(x)\, dx \int_0^1 x^{2b} f(x)\, dx} < 1.$$

Die Ungleichung rechts ist wohlbekannt. In der Ungleichung links gilt das Gleichheitszeichen dann und nur dann, wenn $f(x)$ konstant ist.

95. Als „spezifische Kapazität" eines Leiters bezeichne man den Quotienten aus seiner Kapazität und aus seinem Volumen. Man zeige, daß die spezifische Kapazität eines dreiachsigen Ellipsoids immer zwischen dem arithmetischen und dem harmonischen Mittel der spezifischen Kapazitäten derjenigen drei Kugeln enthalten ist, deren Radien die drei Halbachsen des Ellipsoids sind.

Analytisch genommen handelt es sich um den Beweis der Ungleichungen

$$\frac{3}{\frac{bc}{a}+\frac{ca}{b}+\frac{ab}{c}} < \frac{1}{2}\int_0^\infty \frac{du}{\sqrt{(a^2+u)(b^2+u)(c^2+u)}} < \frac{\frac{a}{bc}+\frac{b}{ca}+\frac{c}{ab}}{3},$$

die für jedes positive Wertsystem a, b, c gültig sind, abgesehen vom Falle $a = b = c$.

96. Vorausgesetzt werde

$$a_{\mu\nu} \geqq 0, \qquad \sum_{\mu=1}^{n} a_{\mu\nu} = \sum_{\nu=1}^{n} a_{\mu\nu} = 1, \qquad x_\nu \geqq 0$$

und

$$y_\mu = a_{\mu 1}x_1 + a_{\mu 2}x_2 + \cdots + a_{\mu n}x_n, \qquad \mu, \nu = 1, 2, \ldots, n.$$

Dann ist

$$y_1 y_2 \ldots y_n \geqq x_1 x_2 \ldots x_n.$$

97. $a_1, a_2, \ldots, a_n$ bezeichnen positive Zahlen, M ihr arithmetisches, G ihr geometrisches Mittel, ε einen positiven echten Bruch. Man beweise, daß aus der Ungleichung

$$\frac{M-G}{M} \leqq \varepsilon$$

die Ungleichungen

$$1 + \varrho < \frac{a_i}{M} < 1 + \varrho', \qquad i = 1, 2, \ldots, n$$

folgen, wo ϱ und ϱ' die einzige negative bzw. die einzige positive Wurzel der transzendenten Gleichung

$$(1 + x)e^{-x} = (1 - \varepsilon)^n$$

bedeuten.

3. Kapitel.

Einiges über reelle Funktionen.

98. Wird

$$g(x) = \sin^2 \pi x + \sin^2 \pi x \cos^2 \pi x + \sin^2 \pi x \cos^4 \pi x + \cdots + \sin^2 \pi x \cos^{2k} \pi x + \cdots$$

gesetzt, so soll $G(x) = \lim_{n\to\infty} g(n!\,x)$ bestimmt werden. Ist die Funktion $G(x)$ integrabel?

99. Die Funktion $f(x)$ (vgl. auch **169**, VIII **240**) sei folgendermaßen definiert:

$$f(x) = \begin{cases} 0 & \text{für irrationale } x, \\ \frac{1}{q} & \text{für rationale } x = \frac{p}{q}, \quad (p, q) = 1, q \geqq 1. \end{cases}$$

Zeigen wir, daß $f(x)$ an jeder irrationalen Stelle stetig, an jeder rationalen Stelle unstetig und in jedem Intervall eigentlich integrabel ist.

100. Es seien $f(x)$, $\varphi(x)$ im Intervalle $a \leqq x \leqq b$ eigentlich integrabel,

$$a = x_0 < x_1 < x_2 < \cdots < x_{n-1} < x_n = b,$$
$$x_{\nu-1} < y_\nu < x_\nu, \; x_{\nu-1} < \eta_\nu < x_\nu, \qquad \nu = 1, 2, \ldots n.$$

Wenn das Intervall von maximaler Länge der Einteilung $x_0, x_1, x_2, \ldots, x_{n-1}, x_n$ gegen 0 konvergiert, ist

$$\lim \sum_{\nu=1}^{n} f(y_\nu)\, \varphi(\eta_\nu)(x_\nu - x_{\nu-1}) = \int_a^b f(x)\, \varphi(x)\, dx.$$

101. Es sei $f(x)$ im Intervalle $a \leqq x \leqq b$, $\varphi(x)$ im Intervalle $a, b + d$ eigentlich integrabel, $d > 0$. Dann ist

$$\lim_{\delta \to +0} \int_a^b f(x)\, \varphi(x + \delta)\, dx = \int_a^b f(x)\, \varphi(x)\, dx.$$

102. Die Funktion $f(x)$ sei eigentlich integrabel im Intervall $a \leqq x \leqq b$. Zu jeder positiven Zahl ε gibt es zwei *streckenweise konstante* Funktionen $\psi(x)$, $\Psi(x)$, derart, daß im ganzen Intervall a, b

$$\psi(x) \leqq f(x) \leqq \Psi(x)$$

und

$$\int_a^b \Psi(x)\, dx - \int_a^b \psi(x)\, dx < \varepsilon$$

ist. Man kann etwa erreichen, daß die Sprungstellen von $\psi(x)$ und $\Psi(x)$ äquidistant sind.

103. (Fortsetzung.) Wenn $f(x)$ von beschränkter Schwankung ist, so kann man $\psi(x)$ und $\Psi(x)$ derart bestimmen, daß ihre totale Schwankung die von $f(x)$ nicht übertrifft.

104. Setzt man

$$4[x] - 2[2x] + 1 = s(x),$$

dann gilt für jede im Intervalle $0 \leqq x \leqq 1$ eigentlich integrable Funktion $f(x)$ bei ganzzahlig wachsendem n

$$\lim_{n \to \infty} \int_0^1 f(x)\, s(nx)\, dx = 0.$$

[Man zeichne $s(nx)$, VIII **3**.]

105. Es sei $f(x)$ im Intervalle a, b eigentlich integrabel; dann ist

$$\lim_{n\to\infty}\int_a^b f(x)\sin nx\,dx = 0.$$

106. (Fortsetzung.) Es ist

$$\lim_{n\to\infty}\int_a^b f(x)\,|\sin nx|\,dx = \frac{2}{\pi}\int_a^b f(x)\,dx.$$

Es sei $f(x)$ beschränkt im Intervall $a \leqq x \leqq b$; dieses Intervall sei durch die Zwischenpunkte $x_0, x_1, x_2, \ldots, x_{n-1}, x_n$ mit

$$a = x_0 < x_1 < x_2 < \cdots < x_{n-1} < x_n = b$$

in Teilintervalle eingeteilt. Bezeichnet m_ν die untere, M_ν die obere Grenze von $f(x)$ im ν^{ten} Teilintervall $x_{\nu-1}, x_\nu$, so heißt $M_\nu - m_\nu$ die *Oszillation* von $f(x)$ im ν^{ten} Teilintervall $x_{\nu-1}, x_\nu$. Die Funktion $f(x)$ ist dann und nur dann eigentlich integrabel, wenn man nach Angabe der positiven Zahlen ε und η die genannte Einteilung derart wählen kann, daß die Gesamtlänge der Teilintervalle, in denen die Oszillation $> \varepsilon$ ist, $< \eta$ ausfällt. (*Riemann*sches Kriterium; vgl. a. a. O. **105**, S. 226 oder z. B. *Cesàro*, S. 695.)

107. Die Funktion $\left(\frac{1}{x} - \left[\frac{1}{x}\right]\right) x^\alpha$ ist eigentlich integrabel in $0, 1$, wenn $\alpha \geqq 0$.

108. Ist $f(x)$ eigentlich integrabel in a, b, so bilden die Stetigkeitspunkte von $f(x)$ eine in a, b überall dichte Menge.

109. Ist $f(x)$ im Intervalle a, b eigentlich integrabel, so gilt dann und nur dann

$$\int_a^b [f(x)]^2\,dx = 0,$$

wenn $f(\xi) = 0$ ist in jedem Stetigkeitspunkte ξ von $f(x)$ mit $a < \xi < b$.

110. Es sei die Funktion $y = f(x)$ eigentlich integrabel im Intervall $a \leqq x \leqq b$ und sei daselbst $m \leqq f(x) \leqq M$; ferner sei $\varphi(y)$ stetig in $m \leqq y \leqq M$. Dann ist auch $\varphi[f(x)]$ in $a \leqq x \leqq b$ eigentlich integrabel.

111. Es seien $f(x)$ und $\varphi(y)$ eigentlich integrabel; dann ist $\varphi[f(x)]$ im allgemeinen nicht eigentlich integrabel. [**98**, **99**.]

---

112. Wenn $f(x)$ im Intervall $0 < x \leqq 1$ monoton ist und $\int_0^1 x^a f(x)\,dx$ existiert, dann ist

$$\lim_{x\to 0} x^{a+1} f(x) = 0.$$

113. Wenn $f(x)$ im Intervall $1 \leqq x < \infty$ monoton ist und $\int_1^\infty x^a f(x)\,dx$ existiert, dann ist

$$\lim_{x\to\infty} x^{a+1} f(x) = 0.$$

114. Man entscheide, für welche reellen Wertsysteme α, β das Integral

$$\int_0^\infty x^\alpha \, |\cos x|^{x^\beta} \, dx$$

konvergent und für welches divergent ist.

115. Es seien

$$f_1(x), \quad f_2(x), \quad f_3(x), \quad \ldots, \quad f_n(x), \quad \ldots$$

in jedem endlichen Intervalle eigentlich integrable Funktionen, die folgende Bedingungen erfüllen:

Es ist gleichmäßig in jedem endlichen Intervalle $\lim_{n\to\infty} f_n(x) = f(x)$.

Es ist $|f_n(x)| \leqq F(x)$ und $\int_{-\infty}^{\infty} F(x)\, dx$ existiert.

Dann ist

$$\lim_{n\to\infty} \int_{-\infty}^{\infty} f_n(x)\, dx = \int_{-\infty}^{\infty} f(x)\, dx.$$

[Analog zu I **180**.]

116. Man beweise **58** mit Hilfe von VI **31**.

117. Ist die *Dirichlet*sche Reihe [VIII, Kap. 1, § 5]

$$a_1 1^{-s} + a_2 2^{-s} + a_3 3^{-s} + \cdots + a_n n^{-s} + \cdots = D(s)$$

für $s = \sigma$, $\sigma > 0$, konvergent, so gilt,

$$a_1 e^{-y} + a_2 e^{-2y} + a_3 e^{-3y} + \cdots + a_n e^{-ny} + \cdots = P(y)$$

gesetzt, für $s > \sigma$

$$D(s)\,\Gamma(s) = \int_0^\infty P(y)\, y^{s-1}\, dy.$$

118. Es sei $f(x)$ in jedem endlichen Intervalle eigentlich integrabel, und es existiere $\int_{-\infty}^{+\infty} |f(x)|\, dx$. Dann ist

$$\lim_{n\to\infty} \int_{-\infty}^{+\infty} f(x) \sin n x\, dx = 0, \qquad \lim_{n\to\infty} \int_{-\infty}^{+\infty} f(x)\, |\sin n x|\, dx = \frac{2}{\pi} \int_{-\infty}^{+\infty} f(x)\, dx.$$

---

119. Gibt es überhaupt Funktionen von drei Variablen? Genauer gefragt: Kann man oder kann man nicht jede reelle Funktion $f(z, y, z)$ dreier Variablen durch zwei Funktionen $\varphi(x, y)$ und $\psi(u, z)$ zweier Variablen so darstellen, daß

$$f(x, y, z) = \psi(\varphi(x, y), z)\,?$$

Man beantworte die Frage:

1. wenn $f(x, y, z)$, $\varphi(x, y)$, $\psi(u, z)$ für alle reellen Wertsysteme definiert,

2. wenn diese Funktionen für alle reellen Wertsysteme definiert und *stetig* sind.

119a. Setzt man

$$x + y = S(x, y), \qquad xy = P(x, y),$$

so ist

$$yz + zx + xy = S\{P(x, y), P[S(x, y), z]\};$$

in dieser Formel ist $yz + zx + xy$ aus vier ineinandergeschachtelten Funktionen zweier Variablen aufgebaut. Man zeige, daß man $yz + zx + xy$ nicht aus bloß drei ineinandergeschachtelten Funktionen zweier Variablen aufbauen kann, wenn die vorkommenden Funktionen für alle reellen Wertsysteme definiert und unbeschränkt differentiierbar vorausgesetzt sind. [Es ist die Darstellbarkeit von $yz + zx + xy$ in der Form

$$\varphi\{\psi[\chi(x, y), z], z\}, \quad \varphi[\psi(x, z), \chi(y, z)], \quad \varphi\{\psi[\chi(x, y), z], x\}$$

auszuschließen.]

120. Die Funktion $f(x)$ sei stetig differentiierbar für $a < x < b$. Man entscheide, ob es zu jedem in diesem Intervall gelegenen Punkte ξ zwei andere daselbst gelegene x_1, x_2 mit $x_1 < x_2$ gibt, derart, daß

$$\frac{f(x_2) - f(x_1)}{x_2 - x_1} = f'(\xi)$$

wird.

121. Die Funktion $f(x)$ sei differentiierbar für $a \leqq x \leqq b$ jedoch keine Konstante, und es sei $f(a) = f(b) = 0$. Es gibt dann mindestens eine Stelle ξ in a, b, für welche

$$|f'(\xi)| > \frac{4}{(b-a)^2}\int_a^b f(x)\,dx.$$

122. Die Funktion $f(x)$ sei zweimal differentiierbar. Dann gibt es eine Stelle $\xi, x_0 - r < \xi < x_0 + r$, an der die Gleichung gilt

$$f''(\xi) = \frac{3}{r^3}\int_{x_0-r}^{x_0+r} [f(x) - f(x_0)]\,dx.$$

123. Sind $p_0, p_1, p_2, \ldots, p_n, \ldots$ nichtnegative Zahlen, von denen mindestens zwei positiv sind, so ist der Logarithmus der Reihe

$$p_0 + p_1 e^x + p_2 e^{2x} + \cdots + p_n e^{nx} + \cdots$$

eine von unten konvexe Funktion von x in jedem Intervalle, wo die Reihe konvergiert.

124. Eine beschränkte konvexe Funktion [S. 52] ist überall stetig, außerdem überall von rechts und von links differentiierbar.

125. Die reelle Funktion $f(x)$ soll in einem endlichen oder unendlichen Intervalle erklärt sein und daselbst eine stetige Derivierte $f'(x)$ besitzen. Man betrachte die Durchschnittspunkte sämtlicher horizontalen Tangenten der Kurve $y = f(x)$ mit der Ordinatenachse, d. h. die Menge M aller derjenigen Werte

$$y = f(x), \quad \text{wo} \quad f'(x) = 0.$$

Man beweise, daß die Punkte der Menge M kein volles Intervall ausfüllen können. (Dieser Satz ist weitgehender Erweiterung fähig.)

126. Wenn eine monotone Folge stetiger Funktionen in einem abgeschlossenen Intervalle gegen eine stetige Funktion konvergiert, so konvergiert sie gleichmäßig.

127. Man beweise folgendes Seitenstück zu **126**: Wenn eine Folge monotoner (stetiger oder unstetiger) Funktionen in einem abgeschlossenen Intervalle gegen eine stetige Funktion konvergiert, so konvergiert sie gleichmäßig.

---

128. Die im Intervalle a, b stetigen Funktionen

$$p_1(t), \quad p_2(t), \quad \ldots, \quad p_n(t), \quad \ldots$$

sollen den Bedingungen

$$p_n(t) \geqq 0, \quad \int_a^b p_n(t)\,dt = 1$$

genügen, $n = 1, 2, 3, \ldots$. Dann sind die Glieder der Folge

$$\int_a^b p_1(t) f(t)\,dt, \quad \int_a^b p_2(t) f(t)\,dt, \ldots, \quad \int_a^b p_n(t) f(t)\,dt, \ldots$$

sämtlich zwischen dem Minimum und dem Maximum der stetigen Funktion $f(t)$ enthalten. (Vgl. I **65**, I **79**, I **83**.)

129. Es sei x ein fester Punkt des in **128** betrachteten Intervalles a, b. Notwendig und hinreichend dafür, daß für jede in a, b stetige Funktion $f(t)$

$$\lim_{n \to \infty} \int_a^b p_n(t) f(t)\,dt = f(x)$$

gilt, ist das Bestehen der Grenzbedingung

$$\lim_{n \to \infty} \left(\int_a^{x-\varepsilon} p_n(t)\,dt + \int_{x+\varepsilon}^b p_n(t)\,dt \right) = 0$$

für sämtliche positive Werte von ε, für welche $a < x - \varepsilon < x + \varepsilon < b$ ist (im Falle $x = a$ oder $x = b$ fällt das erste bzw. zweite Integral unter dem Zeichen lim weg). (Vgl. I **66**, I **80**, I **84**.)

130. Es ist

$$\lim_{\varepsilon \to +0} \varepsilon \int_0^\infty e^{-\varepsilon t} f(t)\,dt = \lim_{t\to\infty} f(t),$$

vorausgesetzt, daß das Integral links und der Grenzwert rechts existiert.

131. Das Integral

$$\int_0^\infty t^\lambda f(t)\,dt$$

soll für $\lambda = \alpha$ und $\lambda = \beta$ konvergieren, $\alpha < \beta$. Dann konvergiert es im ganzen Intervall $\alpha \leqq \lambda \leqq \beta$ und stellt daselbst eine stetige Funktion von λ dar.

132. Die Funktionen

$$p_1(x,t),\quad p_2(x,t),\ldots,\quad p_n(x,t),\ldots$$

der beiden Variablen x und t seien stetig für $a \leqq {x \atop t} \leqq b$, außerdem sei für jedes n

$$p_n(x,t) \geqq 0,\qquad \int_a^b p_n(x,t)\,dt = 1.$$

Bezeichnet $f(t)$ eine stetige Funktion, so liegen die Funktionen

$$f_n(x) = \int_a^b p_n(x,t) f(t)\,dt,\qquad n = 1, 2, 3, \ldots$$

für jeden Wert von x zwischen dem Minimum und dem Maximum von $f(t)$.

Es ist ferner im Intervalle $a < x < b$

$$\lim_{n\to\infty} f_n(x) = f(x),$$

wenn für jede feste positive Zahl ε gleichmäßig in $a + \varepsilon \leqq x \leqq b - \varepsilon$

$$\lim_{n\to\infty}\left(\int_a^{x-\varepsilon} p_n(x,t)\,dt + \int_{x+\varepsilon}^b p_n(x,t)\,dt\right) = 0$$

gilt; die Konvergenz ist gleichmäßig in jedem innerhalb von $a < x < b$ gelegenen abgeschlossenen Teilintervalle.

133. Es ist, wenn $f(x)$ eine in 0, 1 stetige Funktion bezeichnet,

$$\lim_{n\to\infty} \frac{1}{2}\cdot\frac{3}{2}\cdot\frac{5}{4}\cdots\frac{2n+1}{2n}\int_0^1 f(t)\,[1-(x-t)^2]^n\,dt = f(x),$$

und zwar gleichmäßig in $\varepsilon \leqq x \leqq 1 - \varepsilon$, ε fest, $0 < \varepsilon < \frac{1}{2}$.

134. Es ist

$$\lim_{n\to\infty} \frac{1}{n\pi}\int_0^{2\pi} f(t)\left(\frac{\sin n\frac{x-t}{2}}{\sin\frac{x-t}{2}}\right)^2 dt = f(x),$$

und zwar gleichmäßig für jedes x, wenn $f(t)$ eine stetige, nach 2π periodische Funktion bedeutet.

135. Jede in dem endlichen Intervall $a \leqq x \leqq b$ definierte und dort überall stetige Funktion läßt sich in $a \leqq x \leqq b$ durch Polynome gleichmäßig mit beliebiger Genauigkeit approximieren (Satz von *Weierstraß*).

136. Jede überall stetige, nach 2π periodische Funktion läßt sich gleichmäßig durch trigonometrische Polynome [VI, § 2] mit beliebiger Genauigkeit approximieren (Satz von *Weierstraß*).

137. Zu jeder in a, b $(0, 2\pi)$ eigentlich integrablen Funktion $f(x)$ und zu jeder positiven Zahl ε kann man zwei Polynome (trigonometrische Polynome) $p(x)$, $P(x)$ derart angeben, daß in $a \leqq x \leqq b$ $(0 \leqq x < 2\pi)$

$$p(x) \leqq f(x) \leqq P(x)$$

wird und

$$\int_a^b P(x)\,dx - \int_a^b p(x)\,dx < \varepsilon \qquad \left(\int_0^{2\pi} P(x)\,dx - \int_0^{2\pi} p(x)\,dx < \varepsilon\right).$$

138. Ist eine im endlichen Intervalle $a \leqq x \leqq b$ definierte stetige Funktion $f(x)$ von der Beschaffenheit, daß ihre sämtlichen „Momente"

$$\int_a^b f(x)\,x^n\,dx = 0$$

sind, $n = 0, 1, 2, \ldots$, dann ist $f(x)$ identisch $= 0$.

139. Ist eine im endlichen Intervalle $a \leqq x \leqq b$ definierte eigentlich integrable Funktion $f(x)$ von der Beschaffenheit, daß ihre sämtlichen „Momente"

$$\int_a^b f(x)\,x^n\,dx = 0$$

sind, $n = 0, 1, 2, \ldots$, dann ist $f(\xi) = 0$ an jeder Stetigkeitsstelle ξ.

140. Wenn eine im endlichen oder unendlichen Intervall $a < x < b$ definierte stetige Funktion $f(x)$ von der Beschaffenheit ist, daß ihre n ersten „Momente" verschwinden,

$$\int_a^b f(x)\,dx = \int_a^b f(x)\,x\,dx = \int_a^b f(x)\,x^2\,dx = \cdots = \int_a^b f(x)\,x^{n-1}\,dx = 0,$$

dann weist die Funktion $f(x)$ im Intervall $a < x < b$ mindestens n Zeichenänderungen auf (V, Kap. 1, § 2), es sei denn, daß sie identisch verschwindet.

141. Wenn eine stetige, nach 2π periodische Funktion $f(x)$ die Eigenschaft besitzt, daß ihre $2n+1$ ersten „trigonometrischen Momente" (*Fourier*sche Konstanten, vgl. VI, § 4) verschwinden,

$$\int_0^{2\pi} f(x)\,dx = \int_0^{2\pi} f(x)\cos x\,dx = \int_0^{2\pi} f(x)\sin x\,dx = \cdots$$
$$= \int_0^{2\pi} f(x)\cos nx\,dx = \int_0^{2\pi} f(x)\sin nx\,dx = 0,$$

dann weist die Funktion $f(x)$ in jedem Intervall, dessen Länge 2π übersteigt, mindestens $2n+2$ Zeichenänderungen auf (V, Kap. 1, § 2), es sei denn, daß sie identisch verschwindet.

142. Es sei $\varphi(x)$ eine für $x \geqq 0$ erklärte stetige Funktion. Das Integral

$$J(k) = \int_0^\infty e^{-kx}\varphi(x)\,dx$$

sei konvergent für $k = k_0$ und verschwinde für eine Folge von wachsenden k-Werten, die eine arithmetische Progression bilden:

$$J(k_0) = J(k_0+\alpha) = J(k_0+2\alpha) = \cdots = J(k_0+n\alpha) = \cdots = 0, \qquad \alpha > 0.$$

Dann verschwindet $\varphi(x)$ identisch.

143. Man folgere aus der Integraldarstellung der Γ-Funktion

$$\Gamma(s) = \lim_{n\to\infty} \frac{n^s n!}{s(s+1)\cdots(s+n)},$$

daß sie keine Nullstellen besitzt. [$\Gamma(s+1) = s\Gamma(s)$, **142**.]

Jeder in $0 \leqq x \leqq 1$ definierten Funktion $f(x)$ seien die Polynome

$$K_n(x) = \sum_{\nu=0}^{n} f\left(\frac{\nu}{n}\right)\binom{n}{\nu} x^\nu (1-x)^{n-\nu}, \qquad n = 0, 1, 2, \ldots$$

zugeordnet. $K_n(x)$ ist im ganzen Intervall 0, 1 zwischen der unteren und oberen Grenze von $f(x)$ enthalten und stimmt in den Endpunkten mit $f(x)$ überein.

144. Man berechne die Polynome $K_n(x)$, $n = 0, 1, 2, \ldots$ für

$$f(x) = 1, \quad f(x) = x, \quad f(x) = x^2, \quad f(x) = e^x.$$

145. Es sei x beliebig im Intervall $0 \leqq x \leqq 1$ und

$$1 = \sum_{\nu=0}^{n} \binom{n}{\nu} x^\nu (1-x)^{n-\nu} = \sum\nolimits^{I} + \sum\nolimits^{II},$$

worin die Summation $\sum^{I}$ sich auf diejenigen Indices bezieht, für die $|\nu - nx| \leqq n^{\frac{3}{4}}$, $\sum^{II}$ auf diejenigen, für die $|\nu - nx| > n^{\frac{3}{4}}$ ist, $n \geqq 1$. Dann ist

$$\sum\nolimits^{II} < \tfrac{1}{4} n^{-\frac{1}{2}}.$$

146. Es sei $f(x)$ eine stetige Funktion im Intervalle $0 \leqq x \leqq 1$. Die Polynome $K_n(x)$ konvergieren gleichmäßig gegen $f(x)$ im Intervalle $0 \leqq x \leqq 1$. (Neuer Beweis des *Weierstraß*schen Satzes, **135**.)

4. Kapitel.

Verschiedene Arten der Gleichverteilung.

Wir betrachten im folgenden (**147**—**161**) monotone Folgen positiver Zahlen. Unter der *Anzahlfunktion* $N(r)$ einer solchen Folge $r_1, r_2, \ldots, r_n, \ldots, 0 < r_1 \leqq r_2 \leqq \cdots \leqq r_n \leqq \cdots$, verstehen wir die Anzahl derjenigen r_n, die r nicht übersteigen, $r \geqq 0$. In Zeichen

$$N(r) = \sum_{r_n \leqq r} 1.$$

(Ist $f(t)$ eine für $t > 0$ definierte Funktion, so soll unter $\sum_{r_n \leqq r} f(r_n)$ die Summe $f(r_1) + f(r_2) + \cdots + f(r_m)$ verstanden werden, wo $r_m \leqq r < r_{m+1}$.) Wenn z. B. $r_1 = 1$, $r_2 = 2$, $r_3 = 3, \ldots$, dann ist $N(r) = [r]$.

$N(r)$ ist eine streckenweise konstante, nicht abnehmende Funktion, die an ihren Sprungstellen einen ganzzahligen Sprung erleidet und von rechts stetig ist.

147. Ist $f(t)$ differentiierbar und $f'(t)$ eigentlich integrabel, $t > 0$, dann gilt die Formel

$$\sum_{r_n \leqq r} f(r_n) = N(r) f(r) - \int_0^r N(t) f'(t)\, dt.$$

148. $N(r)$ sei die Anzahlfunktion der ins Unendliche wachsenden Folge $r_1, r_2, r_3, \ldots, r_n, \ldots$. Dann ist

$$\limsup_{r\to\infty} \frac{N(r)}{r} = \limsup_{n\to\infty} \frac{n}{r_n}, \qquad \liminf_{r\to\infty} \frac{N(r)}{r} = \liminf_{n\to\infty} \frac{n}{r_n},$$

$$\limsup_{r\to\infty} \frac{\log N(r)}{\log r} = \limsup_{n\to\infty} \frac{\log n}{\log r_n}, \qquad \liminf_{r\to\infty} \frac{\log N(r)}{\log r} = \liminf_{n\to\infty} \frac{\log n}{\log r_n}.$$

149. Es sei $N(r)$ die Anzahlfunktion, λ der Konvergenzexponent [I, Kap. 3, § 2] der Folge $r_1, r_2, r_3, \ldots, r_n, \ldots$. Dann ist

$$\limsup_{r\to\infty} \frac{\log N(r)}{\log r} = \lambda.$$

150. Eine für $r \geqq 0$ definierte positive Funktion $L(r)$ soll *langsam wachsend* heißen, wenn sie monoton wächst und der Bedingung

$$\lim_{r\to\infty} \frac{L(2r)}{L(r)} = 1$$

genügt. Man zeige, daß

$$\lim_{r\to\infty} \frac{L(cr)}{L(r)} = 1, \qquad c > 0.$$

151. Es sei $L(r)$ für $r \geqq 0$ positiv, monoton wachsend und für genügend große r durch

$$L(r) = (\log r)^{\alpha_1} (\log_2 r)^{\alpha_2} \ldots (\log_k r)^{\alpha_k}, \qquad \alpha_1 > 0$$

definiert. Dann ist $L(r)$ langsam wachsend. [$\log_k x = \log_{k-1}(\log x)$.]

152. Ist $L(r)$ langsam wachsend, dann ist

$$\lim_{r \to \infty} \frac{\log L(r)}{\log r} = 0.$$

153. Bezeichnet $N(r)$ die Anzahlfunktion der Folge $r_1, r_2, r_3, \ldots, r_n, \ldots$ und ist

$$N(r) \sim r^\lambda L(r),$$

wo $L(r)$ langsam wachsend, $0 < \lambda < \infty$, dann ist λ der Konvergenzexponent der Folge $r_1, r_2, r_3, \ldots, r_n, \ldots$.

Eine Folge $r_1, r_2, r_3, \ldots, r_n, \ldots$ von der in **153** betrachteten Art heiße im folgenden (**154**—**159**) eine *reguläre* Folge. Später (z. B. IV **59**—IV **65**) werden auch solche Folgen als regulär bezeichnet, für welche $N(r) \sim \frac{r^\lambda}{L(r)}$. Bei dieser weiteren Begriffsbestimmung bilden z. B. auch die Primzahlen $2, 3, 5, 7, 11, \ldots$ eine reguläre Folge, und die Sätze **153**—**159** bleiben unverändert gültig.

154. Für die Anzahlfunktion $N(r)$ einer regulären Folge vom Konvergenzexponenten λ gilt

$$\lim_{r \to \infty} \frac{N(cr)}{N(r)} = c^\lambda, \qquad c > 0.$$

155. Es sei $N(r)$ die Anzahlfunktion der regulären Folge $r_1, r_2, r_3, \ldots, r_n, \ldots$ vom Konvergenzexponenten λ und $f(x)$ eine streckenweise konstante Funktion im Intervalle $0 < x \leqq c$, $c > 0$. Dann ist

$$\lim_{r \to \infty} \frac{1}{N(r)} \sum_{r_n \leqq cr} f\left(\frac{r_n}{r}\right) = \int_0^{c^\lambda} f\left(x^{\frac{1}{\lambda}}\right) dx.$$

156. Die Grenzwertgleichung in **155** gilt auch dann, wenn $f(x)$ eine im Intervalle $0 \leqq x \leqq c$ eigentlich integrable Funktion bezeichnet.

157. Es sei $N(r)$ die Anzahlfunktion der regulären Folge $r_1, r_2, r_3, \ldots, r_n, \ldots$ vom Konvergenzexponenten λ, und α sei positiv. Dann ist

$$\lim_{r \to \infty} \frac{1}{N(r)} \sum_{r_n \leqq r} \left(\frac{r_n}{r}\right)^{\alpha - \lambda} = \int_0^1 x^{\frac{\alpha - \lambda}{\lambda}} dx = \frac{\lambda}{\alpha}.$$

158. (Fortsetzung.)

$$\lim_{r\to\infty}\frac{1}{N(r)}\sum_{r_n>r}\left(\frac{r_n}{r}\right)^{-\alpha-\lambda}=\int_1^\infty x^{\frac{-\alpha-\lambda}{\lambda}}\,dx=\frac{\lambda}{\alpha}.$$

159. Es sei $N(r)$ die Anzahlfunktion der regulären Folge $r_1, r_2, r_3, \ldots, r_n, \ldots$ vom Konvergenzexponenten λ, $f(x)$ für $x>0$ definiert und in jedem endlichen Intervall $0<a\leqq x\leqq b$ eigentlich integrabel; außerdem sei in einer Umgebung von $x=0$

$$|f(x)|<x^{\alpha-\lambda}$$

und in einer Umgebung von $x=+\infty$

$$|f(x)|<x^{-\alpha-\lambda},\qquad \alpha>0.$$

Dann ist

$$\lim_{r\to\infty}\frac{1}{N(r)}\sum_{n=1}^{\infty}f\left(\frac{r_n}{r}\right)=\int_0^\infty f\left(x^{\frac{1}{\lambda}}\right)dx.$$

160. Es sei $f(x)$ eine im Intervall $0<x\leqq 1$ definierte monotone Funktion, die in einer gewissen Umgebung der Stelle $x=0$ einer Ungleichung

$$|f(x)|<x^{\alpha-\lambda}$$

genügt; $\alpha>0$. Ist $N(r)$ die Anzahlfunktion und λ der Konvergenzexponent der monotonen positiven Folge $r_1, r_2, r_3, \ldots, r_n, \ldots$, $0<\lambda<\infty$, so ist

$$\liminf_{r\to\infty}\frac{1}{N(r)}\sum_{r_n\leqq r}f\left(\frac{r_n}{r}\right)\leqq\int_0^1 f\left(x^{\frac{1}{\lambda}}\right)dx\leqq\limsup_{r\to\infty}\frac{1}{N(r)}\sum_{r_n\leqq r}f\left(\frac{r_n}{r}\right).\qquad [\text{I } \mathbf{115}.]$$

Die Folge der r_n braucht nicht regulär zu sein!

161. Es sei $f(x)$ eine für $x>0$ definierte positive, abnehmende Funktion, die in einer Umgebung von $x=0$ der Ungleichung

$$f(x)<x^{\alpha-\lambda}$$

und in einer Umgebung der Stelle $x=+\infty$ der Ungleichung

$$f(x)<x^{-\alpha-\lambda}$$

genügt; $\alpha>0$. Dann gilt für die in **160** definierte Folge $r_1, r_2, r_3, \ldots, r_n, \ldots$

$$\liminf_{r\to\infty}\frac{1}{N(r)}\sum_{n=1}^{\infty}f\left(\frac{r_n}{r}\right)\leqq\int_0^\infty f\left(x^{\frac{1}{\lambda}}\right)dx.\qquad [\text{I } \mathbf{116}.]$$

Eine Zahlenfolge der Form

$$x_1, \quad x_2, \quad x_3, \quad \ldots, \quad x_n, \quad \ldots$$

heißt im Intervall $0 \leqq x \leqq 1$ *gleichverteilt*, wenn sämtliche Zahlen $x_1, x_2, x_3, \ldots, x_n, \ldots$ im abgeschlossenen Intervall 0, 1 liegen und für jede in $0 \leqq x \leqq 1$ eigentlich integrable Funktion $f(x)$ die Grenzwertgleichung

$$(*) \qquad \lim_{n\to\infty} \frac{f(x_1) + f(x_2) + \cdots + f(x_n)}{n} = \int_0^1 f(x)\,dx$$

gilt. Die Bezeichnung „gleichverteilt" wird durch das folgende Kriterium erläutert:

162. Eine Folge $x_1, x_2, x_3, \ldots, x_n, \ldots, 0 \leqq x_n \leqq 1$, ist dann und nur dann gleichverteilt im Intervall $0 \leqq x \leqq 1$, wenn die „Wahrscheinlichkeit" dafür, daß eine Zahl der Folge in ein bestimmtes Teilintervall von 0, 1 hineinfällt, gleich der Länge dieses Teilintervalles ist. Genauer, wenn sie die folgende Eigenschaft besitzt: Ist $\alpha \leqq x \leqq \beta$ ein beliebiges Teilintervall von 0, 1 und bezeichnet $\nu_n(\alpha, \beta)$ die Anzahl derjenigen x_ν, $\nu = 1, 2, \ldots, n$, die in $\alpha \leqq x \leqq \beta$ liegen, so hat man

$$\lim_{n\to\infty} \frac{\nu_n(\alpha,\beta)}{n} = \beta - \alpha\,. \qquad [\mathbf{102}.]$$

163. Eine Folge $x_1, x_2, x_3, \ldots, x_n, \ldots, 0 \leqq x_n \leqq 1$, ist dann und nur dann gleichverteilt im Intervall $0 \leqq x \leqq 1$, wenn sie die folgende Eigenschaft besitzt: Ist $\alpha \leqq x \leqq \beta$ ein beliebiges Teilintervall von 0, 1 und bezeichnet $s_n(\alpha, \beta)$ die Summe derjenigen x_ν, $\nu = 1, 2, \ldots, n$, die in $\alpha \leqq x \leqq \beta$ liegen, so hat man

$$\lim_{n\to\infty} \frac{s_n(\alpha,\beta)}{n} = \frac{\beta^2 - \alpha^2}{2}\,.$$

164. Eine Folge $x_1, x_2, x_3, \ldots, x_n, \ldots, 0 \leqq x_n \leqq 1$, ist dann und nur dann gleichverteilt im Intervall $0 \leqq x \leqq 1$, wenn für jedes positive ganze k

$$\lim_{n\to\infty} \frac{x_1^k + x_2^k + x_3^k + \cdots + x_n^k}{n} = \frac{1}{k+1}$$

ist. [**137**.]

165. Eine Folge $x_1, x_2, x_3, \ldots, x_n, \ldots, 0 \leqq x_n \leqq 1$ ist dann und nur dann gleichverteilt im Intervall $0 \leqq x \leqq 1$, wenn für jedes positive ganze k die beiden Gleichungen

$$\lim_{n\to\infty} \frac{\cos 2\pi k x_1 + \cos 2\pi k x_2 + \cdots + \cos 2\pi k x_n}{n} = 0\,,$$

$$\lim_{n\to\infty} \frac{\sin 2\pi k x_1 + \sin 2\pi k x_2 + \cdots + \sin 2\pi k x_n}{n} = 0$$

gelten. [**137**.]

166. Es sei θ eine Irrationalzahl. Die Zahlen

$$x_n = n\theta - [n\theta], \qquad n = 1, 2, 3, \ldots$$

sind gleichverteilt im Intervall $0 \leqq x \leqq 1$.

167. Es sei θ eine Irrationalzahl. Man setze $\varepsilon_n = 1$ oder 0, je nachdem die zu $n\theta$ nächstgelegene ganze Zahl rechts oder links von $n\theta$ liegt. Sind a, d ganz, $a \geqq 0$, $d > 0$, so ist

$$\lim_{n \to \infty} \frac{\varepsilon_a + \varepsilon_{a+d} + \varepsilon_{a+2d} + \cdots + \varepsilon_{a+(n-1)d}}{n} = \frac{1}{2}.$$

168. Es sei θ eine Irrationalzahl und α eine andere Irrationalzahl von der Form $\alpha = q\theta$, q ganz, $q \neq 0$. Die Funktion

$$f(z) = \sum_{n=1}^{\infty} (n\theta - [n\theta]) z^n, \quad z \text{ beliebig komplex, } |z| < 1,$$

wird bei radialer Annäherung an den Randpunkt $e^{2\pi i\alpha}$ derart unendlich groß, daß

$$\lim_{r \to 1-0} (1 - r) f(r e^{2\pi i\alpha}) = \frac{1}{2\pi i q} \qquad \text{[I } \mathbf{88}\text{]}.$$

169. Bei reellem x ist

$$f(x) = \lim_{n \to \infty} \frac{\cos^2 \pi x + \cos^4 2\pi x + \cos^6 3\pi x + \cdots + \cos^{2n} n\pi x}{n}$$

zu bestimmen.

170. Der Dezimalbruch

$$\theta = 0{,}123456789101112 13 \ldots$$

(die natürlichen Zahlen aufeinanderfolgend geschrieben) stellt eine Irrationalzahl dar. Nach **166** liegen die Zahlen

$$n\theta - [n\theta], \qquad n = 1, 2, 3, \ldots$$

überall dicht im Intervalle 0, 1. Zeigen wir, daß dasselbe schon für die Teilmenge

$$10^n\theta - [10^n\theta], \qquad n = 0, 1, 2, 3, \ldots$$

zutrifft.

171. Die Zahl

$$e = 1 + \frac{1}{1!} + \frac{1}{2!} + \frac{1}{3!} + \cdots + \frac{1}{n!} + \cdots$$

ist irrational. [VIII **258**.] Zeigen wir, daß die Menge

$$n!\,e - [n!\,e], \qquad n = 1, 2, 3, \ldots$$

den einzigen Häufungswert 0 besitzt.

172. Das Polynom $P(x) = a_1 x + a_2 x^2 + \cdots + a_r x^r$ besitze mindestens einen irrationalen Koeffizienten. Dann haben die Zahlen

$$P(n) - [P(n)], \qquad n = 1, 2, 3, \ldots$$

unendlich viele Häufungsstellen.

173. Es sei θ eine Irrationalzahl, $x_n = n\theta - [n\theta]$, $n = 1, 2, 3, \ldots$ und $\alpha_1, \alpha_2, \alpha_3, \ldots, \alpha_n, \ldots$ eine monoton abnehmende positive Folge mit divergenter Summe. Für jede im Intervalle $0 \leqq x \leqq 1$ definierte eigentlich integrable Funktion $f(x)$ gilt

$$\lim_{n\to\infty} \frac{\alpha_1 f(x_1) + \alpha_2 f(x_2) + \cdots + \alpha_n f(x_n)}{\alpha_1 + \alpha_2 + \cdots + \alpha_n} = \int_0^1 f(x)\,dx.$$

---

174. Die Funktion $g(t)$ habe für $t \geqq 1$ folgende Eigenschaften:

1. $g(t)$ ist stetig differentiierbar;
2. $g(t)$ wächst monoton mit t ins Unendliche;
3. $g'(t)$ strebt monoton gegen Null für $t \to \infty$;
4. $tg'(t) \to \infty$ für $t \to \infty$.

Dann sind die Zahlen

$$x_n = g(n) - [g(n)], \qquad n = 1, 2, 3, \ldots$$

gleichverteilt im Intervall $0 \leqq x \leqq 1$.

175. Es sei $a > 0$, $0 < \sigma < 1$. Die Folge

$$x_n = a n^\sigma - [a n^\sigma], \qquad n = 1, 2, 3, \ldots$$

ist gleichverteilt im Intervall $0 \leqq x \leqq 1$.

176. Es sei $a > 0$, $\sigma > 1$. Die Zahlen

$$x_n = a(\log n)^\sigma - [a(\log n)^\sigma], \qquad n = 1, 2, 3, \ldots$$

sind gleichverteilt im Intervall $0 \leqq x \leqq 1$.

177. Wenn $0 < \sigma < 1$, $\xi \neq 0$ ist, dann ist die Reihe

$$\frac{\sin 1^\sigma \xi}{1^\varrho} + \frac{\sin 2^\sigma \xi}{2^\varrho} + \frac{\sin 3^\sigma \xi}{3^\varrho} + \cdots + \frac{\sin n^\sigma \xi}{n^\varrho} + \cdots$$

dann und nur dann absolut konvergent, wenn $\varrho > 1$ ist.

178. Man denke sich in einer unendlichen Zahlentafel die Quadratwurzeln der natürlichen Zahlen $1, 2, 3, 4, \ldots, n, \ldots$ untereinander geschrieben und betrachte die Ziffern, welche an der j^{ten} Dezimalstelle (rechts vom Komma) stehen, $j \geqq 1$. Jede Ziffer $0, 1, 2, \ldots, 9$ kommt unter den genannten durchschnittlich gleich oft vor. Genauer: Bezeichnet $\nu_g(n)$ die Anzahl derjenigen unter den n ersten natürlichen Zahlen $1, 2, 3, \ldots, n$, in deren im Dezimalsystem geschriebenen Quadratwurzeln an der j^{ten} Stelle die Ziffer g steht, dann ist

$$\lim_{n\to\infty} \frac{\nu_g(n)}{n} = \frac{1}{10}, \qquad g = 0, 1, 2, \ldots, 9.$$

179. Es sei $a > 0$ und $x_n = a \log n - [a \log n]$, $n = 1, 2, 3, \ldots$. Wenn $f(x)$ eine beliebige, im Intervall $0 \leqq x \leqq 1$ definierte eigentlich integrable Funktion bezeichnet, dann ist

$$\lim \frac{f(x_1) + f(x_2) + \cdots + f(x_n)}{n} = \int_0^1 f(x) K(x, \xi)\, dx,$$

vorausgesetzt, daß n derart ins Unendliche wächst, daß $x_n \to \xi$, $0 \leqq \xi \leqq 1$. Hierbei ist $K(x, \xi)$ die folgende Funktion:

$$K(x, \xi) = \begin{cases} \dfrac{\log q}{q-1} q^{x-\xi+1}, & \text{wenn } 0 \leqq x < \xi; \\ \dfrac{\log q}{q-1} q^{x-\xi}, & \text{wenn } \xi < x \leqq 1, \quad q = e^{\frac{1}{a}}, \quad 0 < \xi < 1; \end{cases}$$

$$K(x, 0) = K(x, 1) = \frac{\log q}{q-1} q^x.$$

180. (Fortsetzung.) Die Häufungswerte von

$$\frac{f(x_1) + f(x_2) + \cdots + f(x_n)}{n}, \qquad n = 1, 2, 3, \ldots$$

erfüllen ein volles Intervall $J = J(a; f)$, das nur von a und von $f(x)$ abhängt. Dieses Intervall schrumpft dann und nur dann auf einen Punkt zusammen, wenn an jeder Stelle, wo $f(x)$ stetig ist, $f(x) = c$ ist, c eine Konstante. Wie ist $J(a; f)$ beschaffen, wenn a eine sehr große bzw. eine sehr kleine positive Zahl ist?

181. Man denke sich in einer unendlichen Logarithmentafel die *Briggs*schen Logarithmen der natürlichen Zahlen 1, 2, 3, 4, ... untereinander geschrieben und betrachte die Ziffern, welche an der j^{ten} Dezimalstelle (rechts vom Komma) stehen, $j \geqq 1$. Für die Häufigkeit des Vorkommens der Ziffern 0, 1, 2, ..., 9 in dieser Ziffernfolge existiert keine bestimmte Wahrscheinlichkeit. Genauer: Bezeichnet $\nu_g(n)$ die Anzahl derjenigen unter den n ersten natürlichen Zahlen $1, 2, 3, \ldots, n$, in deren Logarithmus an der j^{ten} Stelle die Ziffer g steht, dann haben die Quotienten $\frac{\nu_g(n)}{n}$ keinen bestimmten Grenzwert für $n \to \infty$; ihre Häufungswerte erfüllen vielmehr ein Intervall von positiver Länge.

182. Die Funktion $g(t)$ habe für $t \geqq 1$ folgende Eigenschaften:

1. $g(t)$ ist stetig differentiierbar;
2. $g(t)$ wächst monoton mit t ins Unendliche;
3. $g'(t)$ strebt monoton gegen Null für $t \to \infty$;
4. $t g'(t) \to 0$ für $t \to \infty$.

(Vgl. **174**.) Die Zahlen

$$x_n = g(n) - [g(n)], \qquad n = 1, 2, 3, \ldots$$

liegen dann überall dicht im Intervall $0 \leqq x \leqq 1$, sind jedoch nicht gleichverteilt. Ihre Verteilung ist vielmehr durch folgenden Grenzwertsatz charakterisiert: Es sei $f(x)$ eine im Intervalle $0 \leqq x \leqq 1$ eigentlich integrable Funktion. Wenn n derart ins Unendliche wächst, daß $x_n \to \xi$, $0 < \xi < 1$, dann ist

$$\lim \frac{f(x_1) + f(x_2) + \cdots + f(x_n)}{n} = f(\xi),$$

vorausgesetzt, daß $f(x)$ an der Stelle ξ stetig ist. Wenn $f(x)$ an der Stelle ξ eine Unstetigkeit erster Art aufweist, dann ist die Menge der Häufungswerte von

$$\frac{f(x_1) + f(x_2) + \cdots + f(x_n)}{n}$$

für die besagten n-Werte identisch mit dem Intervall zwischen $f(\xi - 0)$ und $f(\xi + 0)$. Der Satz gilt auch für $\xi = 0$ oder $\xi = 1$, wenn man die Voraussetzung $f(0) = f(1)$ macht und die Definition von $f(x)$ derart über das Intervall $0 \leqq x \leqq 1$ hinaus erweitert, daß $f(x)$ periodisch von der Periode 1 wird. [Danach ist $f(1 + 0) = f(+0)$, $f(1 - 0) = f(-0)$.]

183. Die Folge

$$x_n = a(\log n)^\sigma - [a(\log n)^\sigma], \qquad n = 1, 2, 3, \ldots$$

ist für $0 < \sigma < 1$ überall dicht im Intervalle $0 \leqq x \leqq 1$, jedoch nicht gleich verteilt. (**176**, **179**.)

184. Man denke sich in einer unendlichen Zahlentafel die Quadratwurzeln der *Briggs* schen Logarithmen der natürlichen Zahlen 1, 2, 3, 4, ..., d. h. die Zahlen $\sqrt{\mathrm{Log}\, n}$, $n = 1, 2, 3, 4, \ldots$ untereinander geschrieben und betrachte die Ziffern, welche an der j^{ten} Dezimalstelle (rechts vom Komma) stehen, $j \geqq 1$. Für die Häufigkeit des Vorkommens der Ziffern 0, 1, 2, ..., 9 in dieser Ziffernfolge existiert keine bestimmte Wahrscheinlichkeit. Genauer: Bezeichnet $\nu_g(n)$ die Anzahl derjenigen Zahlen k unter den n ersten natürlichen Zahlen $1, 2, 3, \ldots, n$, für die in $\sqrt{\mathrm{Log}\, k}$ an der j^{ten} Dezimalstelle die Ziffer g steht, dann liegen die Zahlen $\frac{\nu_g(n)}{n}$, $n = 1, 2, 3, \ldots$ überall dicht zwischen 0 und 1.

---

185. Man denke sich im p-dimensionalen Raum eine geradlinige gleichförmige Bewegung, definiert durch die Gleichungen $x_\nu(t) = a_\nu + \theta_\nu t$, a_ν, θ_ν Konstanten, $\nu = 1, 2, \ldots, p$, t die Zeit. Wenn die Zahlen $\theta_1, \theta_2, \ldots, \theta_p$ rational unabhängig sind, d. h. wenn aus $n_1 \theta_1 + n_2 \theta_2 + \cdots + n_p \theta_p = 0$, $n_1, n_2, \ldots, n_p$ rational, $n_1 = n_2 = \cdots = n_p = 0$ folgt, dann gilt für jede Funktion $f(x_1, x_2, \ldots, x_p)$, die in bezug auf $x_1, x_2, \ldots, x_p$ periodisch von der Periode 1 und im Einheitswürfel $0 \leqq x_\nu \leqq 1$, $\nu = 1, 2, \ldots, p$ eigentlich integrabel ist,

$$\lim_{t \to \infty} \frac{1}{t} \int_0^t f(x_1(t), x_2(t), \ldots, x_p(t))\, dt = \int_0^1 \int_0^1 \cdots \int_0^1 f(x_1, x_2, \ldots, x_p)\, dx_1\, dx_2 \ldots dx_p.$$

186. Es seien $\alpha_1, \alpha_2, \beta_1, \beta_2$ beliebige Konstanten, $0 \leqq \alpha_1 < \alpha_2 < 1$, $0 \leqq \beta_1 < \beta_2 < 1$. Durch die Bedingungen

$$\alpha_1 \leqq x - [x] \leqq \alpha_2, \qquad \beta_1 \leqq y - [y] \leqq \beta_2$$

wird eine unendliche Anzahl von Rechtecken mit achsenparallelen Seiten definiert, die mod. 1 kongruent liegen, d. h. auseinander durch achsenparallele Verschiebungen um ganze Zahlen hervorgehen. Es sei durch $x = a + \theta_1 t$, $y = b + \theta_2 t$, t die Zeit, eine geradlinige gleichförmige Bewegung definiert und $T(t)$ bezeichne die Summe der Zeitintervalle bis zum Zeitpunkt t, in denen der bewegliche Punkt sich in einem der genannten Rechtecke aufhält (Verweilzeit). Ist das Verhältnis $\theta_1 : \theta_2$ irrational, so gilt

$$\lim_{t\to\infty} \frac{T(t)}{t} = (\alpha_2 - \alpha_1)(\beta_2 - \beta_1).$$

187. Eine Billardkugel bewegt sich auf einem reibungslosen quadratischen Tisch vom Flächeninhalt $\mathfrak{F}$ geradlinig mit konstanter Geschwindigkeit und wird von den Wänden des Billardtisches jedesmal nach dem Reflexionsgesetz (Einfallswinkel = Reflexionswinkel) zurückgeworfen. Der Tangens des Winkels zwischen Bewegungsrichtung und Seitenlinie des Billardtisches sei irrational. Bezeichnet $T(t)$ die Gesamtsumme derjenigen Zeitintervalle bis zum Zeitpunkt t, in denen der bewegliche Punkt sich in einem bestimmten Teilbereiche vom Inhalt $\mathfrak{f}$ aufhält, dann ist

$$\lim_{t\to\infty} \frac{T(t)}{t} = \frac{\mathfrak{f}}{\mathfrak{F}}.$$

Die Zahlen

$$\frac{1}{n}, \quad \frac{2}{n}, \quad \frac{3}{n}, \quad \ldots, \quad \frac{n}{n}, \qquad n = 1, 2, 3, \ldots$$

welche bei der Bildung von Rechtecksummen (Einteilung nach arithmetischer Progression) auftreten, sind in einem gewissen Sinne gleichverteilt. Eine ähnliche Art von Gleichverteilung zeigen die beiden folgenden Aufgaben.

188. Bezeichnet man mit $r_{1n}, r_{2n}, r_{3n}, \ldots, r_{\varphi n}$ die positiven ganzen Zahlen, die kleiner als n und zu n relativ prim sind und mit $\varphi = \varphi(n)$ ihre Anzahl [VIII **25**], so ist

$$\lim_{n\to\infty} \frac{f\left(\frac{r_{1n}}{n}\right) + f\left(\frac{r_{2n}}{n}\right) + f\left(\frac{r_{3n}}{n}\right) + \cdots + f\left(\frac{r_{\varphi n}}{n}\right)}{\varphi(n)} = \int_0^1 f(x)\,dx$$

für jede eigentlich integrable Funktion $f(x)$. [VIII **35**.]

189. Schreiben wir, nach aufsteigender Größe geordnet, alle reduzierten Brüche $\leqq 1$ auf, deren Zähler und Nenner der Zahlenreihe $1, 2, 3, \ldots, n$ angehören:

$$w_1, \quad w_2, \quad w_3, \quad \ldots, \quad w_N$$

(*Farey*sche Reihe,

$$w_1 = \frac{1}{n}, \ldots, w_N = \frac{1}{1}, \ N = N(n) = \varphi(1) + \varphi(2) + \cdots + \varphi(n)\Big).$$

Dann gilt

$$\lim_{n\to\infty} \frac{f(w_1) + f(w_2) + f(w_3) + \cdots + f(w_N)}{N} = \int_0^1 f(x)\,dx$$

für jede eigentlich integrable Funktion $f(x)$. [I **70**.]

Einige in den vorangehenden Aufgaben auftretenden Zahlenfolgen waren gleichverteilt, d. h. ihre Zahlen belegten ein gegebenes Teilintervall mit einer Wahrscheinlichkeit, die der Länge desselben proportional ist [z. B. **166**, **175**, **188**]. Dies ist in den folgenden Aufgaben nicht der Fall: Es existiert vielmehr bei den jetzt anzugebenden Zahlenfolgen eine bestimmte „Wahrscheinlichkeitsdichte", nach deren Maßgabe die verschiedenen Teile des totalen Intervalls verschieden dicht belegt sind. Ähnliches schon in **159**.

190. Die im Intervall $0, \sqrt{\frac{2}{\pi}}$ eigentlich integrable Funktion $f(x)$ sei so beschaffen, daß eine positive Zahl p existiert, derart, daß $x^{-p} f(x)$ im besagten Intervall beschränkt bleibt. Man setze

$$\frac{\sqrt{n}\binom{n}{\nu}}{2^n} = s_{\nu n}, \qquad \nu = 0, 1, \ldots, n; \quad n = 1, 2, 3, \ldots.$$

Dann ist

$$\lim_{n\to\infty} \frac{f(s_{0n}) + f(s_{1n}) + f(s_{2n}) + \cdots + f(s_{nn})}{\sqrt{n}} = \int_{-\infty}^{+\infty} f\left(\sqrt{\frac{2}{\pi}}\, e^{-2x^2}\right) dx.$$

191. Es seien

$$x_{1n}, x_{2n}, \ldots, x_{nn}, \quad -1 < x_{\nu n} < 1, \qquad \nu = 1, 2, \ldots, n$$

die Nullstellen des *Legendre*schen Polynoms $P_n(x)$ [VI **97**] und λ reell, $\lambda > 1$. Dann ist

$$\lim_{n\to\infty} \frac{\log\left(1 + \frac{x_{1n}}{\lambda}\right) + \log\left(1 + \frac{x_{2n}}{\lambda}\right) + \cdots + \log\left(1 + \frac{x_{nn}}{\lambda}\right)}{n} = \log\frac{\lambda + \sqrt{\lambda^2 - 1}}{2\lambda},$$

wobei die Quadratwurzel mit dem positiven Vorzeichen zu nehmen ist. [Man verwende **203**.]

192. (Fortsetzung.) Unter k eine beliebige positive ganze Zahl verstanden, ist

$$\lim_{n\to\infty} \frac{x_{1n}^k + x_{2n}^k + \cdots + x_{nn}^k}{n} = \frac{1}{\pi}\int_0^\pi \cos^k\vartheta\, d\vartheta\,. \qquad \text{[I } \mathbf{179}.]$$

193. Wenn

$$x_{1n},\quad x_{2n},\ldots,\quad x_{nn}$$

die Nullstellen des n^{ten} *Legendre*schen Polynoms $P_n(x)$ bezeichnen, $-1 < x_{\nu n} < 1$, $\nu = 1, 2, \ldots, n$, und $f(x)$ eine im Intervalle $-1 \leqq x \leqq 1$ eigentlich integrable Funktion bedeutet, dann ist

$$\lim_{n\to\infty} \frac{f(x_{1n}) + f(x_{2n}) + \cdots + f(x_{nn})}{n} = \frac{1}{\pi}\int_0^\pi f(\cos\vartheta)\, d\vartheta\,.$$

194. Es sei $\alpha \leqq x \leqq \beta$ ein beliebiges Teilintervall von $-1 \leqq x \leqq 1$ und $\nu_n(\alpha, \beta)$ die Anzahl der Nullstellen des n^{ten} *Legendre*schen Polynoms in α, β. Dann ist

$$\lim_{n\to\infty} \frac{\nu_n(\alpha,\beta)}{n} = \frac{\arccos\alpha - \arccos\beta}{\pi}\,.$$

Die Zahlen $x_{\nu n}$ sind im Intervall -1, $+1$ ungleichmäßig, die Zahlen $\arccos x_{\nu n}$ im Intervall 0, π gleichmäßig verteilt. Man fasse das Intervall -1, $+1$ als den horizontalen Durchmesser eines Kreises, jeden Punkt $x_{\nu n}$ als die Horizontalprojektion zweier Punkte auf der Kreisperipherie auf. Es herrscht Gleichverteilung auf der Kreisperipherie, jedoch nicht auf dem Durchmesser.

5. Kapitel.

Funktionen großer Zahlen.

195. Es seien $p_1, p_2, \ldots, p_l, a_1, a_2, \ldots, a_l$ beliebige positive Zahlen. Dann existiert der Grenzwert

$$\lim_{n\to\infty} \sqrt[n]{p_1 a_1^n + p_2 a_2^n + \cdots + p_l a_l^n}$$

und ist gleich der größten unter den Zahlen $a_1, a_2, \ldots, a_l$.

196. Unter denselben Voraussetzungen wie in **195** gilt auch

$$\lim_{n\to\infty} \frac{p_1 a_1^{n+1} + p_2 a_2^{n+1} + \cdots + p_l a_l^{n+1}}{p_1 a_1^n + p_2 a_2^n + \cdots + p_l a_l^n} = \operatorname{Max}(a_1, a_2, \ldots, a_l).$$

197. Es sei $f(x)$ eine beliebige ganze rationale Funktion mit lauter reellen und positiven Nullstellen und

$$-\frac{f'(x)}{f(x)} = c_0 + c_1 x + c_2 x^2 + \cdots + c_n x^n + \cdots.$$

Man zeige, daß

$$\lim_{n\to\infty} \frac{1}{\sqrt[n]{c_n}} = \lim_{n\to\infty} \frac{c_{n-1}}{c_n}$$

existiert und gleich der kleinsten Nullstelle von $f(x)$ ist.

198. Es seien $\varphi(x)$ und $f(x)$ stetige und positive Funktionen im Intervalle $a \leqq x \leqq b$. Dann existiert der Grenzwert

$$\lim_{n\to\infty} \sqrt[n]{\int_a^b \varphi(x)[f(x)]^n\,dx}$$

und ist gleich dem Maximum von $f(x)$ im Intervalle $a \leqq x \leqq b$.

199. Unter denselben Voraussetzungen wie in **198** gilt auch

$$\lim_{n\to\infty} \frac{\int_a^b \varphi(x)[f(x)]^{n+1}\,dx}{\int_a^b \varphi(x)[f(x)]^n\,dx} = \operatorname{Max} f(x)\,.$$

200. Es sei $a < \xi < b$ und k eine positive Konstante. Man zeige, daß für festes a, b, ξ, k und $n \to +\infty$

$$\int_a^b e^{-kn(x-\xi)^2}\,dx \sim \sqrt{\frac{\pi}{kn}}\,.$$

201. Die Funktionen $\varphi(x)$, $h(x)$ und $f(x) = e^{h(x)}$ seien im endlichen oder unendlichen Intervall $a \leqq x \leqq b$ definiert und den folgenden Bedingungen unterworfen:

1. $\varphi(x)[f(x)]^n = \varphi(x)\,e^{n\,h(x)}$ sei absolut integrabel in a, b; $n = 0, 1, 2, \ldots$.

2. Die Funktion $h(x)$ erreiche an einer Stelle ξ im Innern von a, b ihr Maximum, und zwar sei die obere Grenze von $h(x)$ in jedem abgeschlossenen Intervall, das ξ nicht enthält, kleiner als $h(\xi)$; ferner gebe es eine Umgebung von ξ, wo $h''(x)$ existiert und stetig ist. Endlich sei $h''(\xi) < 0$.

3. $\varphi(x)$ sei stetig für $x = \xi$, $\varphi(\xi) \neq 0$.

Dann gilt für $n \to +\infty$ die folgende asymptotische Formel[1])

$$\int_a^b \varphi(x)[f(x)]^n\,dx \sim \varphi(\xi)[f(\xi)]^{n+\frac{1}{2}} \sqrt{-\frac{2\pi}{n f''(\xi)}} = \varphi(\xi) e^{n\,h(\xi)} \sqrt{-\frac{2\pi}{n h''(\xi)}}\,.$$

[Man beschränke sich auf eine Umgebung von ξ und entwickle dort $h(x)$ nach den Potenzen von $(x - \xi)$ bis zu den Gliedern zweiter Ordnung.]

---

[1]) Über die Benutzung solcher Integrale äußert sich *Laplace* folgendermaßen: ... On est souvent conduit à des expressions qui contiennent tant de termes et de facteurs, que les substitutions numériques y sont impraticables. C'est ce qui a lieu dans les questions de probabilité, lorsque l'on considère un grand nombre d'événements. Cependant il importe alors d'avoir la valeur numérique des formules, pour connaître avec quelle probabilité les résultats que les événements développent en se multipliant sont indiqués. Il importe surtout d'avoir la loi

202. Es sei n ganz, $n \to +\infty$. Man beweise auf Grund der Formel

$$\int_0^{\frac{\pi}{2}} \sin^{2n} x\, dx = \int_0^{\frac{\pi}{2}} \cos^{2n} x\, dx = \frac{1 \cdot 3 \ldots (2n-1)}{2 \cdot 4 \ldots 2n} \frac{\pi}{2},$$

daß

$$\frac{1 \cdot 3 \ldots (2n-1)}{2 \cdot 4 \ldots 2n} \sim \frac{1}{\sqrt{n\pi}}.$$

203. Es sei λ reell, $\lambda > 1$. Unter $P_n(\lambda)$ das n^{te} *Legendre*sche Polynom verstanden, gilt für $n \to \infty$

$$P_n(\lambda) \sim \frac{1}{\sqrt{2n\pi}} \frac{(\lambda + \sqrt{\lambda^2 - 1})^{n+\frac{1}{2}}}{\sqrt[4]{\lambda^2 - 1}}.$$

Die Wurzeln sind positiv zu nehmen. [VI **86**.]

204. Aus der *Hansen*schen Entwicklung

$$e^{it\cos x} = J_0(t) + 2 \sum_{\nu=1}^{\infty} \frac{J_\nu(t)}{i^\nu} \cos \nu x,$$

die als Definition der *Bessel*schen Funktionen $J_\nu(t)$ dienen kann, leite man die folgende asymptotische Formel her:

$$J_\nu(it) \sim (-i)^\nu \frac{e^t}{\sqrt{2\pi t}}, \qquad t \to +\infty, \quad \nu = 0, 1, 2, \ldots.$$

205. Man zeige für positives, gegen ∞ strebendes n

$$\Gamma(n+1) = \int_0^\infty e^{-x} x^n\, dx \sim \left(\frac{n}{e}\right)^n \sqrt{2\pi n},$$

sogar

$$\left(\frac{e}{n}\right)^n \Gamma(n+1) = \sqrt{2\pi n} + O\left(\frac{1}{\sqrt{n}}\right). \qquad [\mathbf{18}, \text{ I } \mathbf{167}.]$$

206. Unter k und l reelle Zahlen verstanden, $k > 1$, gilt für $n \to +\infty$

$$\binom{nk+l}{n} \sim \frac{(k-1)^n}{\sqrt{2\pi n}} \left(\frac{k}{k-1}\right)^{nk+l+\frac{1}{2}}$$

---

suivant laquelle cette probabilité approche sans cesse de la certitude qu'elle finirait par atteindre, si le nombre des événements devenait infini. Pour y parvenir, je considérai que les intégrales définies de différentielles multipliées par des facteurs élevés à de grandes puissances, donnaient par l'intégration, des formules composées d'un grand nombre de termes et de facteurs.... Über sein Verfahren, von dem **201** den ersten Schritt gibt, sagt er ferner: ... un procédé qui fait converger la série avec d'autant plus de rapidité, que la formule qu'elle représente est plus compliquée; en sorte qu'il est d'autant plus exact, qu'il devient plus nécessaire .... (Essai philosophique sur les probabilités, Oeuvres, Bd. 7, S. XXXVIII. Paris: Gauthier-Villars 1886.)

207. Es sei α reell, und t strebe über positive Werte hindurch gegen ∞. Dann ist

$$\int_1^\infty x^\alpha \left(\frac{te}{x}\right)^x \frac{dx}{x} \sim \sqrt{2\pi}\, t^{\alpha-\frac{1}{2}} e^t.$$

208. Es sei $0 < \alpha < 1$. Es ist für $\tau \to +0$

$$\int_0^\infty e^{\alpha^{-1} x^\alpha - \tau x} dx \sim \sqrt{\frac{2\pi}{1-\alpha}}\, \tau^{-\frac{\alpha}{2(1-\alpha)}-1} \exp\left(\frac{1-\alpha}{\alpha} \tau^{-\frac{\alpha}{1-\alpha}}\right).$$

209. Es sei $\alpha > 0$. Es ist für $t \to +\infty$

$$\int_0^\infty x^{-\alpha x} t^x dx \sim \sqrt{\frac{2\pi}{e\alpha}}\, t^{\frac{1}{2\alpha}} \exp\left(e^{-1} \alpha t^{\frac{1}{\alpha}}\right).$$

---

210. Unter α und β reelle Konstanten verstanden, ist für $n \to +\infty$

$$\frac{1}{n!} \int_0^{n+\alpha\sqrt{n}+\beta} e^{-x} x^n dx = A + \frac{B}{\sqrt{n}} + o\left(\frac{1}{\sqrt{n}}\right),$$

wobei

$$A = \frac{1}{\sqrt{2\pi}} \int_{-\infty}^{\alpha} e^{-\frac{t^2}{2}} dt, \qquad B = \frac{1}{\sqrt{2\pi}} \left(\beta - \frac{\alpha^2+2}{3}\right) e^{-\frac{\alpha^2}{2}}.$$

211. Es sei λ ein positiver echter Bruch, und x_n bezeichne die einzige positive Wurzel der transzendenten Gleichung

$$1 + \frac{x}{1!} + \frac{x^2}{2!} + \cdots + \frac{x^n}{n!} = \lambda e^x \qquad \text{[V 42]}.$$

Es ist für $n \to \infty$

$$x_n = n + \alpha\sqrt{n} + \beta + o(1),$$

wobei α und β sich aus den folgenden Gleichungen bestimmen lassen:

$$\frac{1}{\sqrt{2\pi}} \int_\alpha^\infty e^{-\frac{t^2}{2}} dt = \lambda, \qquad \beta = \frac{\alpha^2+2}{3}.$$

212. (Fortsetzung von **201**.) Unter α eine reelle Konstante verstanden, ist für $n \to +\infty$

$$\int_a^{\xi+\frac{\alpha}{\sqrt{n}}} \varphi(x)[f(x)]^n dx \sim \varphi(\xi)[f(\xi)]^{n+\frac{1}{2}} \frac{1}{\sqrt{-nf''(\xi)}} \int_{-\infty}^{\alpha c} e^{-\frac{t^2}{2}} dt =$$

$$= \varphi(\xi) e^{nh(\xi)} \frac{1}{\sqrt{-nh''(\xi)}} \int_{-\infty}^{\alpha c} e^{-\frac{t^2}{2}} dt, \qquad c = \sqrt{-\frac{f''(\xi)}{f(\xi)}} = \sqrt{-h''(\xi)}.$$

213. Die Funktionen $\varphi(x)$, $h(x)$ und $f(x) = e^{h(x)}$ seien im endlichen oder unendlichen Intervall $a \leqq x \leqq b$ definiert und den folgenden Bedingungen unterworfen:

1. $\varphi(x)[f(x)]^n = \varphi(x)\,e^{n h(x)}$ sei absolut integrabel in a, b; $n=0, 1, 2, \ldots$.

2. Der Wert der Funktion $h(x)$ sei an einer Stelle ξ im Innern von a, b größer als ihre obere Grenze in jedem *links* von ξ gelegenen abgeschlossenen Intervall, das ξ nicht enthält; ferner gebe es eine Umgebung von ξ, wo $h''(x)$ existiert und beschränkt ist. Endlich sei $h'(\xi) > 0$.

3. $\varphi(x)$ sei stetig für $x = \xi$, $\varphi(\xi) \neq 0$.

Unter α und β reelle Konstanten verstanden, gilt dann für $n \to +\infty$ die folgende asymptotische Formel:

$$\int_a^{\xi + \frac{\alpha \log n}{n} + \frac{\beta}{n}} \varphi(x)[f(x)]^n\,dx \sim \frac{\varphi(\xi)}{h'(\xi)}\,e^{\beta h'(\xi)} \cdot n^{\alpha h'(\xi) - 1} \cdot e^{n h(\xi)}.$$

214. Es sei ξ die einzige reelle Wurzel der transzendenten Gleichung $e^{1+\xi}\xi = 1$. Unter α und β reelle Konstanten verstanden, ist für $n \to +\infty$

$$\frac{1}{n!}\int_0^{\xi n + \alpha \log n + \beta} e^x x^n\,dx \sim n^A B,$$

wobei

$$A = \alpha\,\frac{1+\xi}{\xi} - \frac{1}{2}, \qquad B = \frac{1}{\sqrt{2\pi}}\,\frac{\xi}{1+\xi}\,e^{\beta\frac{1+\xi}{\xi}}.$$

215. Es sei n ungerade und $-x_n$ bezeichne die einzige reelle Wurzel der Gleichung

$$1 + \frac{x}{1!} + \frac{x^2}{2!} + \cdots + \frac{x^n}{n!} = 0 \qquad [\text{V } \mathbf{74}].$$

Dann ist für $n \to \infty$

$$x_n = \xi n + \alpha \log n + \beta + o(1),$$

wobei ξ die einzige reelle Wurzel der transzendenten Gleichung $e^{1+\xi}\xi = 1$ bezeichnet und die Konstanten α und β gegeben sind durch

$$\alpha = \frac{1}{2}\,\frac{\xi}{1+\xi}, \qquad \beta = \frac{\xi}{1+\xi}\log\left(\sqrt{2\pi}\,\frac{1+\xi}{\xi}\right).$$

216. Die Funktion $g(x)$ sei monoton wachsend für positives x, und es sei

$$\lim_{x \to +\infty} g(x) = +\infty, \qquad \lim_{x \to +\infty} \frac{g(x)}{x} = 0.$$

Wir setzen

$$a_n = \frac{1}{n!}\int_0^\infty e^{-x+g(x)} x^n\,dx.$$

Wenn es eine positive Zahl γ gibt derart, daß

$$\lim_{x \to +\infty} \frac{g(\alpha x)}{g(x)}$$

existiert und für $1-\gamma \leqq \alpha \leqq 1+\gamma$ eine stetige Funktion von α darstellt, dann ist

$$\lim_{n \to +\infty} \frac{\log a_n}{g(n)} = 1 .$$

Die in **201** enthaltene Methode zur Auswertung der „Funktionen großer Zahlen" läßt sich etwa folgendermaßen verallgemeinern: Hat man ein Integral von der Form

$$\int_a^b \varphi(x) f_1(x) f_2(x) \cdots f_n(x)\, dx = \int_a^b \varphi(x)\, e^{h_1(x) + h_2(x) + \cdots + h_n(x)}\, dx$$

auszuwerten und erreichen die im Intervalle $a < x < b$ positiven Funktionen $h_1(x), h_2(x), \ldots, h_n(x), \ldots$ an derselben inneren Stelle ξ des Intervalles ihr Maximum, so ersetzt man näherungsweise

$h_\nu(x) = h_\nu(\xi) + \frac{1}{2} h_\nu''(\xi)(x-\xi)^2 + \cdots$ durch $h_\nu(\xi) + \frac{1}{2} h_\nu''(\xi)(x-\xi)^2$, $\nu = 1, 2, \ldots, n$

und das auszuwertende Integral durch

$$\int_{-\infty}^{\infty} \varphi(\xi)\, e^{h_1(\xi) + h_2(\xi) + \cdots + h_n(\xi) - \frac{s}{2} t^2}\, dt .$$

Hierin ist $\varphi(\xi) \neq 0$ angenommen, ferner $h_\nu'(\xi) = 0$, $h_\nu''(\xi) < 0$ als Bedingung des Maximums an der Stelle ξ und $-h_1''(\xi) - h_2''(\xi) - \cdots - h_n''(\xi) = s$. Die Methode läßt sich in vielen Fällen rechtfertigen, mannigfach erweitern und verfeinern.

217.

$$\lim_{n \to \infty} \int_{-\pi}^{\pi} \frac{n!\, 2^{2n \cos\vartheta}}{|(2n e^{i\vartheta} - 1)(2n e^{i\vartheta} - 2)(2n e^{i\vartheta} - 3) \ldots (2n e^{i\vartheta} - n)|}\, d\vartheta = 2\pi .$$

[Man setze $\vartheta = \frac{x}{\sqrt{n}}$ und beachte **59, 115**.]

---

218. Die Funktion

$$\sqrt{x}(x-1)(x-2) \ldots (x-n)\, a^{-x},$$

wo $a > 1$, hat im Intervalle $(n, +\infty)$ ein bestimmtes Maximum M_n. Es ist

$$\frac{M_n}{n!} \sim \frac{1}{\sqrt{2\pi}} \frac{1}{(a-1)^{n+\frac{1}{2}}} . \qquad \textbf{[16.]}$$

219. Die Funktion

$$x(x^2-1^2)(x^2-2^2)\dots(x^2-n^2)a^{-x},$$

wobei $a>1$, hat im Intervalle $(n, +\infty)$ ein bestimmtes Maximum M_n. Es ist

$$\frac{M_n}{n!^2}\sim\frac{1}{2\pi}\left(\frac{2\sqrt{a}}{a-1}\right)^{2n+1}. \qquad [17.]$$

220. Man setze $\sqrt{x}=Q_0(x)$,

$$\sqrt{x}\left(1-\frac{x}{1}\right)\left(1-\frac{x}{2}\right)\cdots\left(1-\frac{x}{n}\right)=Q_n(x), \qquad n=1,2,3,\dots.$$

Die Funktionenfolge

$$Q_1(x)a^{-x},\quad Q_2(x)a^{-x},\quad\dots,\quad Q_n(x)a^{-x},\quad\dots$$

bleibt für $x>0$ gleichmäßig beschränkt, falls $a\geqq 2$, und bleibt nicht gleichmäßig beschränkt, falls $0<a<2$ ist.

221. Man setze $x=P_0(x)$,

$$x\left(1-\frac{x^2}{1}\right)\left(1-\frac{x^2}{4}\right)\left(1-\frac{x^2}{9}\right)\cdots\left(1-\frac{x^2}{n^2}\right)=P_n(x), \qquad n=1,2,3,\dots.$$

Die Funktionenfolge

$$P_1(x)a^{-x},\quad P_2(x)a^{-x},\quad\dots,\quad P_n(x)a^{-x},\quad\dots$$

bleibt für $x>0$ gleichmäßig beschränkt, falls $a\geqq 3+\sqrt{8}$, und bleibt nicht gleichmäßig beschränkt, falls $0<a<3+\sqrt{8}$ ist.

222. Es sei $a>0$, $0<\mu<1$ und M_n das Maximum von $e^{-(x+ax^\mu)}x^n$ im Intervalle $(0, +\infty)$. Es ist

$$\lim_{n\to\infty}\left(\frac{M_n}{n!}\right)^{n^{-\mu}}=e^{-a}.$$

Dritter Abschnitt.

Funktionen einer komplexen Veränderlichen.

Allgemeiner Teil.

1. Kapitel.

Komplexe Zahlen und Zahlenfolgen.

Die komplexe Variable z sei in der Form

$$z = x + iy = re^{i\vartheta} \quad (x,\ y,\ r,\ \vartheta \text{ reell},\ r \geqq 0,\ \vartheta \text{ mod. } 2\pi \text{ genommen})$$

geschrieben. Dann heißt

$$x = \Re z \text{ der Realteil von } z,\ y = \Im z \text{ der Imaginärteil von } z,$$
$$r = |z| \text{ der absolute Betrag von } z,\ \vartheta = \operatorname{arc} z \text{ der Arcus von } z.$$

Die Zahl $\bar{z} = x - iy = re^{-i\vartheta}$ heißt konjugiert zu z.

1. $z + \bar{z}$ ist reell, $z - \bar{z}$ ist rein imaginär, $z\bar{z}$ ist reell und nicht negativ.

2. Welche Teile der z-Ebene sind durch die folgenden Bedingungen gekennzeichnet:

$$\Re z > 0; \quad \Re z \geqq 0; \quad a < \Im z < b; \quad \alpha \leqq \operatorname{arc} z \leqq \beta; \quad \Re z = 0;$$

$$|z - z_0| = R; \quad |z - z_0| < R; \quad |z - z_0| \leqq R; \quad R \leqq |z| \leqq R'; \quad \Re \frac{1}{z} = \frac{1}{R}$$

($a, b, \alpha, \beta, R, R'$ reell, z_0 komplex, $a < b$, $\alpha < \beta < \alpha + 2\pi$, $0 < R < R'$)?

3. Welche Teile der z-Ebene sind durch die Bedingungen

$$|z - a| + |z - b| = k, \quad |z - a| + |z - b| \leqq k, \quad k > 0$$

gekennzeichnet?

4. Welches Gebiet der z-Ebene wird durch die Bedingung

$$|z^2 + az + b| < R^2$$

gekennzeichnet? Für welche Werte von R ist dieses Gebiet zusammenhängend und für welche nicht?

5. Es sei $|a| < 1$. Die Gesamtheit der Punkte der vollen z-Ebene zerfällt in drei Kategorien, je nachdem der Betrag des Ausdruckes

$$\frac{z-a}{1-\bar{a}z}$$

< 1, $= 1$ oder > 1 ausfällt. Wo liegen die dreierlei Punkte?

6. Es sei $\Re a > 0$. Die Gesamtheit der Punkte der vollen z-Ebene zerfällt in drei Kategorien, je nachdem der Betrag des Ausdruckes

$$\frac{a-z}{\bar{a}+z}$$

< 1, $= 1$ oder > 1 ausfällt. Wo liegen die dreierlei Punkte?

7. Es seien α, β reell, a komplex, α, β, a fest. Die komplexen Veränderlichen z_1 und z_2 seien durch die Beziehung verbunden:

$$\alpha z_1 \bar{z}_1 + \bar{a} z_1 \bar{z}_2 + a \bar{z}_1 z_2 + \beta z_2 \bar{z}_2 = 0.$$

Ist $\alpha\beta - a\bar{a} < 0$, so erfüllen die Werte $\frac{z_1}{z_2}$ eine Kreislinie, ev. eine Gerade. (Die linke Seite der Gleichung heißt eine *Hermite*sche Form der Veränderlichen z_1 und z_2.)

8. Es seien a und b positive Konstanten, die reelle Variable t soll die Zeit bedeuten. Welche Kurven werden beschrieben von den drei Punkten

$$z_1 = ia + at, \quad z_2 = -ibe^{-it}, \quad z = ia + at - ibe^{-it}?$$

9. Welche Bewegung führt der Punkt

$$z = (a+b)e^{it} - be^{i\frac{a+b}{b}t}$$

aus? a, b sind positive Konstanten, t ist die Zeit.

10. Der Radiusvektor r und der Arcus ϑ seien Funktionen der Zeit t. Die komplexe Funktion $z = re^{i\vartheta}$ der reellen Veränderlichen t stellt die ebene Bewegung eines Punktes dar. Man berechne die Komponenten der Geschwindigkeit und Beschleunigung parallel und senkrecht zum Radiusvektor. [Man differentiiere z zweimal nach t.]

11. Für welche Werte von z ist das n^{te} Glied $\frac{z^n}{n!}$ von

$$1 + \frac{z}{1!} + \frac{z^2}{2!} + \cdots + \frac{z^n}{n!} + \cdots$$

(der Exponentialreihe im Komplexen) absolut größer als irgendein anderes Glied? $n = 0, 1, 2, \ldots$.

12. Für welche Werte von z ist das n^{te} Glied von

$$1+\frac{z}{1}+\frac{z(z-1)}{1\cdot 2}+\frac{z(z-1)(z-2)}{1\cdot 2\cdot 3}+\cdots+$$
$$+\frac{z(z-1)\cdots(z-n+1)}{1\cdot 2\cdots n}+\cdots=\sum_{n=0}^{\infty}\binom{z}{n}$$

(der Binomialreihe $(1+t)^z$ für $t=1$ und komplexes z) absolut größer als irgendein anderes Glied derselben Reihe? $n=0,1,2,\ldots$.

13. Man setze

$$P_0(z)=z,\quad P_n(z)=z\left(1-\frac{z^2}{1^2}\right)\left(1-\frac{z^2}{2^2}\right)\left(1-\frac{z^2}{3^2}\right)\cdots\left(1-\frac{z^2}{n^2}\right),$$
$$n=1,2,3,\ldots.$$

Für welche Werte von z ist $|P_n(z)|$ größer als $|P_0(z)|$, $|P_1(z)|,\ldots,$ $|P_{n-1}(z)|$, $|P_{n+1}(z)|$, ...? $\left(P_n(z)\right.$ ist das n^{te} Partialprodukt in der Produktentwicklung von $\left.\frac{\sin\pi z}{\pi}.\right)$

14. Die reellen Funktionen $f(t)$ und $\varphi(t)$ seien im Intervall $a\leqq t\leqq b$ definiert, $f(t)$ positiv und stetig, $\varphi(t)$ eigentlich integrabel. Dann ist

$$\left|\int_a^b f(t)\,e^{i\varphi(t)}\,dt\right|\leqq\int_a^b f(t)\,dt.$$

Das Gleichheitszeichen gilt hier dann und nur dann, wenn die Funktion $\varphi(t)$ an ihren sämtlichen Stetigkeitsstellen mod. 2π denselben Wert annimmt.

15. Die reelle Funktion $\varphi(t)$ sei für $t\geqq 0$ definiert und in jedem endlichen Intervall eigentlich integrabel. Setzt man

$$\int_0^\infty e^{-(t+i\varphi(t))}\,dt=P,\quad \int_0^\infty e^{-2(t+i\varphi(t))}\,dt=Q,$$

dann gilt die Ungleichung

$$|4P^2-2Q|\leqq 3,$$

und zwar dann und nur dann mit dem Gleichheitszeichen, wenn die Funktion $\varphi(t)$ an ihren sämtlichen Stetigkeitsstellen mod. 2π denselben Wert annimmt.

Wir betrachten Polynome n^{ten} Grades

$$P(z) = a_0 z^n + a_1 z^{n-1} + a_2 z^{n-2} + \cdots + a_{n-1} z + a_n$$

mit beliebigen komplexen Koeffizienten; häufig wird $a_0 \neq 0$ vorausgesetzt. Die komplexe Zahl z_0 heißt eine Nullstelle dieses Polynoms, wenn

$$a_0 z_0^n + a_1 z_0^{n-1} + a_2 z_0^{n-2} + \cdots + a_{n-1} z_0 + a_n = 0$$

ist. (z_0 ist Wurzel der algebraischen Gleichung $P(z) = 0$.) Sind $z_1, z_2, \ldots, z_n$ die n Nullstellen des Polynoms $P(z)$, so ist

$$P(z) = a_0 (z - z_1)(z - z_2) \ldots (z - z_n),$$

wie in der Algebra bewiesen wird.

16. Ein Polynom von der Form

$$z^n - p_1 z^{n-1} - p_2 z^{n-2} - \cdots - p_{n-1} z - p_n,$$

wo $p_1 \geqq 0$, $p_2 \geqq 0, \ldots, p_n \geqq 0$, $p_1 + p_2 + \cdots + p_n > 0$ ist, hat eine einzige positive Nullstelle.

17. Ist z_0 eine beliebige Nullstelle des Polynoms

$$z^n + a_1 z^{n-1} + a_2 z^{n-2} + \cdots + a_n,$$

so ist $|z_0|$ nicht größer als die einzige positive Nullstelle ζ des Polynoms $z^n - |a_1| z^{n-1} - |a_2| z^{n-2} - \cdots - |a_n|$.

18. Es sei $a_n \neq 0$. Die Nullstellen des Polynoms

$$P(z) = z^n + a_1 z^{n-1} + a_2 z^{n-2} + \cdots + a_n$$

sind dem Betrage nach nicht kleiner als die einzige positive Nullstelle des Polynoms $z^n + |a_1| z^{n-1} + |a_2| z^{n-2} + \cdots + |a_{n-1}| z - |a_n|$.

19. Sämtliche Nullstellen des Polynoms $z^n + c$ liegen auf der Kreislinie um $z = 0$ mit dem Radius $|c|^{\frac{1}{n}}$.

20. Es seien $d_0, d_1, \ldots, d_{n-1}, d_n$ positive Zahlen, und es sei

$$d_n \geqq |a_1| d_{n-1} + |a_2| d_{n-2} + \cdots + |a_n| d_0.$$

Die Nullstellen des Polynoms

$$z^n + a_1 z^{n-1} + a_2 z^{n-2} + \cdots + a_n$$

sind dem absoluten Werte nach nicht größer als die größte der Zahlen

$$\frac{d_n}{d_{n-1}}, \quad \sqrt{\frac{d_n}{d_{n-2}}}, \quad \sqrt[3]{\frac{d_n}{d_{n-3}}}, \ldots, \sqrt[n]{\frac{d_n}{d_0}}.$$

21. Die Wurzeln der Gleichung

$$z^n + a_1 z^{n-1} + a_2 z^{n-2} + \cdots + a_n = 0$$

sind dem absoluten Werte nach nicht größer als die größte der Zahlen

$$n|a_1|, \quad \sqrt{n|a_2|}, \quad \sqrt[3]{n|a_3|}, \ldots, \sqrt[n]{n|a_n|};$$

sie sind auch nicht größer als die größte der Zahlen

$$\sqrt[k]{\frac{2^n - 1}{\binom{n}{k}} |a_k|}, \qquad k = 1, 2, 3, \ldots, n.$$

22. Es sei
$$p_0 > p_1 > p_2 > \cdots > p_n > 0.$$
Keine Nullstelle des Polynoms
$$p_0 + p_1 z + p_2 z^2 + \cdots + p_n z^n$$
kann im Einheitskreise $|z| \leqq 1$ liegen.

23. Sind sämtliche Koeffizienten $p_0, p_1, \ldots, p_n$ des Polynoms
$$p_0 z^n + p_1 z^{n-1} + \cdots + p_{n-1} z + p_n$$
positiv, so liegen die Nullstellen desselben im Kreisring $\alpha \leqq |z| \leqq \beta$, wo α den kleinsten, β den größten der Werte
$$\frac{p_1}{p_0},\ \frac{p_2}{p_1},\ \frac{p_3}{p_2},\ \ldots,\ \frac{p_n}{p_{n-1}}$$
bedeutet.

24. Es seien $a_0, a_1, a_2, \ldots, a_n$, $n \geqq 1$, die Ziffern einer $(n+1)$-ziffrigen Zahl
$$a_0 + a_1 10 + a_2 10^2 + \cdots + a_n 10^n.$$
Dann liegen die Nullstellen des Polynoms
$$a_0 + a_1 z + a_2 z^2 + \cdots + a_n z^n$$
entweder im Innern der linken Halbebene oder im Kreise
$$|z| < \frac{1 + \sqrt{37}}{2}.$$
Die wahre Grenze, die an Stelle dieser letzten Zahl treten kann, liegt zwischen 3 und 4.

25. Sämtliche Nullstellen des Polynoms
$$P(z) = a_0 z^n + a_1 z^{n-1} + \cdots + a_{n-1} z + a_n$$
mögen in der oberen Halbebene $\Im z > 0$ liegen. Es sei
$$a_\nu = \alpha_\nu + i\beta_\nu,\ \alpha_\nu,\ \beta_\nu \text{ reell},\ \nu = 0, 1, 2, \ldots, n,$$
und
$$U(z) = \alpha_0 z^n + \alpha_1 z^{n-1} + \cdots + \alpha_{n-1} z + \alpha_n,$$
$$V(z) = \beta_0 z^n + \beta_1 z^{n-1} + \cdots + \beta_{n-1} z + \beta_n.$$
Dann haben $U(z)$ und $V(z)$ nur reelle Nullstellen.

26. Es sei $P(z) = 0$ eine algebraische Gleichung n^{ten} Grades, deren Wurzeln sämtlich im Einheitskreise $|z| < 1$ liegen. $\overline{P}(z)$ entstehe aus $P(z)$, indem man sämtliche Koeffizienten durch ihre konjugierten Werte ersetzt; es sei $P^*(z) = z^n \overline{P}(z^{-1})$ gesetzt. Dann liegen die Wurzeln von $P(z) + P^*(z) = 0$ sämtlich auf dem Einheitskreise $|z| = 1$.

27. Ein Polynom n^{ten} Grades, $n \geqq 2$, nehme für $z = a$ und $z = b$ die Werte α bzw. β an, und zwar sei $a \neq b$, $\alpha \neq \beta$. Dann nimmt es jeden Wert γ, der auf der Verbindungsstrecke von α und β liegt, mindestens einmal im Innern oder am Rande desjenigen Kreisbogenzweiecks an, von dessen Punkten aus die Strecke ab unter dem Winkel $\frac{\pi}{n}$ erscheint.

28. Wenn alle die komplexen Zahlen $z_1, z_2, \ldots, z_n$ (d. h. die sie darstellenden Punkte) auf derselben Seite einer durch den Punkt 0 gehenden Geraden liegen, so ist

$$z_1 + z_2 + \cdots + z_n \neq 0, \quad \frac{1}{z_1} + \frac{1}{z_2} + \cdots + \frac{1}{z_n} \neq 0.$$

29. Es seien $z_1, z_2, \ldots, z_n$ beliebige komplexe Zahlen mit der Summe 0. Jede durch den Nullpunkt gehende Gerade g trennt dann die Zahlen $z_1, z_2, \ldots, z_n$, d. h. auf beiden Seiten von g liegen gewisse dieser Zahlen, es sei denn, daß sämtliche auf g selbst liegen.

30. Es seien $z_1, z_2, \ldots, z_n$ beliebige Punkte in der komplexen Zahlenebene, $m_1 > 0$, $m_2 > 0, \ldots, m_n > 0$, $m_1 + m_2 + \cdots + m_n = 1$ und es sei

$$z = m_1 z_1 + m_2 z_2 + \cdots + m_n z_n .$$

Jede Gerade durch den Punkt z trennt dann die Punkte $z_1, z_2, \ldots, z_n$, es sei denn, daß sie alle auf der betreffenden Geraden liegen.

Faßt man die in **30** betrachteten Zahlen $m_1, m_2, \ldots, m_n$ als in $z_1, z_2, \ldots, z_n$ angebrachte Massen auf, so ist der dort definierte Punkt z der Schwerpunkt dieser „Massenbelegung". Bildet man sämtliche derartigen Massenbelegungen in den fest gedachten Punkten $z_1, z_2, \ldots, z_n$, so füllen die entsprechenden Schwerpunkte das Innere eines konvexen Polygons aus, des kleinsten, das die Punkte $z_1, z_2, \ldots, z_n$ enthält. Der einzige Ausnahmefall ist, wenn die Punkte $z_1, z_2, \ldots, z_n$ auf einer Geraden liegen. Die Schwerpunkte füllen dann das ganze Innere der kleinsten, die gegebenen Punkte enthaltenden Strecke aus.

31. Außerhalb des kleinsten konvexen Polygons, das sämtliche in der komplexen Ebene dargestellten Nullstellen des Polynoms $P(z)$ einschließt, kann $P'(z)$ keine Nullstellen haben. Diejenigen Nullstellen von $P'(z)$, die nicht zugleich Nullstellen von $P(z)$ sind, liegen im Innern des kleinsten konvexen Polygons (bzw. der kleinsten Strecke), welches die Nullstellen von $P(z)$ enthält.

32. Es seien $z_1, z_2, \ldots, z_n$ beliebige voneinander verschiedene komplexe Zahlen, und man betrachte sämtliche Polynome $P(z)$, die nur in den Punkten $z_1, z_2, \ldots, z_n$ (von beliebiger Ordnung) verschwinden. Die Menge der Nullstellen aller $P'(z)$ liegt überall dicht in dem kleinsten konvexen Polygon, das $z_1, z_2, \ldots, z_n$ enthält.

33. Ist $P(z)$ ein Polynom, so liegen die Nullstellen von $cP'(z) - P(z)$, $c \neq 0$, im kleinsten konvexen Polygon, das die Halbstrahlen, die von den Nullstellen von $P(z)$ aus parallel zu dem Vektor c gezogen sind, enthält. Am Rande dieses Bereiches kann eine Nullstelle von $cP'(z) - P(z)$ nur in einem der beiden folgenden Fälle liegen: a) sie ist zugleich eine Nullstelle von $P(z)$, b) der betrachtete Bereich reduziert sich auf einen Halbstrahl.

34. Es seien $\varrho_1, \varrho_2, \ldots, \varrho_p$ positive, $a_1, a_2, \ldots, a_p$ beliebige komplexe Zahlen und die Polynome $A(z)$ und $B(z)$ bzw. p^{ten} und $(p-1)^{\text{ten}}$ Grades durch die Gleichung

$$\frac{B(z)}{A(z)} = \frac{\varrho_1}{z-a_1} + \frac{\varrho_2}{z-a_2} + \cdots + \frac{\varrho_p}{z-a_p}$$

definiert. Ist $P(z)$ ein Polynom, für welches $A(z)\,P''(z) + 2B(z)\,P'(z)$ durch $P(z)$ teilbar ist, d. h.

$$A(z)\,P''(z) + 2B(z)\,P'(z) = C(z)\,P(z),$$

$C(z)$ ein Polynom, so liegen die Nullstellen von $P(z)$ im kleinsten konvexen Polygon, das die Zahlen $a_1, a_2, \ldots, a_p$ umschließt.

35. Wenn ein Polynom $f(z)$ mit lauter reellen Koeffizienten nur reelle Nullstellen besitzt, so gilt dasselbe auch für seine Derivierte $f'(z)$. Hat $f(z)$ imaginäre Nullstellen, so sind dieselben paarweise spiegelbildlich zur reellen Achse gelegen, d. h. konjugiert. Man bedecke nun die Verbindungsstrecke von jedem konjugierten Nullstellenpaar durch eine Kreisscheibe, die die Verbindungsstrecke zum Durchmesser hat; wenn $f'(z)$ imaginäre Nullstellen hat, so liegen diese innerhalb der konstruierten Kreisscheiben. $\left[\text{Man betrachte den Imaginärteil von } \frac{f'(z)}{f(z)}.\right]$

---

36. Liegen die Zahlen $z_1, z_2, z_3, \ldots, z_n, \ldots$ sämtlich in dem Winkelraum $-\alpha \leqq \operatorname{arc} z \leqq \alpha$, $\alpha < \frac{\pi}{2}$, so sind die Reihen $z_1 + z_2 + z_3 + \cdots + z_n + \cdots$ und $|z_1| + |z_2| + |z_3| + \cdots + |z_n| + \cdots$ entweder beide konvergent oder beide divergent.

37. Die Zahlen $z_1, z_2, z_3, \ldots, z_n, \ldots$ sollen sämtlich in der Halbebene $\Re z \geqq 0$ liegen. Konvergieren die beiden Reihen

$$z_1 + z_2 + z_3 + \cdots + z_n + \cdots, \quad z_1^2 + z_2^2 + z_3^2 + \cdots + z_n^2 + \cdots,$$

so ist auch $|z_1|^2 + |z_2|^2 + |z_3|^2 + \cdots + |z_n|^2 + \cdots$ konvergent.

38. Es gibt solche komplexen Zahlenfolgen $z_1, z_2, z_3, \ldots, z_n, \ldots$, daß sämtliche Reihen

$$z_1^k + z_2^k + z_3^k + \cdots + z_n^k + \cdots, \qquad k = 1, 2, 3, \ldots$$

konvergieren und sämtliche folgenden

$$|z_1|^k + |z_2|^k + |z_3|^k + \cdots + |z_n|^k + \cdots, \quad k = 1, 2, 3, \ldots$$

divergieren.

39. Es seien $z_1, z_2, z_3, \ldots, z_n, \ldots$ beliebige komplexe Zahlen. Existiert eine positive Distanz δ derart, daß $|z_l - z_k| \geqq \delta$, falls $l < k$, $l, k = 1, 2, 3, \ldots,$ so ist der Konvergenzexponent der Beträge $|z_1|, |z_2|, |z_3|, \ldots, |z_n|, \ldots$ höchstens 2. [I **114**.]

40. Die Häufungswerte der komplexen Zahlen

$$\frac{1^{i\alpha}+2^{i\alpha}+3^{i\alpha}+\cdots+n^{i\alpha}}{n}, \alpha \text{ reell}, \alpha \gtrless 0, \quad n=1,2,3,\ldots,$$

füllen die Peripherie des Kreises aus, dessen Mittelpunkt der Nullpunkt und dessen Radius $(1+\alpha^2)^{-\frac{1}{2}}$ ist. [Der fragliche Ausdruck steht in einfacher Beziehung zu einer Rechtecksumme.]

41. Wo liegen die Häufungswerte der komplexen Zahlenfolge $z_1, z_2, z_3, \ldots, z_n, \ldots$, wenn

$$z_n=\left(1+\frac{i}{1}\right)\left(1+\frac{i}{2}\right)\left(1+\frac{i}{3}\right)\cdots\left(1+\frac{i}{n}\right)$$

ist?

42. Man setze

$$\left(1+\frac{i}{\sqrt{1}}\right)\left(1+\frac{i}{\sqrt{2}}\right)\cdots\left(1+\frac{i}{\sqrt{n}}\right)=z_n$$

und verbinde die Punkte z_{n-1} und z_n durch ein Geradenstück, $n=2,3,4,\ldots$. Diese Geradenstücke haben alle die gleiche Länge 1, und der Streckenzug, den sie aneinandergereiht bilden, nähert sich in seinem Verlauf immer mehr und mehr der Form einer Archimedischen Spirale; d. h. wenn $z_n=r_n e^{i\varphi_n}$, $r_n>0$, $0<\varphi_n-\varphi_{n-1}<\frac{\pi}{2}$, dann ist

$$\lim_{n\to\infty}\frac{r_n-r_{n-1}}{\varphi_n-\varphi_{n-1}}=\frac{1}{2}, \quad \lim_{n\to\infty}\frac{r_n}{\varphi_n}=\frac{1}{2}.$$

43. Es sei t eine feste reelle Zahl. Es ist, $z=2ne^{\frac{it}{\sqrt{n}}}$ gesetzt,

$$\lim_{n\to\infty}\sqrt{\frac{n}{\pi}}\,\frac{2^z n!}{z(z-1)(z-2)\ldots(z-n)}=e^{-t^2}.$$

[II **59**; II **10**, leicht modifiziert.]

Aus einer beliebigen unendlichen Folge $z_0, z_1, z_2, \ldots, z_n, \ldots$ konstruieren wir mittels des dreieckigen Zahlenschemas

$$\begin{array}{lll} a_{00}, & & \\ a_{10}, & a_{11}, & \\ a_{20}, & a_{21}, & a_{22}, \\ \ldots\ldots & \ldots\ldots & \ldots\ldots \end{array}$$

die neue Zahlenfolge $w_0, w_1, w_2, \ldots, w_n, \ldots$, wo

$$w_n=a_{n0}z_0+a_{n1}z_1+a_{n2}z_2+\cdots+a_{nn}z_n, \quad n=0,1,2,\ldots$$

ist. Dieses Zahlenschema heißt *konvergenzerhaltend*, wenn es *jede* konvergente Folge $z_0, z_1, z_2, \ldots, z_n, \ldots$ wieder in eine konvergente Folge $w_0, w_1, w_2, \ldots, w_n, \ldots$ überführt. (Vgl. I, Kap. 2.) Hierzu ist notwendig und hinreichend, daß folgende Bedingungen erfüllt sind:

1. Für jedes feste ν existiert

$$\lim_{n\to\infty} a_{n\nu} = a_\nu ;$$

2. setzt man

$$\sum_{\nu=0}^{n} a_{n\nu} = \sigma_n, \quad \sum_{\nu=0}^{n} |a_{n\nu}| = \zeta_n,$$

so ist die Folge $\sigma_0, \sigma_1, \sigma_2, \ldots, \sigma_n, \ldots$ konvergent und die Folge $\zeta_0, \zeta_1, \zeta_2, \ldots, \zeta_n, \ldots$ beschränkt. [*O. Toeplitz*, Prace mat.-fiz. Bd. 22, S. 113—119, 1911; *H. Steinhaus*, ebenda, S. 121—134; *T. Kojima*, Tôhoku Math. J. Bd. 12, S. 291—326, 1917; *I. Schur*, J. für Math. Bd. 151, S. 79—111, 1921.]

44. Man beweise die leichtere Hälfte des eben genannten Satzes: Sind die Bedingungen 1. 2. erfüllt, so ist das Zahlenschema konvergenzerhaltend. [I **66**, I **80**.]

45. Wie muß die Reihe $u_0 + u_1 + u_2 + \cdots + u_n + \cdots$ beschaffen sein, damit sie mit jeder konvergenten Reihe $v_0 + v_1 + v_2 + \cdots + v_n + \cdots$ auf die *Cauchy*sche Weise multipliziert [I **34**, II **23**, VIII, Kap. 1, §5], eine konvergente Reihe

$$u_0 v_0 + (u_0 v_1 + u_1 v_0) + (u_0 v_2 + u_1 v_1 + u_2 v_0) + \cdots$$
$$+ (u_0 v_n + u_1 v_{n-1} + \cdots + u_{n-1} v_1 + u_n v_0) + \cdots$$

erzeugt?

46. Wie muß die Reihe $u_1 + u_2 + \cdots + u_n + \cdots$ beschaffen sein, damit sie mit jeder konvergenten Reihe $v_1 + v_2 + \cdots + v_n + \cdots$ auf die *Dirichlet*sche Weise multipliziert (VIII, Kap. 1, §5) eine konvergente Reihe

$$u_1 v_1 + (u_1 v_2 + u_2 v_1) + (u_1 v_3 + u_3 v_1) + \cdots + \sum_{t/n} u_t v_{\frac{n}{t}} + \cdots$$

erzeugt?

47. Die Faktorenfolge

$$\gamma_0, \gamma_1, \gamma_2, \ldots, \gamma_n, \ldots$$

besitzt dann und nur dann die Eigenschaft, *jede* konvergente Reihe $a_0 + a_1 + a_2 + \cdots + a_n + \cdots$ in eine ebensolche

$$\gamma_0 a_0 + \gamma_1 a_1 + \gamma_2 a_2 + \cdots + \gamma_n a_n + \cdots$$

überzuführen, wenn die Reihe

$$|\gamma_0 - \gamma_1| + |\gamma_1 - \gamma_2| + \cdots + |\gamma_n - \gamma_{n+1}| + \cdots$$

konvergent ist.

48. Folgender Satz: „Aus der Existenz von

$$\lim_{n\to\infty} (u_0 + u_1 + \cdots + u_{n-1} + c\,u_n) = \alpha$$

folgt die Existenz von

$$\lim_{n\to\infty} (u_0 + u_1 + \cdots + u_{n-1} + u_n) = \alpha\text{“}$$

ist *richtig* für $c = 0$ und für $\Re c > \frac{1}{2}$, *falsch* für $\Re c \leqq \frac{1}{2}$, $c \neq 0$.

49. Es seien $u_0, u_1, u_2, \ldots, u_n, \ldots$ beliebige komplexe Zahlen. Für welche Werte von c kann man aus der Existenz von

$$\lim_{n\to\infty}\left(u_n + c\,\frac{u_0+u_1+\cdots+u_n}{n+1}\right)$$

die Existenz von $\lim\limits_{n\to\infty} u_n$ schließen?

50. Ist die *Dirichlet*sche Reihe

$$a_1 1^{-s} + a_2 2^{-s} + a_3 3^{-s} + \cdots + a_n n^{-s} + \cdots$$

konvergent für $s = \sigma + i\tau$, σ, τ reell, $\sigma > 0$, so ist

$$\lim_{t\to 1-0} (1-t)^\sigma (a_1 t + a_2 t^2 + a_3 t^3 + \cdots + a_n t^n + \cdots) = 0. \qquad [\text{I } \mathbf{92}.]$$

---

51. Eine Reihe mit komplexen Gliedern, von der jede Teilreihe konvergiert, muß absolut konvergent sein. [I **125**.]

52. Divergiert $|z_1| + |z_2| + |z_3| + \cdots$, so existiert mindestens eine *Verdichtungsrichtung* α, derart, daß die Beträge derjenigen Glieder der Reihe $z_1 + z_2 + z_3 + \cdots$, die in den Winkelraum $\alpha - \varepsilon < \operatorname{arc} z < \alpha + \varepsilon$ fallen, bei jeder Wahl von $\varepsilon > 0$ eine divergente Reihe bilden.

53. Wenn $\lim\limits_{n\to\infty} z_n = 0$ und die Richtung der positiven reellen Achse Verdichtungsrichtung der nicht absolut konvergenten Reihe $z_1 + z_2 + z_3 + \cdots$ ist, so läßt sich eine Teilreihe $z_{r_1} + z_{r_2} + z_{r_3} + \cdots$ herausgreifen, deren Realteil gegen $+\infty$ divergiert und deren Imaginärteil konvergiert.

54. Wenn $z_1 + z_2 + z_3 + \cdots$ konvergiert und $|z_1| + |z_2| + |z_3| + \cdots$ divergiert, so kann man durch passende Umordnung jeden Wert als Reihensumme erzielen, der durch einen Punkt einer gewissen Geraden in der komplexen Ebene dargestellt wird. [Verschiebungen zweier komplementärer Teilreihen relativ zueinander; **52**, **53**, I **133**, I **134**.]

2. Kapitel.

Abbildungen und Vektorfelder.

Wenn jedem Wert von z innerhalb eines gewissen Bereiches $\mathfrak{B}$ der z-Ebene nach einem bestimmten Gesetze ein komplexer Zahlenwert w zugeordnet ist, so heißt w eine Funktion von z. Es sind zwei geometrische Darstellungen des funktionalen Zusammenhanges besonders nützlich. Die eine benutzt eine Ebene, die andere zwei Ebenen. Man kann sich den, dem Punkt z zugeordneten Wert w (oder wenn zweckmäßiger, $\bar{w}$) als Vektor, der in dem Punkt z wirkt, vorstellen; auf diese Weise wird in dem Bereiche $\mathfrak{B}$ ein *Vektorfeld* definiert. In einer anderen Darstellung faßt man den Wert w, welcher dem in der z-Ebene gelegenen Punkt z zugeordnet ist, als Punkt einer anderen komplexen Zahlenebene (w-Ebene) auf; auf diese Weise wird eine *Abbildung* des Bereiches $\mathfrak{B}$ auf gewisse Punkte der w-Ebene definiert.

Es seien $u = u(x, y)$ und $v = v(x, y)$ zwei reelle Funktionen der beiden reellen Veränderlichen x und y. Dann ist $w = u + iv$ eine Funktion der komplexen Veränderlichen $z = x + iy$. Die Funktion $w = u + iv$ von $z = x + iy$ heißt in einem Gebiete *analytisch*, wenn u und v nebst den ersten partiellen Differentialquotienten stetig sind und den *Cauchy-Riemann*schen Differentialgleichungen

$$\frac{\partial u}{\partial x} = \frac{\partial v}{\partial y}, \quad \frac{\partial u}{\partial y} = -\frac{\partial v}{\partial x}$$

genügen. Zusammengefaßt lauten diese

$$\frac{\partial}{\partial x}(u + iv) = \frac{1}{i}\frac{\partial}{\partial y}(u + iv) = \frac{dw}{dz}.$$

55. Sind die Funktionen

$$z, \quad z^2, \quad |z|, \quad \bar{z}$$

analytisch?

56. Man suche diejenige analytische Funktion von $z = x + iy$, die für $z = 0$ verschwindet und deren Realteil

$$= \frac{x(1 + x^2 + y^2)}{1 + 2x^2 - 2y^2 + (x^2 + y^2)^2} \text{ ist.}$$

57. Es seien a und b feste reelle Zahlen, $a < b$, z ein in der Halbebene $\mathfrak{J}z > 0$ variabler Punkt und ω der variable Winkel, unter dem die auf der reellen Achse liegende Strecke $a \leqq z \leqq b$ von z aus gesehen wird. Man finde, wenn möglich, eine analytische Funktion $f(z)$, von der ω der reelle Teil ist.

58. Man zeige, daß für jede analytische Funktion $f(z) = f(x + iy)$

$$\left(\frac{\partial^2}{\partial x^2} + \frac{\partial^2}{\partial y^2}\right) |f(x + iy)|^2 = 4\,|f'(x + iy|^2.$$

59. Es sei $f(z)$ eine analytische Funktion von $z = x + iy$. Dann ist

$$\left(\frac{\partial^2}{\partial x^2} + \frac{\partial^2}{\partial y^2}\right) \log(1 + |f(x + iy)|^2) = \frac{4\,|f'(x + iy)|^2}{(1 + |f(x + iy)|^2)^2}.$$

Die *Cauchy-Riemann*schen Differentialgleichungen bedeuten bekanntlich, daß eine analytische Funktion eine *konforme* Abbildung der z-Ebene auf die w-Ebene vermittelt. (Erhaltung der Winkel samt Drehungssinn.)

Die Bedeutung der *Cauchy-Riemann*schen Differentialgleichungen für das Vektorfeld wird später zur Sprache kommen. Vgl. § 3.

60. Wir denken uns im Raum ein rechtwinkliges Koordinatensystem ξ, η, ζ. Ein beliebiger Punkt (ξ, η, ζ) der Kugel $\xi^2 + \eta^2 + \zeta^2 = 1$ (Einheitskugel) sei vom Punkt $(0, 0, 1)$ aus (Nordpol der Kugel) auf die Ebene $\zeta = 0$ (Äquatorialebene) projiziert. Die Projektion sei $(x, y, 0)$. Man drücke $x + iy$ durch ξ, η, ζ und ξ, η, ζ durch x und y aus. (Stereographische Projektion.)

61. (Fortsetzung.) Dem Punkt P der Ebene $\zeta = 0$ soll durch stereographische Projektion der Punkt P' an der Oberfläche der Einheitskugel entsprechen. Durch eine halbe Umdrehung (Drehwinkel π) der Einheitskugel um die ξ-Achse gelangt P' in P''; P'' wird durch stereographische Projektion in den Punkt P''' der ξ, η-Ebene übertragen. Die Koordinaten von P seien $x, y, 0$, die von P''' seien $u, v, 0$. Man drücke $u + iv$ durch $x + iy$ aus.

Wir führen auf der Einheitskugel die geographischen Koordinaten φ und θ (Breite und Länge) ein, wobei

$$-\frac{\pi}{2} \leqq \varphi \leqq \frac{\pi}{2}, \quad -\pi < \theta \leqq \pi.$$

Es ist bekanntlich

$$\xi = \cos\varphi \cos\theta, \quad \eta = \cos\varphi \sin\theta, \quad \zeta = \sin\varphi.$$

Wir betrachten den Kreiszylinder, der die Einheitskugel $\xi^2 + \eta^2 + \zeta^2 = 1$ längs des Äquators (Großkreis in der Ebene $\zeta = 0$) berührt. Man denke sich auf dem Kreiszylinder ein Koordinatensystem (u, v) eingeführt, das nach Abwicklung des Zylinders in ein kartesisches übergeht. Der Punkt $u = 0, v = 0$ möge in $(1, 0, 0)$ liegen. Die positive u-Achse ist eine nach oben gerichtete Erzeugende, die v-Achse fällt vor der Abwicklung des Zylinders mit dem Äquator zusammen. Die Werte von v variieren auf dem Zylinder, in demselben Richtungssinn wie θ, von $-\pi$ bis π. Die so erhaltenen Punkte der u, v-Ebene erfüllen einen *Parallelstreifen* von der Breite 2π, dessen Mittellinie die u-Achse ist.

Bei der *Mercator*schen Projektion wird die Einheitskugel auf den u, v-Zylinder (nach Abwicklung Parallelstreifen) eineindeutig und konform abgebildet. Dem Punkt auf der Kugel mit den geographischen Koordinaten φ, θ entspricht hierbei an dem Zylinder der Punkt

$$u = \log \operatorname{tg}\left(\frac{\varphi}{2} + \frac{\pi}{4}\right), \quad v = \theta.$$

62. Welche Linien entsprechen den Meridianen und Parallelkreisen der Einheitskugel auf dem Zylinder bei der *Mercator*schen Projektion? Welche auf der Ebene bei der stereographischen Projektion?

63. (Fortsetzung.) Ein Punkt der Einheitskugel soll einerseits durch stereographische Projektion dem Punkt $(x, y, 0)$ der Ebene und andererseits durch *Mercator*sche Projektion dem Punkt (u, v) des Zylinders entsprechen. Man drücke $x + iy$ durch $u + iv$ aus.

64. Es sei $z = e^w$. Welche Kurven der z-Ebene entsprechen den aufeinander senkrechten Geraden $\Re w =$ konst., $\Im w =$ konst. der w-Ebene?

65. Auf welchen Kurven der z-Ebene ist der Realteil von z^2 konstant? Auf welchen der Imaginärteil? Die beiden Kurvenscharen bilden ein Orthogonalsystem; warum?

66. Welche Kurven der z-Ebene entsprechen bei der Abbildung $w = \sqrt{z}$ den Geraden $\Re w =$ konst.? Welche den Geraden $\Im w =$ konst. der w-Ebene? [Es ist $z = w^2$.]

67. Die Abbildung $w = \cos z$ führt die Geraden $\Re z =$ konst. der z-Ebene in Ellipsen, die Geraden $\Im z =$ konst. der z-Ebene in Hyperbeln der w-Ebene über.

68. Man stelle die Gleichungen der Kurven der x, y-Ebene auf, die bei der Abbildung

$$z = w + e^w, \quad z = x + iy, \quad w = u + iv$$

den Kurven $u =$ konst. bzw. $v =$ konst. entsprechen. Was entspricht den Geraden $v = 0, v = \pi$?

69. Man berechne den Flächeninhalt des Bereiches, der bei der Abbildung $w = e^z$ dem Quadrat

$$a - \varepsilon \leqq x \leqq a + \varepsilon, \quad -\varepsilon \leqq y \leqq \varepsilon$$

entspricht; a reell, ε positiv und $< \pi$, $z = x + iy$. Man berechne das Verhältnis der Flächeninhalte der beiden Bereiche und den Grenzwert desselben, wenn ε gegen Null konvergiert.

Unter *linearem Vergrößerungsverhältnis* der Abbildung $w = f(z)$ in einem Punkte z, wo $f(z)$ regulär ist, versteht man das Verhältnis des Linienelementes in dem Punkt $w = f(z)$ der w-Ebene zu dem im Punkte z der z-Ebene. Dieses Verhältnis ist gleich $|f'(z)|$. Unter *flächenhaftem Vergrößerungsverhältnis* versteht man das analoge Verhältnis der Flächenelemente. Es ist gleich $|f'(z)|^2$. Einem Kurvenstück L in der z-Ebene entspricht somit in der w-Ebene ein Bild, dessen Länge durch

$$\int_L |f'(z)|\,|dz|$$

gegeben ist. Einem Flächenstück F der $z = x + iy$-Ebene entspricht ein Flächenstück der w-Ebene, dessen Inhalt gleich

$$\iint_F |f'(z)|^2\,dx\,dy$$

ist.

Die Änderung der Richtung des Linienelementes bei der Abbildung $w = f(z)$ ist gleich $\operatorname{arc} f'(z)$. Sie heißt die *Drehung* im Punkte z und ist bis auf ein Vielfaches von 2π in jedem Punkt, wo $f'(z) \neq 0$ ist, bestimmt. Man nimmt gewöhnlich diejenige Bestimmung, für die $-\pi < \operatorname{arc} f'(z) \leqq \pi$ ist.

70. Durch die Abbildung $w = \cos z$, $z = x + iy$ werden die Punkte eines Rechtecks

$$0 < x_1 \leqq x \leqq x_2 < \frac{\pi}{2}, \qquad 0 < y_1 \leqq y \leqq y_2$$

eineindeutig und konform auf einen Bereich bezogen, dessen Begrenzungen Stücke von konfokalen Ellipsen bzw. Hyperbeln sind [**67**]. Man berechne den Flächeninhalt dieses Bereiches.

71. Wo liegen die Punkte von gleichem linearen Vergrößerungsverhältnis bei der Abbildung $w = z^2$? Wo die Punkte von gleicher Drehung?

72. Es sei a ein wachsender positiver Parameter. Man stelle diejenigen Gebiete her, in welche die Quadrate

$$-a < x < a, \qquad -a < y < a$$

bei der Abbildung $w = e^z$, $z = x + iy$ übergehen. Bis zu welchem Werte von a sind diese Gebiete bloß einfach überdeckt? Für welchen Wert von a ist das Bild genau n-mal überdeckt?

73. Man betrachte das Bild der Kreisscheibe $|z| \leqq r$ bei der Abbildung $w = e^z$. Man denke sich r stetig wachsend. Auf dem Halbstrahl $\operatorname{arc} w = \alpha$ befindet sich ein Punkt, der in jedem Moment des Anschwellens der Kreisscheibe durch deren Bild mindestens ebensooft überdeckt ist wie irgendein anderer Punkt des Halbstrahls. Wo liegt dieser Punkt?

Die reguläre Funktion $w = f(z)$ heißt *schlicht* (verschiedenwertig) in einem Gebiet $\mathfrak{G}$, wenn sie dort jeden Wert, den sie annimmt, nur einmal annimmt. Die Funktion z^2 ist z. B. schlicht in der oberen Halbebene $\mathfrak{J} z > 0$, die Funktion $\sqrt{z}$ ist schlicht in der längs der positiven reellen Achse aufgeschlitzten z-Ebene, die Funktion e^z ist schlicht im Parallelstreifen $-\pi < \mathfrak{J} z \leqq \pi$, jedoch in keinem breiteren Parallelstreifen [**72**] usw. Eine schlichte Funktion $w = f(z)$ stellt eine eineindeutige konforme Beziehung zwischen dem Gebiet $\mathfrak{G}$ und einem Gebiet $\mathfrak{H}$ der w-Ebene her. Hierbei ist es häufig zweckmäßig, den unendlich fernen Punkt, der doch nach stereographischer Übertragung auf die Kugel auch geometrisch nicht ausgezeichnet ist, als einen gewöhnlichen Punkt anzusehen. Ist $f(z)$ schlicht in dem Gebiete $\mathfrak{G}$, so ist die Ableitung $f'(z)$ überall in $\mathfrak{G}$ von Null verschieden. Die Umkehrung ist nicht richtig [**72**].

74. Die Funktion $w = z^2 + 2z + 3$ ist schlicht in der offenen Kreisscheibe $|z| < 1$.

75. Die Funktion $w = z^2$ ist schlicht in der oberen Halbebene $\mathfrak{J} z > 0$ und bildet diese auf die längs der nichtnegativen reellen Achse aufgeschlitzte w-Ebene ab.

76. Es sei α reell, $|a| < 1$. Die Funktion

$$w = e^{i\alpha}\frac{z-a}{1-\bar{a}z}$$

bildet den Einheitskreis $|z| \leqq 1$ auf sich selbst schlicht ab. [**5**.] Wo liegen die Punkte von konstantem Vergrößerungsverhältnis?

77. Wenn K irgendein im Innern des Einheitskreises gelegener Kreis ist, dann gibt es eine Abbildung des Einheitskreises auf sich selbst von der Form

$$w = e^{i\alpha}\frac{z-a}{1-\bar{a}z}, \quad \alpha \text{ reell}, \quad |a| < 1,$$

die den Kreis K in einen zum Einheitskreise konzentrischen überführt.

78. Man bilde die obere Halbebene $\Im z > 0$ auf den Kreis $|w| < 1$ so ab, daß $z = i$ in $w = 0$ übergeht.

79. Die Funktion $w = \frac{1}{2}\left(z + \frac{1}{z}\right)$ ist schlicht in der offenen Kreisscheibe $|z| < 1$ und bildet diese auf die längs der reellen Strecke $-1 \leqq w \leqq 1$ aufgeschlitzte w-Ebene ab. Welche Kurven entsprechen dabei den konzentrischen Kreisen $|z| = r$, $r < 1$, welche den von 0 ausgehenden Halbstrahlen? Wie verhält sich die Abbildung auf dem Kreisrande $|z| = 1$?

80. Man suche eine Funktion, die den Kreisring $0 < r_1 < |z| < r_2$ auf das Ringgebiet zwischen den beiden konfokalen Ellipsen

$$|w-2| + |w+2| = 4a_1, \quad |w-2| + |w+2| = 4a_2, \quad 1 < a_2 < a_1$$

der w-Ebene abbildet. [Man findet eine solche auf Grund von **79**, wenn zwischen den gegebenen Konstanten r_1, r_2, a_1, a_2 die Beziehung

$$\frac{a_1 - \sqrt{a_1^2 - 1}}{r_1} = \frac{a_2 - \sqrt{a_2^2 - 1}}{r_2} \quad \text{(die Quadratwurzeln sind positiv)}$$

stattfindet.]

81. Man bilde die obere Hälfte des Einheitskreises $|z| < 1$, $\Im z > 0$ auf die obere Halbebene ab [**79**]. In welchen Punkten der z-Ebene ist das lineare Vergrößerungsverhältnis $= \frac{1}{2}$? In welchen Punkten ist die Drehung $= \pm\frac{\pi}{2}$?

82. Man bilde die obere Hälfte des Einheitskreises $|z| < 1$, $\Im z > 0$ auf die längs der nichtnegativen reellen Achse aufgeschlitzte w-Ebene ab, und zwar so, daß $z = 0$ in $w = 0$, $z = 1$ in $w = 1$, $z = i$ in $w = \infty$ übergeht. Wo liegt das Bild von $z = -1$?

83. Es sei $0 \leqq \alpha < \beta < 2\pi$. Durch die Funktion

$$w = (e^{-i\alpha} z)^{\frac{2\pi}{\beta - \alpha}}$$

wird der Winkelraum $\alpha < \operatorname{arc} z < \beta$ auf die längs der nichtnegativen reellen Achse aufgeschlitzte w-Ebene abgebildet.

84. Es sei $0 \leqq \alpha < \beta < 2\pi$. Man bilde den Kreissektor

$$\alpha < \operatorname{arc} z < \beta, \quad |z| < 1$$

auf den Einheitskreis $|w| < 1$ ab.

Zum Studium der Vektorfelder, die durch die analytischen Funktionen einer komplexen Veränderlichen bestimmt sind, benutzen wir spezielle, von den übrigen Teilen dieses Kapitels etwas abweichende Bezeichnungen. Die unabhängige Variable sei mit

$$z = x + iy = re^{i\vartheta}$$

bezeichnet, x, y, r, ϑ reell, $r \geqq 0$. Es sei

$$f = f(z) = \varphi + i\psi = \varphi(x, y) + i\psi(x, y)$$

eine analytische Funktion von z; φ, ψ reell. Setzt man

$$\frac{df}{dz} = w = u - iv,$$

u, v reell, so ist $w = u - iv$ wieder eine analytische Funktion, für welche die *Cauchy-Riemann*schen Differentialgleichungen sich durch Trennung von Reellem und Imaginärem aus

$$\frac{\partial}{\partial x}(u - iv) = \frac{1}{i}\frac{\partial}{\partial y}(u - iv)$$

zu

$$\frac{\partial u}{\partial y} = \frac{\partial v}{\partial x}, \quad \frac{\partial u}{\partial x} = -\frac{\partial v}{\partial y}$$

ergeben.

Wir denken uns im Punkte $z = x + iy$ den Vektor $\overline{w} = u + iv$ (nicht w!) wirkend. Man erhält so ein *ebenes* Vektorfeld. Es läßt sich als ein Teil eines *räumlichen* Vektorfeldes auffassen. Dieses entsteht, indem man in einem Punkt des Raumes, dessen senkrechte Projektion auf die komplexe Zahlenebene der Punkt $x + iy$ ist, den (dieser Ebene parallelen) Vektor $\overline{w}$ wirken läßt; in jedem Punkt einer zu der z-Ebene senkrechten Geraden ist der Zustand derselbe.

Dieses Vektorfeld ist *wirbelfrei:* die erste *Cauchy-Riemann*sche Differentialgleichung

$$\frac{\partial v}{\partial x} - \frac{\partial u}{\partial y} = 0$$

besagt, daß die Rotation verschwindet. (Daß die beiden anderen Komponenten der Rotation $= 0$ sind, ist offenbar.) Das Vektorfeld ist ferner *quellenfrei:* die zweite *Cauchy-Riemann*sche Differentialgleichung

$$\frac{\partial u}{\partial x} + \frac{\partial v}{\partial y} = 0$$

besagt, daß die Divergenz verschwindet. (Das dritte in dem üblichen Ausdruck der Divergenz auftretende Glied ist offenbar $= 0$.)

85. Man beweise, daß

$$u = \frac{\partial \varphi}{\partial x}, \quad v = \frac{\partial \varphi}{\partial y}$$

ist. ($\varphi(x, y)$ ist das *Potential* des Vektorfeldes, die Linien $\varphi(x, y) = \text{konst.}$ sind die *Niveaulinien*.) Man hat ferner

$$u = \frac{\partial \psi}{\partial y}, \quad v = -\frac{\partial \psi}{\partial x}.$$

($\psi(x, y)$ ist die *Stromfunktion* oder das *Strömungspotential*, die Linien $\psi(x, y) = \text{konst.}$ heißen die *Stromlinien* oder *Kraftlinien* je nach der physikalischen Interpretation des Vektors $\overline{w}$.)

86. Die Linien $\varphi(x, y) = \text{konst.}$ und $\psi(x, y) = \text{konst.}$ stehen aufeinander senkrecht.

87. Es gilt

$$\frac{\partial^2 \varphi}{\partial x^2} + \frac{\partial^2 \varphi}{\partial y^2} = 0 \qquad (\textit{Laplace}\text{sche Gleichung}).$$

88. Man verbinde zwei Punkte $z_1 = x_1 + i y_1$ und $z_2 = x_2 + i y_2$ durch eine in dem Vektorfeld verlaufende Kurve L, deren Linienelement ds mit der positiven x-Achse den Winkel τ einschließt. Man beweise:

$$\int\limits_L (u \cos\tau + v \sin\tau)\, ds = \varphi(x_2, y_2) - \varphi(x_1, y_1),$$

d. h. das Linienintegral der Tangentialkomponente von $\overline{w}$ ist $=$ Potentialdifferenz (Arbeit).

89. Mit den Bezeichnungen von **88** gilt

$$\int\limits_L (u \sin\tau - v \cos\tau)\, ds = \psi(x_2, y_2) - \psi(x_1, y_1),$$

d. h. das Linienintegral der Normalkomponente von $\overline{w}$ ist $=$ Änderung der Stromfunktion (Kraftfluß). (Beim Vorwärtsschreiten längs der Kurve L weist die Normale nach *rechts:*

$$-i(\cos\tau + i \sin\tau) = \sin\tau - i \cos\tau.)$$

Das durch eine analytische Funktion erzeugte Vektorfeld kann als elektrostatisches, magnetostatisches oder Gravitationsfeld gedeutet werden; $\overline{w}$ bedeutet dabei die Feldstärke. Das Vektorfeld kann auch als das Feld einer stationären elektrischen oder Wärmeströmung aufgefaßt werden. Bei letzterer Auffassung ist der Vektor $\overline{w}$ das *Gefälle* und als solches der *Stromdichte* proportional. Endlich läßt sich das Vektorfeld auch als das wirbelfreie stationäre Strömungsfeld einer inkompressiblen Flüssigkeit interpretieren.

90. Für die kräftefreie stationäre Strömung einer inkompressiblen Flüssigkeit von konstanter Dichte ϱ und variablem Druck p, die sich parallel der $x+iy$-Ebene bewegt, gelten bekanntlich[1]) die Gleichungen

$$u\frac{\partial u}{\partial x}+v\frac{\partial u}{\partial y}+\frac{1}{\varrho}\frac{\partial p}{\partial x}=0,\quad u\frac{\partial v}{\partial x}+v\frac{\partial v}{\partial y}+\frac{1}{\varrho}\frac{\partial p}{\partial y}=0,$$

$$\frac{\partial u}{\partial x}+\frac{\partial v}{\partial y}=0.$$

Ist $w=u-iv$ eine analytische Funktion, so erfüllen die Komponenten u, v des Vektors $\overline{w}$ und

$$p=p_0-\frac{\varrho}{2}(u^2+v^2) \qquad \text{(*Bernoulli*sche Formel)}$$

(p_0 konstant) diese Gleichungen.

91. Durch

$$w=\frac{1}{z}$$

wird ein Vektorfeld bestimmt. Man berechne Richtung und Absolutwert von $\overline{w}$ im Punkte $z=re^{i\vartheta}$, das Potential, die Stromfunktion, die Niveau- und Stromlinien. (Der im Kreisring $0<r_1<|z|<r_2$ gelegene Teil des Vektorfeldes kann als das elektrostatische Feld zwischen zwei Belegungen einer Leydener Flasche oder als das Feld der Wärmeströmung in der Wand eines Fabrikkamins aufgefaßt werden.)

92. Es bezeichne φ das Potential und ψ die Stromfunktion des in **91** betrachteten Vektorfeldes. z_1 und z_2 seien beliebige Punkte der Kreise $|z|=r_1$ bzw. $|z|=r_2$, φ_1 und φ_2 die Werte des Potentials in z_1 bzw. z_2. Man berechne

$$\varphi_2-\varphi_1$$

(Potentialdifferenz zwischen den beiden Belegungen der erwähnten Leydener Flasche).

Die Stromfunktion ψ in **91** stellt sich als *unendlich vieldeutig* heraus. Man verfolge ihre Wertänderung beim Durchlaufen einer beliebigen doppelpunktlosen geschlossenen Kurve L, die den Kreis $|z|=r_1$ enthält und im Kreis $|z|=r_2$ enthalten ist. Es sei z ein Punkt von L, ψ der Wert der Stromfunktion in z vor dem Durchlaufen, ψ' der Wert in z nach einmaligem Durchlaufen von L. Man berechne

$$\psi'-\psi$$

---

[1]) Vgl. z. B. *Riemann-Weber*, Die partiellen Differentialgleichungen der mathematischen Physik 6. Aufl., Bd. 2, § 164, S. 416. Braunschweig: Fr. Vieweg 1919.

(Kraftfluß, der von der einen Belegung der Leydener Flasche zur anderen übertritt). Man berechne ferner

$$\frac{\frac{1}{4\pi}(\psi' - \psi)}{\varphi_2 - \varphi_1}$$

(Kapazität der zylindrischen Belegungen pro Längeneinheit der Erzeugenden).

93. Man beantworte dieselben Fragen wie in **91** für das durch

$$w = -\frac{i}{z}$$

bestimmte Vektorfeld. (Stationäres magnetisches Kraftfeld, erzeugt durch einen unendlich langen auf der z-Ebene senkrechten geraden Stromleiter.) Sind in diesem Feld Potential φ und Stromfunktion ψ eindeutige Funktionen?

94. Zwei unendlich lange gerade Stromleiter stehen senkrecht zur z-Ebene und durchstoßen dieselbe in den Punkten $z = -1$ bzw. $z = 1$. Sie führen Ströme von gleicher Intensität und entgegengesetzter Richtung. Man bestimme im erzeugten Magnetfeld die Strom- und Niveaulinien.

95. n gerade Stromleiter, die die z-Ebene in den Punkten z_1, $z_2, \ldots, z_n$ senkrecht durchstoßen, führen *gleichgerichtete* Ströme. Es gibt höchstens $n - 1$ Punkte in der z-Ebene, in denen die erzeugte magnetische Kraft verschwindet (Gleichgewichtslagen); sie liegen in dem kleinsten konvexen Polygon, das die Punkte $z_1, z_2, \ldots, z_n$ umfaßt. [Letztere Behauptung wird mechanisch evident, wenn man alle Vektoren des Feldes um 90^0 dreht. Vgl. die Beziehung zwischen **91** und **93**.]

96. Gegeben sind zwei konfokale Ellipsen mit den Brennpunkten $z = -2$, $z = 2$ und den Halbachsen $2a_1, 2b_1$ bzw. $2a_2, 2b_2$,

$$a_1^2 - b_1^2 = a_2^2 - b_2^2 = 1.$$

Man bestimme in dem dazwischenliegenden Ringgebiet ein quellen- und wirbelfreies Vektorfeld, für das beide Ellipsen Niveaulinien sind. (Elektrostatisches Feld in einem Kondensator, dessen Belegungen konfokale elliptische Zylinder sind.) Welche Form haben die Strom- und Niveaulinien? Man bestimme die Kapazität [**92**]. [Man bilde das fragliche Ringgebiet auf das Ringgebiet zwischen zwei konzentrischen Kreisen ab. Vgl. **80** und **91**.]

97. Es sei $0 < a < b$, $\alpha < \beta < \alpha + 2\pi$. In dem durch die Ungleichungen

$$a \leqq |z| \leqq b, \quad \alpha \leqq \operatorname{arc} z \leqq \beta$$

abgegrenzten Bereich bestimme man ein quellen- und wirbelfreies Vektorfeld, für das die begrenzenden Kreisbögen Strom- und die begrenzenden

Geradenstücke Niveaulinien sind. (Elektrische Strömung in einer Platte konstanter Dicke.)

ψ_1 und ψ_2 seien die Werte der Stromfunktion für $|z| = a$ bzw. $|z| = b$, φ_1 und φ_2 die Werte des Potentials für $\operatorname{arc} z = \alpha$ bzw. $\operatorname{arc} z = \beta$. Man berechne

$$\frac{\varphi_2 - \varphi_1}{\psi_2 - \psi_1}$$

(Widerstand, abgesehen von einem Faktor, der die Dicke und den spezifischen Widerstand der Platte enthält).

Bei schwierigeren Aufgaben ist es ratsam, zugleich drei (ev. vier) Ebenen zu betrachten: die z-Ebene (Strömungsebene), die $\overline{w}$-Ebene (Geschwindigkeitsebene) und die f-Ebene (Potentialebene); hierzu kommt ev. noch die w-Ebene. Die Bezeichnungen erinnern an die Flüssigkeitsströmung. Da $f = \varphi + i\psi$ und $w = u - iv = \frac{df}{dz}$ analytische Funktionen der komplexen Veränderlichen $z = x + iy$ sind, sind die z-, w- und f-Ebenen aufeinander konform bezogen. Diese drei Ebenen sind auf die $\overline{w}$-Ebene mit Erhaltung der Winkelgrößen, aber mit Änderung des Drehsinnes abgebildet. Insbesondere geht die $\overline{w}$-Ebene aus der w-Ebene mittels Spiegelung an der reellen Achse hervor. Den Strom- und Niveaulinien der Strömungsebene (z-Ebene) entsprechen in der Potentialebene (f-Ebene) achsenparallele Geraden. Den beiden unbestimmten reellen Konstanten, mit denen φ und ψ behaftet sind, entspricht eine Parallelverschiebung der f-Ebene.

98. Man bestimme ein quellen- und wirbelfreies Vektorfeld, das sich über den Außenraum des Einheitskreises erstreckt ($|z| \geqq 1$); $\overline{w}$ soll für $z = \infty$ gleich 1 sein und in den Randpunkten des Einheitskreises zu diesem tangential stehen. (Vorbeifließen der Flüssigkeit an einem kreisrunden Pfeiler; in beträchtlicher Entfernung vom Pfeiler ist die Strömung gleichmäßig.) [Aus Symmetriegründen müssen die beiden im Vektorfeld liegenden Stücke der reellen Achse Stromlinien sein. Die horizontale Komponente von $\overline{w}$ ist wohl überall nach rechts gerichtet. Man suche die Abbildung der Strömungsebene auf die Potentialebene!]

99. In welchen Punkten des in **98** bestimmten Vektorfeldes verschwindet der Geschwindigkeitsvektor $\overline{w}$? (Staupunkte). In wieviel verschiedenen Punkten des Feldes nimmt $\overline{w}$ den gleichen Wert an? Wo ist der Druck p Minimum und wo Maximum? [**90**]. Was ist die Resultierende aller auf den Pfeiler wirkenden Druckkräfte? Man drehe alle Vektoren des Feldes um 90^0: welche physikalische Bedeutung hat das so entstandene Vektorfeld?

100. In der Abbildung seien die Umrisse eines Vektorfeldes dargestellt, das folgenden Bedingungen gemäß bestimmt ist: Das quellen- und wirbelfreie Feld erstreckt sich über die ganze obere und über einen Teil der unteren Halbebene, symmetrisch zur imaginären Achse. Für $z = \infty$ wird $\overline{w} = -i$, für $z = 0$ wird $\overline{w} = 0$. Folgende Stromlinien sind bekannt: Die positive imaginäre Achse, die Stücke der reellen Achse von $z = 0$ bis $z = l$ und von $z = 0$ bis $z = -l$ (C bis A, A bis B bzw. A bis D in der Abbildung); die betreffende Richtung von $\overline{w}$ ist durch Pfeile angegeben. Die beiden übrigbleibenden Begrenzungsstücke, die von $z = l$ bzw. von $z = -l$ (B bzw. D in der Abbildung) ausgehend krummlinig nach unten ins Unendliche laufen, seien so bestimmt, daß sie zugleich Stromlinien und Linien konstanter Geschwindigkeit sind, d. h. längs dieser Kurven steht $\overline{w}$ tangential und es ist $|\overline{w}| =$ konst. Man zeichne die Umrisse der Bilder in der $\overline{w}$- und f-Ebene! (Bildung von Totwasser hinter einem brettförmigen Hindernis, das senkrecht zur Stromrichtung gestellt ist. Die Strecke von $z = -l$ bis $z = +l$ stellt das Hindernis dar, in dessen Mitte sich ein Staupunkt $z = 0$ befindet; das ungestörte Feld ist als gleichmäßig gedacht, mit dem konstanten Strömungsvektor $-i$. Im Totwasser herrscht konstanter Druck; dies hat, der *Bernoulli*schen Formel gemäß [**90**], an der Stromlinie, die stilles und bewegliches Wasser voneinander trennt, $|\overline{w}| =$ konst. zur Folge.)

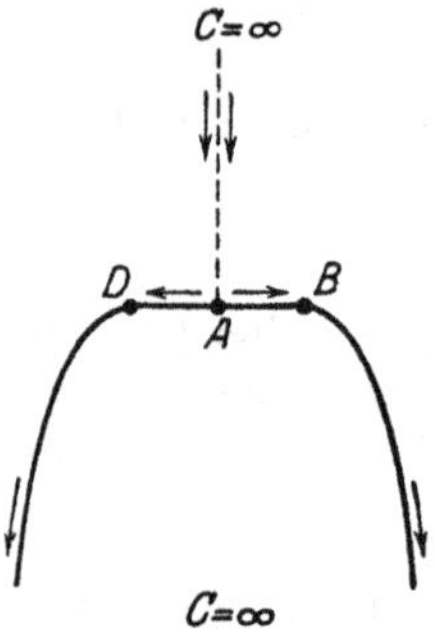

Strömungsebene (z-Ebene).

101. (Fortsetzung.) Man finde durch Abbildung die Funktion w als Funktion von f und bestimme hieraus z als Funktion von f [**82**]. Man bestimme die Breite des Totwassers in großer Entfernung.

102. (Fortsetzung.) Man bestimme den auf dem Hindernis lastenden Gesamtdruck, die Dichte $\varrho = 1$ vorausgesetzt. [**90**.]

3. Kapitel.

Geometrisches über den Funktionenverlauf.

103. Der Punkt z bewege sich mit der gleichförmigen Winkelgeschwindigkeit 1 am Rande des Kreises $|z| = r$. Man berechne den Vektor, der die Geschwindigkeit des mitbewegten Bildpunktes $w = f(z)$ in der w-Ebene nach Größe und Richtung darstellt.

104. Betrachten wir das durch die Funktion $w = f(z)$ entworfene Bild des Kreisrandes $|z| = r$ in der w-Ebene. Wie groß ist der Abstand der Tangente in dem dem Punkte z entsprechenden Punkte w von $w = 0$?

105. Der Punkt z bewege sich mit der gleichförmigen Winkelgeschwindigkeit 1 am Rande des Kreises $|z| = r$. Mit welcher Winkelgeschwindigkeit dreht sich der Vektor, der den Nullpunkt der w-Ebene mit dem mitbewegten Bildpunkt $w = f(z)$ verbindet?

106. Das durch die Funktion $w = f(z)$ entworfene Bild des Kreisrandes $|z| = r$ in der w-Ebene hat in dem Punkte $w = f(z)$ die Krümmung

$$\frac{1}{\varrho} = \frac{1 + \Re z \frac{f''(z)}{f'(z)}}{|z f'(z)|}.$$

[Es handelt sich um die Winkelgeschwindigkeit der Tangentendrehung.]

107. (Fortsetzung.) Das der Krümmung beigelegte Vorzeichen hängt davon ab, ob die Bahnkurve des Punktes $w = f(s)$ [**103**] einen festen, nicht auf der Kurve gelegenen Punkt (etwa den Nullpunkt) rechts oder links, auf der konvexen oder auf der konkaven Seite läßt. Wie ist diese Abhängigkeit? [Man beachte das Beispiel $w = z^n + a$, n reell, a komplex.]

108. Bei der in **103** definierten Bewegung soll der Punkt $w = f(z)$ eine geschlossene doppelpunktlose Kurve in positiver Richtung umfahren. Dieselbe ist dann und nur dann überall konvex, wenn für $|z| = r$

$$\Re z \frac{f''(z)}{f'(z)} > -1$$

ist.

109. Eine geschlossene, doppelpunktlose Kurve heißt in bezug auf einen darin liegenden Punkt *sternförmig*, wenn sie von jedem von dem betr. Punkt auslaufenden Halbstrahl in genau einem Punkt geschnitten wird (sämtliche Punkte der Kurve sind von dem betr. Punkt aus „sichtbar"). Das Bild des Kreisrandes $|z| = r$ bei der Abbildung $w = f(z)$ sei eine geschlossene, doppelpunktlose, in positivem Sinne umfahrene [**103**] Kurve. Dieselbe ist dann und nur dann sternförmig in bezug auf den Punkt $w = 0$, wenn für $|z| = r$

$$\Re z \frac{f'(z)}{f(z)} > 0$$

ist.

110. Das Bild des Kreisrandes $|z| = r$ bei der Abbildung $w = f(z)$ ist dann und nur dann konvex, wenn das Bild desselben bei der Abbildung $w = z f'(z)$ in bezug auf den Nullpunkt sternförmig ist.

111. Die Gesamtheit der Punkte, von denen aus gesehen eine geschlossene Kurve sternförmig erscheint, bildet eine konvexe Menge. Dieser rein geometrische Satz ist für analytische Kurven auf Grund von **109** zu beweisen.

In der $w = u + iv$-Ebene sei ein im Endlichen gelegener konvexer Bereich $\mathfrak{K}$ gegeben. Es sei φ ein fester Winkel. Der Ausdruck

$$u\cos\varphi + v\sin\varphi = \Re\,\overline{w}\,e^{i\varphi}$$

besitzt im Bereiche $\mathfrak{K}$ ein bestimmtes Maximum, $h(\varphi)$. Die Funktion $h(\varphi)$ ist periodisch mit der Periode 2π und heißt *Stützfunktion* von $\mathfrak{K}$. Die Gerade

$$u\cos\varphi + v\sin\varphi - h(\varphi) = 0$$

ist eine *Stützgerade* von $\mathfrak{K}$, und zwar diejenige, deren von $\mathfrak{K}$ abgewandte Normale mit der positiven u-Achse den Winkel φ einschließt. Wenn $\mathfrak{K}$ sich ins Unendliche erstreckt, dann modifiziert sich diese Definition insoweit, daß ein endliches Maximum $h(\varphi)$ nur in einem Winkelraum von der Öffnung $\leqq \pi$ existiert. Die beiden Fälle: Parallelstreifen und Halbebene sind Ausnahmen. Es gibt dann nur zwei Stützgeraden bzw. nur eine.

112. Was ist die Stützfunktion des konvexen Bereiches, der aus dem einzigen Punkt $a = |a|\,e^{i\alpha}$ besteht?

113. Die Funktion $w = f(z)$ bilde die Kreisfläche $|z| \leqq r$ eineindeutig auf den konvexen Bereich $\mathfrak{K}$ ab; es sei vorausgesetzt, daß in dem Randpunkt z, $|z| = r$, die Funktion $f(z)$ regulär und $f'(z) \neq 0$ ist. Dann geht durch den Randpunkt $w = f(z)$ von $\mathfrak{K}$ eine bestimmte Stützgerade (Tangente); man drücke die zugehörigen Größen φ und $h(\varphi)$ durch $f(z)$ aus.

114. Das durch die Funktion $w = \log(1 + z)$ in dem Streifen $-\frac{1}{2}\pi < \Im w < \frac{1}{2}\pi$ der w-Ebene entworfene Bild des Kreises $|z| \leqq 1$ ist ein unendlicher konvexer Bereich. Seine Stützfunktion $\left(\text{nur für } -\frac{\pi}{2} \leqq \varphi \leqq \frac{\pi}{2} \text{ definiert}\right)$ ist

$$h(\varphi) = \cos\varphi \cdot \log(2\cos\varphi) + \varphi\sin\varphi.$$

115. Das durch die Funktion $w = \frac{2}{i}\arcsin iz$ in dem Streifen $-\pi \leqq \Im w \leqq \pi$ der w-Ebene entworfene Bild des Kreises $|z| \leqq 1$ ist ein endlicher konvexer Bereich mit zwei Ecken. Seine Stützfunktion ist

$$h(\varphi) = \begin{cases} \cos\varphi\log\left(\sqrt{\cos 2\varphi} + \sqrt{2}\cos\varphi\right)^2 + 2\sin\varphi\arcsin\left(\sqrt{2}\sin\varphi\right) & \text{für } 0 \leqq \varphi \leqq \frac{\pi}{4}; \\ \pi\sin\varphi & \text{für } \frac{\pi}{4} \leqq \varphi \leqq \frac{\pi}{2}; \end{cases}$$

$$h(\varphi + \pi) = h(-\varphi) = h(\varphi).$$

116. Ist $w e^{-w+1} = z$, so ist das in der Halbebene $\Re w \leqq 1$ entworfene Bild des Kreises $|z| \leqq 1$ ein endlicher konvexer Bereich mit einer Ecke. Seine Stützfunktion ist

$$h(\varphi) = \cos\varphi \quad \text{für} \quad -\frac{\pi}{4} \leqq \varphi \leqq \frac{\pi}{4}$$

und im Winkelraum $\frac{\pi}{4} < \varphi < \frac{7\pi}{4}$ durch die Parameterdarstellung

$$h(\varphi)\, e^{i\varphi} = \frac{w}{1-w}\, \Re(1-w)$$

gegeben, wo w die Punkte des Randes durchläuft, das heißt $|w e^{-w+1}| = 1$ ist.

---

117. Es sei $z = e^{i\vartheta}$, dann ist für $k, l = 0, 1, 2, \ldots$

$$\frac{1}{2\pi}\int_0^{2\pi} z^k \bar{z}^l\, d\vartheta = \begin{cases} 0 & \text{für} \quad k \neq l, \\ 1 & \text{für} \quad k = l. \end{cases}$$

Die Funktionen $1, z, z^2, z^3, \ldots$ bilden, wie man zu sagen pflegt, ein Orthogonalsystem auf dem Einheitskreise.

118. Die Funktion $f(z)$ sei regulär für $|z| \leqq r$. Unter dem arithmetischen Mittel [II **48**] von $f(z)$ auf dem Kreisrand $|z| = r$ versteht man, $\omega_n = e^{\frac{2\pi i}{n}}$ gesetzt,

$$\frac{1}{2\pi}\int_0^{2\pi} f(re^{i\vartheta})\, d\vartheta = \lim_{n\to\infty} \frac{f(r) + f(r\omega_n) + f(r\omega_n^2) + \cdots + f(r\omega_n^{n-1})}{n}.$$

Man beweise

$$\frac{1}{2\pi}\int_0^{2\pi} f(re^{i\vartheta})\, d\vartheta = f(0).$$

In Worten: Wenn eine analytische Funktion in jedem Punkte einer abgeschlossenen Kreisfläche regulär ist, so ist ihr Wert in dem Kreismittelpunkt gleich dem arithmetischen Mittel ihrer Werte an dem Kreisrand.

119. Es sei $f(z)$ regulär und von 0 verschieden für $|z| \leqq r$. Man zeige, daß das geometrische Mittel von $|f(z)|$ auf dem Kreisrand $|z| = r$

$$e^{\frac{1}{2\pi}\int_0^{2\pi} \log|f(re^{i\vartheta})|\, d\vartheta} = \lim_{n\to\infty} \sqrt[n]{|f(r) f(r\omega_n) f(r\omega_n^2) \ldots f(r\omega_n^{n-1})|} = |f(0)|$$

ist. [$\log f(z)$ ist regulär für $|z| \leqq r$.]

120. $f(z)$ sei regulär für $|z| \leqq r$ und von Null verschieden für $z = 0$; die im Kreise $|z| \leqq r$ gelegenen Nullstellen von $f(z)$ seien, mit richtiger Multiplizität gezählt, $z_1, z_2, \ldots, z_n$. Das geometrische Mittel von $|f(z)|$ auf dem Kreisrand $|z| = r$ ist

$$e^{\frac{1}{2\pi}\int_0^{2\pi} \log|f(re^{i\vartheta})|\,d\vartheta} = |f(0)| \frac{r^n}{|z_1 z_2 \ldots z_n|}.$$

[$f(z) = (z - z_1)(z - z_2) \ldots (z - z_n) f^*(z)$, $f^*(z)$ regulär und von 0 verschieden für $|z| \leqq r$.]

121. Unter den Voraussetzungen von **120** ist das geometrische Mittel von $|f(z)|$ auf der Kreisscheibe $|z| \leqq r$

$$\mathfrak{g}(r) = e^{\frac{1}{\pi r^2}\int_0^r \int_0^{2\pi} \log|f(\varrho e^{i\vartheta})|\,\varrho\, d\varrho\, d\vartheta}$$

stets kleiner, als das geometrische Mittel von $|f(z)|$ auf dem Kreisrand $|z| = r$

$$\mathfrak{G}(r) = e^{\frac{1}{2\pi}\int_0^{2\pi} \log|f(re^{i\vartheta})|\,d\vartheta}.$$

Es ist namentlich

$$\frac{\mathfrak{g}(r)}{\mathfrak{G}(r)} = e^{-\frac{n}{2}\left(1 - \frac{|z_1|^2 + |z_2|^2 + \cdots + |z_n|^2}{n r^2}\right)}.$$

122.
$$f(z) = a_0 + a_1 z + a_2 z^2 + \cdots + a_n z^n + \cdots$$
sei regulär für $|z| \leqq r$. Das arithmetische Mittel von $|f(z)|^2$ auf dem Kreisrand $|z| = r$ ist

$$\frac{1}{2\pi}\int_0^{2\pi} |f(re^{i\vartheta})|^2 d\vartheta = |a_0|^2 + |a_1|^2 r^2 + |a_2|^2 r^4 + \cdots + |a_n|^2 r^{2n} + \cdots.$$

123.
$$f(z) = a_0 + a_1 z + a_2 z^2 + \cdots + a_n z^n + \cdots$$
sei regulär für $|z| \leqq 1$. Die Teilsummen

$$s_n(z) = a_0 + a_1 z + a_2 z^2 + \cdots + a_n z^n, \qquad n = 0, 1, 2, \ldots$$

der Potenzreihe von $f(z)$ haben folgende Minimumeigenschaft: Wenn $P(z)$ irgendein Polynom n^{ten} Grades bezeichnet, so ist das Integral

$$\frac{1}{2\pi}\int_0^{2\pi} |f(e^{i\vartheta}) - P(e^{i\vartheta})|^2 d\vartheta$$

dann und nur dann Minimum, wenn $P(z) = s_n(z)$ ist. Das Minimum beträgt

$$|a_{n+1}|^2 + |a_{n+2}|^2 + |a_{n+3}|^2 + \cdots.$$

124.

$$f(z) = a_0 + a_1 z + a_2 z^2 + \cdots + a_n z^n + \cdots$$

sei regulär für $|z| \leqq r$. Die Abbildung $w = f(z)$ führt die Kreisscheibe $|z| \leqq r$ in ein Flächenstück der w-Ebene über, dessen einzelne Teile ev. mehrfach zu zählen sind, wenn nämlich die betreffenden w-Werte im Kreise $|z| \leqq r$ mehrmals angenommen werden. Der Inhalt dieses Bildbereiches ist

$$\pi(|a_1|^2 r^2 + 2|a_2|^2 r^4 + 3|a_3|^2 r^6 + \cdots + n|a_n|^2 r^{2n} + \cdots).$$

(Der Inhalt setzt sich additiv aus denen der Bildbereiche zusammen, die durch die Abbildungen $w = a_n z^n$, $n = 0, 1, 2, \ldots$, aus $|z| \leqq r$ hervorgehen.)

125.

$$w = f(z) = \sum_{n=-\infty}^{\infty} a_n z^n = \cdots + a_{-n} z^{-n} + a_{-n+1} z^{-n+1} + \cdots + a_{-1} z^{-1}$$
$$+ a_0 + a_1 z + \cdots + a_n z^n + \cdots$$

sei regulär in dem Kreisring $r \leqq |z| \leqq R$; der Flächeninhalt des Bildbereiches ist (mehrfach überdeckte Teile mehrfach gezählt) gleich

$$\pi \sum_{n=-\infty}^{\infty} n |a_n|^2 (R^{2n} - r^{2n}).$$

126.

$$\varphi(z) = cz + c_0 + \frac{c_1}{z} + \frac{c_2}{z^2} + \cdots + \frac{c_n}{z^n} + \cdots, \qquad c \neq 0,$$

sei regulär und schlicht für $|z| \geqq r$. Bei der Abbildung $w = \varphi(z)$ bleibt ein ganz bestimmter Bereich der w-Ebene unbedeckt. Sein Flächeninhalt ist

$$\pi\left(|c| r^2 - \frac{|c_1|^2}{r^2} - \frac{2|c_2|^2}{r^4} - \frac{3|c_3|^2}{r^6} - \cdots\right).$$

127.

$$w = f(z) = \sum_{n=-\infty}^{\infty} a_n z^n = \cdots + a_{-n} z^{-n} + a_{-n+1} z^{-n+1} + \cdots + a_{-1} z^{-1}$$
$$+ a_0 + a_1 z + \cdots + a_n z^n + \cdots$$

sei regulär und verschiedenwertig auf dem Kreisrand $|z| = r$ und führe diesen in eine Kurve L über. Der Inhalt des durch L umschlossenen Gebietes ist

$$\pi \sum_{n=-\infty}^{\infty} n |a_n|^2 r^{2n}.$$

Der Inhalt wird positiv oder negativ gerechnet, je nachdem bei positivem Umlaufen des Kreises $|z| = r$ der mitbewegte Bildpunkt $w = f(z)$ das durch L umschlossene Gebiet links oder rechts läßt.

128. $f(z)$ sei regulär im Kreis $|z| \leqq r$ und $J(\varrho)$ bezeichne den Inhalt des Bildbereiches, in welchen die Kreisfläche $|z| \leqq \varrho$ bei der Abbildung $w = f(z)$ übergeht, $0 \leqq \varrho \leqq r$. Dann ist

$$4\int_0^r \frac{J(\varrho)}{\varrho}\,d\varrho = \int_0^{2\pi} |f(re^{i\vartheta})|^2\,d\vartheta - 2\pi|f(0)|^2.$$

129.

$$w = \varphi(z) = cz + c_0 + \frac{c_1}{z} + \frac{c_2}{z^2} + \cdots + \frac{c_n}{z^n} + \cdots$$

sei regulär außerhalb des Kreises $|z| \geqq r$ und bilde diesen schlicht auf das abgeschlossene Äußere einer Kurve L der w-Ebene ab. Man denke sich auf dem Kreis $|z| = r$ der z-Ebene eine gleichmäßig verteilte und auf der Kurve L der w-Ebene eine solche Massenbelegung ausgebreitet, daß diejenigen Bögen, die bei der Abbildung $w = \varphi(z)$ einander entsprechen, mit der gleichen Masse behaftet erscheinen. Die so definierte Belegung der Kurve L hat einen bestimmten Schwerpunkt ξ (konformer Schwerpunkt von L). Es ist

$$\xi = c_0.$$

$f(z) = u + iv$ sei regulär in einem Bereiche $\mathfrak{B}$ der $z = x + iy$-Ebene. Man trage in jedem Punkt z von $\mathfrak{B}$ die Länge

$$\zeta = |f(z)|^2 = u^2 + v^2$$

senkrecht zu der z-Ebene nach oben auf. Die so entstandene Fläche, deren Punkte die Koordinaten x, y, ζ besitzen, stellt das Quadrat des absoluten Betrages der Funktion $f(z)$ dar. Sie soll die *Betragfläche* heißen. *Jensen* nennt diese Fläche eine „analytische Landschaft" [Acta Math. Bd. 36, S. 195, 1912].

130. Der Inhalt des Körpers, der aus dem über der Kreisscheibe $|z| \leqq r$ errichteten Kreiszylinder durch die Betragfläche der Funktion

$$f(z) = a_0 + a_1 z + a_2 z^2 + \cdots + a_n z^n + \cdots$$

ausgeschnitten wird, ist

$$= \pi r^2\left(\frac{|a_0|^2}{1} + \frac{|a_1|^2 r^2}{2} + \frac{|a_2|^2 r^4}{3} + \cdots + \frac{|a_n|^2 r^{2n}}{n+1} + \cdots\right).$$

131. Bezeichnet γ den Winkel, den die Tangentialebene der Betragfläche mit der x, y-Ebene einschließt, so ist

$$\operatorname{tg}\gamma = 2|f(z)||f'(z)|.$$

132. Die Punkte der Betragfläche, in denen die Tangentialebene horizontal ist, gehören zwei verschiedenen Typen an („Mulden" und „Sattelpunkte"): Ist die Tangentialebene die x, y-Ebene, so liegen darin nur isolierte Punkte der Fläche. Ist die Tangentialebene von der x, y-Ebene verschieden, so schneidet sie die Betragfläche längs einer Kurve (Niveaulinie), von der $2n$ Züge, $n \geqq 2$, unter gleichen Winkeln in den Berührungspunkt einmünden; die $2n$ winkelförmigen Gebiete der Betragfläche, getrennt durch die erwähnten Kurvenzüge, liegen abwechselnd oberhalb bzw. unterhalb der Tangentialebene. (Sämtliche Mulden liegen in der x, y-Ebene, sämtliche Sattelpunkte oberhalb, in verschiedenen Höhenlagen.)

133. Die Schnittlinie der Betragfläche eines Polynoms mit lauter reellen Nullstellen und einer zur x-Achse senkrechten Ebene ist eine von unten konvexe Kurve, deren niedrigster Punkt in der x, ζ-Ebene liegt.

134. $f(z)$ sei regulär in der Kreisscheibe $|z - z_0| \leqq r$ und M bezeichne das Maximum von $|f(z)|$, wenn z auf dem Kreisrande $|z - z_0| = r$ liegt. Dann ist

$$|f(z_0)| \leqq M\,;$$

das Gleichheitszeichen gilt hier nur dann, wenn $f(z)$ identisch gleich einer Konstante ist.

135. $f(z)$ sei regulär und eindeutig in einem Bereiche $\mathfrak{B}$; M bezeichne das Maximum von $|f(z)|$ am Rande von $\mathfrak{B}$. Dann ist

$$|f(z)| < M$$

im Innern von $\mathfrak{B}$, falls $f(z)$ keine Konstante ist. (*Prinzip des Maximums,* vgl. Kap. 6.)

136. Was bedeutet das Prinzip des Maximums für die Betragfläche?

137. In einer Ebene seien n feste Punkte $P_1, P_2, \ldots, P_n$ gegeben und P sei ein in dieser Ebene veränderlicher Punkt. Die Funktion des Punktes P

$$\overline{PP_1} \cdot \overline{PP_2} \cdots \overline{PP_n}$$

$\left(\overline{PP_\nu}\right.$ ist die Entfernung der Punkte P und $\left.P_\nu\right)$ nimmt in jedem Bereiche der betreffenden Ebene ihr Maximum am Rande an.

138. $f(z)$ sei regulär und eindeutig in einem Bereiche $\mathfrak{B}$ und dort überall von Null verschieden. Ist $f(z)$ nicht konstant, so kann $|f(z)|$ sein Minimum nur in Randpunkten von $\mathfrak{B}$ erreichen.

139. Die festen Punkte $P_1, P_2, \ldots, P_n$ seien im Innern eines Kreises vom Radius R gelegen, der veränderliche Punkt P soll den Rand des besagten Kreises durchlaufen. Hierbei nimmt

$$\sqrt[n]{\overline{PP_1} \cdot \overline{PP_2} \cdots \overline{PP_n}}$$

(das geometrische Mittel der n Distanzen $\overline{PP_\nu}$) ein Maximum an, das $> R$, und ein Minimum, das $< R$ ist. Der einzige Ausnahmefall liegt dann vor, wenn $P_1, P_2, \ldots, P_n$ alle mit dem Kreismittelpunkt zusammenfallen.

140. (Fortsetzung.) Für das Maximum des arithmetischen Mittels

$$\frac{\overline{PP_1} + \overline{PP_2} + \cdots + \overline{PP_n}}{n}$$

der n Distanzen $\overline{PP_\nu}$ gilt die gleiche Aussage wie in **139**, nicht jedoch für das Minimum.

141. (Fortsetzung.) Für das Minimum des harmonischen Mittels

$$\frac{n}{\frac{1}{\overline{PP_1}} + \frac{1}{\overline{PP_2}} + \cdots + \frac{1}{\overline{PP_n}}}$$

der n Distanzen $\overline{PP_\nu}$ gilt die gleiche Aussage wie in **139**, nicht jedoch für das Maximum.

142. Eine geschlossene, doppelpunktlose Niveaulinie (d. h. ihr entlang ist $|f(z)| = \text{konst.}$), welche samt ihrem Innern dem Regularitätsbereich von $f(z)$ angehört, enthält mindestens eine Nullstelle von $f(z)$, es sei denn, daß $f(z)$ identisch gleich einer Konstante ist.

143. In einer Ebene seien n feste Punkte $P_1, P_2, \ldots, P_n$ gegeben und P sei ein in dieser Ebene veränderlicher Punkt. Der geometrische Ort der Punkte P, für welche das Distanzenprodukt

$$\overline{PP_1} \cdot \overline{PP_2} \cdots \overline{PP_n} = \text{konst.}$$

ist, heißt eine „Lemniskate mit n Brennpunkten". (Die gewöhnliche Lemniskate gehört dem Spezialfall $n = 2$ an, vgl. **4**.) Man zeige, daß eine Lemniskate mit n Brennpunkten nie mehr als n getrennte geschlossene Züge besitzen kann.

144. Die Funktion $f(z)$ sei regulär in der Kreisscheibe $|z| \leq r$. Man bezeichne mit z_0 einen solchen Punkt der Peripherie, in welchem die Funktion $f(z)$ das Maximum ihres Betrages erreicht. Dann ist $z_0 \frac{f'(z_0)}{f(z_0)}$ reell und positiv. [**103**, **132**.]

4. Kapitel.

Cauchyscher Integralsatz. Prinzip vom Argument.

145. Man setze

$$\omega = e^{\frac{2\pi i}{n}}, \quad z_\nu = a\omega^\nu, \quad \zeta_\nu = \frac{z_{\nu-1} + z_\nu}{2},$$

$$\nu = 1, 2, \ldots, n; \quad z_0 = z_n, \quad a \text{ fest}, \quad a \neq 0.$$

Man berechne die Summe

$$\frac{z_1 - z_0}{\zeta_1} + \frac{z_2 - z_1}{\zeta_2} + \frac{z_3 - z_2}{\zeta_3} + \cdots + \frac{z_n - z_{n-1}}{\zeta_n},$$

die für $n \to \infty$ gegen das Integral $\oint \frac{dz}{z}$ längs $|z| = |a|$ strebt.

146. Es sei k eine von -1 verschiedene ganze Zahl, L eine geschlossene, doppelpunktlose, stetige Kurve von endlicher Länge, die nicht durch den Punkt $z = 0$ hindurchgeht, wenn $k \leqq -2$ ist, ferner seien $z_1, z_2, \ldots, z_{n-1}, z_n$ aufeinanderfolgende Punkte auf L. Man zeige, daß das Integral $\oint_L z^k dz = 0$ ist, indem man es durch eine Summe von der Form

$$z_1^k (z_1 - z_0) + z_2^k (z_2 - z_1) + \cdots + z_n^k (z_n - z_{n-1}), \quad z_0 = z_n$$

annähert. [II **1**, II **2**.]

147. Man berechne

$$\oint \frac{dz}{1 + z^4},$$

wobei die Integration längs der Ellipse

$$z = x + iy, \quad x^2 - xy + y^2 + x + y = 0$$

zu erstrecken ist.

148. Es ist

$$\int_0^{\frac{\pi}{2}} \frac{x\, d\vartheta}{x^2 + \sin^2\vartheta} = \frac{\pi}{2\sqrt{1 + x^2}}, \qquad \text{wenn } x > 0.$$

149. Man beweise die Formel

$$\int_0^{2\pi} \frac{(1 + 2\cos\vartheta)^n \cos n\vartheta}{1 - r - 2r\cos\vartheta}\, d\vartheta = \frac{2\pi}{\sqrt{1 - 2r - 3r^2}} \left(\frac{1 - r - \sqrt{1 - 2r - 3r^2}}{2r^2} \right)^n,$$

$$-1 < r < \tfrac{1}{3}, \quad n = 0, 1, 2, \ldots.$$

150. Man berechne das krummlinige Integral

$$\oint \frac{(1-x^2-y^2)\,y\,dx + (1+x^2+y^2)\,x\,dy}{1+2x^2-2y^2+(x^2+y^2)^2}$$

längs einer Ellipse, deren Brennpunkte (0, -1) und (0, $+1$) sind.

151. Für $0 < \Re s < 1$ gilt

$$\int_0^\infty x^{s-1} e^{-ix}\,dx = \Gamma(s)\,e^{-\frac{i\pi s}{2}}.$$

152. Es sei $n > 1$. Man hat

$$\int_0^\infty \frac{\sin(x^n)}{x^n}\,dx = \frac{1}{n-1}\,\Gamma\left(\frac{1}{n}\right)\sin\left(\frac{n-1}{n}\,\frac{\pi}{2}\right).$$

153. Für $\mu > 0$, $0 < \alpha < \frac{\pi}{2}$, $n = 0, 1, 2, \ldots$ gilt

$$\int_0^\infty e^{-x^\mu \cos\alpha} \sin(x^\mu \sin\alpha)\,x^n\,dx = \frac{1}{\mu}\,\Gamma\left(\frac{n+1}{\mu}\right)\sin\frac{(n+1)\alpha}{\mu}.$$

Man beachte den Spezialfall $\alpha = \mu\pi$.

154. Es sei $\mu > 0$, $x > 0$, μ fest, x veränderlich; man zeige, daß

$$\lim_{x\to\infty} x^{\mu+1} \int_0^{+\infty} e^{-t^\mu} \cos xt\,dt = \Gamma(\mu+1)\sin\frac{\mu\pi}{2}.$$

155. Es sei $a > 0$. Das Integral

$$J(\alpha) = \frac{1}{2\pi i}\int_{a-i\infty}^{a+i\infty} \frac{e^{\alpha s}}{s^2}\,ds,$$

erstreckt über die zu der imaginären Achse parallelen Gerade $s = a + it$, $-\infty < t < +\infty$, ist für alle reellen Werte von α absolut konvergent. Es ist

$$J(\alpha) = \begin{cases} 0, & \text{wenn } \alpha \leqq 0, \\ \alpha, & \text{wenn } \alpha \geqq 0. \end{cases}$$

156. Man bezeichne mit $\mu(t)$ das größte Glied der Reihe

$$1 + \frac{t}{1!} + \frac{t^2}{2!} + \cdots + \frac{t^n}{n!} + \cdots \qquad [11].$$

Es sei $\lambda > 1$ und z die einzige positive Wurzel der Gleichung

$$\lambda - z - e^{-z} = 0.$$

Dann ist

$$\int_0^\infty \mu(t)\, e^{-\lambda t} dt = \frac{1}{z}.$$

$$\left[\frac{1}{\pi}\int_{-\infty}^{+\infty} \frac{\sin\frac{u}{2}\, e^{i(n+\frac{1}{2}-t)u}}{u} du = \begin{cases} 1, & \text{wenn } n < t < n+1, \\ 0, & \text{wenn } t < n \text{ oder } t > n+1. \end{cases}\right]$$

157. Die *Legendre*schen Polynome $P_n(x)$ können als Koeffizienten der Reihenentwicklung

$$\frac{1}{\sqrt{1-2zx+z^2}} = \frac{P_0(x)}{z} + \frac{P_1(x)}{z^2} + \frac{P_2(x)}{z^3} + \cdots + \frac{P_n(x)}{z^{n+1}} + \cdots$$

definiert werden [VI **91**]. Man leite hieraus die *Laplace*sche Formel (VI **86**)

$$P_n(x) = \frac{1}{\pi}\int_{-1}^{1} (x + \alpha\sqrt{x^2-1})^n \frac{d\alpha}{\sqrt{1-\alpha^2}}$$

und die *Dirichlet-Mehler*sche Formel

$$P_n(\cos\vartheta) = \frac{2}{\pi}\int_0^\vartheta \frac{\cos(n+\frac{1}{2})t}{\sqrt{2(\cos t - \cos\vartheta)}} dt = \frac{2}{\pi}\int_\vartheta^\pi \frac{\sin(n+\frac{1}{2})t}{\sqrt{2(\cos\vartheta - \cos t)}} dt, \quad 0 < \vartheta < \pi$$

her. (Die Quadratwurzeln sind positiv.)

158. Man bezeichne mit $\mathfrak{G}$ den durch die Ungleichungen

$$\Re z > 0, \qquad -\pi < \Im z < \pi$$

abgegrenzten Halbstreifen, mit L die aus drei geradlinigen Stücken zusammengesetzte Randkurve von $\mathfrak{G}$. Es sei L in solchem Sinne durchlaufen, daß $\mathfrak{G}$ rechter Hand von L bleibt. Durch das Integral

$$\frac{1}{2\pi i}\int_L \frac{e^{e^\zeta}}{\zeta - z} d\zeta = E(z)$$

ist eine Funktion $E(z)$ definiert, und zwar zunächst nur für solche Punkte z, die links von L liegen.

Man zeige, daß $E(z)$ eine ganze Funktion ist, die für reelles z reelle Werte annimmt.

159. (Fortsetzung.) Es ist

$$\frac{1}{2\pi i}\int_L e^{e^\zeta} d\zeta = 1.$$

160. (Fortsetzung.) Außerhalb $\mathfrak{G}$ ist die Funktion

$$z^2\left(E(z)+\frac{1}{z}\right),$$

innerhalb $\mathfrak{G}$ die Funktion

$$z^2\left(E(z)-e^{e^z}+\frac{1}{z}\right)$$

beschränkt.

161. Es ist,

$$\frac{2^z}{z(z-1)(z-2)\cdots(z-n)}=f_n(z)$$

gesetzt, und die Integration im positiven Sinne erstreckt,

$$\lim_{n\to\infty}\frac{\oint\limits_{|z|=2n} f_n(z)\,dz}{\oint\limits_{|z|=2n} |f_n(z)|\,|dz|}=i. \qquad [\text{II } \mathbf{217}.]$$

162. Es sei $f(z)$ regulär im Kreise $|z|\leqq r$, von Null verschieden auf dem Kreisrand $|z|=r$. Der größte Wert, den $\Re z\frac{f'(z)}{f(z)}$ für $|z|=r$ annimmt, ist mindestens gleich der Anzahl der Nullstellen von $f(z)$ im Kreise $|z|<r$.

163. Es seien $z_1, z_2, \ldots, z_n$ beliebige voneinander verschiedene komplexe Zahlen, L eine geschlossene, doppelpunktlose, stetige Kurve, die sämtliche Punkte $z_1, z_2, \ldots, z_n$ im Innern enthält. Die Funktion $f(z)$ sei regulär im Innern und auf L. Setzt man $\omega(z)=(z-z_1)(z-z_2)\cdots(z-z_n)$, so stellt

$$P(z)=\frac{1}{2\pi i}\oint\limits_L\frac{f(\zeta)}{\omega(\zeta)}\,\frac{\omega(\zeta)-\omega(z)}{\zeta-z}\,d\zeta$$

dasjenige eindeutig bestimmte Polynom $(n-1)^{\text{ten}}$ Grades dar, das an den Stellen $z_1, z_2, \ldots, z_n$ mit $f(z)$ übereinstimmt.

164. Die Funktion $f(z)$ sei analytisch auf der Strecke $a\leqq z\leqq b$ der reellen Achse und soll daselbst reelle Werte annehmen. Es sei L eine die Strecke $a\leqq z\leqq b$ im Innern enthaltende geschlossene, doppelpunktlose, stetige Kurve, in deren Innern $f(z)$ regulär ist. Wenn $z_1, z_2, \ldots, z_n$ irgendwelche Punkte der Strecke $a\leqq z\leqq b$ sind, dann gibt es ein z_0, $a\leqq z_0\leqq b$, so daß

$$\oint\limits_L\frac{f(z)}{(z-z_1)(z-z_2)\cdots(z-z_n)}\,dz=\oint\limits_L\frac{f(z)}{(z-z_0)^n}\,dz.$$

165. Die ganze Funktion $F(z)$ soll in der ganzen z-Ebene, $z=x+iy$, die Ungleichung

$$|F(x+iy)|<Ce^{\varrho|y|}$$

erfüllen, C, ϱ positive Konstanten. Dann ist

$$\frac{d}{dz}\left(\frac{F(z)}{\sin \varrho z}\right) = -\sum_{n=-\infty}^{+\infty} \frac{\varrho(-1)^n F\left(\frac{n\pi}{\varrho}\right)}{(\varrho z - n\pi)^2}.$$

Beispiel: $F(z) = \cos \varrho z$.

166. Die ganze Funktion $G(z)$ soll in der ganzen z-Ebene, $z = x + iy$, die Ungleichung

$$|G(x+iy)| < C e^{\varrho |y|}$$

erfüllen, C, ϱ positive Konstanten; außerdem sei sie ungerade, $G(-z) = -G(z)$. Dann ist

$$\frac{G(z)}{2\varrho z \cos \varrho z} = \sum_{n=0}^{\infty} \frac{(-1)^n G\left(\frac{(n+\frac{1}{2})\pi}{\varrho}\right)}{((n+\frac{1}{2})\pi)^2 - \varrho^2 z^2}.$$

Beispiel: $G(z) = \sin \varrho z$.

167. Die Funktion $f(z)$ sei regulär im Kreise $|z| \leqq 1$. Es ist

$$\int_0^1 f(x)\,dx = \frac{1}{2\pi i} \oint_{|z|=1} f(z) \log z\,dz = \frac{1}{2\pi i} \oint_{|z|=1} f(z)(\log z - i\pi)\,dz,$$

$$\int_0^1 x^k f(x)\,dx = \frac{1}{e^{2\pi i k} - 1} \oint_{|z|=1} z^k f(z)\,dz, \qquad k > -1; \quad k \neq 0, 1, 2, \ldots.$$

Die Integration nach x ist hierbei geradlinig von 0 bis 1, die Integration nach z im positiven Sinne längs des Einheitskreises zu erstrecken, und zwar ist sie im Punkte $z = 1$ mit demjenigen Zweig von $\log z$ bzw. z^k zu beginnen, der für positives z reell bzw. positiv ausfällt.

168. Die im Einheitskreis $|z| \leqq 1$ reguläre Funktion $f(z)$ sei der Bedingung

$$\int_0^{2\pi} |f(e^{i\vartheta})|\,d\vartheta = 1$$

unterworfen. Es sei ferner $k > -1$. Dann ist

$$\left|\int_0^1 x^k f(x)\,dx\right| \leqq \begin{cases} \frac{1}{2}, & \text{wenn } k \text{ ganz ist,} \\ \frac{1}{2|\sin k\pi|}, & \text{wenn } k \text{ nicht ganz ist.} \end{cases}$$

169. Es sei $\alpha > -2$. Die quadratische Form der unendlich vielen reellen Variabeln $x_1, x_2, x_3, \ldots$

$$\sum_{\lambda=1}^{\infty} \sum_{\mu=1}^{\infty} \frac{x_\lambda x_\mu}{\lambda + \mu + \alpha}$$

ist *beschränkt*, d. h. es existiert eine von n unabhängige Konstante M derart, daß

$$\left|\sum_{\lambda=1}^{n}\sum_{\mu=1}^{n}\frac{x_\lambda x_\mu}{\lambda+\mu+\alpha}\right| < M$$

ist, wenn die Variablen $x_1, x_2, \ldots, x_n$ der Bedingung $x_1^2+x_2^2+\cdots+x_n^2=1$ genügen; $n=1,2,3,\ldots$. Man kann hierbei $M=\pi$ setzen, wenn α ganz ist und $M=\frac{\pi}{|\sin\alpha\pi|}$, wenn α nicht ganz ist.

170. Die Funktionen $f_1(z), f_2(z), \ldots, f_n(z), \ldots$ seien regulär in dem Gebiete $\mathfrak{G}$ und sollen in jedem darin liegenden Bereiche gleichmäßig gegen die Funktion $f(z)$ konvergieren. Dann ist $f(z)$ regulär in $\mathfrak{G}$.

171. Die komplexe Funktion $f(z)=u(x,y)+iv(x,y)$ der reellen Variablen x und y sei definiert und stetig in einem Gebiete $\mathfrak{G}$ der $z=x+iy$-Ebene. Es sei ferner bekannt, daß das Integral

$$\oint f(z)\,dz,$$

erstreckt längs jeder beliebigen in $\mathfrak{G}$ verlaufenden Kreislinie, verschwindet. Dann ist $f(z)$ eine in dem ganzen Gebiete $\mathfrak{G}$ reguläre analytische Funktion der komplexen Variablen z. [Man berechne die Änderung des Flächenintegrals

$$F_r(z)=\iint\limits_{\xi^2+\eta^2\leqq r^2} f(z+\xi+i\eta)\,d\xi\,d\eta,$$

wenn der reelle bzw. imaginäre Teil von z variiert.]

---

172. Die Funktion $f(z)$ sei in der offenen Kreisfläche $|z|<1$ analytisch, in der abgeschlossenen Kreisfläche $|z|\leqq 1$ beschränkt und, ev. mit Ausnahme endlich vieler Punkte, stetig. Dann ist

$$\frac{1}{2\pi}\int_0^{2\pi} f(e^{i\vartheta})\,d\vartheta = f(0).$$

(Allgemeiner als **118**.)

173. Die Funktion $f(z)$ sei im Kreise $|z|\leqq R$ regulär; es sei $0<r<R$. Dann gilt die *Poisson*sche Formel

$$f(re^{i\vartheta})=\frac{1}{2\pi}\int_0^{2\pi} f(Re^{i\Theta})\frac{R^2-r^2}{R^2-2Rr\cos(\Theta-\vartheta)+r^2}\,d\Theta.$$

174. Die Funktion $f(z)$ sei regulär und beschränkt in der Halbebene $\Re z\geqq 0$; es sei $x>0$. Dann gilt

$$f(x+iy)=\frac{1}{\pi}\int_{-\infty}^{+\infty} f(i\eta)\,d\operatorname{arctg}\frac{\eta-y}{x}.$$

175. Die Funktion $f(z)$ sei meromorph im Kreise $|z| \leqq 1$, regulär und von 0 verschieden auf dem Rand und im Mittelpunkt. Sie besitze ferner in $|z| \leqq 1$ die Nullstellen $a_1, a_2, \ldots, a_m$ und die Pole $b_1, b_2, \ldots, b_n$ (mehrfache mit richtiger Multiplizität angeschrieben). Dann gilt die *Jensen*sche Formel

$$\log|f(0)| + \log\frac{1}{|a_1|} + \log\frac{1}{|a_2|} + \cdots + \log\frac{1}{|a_m|}$$

$$- \log\frac{1}{|b_1|} - \log\frac{1}{|b_2|} - \cdots - \log\frac{1}{|b_n|} = \frac{1}{2\pi}\int_0^{2\pi}\log|f(e^{i\vartheta})|\,d\vartheta.$$

[Man lege Kreise vom Radius ε um die in der Kreisfläche $|z| < 1$ befindlichen Nullstellen und Pole von $f(z)$ herum, und zwar sollen diese ε-Kreise weder miteinander noch mit der Peripherie $|z| = 1$ gemeinsame Punkte besitzen. Man verbinde die ε-Kreisbereiche mit der Peripherie $|z| = 1$ durch Wege, die sich nicht überkreuzen (etwa durch Radien des Einheitskreises, wenn die Arcus aller Nullstellen und Pole verschieden sind, vgl. die Abbildung). Nach Wegnahme der ε-Kreisbereiche und der Verbindungswege bleibt von $|z| < 1$ ein einfach zusammenhängendes Gebiet $\mathfrak{G}_\varepsilon$ übrig, längs dessen Berandung das Integral $\int \frac{\log f(z)}{z}\,dz$ im positiven Sinne zu erstrecken ist.]

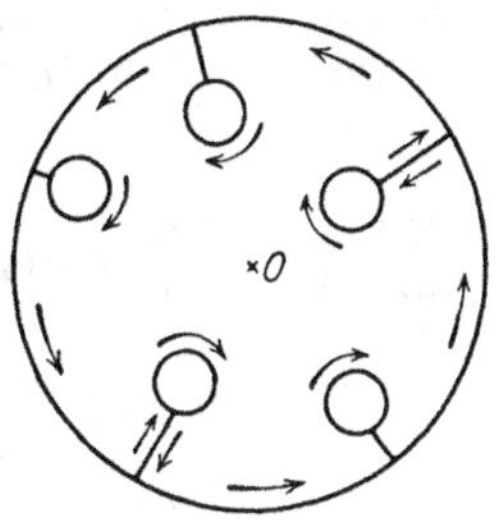

176. Die Funktion $f(z)$ sei meromorph im Kreise $|z| \leqq R$, regulär und von 0 verschieden an dessen Rand und besitze in seinem Innern die Nullstellen $a_1, a_2, \ldots, a_m$ und die Pole $b_1, b_2, \ldots, b_n$ (mehrfache mit der richtigen Multiplizität angeschrieben). Ist der Punkt $z = re^{i\vartheta}$, $r < R$, weder Nullstelle noch Pol von $f(z)$, so ist

$$\log|f(z)| + \sum_{\mu=1}^{m}\log\left|\frac{R^2 - \bar{a}_\mu z}{(a_\mu - z)R}\right| - \sum_{\nu=1}^{n}\log\left|\frac{R^2 - \bar{b}_\nu z}{(b_\nu - z)R}\right|$$

$$= \frac{1}{2\pi}\int_0^{2\pi}\log|f(Re^{i\Theta})|\,\frac{R^2 - r^2}{R^2 - 2Rr\cos(\Theta - \vartheta) + r^2}\,d\Theta.$$

177. Die Funktion $f(z)$ sei meromorph in der Halbebene $\Re z \geqq 0$, regulär und von 0 verschieden an deren Rand und besitze im Innern derselben die Nullstellen $a_1, a_2, \ldots, a_m$ und die Pole $b_1, b_2, \ldots, b_n$ (mehrfache mit der richtigen Multiplizität angeschrieben). Wenn $f(z)$ im Unendlichen regulär ist (aber auch unter anderen weniger engen Voraussetzungen betreffend das Verhalten im Unendlichen), ferner regulär und von 0 verschieden im Punkte $z = x + iy$, $x > 0$, dann ist

$$\log|f(z)| + \sum_{\mu=1}^{m} \log\left|\frac{z+\bar{a}_\mu}{z-a_\mu}\right| - \sum_{\nu=1}^{n} \log\left|\frac{z+\bar{b}_\nu}{z-b_\nu}\right|$$

$$= \frac{1}{\pi}\int_{-\infty}^{+\infty} \log|f(i\eta)|\, d \operatorname{arctg} \frac{\eta - y}{x}.$$

178. Die Funktion $f(z)$ sei regulär im Bereich

$$(\mathfrak{B}) \qquad r \leqq |z| \leqq R, \qquad -\frac{\pi}{2} \leqq \operatorname{arc} z \leqq +\frac{\pi}{2},$$

von 0 verschieden an dessen Rand und besitze in dessen Innern die Nullstellen $a_1, a_2, \ldots, a_m$, $a_\mu = r_\mu e^{i\vartheta_\mu}$, $\mu = 1, 2, \ldots, m$. Setzt man $\log|f(\varrho e^{i\vartheta})| = U(\varrho, \vartheta)$, so gilt die Formel

$$\sum_{r<r_\mu<R} \left(\frac{1}{r_\mu} - \frac{r_\mu}{R^2}\right)\cos\vartheta_\mu = \frac{1}{\pi R}\int_{-\frac{\pi}{2}}^{+\frac{\pi}{2}} U(R, \vartheta)\cos\vartheta\, d\vartheta$$

$$+ \frac{1}{2\pi}\int_r^R \left(\frac{1}{\varrho^2} - \frac{1}{R^2}\right)\left[U\left(\varrho, \frac{\pi}{2}\right) + U\left(\varrho, -\frac{\pi}{2}\right)\right] d\varrho + \chi(R);$$

hierbei bleibt $\chi(R)$ für $R \to \infty$ beschränkt; r, $f(z)$ sind fest gedacht. [$\oint \log f(z)\left(\frac{1}{z^2} + \frac{1}{R^2}\right)\frac{dz}{i}$ ist längs eines analogen Weges wie in **175** auszuwerten.]

---

179. Man beweise **25**, indem man die Änderung von $\operatorname{arctg}\frac{V(x)}{U(x)}$ verfolgt, während x die reelle Achse von $-\infty$ bis $+\infty$ durchläuft.

Es sei eine geschlossene, stetige, den Nullpunkt vermeidende Kurve in der z-Ebene gezeichnet, die mit einem bestimmten Richtungssinn versehen ist. Wenn z, von einem beliebigen Punkt der Kurve ausgehend, dieselbe in dem vorgeschriebenen Sinne durchläuft, dann ändert sich der Arcus von z stetig und erleidet eine Gesamtänderung, die ein ganzzahliges Vielfaches $2n\pi$ von 2π ausmacht. Die ganze Zahl n heißt die *Windungszahl* der Kurve.

180. Jeder vom Nullpunkt ausgehende Halbstrahl wird beim Durchlaufen der besagten Kurve mindestens $|n|$-mal getroffen.

Im folgenden (**181**—**194**) sei L eine geschlossene, doppelpunktlose, stetige Kurve, $\mathfrak{B}$ der abgeschlossene Innenbereich von L.

Die Funktion $f(z)$ sei in $\mathfrak{B}$ regulär, abgesehen ev. von endlich vielen Polen, endlich und von 0 verschieden auf L. Wenn z die Kurve L in positivem Sinne durchläuft, so beschreibt der Punkt $w = f(z)$ eine gewisse geschlossene, stetige Kurve; die Windungszahl derselben ist gleich der Anzahl der Nullstellen von $f(z)$ innerhalb L vermindert um die Anzahl der Pole innerhalb L. [*Prinzip des Arguments.* Vgl. *Hurwitz-Courant*, S. 84, S. 102.]

Der Satz gilt auch dann, wenn $f(z)$ auf der Randkurve L bloß stetig und von 0 verschieden ist.

181. Die Funktionen $\varphi(z)$ und $\psi(z)$ seien regulär in dem Bereiche $\mathfrak{B}$, abgesehen ev. von endlich vielen Polen, endlich und von 0 verschiedenen auf der Randkurve L von $\mathfrak{B}$. Wenn $f(z) = \varphi(z)\psi(z)$ gesetzt wird, dann ist die Windungszahl der Kurve, in welche L bei der Abbildung $w = f(z)$ übergeht, gleich der Summe der Windungszahlen der Kurven, die aus L bei den durch $\varphi(z)$ bzw. $\psi(z)$ vermittelten Abbildungen hervorgehen.

182. Man beweise das Prinzip des Arguments für ein Polynom.

183. Aus dem Prinzip des Arguments folgt: Wenn $\varphi(z)$ in dem Bereiche $\mathfrak{B}$ regulär und von 0 verschieden ist, dann ist die Windungszahl der Kurve, die von $\varphi(z)$ beschrieben wird, wenn z die Randkurve L von $\mathfrak{B}$ durchläuft, $= 0$, d. h. der Arcus von $\varphi(z)$ ist eine eindeutige Funktion auf L. Man leite die allgemeine Fassung des Prinzips aus diesem speziellen Fall ab.

184. Das reelle trigonometrische Polynom

$$a_m \cos m\vartheta + b_m \sin m\vartheta + a_{m+1}\cos(m+1)\vartheta + b_{m+1}\sin(m+1)\vartheta + \cdots + \\ + a_n \cos n\vartheta + b_n \sin n\vartheta$$

besitzt mindestens $2m$ und höchstens $2n$ Nullstellen im Intervall $0 \leqq \vartheta < 2\pi$. [Man betrachte

$$P(z) = (a_m - i b_m) z^m + (a_{m+1} - i b_{m+1}) z^{m+1} + \cdots + (a_n - i b_n) z^n.]$$

185. Ist $0 < a_0 < a_1 < a_2 < \cdots < a_n$, so hat das trigonometrische Polynom

$$a_0 + a_1 \cos\vartheta + a_2 \cos 2\vartheta + \cdots + a_n \cos n\vartheta$$

$2n$ reelle, voneinander verschiedene Nullstellen im Intervalle $0 \leqq \vartheta < 2\pi$. [**22**.] (Es hat folglich *nur* reelle Nullstellen: VI **14**.)

186. Die Funktion $f(z)$ sei meromorph im Innern und regulär auf der Kurve L. Wenn $|a|$ das Maximum von $|f(z)|$ auf der Kurve L übersteigt, so besitzt $f(z)$ im Innern von L ebensoviele a-Stellen als Pole.

187. Die Funktion

$$w = e^{\pi z} - e^{-\pi z}$$

nimmt im Halbstreifen

$$\Re z > 0, \quad -\tfrac{1}{2} < \Im z < \tfrac{1}{2}$$

jeden solchen Wert w, dessen Realteil positiv ist, einmal und genau einmal an.

188. $f(z)$ sei regulär im Kreise $|z| \leqq r$ und verschiedenwertig am Kreisrand $|z| = r$. Dann wird die Bildkurve, welche der Kreislinie $|z| = r$ bei der Abbildung $w = f(z)$ entspricht, im selben Sinne durchlaufen, wie die Kreislinie $|z| = r$ selbst und die Funktion $f(z)$ ist auch im Kreisinnern $|z| \leqq r$ verschiedenwertig.

189. Die Nullstellen der ganzen Funktion $\int\limits_0^z e^{-\frac{x^2}{2}} dx$ befinden sich mit Ausnahme der Stelle $z = 0$ innerhalb des Gebietes $\Re(z^2) < 0$. [*Cornu*sche Spirale. Vgl. z. B. *P. Drude*, Lehrbuch der Optik. Zweite Auflage, S. 180. Leipzig: S. Hirzel, 1906.]

190. Die Funktion $f(z)$ sei eindeutig, regulär und von einem gewissen Werte a verschieden im Ringgebiet $r < |z| < R$. Sämtliche den Kreis $|z| = r$ im Innern enthaltenden, ganz im besagten Ringgebiet gelegenen geschlossenen, doppelpunktlosen, stetigen Kurven der z-Ebene gehen bei der Abbildung $w = f(z) - a$ in Kurven der w-Ebene mit *derselben* Windungszahl über.

191. $f(z)$ sei regulär im Bereiche $\mathfrak{B}$ und vom konstanten absoluten Betrage auf der Randkurve L von $\mathfrak{B}$. Wenn z die Kurve L durchläuft, dann ändert sich der Arcus von $f(z)$ monoton. (Hieraus folgt ein neuer Beweis von **142**.)

192. Unter den Voraussetzungen von **191** besitzt $f(z)$ innerhalb von L eine Nullstelle mehr als $f'(z)$. (Präzisierung von **142**.) Geometrisch heißt dies folgendes: Innerhalb einer geschlossenen, doppelpunktlosen Niveaulinie der Betragfläche ist die Anzahl der Mulden um eins größer als die der Sattelpunkte.

193. Wenn die Funktion $f(z)$ in dem Bereiche $\mathfrak{B}$ regulär ist und $f'(z)$ daselbst keine Nullstellen besitzt, so braucht $w = f(z)$ noch kein schlichtes Bild von $\mathfrak{B}$ zu entwerfen [**72**]. Ist aber $|f(z)|$ am Rande von $\mathfrak{B}$ konstant, dann muß das fragliche Bild schlicht sein.

---

194. Es seien $f(z)$ und $\varphi(z)$ zwei Funktionen, die im Innern des Bereiches $\mathfrak{B}$ regulär, auf der Randkurve L von $\mathfrak{B}$ stetig sind. Es sei ferner $|f(z)| > |\varphi(z)|$ auf L. Dann hat die Funktion $f(z) + \varphi(z)$ genau so viele Nullstellen im Innern von $\mathfrak{B}$ als $f(z)$.

195. Es sei λ reell, $\lambda > 1$. Die Gleichung

$$z e^{\lambda - z} = 1$$

hat eine einzige Wurzel im Einheitskreise $|z| \leqq 1$. Diese Wurzel ist reell und positiv.

196. Es sei λ reell, $\lambda > 1$. Die Gleichung

$$\lambda - z - e^{-z} = 0$$

hat in der Halbebene $\Re z \geqq 0$ eine einzige Wurzel, die folglich reell ist.

197. Eine Abbildung, welche den abgeschlossenen Einheitskreis in einen ganz im Innern des Einheitskreises gelegenen (nicht notwendig einfach bedeckten) Bereich überführt, hat genau einen Fixpunkt. D. h. wenn $f(z)$ im Einheitskreis $|z| \leqq 1$ regulär ist und daselbst $|f(z)| < 1$ gilt, dann hat die Gleichung $f(z) - z = 0$ genau eine Wurzel im Kreise $|z| \leqq 1$.

198. In dem Halbstreifen

$$-d < \Im z < d, \quad \Re z < 0$$

nimmt die ganze Funktion $\frac{1}{\Gamma(z)}$ jeden Wert unendlich oft an (d beliebig).

199. Es sei $f(t)$ eine reelle, im Intervall $0 \leqq t \leqq 1$ zweimal stetig differentiierbare Funktion. Ist $|f(1)| > |f(0)|$, so hat die ganze Funktion

$$F(z) = \int_0^1 f(t) \sin z t \, dt$$

unendlich viele reelle und nur endlich viele komplexe Nullstellen; ist $0 < |f(1)| < |f(0)|$, so hat sie nur endlich viele reelle und unendlich viele komplexe Nullstellen. [Die Nullstellen von $F(z)$ verhalten sich bezüglich Realität wie die von $f(0) - f(1) \cos z$.]

200. Es sei a eine Konstante, $|a| > 2,5$. Die durch die Potenzreihe

$$1 + \frac{z}{a} + \frac{z^2}{a^4} + \frac{z^3}{a^9} + \cdots + \frac{z^n}{a^{n^2}} + \cdots = F(z)$$

definierte ganze Funktion ist am Rande des Kreisringes

$$|a|^{2n-2} < |z| < |a|^{2n}$$

von 0 verschieden und hat in dessen Innern genau eine Nullstelle, $n = 1, 2, 3, \ldots$. [Man untersuche das Maximalglied an dem Kreisrand $|z| = |a|^{2n}$, I **117**.]

201. (Fortsetzung von **170**.) Es sei $\mathfrak{M}$ die Menge der Nullstellen sämtlicher Funktionen $f_n(z)$, $n = 1, 2, 3, \ldots$ in $\mathfrak{G}$. Wenn die Grenzfunktion $f(z)$ nicht identisch verschwindet, dann sind ihre Nullstellen innerhalb $\mathfrak{G}$ identisch mit den Häufungsstellen von $\mathfrak{M}$ innerhalb $\mathfrak{G}$.

202. Die Funktionen

$$f_1(z), \quad f_2(z), \quad \ldots, \quad f_n(z), \quad \ldots$$

seien im Einheitskreis $|z| < 1$ schlicht und sollen in jedem kleineren Kreis $|z| \leqq r < 1$ gleichmäßig gegen eine nicht identisch verschwindende Grenzfunktion $f(z)$ konvergieren. Die Funktion $f(z)$ ist schlicht im Einheitskreis $|z| < 1$.

203. Es seien $g_1(z), g_2(z), \ldots, g_n(z), \ldots$ ganze Funktionen mit nur reellen Nullstellen. Existiert

$$\lim_{n\to\infty} g_n(z) = g(z)$$

gleichmäßig in jedem endlichen Bereich, so besitzt die ganze Funktion $g(z)$ auch nur reelle Nullstellen.

204. Es sei

$$0 < a_0 \leqq a_1 \leqq a_2 \leqq \cdots \leqq a_n; \quad a \geqq 0, \quad d > 0.$$

Die ganze Funktion

$$\sum_{\nu=0}^{n} a_\nu \cos(a + \nu d) z$$

hat nur reelle Nullstellen.

205. Es sei $f(t)$ eine im Intervall $0 \leqq t < 1$ definierte positive, nie abnehmende Funktion, $\int_0^1 f(t)\,dt$ sei endlich. Die ganze Funktion

$$\int_0^1 f(t) \cos zt\,dt$$

hat nur reelle Nullstellen. [**185**.]

206. Der Bereich $\mathfrak{B}$ soll das Stück $a \leqq z \leqq b$ der reellen Achse im Innern enthalten. Die Funktionen $f_1(z), f_2(z), \ldots, f_n(z), \ldots$ seien in $\mathfrak{B}$ regulär, sie sollen ferner für reelles z reelle Werte annehmen und an der Strecke $a \leqq z \leqq b$ von 0 verschieden sein. Konvergieren $f_1(z)$, $f_2(z), \ldots, f_n(z), \ldots$ gleichmäßig in $\mathfrak{B}$ gegen eine nicht identisch verschwindende Grenzfunktion $f(z)$, so ist $f(z)$ an der Strecke $a \leqq z \leqq b$ ebenfalls von 0 verschieden. — Dieser Satz ist *falsch*.

5. Kapitel.

Folgen analytischer Funktionen.

Die nicht bloß für $z = 0$ konvergente Potenzreihe

$$a_1 z + a_2 z^2 + \cdots + a_n z^n + \cdots = w$$

bildet, $a_1 \neq 0$ vorausgesetzt, eine gewisse Umgebung des Punktes $z = 0$ eineindeutig und konform auf die w-Ebene ab; daher kann der Zusammenhang zwischen z und w in einer gewissen Umgebung von $w=0$ auch durch die Entwicklung

$$b_1 w + b_2 w^2 + \cdots + b_n w^n + \cdots = z$$

dargestellt werden, $a_1 b_1 = 1$. Zur effektiven Berechnung der zweiten Reihe aus der ersten setzt man

$$\frac{1}{a_1 + a_2 z + a_3 z^2 + \cdots + a_n z^{n-1} + \cdots} = \varphi(z).$$

Aus der Gleichung

$$w = \frac{z}{\varphi(z)},$$

$\varphi(z)$ regulär in einer Umgebung von $z=0$, $\varphi(0) \neq 0$, folgt

$$z = \sum_{n=1}^{\infty} \frac{w^n}{n!} \left[\frac{d^{n-1}[\varphi(x)]^n}{d x^{n-1}}\right]_{x=0}$$

und allgemeiner, wenn $f(z)$ in einer Umgebung von $z=0$ regulär ist,

$$(L) \qquad f(z) = f(0) + \sum_{n=1}^{\infty} \frac{w^n}{n!} \left[\frac{d^{n-1} f'(x)\,[\varphi(x)]^n}{d x^{n-1}}\right]_{x=0}.$$

(*Bürmann-Lagrange*sche Reihe, vgl. *Hurwitz-Courant*, S. 128.)

207. Die vorigen Bezeichnungen und Voraussetzungen beibehalten gilt

$$\frac{f(z)}{1 - w\varphi'(z)} = \sum_{n=0}^{\infty} \frac{w^n}{n!} \left[\frac{d^n f(x)[\varphi(x)]^n}{d x^n}\right]_{x=0}.$$

Man leite diese Formel aus der *Lagrange*schen oder die *Lagrange*sche aus dieser her, mit richtiger Ausnützung der Allgemeinheit beider Formeln. [Aus dem Bestehen der einen Formel für ein bestimmtes $f(z)$ folgt unmittelbar die andere Formel für ein anderes $f(z)$.]

208. Man beweise die Formel in **207** direkt, indem man den Koeffizienten von w^n durch das *Cauchy*sche Integral ausdrückt.

209. Diejenige Lösung z der transzendenten Gleichung

$$z e^{-z} = w,$$

die sich für $w=0$ auf 0 reduziert, soll nach wachsenden Potenzen von w entwickelt werden.

210. (Fortsetzung.) Mit α eine beliebige Konstante bezeichnet, entwickle man $e^{\alpha z}$ nach Potenzen von w.

211. Diejenige Lösung x der trinomischen Gleichung

$$1 - x + w x^{\beta} = 0,$$

die sich für $w=0$ auf 1 reduziert, soll nach wachsenden Potenzen von w entwickelt werden.

212. (Fortsetzung.) Mit α eine beliebige Konstante bezeichnet, entwickle man x^α nach Potenzen von w. ($x^\alpha = y$ ist Lösung der trinomischen Gleichung

$$1 - y^{\frac{1}{\alpha}} + w y^{\frac{\beta}{\alpha}} = 0\,.)$$

213. (Fortsetzung.) Man beachte die Fälle $\beta = 0,\ 1,\ 2,\ -1,\ \frac{1}{2}$ und leite **209**, **210** durch Grenzübergang aus **211**, **212** her.

214. Man finde die Summe der Potenzreihe

$$1 + \sum_{n=1}^{\infty} \frac{(n+\alpha)^n w^n}{n!}\,.$$

Was ist der Konvergenzradius dieser Potenzreihe?

215. Man beweise **156** mit Benützung des Ergebnisses von **214**.

216. Wenn α und β rationale Zahlen sind, so stellt die Reihe

$$1 + \binom{\alpha+\beta}{1} w + \binom{\alpha+2\beta}{2} w^2 + \cdots + \binom{\alpha+n\beta}{n} w^n + \cdots$$

eine algebraische Funktion von w dar.

217. Man schreibe die sukzessiven Potenzen des Trinoms $1 + w + w^2$ in eine reguläre dreieckige Tafel,

$$\begin{array}{c} \mathbf{1} \\ 1 + \boldsymbol{w} + w^2 \\ 1 + 2w + \boldsymbol{3w^2} + 2w^3 + w^4 \\ 1 + 3w + 6w^2 + \boldsymbol{7w^3} + 6w^4 + 3w^5 + w^6 \\ \cdots\cdots\cdots\cdots\cdots\cdots\cdots\cdots\cdots\cdots \end{array}$$

Die Summe der mittleren (fett gedruckten) Glieder ist

$$1 + w + 3w^2 + 7w^3 + \cdots = \frac{1}{\sqrt{1 - 2w - 3w^2}}\,.$$

218. Man schreibe die sukzessiven Potenzen des Binoms $1 + w$ in eine reguläre dreieckige Tafel (*Pascal*sches Dreieck)

$$\begin{array}{c} \mathbf{1} \\ 1 + w \\ 1 + \boldsymbol{2w} + w^2 \\ 1 + 3w + 3w^2 + w^3 \\ 1 + 4w + \boldsymbol{6w^2} + 4w^3 + w^4 \\ \cdots\cdots\cdots\cdots\cdots\cdots\cdots \end{array}$$

Man finde die Summe der mittleren (fett gedruckten) Glieder und allgemeiner die Summe der Glieder in irgend einer Vertikalreihe.

219. Wie lauten die erzeugenden Funktionen der Polynome $P_n(x)$, $P_n^{(\alpha,\beta)}(x)$, $L_n^{(\alpha)}(x)$, definiert durch die Formeln:

1. $$P_n(x) = \frac{1}{2^n n!}\frac{d^n}{dx^n}(x^2-1)^n$$ (*Legendre*sche Polynome);

2. $$(1-x)^\alpha(1+x)^\beta P_n^{(\alpha,\beta)}(x) = \frac{(-1)^n}{2^n n!}\frac{d^n}{dx^n}(1-x)^{n+\alpha}(1+x)^{n+\beta},\ \alpha>-1, \beta>-1$$ (*Jacobi*sche Polynome);

3. $$e^{-x}x^\alpha L_n^{(\alpha)}(x) = \frac{1}{n!}\frac{d^n}{dx^n}e^{-x}x^{n+\alpha}, \quad \alpha > -1$$ (verallgemeinerte *Laguerre*sche Polynome).

(Vgl. VI **84**, VI **98**, VI **99**. Man versteht unter der erzeugenden Funktion der *Legendre*schen Polynome die Reihe

$$P_0(x) + P_1(x)w + P_2(x)w^2 + \cdots + P_n(x)w^n + \cdots$$
$$= 1 + xw + \frac{3x^2-1}{2}w^2 + \cdots,$$

deren Summe, eine Funktion von x und w, zu bestimmen ist; ähnlich in den anderen Fällen.)

Man setzt, wie üblich,

$$\Delta F(z) = F(z+1) - F(z),$$
$$\Delta^2 F(z) = \Delta[\Delta F(z)] = F(z+2) - 2F(z+1) + F(z),$$
$$\cdots$$
$$\Delta^n F(z) = F(z+n) - \binom{n}{1}F(z+n-1) + \binom{n}{2}F(z+n-2) - \cdots + (-1)^n F(z)$$
$$\cdots$$

220. Ist s eine Konstante von genügend kleinem Betrage, so gelten, $F(z) = e^{sz}$ gesetzt, die folgenden Formeln:

1. $$F(z) = F(0) + \frac{z}{1!}\Delta F(0) + \frac{z(z-1)}{2!}\Delta^2 F(0) + \cdots + \frac{z(z-1)\cdots(z-n+1)}{n!}\Delta^n F(0) + \cdots;$$

2. $$F'(z) = \Delta F(z) - \tfrac{1}{2}\Delta^2 F(z) + \tfrac{1}{3}\Delta^3 F(z) - \cdots + (-1)^{n-1}\frac{1}{n}\Delta^n F(z) + \cdots;$$

3. $$F(z) = F(0) + \frac{z}{1!}F'(1) + \frac{z(z-2)}{2!}F''(2) + \cdots + \frac{z(z-n)^{n-1}}{n!}F^{(n)}(n) + \cdots$$ [**210**];

4. $$F(z) = F(0) + \sum_{n=1}^{\infty}\frac{z^2(z^2-1^2)(z^2-2^2)\cdots[z^2-(n-1)^2]}{(2n)!}\Delta^{2n}F(-n) + \sum_{n=1}^{\infty}\frac{z(z^2-1^2)(z^2-2^2)\cdots[z^2-(n-1)^2]}{(2n-1)!}\,\frac{\Delta^{2n-2}[F(-n+2)-F(-n)]}{2}$$

[**212**, **216**].

221. Die in **220** erwähnten vier Formeln gelten für eine beliebige rationale ganze Funktion $F(z)$ (in diesem Falle brechen natürlich die Reihen ab).

222. Die in **220** erwähnten Formeln 1. 2. sind auch für eine beliebige rationale gebrochene Funktion $F(z)$ gültig, wenn der Realteil von z die Realteile aller im Endlichen gelegenen Pole von $F(z)$ übertrifft, Formel 1. allerdings mit der Einschränkung, daß $F(z)$ für $z=0, 1, 2, 3, \cdots$ regulär ist. — Sind auch die Formeln 3. 4. für gebrochene Funktionen gültig?

Im folgenden (**223**—**226**) ist

$$\Delta^n a_k = a_{k+n} - \binom{n}{1} a_{k+n-1} + \binom{n}{2} a_{k+n-2} - \cdots + (-1)^n a_k$$

gesetzt.

223. Unter a_k, $k = 0, \pm 1, \pm 2, \cdots$, beliebige Konstanten verstanden, gilt

$$(1-z)^n \sum_{k=-\infty}^{\infty} a_k z^k = \sum_{k=-\infty}^{\infty} \Delta^n a_k z^{n+k}.$$

224. $F(z) = a_0 + a_1 z + a_2 z^2 + \cdots + a_n z^n + \cdots$
gesetzt, besteht

$$\frac{1}{1+t} F\left(\frac{t}{1+t}\right) = a_0 + \Delta a_0 t + \Delta^2 a_0 t^2 + \cdots + \Delta^n a_0 t^n + \cdots.$$

225. $F(z) = a_0 + 2a_1 z + 2a_2 z^2 + \cdots + 2a_n z^n + \cdots, \qquad a_{-n} = a_n$
gesetzt, besteht

$$\frac{1}{\sqrt{1+4t}} F\left(\frac{1+2t-\sqrt{1+4t}}{2t}\right) = a_0 + \Delta^2 a_{-1} t + \Delta^4 a_{-2} t^2 + \cdots + \Delta^{2n} a_{-n} t^n + \cdots.$$

226.

$$F(z) = 2a_1 z + 2a_2 z^2 + 2a_3 z^3 + \cdots + 2a_n z^n + \cdots, \qquad a_{-n} = -a_n$$

gesetzt, besteht

$$\frac{1}{t} F\left(\frac{1+2t-\sqrt{1+4t}}{2t}\right) = a_1 - a_{-1} + (\Delta^2 a_0 - \Delta^2 a_{-2})t + (\Delta^4 a_{-1} - \Delta^4 a_{-3})t^2 + \cdots + (\Delta^{2n} a_{-n+1} - \Delta^{2n} a_{-n-1})t^n + \cdots.$$

227. $$\prod_{n=1}^{\infty}\left(1 + \frac{z(1-z)}{n(n+1)}\right) = \frac{\sin \pi z}{\pi z(1-z)}.$$

228. $\sin \pi z$ ist eine eindeutige Funktion von $w = z(1-z)$. Entwickelt man $\sin \pi z$ nach den Potenzen von w, dann sind sämtliche Koeffizienten dieser Entwicklung (abgesehen vom absoluten Glied) positiv [**227**].

229. Zu beweisen:

$$\left[\frac{d^n (\pi - x)^{-n-1} \cos x}{d x^n}\right]_{x=0} > 0, \qquad n = 0, 1, 2, \cdots.$$

---

230. Die Funktion $f(z) = a_0 + a_1 z + a_2 z^2 + \cdots + a_n z^n + \cdots$ sei regulär im Kreise $|z| < R$. Man drücke die Koeffizienten $a_1, a_2, \ldots, a_n, \ldots$ durch den Realteil bzw. Imaginärteil von $f(z)$ auf der Kreislinie $|z| = r$, $0 < r < R$ aus.

231. (Fortsetzung.) Für $|z| < r$ gilt, wenn man $\Re f(r e^{i\vartheta}) = U(r, \vartheta)$ setzt und $f(0)$ reell ist,

$$f(z) = \frac{1}{2\pi} \int_0^{2\pi} U(r, \vartheta) \frac{r + z e^{-i\vartheta}}{r - z e^{-i\vartheta}} d\vartheta.$$

232. (Fortsetzung.) Wenn $f(z)$ für $|z| = r$ nicht verschwindet und im Kreise $|z| < r$ die Nullstellen $c_1, c_2, \ldots, c_m$ hat, so gilt für $|z| < r$

$$\log f(z) = i\gamma + \sum_{\mu=1}^{m} \log \frac{(z - c_\mu) r}{r^2 - \bar{c}_\mu z} + \frac{1}{2\pi} \int_0^{2\pi} \log |f(r e^{i\vartheta})| \frac{r + z e^{-i\vartheta}}{r - z e^{-i\vartheta}} d\vartheta;$$

γ ist eine reelle Konstante. [Folgt aus **231**, wie **120** aus **119**.]

233. Die Funktion $f(z)$ sei regulär und vom positiven Realteil in der offenen Kreisfläche $|z| < R$, ferner stetig in der abgeschlossenen Kreisfläche $|z| \leqq R$. Wenn der Realteil von $f(z)$ auf einem Bogen des Kreisrandes identisch verschwindet, dann ändert sich darauf der Imaginärteil von $f(z)$ stets in demselben Sinne, und zwar abnehmend, wenn $\operatorname{arc} z$ zunimmt.

234. Es sei $f(z) = a_0 + a_1 z + \cdots + a_n z^n + \cdots$ regulär im Kreise $|z| < R$, $f(r e^{i\vartheta}) = U(r, \vartheta) + i V(r, \vartheta)$, $U(r, \vartheta)$, $V(r, \vartheta)$ reell. Die Gleichung

$$\int_0^{2\pi} [U(r, \vartheta)]^2 d\vartheta = \int_0^{2\pi} [V(r, \vartheta)]^2 d\vartheta$$

gilt für $0 < r < R$, wenn sie für $r = 0$ gilt.

235. Die Funktion

$$f(z) = \tfrac{1}{2} + a_1 z + \cdots + a_n z^n + \cdots$$

sei im Kreise $|z| < 1$ regulär und habe dort positiven Realteil. Dann ist

$$|a_n| \leqq 1, \qquad n = 1, 2, 3, \ldots.$$

In keiner dieser Ungleichungen kann 1 durch eine kleinere Zahl ersetzt werden.

236. Es sei die Funktion $f(z) = a_0 + a_1 z + a_2 z^2 + \cdots + a_n z^n + \cdots$ regulär im Kreise $|z| < R$ und es gelte daselbst $\Re f(z) < A$. Dann ist, $0 < r < R$ vorausgesetzt,

$$|a_0| + |a_1| r + |a_2| r^2 + \cdots + |a_n| r^n + \cdots \leqq |a_0| + \frac{2r}{R-r}(A - \Re a_0).$$

Beispiel: $$f(z) = \frac{z+1}{z-1}, \qquad R = 1, \qquad A = 0.$$

237. Die *Laurent*reihe

$$\psi(z) = \sum_{n=-\infty}^{\infty} a_n z^n$$

sei im Ringgebiet $0 < |z| < \infty$ (doppelt punktierte Kugel) konvergent und habe in $z = 0$ und $z = \infty$ eine wesentliche Singularität. Wenn das Maximum des Realteils von $\psi(z)$ auf der Kreislinie $|z| = r$ mit $A(r)$ bezeichnet wird, dann wächst $A(r)$ für $r \to \infty$ stärker als eine noch so hohe Potenz von r und für $r \to 0$ stärker als eine noch so hohe Potenz von $\frac{1}{r}$. Genauer gilt

$$\lim_{r \to \infty} \frac{\log A(r)}{\log r} = +\infty, \qquad \lim_{r \to 0} \frac{\log A(r)}{\log \frac{1}{r}} = +\infty.$$

238. Die Funktion $f(z) = a_0 + a_1 z + \cdots + a_n z^n + \cdots$ sei regulär im Kreise $|z| < R$ und $\Delta(f)$ bezeichne die größte Schwankung des reellen Teiles von $f(z)$ für $|z| < R$, d. h. $\Delta(f)$ sei die obere Grenze von $|\Re f(z_1) - \Re f(z_2)|$ für $|z_1| < R$, $|z_2| < R$. Dann ist

$$|a_1| R \leqq \frac{2}{\pi} \Delta(f).$$

Die Konstante $\frac{2}{\pi}$ läßt sich hier durch keine kleinere ersetzen. Wie läßt sich dieser Satz geometrisch interpretieren?

239. Die Funktion $f(z) = a_0 + a_1 z + \cdots + a_n z^n + \cdots$ sei regulär im Kreise $|z| < R$ und $D(f)$ bezeichne die größte Schwankung von $f(z)$ für $|z| < R$, d. h. $D(f)$ sei die obere Grenze von $|f(z_1) - f(z_2)|$ für $|z_1| < R$, $|z_2| < R$. Dann ist

$$|a_1| R \leqq \tfrac{1}{2} D(f).$$

Die Konstante $\frac{1}{2}$ läßt sich hier durch keine kleinere ersetzen. Was bedeutet dieser Satz geometrisch?

240. Die Funktion $f(z)$ sei folgenden Bedingungen unterworfen:

1. $f(z)$ ist regulär, $|f(z)| \leqq M$ im Kreise $|z - s| \leqq r$.

2. $f(z)$ ist von 0 verschieden im abgeschlossenen Halbkreise $|z - s| \leqq r$, $\Re(z - s) \geqq 0$.

3. $f(z)$ hat im Kreise $|z - s| \leqq \frac{2}{3} r$ die Nullstellen $c_1, c_2, \ldots, c_l$.

Dann ist

$$-\Re\frac{f'(s)}{f(s)} \leqq \frac{2}{r}\log\frac{M}{|f(s)|} - \sum_{\lambda=1}^{l}\Re\frac{1}{s-c_\lambda}.$$

[Man kann $s = 0$ voraussetzen; **232**, **120**.]

---

241. Ist der Konvergenzkreis einer Potenzreihe der Einheitskreis und liegen an dessen Rand nur Pole erster Ordnung (keine anderen Singularitäten), so ist die Folge der Koeffizienten beschränkt.

242. Befindet sich am Rande des Konvergenzkreises von $\sum_{n=0}^{\infty} a_n z^n$ nur ein singulärer Punkt z_0 und ist z_0 ein Pol, so ist

$$\lim_{n\to\infty}\frac{a_n}{a_{n+1}} = z_0.$$

243. Es sei $\sum_{n=0}^{\infty} a_n z^n$ die Potenzreihenentwicklung einer rationalen Funktion, deren (zum Zähler teilerfremder) Nenner den Grad q hat. Bezeichnet ϱ den Konvergenzradius und A_n die größte unter den q Zahlen $|a_n|, |a_{n-1}|, \ldots, |a_{n-q+1}|$, so ist

$$\lim_{n\to\infty}\sqrt[n]{A_n} = \frac{1}{\varrho}.$$

(lim, nicht etwa lim sup!)

244. Es sei ν_n die Anzahl der nichtverschwindenden unter den n Zahlen $a_0, a_1, \ldots, a_{n-1}$. Wenn am Rande des Konvergenzkreises der Potenzreihe $a_0 + a_1 z + a_2 z^2 + \cdots + a_n z^n + \cdots$ sich nur Pole (keine anderen Singularitäten) befinden, so ist die Anzahl dieser Pole

$$\geqq \limsup_{n\to\infty}\frac{n}{\nu_n}.$$

Beispiel: $$1 + z^k + z^{2k} + z^{3k} + \cdots = \frac{1}{1-z^k}.$$

245. Die Koeffizienten $a_0, a_1, \ldots, a_n, \ldots$ der Potenzreihe $a_0 + a_1 z + \cdots + a_n z^n + \cdots$ seien reell und an dem Konvergenzkreis mögen nur die beiden Pole $\varrho e^{i\alpha}$ und $\varrho e^{-i\alpha}$, keine anderen Singularitäten liegen, $0 < \alpha < \pi$. Die Anzahl der Zeichenwechsel in der Sequenz $a_0, a_1, a_2, \ldots, a_{n-1}, a_n$ sei V_n. Dann ist

$$\lim_{n\to\infty}\frac{V_n}{n} = \frac{\alpha}{\pi}.$$ [VIII **14**.]

246. Wenn unter den Singularitäten am Rande des Konvergenzkreises sich auch ein Pol befindet, so konvergiert die Potenzreihe in keinem Randpunkt des Konvergenzkreises.

247. Wenn der Punkt $z=1$ eine reguläre Stelle für die im Einheitskreise konvergente Potenzreihe

$$f(z) = a_1 z + a_2 z^2 + \cdots + a_n z^n + \cdots$$

ist, so stellt die (für gewisse Werte von s als konvergent vorausgesetzte) *Dirichlet*sche Reihe

$$D(s) = a_1 1^{-s} + a_2 2^{-s} + \cdots + a_n n^{-s} + \cdots$$

eine ganze Funktion dar. Hat $f(z)$ den Punkt $z=1$ zum Pol h^{ter} Ordnung, so ist $D(s)$ eine meromorphe Funktion, deren Pole in den Punkten $s=1, 2, 3, \ldots, h$ liegen (nur der letzte ist notwendigerweise vorhanden) und einfach sind. [Es ist $D(s)\Gamma(s) = \int\limits_0^\infty x^{s-1} f(e^{-x})\,dx$, vgl. II **117**; für $\varrho > 0$ stellt $\int\limits_\varrho^\infty x^{s-1} f(e^{-x})\,dx$ eine ganze Funktion von s dar.]

---

248. Die Zahlenfolge $a_0, a_1, a_2, \ldots, a_n, \ldots$ sei der Bedingung

$$\limsup_{n\to\infty} \frac{\log|a_n|}{\sqrt{n}} = -h, \qquad h > 0$$

unterworfen. Dann konvergiert die Reihe

$$\Phi(s) = 2a_0 + a_1(e^s + e^{-s}) + a_2\left(e^{\sqrt{2}s} + e^{-\sqrt{2}s}\right) + \cdots + a_n\left(e^{\sqrt{n}s} + e^{-\sqrt{n}s}\right) + \cdots$$

in dem unendlichen Streifen

$$-h < \Re s < h$$

der s-Ebene, und zwar absolut und gleichmäßig in jedem inneren Streifen $-h+\varepsilon \leqq \Re s \leqq h-\varepsilon$, $\varepsilon > 0$, und stellt dort eine analytische Funktion $\Phi(s)$ dar. Die Funktion $\Phi(s)$ kann nur dann identisch verschwinden, wenn alle Koeffizienten $a_0, a_1, a_2, \ldots, a_n, \ldots$ verschwinden. [Man berechne

$$F(u) = \frac{1}{2\pi i}\int\limits_{a-i\infty}^{a+i\infty} \Phi(s)\frac{e^{-us}}{s^2}\,ds, \qquad 0 < a < h, \qquad u > 0; \qquad \textbf{155}.]$$

249. Von der Potenzreihe

$$f(z) = a_0 + a_1 z + a_2 z^2 + \cdots + a_n z^n + \cdots$$

sei bekannt, daß sie im Innern des Einheitskreises konvergiert, ferner, daß sie samt ihren sämtlichen Ableitungen bei reeller Annäherung an die Stelle $z=1$ gegen Null geht, d. h. $\lim\limits_{z\to 1} f^{(n)}(z) = 0$, $n = 0, 1, 2, \ldots$. Dann liegt folgende Alternative vor:

1. $f(z)$ verschwindet identisch, d. h. $a_n = 0$, $n = 0, 1, 2, \ldots$.
2. $z = 1$ ist ein singulärer Punkt von $f(z)$.

Wenn die Potenzreihe in einem *größeren* Kreis als der Einheitskreis konvergiert, d. h.

$$\limsup_{n\to\infty} \frac{\log|a_n|}{n} < 0,$$

dann tritt notwendigerweise der Fall 1. ein. Man schließe dasselbe aus der *geringeren* Voraussetzung, daß

$$\limsup_{n\to\infty} \frac{\log|a_n|}{\sqrt{n}} < 0.$$

[Man bilde die Funktion $\Phi(s)$ von **248**.]

250. Die Behauptung von **249** gilt nicht mehr, wenn bezüglich der Koeffizienten $a_0, a_1, a_2, \ldots, a_n, \ldots$ von $f(z)$ anstatt $\limsup\limits_{n\to\infty} \frac{\log|a_n|}{\sqrt{n}} < 0$ nur die Voraussetzung

$$\limsup_{n\to\infty} \frac{\log|a_n|}{n^\mu} < 0, \qquad 0 < \mu < \tfrac{1}{2}$$

gemacht wird. [Man setze

$$f(z) = \int_0^\infty e^{-x^\mu \cos\mu\pi} \sin(x^\mu \sin\mu\pi)\, e^{-x(1-z)}\, dx; \qquad \textbf{153},\ \text{II}\ \textbf{222}.]$$

Die nachfolgenden Beispiele zeigen, daß bei Folgen analytischer Funktionen die Konvergenz häufig „ansteckend" ist.

251. Wenn die Reihe

$$g(z) + g'(z) + g''(z) + \cdots + g^{(n)}(z) + \cdots$$

an einer einzigen Regularitätsstelle von $g(z)$ konvergiert, so ist $g(z)$ eine ganze Funktion und die Reihe konvergiert in jedem Punkt, und zwar gleichmäßig in jedem endlichen Bereich der z-Ebene.

252. Wenn die Folge

$$|g'(z)|, \quad \sqrt{|g''(z)|}, \quad \ldots, \quad \sqrt[n]{|g^{(n)}(z)|}, \quad \ldots$$

in einem einzigen Punkte der z-Ebene beschränkt bleibt, dann ist $g(z)$ eine ganze Funktion und die Folge bleibt in allen Punkten der z-Ebene beschränkt, und zwar hat sie in allen Punkten denselben Limes superior.

253. Es seien

$$a_0, \quad a_1, \quad a_2, \quad \ldots, \quad a_n, \quad \ldots,$$
$$c_0, \quad c_1, \quad c_2, \quad \ldots, \quad c_n, \quad \ldots$$

zwei unendliche Zahlenfolgen, die zweite beliebig, die erste so beschaffen, daß $a_n \neq 0$, $a_m \neq a_n$ für $m, n = 0, 1, 2, \ldots,\ m \neq n$, und

$$\frac{1}{a_0} + \frac{1}{a_1} + \frac{1}{a_2} + \cdots + \frac{1}{a_n} + \cdots$$

absolut konvergent ist. Durch die Gleichungen

$$Q_n(a_0) = c_0, \quad Q_n(a_1) = c_1, \quad \ldots, \quad Q_n(a_n) = c_n$$

ist ein Polynom $Q_n(z)$ vom Grade $\leqq n$ eindeutig bestimmt. Wenn die Folge

$$Q_0(z), \quad Q_1(z), \quad Q_2(z), \quad \ldots, \quad Q_n(z), \quad \ldots$$

an einer einzigen, von $a_0, a_1, a_2, \ldots$ verschiedenen Stelle konvergiert, so konvergiert sie in jedem Punkt z, und zwar gleichmäßig in jedem endlichen Bereich der z-Ebene.

254. Es sei

$$\ldots, \quad c_{-n}, \quad c_{-n+1}, \quad \ldots, \quad c_0, \quad \ldots, \quad c_{n-1}, \quad c_n, \quad \ldots$$

eine in zwei Richtungen unendliche Zahlenfolge und $Q_{2n}(z)$ das Polynom $2n^{\text{ten}}$ Grades, für das

$$Q_{2n}(-n) = c_{-n}, \quad Q_{2n}(-n+1) = c_{-n+1}, \quad \ldots, \quad Q_{2n}(0) = c_0, \quad \ldots,$$
$$Q_{2n}(n-1) = c_{n-1}, \quad Q_{2n}(n) = c_n$$

ist. Konvergiert die Polynomfolge

$$Q_0(z), \quad Q_2(z), \quad Q_4(z), \quad \ldots, \quad Q_{2n}(z), \quad \ldots$$

an zwei, voneinander verschiedenen nichtganzzahligen Stellen, so konvergiert sie in jedem Punkt z, und zwar gleichmäßig in jedem endlichen Bereich der z-Ebene.

255. Es sei die Zahlenfolge $c_0, c_1, c_2, \ldots, c_n, \ldots$ gegeben. Es ist möglich [VI **76**] ein Polynom $Q_n(z)$ vom Grade $\leqq n$ so zu bestimmen, daß

$$Q_n(0) = c_0, \quad Q_n'(1) = c_1, \quad Q_n''(2) = c_2, \quad \ldots, \quad Q_n^{(n)}(n) = c_n.$$

Es ist übrigens $Q_n(z)$ durch diese $n+1$ Bedingungen eindeutig bestimmt [VI **75**]. Wenn die Folge

$$Q_0(z), \quad Q_1(z), \quad Q_2(z), \quad \ldots, \quad Q_n(z), \quad \ldots$$

an einer einzigen, von $z = 0$ verschiedenen Stelle konvergiert, so konvergiert sie in jedem Punkt z, und zwar gleichmäßig in jedem endlichen Bereich der z-Ebene.

256. Die Funktionen $f_0(z), f_1(z), f_2(z), \ldots, f_n(z), \ldots$ seien für $|z| < 1$ regulär, von 0 verschieden und dem absoluten Betrage nach alle < 1. Ist $\lim\limits_{n\to\infty} f_n(0) = 0$, so gilt $\lim\limits_{n\to\infty} f_n(z) = 0$ im ganzen Kreise $|z| < 1$, und zwar gleichmäßig in jedem kleineren Kreis.

257. Die harmonischen Funktionen

$$u_0(x, y), \quad u_1(x, y), \quad u_2(x, y), \quad \ldots, \quad u_n(x, y), \quad \ldots$$

seien regulär in einem Gebiete $\mathfrak{G}$ der x, y-Ebene und dort beständig positiv. Konvergiert die unendliche Reihe

$$u_0(x, y) + u_1(x, y) + u_2(x, y) + \cdots + u_n(x, y) + \cdots$$

in einem einzigen Punkte von $\mathfrak{G}$, so konvergiert sie überall in $\mathfrak{G}$, und zwar gleichmäßig in jedem abgeschlossenen Teilbereiche von $\mathfrak{G}$.

258. Die Funktionen der Folge $f_0(z), f_1(z), f_2(z), \ldots, f_n(z), \ldots$ seien analytisch in dem Gebiet $\mathfrak{G}$ und ihre Realteile sollen in jedem Teilbereich von $\mathfrak{G}$ gleichmäßig konvergieren. Dann konvergiert die Folge der Imaginärteile entweder in keinem einzigen Punkt oder gleichmäßig in jedem Teilbereich von $\mathfrak{G}$.

---

259. Die Reihe

$$\frac{z}{1+z} + \frac{z^2}{(1+z)(1+z^2)} + \frac{z^4}{(1+z)(1+z^2)(1+z^4)}$$
$$+ \frac{z^8}{(1+z)(1+z^2)(1+z^4)(1+z^8)} + \cdots$$

konvergiert gleichmäßig in jedem, ganz im Innern oder ganz außerhalb des Einheitskreises gelegenen Bereiche und hat z oder 1 zur Summe, je nachdem $|z| < 1$ oder $|z| > 1$ ist. [I **14**.]

260. Man bezeichne mit α eine beliebige Konstante, $\alpha \neq 0$. Die Reihe

$$1 + \sum_{n=1}^{\infty} \frac{\alpha(\alpha+n)^{n-1} x^n e^{-nx}}{n!}$$

konvergiert gleichmäßig für alle positiven Werte von x; sie stellt die Funktion $e^{\alpha x}$ dar, wenn $0 \leqq x \leqq 1$, und eine *davon verschiedene* analytische Funktion, wenn $1 < x < \infty$ ist.

261. Die Funktionenfolge, deren n^{tes} Glied

$$f_n(z) = \frac{\left[\frac{n}{1}\right] 1^z + \left[\frac{n}{2}\right] 2^z + \cdots + \left[\frac{n}{n}\right] n^z}{n(1^{z-1} + 2^{z-1} + \cdots + n^{z-1})}$$

ist, konvergiert gleichmäßig in jedem endlichen Bereich, der die imaginäre Achse nicht enthält.

262. Es sei

$$\alpha > 0, \quad \beta > 0, \quad \alpha + \beta = 1$$

und man setze

$$\varphi(z) = \alpha z + \beta \frac{1}{z}.$$

Die Folge der iterierten Funktionen

$$\varphi(z), \quad \varphi[\varphi(z)], \quad \varphi\{\varphi[\varphi(z)]\}, \quad \ldots$$

konvergiert gegen $+1$, wenn $\Re z > 0$, konvergiert gegen -1, wenn $\Re z < 0$, divergiert, wenn $\Re z = 0$.

---

263. Bezeichnet $h(\varphi)$ die Stützfunktion des in **114** betrachteten, unendlichen, konvexen Bereiches, so bleibt, wenn man $z = re^{i\varphi}$ setzt, die Folge

$$\frac{\sqrt{z}(z-1)(z-2)\cdots(z-n+1)(z-n)}{n!}e^{-rh(\varphi)}, \qquad n = 1, 2, 3, \ldots$$

in der ganzen Halbebene $\Re z \geqq 0$ beschränkt [**12**, II **220**]; $h(\varphi)$ ist die kleinste Funktion des Winkels φ, die dies leistet.

264. Bezeichnet $h(\varphi)$ die Stützfunktion des in **115** betrachteten konvexen Bereiches, so bleibt, wenn man $z = re^{i\varphi}$ setzt, die Folge

$$z\left(1-\frac{z^2}{1^2}\right)\left(1-\frac{z^2}{2^2}\right)\cdots\left(1-\frac{z^2}{n^2}\right)e^{-rh(\varphi)}, \qquad n = 1, 2, 3, \ldots$$

in der ganzen Ebene beschränkt [**13**, II **221**]; $h(\varphi)$ ist die kleinste Funktion des Winkels φ, die dies leistet.

265. Bezeichnet $h(\varphi)$ die Stützfunktion des in **116** betrachteten konvexen Bereiches, so ist, wenn man $z = re^{i\varphi}$ setzt,

$$\left|1+\frac{z}{n}\right|^n e^{-rh(\varphi)} \leqq 1, \qquad n = 1, 2, 3 \ldots$$

in der ganzen Ebene.

6. Kapitel.

Das Prinzip vom Maximum.

Die Werte, die eine analytische Funktion in den verschiedenen Teilen ihres Existenzbereiches annimmt, sind miteinander solidarisch: sie verständigen sich durch analytische Fortsetzung und man kann den Wertverlauf nicht in einem Teil modifizieren, ohne eine Änderung des ganzen Wertverlaufes hervorzurufen. Deshalb kann eine analytische Funktion einem Organismus verglichen werden, dessen hervorstechendes Merkmal eben dies ist: Einwirkung auf irgendeinen Teil ruft eine solidarische Reaktion des Ganzen hervor. Man kann z. B. die Fortpflanzung der Konvergenz [**251**—**258**] der Ausbreitung einer Infektion vergleichen usw. Herr *Borel* hat sich über ähnliche Vergleiche in geistreichen Betrachtungen des längeren ausgelassen[1]). Wir wollen jetzt zusehen, auf welche Art die Beträge der Werte, die die Funktion in verschiedenen Distrikten annimmt, sich solidarisch erweisen, d. h. sich gegenseitig bedingen.

Die Funktion $f(z)$ sei regulär in der Kreisfläche $|z| < R$. Man bezeichne mit $M(r)$ das Maximum ihres absoluten Betrages auf der Kreislinie $|z| = r$, $r < R$.

[1]) *É. Borel*, Méthodes et problèmes de théorie des fonctions. Paris: Gauthier-Villars 1922. Introduction.

266. Das Maximum von $|f(z)|$ auf der Kreisfläche $|z| \leqq r$ ist $= M(r)$.

267. $M(r)$ wächst monoton mit r, es sei denn, daß $f(z)$ eine Konstante ist.

268. Die Funktion $f(z)$ sei regulär im einfach zusammenhängenden Kreisgebiet $|z| > R$. Es bezeichne $M(r)$ das Maximum von $|f(z)|$ auf der Kreislinie $|z| = r$, $r > R$. Dann ist $M(r)$ auch das Maximum von $|f(z)|$ im Kreisäußern $|z| \geqq r$ und $M(r)$ nimmt mit r monoton ab, es sei denn, daß $f(z)$ eine Konstante ist.

269. Es sei $f(z)$ ein Polynom n^{ten} Grades; dann ist

$$\frac{M(r_1)}{r_1^n} \geqq \frac{M(r_2)}{r_2^n}, \qquad 0 < r_1 < r_2.$$

Das Gleichheitszeichen gilt nur für die Polynome von der Form cz^n.

270. $f(z)$ sei ein Polynom n^{ten} Grades und es sei

$$|f(z)| \leqq M$$

im reellen Intervall $-1 \leqq z \leqq 1$. Dann ist

$$|f(z)| \leqq M(a+b)^n$$

für ein beliebiges z außerhalb dieses Intervalls; hierbei sind a und b die Halbachsen derjenigen durch z gehenden Ellipse, deren Brennpunkte in -1 und 1 liegen.

Was besagt der Satz für $z \to \infty$?

271. Es sei $f(z)$ ein Polynom n^{ten} Grades, E_1 und E_2 zwei homofokale Ellipsen mit den Halbachsen a_1, b_1, bzw. $a_2, b_2, a_1 < a_2, b_1 < b_2$. Dann ist, wenn man das Maximum von $|f(z)|$ auf E_1 und E_2 bzw. mit M_1 und M_2 bezeichnet,

$$\frac{M_1}{(a_1+b_1)^n} \geqq \frac{M_2}{(a_2+b_2)^n}.$$

Man leite aus diesem Satz **269**, **270** ab.

272. Wenn eine analytische Funktion in einer abgeschlossenen Kreisfläche regulär und keine Konstante ist, so ist ihr absoluter Wert in dem Kreismittelpunkt kleiner als das arithmetische Mittel ihrer absoluten Werte auf dem Kreisrand.

273. Wenn der absolute Betrag einer analytischen Funktion in einer Fläche (z. B. Kreisfläche) konstant ist, dann ist sie selbst eine Konstante.

274. Die Funktionen $\varphi(z)$ und $\psi(z)$ seien regulär in der abgeschlossenen Kreisscheibe $|z| \leqq 1$ und von Null verschieden in der offenen Kreisscheibe $|z| < 1$; ferner seien $\varphi(0)$ und $\psi(0)$ reell und positiv. Sind die Beträge von $|\varphi(z)|$ und $|\psi(z)|$ auf dem Kreisrande $|z| = 1$ einander gleich, so ist identisch $\varphi(z) = \psi(z)$.

275. Die Funktion $f(z)$ sei regulär und eindeutig im Innern eines Bereiches $\mathfrak{B}$, stetig am Rande von $\mathfrak{B}$. Bezeichnet M das Maximum von $|f(z)|$ am Rande von $\mathfrak{B}$, dann ist

$$|f(z)| < M$$

im Innern von $\mathfrak{B}$, vorausgesetzt, daß $f(z)$ keine Konstante ist. [Besagt mehr als **135**.]

276. Es sei $\mathfrak{B}$ ein Bereich, ζ ein innerer Punkt von $\mathfrak{B}$ und $\mathfrak{R}$ die Gesamtheit derjenigen Randpunkte von $\mathfrak{B}$, deren Abstand von ζ nicht mehr als ϱ beträgt. Auf der Kreislinie vom Radius ϱ und Mittelpunkt ζ soll es einen Bogen geben, der *nicht* zu $\mathfrak{B}$ gehört und dessen Länge $\geqq \frac{2\pi\varrho}{n}$ ist; n bedeutet eine ganze Zahl.

Die Funktion $f(z)$ sei regulär und eindeutig im Innern, stetig auf dem Rande von $\mathfrak{B}$, und zwar soll $|f(z)| \leqq a$ in den Punkten von $\mathfrak{R}$ und $|f(z)| \leqq A$ in den übrigen Randpunkten von $\mathfrak{B}$ gelten, $a < A$. Dann ist

$$|f(\zeta)| \leqq a^{\frac{1}{n}} A^{1-\frac{1}{n}}.$$

$\Big[e^{\frac{2\pi i}{n}} = \omega$ gesetzt, betrachte man das Produkt $\prod_{\nu=0}^{n-1} f[\zeta + (z-\zeta)\omega^{-\nu}]$ in einem passend gewählten Bereich.$\Big]$

277. Die Funktion $f(z)$ sei regulär und beschränkt im Winkelraum $0 < \operatorname{arc} z < \alpha$, stetig an der reellen Achse und es sei, wenn x durch positive Werte wachsend ins Unendliche strebt, $\lim f(x) = 0$. Dann gilt

$$\lim_{|z| \to \infty} f(z) = 0$$

gleichmäßig in jedem Winkelraum $0 \leqq \operatorname{arc} z \leqq \alpha - \varepsilon < \alpha$.

278. Es bezeichne M eine positive Konstante und $\mathfrak{G}$ ein zusammenhängendes Gebiet. Es sei von der analytischen Funktion $f(z)$ vorausgesetzt, daß

1. $f(z)$ in jedem Punkt von $\mathfrak{G}$ regulär ist;
2. $f(z)$ in $\mathfrak{G}$ eindeutig ist;
3. zu jedem Randpunkt von $\mathfrak{G}$ und zu jeder positiven Zahl ε sich eine Umgebung des fraglichen Randpunktes angeben läßt, derart, daß, wenn z sich in der angegebenen Umgebung, und zwar in $\mathfrak{G}$ befindet, die Ungleichung

$$|f(z)| < M + \varepsilon$$

gilt.

Aus diesen Bedingungen folgt, daß in $\mathfrak{G}$

$$|f(z)| \leqq M$$

ist und sogar, daß $|f(z)| < M$ gilt, falls $f(z)$ keine Konstante ist. [Genauer als **275**.]

279. Die Funktion $f(z)$ sei im Kreise $|z| < 1$ regulär und beschränkt und es sei

$$\lim_{r \to 1} f(r e^{i\vartheta}) = 0$$

gleichmäßig in einem Sektor $\alpha \leqq \vartheta \leqq \beta$, $\alpha < \beta$. Dann verschwindet $f(z)$ identisch.

---

280. Es sei $f(z)$ im Kreise $|z| < 1$ regulär und daselbst $|f(z)| < 1$. Ist $f(0) = 0$, so findet entweder die schärfere Ungleichung $|f(z)| < |z|$ statt, oder es ist $f(z) = e^{i\alpha} z$, α reell.

281. Es seien $z = \varphi(\zeta)$, $w = \psi(\zeta)$ zwei schlichte Abbildungen des Einheitskreises $|\zeta| < 1$ auf je ein Gebiet $\mathfrak{G}$ und $\mathfrak{H}$ der z- bzw. w-Ebene, bei denen dem Kreismittelpunkt $\zeta = 0$ die Punkte $z = z_0$ bzw. $w = w_0$ entsprechen. Es sei ferner $0 < \varrho < 1$ und $\mathfrak{g}$ bzw. $\mathfrak{h}$ bezeichne die beiden Bereiche, in welche die Kreisscheibe $|\zeta| \leqq \varrho$ bei den erwähnten Abbildungen übergeht. Wenn $w = f(z)$ eine in $\mathfrak{G}$ reguläre analytische Funktion ist, deren Wertevorrat dem Gebiet $\mathfrak{H}$ angehört, für die ferner $f(z_0) = w_0$ gilt, dann nimmt $f(z)$ in dem Teilbereich $\mathfrak{g}$ von $\mathfrak{G}$ solche Werte an, die dem Teilbereich $\mathfrak{h}$ von $\mathfrak{H}$ angehören. Sie liegen sogar im Innern des Bereiches $\mathfrak{h}$, wenn $f(z)$ nicht mit einer Funktion übereinstimmt, die das Gebiet $\mathfrak{G}$ schlicht auf das Gebiet $\mathfrak{H}$ abbildet.

282. Es sei $f(z)$ regulär und $|f(z)| < 1$ für $|z| < 1$. Dann ist

$$|f(z) - f(0)| \leqq |z| \frac{1 - |f(0)|^2}{1 - |f(0)|\,|z|}, \qquad 0 < |z| < 1.$$

Das Gleichheitszeichen kann nur für die lineare Funktion $f(z) = \dfrac{e^{i\alpha} z + w_0}{1 + \overline{w}_0 e^{i\alpha} z}$, α reell, eintreten.

283. $f(z)$ sei regulär für $|z| < R$ und $A(r)$ bezeichne das Maximum des reellen Teiles von $f(z)$ für $|z| \leqq r$, $0 \leqq r < R$. Dann gilt die Ungleichung

$$A(r) \leqq \frac{R - r}{R + r} A(0) + \frac{2r}{R + r} A(R), \qquad 0 < r < R,$$

$\lim_{r \to R-0} A(r) = A(R)$ gesetzt [$A(r)$ wächst monoton mit r, **313**]. Das Gleichheitszeichen findet nur für die lineare Funktion

$$f(z) = \frac{R w_0 + [\overline{w}_0 - 2A(R)] e^{i\alpha} z}{R - e^{i\alpha} z}$$

statt, α reell.

284. (Fortsetzung.) Für das Maximum des absoluten Betrages von $f(z)$ im Kreise $|z| \leqq r$ gilt

$$M(r) \leqq M(0) + \frac{2r}{R - r}[A(R) - A(0)] \leqq \frac{R + r}{R - r} M(0) + \frac{2r}{R - r} A(R).$$

285. $f(z)$ sei regulär, von Null verschieden und beschränkt für $|z| < R$. Dann ist

$$M(r) \leqq M(0)^{\frac{R-r}{R+r}} M(R)^{\frac{2r}{R+r}}, \qquad 0 < r < R,$$

$\lim\limits_{r \to R-0} M(r) = M(R)$ gesetzt.

286. Die Funktionen $f_1(z), f_2(z), f_3(z), \ldots, f_n(z), \ldots$ seien regulär, von Null verschieden und dem absoluten Betrage nach kleiner als 1 für $|z| < 1$. Ist die Reihe

$$f_1(0) + f_2(0) + f_3(0) + \cdots + f_n(0) + \cdots$$

absolut konvergent, so konvergiert auch

$$[f_1(z)]^2 + [f_2(z)]^2 + [f_3(z)]^2 + \cdots + [f_n(z)]^2 + \cdots,$$

und zwar absolut für $|z| \leqq \frac{1}{3}$.

287. $f(z)$ sei regulär und vom positiven Realteil für $|z| < 1$, $f(0)$ sei reell. Dann ist

$$f(0)\frac{1-|z|}{1+|z|} \leqq \Re f(z) \leqq f(0)\frac{1+|z|}{1-|z|}, \quad |\Im f(z)| \leqq f(0)\frac{2|z|}{1-|z|^2},$$

$$f(0)\frac{1-|z|}{1+|z|} \leqq |f(z)| \leqq f(0)\frac{1+|z|}{1-|z|}, \qquad 0 < |z| < 1.$$

Das Zeichen $=$ gilt nur für

$$f(z) = w_0 \frac{1+e^{i\alpha}z}{1-e^{i\alpha}z}, \qquad w_0, \ \alpha \text{ reell}, \ w_0 > 0.$$

288. $f(z)$ sei regulär für $|z| < 1$ und es sei daselbst $|\Re f(z)| < 1$. Ist $f(0) = 0$, dann gilt schärfer

$$|\Re f(z)| \leqq \frac{4}{\pi} \operatorname{arctg} |z|, \qquad 0 < |z| < 1.$$

Ferner hat man

$$|\Im f(z)| \leqq \frac{2}{\pi} \log \frac{1+|z|}{1-|z|}, \qquad 0 < |z| < 1.$$

Das Gleichheitszeichen tritt nur dann ein, wenn

$$f(z) = \frac{2}{i\pi} \log \frac{1+e^{i\alpha}z}{1-e^{i\alpha}z}, \qquad \alpha \text{ reell}.$$

289. Die Funktion $f(z)$ sei regulär für $|z| < R$ und es sei daselbst $\varDelta$ die Schwankung ihres reellen Teiles, d. h.

$$|\Re f(z_1) - \Re f(z_2)| < \varDelta,$$

wenn $|z_1| < R$, $|z_2| < R$ ist. Dann ist die größte Schwankung ihres reellen Teiles im kleineren Kreise $|z| \leqq r$, $r < R$,

$$|\Re f(z_1) - \Re f(z_2)| \leqq \frac{4\varDelta}{\pi} \operatorname{arctg} \frac{r}{R}, \qquad |z_1| \leqq r, \quad |z_2| \leqq r.$$

Für die größte Schwankung des Imaginärteiles in demselben Kreise gilt

$$|\mathfrak{J} f(z_1) - \mathfrak{J} f(z_2)| \leqq \frac{2\Delta}{\pi} \log \frac{R+r}{R-r}, \quad |z_1| \leqq r, \quad |z_2| \leqq r.$$

290. Unter $\mathfrak{Z}$ verstehe man das unendliche in bezug auf die reelle Achse symmetrische Gebiet der $z = x + iy$-Ebene, deren Punkte sich durch die Ungleichungen

$$x > 0, \qquad -k(x) < y < k(x)$$

charakterisieren lassen; hierbei ist $k(x)$ eine für $x \geqq 0$ erklärte positive stetige Funktion der Variablen x. Dann existiert eine, nur von $\mathfrak{Z}$ abhängige, stetige und positive Funktion $h(x)$ von folgender Beschaffenheit: Wenn $F(z)$ in $\mathfrak{Z}$ regulär und von unten beschränkt ist, $|F(z)| > c$, $c > 0$, dann ist

$$\frac{\log|F(x)|}{h(x)}$$

von oben beschränkt, wenn x durch positive Werte ins Unendliche wächst. (Dieser Satz ist besonders interessant, wenn $k(x)$ stets abnehmend gegen Null konvergiert, d. h. wenn das Gebiet $\mathfrak{Z}$ „zungenförmig" ist; denn während eine analytische Funktion längs eines Halbstrahles beliebig stark anwachsen kann (IV **180**), ist der Stärke des Anwachsens eine bestimmte Schranke gesetzt, sobald es in einer gewissen Breite vor sich gehen soll. Man kann das Resultat, auf die Punkte der Betragfläche (S. 110) anspielend, etwas vage auch so fassen: Soll keiner unter einen bestimmten Minimalstand sinken, so dürfen sich andere nicht allzu hoch erheben.)

291. $f(z)$ sei im Einheitskreis $|z| < 1$ regulär und dem Betrage nach kleiner als 1, außerdem regulär für $z = 1$; ferner sei $f(0) = 0$, $f(1) = 1$. Dann ist $f'(1)$ reell und $f'(1) \geqq 1$.

292. $f(z)$ sei im Einheitskreis $|z| < 1$ regulär und daselbst $|f(z)| < 1$. Außerdem sei $f(z)$ regulär für $z = 1$ und $f(1) = 1$. Dann ist $f'(1)$ reell und

$$f'(1)\frac{1-|f(z)|^2}{|1-f(z)|^2} \geqq \frac{1-|z|^2}{|1-z|^2}, \qquad |z| < 1.$$

293. $f(z)$ sei regulär in der oberen Halbebene $\mathfrak{J} z > 0$ und daselbst vom positiven Imaginärteil, $\mathfrak{J} f(z) > 0$. Außerdem sei $f(z)$ in einem Punkte $z = a$ der reellen Achse regulär und $f(a) = b$, b reell. Dann ist $f'(a)$ reell und positiv, ferner gilt in der oberen Halbebene $\mathfrak{J} z > 0$

$$\mathfrak{J}\frac{1}{b - f(z)} \geqq \mathfrak{J}\frac{1}{(a-z)f'(a)}.$$

294. Die in der Kreisfläche $|z| < 1$ reguläre Funktion $f(z)$ soll daselbst die Nullstellen $z_1, z_2, \ldots, z_n$ besitzen und der Ungleichung $|f(z)| \leqq M$ genügen. Dann besteht sogar die schärfere Ungleichung

$$|f(z)| \leqq \left| \frac{z - z_1}{1 - \bar{z}_1 z} \cdot \frac{z - z_2}{1 - \bar{z}_2 z} \cdots \frac{z - z_n}{1 - \bar{z}_n z} \right| M$$

für $|z| < 1$, und zwar gilt das Zeichen $=$ entweder in keinem oder in jedem Punkte der Kreisfläche $|z| < 1$. (Satz **280** ist Spezialfall hiervon: $n = 1$, $z_1 = 0$.)

295. Die in der Halbebene $\Re z > 0$ reguläre Funktion $f(z)$ soll daselbst die Nullstellen $z_1, z_2, \ldots, z_n$ besitzen und der Ungleichung $|f(z)| \leqq M$ genügen. Dann besteht sogar die schärfere Ungleichung

$$|f(z)| \leqq \left| \frac{z_1 - z}{\bar{z}_1 + z} \cdot \frac{z_2 - z}{\bar{z}_2 + z} \cdots \frac{z_n - z}{\bar{z}_n + z} \right| M$$

für $\Re z > 0$, und zwar gilt das Zeichen $=$ entweder in keinem oder in jedem Punkte der Halbebene $\Re z > 0$.

296. Wenn eine Funktion in einer abgeschlossenen Kreisfläche meromorph und am Kreisrand von konstantem absoluten Betrage ist, so ist sie eine rationale Funktion, und zwar bis auf einen konstanten Faktor das Produkt linear gebrochener Funktionen, die die betreffende Kreisfläche auf das Innere oder das Äußere des Einheitskreises abbilden.

297. Wenn die Funktion $f(z)$ im Kreise $|z| < 1$ regulär und beschränkt ist und daselbst an den Stellen $z_1, z_2, z_3, \ldots$ verschwindet, dann ist entweder die Abstandssumme

$$(1 - |z_1|) + (1 - |z_2|) + (1 - |z_3|) + \cdots$$

(die Summe der Abstände der Nullstellen vom Einheitskreis) endlich, oder es ist $f(z)$ identisch $= 0$.

298. Wenn die Funktion $f(z)$ in der Halbebene $\Re z > 0$ regulär und beschränkt ist und an den in deren Innern, aber außerhalb des Einheitskreises gelegenen Stellen $z_1, z_2, z_3, \ldots$ verschwindet, $\Re z_n > 0$, $|z_n| > 1$, $n = 1, 2, 3, \ldots$, dann ist entweder die Summe

$$\Re \frac{1}{z_1} + \Re \frac{1}{z_2} + \Re \frac{1}{z_3} + \cdots$$

endlich, oder es ist $f(z)$ identisch $= 0$.

---

299. Die Summe der Beträge mehrerer analytischer Funktionen erreicht ihr Maximum am Rande. Ausführlicher gesagt: Es seien die Funktionen $f_1(z)$, $f_2(z)$, $\ldots$, $f_n(z)$ regulär und eindeutig in dem Bereiche $\mathfrak{B}$. Die in $\mathfrak{B}$ stetige Funktion

$$\varphi(z) = |f_1(z)| + |f_2(z)| + \cdots + |f_n(z)|$$

nimmt ihr Maximum an der Begrenzung von $\mathfrak{B}$ an.

300. (Fortsetzung.) Das Maximum von $\varphi(z)$ wird nur an der Begrenzung von $\mathfrak{B}$ erreicht, ausgenommen den Fall, daß alle Funktionen $f_1(z)$, $f_2(z)$, $\ldots$, $f_n(z)$ Konstanten sind.

301. In dem Raum seien n feste Punkte $P_1, P_2, \ldots, P_n$ gegeben und P sei ein veränderlicher Punkt. Die Funktion des Punktes P

$$\varphi(P) = \overline{PP}_1 \cdot \overline{PP}_2 \cdot \cdots \overline{PP}_n$$

($\overline{PP}_\nu$ ist die Entfernung der Punkte P und P_ν) nimmt in jedem Bereich ihr Maximum am Rande an. (Verallgemeinerung von **137**.)

302. Die Funktionen $f_1(z), f_2(z), \ldots, f_n(z)$ seien regulär und eindeutig in dem Bereiche $\mathfrak{B}$; man bezeichne mit $p_1, p_2, \ldots, p_n$ positive Zahlen. Die in $\mathfrak{B}$ stetige Funktion

$$\varphi(z) = |f_1(z)|^{p_1} + |f_2(z)|^{p_2} + \cdots + |f_n(z)|^{p_n}$$

nimmt ihr Maximum an der Begrenzung von $\mathfrak{B}$ an, und zwar nur an der Begrenzung, abgesehen vom Fall, wenn sämtliche Funktionen $f_1(z), f_2(z), \ldots, f_n(z)$ Konstanten sind.

303. Es sei $f(z)$ in dem mehrfach zusammenhängenden abgeschlossenen Bereich $\mathfrak{B}$ regulär, außerdem sei $|f(z)|$ [nicht notwendigerweise $f(z)$!] eindeutig in $\mathfrak{B}$. Das Maximum von $|f(z)|$ in $\mathfrak{B}$ wird in einem Randpunkte von $\mathfrak{B}$ erreicht. Es wird in keinem inneren Punkte von $\mathfrak{B}$ erreicht, wenn $f(z)$ keine Konstante ist.

304. $f(z)$ sei in der Kreisfläche $|z| < R$ regulär. Wenn

$$0 < r_1 < r_2 < r_3 < R,$$

dann ist

$$\log M(r_2) \leqq \frac{\log r_2 - \log r_1}{\log r_3 - \log r_1} \log M(r_3) + \frac{\log r_3 - \log r_2}{\log r_3 - \log r_1} \log M(r_1).$$

D. h., wenn $\log M(r)$ als Funktion von $\log r$ in einem rechtwinkligen Koordinatensystem aufgetragen wird, so entsteht eine von unten gesehen nicht konkave Kurve (*Hadamard*scher Dreikreisesatz). [Man betrachte $z^\alpha f(z)$ mit passend gewähltem α.]

305. (Fortsetzung.) Die Funktion $\log M(r)$ ist sogar eine konvexe Funktion von $\log r$, wenn $f(z)$ nicht von der Form $a z^\alpha$ ist, a, α Konstanten, α reell. D. h. nur in diesem Ausnahmefall tritt in der Ungleichung von **304** das Zeichen $=$ ein.

306. $f(z)$ sei regulär für $|z| < R$, jedoch nicht von der Form $c z^n$, c eine Konstante, und

$$I_2(r) = \frac{1}{2\pi} \int_0^{2\pi} |f(r e^{i\vartheta})|^2 \, d\vartheta$$

bezeichne das arithmetische Mittel von $|f(z)|^2$ auf dem Kreisrand $|z| = r$, $r < R$. Die Funktion $I_2(r)$ wächst monoton mit r und $\log I_2(r)$ ist eine konvexe Funktion von $\log r$.

307. $f(z)$ sei regulär für $|z| < R$ und

$$\mathfrak{G}(r) = e^{\frac{1}{2\pi}\int\limits_0^{2\pi} \log|f(re^{i\vartheta})|\,d\vartheta}$$

bezeichne das geometrische Mittel von $|f(z)|$ auf dem Kreisrand $|z| = r$, $r < R$. Die Funktion $\mathfrak{G}(r)$ nimmt mit wachsendem r niemals ab und $\log \mathfrak{G}(r)$ ist eine von unten nirgends konkave Funktion von $\log r$.

308. $f(z)$ sei nicht konstant und regulär für $|z| < R$ und es sei

$$I(r) = \frac{1}{2\pi}\int\limits_0^{2\pi} |f(re^{i\vartheta})|\,d\vartheta, \qquad r < R.$$

Die Funktion $I(r)$ wächst monoton mit r und $\log I(r)$ ist eine von unten nirgends konkave Funktion von $\log r$. [**299**, **304**.]

309. Die Abbildung $w = f(z)$, $f(z)$ nicht konstant und regulär im Kreise $|z| < R$, führt den in der z-Ebene gelegenen Kreis $|z| = r$, $r < R$, in eine in der w-Ebene verlaufende Kurve über, deren Länge $l(r)$ sei. Das Verhältnis $\frac{l(r)}{2\pi r}$ wächst monoton mit r.

310. $f(z)$ sei nicht konstant und regulär für $|z| < R$, p sei eine positive Zahl und

$$I_p(r) = \frac{1}{2\pi}\int\limits_0^{2\pi} |f(re^{i\vartheta})|^p\,d\vartheta, \qquad r < R.$$

Die Funktion $I_p(r)$ wächst monoton mit r und $\log I_p(r)$ ist eine von unten nirgends konkave Funktion von $\log r$. (Für die Spezialfälle $p = 2$ und $p = 1$ und für die Grenzfälle $p = 0$ und $p = \infty$ vergleiche bzw. **306**, **308**, **307**, **267** und **304**, für einen analogen Fall IV **19**.)

---

311. Der Wert einer analytischen Funktion, die in der abgeschlossenen Kreisfläche $\mathfrak{K}$ regulär ist, kann nicht in jedem Randpunkt von $\mathfrak{K}$ reell ausfallen, es sei denn, daß die Funktion eine reelle Konstante ist.

312. Wenn eine harmonische Funktion in einer abgeschlossenen Kreisfläche regulär ist, so ist ihr absoluter Wert in dem Kreismittelpunkt $\leqq$ als das arithmetische Mittel ihrer absoluten Werte auf dem Kreisrand. Wann tritt das Zeichen $=$ ein?

313. Eine harmonische Funktion sei regulär und eindeutig in einem Bereich $\mathfrak{B}$. Sie nimmt sowohl ihr Maximum als ihr Minimum an der Begrenzung von $\mathfrak{B}$ an, und zwar nur an der Begrenzung, wenn sie keine Konstante ist.

314. Wenn eine in dem Bereiche $\mathfrak{B}$ reguläre und eindeutige harmonische Funktion in jedem Punkt der Begrenzung von $\mathfrak{B}$ verschwindet, dann ist sie identisch gleich Null.

315. Die in Lösung **31** beschriebene Gleichgewichtslage ist instabil.

316. Eine nicht konstante harmonische Funktion sei eindeutig in dem Bereiche $\mathfrak{B}$. Sie sei daselbst regulär mit Ausnahme von endlich vielen Punkten, in denen sie $-\infty$ wird (d. h. sie konvergiere bei der Annäherung an einen solchen Punkt gegen $-\infty$). Dann nimmt sie ihr Maximum an der Begrenzung von $\mathfrak{B}$ an.

317. Die Funktion $f(z)$ sei regulär in der Kreisscheibe $|z| \leqq R$ und bilde diese auf einen Bereich der w-Ebene ab, dessen Begrenzung von $w = 0$ aus gesehen sternförmig erscheint. Es sei $f(0) = 0$. Dann sind auch die Bildkurven, die in der w-Ebene den konzentrischen Kreisen $|z| = r$, $r < R$ entsprechen, sternförmig in bezug auf den Nullpunkt.

318. Die Funktion $f(z)$ sei regulär in der Kreisscheibe $|z| \leqq R$ und bilde diese auf einen konvexen Bereich der w-Ebene ab. Dann ist auch das Bild einer beliebigen im Kreis $|z| < R$ gelegenen Kreislinie eine konvexe Kurve.

319. Es seien $u_1(x, y)$, $u_2(x, y), \ldots, u_n(x, y)$, $z = x + iy$, beliebige reguläre und eindeutige harmonische Funktionen in einem Bereiche $\mathfrak{B}$. Die in $\mathfrak{B}$ stetige Funktion

$$|u_1(x, y)| + |u_2(x, y)| + \cdots + |u_n(x, y)|$$

nimmt ihr Maximum an der Begrenzung von $\mathfrak{B}$ an.

320. Es sei $A(r)$ das Maximum einer in der Kreisfläche $|z| < R$ regulären harmonischen Funktion auf der Kreislinie $|z| = r$, $r < R$. Wenn $0 < r_1 < r_2 < r_3 < R$, dann ist

$$A(r_2) \leqq \frac{\log r_2 - \log r_1}{\log r_3 - \log r_1} A(r_3) + \frac{\log r_3 - \log r_2}{\log r_3 - \log r_1} A(r_1),$$

d. h. $A(r)$ ist eine von unten nirgends konkave Funktion von $\log r$.

321. Man leite den *Hadamard*schen Dreikreisesatz **304** aus **320** und umgekehrt **320** aus dem *Hadamard*schen Dreikreisesatz ab.

---

322. Es sei α gegeben, $0 < \alpha < \frac{\pi}{2}$. Die Funktion $f(z)$ sei im Winkelraum $-\alpha \leqq \vartheta \leqq \alpha$ regulär (es ist $z = re^{i\vartheta}$). Es sei ferner bekannt:

1. daß zwei positive Konstanten A und B existieren, so daß im besagten Winkelraum $-\alpha \leqq \vartheta \leqq \alpha$

$$|f(z)| < A e^{B|z|};$$

2. daß an der Begrenzung des Winkelraumes (längs der Strahlen $\vartheta = -\alpha$ und $\vartheta = \alpha$) die Ungleichung

$$|f(z)| \leqq 1$$

besteht.

Dann gilt *im ganzen Winkelraum* $|f(z)| \leqq 1$.

Beweis. Es sei λ eine feste Zahl, die der Ungleichung $1 < \lambda < \frac{\pi}{2\alpha}$ genügt. Man betrachte die „Vergleichsfunktion“ e^{z^λ}; für z^λ ist derjenige Zweig zu wählen, der für positives z positiv ausfällt. Diese Vergleichsfunktion e^{z^λ} ist regulär im ganzen abgeschlossenen Winkelraum mit Ausnahme der Stelle $z = 0$ und auch an dieser Stelle stetig. An den beiden begrenzenden Strahlen, d. h. für $\vartheta = -\alpha$ und für $\vartheta = \alpha$ ist

$$|e^{z^\lambda}| = e^{r^\lambda \cos\lambda\alpha} \geqq 1,$$

da $0 < \lambda\alpha < \frac{\pi}{2}$. An dem Kreisbogen $|z| = r$, $-\alpha \leqq \vartheta \leqq \alpha$ ist

$$|e^{z^\lambda}| = e^{r^\lambda \cos\lambda\vartheta} \geqq e^{r^\lambda \cos\lambda\alpha}.$$

(Die Vergleichsfunktion e^{z^λ} erfüllt *fast* die Voraussetzungen des Satzes, ohne die Folgerung zu erfüllen. Man stelle sich vor, was verboten ist, daß $\lambda = 1$ oder daß $\lambda = \frac{\pi}{2\alpha}$ wird; in dem ersten unerlaubten Grenzfall wird die Voraussetzung 1. erfüllt, in dem anderen die Voraussetzung 2., aber in keinem Falle beide Voraussetzungen und in keinem Falle ist e^{z^λ} innerhalb des fraglichen Winkelraums beschränkt.)

Betrachten wir jetzt die Funktion $f(z)e^{-\varepsilon z^\lambda}$, wo ε eine positive Zahl ist, in einem bestimmten inneren Punkt z_0 unseres Winkelraumes. Schließen wir den Punkt z_0 in einen Kreissektor ein, begrenzt durch die beiden Strahlen $\vartheta = -\alpha$, $\vartheta = \alpha$ und durch den dazwischen liegenden Bogen des Kreises $|z| = r$, wo

$$r > |z_0|, \quad r > \left(\frac{2B}{\varepsilon\cos\lambda\alpha}\right)^{\frac{1}{\lambda-1}}, \quad r > \frac{\log A}{B}.$$

An der geradlinigen Begrenzung des Kreissektors ist kraft der Voraussetzung 2.

$$|f(z)e^{-\varepsilon z^\lambda}| \leqq 1 \cdot e^{-\varepsilon r^\lambda \cos\lambda\alpha} \leqq 1.$$

An dem Begrenzungsbogen $|z| = r$ ist nach Voraussetzung 1. und wegen $\varepsilon r^\lambda \cos\lambda\alpha > 2Br$, $e^{Br} > A$,

$$|f(z)e^{-\varepsilon z^\lambda}| < A e^{Br} e^{-\varepsilon r^\lambda \cos\lambda\alpha} < A e^{-Br} < 1.$$

Daher ist, nach dem Prinzip vom Maximum, auch in dem inneren Punkte z_0 des Kreissektors

$$|f(z_0)e^{-\varepsilon z_0^\lambda}| \leqq 1.$$

Weil diese Ungleichung für jede der Null noch so nahe kommende positive Zahl ε richtig ist, ist der Satz in **322** bewiesen.

323. Wird die Voraussetzung 1. der vorangehenden Aufgabe dahin erweitert, daß das Bestehen der Ungleichung

$$|f(z)| < A e^{B|z|}$$

nicht in dem ganzen Winkelraum gefordert wird, sondern bloß auf denjenigen Bögen der Kreise $|z| = r_1$, $|z| = r_2$, $\ldots$, $|z| = r_n$, $\ldots$, die im besagten Winkelraum verlaufen, wobei $\lim_{n\to\infty} r_n = \infty$ ist, so bleibt die Folgerung, d. h. daß $|f(z)| \leqq 1$ im ganzen Winkelraum gilt, bestehen. — Durch welche allgemeinere Kurven kann man die erwähnten Kreisbögen ersetzen?

324. Die Voraussetzung 2. von **322** sei folgendermaßen abgeändert: Es existieren zwei, innerhalb des Winkelraumes $-\alpha \leqq \vartheta \leqq \alpha$ von $z = 0$ nach $z = \infty$ laufende Kurven Γ_1 und Γ_2, die sich nicht schneiden, längs deren ferner $|f(z)| \leqq 1$ gilt. Die Voraussetzung 1. beibehalten, muß $|f(z)| \leqq 1$ auch im Zwischenraume von Γ_1 und Γ_2 gelten.

325. Die Funktion $f(z)$ sei regulär in der Halbebene $\Re z \geqq 0$ und soll daselbst folgenden drei Bedingungen genügen:

1. Es existieren zwei Konstanten A, B, $A > 0$, $B > 0$, so daß in der ganzen Halbebene

$$|f(z)| \leqq A e^{B|z|};$$

2. es ist für $r \geqq 0$

$$|f(ir)| \leqq 1, \quad |f(-ir)| \leqq 1;$$

3. es ist

$$\limsup_{r\to+\infty} \frac{\log|f(r)|}{r} \leqq 0.$$

Dann gilt in der ganzen Halbebene $\Re z \geqq 0$

$$|f(z)| \leqq 1.$$

Beweis. Zur Lösung von **322** haben wir das Prinzip vom Maximum mit Einführung eines variablen Parameters (die Zahl ε) verwendet; jetzt wollen wir zwei Parameter einführen. Es sei $\eta > 0$. Die Funktion $|f(r)|\,e^{-\eta r}$ der Variablen r konvergiert nach Voraussetzung 3. gegen 0 für $r \to \infty$; sie erreicht also ihr Maximum — es sei mit F_η bezeichnet — in einem gewissen Punkte r_0, $r_0 \geqq 0$. Ist $r_0 = 0$, so ist $F_\eta \leqq 1$ gemäß 2. Man wähle eine feste Zahl λ, $1 < \lambda < 2$ (z. B. $\lambda = \frac{3}{2}$) und betrachte die analytische Funktion

$$f(z) e^{-\eta z} e^{-\varepsilon e^{-\frac{i\lambda\pi}{4}} z^\lambda}$$

im Quadranten $0 \leqq \vartheta \leqq \frac{\pi}{2}$, $\varepsilon > 0$. Für z^λ wähle man den Zweig, der für positives z positiv wird. Dann ist im besagten Quadranten

$$\left| f(z) e^{-\eta z} e^{-\varepsilon e^{-\frac{i\lambda\pi}{4}} z^\lambda} \right| = \left| f(z) e^{-\eta z} \right| e^{-\varepsilon r^\lambda \cos\left(\lambda\vartheta - \frac{\lambda\pi}{4}\right)}$$

$$\cos\left(\lambda\vartheta - \frac{\lambda\pi}{4}\right) \geqq \cos\left(\pm\frac{\lambda\pi}{4}\right) > 0.$$

Hieraus schließt man auf Grund von 1. 2. 3. mit der in **322** benutzten Schußweise ($\varepsilon \to 0$), daß für $0 \leqq \vartheta \leqq \frac{\pi}{2}$, $|f(z)e^{-\eta z}|$ die größere der beiden Zahlen 1 und F_η nicht übersteigt. Dasselbe kann man aber auch für den Quadranten $-\frac{\pi}{2} \leqq \vartheta \leqq 0$ schließen. Ich behaupte nun, daß $F_\eta \leqq 1$ ist. Wäre nämlich $F_\eta > 1$, so wäre in der ganzen Halbebene $|f(z)e^{-\eta z}| \leqq F_\eta$ und in einem Punkte der reellen Achse $z = r_0 > 0$ wäre $|f(r_0)e^{-\eta r_0}| = F_\eta$ (vgl. oben). Das ist ausgeschlossen, weil das Maximum nicht in dem inneren Punkt $z = r_0$ angenommen werden kann. Es bleibt nur die Möglichkeit $F_\eta \leqq 1$ übrig; folglich ist für $\Re z \geqq 0$

$$|f(z)e^{-\eta z}| \leqq 1\,.$$

Weil dies für jedes $\eta > 0$ gilt, ist der Satz bewiesen. Es ist noch zu bemerken, daß man in Voraussetzung 3. die positive reelle Achse durch irgendeinen Halbstrahl ersetzen könnte, der von $z = 0$ ausgehend im Inneren der Halbebene $\Re z \geqq 0$ ins Unendliche läuft. Ein solcher Halbstrahl teilt die Halbebene in zwei Winkelräume, die beide von kleinerer Öffnung sind als π: nur dies ist wesentlich [**322**, auch **330**].

326. Die Funktion $f(z)$ sei in der Halbebene $\Re z \geqq 0$ regulär und soll folgenden Voraussetzungen genügen:

1. es existieren zwei Konstanten A, B, $A > 0$, $B > 0$, so daß in der ganzen Halbebene

$$|f(z)| < A e^{B|z|}\,;$$

2. es ist für $r \geqq 0$

$$|f(ir)| \leqq 1\,, \qquad |f(-ir)| \leqq 1\,;$$

3. es existiert ein Winkel α, $-\frac{\pi}{2} < \alpha < \frac{\pi}{2}$, so daß

$$\lim_{r \to +\infty} \frac{\log|f(re^{i\alpha})|}{r} = -\infty\,.$$

Eine solche Funktion muß identisch gleich Null sein. [Man betrachte $e^{\omega z} f(z)$, $\omega > 0$.]

327. Die Funktion $f(z)$ sei in der Halbebene $\Re z \geqq 0$ regulär und soll folgenden Voraussetzungen genügen:

1. Es existieren zwei Konstanten A und B, $A > 0$, $B > 0$, so daß in der ganzen Halbebene

$$|f(z)| < Ae^{B|z|};$$

2. es existieren zwei Konstanten C und γ, $C > 0$, $\gamma > 0$, so daß

$$|f(\pm ir)| \leqq Ce^{-\gamma r} \quad \text{für } r \geqq 0\,.$$

Die Funktion $f(z)$ muß dann identisch $= 0$ sein. [Man betrachte $f(z)e^{-\beta z \log(z+1)}$.]

328. Die Funktion $\sin \pi z$ ist die kleinste Funktion, die für $\Re z \geqq 0$ analytisch ist und für $z = 0, 1, 2, 3, \ldots$ verschwindet. Genauer gesagt, besteht der folgende Satz:

Die Funktion $f(z)$ sei analytisch in der Halbebene $\Re z \geqq 0$ und soll folgende Voraussetzungen erfüllen:

1. es existieren zwei Konstanten $A, B, A > 0, B > 0$, so daß für $\Re z \geqq 0$

$$|f(z)| < A e^{B|z|};$$

2. es existieren zwei Konstanten $C, \gamma, C > 0, \gamma > 0$, so daß für $r \geqq 0$

$$|f(\pm i r)| \leqq C e^{(\pi - \gamma) r};$$

3. es ist

$$f(0) = f(1) = f(2) = \cdots = f(n) = \cdots = 0.$$

Dann gilt identisch $f(z) = 0$.

329. Es sei $\omega(x)$ eine positive Funktion der positiven Variablen x, die mit wachsendem x zunimmt und zugleich mit x gegen $+\infty$ strebt. Eine Funktion $f(z)$, die in der Halbebene $\Re z \geqq 0$ regulär ist und daselbst stets die Ungleichung

$$|f(z)| \geqq e^{\omega(|z|)|z|}$$

erfüllt, *existiert nicht.*

330. Eine Funktion $f(z)$ sei in jedem im Endlichen gelegenen Punkte des Winkelraumes $\alpha \leqq \vartheta \leqq \beta$ regulär und es sei $|f(z)| \leqq 1$ an den beiden Strahlen $\vartheta = \alpha$ und $\vartheta = \beta$. Es existiere ferner eine positive Konstante δ, so daß

$$|f(z)| \exp\left(-|z|^{\frac{\pi}{\beta - \alpha} - \delta}\right)$$

beschränkt ist für $\alpha \leqq \vartheta \leqq \beta$.

Dann ist in jedem inneren Punkte des Winkelraumes $\alpha \leqq \vartheta \leqq \beta$

$$|f(z)| \leqq 1.$$

$\left[\text{Vergleichsfunktion } \exp\left(z^{\frac{\pi}{\beta - \alpha} - \sigma}\right).\right]$

331. Es sei $f(z)$ regulär im Winkelraume $\alpha \leqq \vartheta \leqq \beta$. Ist $|f(z)| \leqq 1$ an den Begrenzungsstrahlen $\vartheta = \alpha$ und $\vartheta = \beta$, und kann man für jedes $\varepsilon > 0$ ein r_0 finden, so daß für $r > r_0$ im besagten Winkelraume

$$|f(re^{i\vartheta})| < e^{\varepsilon r^{\frac{\pi}{\beta - \alpha}}}$$

gilt, so gilt sogar

$$|f(z)| \leqq 1$$

im ganzen Winkelraum. [Methode von **325**.]

332. Es sei $g(z)$ eine ganze Funktion, $M(r)$ das Maximum von $|g(z)|$ am Kreise $|z| = r$. Ist

$$\lim_{r \to \infty} \frac{\log M(r)}{\sqrt{r}} = 0,$$

so ist $g(z)$ längs keines Halbstrahles beschränkt. [Z. B. auch längs der negativen reellen Achse nicht.]

333. Die Funktion $f(z)$ sei nicht konstant und regulär in dem Halbstreifen $\mathfrak{G}$, der durch die Ungleichungen

$$x \geqq 0, \quad -\frac{\pi}{2} \leqq y \leqq \frac{\pi}{2}$$

abgegrenzt ist, $z = x + iy$. Gibt es zwei Konstanten A und a, $A > 0$, $0 < a < 1$, so beschaffen, daß in $\mathfrak{G}$

$$|f(x+iy)| < e^{A e^{a x}},$$

und ist am Rande von $\mathfrak{G}$ $\left(\text{also für } x = 0, \quad -\frac{\pi}{2} \leqq y \leqq \frac{\pi}{2} \text{ und für } x \geqq 0, \; y = \pm\frac{\pi}{2}\right)$

$$|f(z)| \leqq 1,$$

so gilt im Innern von $\mathfrak{G}$

$$|f(z)| < 1.$$

[Die Vergleichsfunktion ist von der Form $e^{e^{bz}}$.]

334. Es sei $\omega(x)$ wie in **329** beschaffen. Jede im Halbstreifen

$$x \geqq 0, \quad -\frac{\pi}{2} \leqq y \leqq \frac{\pi}{2}$$

reguläre Funktion $f(z)$, $z = x + iy$, muß in mindestens einem Punkt $z = x + iy$ davon der Ungleichung

$$|f(x+iy)| < e^{\omega(x) e^{x}}$$

genügen.

335. Es seien die Voraussetzungen von **278** insoweit vermindert, daß 3. jetzt nicht von allen Randpunkten von $\mathfrak{G}$ angenommen wird, sondern von allen mit ev. Ausnahme von endlich vielen $z_1, z_2, \ldots, z_n$. Die Voraussetzungen seien hingegen insoweit vermehrt, daß die Existenz einer positiven Zahl M' angenommen wird, für welche die Ungleichung

$$|f(z)| < M'$$

in jedem inneren Punkt von $\mathfrak{G}$ besteht. (Nur der Fall $M' > M$ bietet Interesse.) Bei dieser Abänderung der Voraussetzungen bleibt die Folgerung $|f(z)| \leqq M$ bzw. $|f(z)| < M$ von **278** unverändert bestehen. [Im Falle, daß der unendlich ferne Punkt $\mathfrak{G}$ angehört und alle Randpunkte von $\mathfrak{G}$ im Kreise $|z| < r$ liegen, betrachte man die Vergleichsfunktion $(2r)^n \prod_{\nu=1}^{n} (z - z_\nu)^{-1}$.]

336. Der Bereich $\mathfrak{B}$ soll in der Halbebene $\mathfrak{J} z \geqq 0$ liegen und zwar soll derjenige Teil seiner Begrenzung, der an der reellen Achse liegt, aus endlich vielen Strecken bestehen; die Summe der Winkel, unter denen diese Strecken von einem innern Punkte ζ aus gesehen werden, sei Ω. Ist $f(z)$ regulär und eindeutig im Innern, stetig auf dem Rande von $\mathfrak{B}$, $|f(z)| \leqq A$ in den reellen, $|f(z)| \leqq a$ in den übrigen Randpunkten von $\mathfrak{B}$, $0 < a < A$, dann ist

$$|f(\zeta)| \leqq A^{\frac{\Omega}{\pi}} a^{1-\frac{\Omega}{\pi}}. \qquad [\mathbf{57.}]$$

337. $f(z)$ sei regulär in demjenigen Stück der *Riemann*schen Fläche von $\log z$, das das Ringgebiet $0 < |z| \leqq 1$ bedeckt. Ist $f(z)$ in diesem Gebiet beschränkt, und ist insbesondere $|f(z)| \leqq 1$ für $|z| = 1$, so ist im ganzen Gebiet $|f(z)| \leqq 1$.

338. Es sei $g(z)$ eine ganze Funktion, jedoch keine Konstante, ferner sei $\mathfrak{G}$ ein zusammenhängendes Gebiet, auf dessen Rand (genauer: in dessen von $z = \infty$ verschiedenen Randpunkten) $|g(z)| = k$ und in dessen Innern $|g(z)| > k$ gilt, $k > 0$. Dann hat $\mathfrak{G}$ notwendigerweise den Punkt $z = \infty$ als Randpunkt und $g(z)$ ist in $\mathfrak{G}$ nicht beschränkt.

339. Es seien Γ_1 und Γ_2 zwei ins Unendliche laufende stetige Kurven, die von einem gemeinsamen Ausgangspunkt ausgehen und zusammen mit dem Punkt $z = \infty$ einen bestimmten Zwischenraum einschließen (z. B. zwei Halbstrahlen, die einen Winkelraum einschließen). Es sei vorausgesetzt, daß der Zwischenraum keinen Punkt mit der negativen reellen Achse gemeinsam hat.

Die Funktion $f(z)$ sei auf Γ_1, Γ_2 und im Zwischenraum regulär. Ferner soll, wenn z längs Γ_1 gegen ∞ strebt, $\lim f(z) = 0$ sein; es sei auch dann $\lim f(z) = 0$, wenn z längs Γ_2 gegen ∞ strebt. Ist $f(z)$ im Zwischenraum von Γ_1 und Γ_2 beschränkt, so ist auch dann $\lim f(z) = 0$, wenn z im Zwischenraum gegen ∞ strebt. $\left[\text{Man betrachte } \frac{\log z}{A + \varepsilon \log z} f(z).\right]$

340. Es seien die Kurven Γ_1 und Γ_2 so beschaffen, wie in **339** beschrieben. Ist $f(z)$ im Zwischenraume von Γ_1 und Γ_2 regulär und beschränkt, ferner $\lim f(z) = a$, wenn z längs Γ_1 und $\lim f(z) = b$, wenn z längs Γ_2 ins Unendliche strebt, so ist $a = b$. $\left[\text{Man betrachte } \left(f(z) - \frac{a+b}{2}\right)^2 - \left(\frac{a-b}{2}\right)^2.\right]$

Lösungen.

Erster Abschnitt.

Unendliche Reihen und Folgen.

1. [Vgl. z. B. *W. Ahrens*, Altes und Neues aus der Unterhaltungsmathematik, S. 34—40. Berlin: Julius Springer 1918.] $4562 = A_{100}$ [**2**].

2.
$$\begin{aligned}\sum_{n=0}^{\infty} A_n \zeta^n = &(1+\zeta+\zeta^2+\zeta^3+\cdots+\zeta^x+\cdots)\\ &(1+\zeta^2+\zeta^4+\zeta^6+\cdots+\zeta^{2y}+\cdots)\\ &(1+\zeta^5+\zeta^{10}+\zeta^{15}+\cdots+\zeta^{5z}+\cdots)\\ &(1+\zeta^{10}+\zeta^{20}+\zeta^{30}+\cdots+\zeta^{10u}+\cdots)\\ &(1+\zeta^{20}+\zeta^{40}+\zeta^{60}+\cdots+\zeta^{20v}+\cdots)\\ &(1+\zeta^{50}+\zeta^{100}+\zeta^{150}+\cdots+\zeta^{50w}+\cdots)\end{aligned}$$
$$=\frac{1}{(1-\zeta)(1-\zeta^2)(1-\zeta^5)(1-\zeta^{10})(1-\zeta^{20})(1-\zeta^{50})}.$$
Zur numerischen Rechnung stellt man die nötigen Glieder der Entwicklungen von

$$(1-\zeta^{50})^{-1},\ (1-\zeta^{50})^{-1}(1-\zeta^{20})^{-1},\ (1-\zeta^{50})^{-1}(1-\zeta^{20})^{-1}(1-\zeta^{10})^{-1},\ \ldots$$

usw. sukzessive tabellarisch zusammen.

3. $108 = B_8$ [**4**].

4. Die Anzahl der Summen vom Werte n aus s Summanden vom Werte 1, 2, 3, 4 ist gleich dem Koeffizienten von ζ^n in der Entwicklung von
$$(\zeta+\zeta^2+\zeta^3+\zeta^4)^s;$$
hierbei ist die Reihenfolge der Summanden berücksichtigt. Daher gilt
$$1+\sum_{n=1}^{\infty} B_n\zeta^n = 1+(\zeta+\zeta^2+\zeta^3+\zeta^4)+(\zeta+\zeta^2+\zeta^3+\zeta^4)^2+\cdots$$
$$=\frac{1}{1-\zeta-\zeta^2-\zeta^3-\zeta^4}.$$
Zur numerischen Berechnung von B_n beachte man die Formel
$$B_n = B_{n-1}+B_{n-2}+B_{n-3}+B_{n-4},$$
die entweder aus dem letzten Resultat oder aus der Bedeutung der Größen B_n folgt.

5. $4 = C_{78}$ [**7**].

6. $20 = D_{78}$ [**8**].

7. $\sum_{n=0}^{99} C_n \zeta^n = (1+\zeta)^2 (1+\zeta^2)(1+\zeta^5)(1+\zeta^{10})^2(1+\zeta^{20})(1+\zeta^{50})$.

8. $$\sum_{n=-99}^{99} D_n \zeta^n = (\zeta^{-1}+1+\zeta)^2(\zeta^{-2}+1+\zeta^2)(\zeta^{-5}+1+\zeta^5)$$
$$(\zeta^{-10}+1+\zeta^{10})^2(\zeta^{-20}+1+\zeta^{20})(\zeta^{-50}+1+\zeta^{50}).$$

9. [Vgl. *Euler*, Introductio in Analysin infinitorum, Kap. 16, De partitione numerorum; Opera Omnia, Serie 1, Bd. 8, S. 313—338. Leipzig und Berlin: B. G. Teubner 1922; ferner z. B. *W. Ahrens*, Mathematische Unterhaltungen und Spiele, 2. Aufl., Bd. 1, S. 88—98, Bd. 2, S. 329. Leipzig: B. G. Teubner 1910, 1918.] Die „Geldwechselaufgabe":

$$\frac{1}{(1-\zeta^{a_1})(1-\zeta^{a_2})\ldots(1-\zeta^{a_l})} = \sum_{n=0}^{\infty} A_n \zeta^n .$$

Hierbei bezeichnet A_n die Anzahl der Lösungen der diophantischen Gleichung

$$a_1 x_1 + a_2 x_2 + \cdots + a_l x_l = n$$

in nichtnegativen ganzen Zahlen.

Die „Briefmarkenaufgabe":

$$\frac{1}{1-\zeta^{a_1}-\zeta^{a_2}-\cdots-\zeta^{a_l}} = \sum_{n=0}^{\infty} B_n \zeta^n .$$

Die erste „Wägungsaufgabe" (sämtliche Gewichte auf einer Schale):

$$(1+\zeta^{a_1})(1+\zeta^{a_2})\ldots(1+\zeta^{a_l}) = \sum_{n=0}^{\infty} C_n \zeta^n .$$

Die zweite „Wägungsaufgabe" (mit Gewichten in beiden Schalen):

$$(\zeta^{-a_1}+1+\zeta^{a_1})(\zeta^{-a_2}+1+\zeta^{a_2})\ldots(\zeta^{-a_l}+1+\zeta^{a_l}) = \sum_{n=-\infty}^{\infty} D_n \zeta^n .$$

10. Die Aufgabe ist mit der folgenden äquivalent: Mit p Gewichtsstücken, die alle das gleiche Gewicht 1 (aber etwa verschiedene Form) haben, soll ein Gewicht n (einschalig) gewogen werden. Nach **9** ist die gesuchte Anzahl C_n der Koeffizient von ζ^n in der Entwicklung von

$$(1+\zeta)^p = 1 + \binom{p}{1}\zeta + \cdots + \binom{p}{n}\zeta^n + \cdots + \zeta^p ,$$

also
$$= \binom{p}{n} = \frac{p!}{n!\,(p-n)!} .$$

11. Die Aufgabe ist mit der folgenden äquivalent: Wenn jemand Einfrankenstücke aus p verschiedenen Prägungsjahren vorrätig hat, auf wieviel Arten kann er n Franken auszahlen? Nach **9** ist die gesuchte Anzahl gleich A_n, dem Koeffizienten von ζ^n in der Entwicklung

$$\frac{1}{(1-\zeta)^p} = 1 + \binom{-p}{1}(-\zeta) + \cdots + \binom{-p}{n}(-\zeta)^n + \cdots,$$

also

$$= \frac{p(p+1)\cdots(p+n-1)}{1.2\ldots n} = \binom{p+n-1}{p-1}.$$

12. Nach **11** ist die gesuchte Anzahl gleich

$$\binom{p+(n-p)-1}{p-1} = \binom{n-1}{p-1}.$$

Man könnte auch direkt $(\zeta + \zeta^2 + \cdots)^p$ betrachten.

13. Identisch mit **11**. — Man könnte auch die p-fache Reihe

$$\sum_{\nu_1, \nu_2, \ldots, \nu_p = 0,1,2,3,\ldots} x_1^{\nu_1} x_2^{\nu_2} \cdots x_p^{\nu_p} = (1-x_1)^{-1}(1-x_2)^{-1}\cdots(1-x_p)^{-1}$$

betrachten und dann $x_1, x_2, \ldots, x_p$ zu ζ zusammenfallen lassen.

14. Nach der ersten „Wägungsaufgabe" [**9**, erweitert auf unendlich viele Gewichte] handelt es sich um

$$(1+\zeta)(1+\zeta^2)(1+\zeta^4)(1+\zeta^8)\cdots = \frac{1-\zeta^2}{1-\zeta}\cdot\frac{1-\zeta^4}{1-\zeta^2}\cdot\frac{1-\zeta^8}{1-\zeta^4}\cdot\frac{1-\zeta^{16}}{1-\zeta^8}\cdots$$

$$= \frac{1}{1-\zeta} = 1 + \zeta + \zeta^2 + \zeta^3 + \cdots.$$

Vgl. noch **16**, **17**.

15. $$(\zeta^{-1}+1+\zeta)(\zeta^{-3}+1+\zeta^3)\cdots(\zeta^{-3^n}+1+\zeta^{3^n})$$

$$= \zeta^{-1}\frac{\zeta^3-1}{\zeta-1}\,\zeta^{-3}\frac{\zeta^9-1}{\zeta^3-1}\cdots\zeta^{-3^n}\frac{\zeta^{3^{n+1}}-1}{\zeta^{3^n}-1} = \zeta^{-N}\frac{\zeta^{3^{n+1}}-1}{\zeta-1}$$

$$= \zeta^{-N} + \zeta^{-N+1} + \cdots + \zeta^{N-1} + \zeta^N, \qquad N = \frac{3^{n+1}-1}{2}.$$

16. $a_n = q^{E_n}$, wenn E_n die Anzahl der Einser in der Dualdarstellung von n bezeichnet.

17. [*E. Catalan*, Aufgabe; Nouv. Corresp. Math. Bd. 6, S. 143, 1880. Lösung von *E. Cesàro*, ebenda, S. 276.] Die fragliche Reihe stimmt mit derjenigen überein, die aus der Potenzreihenentwicklung von

$$(1-a\zeta)(1-b\zeta^2)(1-c\zeta^4)(1-d\zeta^8)\ldots$$

für $\zeta = 1$ entsteht. Bei der Bestimmung des Vorzeichens kann $a = b = c = d = \cdots = 1$ gesetzt werden. Das gesuchte Vorzeichen ist dann nach **16** gleich $(-1)^{E_n}$, wenn E_n die Anzahl der Einser in der Dualentwicklung von n bezeichnet.

18. $$\frac{1-\zeta^{10}}{1-\zeta}\cdot\frac{1-\zeta^{100}}{1-\zeta^{10}}\cdot\frac{1-\zeta^{1000}}{1-\zeta^{100}}\cdots=\frac{1}{1-\zeta}.$$

Diese Aufgabe ist in **9** *nicht* enthalten. Sie läßt folgende Deutung zu. In einer ersten Schachtel hat man die Gewichte $1, 2, 3, \ldots, 9$, in einer zweiten die Gewichte $10, 20, 30, \ldots, 90$, usw. Auf wieviel Arten läßt sich mit diesen Gewichtsstücken ein gegebenes Gewicht einschalig wägen, unter der Nebenbedingung, daß aus jeder Schachtel nur ein Gewicht entnommen werden darf?

19. [*Euler*, a. a. O. **9**.] Erste Lösung: Nach Lösung **14** ist

$$(1+\zeta)(1+\zeta^2)(1+\zeta^4)(1+\zeta^8)\cdots=\frac{1}{1-\zeta},$$

$$(1+\zeta^3)(1+\zeta^6)(1+\zeta^{12})(1+\zeta^{24})\cdots=\frac{1}{1-\zeta^3},$$

$$(1+\zeta^5)(1+\zeta^{10})(1+\zeta^{20})(1+\zeta^{40})\cdots=\frac{1}{1-\zeta^5},$$

usw.

Zweite Lösung:

$$K(\zeta)=\prod_{n=1}^{\infty}(1+\zeta^n)(1-\zeta^{2n-1})$$

bleibt unverändert, wenn ζ durch ζ^2 ersetzt wird, denn

$$1-\zeta^{4n-2}=(1+\zeta^{2n-1})(1-\zeta^{2n-1}),$$

d. h. $[|\zeta|<1]$

$$K(\zeta)=K(\zeta^2)=K(\zeta^4)=K(\zeta^8)=\cdots=K(0)=1.$$

20. [*Euler*, a. a. O. **9**.] Durch Deutung der Koeffizienten in den Entwicklungen der Funktionen in **19**. Das Resultat besagt, daß die erste Wägungsaufgabe mit sämtlichen ganzen Zahlen als Gewichten ebenso viel Lösungen zuläßt, wie die Geldwechselaufgabe mit den ungeraden ganzen Zahlen als Geldeinheiten.

21. Sieht man von der Einschränkung „kleineren" ab, d. h. läßt man noch die Darstellung $n = n$ zu, so handelt es sich um eine „Briefmarkenaufgabe" [**9**]. Die gesuchte Anzahl ist gleich dem Koeffizienten von ζ^n in

$$\frac{1}{1-\zeta-\zeta^2-\cdots-\zeta^n},$$

oder in

$$\frac{1}{1-\zeta-\zeta^2-\zeta^3-\cdots}=\frac{1}{1-\dfrac{\zeta}{1-\zeta}}=\frac{1-\zeta}{1-2\zeta}=(1-\zeta)(1+2\zeta+4\zeta^2+\cdots)$$

$$=1+\zeta+2\zeta^2+4\zeta^3+\cdots+2^{n-1}\zeta^n+\cdots.$$

22. [*E. Catalan*, Aufgabe; Mathesis, Bd. 2, S. 158, 1882. Lösung von *E. Cesàro*, ebenda, Bd. 3, S. 87, 1883.] Die gesuchte Anzahl ist gleich dem Koeffizienten von ζ^n in der Entwicklung von

$$\frac{1}{(1-\zeta)(1-\zeta^2)}+\frac{\zeta}{(1-\zeta^2)(1-\zeta^3)}+\frac{\zeta^2}{(1-\zeta^3)(1-\zeta^4)}+\cdots+$$

$$+\frac{\zeta^\nu}{(1-\zeta^{\nu+1})(1-\zeta^{\nu+2})}+\cdots=\frac{1}{\zeta(1-\zeta)}\sum_{\nu=0}^{\infty}\left(\frac{1}{1-\zeta^{\nu+1}}-\frac{1}{1-\zeta^{\nu+2}}\right)$$

$$=\frac{1}{\zeta(1-\zeta)}\left(\frac{1}{1-\zeta}-1\right)=\sum_{n=0}^{\infty}(n+1)\zeta^n.$$

23. [*E. Catalan*, Nouv. Ann. Serie 3, Bd. 1, S. 528, 1882. Lösung von *E. Cesàro*, ebenda, Serie 3, Bd. 2, S. 380, 1883.] Die fragliche Anzahl ist gleich dem Koeffizienten von ζ^{n-1} in der Entwicklung von

$$\frac{1}{(1-\zeta)(1-\zeta^2)}+\frac{\zeta^2}{(1-\zeta^2)(1-\zeta^3)}+\frac{\zeta^4}{(1-\zeta^3)(1-\zeta^4)}+\cdots+$$

$$+\frac{\zeta^{2\nu}}{(1-\zeta^{\nu+1})(1-\zeta^{\nu+2})}+\cdots=\frac{1}{1-\zeta}\sum_{\nu=0}^{\infty}\zeta^{\nu-1}\left(\frac{1}{1-\zeta^{\nu+1}}-\frac{1}{1-\zeta^{\nu+2}}\right)$$

$$=\frac{1}{\zeta^2(1-\zeta)^2}-\frac{1}{\zeta^3}\sum_{\nu=1}^{\infty}\frac{\zeta^\nu}{1-\zeta^\nu}.$$

Es ist

$$\sum_{\nu=1}^{\infty}\frac{\zeta^\nu}{1-\zeta^\nu}=\tau(1)\zeta+\tau(2)\zeta^2+\cdots+\tau(\nu)\zeta^\nu+\cdots,$$

wenn $\tau(\nu)$ die Anzahl der Teiler von ν bezeichnet [VIII **74**].

24. [*E. Cesàro*, Aufgabe; Mathesis, Bd. 2, S. 208, 1882.] Es handelt sich um das absolute (von ζ freie) Glied des Ausdruckes

$$\sum_{\nu=1}^{\infty}\frac{\zeta^{\nu^2-(2\nu+1)n}}{(1-\zeta^{\nu^2})(1-\zeta^{(\nu+1)^2})}=\sum_{\nu=1}^{\infty}(\zeta^{-(2\nu+1)n}+\zeta^{-(2\nu+1)(n-1)}+\zeta^{-(2\nu+1)(n-2)}+\cdots$$

$$+1+\zeta^{2\nu+1}+\zeta^{2(2\nu+1)}+\cdots)\left(\frac{1}{1-\zeta^{\nu^2}}-\frac{1}{1-\zeta^{(\nu+1)^2}}\right).$$

Es genügt somit zu zeigen, daß für $k\geqq 1$ das absolute Glied von

$$\sum_{\nu=1}^{\infty}\zeta^{-(2\nu+1)k}\left(\frac{1}{1-\zeta^{\nu^2}}-\frac{1}{1-\zeta^{(\nu+1)^2}}\right)=\sum_{\nu=1}^{\infty}\frac{\zeta^{-(2\nu+1)k}-\zeta^{-(2\nu-1)k}}{1-\zeta^{\nu^2}}+\frac{\zeta^{-k}}{1-\zeta}$$

gleich 1 ist. Nun ist aber ein Vielfaches von ν^2 dann und nur dann gleich $(2\nu+1)k$ bzw. $(2\nu-1)k$, wenn ν^2 in k aufgeht. Darum ist in der rechtsstehenden Summe das absolute Glied $=0$, womit die Behauptung bewiesen ist.

25. [Vgl. *G. H. Hardy,* Some famous problems of the theory of numbers and in particular *Waring's* problem, S. 9, 10. Oxford 1920.] „Geldwechselaufgabe“ [**9**]; $\omega = e^{\frac{2\pi i}{3}}$ gesetzt, ist

$$\frac{1}{(1-\zeta)(1-\zeta^2)(1-\zeta^3)}$$

$$= \frac{1}{6(1-\zeta)^3} + \frac{1}{4(1-\zeta)^2} + \frac{17}{72(1-\zeta)} + \frac{1}{8(1+\zeta)} + \frac{1}{9(1-\omega\zeta)} + \frac{1}{9(1-\omega^2\zeta)}$$

$$= \sum_{n=0}^{\infty} \left(\frac{(n+3)^2}{12} - \frac{7}{72} + \frac{(-1)^n}{8} + \frac{2}{9}\cos\frac{2n\pi}{3} \right) \zeta^n.$$

Es ist

$$\left| -\frac{7}{72} + \frac{(-1)^n}{8} + \frac{2}{9}\cos\frac{2n\pi}{3} \right| \leqq \frac{32}{72} < \frac{1}{2}.$$

26. [Satz von *P. Paoli*; vgl. Interméd. des math. Bd. 1, S. 247—248. *Ch. Hermite,* Aufgabe; Nouv. Ann. Serie 1, Bd. 17, S. 32, 1858. Lösung von *L. Rassicod,* ebenda, Serie 1, Bd. 17, S. 126—130, 1858.] Durch Betrachtungen wie in **25** oder **27** schwierig, auf Grund zahlentheoretischer Überlegungen [auch VIII **7** nützlich] leichter.

27. [Vgl. *Laguerre,* Oeuvres, Bd. 1, S. 218—220. Paris: Gauthier-Villars 1898.] Eine ähnliche Partialbruchzerlegung wie in **25** liefert für $\sum_{n=0}^{\infty} A_n \zeta^n = (1-\zeta^{a_1})^{-1}(1-\zeta^{a_2})^{-1}\cdots(1-\zeta^{a_l})^{-1}$ das „Hauptglied“

$$\frac{1}{a_1 a_2 \cdots a_l}\,\frac{1}{(1-\zeta)^l};$$

die Nenner der übrigen Glieder sind, da $a_1, a_2, \ldots, a_l$ keinen allen gemeinsamen Teiler besitzen, höchstens vom Grade $l-1$. Hieraus [Lösung III **242**] folgt die Behauptung. Vgl. **28**. Man beachte auch, daß der l-dimensionale Voluminhalt des durch die Ungleichungen

$$x_1 \geqq 0,\ x_2 \geqq 0,\ x_3 \geqq 0, \ldots,\ x_l \geqq 0,\ a_1 x_1 + a_2 x_2 + a_3 x_3 + \cdots + a_l x_l \leqq n$$

abgegrenzten Bereiches im l-dimensionalen Raume

$$\frac{1}{l!}\cdot\frac{n}{a_1}\cdot\frac{n}{a_2}\cdots\frac{n}{a_l} \quad \text{und} \quad A_n \sim \frac{d}{dn}\left(\frac{1}{l!}\cdot\frac{n}{a_1}\cdot\frac{n}{a_2}\cdots\frac{n}{a_l}\right)$$

ist.

28. Man setze in **11** bzw. **12**: $p = 3$.

29. Es sei $k \geqq 0$ und ganz. Die Anzahl der Lösungen von $|x_1| + |x_2| + |x_3| + \cdots + |x_p| = k$ ist gleich dem Koeffizienten a_k von ζ^k in der Entwicklung von

$$(1 + 2\zeta + 2\zeta^2 + 2\zeta^3 + \cdots)^p = \left(\frac{1+\zeta}{1-\zeta}\right)^p = \sum_{k=0}^{\infty} a_k \zeta^k;$$

die gesuchte Anzahl ist somit gleich dem Koeffizienten

$$a_0 + a_1 + a_2 + \cdots + a_n$$

von ζ^n in

$$\frac{(1+\zeta)^p}{(1-\zeta)^{p+1}} = \frac{(2\zeta+1-\zeta)^p}{(1-\zeta)^{p+1}} =$$

$$= (2\zeta)^p(1-\zeta)^{-p-1} + \binom{p}{1}(2\zeta)^{p-1}(1-\zeta)^{-p} + \binom{p}{2}(2\zeta)^{p-2}(1-\zeta)^{-p+1} + \cdots,$$

d. h. gleich

$$2^p\binom{n}{p} + 2^{p-1}\binom{p}{1}\binom{n}{p-1} + 2^{p-2}\binom{p}{2}\binom{n}{p-2} + \cdots + 1.$$

30. [*G. Pólya*, Math. Ann. Bd. 74, S. 204, 1913.] Die gesuchte Anzahl ist gleich der Summe der Koeffizienten von ζ^{-s}, ζ^{-s+1}, ..., 1, ..., ζ^{s-1}, ζ^s in der Entwicklung von

$$(\zeta^{-n} + \zeta^{-n+1} + \cdots + \zeta^{-1} + 1 + \zeta + \cdots + \zeta^{n-1} + \zeta^n)^3.$$

Es ist allgemein

$$\frac{1}{2\pi}\int_0^{2\pi}\left(\sum_{\nu=-k}^{k} a_\nu \zeta^\nu\right)\zeta^{-r}\,dt = a_r, \qquad \zeta = e^{it}, \quad -k \leqq r \leqq k$$

und

$$\sum_{\nu=-m}^{m}\zeta^\nu = \frac{\zeta^{-\frac{2m+1}{2}} - \zeta^{\frac{2m+1}{2}}}{\zeta^{-\frac{1}{2}} - \zeta^{\frac{1}{2}}} = \frac{\sin\frac{2m+1}{2}t}{\sin\frac{t}{2}}, \qquad \zeta = e^{it}.$$

31. [Vgl. *Ch. Hermite*, Aufgabe; Nouv. Ann. Serie 2, Bd. 7, S. 335, 1868. Lösung von *V. Schlegel*, ebenda, Serie 2, Bd. 8, S. 91, 1869.] Da $z = n - x - y$, so ist $x + y < n$, $x > 0$, $y > 0$; ferner ist $x \leqq n - x$, $y - x \leqq n - x - y \leqq x + y$.

Hieraus folgt, daß die gesuchte Anzahl gleich ist der Lösungszahl der Ungleichungen

$$1 \leqq x \leqq \frac{n}{2}, \qquad \frac{n}{2} - x \leqq y \leqq \frac{n}{2}, \qquad y > 0, \qquad x + y < n.$$

32. Durch Vergleichen der mittleren Koeffizienten in der Identität

$$(1+z)^n(1+z)^n = (1+z)^{2n}.$$

33. Durch Vergleichen der mittleren Koeffizienten in der Identität

$$(1+z)^{2n}(1-z)^{2n} = (1-z^2)^{2n}.$$

34. Klar.

35. Wegen

$$x^{n|h} = h^n n! \binom{\frac{x}{h}}{n}$$

ist

$$\sum_{n=0}^{\infty} \frac{x^{n|h}}{n!} z^n = (1 + hz)^{\frac{x}{h}}.$$

Man wende **34** an.

36. Vgl. **35**.

37. Man differentiiere die Identität

$$1 - (1-x)^n = \binom{n}{1} x - \binom{n}{2} x^2 + \cdots + (-1)^{n-1} \binom{n}{n} x^n$$

und setze $x = 1$.

38. [Aufgabe aus *Ed. Times*. Vgl. Mathesis, Serie 2, Bd. 1, S. 104, 1891. Lösung von *Greenstreet* usw. ebenda, S. 236.] Der fragliche Ausdruck ist gleich

$$\int_0^1 \frac{1-(1-x)^n}{x} dx = \int_0^1 \frac{1-x^n}{1-x} dx = \int_0^1 (1 + x + x^2 + \cdots + x^{n-1})\, dx$$
$$= 1 + \frac{1}{2} + \frac{1}{3} + \cdots + \frac{1}{n}.$$

39. Das allgemeine Glied der linksstehenden Summe ist der Koeffizient von x^{2n+1} in $\frac{1}{2}(1+2x)^{n+k+1}(-x^2)^{n-k}$. Es handelt sich also um den Koeffizienten von x^{2n+1} in

$$\sum_{k=0}^{n} \tfrac{1}{2}(1+2x)^{n+k+1}(-x^2)^{n-k} = \tfrac{1}{2}(1+2x)^{n+1} \frac{(1+2x)^{n+1} - (-x^2)^{n+1}}{(1+x)^2},$$

oder in der Potenzreihe von $\frac{1}{2}(1+2x)^{2n+2}(1+x)^{-2}$. Die Ausführung der Division führt auf ein Polynom $2n^{\text{ten}}$ Grades als Quotienten und auf den Rest $\frac{1}{2}[1-(2n+2)(2x+2)]$. Der Koeffizient von x^{2n+1} in

$$\frac{1}{2}\frac{1}{(1+x)^2} - \frac{2n+2}{1+x}$$

ist $= -\frac{1}{2}(2n+2) + 2n + 2 = n + 1$.

40. Man zerlege die vorgelegte Summe in drei Summanden gemäß

$$(\nu - n\alpha)^2 = n^2\alpha^2 - (2n\alpha - 1)\nu + \nu(\nu - 1);$$

aus der Formel

$$\sum_{\nu=0}^{n} \binom{n}{\nu} p^{\nu} q^{n-\nu} = (p+q)^n,$$

sowie aus zwei anderen, die hieraus durch fortgesetzte Differentiation nach p entstehen, ergeben sich für $p = x$, $q = 1 - x$ die Werte der drei Summanden. Vgl. II **144**.

41. Es genügt

$$\varphi(x) = \frac{x(x-1)\cdots(x-p+1)}{p!} = \binom{x}{p}, \qquad \psi(x) = \frac{1}{2^p}\binom{x}{p}$$

und $n \geqq p$ zu nehmen. Dann ist

$$\sum_{\nu=p}^{n} \binom{n}{\nu}\binom{\nu}{p} = \frac{n!}{p!\,(n-p)!} \sum_{\nu=p}^{n} \binom{n-p}{\nu-p} = \binom{n}{p} 2^{n-p} = 2^n \psi(n),$$

$$\sum_{\nu=p}^{n} (-1)^\nu \binom{n}{\nu}\binom{\nu}{p} = \frac{n!}{p!\,(n-p)!} \sum_{\nu=p}^{n} (-1)^\nu \binom{n-p}{\nu-p} = \begin{cases} 0 \text{ für } n > p, \\ (-1)^n \text{ für } n = p. \end{cases}$$

42. Spezialfall von **40** für $x = \alpha = \frac{1}{2}$; auch Spezialfall von **41** für

$$\varphi(x) = (2x-n)^2 = n^2 - 4xn + 4x^2 = n^2 - 4(n-1)x + 4x(x-1),$$

$$\psi(x) = n^2 - 2(n-1)x + x(x-1).$$

Es ist $\psi(n) = n$.

43. Spezialfall von **41** für $\varphi(x) = (2x-n)^2$ [**42**]. Es ist $a_n = 0$ für $n \neq 2$, $a_n = 4$ für $n = 2$.

44. Es sei $f(x) = c_n(x-x_1)(x-x_2)\cdots(x-x_n)$; man hat

$$\left(z\frac{d}{dz} - x_\nu\right) z^k = (k - x_\nu) z^k, \qquad \nu = 1, 2, \ldots, n.$$

45. [*G. Darboux*, Aufgabe; Nouv. Ann. Serie 2, Bd. 7, S. 138, 1868.] Es ist [**44**]

$$\sum_{k=0}^{\infty} \frac{f(k)}{k!} z^k = f\left(z\frac{d}{dz}\right) e^z = e^z g(z),$$

wobei $g(z)$ ein ganzzahliges Polynom bezeichnet.

46. [*Cesàro*, S. 872.] Aus der Rekursionsformel

$$f_{n+1}(z) = z\,[f_n'(z)(1-z) + (n+1) f_n(z)]$$

folgt für die Koeffizienten von $f_n(z) = a_1^{(n)} z + a_2^{(n)} z^2 + \cdots + a_n^{(n)} z^n$ die Beziehung

$$a_\nu^{(n+1)} = \nu a_\nu^{(n)} + (n - \nu + 2) a_{\nu-1}^{(n)}, \quad \nu = 1, 2, \ldots, n+1; \; a_0^{(n)} = a_{n+1}^{(n)} = 0.$$

Da $f_1(z) = z$, folgt hieraus die Behauptung. Der Wert von $f_n(1)$ ergibt sich aus

$$f_{n+1}(1) = (n+1) f_n(1).$$

47. [Vgl. *N. H. Abel*, Oeuvres, Bd. 2, Nouvelle édition, S. 14. Christiania: Grøndahl & Son 1881.] Ist $g(x) =$ konst., so folgt die Behauptung aus **44**. Gilt sie für Polynome niedrigeren Grades als $g(x)$, dann setze man

$$g(x) = (x - x_1)\, g_1(x).$$

Es ist

$$g\left(z\frac{d}{dz}\right)y = g_1\left(z\frac{d}{dz}\right)\left[\left(z\frac{d}{dz} - x_1\right)y\right]$$

$$= g_1\left(z\frac{d}{dz}\right)\left(\frac{f(0)}{g_1(0)} + \frac{f(1)}{g_1(1)}z + \frac{f(2)}{g_1(2)}z^2 + \cdots\right) = f\left(z\frac{d}{dz}\right)\frac{1}{1-z}.$$

Die gegebene Differentialgleichung ist durch sukzessive Quadraturen lösbar, weil doch das für die Gleichung

$$\left(z\frac{d}{dz} - x_0\right)y = zy' - x_0 y = \varphi(z)$$

gilt.

48. Nach **44** sind beide Seiten gleich

$$f(1)z + \frac{f(1)f(2)}{g(1)}z^2 + \frac{f(1)f(2)f(3)}{g(1)g(2)}z^3 + \cdots + \frac{f(1)f(2)\ldots f(n-1)f(n)}{g(1)g(2)\ldots g(n-1)}z^n + \cdots.$$

49. Aus **48** für $f(x) = (x - \frac{1}{2})^2$, $g(x) = x^2$.

50. Aus der Funktionalgleichung folgt durch Vergleichen der Koeffizienten von z^n auf beiden Seiten,

$$A_n(q^n - 1) = A_{n-1}q^n, \qquad n = 1, 2, 3, \ldots; \; A_0 = 1,$$

also

$$A_n = \frac{q^{\frac{n(n+1)}{2}}}{(q-1)(q^2-1)\cdots(q^n-1)}, \qquad n = 1, 2, 3, \ldots.$$

51. Aus der Funktionalgleichung in **50** folgt

$$B_n(1 - q^n) = B_{n-1}q, \qquad n = 1, 2, 3, \ldots; \; B_0 = 1,$$

also

$$B_n = \frac{q^n}{(1-q)(1-q^2)\cdots(1-q^n)}, \qquad n = 1, 2, 3, \ldots.$$

52. [*Ch. Biehler;* vgl. *P. Appell* und *E. Lacour*, Principes de la théorie des fonctions elliptiques et applications, S. 398. Paris: Gauthier-Villars 1897.] Der fragliche Ausdruck möge $\varphi_n(z)$ heißen; es ist

$$\varphi_n(q^2 z) = \varphi_n(z)\frac{1 + q^{2n+1}z}{qz + q^{2n}}.$$

Hieraus folgt

$$C_\nu q^{2\nu+1}(1 - q^{2n-2\nu}) = C_{\nu+1}(1 - q^{2n+2\nu+2}), \qquad \nu = 0, 1, \ldots, n-1,$$

$$C_n = q^{n^2},$$

d. h.

$$C_\nu = \frac{(1 - q^{2n+2\nu+2})(1 - q^{2n+2\nu+4})\cdots(1 - q^{4n})}{(1-q^2)(1-q^4)\cdots(1-q^{2n-2\nu})}q^{\nu^2}, \; \nu = 0, 1, \ldots, n-1.$$

53. [*Jacobi*, Fundamenta nova theoriae functionum ellipticarum, § 64, Werke, Bd. 1, S. 234. Berlin: G. Reimer 1881.] Durch Grenzübergang lim $n = \infty$ aus **52**. [**181**.]

54. [*Euler*, Commentationes arithmeticae, Bd. 1; Opera Omnia, Serie 1, Bd. 2, S. 249—250. Leipzig und Berlin: B. G. Teubner 1915.] Spezialfall von **53**: $q \mid q^{\frac{3}{2}}$, $z = -q^{\frac{1}{2}}$.

55. [*Gauß*, Summatio quarumdam serierum singularium, Werke, Bd. 2, S. 9—45. Göttingen: Ges. d. Wiss. 1863.] Spezialfall von **53**: $q \mid q^{\frac{1}{2}}$, $z = q^{\frac{1}{2}}$; ferner benutze man **19**.

56. [*Jacobi*, a. a. O. **53**, § 66; Werke, Bd. 1, S. 237.] Man setze $z = -1$ in **53** und berücksichtige **19**.

57. Setzt man $a_n = -q^n z$, so ist

$$1 + G(z) - G(qz) = 1 + \sum_{n=1}^{\infty} \frac{q^n z}{1-q^n} (1-qz)(1-q^2 z) \cdots (1-q^{n-1} z)(q^n - 1)$$

$$= 1 + a_1 + a_2(1+a_1) + a_3(1+a_1)(1+a_2) + a_4(1+a_1)(1+a_2)(1+a_3) + \cdots$$

$$= (1+a_1)(1+a_2) + a_3(1+a_1)(1+a_2) + a_4(1+a_1)(1+a_2)(1+a_3) + \cdots$$

$$= (1+a_1)(1+a_2)(1+a_3) + a_4(1+a_1)(1+a_2)(1+a_3) + \cdots, \text{ usw.}$$

58. $$D_0 = G(0) = \frac{q}{1-q} + \frac{q^2}{1-q^2} + \frac{q^3}{1-q^3} + \cdots + \frac{q^n}{1-q^n} + \cdots;$$

unter Beachtung von **50** und **57** erhält man

$$G(z) - G(qz) = \sum_{n=1}^{\infty} A_n z^n, \quad G(qz) - G(q^2 z) = \sum_{n=1}^{\infty} A_n q^n z^n,$$

$$G(q^2 z) - G(q^3 z) = \sum_{n=1}^{\infty} A_n q^{2n} z^n, \ \ldots,$$

also durch Addition der m ersten Gleichungen für $m \to \infty$

$$G(z) - G(0) = \sum_{n=1}^{\infty} \frac{A_n}{1-q^n} z^n.$$

59. Es ist $G(1) = 0$. Aus der Funktionalgleichung von **57** folgt durch vollständige Induktion

$$G(q^{-n}) = \sum_{k=1}^{n} \frac{q^k}{1-q^k} \left(1 - \frac{1}{q^n}\right)\left(1 - \frac{q}{q^n}\right) \cdots \left(1 - \frac{q^{k-1}}{q^n}\right) = -n, \quad q^{-1} = a.$$

Man setze $(1-q)n = y$, $1 - \frac{y}{n} = q$; aus

$$\sum_{k=1}^{n} \frac{q^k}{1+q+q^2+\cdots+q^{k-1}} \left[1 - \left(1 - \frac{y}{n}\right)^{-n}\right]\left[1 - \left(1 - \frac{y}{n}\right)^{-n+1}\right] \cdots$$

$$\left[1 - \left(1 - \frac{y}{n}\right)^{-n+k-1}\right] = -(1-q)n$$

folgt für $n \to \infty$ bei festem y, also für* $q \to 1$

$$\sum_{k=1}^{\infty} \frac{1}{k} (1 - e^y)^k = -y. \qquad \textbf{[181.]}$$

60. Damit

$$\sum_{n=0}^{\infty} \frac{1}{2n+1} \frac{(2z)^{2n}}{(1+z^2)^{2n+1}} = \sum_{n=0}^{\infty} \frac{z^{2n}}{2n+1}$$

bestehe, muß (Vergleichen des Koeffizienten von z^{2n})

$$\sum_{k=0}^{n} (-1)^{n-k} \frac{2^{2k}}{2k+1} \binom{n+k}{n-k} = \frac{1}{2n+1}$$

sein. Es ist

$$\frac{2n+1}{2k+1} \binom{n+k}{n-k} = \binom{n+k+1}{2k+1} + \binom{n+k}{2k+1}.$$

Man wende **39** an. — Auch ohne Rechnung mit Potenzreihen ersichtlich aus

$$f(z) = \frac{1}{2z} \log \frac{1+z}{1-z}.$$

61. Aus der Definition; bei dem Produkt unter Beachtung von **34**.

62. Sind $a_1, a_2, \ldots, a_n$ positiv, so ist

$$1 + a_\nu z \ll e^{a_\nu z}, \qquad \nu = 1, 2, \ldots, n;$$

auf Grund von **61**:

$$(1 + a_1 z)(1 + a_2 z) \cdots (1 + a_n z) \ll e^{(a_1 + a_2 + \cdots + a_n) z}.$$

Hieraus Spezialfall für $a_1 = a_2 = \cdots = a_n = \frac{1}{n}$.

63. Aus $A(z) \ll P(z)$ folgen

$$\int_0^z A(z)\,dz \ll \int_0^z P(z)\,dz \qquad \text{und} \qquad e^{A(z)} \ll e^{P(z)}.$$

Aus

$$\frac{f'(z)}{f(z)} - \frac{1}{z} \ll \frac{2}{1-z}$$

schließt man also

$$\log \frac{f(z)}{z} \ll \log \frac{1}{(1-z)^2}, \qquad \frac{f(z)}{z} \ll \frac{1}{(1-z)^2} = \sum_{n=1}^{\infty} n z^{n-1}.$$

64. a) Aus der kombinatorischen Bedeutung der in **9** definierten Größen folgt, daß

$$0 \leqq C_n \leqq A_n \leqq B_n.$$

b) Die erste Hälfte der Behauptung läßt sich aus

$$1 + z^a \ll \frac{1}{1 - z^a} = 1 + z^a + z^{2a} + \cdots$$

schließen, indem man $a = a_1, a_2, \ldots, a_l$ setzt und multipliziert [**61**].

Die zweite Hälfte ergibt sich aus

$$\frac{(1 - z^{a_1} - z^{a_2} - \cdots - z^{a_{m-1}})(1 - z^{a_m})}{1 - z^{a_1} - z^{a_2} - \cdots - z^{a_{m-1}} - z^{a_m}} = 1 + \frac{(z^{a_1} + z^{a_2} + \cdots + z^{a_{m-1}})\, z^{a_m}}{1 - z^{a_1} - z^{a_2} - \cdots - z^{a_{m-1}} - z^{a_m}} \gg 1$$

für $m = 2, 3, \ldots, l$ und durch Multiplikation:

$$\frac{(1-z^{a_1})(1-z^{a_2})\cdots(1-z^{a_l})}{1-z^{a_1}-z^{-a_2}-\cdots-z^{a_l}} \gg 1.$$

Man multipliziere beide Seiten mit $[(1-z^{a_1})(1-z^{a_2})\cdots(1-z^{a_l})]^{-1}$.

65. Klar.

66. Es sei $s_n = 0$ für $n \neq \nu$, $s_\nu = 1$, dann ist $t_n = p_{n\nu}$ für $n \geqq \nu$; soll auch für diese spezielle Folge $\lim\limits_{n\to\infty} t_n = \lim\limits_{n\to\infty} s_n$ sein, so ist $\lim\limits_{n\to\infty} p_{n\nu} = 0$: die Bedingung ist notwendig. Andererseits sei die Bedingung erfüllt; ist ε eine beliebige positive Zahl, so wähle man N so, daß $|s_n - s| < \frac{\varepsilon}{2}$ für $n > N$ ist, außerdem sei noch n so groß gewählt, daß p_{n0}, $p_{n1}, \ldots, p_{nN}$ alle $< \frac{\varepsilon}{4(N+1)M}$ sind; M bezeichne das Maximum von $|s_\nu|$. Aus

$$t_n - s = p_{n0}(s_0 - s) + p_{n1}(s_1 - s) + \cdots + p_{nn}(s_n - s)$$

schließt man dann

$$|t_n - s| < (N+1)\,2M\frac{\varepsilon}{4(N+1)M} + \frac{\varepsilon}{2}(p_{n,N+1} + p_{n,N+2} + \cdots + p_{nn}) < \frac{\varepsilon}{2} + \frac{\varepsilon}{2}.$$

67. Spezialfall von **66**: $p_{n\nu} = \frac{1}{n+1}$.

68. Äquivalent mit **67**: $\log p_n = s_n$. Oft gebräuchlich ist die Formulierung: Ist $a_n > 0$, $\lim\limits_{n\to\infty} \frac{a_{n+1}}{a_n} = a > 0$, so ist auch $\lim\limits_{n\to\infty} \sqrt[n+1]{a_n} = a$.

69. Spezialfall von **68**: Setzt man

$$p_0 = 1, \quad p_1 = \left(\frac{2}{1}\right)^1, \quad p_2 = \left(\frac{3}{2}\right)^2, \quad \ldots, \quad p_n = \left(\frac{n+1}{n}\right)^n,$$

so ist

$$p_0 p_1 p_2 \ldots p_n = \frac{(n+1)^{n+1}}{(n+1)!}.$$

70. Spezialfall von **66**: Setzt man

$$s_n = \frac{a_n}{b_n}, \qquad p_{n\nu} = \frac{b_\nu}{b_0 + b_1 + \cdots + b_n}, \qquad t_n = \frac{a_0 + a_1 + \cdots + a_n}{b_0 + b_1 + \cdots + b_n},$$

so ist

$$\lim_{n\to\infty} p_{n\nu} = 0.$$

71. Spezialfall von **70**: $a_n = (n+1)^{\alpha-1}$, $b_n = (n+1)^\alpha - n^\alpha$. Es ist

$$\lim_{n\to\infty} \frac{(n+1)^\alpha - n^\alpha}{n^{\alpha-1}} = \lim_{n\to\infty} \frac{\left(1+\frac{1}{n}\right)^\alpha - 1^\alpha}{\frac{1}{n}} = \left(\frac{d x^\alpha}{d x}\right)_{x=1} = \alpha,$$

daher

$$\lim_{n\to\infty} \frac{1^{\alpha-1} + 2^{\alpha-1} + \cdots + (n+1)^{\alpha-1}}{(n+1)^\alpha} = \lim_{n\to\infty} \frac{(n+1)^{\alpha-1}}{(n+1)^\alpha - n^\alpha} = \frac{1}{\alpha}.$$

72. [Bezüglich **72**—**74** vgl. *N. E. Nörlund*, Lunds Universitets Årsskrift, N. F. Avd. 2, Bd. 16, Nr. 3, 1919.] Spezialfall von **66**:

$$p_{n\nu} = \frac{p_{n-\nu}}{p_0 + p_1 + \cdots + p_n} \leqq \frac{p_{n-\nu}}{p_0 + p_1 + \cdots + p_{n-\nu}}.$$

73. Spezialfall von **66**. Man setze

$$p_0 + p_1 + \cdots + p_n = P_n, \quad q_0 + q_1 + \cdots + q_n = Q_n, \quad r_0 + r_1 + \cdots + r_n = R_n.$$

Es ist [vgl. **74**]

$$\frac{r_n}{R_n} = \frac{p_0 q_n + p_1 q_{n-1} + \cdots + p_n q_0}{p_0 Q_n + p_1 Q_{n-1} + \cdots + p_n Q_0} = p_{n0}\frac{q_0}{Q_0} + p_{n1}\frac{q_1}{Q_1} + \cdots + p_{nn}\frac{q_n}{Q_n},$$

wenn

$$p_{n\nu} = \frac{p_{n-\nu} Q_\nu}{p_0 Q_n + p_1 Q_{n-1} + \cdots + p_n Q_0} \leqq \frac{p_{n-\nu}}{p_0 + p_1 + \cdots + p_{n-\nu}}$$

gesetzt wird.

74. Wird

$$\mathfrak{p}_n = \frac{s_0 p_n + s_1 p_{n-1} + \cdots + s_n p_0}{p_0 + p_1 + \cdots + p_n}, \qquad \mathfrak{q}_n = \frac{s_0 q_n + s_1 q_{n-1} + \cdots + s_n q_0}{q_0 + q_1 + \cdots + q_n},$$

$$\mathfrak{r}_n = \frac{s_0 r_n + s_1 r_{n-1} + \cdots + s_n r_0}{r_0 + r_1 + \cdots + r_n}$$

(r_n wie in **73**) gesetzt, so ist

$$\mathfrak{r}_n = \frac{p_n Q_0 \mathfrak{q}_0 + p_{n-1} Q_1 \mathfrak{q}_1 + \cdots + p_0 Q_n \mathfrak{q}_n}{p_n Q_0 + p_{n-1} Q_1 + \cdots + p_0 Q_n} = \frac{q_n P_0 \mathfrak{p}_0 + q_{n-1} P_1 \mathfrak{p}_1 + \cdots + q_0 P_n \mathfrak{p}_n}{q_n P_0 + q_{n-1} P_1 + \cdots + q_0 P_n}$$

und folglich [**66**, **73**] $\lim\limits_{n\to\infty} \mathfrak{p}_n = \lim\limits_{n\to\infty} \mathfrak{q}_n = \lim\limits_{n\to\infty} \mathfrak{r}_n$. Zur Herleitung obiger Identitäten bediene man sich der Potenzreihen, deren Koeffizienten die fraglichen Zahlenfolgen sind [**34**]:

$$\sum_{k=0}^\infty z^k \sum_{l=0}^\infty p_l z^l = \sum_{n=0}^\infty P_n z^n, \qquad \sum_{k=0}^\infty z^k \sum_{l=0}^\infty q_l z^l = \sum_{n=0}^\infty Q_n z^n,$$

$$\sum_{k=0}^\infty z^k \sum_{l=0}^\infty r_l z^l = \sum_{n=0}^\infty R_n z^n = \sum_{k=0}^\infty P_k z^k \sum_{l=0}^\infty q_l z^l = \sum_{k=0}^\infty p_k z^k \sum_{l=0}^\infty Q_l z^l,$$

$$\sum_{n=0}^\infty P_n \mathfrak{p}_n z^n = \sum_{k=0}^\infty p_k z^k \sum_{l=0}^\infty s_l z^l, \qquad \sum_{n=0}^\infty Q_n \mathfrak{q}_n z^n = \sum_{k=0}^\infty q_k z^k \sum_{l=0}^\infty s_l z^l,$$

$$\sum_{n=0}^\infty R_n \mathfrak{r}_n z^n = \sum_{k=0}^\infty p_k z^k \sum_{l=0}^\infty q_l z^l \sum_{m=0}^\infty s_m z^m = \sum_{k=0}^\infty p_k z^k \sum_{l=0}^\infty Q_l \mathfrak{q}_l z^l = \sum_{k=0}^\infty q_k z^k \sum_{l=0}^\infty P_l \mathfrak{p}_l z^l.$$

75. Setzt man

$$t_n = (a_1 + a_2 + \cdots + a_n)\, n^{-\sigma}, \qquad s_n = a_1 1^{-\sigma} + a_2 2^{-\sigma} + \cdots + a_n n^{-\sigma},$$

so ist, wenn s die Reihensumme bezeichnet,

$$t_n - n^{-\sigma}(n+1)^\sigma (s_n - s) = n^{-\sigma} \sum_{\nu=1}^{n} (s_\nu - s)\,[\nu^\sigma - (\nu+1)^\sigma] + n^{-\sigma} s\,;$$

dies konvergiert gegen 0 [**66**].

76. [*E. Cesàro*, Nouv. Ann. Serie 3, Bd. 9, S. 353—367, 1890.] Laut **70** ist der gesuchte Grenzwert

$$= \lim_{n\to\infty} \frac{p_n P_n^{-1}}{\log P_n - \log P_{n-1}} = \lim_{n\to\infty} \frac{p_n P_n^{-1}}{-\log(1 - p_n P_n^{-1})}.$$

77. [*I. Schur.*] Man setze $\sum_{\nu=1}^{n} p_\nu = P_n$, $\sum_{\nu=1}^{n} q_\nu = Q_n$, und es sei $\beta > 0$. Es ist $\lim_{n\to\infty} Q_n = \lim_{n\to\infty} n q_n = \infty$; sonst wäre nämlich $q_n \backsim \frac{q}{n}$, $q > 0$, d. h. [**76**] $Q_n \backsim q \log n \to \infty$: Widerspruch. Es ist auch $\lim_{n\to\infty} P_n = \lim_{n\to\infty} n p_n = \infty$. (Für $\alpha > 0$ zeigt man dies, wie vorher, für $\alpha = 0$ ist $\lim_{n\to\infty} n p_n P_n^{-1} = \infty$, also erst recht $\lim_{n\to\infty} n p_n = \infty$, also $\sum_{n=1}^{\infty} p_n$ divergent.) Daher ist die Reihe $\sum_{n=1}^{\infty} n p_n q_n$ divergent. Im Falle $\alpha = 0$ schließt man, da $n q_n < K Q_n$, K von n frei,

$$\sum_{\nu=1}^{n} \nu p_\nu q_\nu < K \sum_{\nu=1}^{n} p_\nu Q_\nu \leqq K Q_n \sum_{\nu=1}^{n} p_\nu = K P_n Q_n,$$

d. h.

$$\lim_{n\to\infty} \frac{\sum_{\nu=1}^{n} \nu p_\nu q_\nu}{n^2 p_n q_n} = \lim_{n\to\infty} \frac{P_n}{n p_n} \cdot \lim_{n\to\infty} \frac{Q_n}{n q_n} = 0.$$

Im Falle $\alpha > 0$ ersetze man die Behauptung durch

$$\lim_{n\to\infty} \frac{P_n Q_n}{\sum_{\nu=1}^{n} \nu p_\nu q_\nu} = \alpha + \beta.$$

Man wende **70** an:

$$a_n = P_n Q_n - P_{n-1} Q_{n-1}, \; b_n = n p_n q_n, \; \frac{a_n}{b_n} = \frac{P_n}{n p_n} + \frac{Q_n}{n q_n} - \frac{1}{n} \to \alpha + \beta = s.$$

78. Beispiel: $a_1 = a_2 = a_3 = \cdots = 1$. Es sei nun angenommen, daß $a_n \geqq a_{n+1}$, $a_n \to 0$ und

$$a_1 + a_2 + \cdots + a_n - n a_n \leqq K \qquad \text{für } n = 1, 2, 3, \ldots.$$

Es sei m gegeben; man bestimme n so, daß $a_n \leqq \frac{1}{2} a_m$ ist. Aus

$$K \geqq a_1 + a_2 + \cdots + a_m - m a_n + (a_{m+1} + \cdots + a_n) - (n - m) a_n$$
$$\geqq m (a_m - a_n) \geqq \tfrac{1}{2} m a_m$$

folgt $a_1 + \cdots + a_m \leqq K + m a_m \leqq 3K$ für $m = 1, 2, 3, \ldots$. Es liegt hier ein Fall von Reihentransformation mit *speziellen Bedingungen* vor, auf welchen **66** nicht anwendbar ist.

79. Enthält **65** als Spezialfall; Beweis derselbe. — Ist $p_{kl} = 0$ für $l > k$, so heißt die Doppelfolge *zeilenfinit* (vgl. **65, 66**). Ist $p_{kl} = 0$ für $l < k$, so heißt sie *kolonnenfinit.*

80. Enthält **66** als Spezialfall; Beweis analog.

81. Setzt man $s_n = n c_n + (n+1) c_{n+1} + \cdots$, so ist

$$t_n = \frac{1}{n} s_n + \left(\frac{2}{n+1} - \frac{1}{n}\right) s_{n+1} + \left(\frac{3}{n+2} - \frac{2}{n+1}\right) s_{n+2} + \cdots;$$

unter Berücksichtigung von $\lim\limits_{n\to\infty} s_n = 0$ folgt hieraus $\lim\limits_{n\to\infty} t_n = 0$ [**80**].

82. [*G. H. Hardy* und *J. E. Littlewood*, Palermo Rend. Bd. 41, S. 50—51, 1916; vgl. auch *T. Carleman*, Ark. för Mat., Astron. och Fys. Bd. 15, Nr. 11, 1920.] Es sei

$$a_0 + a_1 + \cdots + a_n = s_n, \qquad \frac{f^{(n)}(\alpha)}{n!} = b_n,$$
$$b_0 + b_1(1-\alpha) + \cdots + b_n(1-\alpha)^n = t_n;$$

man beweist in der Funktionentheorie [*Hurwitz-Courant*, S. 32—33], daß für $|y| < 1 - \alpha$ identisch

$$b_0 + b_1 y + b_2 y^2 + \cdots + b_n y^n + \cdots$$
$$= a_0 + a_1(\alpha + y) + a_2(\alpha + y)^2 + \cdots + a_n(\alpha + y)^n + \cdots$$

gilt. Es folgt

$$\sum_{k=0}^{\infty}(1-\alpha)^{n-k} y^k \sum_{l=0}^{\infty} b_l y^l = \frac{(1-\alpha)^{n+1}}{1-(\alpha+y)} \sum_{l=0}^{\infty} a_l (\alpha+y)^l = (1-\alpha)^{n+1} \sum_{l=0}^{\infty} s_l (\alpha+y)^l.$$

Der Koeffizient von y^n ist linker Hand t_n und rechter Hand

$$(1-\alpha)^{n+1}\left[s_n + \binom{n+1}{1}\alpha s_{n+1} + \binom{n+2}{2}\alpha^2 s_{n+2} + \binom{n+3}{3}\alpha^3 s_{n+3} + \cdots\right] = t_n.$$

Die Zeilensumme ist 1 [Binomialformel], die Transformation ist kolonnenfinit.

83. Vgl. die analogen Sätze **65** und **79**.

84. Vgl. die analogen Sätze **66** und **80**.

85. Man setze in **84**:

$$s_n = \frac{a_n}{b_n}, \qquad \varphi_n(t) = \frac{b_n t^n}{b_0 + b_1 t + b_2 t^2 + \cdots + b_n t^n + \cdots}.$$

Bei gegebenem ν und ε, $\varepsilon > 0$, wähle man n so groß, daß

$$b_0 + b_1 + b_2 + \cdots + b_n > \frac{b_\nu}{\varepsilon}$$

ist, dann ist

$$\varphi_\nu(t) < \frac{b_\nu t^\nu}{b_0 + b_1 t + \cdots + b_n t^n}.$$

Letzterer Ausdruck strebt für $t \to 1$ gegen einen Wert, der $< \varepsilon$ ist. Der Satz gilt unverändert, wenn der Konvergenzradius nicht 1, sondern ϱ ist, $\varrho > 0$.

86. [*N. H. Abel*, a. a. O. **47**, Bd. 1, S. 223.] Auf Grund von **85** ist

$$a_0 + a_1 t + a_2 t^2 + \cdots + a_n t^n + \cdots = \frac{\sum_{n=0}^{\infty} (a_0 + a_1 + \cdots + a_n) t^n}{\sum_{n=0}^{\infty} t^n}$$

$$= \lim_{n \to \infty} \frac{a_0 + a_1 + \cdots + a_n}{1} = s.$$

87. [*G. Frobenius*, J. für Math. Bd. 89, S. 262—264, 1880.] Aus der Voraussetzung folgt, daß $n^{-1} a_n$ beschränkt ist; daher konvergiert $\sum_{n=0}^{\infty} a_n t^n$ für $|t| < 1$. Auf Grund von **85** folgt

$$a_0 + a_1 t + a_2 t^2 + \cdots + a_n t^n + \cdots$$

$$= \frac{\sum_{n=0}^{\infty} (a_0 + a_1 + \cdots + a_n) t^n}{\sum_{n=0}^{\infty} t^n} = \frac{\sum_{n=0}^{\infty} (s_0 + s_1 + \cdots + s_n) t^n}{\sum_{n=0}^{\infty} (n+1) t^n}$$

$$= \lim_{n \to \infty} \frac{s_0 + s_1 + \cdots + s_n}{n+1} = s.$$

88. Durch Multiplikation von Zähler und Nenner mit der geometrischen Reihe folgt

$$\frac{a_0 + a_1 t + a_2 t^2 + \cdots + a_n t^n + \cdots}{b_0 + b_1 t + b_2 t^2 + \cdots + b_n t^n + \cdots} = \frac{\sum_{n=0}^{\infty} (a_0 + a_1 + \cdots + a_n) t^n}{\sum_{n=0}^{\infty} (b_0 + b_1 + \cdots + b_n) t^n}$$

$$= \lim_{n \to \infty} \frac{a_0 + a_1 + \cdots + a_n}{b_0 + b_1 + \cdots + b_n} = s.$$

89. Anwendung von **156** mit $\varphi(z) = \log\left(1+\frac{\alpha}{z}\right) - \alpha\log\left(1+\frac{1}{z}\right)$ lehrt, daß

$$\sum_{\nu=1}^{\infty}\left[\log\left(1+\frac{\alpha}{\nu}\right) - \alpha\log\left(1+\frac{1}{\nu}\right)\right]$$

konvergiert; d. h. es existiert

$$\lim_{n\to\infty}\frac{n^{\alpha-1}n!}{\alpha(\alpha+1)\cdots(\alpha+n-1)} > 0 .$$

Man setze in **85**: $a_n = n^{\alpha-1}$, $b_n = \dfrac{\alpha(\alpha+1)\cdots(\alpha+n-1)}{n!}$.

90. Das fragliche Integral lautet, nach Potenzen von k entwickelt,

$$\frac{\pi}{2}\sum_{n=0}^{\infty}\left(\frac{1.3\ldots(2n-1)}{2.4\ldots 2n}\right)^2 k^{2n}.$$

Spezialfall von **85**: $a_n = \dfrac{\pi}{2}\left(\dfrac{1.3\ldots(2n-1)}{2.4\ldots 2n}\right)^2$, $b_n = \dfrac{1}{n}$, $s = \dfrac{1}{2}$, $k^2 = t$.

91. [Vgl. *O. Perron*, Die Lehre von den Kettenbrüchen, S. 353, Formel (24). Leipzig: B. G. Teubner 1913.] Aus der Rekursionsformel

$$A_{n+2} = (2n+1)A_{n+1} + aA_n, \qquad B_{n+2} = (2n+1)B_{n+1} + aB_n,$$
$$n = 0, 1, 2, \ldots; \qquad A_0 = B_1 = 1, \quad A_1 = B_0 = 0$$

folgt, wenn y eine der beiden Reihen $F(x)$, $G(x)$ bedeutet:

$$y'' = 2xy'' + y' + ay .$$

Die Substitution $a(1-2x) = v^2$ führt auf $\dfrac{d^2y}{dv^2} - y = 0$, $y = c_1e^v + c_2e^{-v}$, c_1 und c_2 Konstanten, d. h.

$$F(x) = \frac{e^{v-\sqrt{a}} + e^{-v+\sqrt{a}}}{2}, \qquad G(x) = \frac{-e^{v-\sqrt{a}} + e^{-v+\sqrt{a}}}{2\sqrt{a}}.$$

Setzt man $2x = t$, so läßt sich **85** auf folgende Weise anwenden:

$$\lim_{n\to\infty}\frac{A_n}{B_n} = \lim_{n\to\infty}\frac{n\dfrac{A_n}{n!}\dfrac{1}{2^{n-1}}}{n\dfrac{B_n}{n!}\dfrac{1}{2^{n-1}}} = \lim_{t\to 1-0}\frac{F'\left(\dfrac{t}{2}\right)}{G'\left(\dfrac{t}{2}\right)} = \sqrt{a}\,\frac{e^{\sqrt{a}} - e^{-\sqrt{a}}}{e^{\sqrt{a}} + e^{-\sqrt{a}}};$$

die Potenzreihe von $G'\left(\frac{t}{2}\right)$ divergiert für $t = 1$, weil ihre sämtlichen Koeffizienten $\geqq 0$ sind und $\lim\limits_{t\to 1-0} G'\left(\frac{t}{2}\right) = \infty$ ist.

92. Spezialfall von **88**:

$$(1-t)^{-\sigma} = \sum_{n=0}^{\infty} b_n t^n = \sum_{n=0}^{\infty}\binom{\sigma+n-1}{n} t^n.$$

Wegen $(1-t)^{-\sigma-1}=\sum_{n=0}^{\infty}(b_0+b_1+\cdots+b_n)t^n$ ist

$$b_0+b_1+b_2+\cdots+b_n=\binom{\sigma+n}{n}=\frac{(\sigma+1)(\sigma+2)\cdots(\sigma+n)}{n!}\sim b n^{\sigma}, b>0$$

[Lösung **89**]. Nach **75** ist somit

$$\lim_{n\to\infty}\frac{a_0+a_1+a_2+\cdots+a_n}{b_0+b_1+b_2+\cdots+b_n}=0.$$

93. Nach Lösung **89** ist

$$\lim_{t\to 1-0}(1-t)^{\frac{3}{2}}\sum_{n=1}^{\infty}\left([\sqrt{n}]-2\left[\sqrt{\frac{n}{2}}\right]\right)t^n=\lim_{n\to\infty}\frac{[\sqrt{n}]-2\left[\sqrt{\frac{n}{2}}\right]}{\frac{3}{2}\cdot\frac{5}{4}\cdot\frac{7}{6}\cdots\frac{2n+1}{2n}}<0.$$

Der Grenzwert ist $=-\frac{(\sqrt{2}-1)\sqrt{\pi}}{2}$, weil $\frac{3}{2}\cdot\frac{5}{4}\cdot\frac{7}{6}\cdots\frac{2n+1}{2n}\sim 2\sqrt{\frac{n}{\pi}}$ ist [II **202**].

94. Die Behauptung von **85** gilt auch dann, wenn t nicht gegen 1, sondern gegen $+\infty$ konvergiert. Vgl. **84.** Die Reihensumme

$$b_0+b_1t+b_2t^2+\cdots+b_nt^n+\cdots$$

wächst über alle Grenzen mit $t\to+\infty$, weil $b_n>0$ ist.

95. Anwendung von **94**: $a_n=\frac{s_n}{n!}$, $b_n=\frac{1}{n!}$. [*Borel*sche Summation; *Knopp*, S. 471.]

96. Setzt man $s_n=a_0+a_1+\cdots+a_n$, $s_{-1}=0$, so ist

$$\int_0^t e^{-x}g(x)\,dx=\sum_{\nu=0}^{\infty}\frac{s_\nu-s_{\nu-1}}{\nu!}\int_0^t e^{-x}x^\nu\,dx=\sum_{\nu=0}^{\infty}s_\nu\int_0^t\left(\frac{x^\nu}{\nu!}-\frac{x^{\nu+1}}{(\nu+1)!}\right)e^{-x}\,dx$$

$$=\sum_{\nu=0}^{\infty}s_\nu\frac{t^{\nu+1}}{(\nu+1)!}e^{-t},$$

wie sich durch partielle Integration beim Subtrahenden ergibt [**95**].

97. Man setze in **96**: $a_n=0$, wenn n ungerade,

$$a_n=(-1)^m\frac{1}{2}\cdot\frac{3}{4}\cdot\frac{5}{6}\cdots\frac{2m-1}{2m},\quad\text{wenn}\quad n=2m$$

ist. Es ist $s=\left(\frac{1}{\sqrt{1-z}}\right)_{z=-1}=\frac{1}{\sqrt{2}}$. Ähnlich ergibt sich für $-1\leq x\leq 1$

$$\int_0^{\infty}e^{-t}J_0(xt)\,dt=\frac{1}{\sqrt{1+x^2}}.$$

98. [Ein Spezialfall bei *M. Fekete*, Math. Zeitschr. Bd. 17, S. 233, 1923.] Es genügt, den Fall zu betrachten, daß die untere Grenze α endlich ist. Es sei $\varepsilon > 0$ und $\frac{a_m}{m} < \alpha + \varepsilon$. Irgendeine ganze Zahl n läßt sich auf die Form $n = qm + r$ bringen, wobei $r = 0$ oder 1 oder 2 ... oder $m - 1$ ist. Zur Vereinheitlichung $a_0 = 0$ gesetzt, hat man

$$a_n = a_{qm+r} \leqq a_m + a_m + \cdots + a_m + a_r = q\,a_m + a_r,$$

$$\frac{a_n}{n} = \frac{a_{qm+r}}{qm+r} \leqq \frac{q\,a_m + a_r}{qm+r} = \frac{a_m}{m}\,\frac{qm}{qm+r} + \frac{a_r}{n},$$

$$\alpha \leqq \frac{a_n}{n} < (\alpha + \varepsilon)\,\frac{qm}{qm+r} + \frac{a_r}{n}.$$

99. Aus $2a_m - 1 < a_{2m} < 2a_m + 1$ folgt

(*)
$$\left|\frac{a_{2m}}{2m} - \frac{a_m}{m}\right| < \frac{1}{2m}.$$

Die Reihe

$$\frac{a_1}{1} + \left(\frac{a_2}{2} - \frac{a_1}{1}\right) + \left(\frac{a_4}{4} - \frac{a_2}{2}\right) + \left(\frac{a_8}{8} - \frac{a_4}{4}\right) + \cdots = \lim_{n\to\infty} \frac{a_{2^n}}{2^n} = \omega$$

konvergiert, denn sie wird wegen (*) durch

$$|a_1| + 2^{-1} + 2^{-2} + 2^{-3} + \cdots$$

majoriert. Man schreibe die ganze Zahl n im Dualsystem, d. h. man setze

$$n = 2^m + \varepsilon_1 2^{m-1} + \varepsilon_2 2^{m-2} + \cdots + \varepsilon_m,$$

wo $\varepsilon_1, \varepsilon_2, \ldots, \varepsilon_m = 0$ oder 1 sind; laut Voraussetzung ist

$$a_{2^m} + \varepsilon_1 a_{2^{m-1}} + \cdots + \varepsilon_m a_1 - (\varepsilon_1 + \varepsilon_2 + \cdots + \varepsilon_m)$$
$$\leqq a_n \leqq a_{2^m} + \varepsilon_1 a_{2^{m-1}} + \cdots + \varepsilon_m a_1 + (\varepsilon_1 + \varepsilon_2 + \cdots + \varepsilon_m),$$

$$\left|\frac{a_n}{n} - \frac{2^m}{n}\frac{a_{2^m}}{2^m} - \frac{\varepsilon_1 2^{m-1}}{n}\frac{a_{2^{m-1}}}{2^{m-1}} - \cdots - \frac{\varepsilon_m}{n}\frac{a_1}{1}\right| \leqq \frac{m}{n} \leqq \frac{\log n}{n \log 2}.$$

Hieraus schließt man nach **66** mit:

$$s_0 = 0, \quad s_1 = \frac{a_1}{1}, \ \ldots, \quad s_{m-1} = \frac{a_{2^{m-1}}}{2^{m-1}}, \quad s_m = \frac{a_{2^m}}{2^m}, \ \ldots,$$

$$p_{n0} = 0, \ p_{n1} = \frac{\varepsilon_m}{n}, \ \ldots, \ p_{n,m-1} = \frac{\varepsilon_1 2^{m-1}}{n}, \ p_{nm} = \frac{2^m}{n}, \ p_{n,m+1} = 0, \ \ldots,$$

daß $\lim\limits_{n\to\infty} n^{-1} a_n = \omega$ ist. Schließlich gilt wegen (*)

$$\left|\omega - \frac{a_m}{m}\right| \leqq \left|\frac{a_{2m}}{2m} - \frac{a_m}{m}\right| + \left|\frac{a_{4m}}{4m} - \frac{a_{2m}}{2m}\right| + \cdots < \frac{1}{2m} + \frac{1}{4m} + \cdots = \frac{1}{m}.$$

100. [*L. Fejér*, C. R. Bd. 142, S. 501—503, 1906.] Es genügt, wie aus dem Beweis ersichtlich sein wird, den Fall beschränkter Partialsummen $s_1, s_2, s_3, \ldots, s_n, \ldots$ zu betrachten. Es sei $\liminf_{n\to\infty} s_n = m$, $\limsup_{n\to\infty} s_n = M$, l eine positive ganze Zahl, $l > 2$ und $\delta = \frac{M-m}{l}$. Wir teilen die Zahlengerade in l Intervalle durch die Punkte

$$-\infty,\ m+\delta,\ m+2\delta,\ \ldots,\ M-2\delta,\ M-\delta,\ +\infty.$$

Man wähle N so groß, daß $|s_n - s_{n+1}| < \delta$ wird für $n > N$. Ferner möge s_{n_1}, $n_1 > N$, in dem ersten (unendlichen) Teilintervall und s_{n_2}, $n_2 > n_1$, in dem letzten (unendlichen) Teilintervall liegen. Die Glieder der Sequenz $s_{n_1}, s_{n_1+1}, \ldots, s_{n_2-1}, s_{n_2}$ können dann keines der dazwischenliegenden $l-2$ endlichen Teilintervalle von der Länge δ überspringen. Ähnlich kann man schließen, wenn die Sequenz nicht „langsam hinaufsteigt", sondern „langsam hinabsteigt".

101. [Vgl. *G. Szegö*, Aufgabe; Arch. d. Math. u. Phys. Serie 3, Bd. 23, S. 361, 1914. Lösung von *P. Veress*, ebenda, Serie 3, Bd. 25, S. 88, 1917.] Das Intervall 0, 1. Vgl. **102**.

102. [*G. Pólya*, Palermo Rend. Bd. 34, S. 108—109, 1912.] Es existieren beliebig weit entfernte Sequenzen $t_{n_1}, t_{n_1+1}, \ldots, t_{n_2}$, die von dem Limes superior der Folge zu ihrem Limes inferior beliebig langsam hinabsteigen. Genaueres wie in Lösung **100**.

103.

$$\frac{\nu_n}{n+\nu_n} - \frac{\nu_{n+1}}{n+1+\nu_{n+1}}$$
$$= \frac{n(\nu_n - \nu_{n+1}) + \nu_n}{(n+\nu_n)(n+1+\nu_{n+1})} \leqq \frac{\nu_n}{(n+\nu_n)(n+1+\nu_{n+1})} < \frac{1}{n}\,. \quad [\mathbf{102}.]$$

104. Es sei die fragliche Folge $s_1, s_2, s_3, \ldots, s_n, \ldots$, $\lim_{n\to\infty} s_n = s$. Man wähle s_{ν_1} beliebig im Intervall $s-\frac{1}{2}$, $s+\frac{1}{2}$ und allgemein s_{ν_n} beliebig im Intervall $s-\frac{1}{2^n}$, $s+\frac{1}{2^n}$; $\nu_1 < \nu_2 < \nu_3 < \cdots$. Die Glieder der Reihe $s_{\nu_1} + (s_{\nu_2} - s_{\nu_1}) + (s_{\nu_3} - s_{\nu_2}) + \cdots$ sind bzw. nicht größer als die von $|s_{\nu_1}| + (\frac{1}{2}+\frac{1}{4}) + (\frac{1}{4}+\frac{1}{8}) + \cdots$.

105. Unterhalb irgendeiner festen Grenze liegen nur endlich viele Glieder der Folge und unter endlich vielen Zahlen gibt es eine kleinste oder mehrere kleinsten.

106. Wenn die *Weierstraß*sche obere und untere Grenze der fraglichen Folge zusammenfallen, dann ist nichts zu beweisen. Sind sie voneinander verschieden, so ist mindestens eine der beiden von dem Grenzwert der Folge verschieden. Diese ist gleich dem größten bzw. kleinsten Glied der Folge.

107. Es sei die positive ganze Zahl m vorgegeben, η die kleinste unter den Zahlen $l_1, l_2, \ldots, l_m$; $\eta > 0$. Nach Voraussetzung gibt es Zahlen in der gegebenen Folge, die unterhalb η liegen. Es sei n der *kleinste* Index mit $l_n < \eta$; dann ist

$$n > m;\quad l_n < l_1, l_n < l_2, \ldots, l_n < l_{n-1}.$$

108. Man wende **105** auf die Folge $l_k^{-1}, l_{k+1}^{-1}, l_{k+2}^{-1}, \ldots$ an.

109. [*G. Pólya*, Math. Ann. Bd. 88, S. 170—171, 1923.] Man bezeichne l_m als ein „hervorragendes Glied" der Folge, wenn l_m größer ist als alle nachfolgenden Glieder. Gemäß Voraussetzung und **108** gibt es in der ersten Folge unendlich viele hervorragende Glieder; sie sollen in der richtigen Reihenfolge aufgezählt

$$l_{n_1}, l_{n_2}, l_{n_3}, \ldots, \qquad l_{n_1} > l_{n_2} > l_{n_3} > \cdots$$

heißen. Ist l_ν kein hervorragendes Glied, so liegt es zwischen zwei konsekutiven hervorragenden Gliedern (für $\nu > n_1$) d. h. es ist $n_{r-1} < \nu < n_r$; man erkennt sukzessive, daß $l_{n_r-1} \leqq l_{n_r}, l_{n_r-2} \leqq l_{n_r}, \ldots, l_\nu \leqq l_{n_r}$, also

$$(*) \qquad l_\nu s_\nu < l_{n_r} s_{n_r}.$$

Hieraus schließt man

$$\limsup_{r \to \infty} l_{n_r} s_{n_r} = +\infty;$$

sonst müßte nämlich $l_{n_r} s_{n_r}$, also nach (*) auch die ganze Folge $l_1 s_1, l_2 s_2, l_3 s_3, \ldots$ beschränkt sein, entgegen der Voraussetzung. Man wende **107** auf die Folge

$$l_{n_1}^{-1} s_{n_1}^{-1},\ l_{n_2}^{-1} s_{n_2}^{-1}, \ldots, l_{n_r}^{-1} s_{n_r}^{-1}, \ldots$$

an und beachte (*).

110. [Betreffs **110—112** vgl. *A. Wiman*, Acta Math. Bd. 37, S. 305—326, 1914; *G. Pólya*, ebenda, Bd. 40, S. 311—319, 1916; *G. Valiron*, Ann. de l'Éc. Norm. Sup. Serie 3, Bd. 37, S. 221—225, 1920; *W. Saxer*, Math. Zeitschr. Bd. 17, S. 206—227, 1923.] Analytisch: Es ist $\lim_{m \to \infty} (L_m - mA) = +\infty$. Das Minimum der Zahlenfolge

$$L_0 - 0,\ L_1 - A,\ L_2 - 2A,\ L_3 - 3A, \ldots$$

sei $L_n - nA$ [**105**]; dann ist

$$L_{n-\mu} - (n-\mu) A \geqq L_n - nA, \quad L_{n+\nu} - (n+\nu) A \geqq L_n - nA$$

für $\mu = 1, 2, \ldots, n$; $\nu = 1, 2, 3, \ldots$; $n = 0$ ist durch die Voraussetzung über A ausgeschlossen.

Geometrisch: Man ziehe durch die gegebenen Punkte vertikale Halbstrahlen nach oben, bilde den kleinsten konvexen Bereich (unendliches Polygon), der diese umfaßt, und lege daran die Stützgerade vom

Richtungskoeffizienten A [1]). Die Ecke (oder eine der Ecken), durch welche diese Stützgerade hindurchgeht, sei (n, L_n). Die Verbindungsstrecken von (n, L_n) mit den nach links gelegenen Punkten des konvexen Bereiches haben kleinere, mit den nach rechts gelegenen größere Neigung als die Stützgerade.

111. [Vgl. G. *Pólya*, Aufgabe; Arch. d. Math. u. Phys. Serie 3, Bd. 24, S. 282, 1916.] Es sei

$$l_1 + l_2 + \cdots + l_m = L_m, \quad m = 1, 2, 3, \ldots, \quad L_0 = 0 \qquad [\mathbf{110}].$$

Da $L_1 - A < 0$, ist $L_0 - 0$ nicht das Minimum in Lösung **110**. $l_{n+1} \geqq A$; daher muß l_{n+1} und folglich n zugleich mit A ins Unendliche streben.

112. Es ist, $l_1 + l_2 + \cdots + l_m = L_m, m = 1, 2, 3, \ldots, L_0 = 0$ gesetzt, $\lim\limits_{m\to\infty} \frac{L_m - mA}{m} = -A$ [**67**]. Die Folge

$$L_0 - 0, \quad L_1 - A, \quad L_2 - 2A, \ldots, \quad L_m - mA, \ldots$$

strebt gegen $-\infty$. Ihr Maximum sei $L_n - nA$; die fraglichen Ungleichungen sind für den so gefundenen Index n erfüllt. Es gibt in der Folge $L_0, L_1, \ldots, L_m, \ldots$ unendlich viele Glieder, die größer sind als alle vorangehenden [**107**]; es sei L_s ein solches. Dann sind die Zahlen

$$\frac{l_s}{1}, \quad \frac{l_{s-1} + l_s}{2}, \ldots, \quad \frac{l_1 + l_2 + \cdots + l_s}{s}$$

alle positiv: sobald A kleiner ist als ihr Minimum, ist der zu A gehörige Index $n \geqq s$. — Die Punkte (n, L_n) sind jetzt in ein unendliches konvexes Polygon einzuschließen, das *von oben gesehen* konvex ist.

113. Es sei S der fragliche Limes superior. Dann ist a) $S \geqq \lambda$. Für $S = \infty$ ist dies klar. Für endliches S ist, wenn $\varepsilon > 0$ und m genügend groß ist, $\log m < (S + \varepsilon) \log r_m$, also

$$r_m^{-S-\varepsilon} < m^{-1}, \quad r_m^{-S-2\varepsilon} < m^{-\frac{S+2\varepsilon}{S+\varepsilon}}, \quad \sum_{m=1}^{\infty} r_m^{-S-2\varepsilon} \text{ konvergent},$$

d. h. $S + 2\varepsilon \geqq \lambda$, $S \geqq \lambda$. Ferner ist b) $S \leqq \lambda$. Für $\lambda = \infty$ ist dies klar. Für endliches λ ist, wenn $\varepsilon > 0$, $\sum\limits_{m=1}^{\infty} r_m^{-\lambda-\varepsilon}$ konvergent, also [**139**, $\varepsilon_n = 1$] $m r_m^{-\lambda-\varepsilon} \to 0$, d. h. $\frac{\log m}{\log r_m} < \lambda + \varepsilon$ für genügend große m, $S \leqq \lambda + \varepsilon$, $S \leqq \lambda$.

---

[1]) Unter *Stützgerade* einer abgeschlossenen Menge $\mathfrak{M}$ versteht man eine Gerade, die $\mathfrak{M}$ ganz auf einer Seite läßt und mit $\mathfrak{M}$ mindestens einen Punkt gemeinsam hat. Jede Stützgerade bestimmt somit eine abgeschlossene Halbebene, die $\mathfrak{M}$ enthält; der gemeinsame Teil (Durchschnitt) dieser Halbebenen ist ein konvexer Bereich $\mathfrak{K}$, der kleinste, der $\mathfrak{M}$ umfaßt. Jede Stützgerade von $\mathfrak{M}$ ist eine von $\mathfrak{K}$ und umgekehrt. Ähnliches gilt auch dann, wenn der unendlich ferne Punkt — wie im vorliegenden Falle — der Menge $\mathfrak{M}$ angehört. Vgl. III, Kap. 3, § 1.

114. Es sei $|x_m| = r_m$, $0 < r_1 \leqq r_2 \leqq r_3 \leqq \cdots$. Man schließe ferner jede Zahl x_ν, $\nu = 1, 2, \ldots, m$ in ein Intervall ein, dessen Mittelpunkt x_ν und Länge δ ist. Diese Intervalle haben keine inneren Punkte miteinander gemein und sind ganz in $-r_m - \frac{\delta}{2}$, $r_m + \frac{\delta}{2}$ enthalten. Daher ist

$$m\delta \leqq 2r_m + \delta, \qquad \text{d. h.} \qquad \limsup_{m\to\infty} \frac{\log m}{\log r_m} \leqq 1.$$

115. Nach **113** ist $\lim\limits_{m\to\infty} m r_m^{-\beta} = 0$. Man setze in **107**: $l_m = m r_m^{-\beta}$.

116. Es ist $\limsup\limits_{m\to\infty} m r_m^{-\alpha} = +\infty$. Sonst gäbe es eine von m freie Konstante K mit $m r_m^{-\alpha} < K$, also für $\alpha < \alpha(1+\varepsilon) < \lambda$ mit

$$\frac{1}{r_m^{\alpha(1+\varepsilon)}} < \frac{K^{1+\varepsilon}}{m^{1+\varepsilon}},$$

Widerspruch, da λ der Konvergenzexponent der Folge $r_1, r_2, \ldots, r_m, \ldots$ ist. Man hat ferner $m r_m^{-\beta} \to 0$. Man setze jetzt in **109**:

$$l_m = \frac{m^{\frac{1}{\beta}}}{r_m}, \qquad s_m = m^{\frac{1}{\alpha} - \frac{1}{\beta}}, \qquad l_m s_m = \frac{m^{\frac{1}{\alpha}}}{r_m}.$$

117. Für $0 \leqq x < r_1$, wenn $m = 0$, für $r_m < x < r_{m+1}$, wenn $m = 1, 2, 3, \ldots$. — Die Glieder nehmen vom Anfangsglied 1 bis zum m^{ten} Glied (Maximalglied) ständig zu und dann vom m^{ten} Glied bis ins Unendliche ständig ab.

118. Man setze in **111**: $l_m = \log r_m - \log s_m$, $k = n - \mu$ bzw. $n + \nu$ und bestimme nach Vorgabe von A zuerst n nach **111** und nachher r so, daß $A = \log r - \log s_n$ ist. Daß für $y = s_n$ das n^{te} Glied das absolut größte Glied der zweiten Potenzreihe wird, ist klar [**117**].

119. Wenn $p_n x^n$ ein beliebiges Glied ist, so wähle man m so, daß $m > n$ und $p_m > 0$. Man hat

$$p_m x^m > p_n x^n, \qquad \text{sobald} \qquad x > \sqrt[m-n]{\frac{p_n}{p_m}}.$$

120. Wenn das Glied $p_n x^n$ für einen Wert von x alle vorangehenden übertrifft, d. h. wenn für einen Wert von x sämtliche Ungleichungen

$$x^\nu (p_n x^{n-\nu} - p_\nu) \geqq 0, \qquad \nu = 0, 1, \ldots, n$$

gelten, dann gelten dieselben auch für jeden größeren Wert von x.

121. Es sei m beliebig, x so gewählt, daß $p_m x^m$ Maximalglied ist. Dann ist

$$p_m \varrho^m \geqq p_m x^m \geqq p_0, \qquad \frac{1}{p_m} \leqq \frac{\varrho^m}{p_0}.$$

Andererseits ist $p_m(\theta\varrho)^m$ für $m\to\infty$ beschränkt, $0<\theta<1$. Aus diesen beiden Bemerkungen schließt man

$$\lim_{m\to\infty}\sqrt[m]{p_m}=\frac{1}{\varrho}.$$

122. [A. a. O. **110**.] Für einen bestimmten positiven Wert $\bar{z}$ sei n der Zentralindex der Reihe $\sum_{m=0}^{\infty}\frac{a_m}{b_m}z^m$ [**121**], und es sei $\bar{y}$ ein Wert, $\bar{y}>0$, für den der Zentralindex von $\sum_{m=0}^{\infty}b_m y^m$ ebenfalls gleich n ausfällt; man bestimme $\bar{x}$ so, daß $\bar{z}=\frac{\bar{x}}{\bar{y}}$. Dann ist

$$\frac{a_k}{b_k}\frac{\bar{x}^k}{\bar{y}^k}\leqq\frac{a_n}{b_n}\frac{\bar{x}^n}{\bar{y}^n},\qquad b_k\bar{y}^k\leqq b_n\bar{y}^n,\qquad k=0,1,2,\ldots.$$

123. [A. a. O. **110**.] Es seien

$$n_1,\,n_2,\,\ldots,\,n_k,\,\ldots$$

die sukzessiven Werte, die der Zentralindex der Reihe $\sum_{m=0}^{\infty}\frac{a_m}{b_m}z^m$ annimmt. Das Glied mit dem betreffenden Index sei Maximalglied bzw. in dem Intervall

$$(0,\zeta_1),\ (\zeta_1,\zeta_2),\ (\zeta_2,\zeta_3),\ \ldots,\ (\zeta_{k-1},\zeta_k),\ \ldots,$$

und es seien

$$y_1,\,y_2,\,y_3,\,\ldots,\,y_k,\,\ldots$$

Werte, für welche das Glied von $\sum_{m=0}^{\infty}b_m y^m$ mit dem betreffenden Index Maximalglied wird. Durch das Verfahren in Lösung **122** werden diese Werte y_k solchen Werten x zugeordnet, die bzw. in den Intervallen

$$(0,y_1\zeta_1),\ (y_2\zeta_1,y_2\zeta_2),\ (y_3\zeta_2,y_3\zeta_3),\ \ldots,\ (y_k\zeta_{k-1},y_k\zeta_k),\ \ldots,$$

liegen. Ausnahmewerte x^*, denen kein y zugeordnet werden kann, liegen sicherlich in den Intervallen

$$(y_1\zeta_1,y_2\zeta_1),\ (y_2\zeta_2,y_3\zeta_2),\ \ldots,\ (y_{k-1}\zeta_{k-1},y_k\zeta_{k-1}),\ \ldots,$$

also die Werte $\log x^*$ in Intervallen, deren Gesamtlänge gleich

$$\log\frac{y_2}{y_1}+\log\frac{y_3}{y_2}+\cdots+\log\frac{y_k}{y_{k-1}}+\cdots=\lim_{k\to\infty}\log\frac{y_k}{y_1}=\log\frac{\varrho}{y_1}$$

ist, wobei ϱ den Konvergenzradius von $\sum_{n=0}^{\infty}b_n y^n$ bezeichnet.

124. [*A. J. Kempner*, Amer. Math. Monthly, Bd. 21, Februar 1914.] Um diejenigen nichtnegativen ganzen Zahlen zwischen $0=00\ldots000$ und $10^m-1=99\ldots999$ zu erhalten, die bloß mit den 9 Ziffern $0,1,2,\ldots,8$ geschrieben sind, setze man diese 9 Ziffern an m Stellen nebeneinander auf alle möglichen Arten hin: auf diese Weise erhält man insgesamt 9^m Zahlen. Es sei nun r_n die n^{te} nichtnegative ganze Zahl, welche ohne die Ziffer 9 geschrieben ist. Wenn $10^{m-1}-1<r_n<10^m-1$, dann ist $n \leqq 9^m$, also

$$\limsup_{n\to\infty} \frac{\log n}{\log r_n} \leqq \frac{\log 9}{\log 10} < 1 \qquad [\mathbf{113}].$$

Einfacher so: die Anzahl derjenigen Glieder der fraglichen Teilreihe, die zwischen $10^{m-1}-1$ und 10^m-1 liegen, ist $9^m - 9^{m-1}$. Folglich ist die Summe der Teilreihe kleiner als

$$\frac{9-1}{1} + \frac{9^2-9}{10} + \frac{9^3-9^2}{100} + \cdots = 8\left(1 + \frac{9}{10} + \frac{9^2}{10^2} + \cdots\right) = 80.$$

125. Man nehme die beiden Teilreihen, die sämtliche positiven bzw. negativen Glieder umfassen.

126. [*K. Knopp*, J. für Math. Bd. 142, S. 292—293, 1913.] Nein. Beispiel: Es sei $b_1+b_2+b_3+\cdots$ konvergent, $|b_1|+|b_2|+|b_3|+\cdots$ divergent; man setze

$$a_1 = b_1,\ a_2 = a_3 = \frac{b_2}{2!},\ a_4 = a_5 = \cdots = a_9 = \frac{b_3}{3!},\ a_{10} = \cdots = a_{33} = \frac{b_4}{4!}, \cdots.$$

Weil $n!$ für $n \geqq l$ durch l *teilbar* ist, ist die Teilreihe $a_k + a_{k+l} + a_{k+2l} + \cdots$ nach Zusammenfassung der Glieder, die demselben b_m entsprungen sind, identisch mit $\frac{1}{l}b_1 + \frac{1}{l}b_2 + \frac{1}{l}b_3 + \cdots$, abgesehen von endlich vielen Gliedern.

127. Nein [**128**].

128. Nein. Es seien $\varphi(x)$, $\Phi(x)$ positive, stets zunehmende *ganzwertige* Funktionen, d. h. es sei $0 < \varphi(1) < \varphi(2) < \varphi(3) < \cdots$, $0 < \Phi(1) < \Phi(2) < \Phi(3) < \cdots$, $\varphi(n)$, $\Phi(n)$ ganze Zahlen. Man bilde aus der Reihe $b_1+b_2+b_3+\cdots$ in Lösung **126** eine Reihe $a_1+a_2+a_3+\cdots$ durch die Vorschrift, daß $a_\nu = \frac{b_m}{\Phi(m)-\Phi(m-1)}$, wenn $\Phi(m-1) < \nu \leqq \Phi(m)$; $a_1 = a_2 = \cdots = a_{\Phi(1)} = \frac{b_1}{\Phi(1)}$. Durch die Ungleichung $\varphi(t_m) \leqq \Phi(m) < \varphi(t_m+1)$ ist eine ganze Zahl t_m eindeutig bestimmt. Durch Zusammenfassung der Glieder, die dem gleichen b_m entsprungen sind, geht die Reihe $a_{\varphi(1)} + a_{\varphi(2)} + a_{\varphi(3)} + \cdots$ in $\sum_{m=1}^{\infty} \frac{t_m - t_{m-1}}{\Phi(m) - \Phi(m-1)} b_m$ über. Setzt man $\Phi(x) = 2^{x^2}$, so erhält man eine Reihe $a_1+a_2+a_3+\cdots$, die für **126** bis **128** zugleich ein Gegenbeispiel liefert.

Wenn nämlich $\varphi(x)$ ein Polynom vom Grade $\geqq 2$ oder $\varphi(x) = kl^x$ ist, so sind die Zahlen $\frac{t_m - t_{m-1}}{\Phi(m) - \Phi(m-1)}$ von einem gewissen an monoton abnehmend [*Knopp*, S. 316]. Wenn $\varphi(x) = k + lx$, verwandelt man die zusammengezogene Reihe durch Addition einer absolut konvergenten in $l^{-1}(b_1+b_2+b_3+\cdots)$ [**126**].

129. [*A. Haar.*] Da die Reihe $s_l = a_l + a_{2l} + a_{3l} + \cdots$ von derselben Art ist wie s_1, so genügt es, $a_1 = 0$ zu zeigen. Es seien $p_1, p_2, \ldots, p_m$ die m ersten Primzahlen. Dann enthält

$$\begin{aligned} s_1 &- (s_{p_1} + s_{p_2} + \cdots + s_{p_m}) \\ &+ (s_{p_1 p_2} + s_{p_1 p_3} + \cdots) \\ &- \cdots \\ &(-1)^m s_{p_1 p_2 \ldots p_m} \end{aligned}$$

nur a_1 und diejenigen Glieder a_n, deren Index n durch keine der Primzahlen $p_1, p_2, \ldots, p_m$ teilbar ist, und zwar jedes solche a_n nur einmal [VIII **26**]. Das heißt

$$|a_1| \leqq \sum_{n=p_m+1}^{\infty} |a_n|, \qquad a_1 = 0.$$

Daß die Voraussetzung der absoluten Konvergenz wesentlich ist, kann durch das Beispiel $\sum_{n=1}^{\infty} \frac{\lambda(n)}{n}$ [VIII, Kap. 1, § 5] belegt werden.

130. [*G. Cantor*; vgl. *C. Carathéodory*, Vorlesungen über reelle Funktionen, S. 286—287. Leipzig und Berlin: B. G. Teubner 1918.] Die fragliche Punktmenge entsteht, wenn man vom abgeschlossenen Intervall 0, 1 das offene mittlere Drittel entfernt und auf die jeweilig übrigbleibenden abgeschlossenen Intervalle stets den gleichen Prozeß anwendet.

131. [Vgl. *S. Kakeya*, Tôkyo Math. Ges. Serie 2, Bd. 7, S. 250, 1914; Tôhoku Sc. Rep. Bd. 3, S. 159, 1915.] Man setze

$$p_n + p_{n+1} + \cdots + p_{n+\nu} = P_{n,\nu}, \ \lim_{\nu \to \infty} P_{n,\nu} = P_n, \ n = 1, 2, 3, \ldots, \nu = 0, 1, 2, \ldots.$$

Es sei p_{n_1} das erste Glied mit $p_{n_1} < \sigma$; entweder gibt es dann ein ν_1 mit $P_{n_1,\nu_1} < \sigma$, $P_{n_1,\nu_1+1} \geqq \sigma$, $\nu_1 \geqq 0$, oder es ist $P_{n_1} \leqq \sigma$. Im zweiten Falle ist, da $P_{n_1} \geqq p_{n_1-1} \geqq \sigma$ (für $n_1 = 1$ sind diese Ungleichungen so zu lesen: $P_1 = s \geqq \sigma$), $P_{n_1} = \sigma$, d. h. σ ist durch eine unendliche Teilreihe darstellbar. Im ersten Falle bestimme man weiter das erste Glied p_{n_2} mit $n_2 > n_1 + \nu_1$, $P_{n_1,\nu_1} + p_{n_2} < \sigma$; entweder gibt es dann ein ν_2 mit $P_{n_1,\nu_1} + P_{n_2,\nu_2} < \sigma$, $P_{n_1,\nu_1} + P_{n_2,\nu_2+1} \geqq \sigma$, $\nu_2 \geqq 0$, oder es ist $P_{n_1,\nu_1} + P_{n_2} \leqq \sigma$. Im zweiten Fall ist, da $P_{n_1,\nu_1} + P_{n_2} \geqq P_{n_1,\nu_1} + p_{n_2-1} \geqq \sigma$ ($n_2 > n_1 + \nu_1 + 1$, da $P_{n_1,\nu_1} + p_{n_1+\nu_1+1} = P_{n_1,\nu_1+1} \geqq \sigma$), $P_{n_1,\nu_1} + P_{n_2} = \sigma$, d. h. σ ist wieder durch eine unendliche Teilreihe darstellbar. Wenn dieses Verfahren niemals abbricht (d. h. wenn immer der erste Fall eintritt), dann ist $\sigma = P_{n_1,\nu_1} + P_{n_2,\nu_2} + P_{n_3,\nu_3} + \cdots$.

132. Aus

$$\begin{aligned} p_n &= p_{n+1} + p_{n+2} + p_{n+3} + \cdots, \\ p_{n+1} &= \phantom{p_{n+1} + {}} p_{n+2} + p_{n+3} + \cdots \end{aligned}$$

folgt $p_n = 2p_{n+1}$, also $p_1 = \frac{1}{2}$, $p_2 = \frac{1}{4}, \cdots, p_n = \frac{1}{2^n}, \cdots$. Die Darstellung durch *nichtabbrechende* dyadische Brüche ist eindeutig.

133. Einschaltung von verschwindenden Gliedern führt den Satz auf die gliedweise Addition zweier konvergenten Reihen zurück.

134. Identisch mit dem Beweis des von *Riemann* herrührenden Satzes über die Wertänderung bedingt konvergenter Reihen. [*Knopp*, S. 319.]

135. Aus $p_1 \geqq p_2 \geqq p_3 \geqq \cdots$, $0 < m_1 < m_2 < m_3 < \cdots$ folgt

$$m_1 \geqq 1,\ m_2 \geqq 2, \ldots,\ m_n \geqq n,\ p_1 + p_2 + \cdots + p_n \geqq p_{m_1} + p_{m_2} + \cdots + p_{m_n}.$$

136. Man bestimme die Teilreihe $p_{r_1} + p_{r_2} + p_{r_3} + \cdots$ so, daß

$$p_{r_n} < \operatorname{Min}(2^{-n},\ Q_n - Q_{n-1}), \qquad n = 1, 2, 3, \ldots, \quad Q_0 = 0.$$

Es ist $p_{r_1} + p_{r_2} + \cdots + p_{r_n} \leqq Q_n$, die ganze „rote" Teilreihe konvergiert, also wächst $Q_n - (p_{r_1} + p_{r_2} + \cdots + p_{r_n})$ über alle Grenzen; in dem Maße, als diese Differenzen Platz freilassen, kann man die übrigen „schwarzen" Glieder nach und nach unterbringen. Die Konstruktion verschiebt die beiden komplementären Teilreihen nur relativ zueinander.

137. [*W. Sierpiński*, Krak. Anz. 1911, S. 149.] Um s' zu erzielen, verlangsamt man die Divergenz des positiven Teiles der Reihe nach Vorbild **136**.

138. [*E. Cesàro*, Rom. Acc. L. Rend. Serie 4, Bd. 4, 2. Sem. S. 133, 1888; *J. Bagnera*, Darboux Bull. Serie 2, Bd. 12, S. 227, 1888. Vgl. auch *G. H. Hardy*, Messenger, Serie 2, Bd. 41, S. 17, 1911; *H. Rademacher*, Math. Zeitschr. Bd. 11, S. 276—288, 1921.] $E_n = \varepsilon_1 + \varepsilon_2 + \cdots + \varepsilon_n$, $E_0 = 0$ gesetzt, ist

$$\varepsilon_1 p_1 + \varepsilon_2 p_2 + \cdots + \varepsilon_n p_n = \sum_{\nu=1}^{n} (E_\nu - E_{\nu-1}) p_\nu = \sum_{\nu=1}^{n-1} E_\nu (p_\nu - p_{\nu+1}) + E_n p_n.$$

Wäre etwa $E_n > \alpha n$ für $n > N$, $\alpha > 0$, dann wäre

$$\begin{aligned}\varepsilon_1 p_1 + \varepsilon_2 p_2 + \cdots + \varepsilon_n p_n &> \sum_{\nu=1}^{N} E_\nu (p_\nu - p_{\nu+1}) + \alpha \sum_{\nu=N+1}^{n-1} \nu (p_\nu - p_{\nu+1}) + \alpha n p_n \\ &= K + \alpha \sum_{\nu=N+1}^{n} p_\nu;\end{aligned}$$

hierin ist K von n unabhängig, und folglich strebt die rechte Seite gegen $+\infty$.

139. [*E. Lasker*.] Es sei $E_n = \varepsilon_1 + \varepsilon_2 + \cdots + \varepsilon_n$, wie in **138**. Die Folge

$$(E) \qquad E_1, E_2, E_3, \ldots, E_n, \ldots$$

hat die Eigenschaft, daß zwischen zwei Gliedern von entgegengesetztem Vorzeichen sich ein verschwindendes Glied befindet. Wir unterscheiden zwei Fälle: 1. in der Folge (E) verschwinden unendlich viele Glieder; 2. abgesehen von endlich vielen sind alle Glieder der Folge (E) von demselben Vorzeichen. Sie seien etwa positiv. Im Fall 1. sei der Index M so gewählt, daß $E_M = 0$ und für $M \leqq m < n$

$$(*)\qquad \begin{aligned} \Big|\sum_{\nu=m+1}^{n} \varepsilon_\nu p_\nu\Big| &= \Big|\sum_{\nu=m+1}^{n} [(E_\nu - E_m) - (E_{\nu-1} - E_m)] p_\nu\Big| \\ &= \Big|\sum_{\nu=m+1}^{n-1} (E_\nu - E_m)(p_\nu - p_{\nu+1}) + (E_n - E_m) p_n\Big| < \varepsilon \end{aligned}$$

gilt. Es soll E_m das zu E_n nach links nächstbenachbarte verschwindende Glied von (E) bedeuten, derart, daß $E_{m+1}, E_{m+2}, \ldots, E_n$ das *gleiche Vorzeichen* haben; dann folgt aus der Ungleichung (*) $|(E_n - E_m) p_n| = |E_n p_n| < \varepsilon$. Im Falle 2. sei M so gewählt, daß die Ungleichung (*) für $M \leqq m < n$ gilt, daß ferner sämtliche Zahlen $E_M, E_{M+1}, E_{M+2}, \ldots$ positiv sind. Es sei E_m ihr Minimum. Da in diesem Falle $E_\nu - E_m \geqq 0$ für $\nu > m$ ist, folgt aus der Abschätzung (*) $(E_n - E_m) p_n < \varepsilon$, also

$$E_n p_n < \varepsilon + E_m p_n .$$

Da m fest ist und p_n gegen 0 konvergiert, ist für genügend große n auch $E_n p_n < \varepsilon$.

140. Folgt aus der bekannten Darstellung des Restgliedes

$$f(x) - \left(f(0) + \frac{f'(0)}{1!}x + \frac{f''(0)}{2!}x^2 + \cdots + \frac{f^{(n)}(0)}{n!}x^n\right) = \frac{f^{(n+1)}(\theta x)}{(n+1)!}x^{n+1},\ 0<\theta<1,$$

da $f^{(n+1)}(\theta x) = \theta_n f^{(n+1)}(0)$ mit $0 < \theta_n < 1$ ist.

141. Aus **140.**

142. Aus $\cos x \leqq 1$ (Gleichheitszeichen nur für

$$x = 0,\ \pm 2\pi,\ \pm 4\pi,\ \pm 6\pi, \ldots$$

erreicht) folgt für positive x durch Integration

$$\sin x < x;\ 1 - \cos x < \frac{x^2}{2}, \text{ d. h. } \cos x > 1 - \frac{x^2}{2},$$

$$x - \sin x < \frac{x^3}{3!}, \text{ d. h. } \sin x > x - \frac{x^3}{3!},$$

$$\frac{x^2}{2} + \cos x - 1 < \frac{x^4}{4!}, \text{ d. h. } \cos x < 1 - \frac{x^2}{2!} + \frac{x^4}{4!},$$

usw.

143. $$\operatorname{arctg} x - \left(x - \frac{x^3}{3} + \frac{x^5}{5} - \cdots + (-1)^n \frac{x^{2n+1}}{2n+1}\right)$$

$$= \int_0^x \frac{(-x^2)^{n+1}}{1+x^2}\,dx,\quad J_0(x) = \frac{2}{\pi}\int_0^1 \frac{\cos x t}{\sqrt{1-t^2}}\,dt.$$

144. Es sei etwa $a_0 > 0$, also $a_1 < 0$, $a_2 > 0$, $a_3 < 0, \ldots$. Dann ist $A - a_0 < 0$, $A - a_0 - a_1 > 0$, $A - a_0 - a_1 - a_2 < 0, \ldots$, d. h.

$$a_1 < A - a_0 < 0,$$
$$0 < A - a_0 - a_1 < a_2,$$
$$a_3 < A - a_0 - a_1 - a_2 < 0, \ldots,$$

woraus die Behauptung folgt. Ähnlich schließt man, wenn $a_0 < 0$ ist.

145. Es sei z. B. $a_0 \leqq A$; dann kann a_1 nicht negativ sein, weil in diesem Falle $A - (a_0 + a_1) = |A - (a_0 + a_1)| \geqq |a_1| > |a_2|$ wäre, was der Voraussetzung widerspricht. Es ist also $a_1 > 0$; wegen $0 \leqq A - a_0 < |a_1|$ ist ferner $A - (a_0 + a_1) = A - a_0 - a_1 < 0$. Ähnlich folgt, daß $a_2 < 0$ und $a_0 + a_1 + a_2 < A$, $a_3 > 0$ und $a_0 + a_1 + a_2 + a_3 > A$, usw. Im allgemeinen haben die Glieder einer umhüllenden Reihe nicht notwendig abwechselndes Vorzeichen [**148**], wohl aber die einer in engerem Sinne umhüllenden Reihe.

146. Wird in **145** nur $|a_1| > |a_2| > \cdots > |a_n|$ vorausgesetzt, so folgt auf die gleiche Weise wie dort, daß $a_1, a_2, \ldots, a_{n-1}$ abwechselndes Vorzeichen haben, sowie die Eigenschaft des Umhüllens in engerem Sinne für die Teilsummen bis zum Index $n-1$, $n = 2, 3, 4, \ldots$. Für genügend große x (bei festem n) ist aber in der vorliegenden Aufgabe

$$\left|\frac{a_1}{x}\right| > \left|\frac{a_2}{x^2}\right| > \cdots > \left|\frac{a_n}{x^n}\right|,$$

woraus die Behauptung bis zum Index $n-1$ folgt. Sie gilt somit allgemein.

147. Aus der Voraussetzung folgt, daß die Ableitungen $f^{(n)}(t)$ abwechselnd positiv und monoton abnehmend bzw. negativ und monoton zunehmend sind. Es seien z. B. $f(t), f''(t), f^{IV}(t), \ldots$ positiv und monoton abnehmend, ferner $f'(t), f'''(t), f^{V}(t), \ldots$ negativ und monoton wachsend. Aus

$$R_n = \int_0^\infty f(t)\cos xt\,dt - \left(-\frac{f'(0)}{x^2} + \frac{f'''(0)}{x^4} - \cdots + (-1)^n \frac{f^{(2n-1)}(0)}{x^{2n}}\right)$$
$$= \frac{(-1)^{n+1}}{x^{2n+1}} \int_0^\infty f^{(2n+1)}(t)\sin xt\,dt$$
$$= \frac{(-1)^{n+1}}{x^{2n+1}} \int_0^{\frac{\pi}{x}} \left[f^{(2n+1)}(t) - f^{(2n+1)}\left(t + \frac{\pi}{x}\right) + f^{(2n+1)}\left(t + \frac{2\pi}{x}\right) - \cdots\right] \sin xt\,dt$$

geht hervor, daß das Vorzeichen von R_n mit dem von $(-1)^{n+1}\dfrac{f^{(2n+1)}(0)}{x^{2n+2}}$ übereinstimmt. Man wende **144** an.

148. Die Summe der $2n-2$ ersten Glieder ist

$$=\frac{2}{3}+\frac{(-1)^n}{3\cdot 2^{n-2}},\qquad \frac{1}{3\cdot 2^{n-2}}<\frac{3}{2^{n+1}}.$$

Die Summe der $2n-1$ ersten Glieder ist

$$=\frac{2}{3}+\frac{(-1)^{n+1}}{3\cdot 2^{n+1}},\qquad \frac{1}{3\cdot 2^{n+1}}<\frac{1}{2^{n+1}}.$$

Die Glieder sind *nicht* von abwechselndem Vorzeichen.

149. Die Zeichnung besteht aus spiralförmig aneinander gereihten geraden Stücken; sie rechtfertigt gewissermaßen die Bezeichnung „umhüllend". Es ist

$$e^i=\frac{389}{720}+\frac{101}{120}i+\delta \qquad \text{mit} \qquad |\delta|<\frac{1}{7!}<2\cdot 10^{-4}.$$

[Zeichnung oder **151**.] Man erhält hieraus auf drei Dezimalstellen genau (unaufgerundet)

$$e^i=0{,}540\cdots+0{,}841\cdots i.$$

150. [*H. Weyl.*] a) Es liegt z auf $\mathfrak{H}$, $|z|>0$. Der Rest

$$f(z)-\left(f(0)+\frac{f'(0)}{1!}z+\frac{f''(0)}{2!}z^2+\cdots+\frac{f^{(n)}(0)}{n!}z^n\right)=\int_0^z\frac{(z-t)^n}{n!}f^{(n+1)}(t)\,dt$$

ist absolut kleiner als

$$|f^{(n+1)}(0)|\int_0^{|z|}\frac{r^n}{n!}dr=\left|\frac{f^{(n+1)}(0)}{(n+1)!}z^{n+1}\right|.$$

b) Es sei allgemeiner vorausgesetzt, daß $f(z)$ längs $\mathfrak{H}$ von der Reihe $a_0+a_1z+a_2z^2+\cdots$ umhüllt wird. Es liege nun z auf $\overline{\mathfrak{H}}$, $|z|>0$, und es sei t reell und positiv. Dann liegt tz^{-1} auf $\mathfrak{H}$. Also ist

$$\left|f\left(\frac{t}{z}\right)-a_0\right|<\left|\frac{a_1t}{z}\right|,$$

folglich das $F(z)$ darstellende Integral konvergent. Ferner ist

$$\left|F(z)-a_0-\frac{1!\,a_1}{z}-\frac{2!\,a_2}{z^2}-\cdots-\frac{n!\,a_n}{z^n}\right|=$$

$$=\left|\int_0^\infty e^{-t}\left[f\left(\frac{t}{z}\right)-a_0-\frac{a_1t}{z}-\frac{a_2t^2}{z^2}-\cdots-\frac{a_nt^n}{z^n}\right]dt\right|\leqq$$

$$\leqq\int_0^\infty e^{-t}\left|\frac{a_{n+1}t^{n+1}}{z^{n+1}}\right|dt=\left|\frac{(n+1)!\,a_{n+1}}{z^{n+1}}\right|.$$

151. [Für e^{-z} vgl. *E. Landau*, Arch. d. Math. u. Phys. Serie 3, Bd. 24, S. 104, 1915.] Vgl. **150**. (Für $\Re z = 0$, $z \neq 0$ sind die Beträge der Ableitungen von e^{-z} konstant, jedoch e^{-z} selbst nicht konstant, so daß das in **150** Gesagte gültig bleibt.) (**141**.)

152. $$e^{\frac{z^2}{2}}\int_z^\infty e^{-\frac{t^2}{2}}dt = \frac{1}{z}\int_0^\infty e^{-\frac{t^2}{2z^2}} \cdot e^{-t}dt.$$

Wegen $\Re\frac{1}{z^2} \geqq 0$ ist **151** (bzw. **141**) anwendbar.

153. $|a_n + b_n| = |a_n| + |b_n|$. Vgl. Definition.

154. [*Cauchy*, C. R. Bd. 17, S. 370—376, 1843; vgl. auch *G. N. Watson*, Quart. J. Bd. 47, S. 302—310, 1917.]

$$z \coth z = 1 + \sum_{n=1}^{\infty}\frac{2z^2}{z^2 + n^2\pi^2} \qquad [\mathbf{151}, \mathbf{153}].$$

155. [Vgl. *Cauchy*, a. a. O. **154**.] $\operatorname{arctg} z$ wird von seiner *Maclaurin*schen Reihe umhüllt, wenn $\Re z^2 \geqq 0$, $z \neq 0$. Für reelle z ist dies bereits in **143** bewiesen worden; für die fraglichen komplexen z schließt man auf Grund derselben Formel wie dort.

156. Es genügt, $\varphi(x) = a_0 + \frac{a_1}{x}$ zu betrachten. Es ist

$$\varphi(1) + \varphi(2) + \cdots + \varphi(n) = a_0 n + a_1 \log n + O(1).$$

157. Zur Konvergenz ist notwendig, daß $\lim\limits_{n\to\infty}\varphi(n) = a_0 = 1$. Man wende **156** auf

$$\log\varphi(x) = \log\left(1 + \frac{a_1}{x} + \frac{a_2}{x^2} + \cdots\right) = \frac{a_1}{x} + \frac{a_2 - \frac{1}{2}a_1^2}{x^2} + \cdots \quad \text{an.}$$

158. Die fragliche Reihe konvergiert jedenfalls, wenn $\varphi(n) = 0$ für einen positiven ganzen Wert von n ist. Wir nehmen also an, daß $\varphi(n) \neq 0$, $n = 1, 2, 3, \ldots$. Es ist [**68**]

$$\lim_{n\to\infty}\sqrt[n]{|\varphi(1)\,\varphi(2)\ldots\varphi(n)|} = |a_0|.$$

Für $|a_0| < 1$ hat man also Konvergenz, für $|a_0| > 1$ Divergenz. Es sei zunächst $a_0 = 1$, ferner (der Einfachheit halber) $\varphi(n) > 0$, $n = 1, 2, 3, \ldots$. Dann ist [**157**]

$$\log\varphi(1)\,\varphi(2)\ldots\varphi(n) = a_1\log n + b + \varepsilon_n, \text{ d. h. } \varphi(1)\,\varphi(2)\ldots\varphi(n) = e^{b+\varepsilon_n}n^{a_1},$$

$\lim\limits_{n\to\infty}\varepsilon_n = 0$, b von n freie Konstante. Man hat folglich Konvergenz für $a_1 < -1$, Divergenz für $a_1 \geqq -1$. — Für $a_0 = -1$ setze man

$$\varphi(n) = -\psi(n), \quad \varphi(1)\,\varphi(2)\ldots\varphi(n) = (-1)^n\psi(1)\,\psi(2)\ldots\psi(n).$$

Der Rest der Reihe $\sum n^{-2}$ ist $O(n^{-1})$, folglich ist, vgl. auch Lösung II **18**,

$$\psi(1)\,\psi(2)\ldots\psi(n) = e^c n^{-a_1} + O(n^{-a_1-1}),$$

c von n unabhängig. Also konvergiert die fragliche Reihe gleichzeitig mit $\sum_{n=1}^{\infty}(-1)^n n^{-a_1}$, d. h. für $a_1 > 0$ und nur dann. Zusammenfassend ist, damit die gegebene Reihe konvergiert, notwendig und hinreichend, daß mindestens einer der folgenden vier Fälle eintritt: a) $\varphi(n) = 0$ für irgendeinen positiven ganzen Wert von n; b) $|a_0| < 1$; c) $a_0 = 1$, $a_1 < -1$; d) $a_0 = -1$, $a_1 > 0$.

159. Spezialfall von **158**:

$$\varphi(x) = 2 - e^{\frac{\alpha}{x}} = 1 - \frac{\alpha}{x} - \frac{\alpha^2}{2!}\frac{1}{x^2} + \cdots.$$

Konvergenz für $\alpha > 1$ und $\alpha = \log 2$; $\log 4$, $\log 8, \ldots$ sind > 1.

160. $$\int_0^1 e^{x\log\frac{1}{x}}\,dx = \sum_{n=0}^{\infty}\frac{1}{n!}\int_0^1 x^n\left(\log\frac{1}{x}\right)^n dx.$$

Variablenvertauschung: $x^{n+1} = e^{-y}$.

161. $\sqrt{1+\sqrt{1+\cdots+\sqrt{1}}} = t_n$ gesetzt, ist $t_n^2 = 1 + t_{n-1}$, $t_1 = 1$, $t_{n-1} < t_n$, $n = 2, 3, 4, \ldots$. Für positives x ist dann und nur dann $x^2 < 1 + x$, wenn $x < \frac{1+\sqrt{5}}{2}$, d. h. kleiner als die positive Wurzel der quadratischen Gleichung $x^2 - x - 1 = 0$ wird. Daraus folgt $t_n^2 = 1 + t_{n-1} < 1 + t_n$, also $t_{n-1} < t_n < \frac{1+\sqrt{5}}{2}$, $n = 2, 3, 4, \ldots$, also die Existenz von $\lim_{n\to\infty} t_n = t$ und $0 < t \leqq \frac{1+\sqrt{5}}{2}$, $t^2 = 1 + t$, d. h. $t = \frac{1+\sqrt{5}}{2}$. Wertbestimmung ähnlich bei dem Kettenbruch, wo die Rekursionsformel folgendermaßen lautet:

$$u_n = 1 + u_{n-1}^{-1},\quad u_1 = 1. \qquad n = 2, 3, 4, \ldots.$$

162. [*G. Pólya*, Aufgabe; Arch. d. Math. u. Phys. Serie 3, Bd. 24, S. 84, 1916. Lösung von *G. Szegö*, ebenda, Serie 3, Bd. 25, S. 88—89, 1917.] Ist (Einfachheit halber für $\nu \geqq 1$) $\log\log a_\nu < \nu\log 2$, $a_\nu < e^{2^\nu}$, so ist $t_n < \sqrt{e^2 + \sqrt{e^4 + \cdots + \sqrt{e^{2^n}}}} < e\,\frac{1+\sqrt{5}}{2}$ [**161**]. Ist hingegen $a_n > e^{\beta^n}$, wo $\beta > 2$, so ist $t_n > e^{\left(\frac{\beta}{2}\right)^n}$. — Für $a_n \leqq 1$ ist unter $\frac{\log\log a_n}{n}$ natürlich $-\infty$ zu verstehen.

163. Um
$$t_{n+1} - t_n < \frac{a_{n+1}}{2^n \sqrt{a_1 a_2 \ldots a_n a_{n+1}}}$$
durch vollständige Induktion zu beweisen, nehmen wir an, daß die entsprechende Relation in den n Größen $a_2, a_3, \ldots, a_{n+1}$ bereits bewiesen ist, d. h. daß
$$\sqrt{a_2 + \sqrt{a_3 + \cdots + \sqrt{a_{n+1}}}} = t, \qquad \frac{a_{n+1}}{2^{n-1}\sqrt{a_2 a_3 \ldots a_{n+1}}} = s$$
gesetzt,
$$\sqrt{a_2 + \sqrt{a_3 + \cdots + \sqrt{a_n + \sqrt{a_{n+1}}}}} < t + s$$
gilt. Hieraus folgt
$$t_{n+1}^2 < a_1 + t + s < \left(\sqrt{a_1 + t} + \frac{s}{2\sqrt{a_1 + t}}\right)^2 < \left(t_n + \frac{s}{2\sqrt{a_1}}\right)^2.$$

164. [*Jacobi*, a.a.O. **53**, § 52, Corollarium; Werke, Bd. 1, S. 200—201.] $1 - q = a_0$, $1 + q^m = a_m$ gesetzt, $m = 1, 2, 4, 8, 16, \ldots$, hat das $(n+1)^{\text{te}}$ Partialprodukt die Form
$$\frac{a_0}{a_1}\left(\frac{a_0 a_1}{a_2}\right)^{\frac{1}{2}}\left(\frac{a_0 a_1 a_2}{a_4}\right)^{\frac{1}{4}}\left(\frac{a_0 a_1 a_2 a_4}{a_8}\right)^{\frac{1}{8}}\cdots\left(\frac{a_0 a_1 a_2 \ldots a_{2^{n-1}}}{a_{2^n}}\right)^{\frac{1}{2^n}} = \frac{a_0^{\,2-2^{-n}}}{(a_1 a_2 a_4 a_8 \ldots a_{2^n})^{2^{-n}}}$$
und das Produkt $a_1 a_2 a_4 a_8 \ldots$ konvergiert. Vgl. auch VIII **78**.

165. Die Reihensumme mit $F(x)$ bezeichnet, ist
$$F'(x) = F(x), \qquad F(x) = \text{konst. } e^x.$$

166. $\varphi'(x) = \varphi(x)$, $\varphi(0) = 1$, $\varphi(x) = e^x = 1 + \frac{x}{1!} + \frac{x^2}{2!} + \cdots + \frac{x^n}{n!} + \cdots$
$$\Delta\psi(x) = \psi(x), \; \psi(0) = 1, \; \psi(x) = 2^x = 1 + \binom{x}{1} + \binom{x}{2} + \cdots + \binom{x}{n} + \cdots$$
für $x > -1$. Es ist
$$\varphi_n(x) = \frac{x^n}{n!}, \; \psi_n(x) = \binom{x}{n} = \frac{x(x-1)(x-2)\cdots(x-n+1)}{n!}, \; n = 1, 2, 3, \ldots.$$

167.
$$\log\frac{x_n}{x_{n+1}} = \log\frac{y_n}{y_{n+1}} - \frac{1}{12n(n+1)}, \; \log\frac{y_n}{y_{n+1}} = \left(n + \frac{1}{2}\right)\log\left(1 + \frac{1}{n}\right) - 1;$$
$$\log\frac{1+x}{1-x} = 2\left(\frac{x}{1} + \frac{x^3}{3} + \frac{x^5}{5} + \cdots\right) \text{ ergibt für } x = \frac{1}{2n+1},$$
$$1 < \left(n + \frac{1}{2}\right)\log\left(1 + \frac{1}{n}\right) = 1 + \frac{1}{3(2n+1)^2} + \frac{1}{5(2n+1)^4} + \cdots$$
$$< 1 + \frac{1}{3[(2n+1)^2 - 1]} = 1 + \frac{1}{12n(n+1)},$$
also $x_n < x_{n+1}$, $y_n > y_{n+1}$. Ein Teil von **155** bzw. II **205**. Aus **167** zusammen mit II **202** folgt II **205** für ganzzahliges n.

168. [*I. Schur.*] Daß a_n für $p \geqq \frac{1}{2}$ abnimmt, folgt aus

$$\log a_n = \frac{2(n+p)}{2n+1}\left(1 + \frac{1}{3(2n+1)^2} + \frac{1}{5(2n+1)^4} + \cdots\right)$$
$$= \left(1 + \frac{p-\frac{1}{2}}{n+\frac{1}{2}}\right)\left(1 + \frac{1}{3(2n+1)^2} + \frac{1}{5(2n+1)^4} + \cdots\right)$$

[Lösung **167**]. Hieraus schließt man weiter

$$\log a_n = 1 - \frac{\frac{1}{2}-p}{n+\frac{1}{2}} + \frac{1}{12n^2} + O\left(\frac{1}{n^3}\right), \quad \text{also}$$

$$\log a_{n+1} - \log a_n = \frac{\frac{1}{2}-p}{(n+\frac{1}{2})(n+\frac{3}{2})} + O\left(\frac{1}{n^3}\right),$$

so daß a_n für $p < \frac{1}{2}$ von einem gewissen n an steigt. Für $p \leqq 0$ ist dies sogar von $n = 1$ an der Fall, wie die Entwicklung von $\left(1+\frac{1}{n}\right)^n$ nach der Binomialformel zeigt.

169. $a_n = \left(1+\frac{1}{n}\right)^{n+\frac{1}{2}} \dfrac{1+\frac{x}{n}}{\left(1+\frac{1}{n}\right)^{\frac{1}{2}}}$; der erste Faktor nimmt ab [**168**], das Quadrat des zweiten ist $1 + \dfrac{2x-1}{n+1} + \dfrac{x^2}{n(n+1)}$. Die Bedingung $x \geqq \frac{1}{2}$ ist also hinreichend, damit a_n abnimmt. Aus

$$\log a_n = 2n\left(\frac{1}{2n+1} + \frac{1}{3(2n+1)^3} + \frac{1}{5(2n+1)^5} + \cdots\right)$$
$$+ 2\left[\frac{x}{2n+x} + \frac{1}{3}\left(\frac{x}{2n+x}\right)^3 + \frac{1}{5}\left(\frac{x}{2n+x}\right)^5 + \cdots\right]$$
$$= \frac{2n}{2n+1} + \frac{2x}{2n+x} + \frac{1}{12n^2} + O\left(\frac{1}{n^3}\right)$$

schließt man ferner, da $\log a_n - \log a_{n+1} = \dfrac{4x-2}{4n^2} + O\left(\dfrac{1}{n^3}\right)$, daß diese Bedingung auch notwendig ist.

170. [Vgl. Aufgabe Nr. 1098, Nouv. Ann. Serie 2, Bd. 11, S. 480, 1872. Lösung von *C. Moreau*; ebenda, Serie 2, Bd. 13, S. 61, 1874.] Die erste Ungleichung besagt

$$\left(1+\frac{1}{n}\right)^{n+1} < e\left(1+\frac{1}{2n}\right)$$

und ist eine Folge der Ungleichung

$$f(x) = x + x\log\left(1+\frac{x}{2}\right) - (1+x)\log(1+x) > 0, \qquad 0 < x \leqq \frac{1}{n}.$$

[Es ist

$$f'(x) = \frac{x}{x+2} - \log\frac{1+x}{1+\frac{x}{2}} > \frac{x}{x+2} - \frac{1+x}{1+\frac{x}{2}} + 1 = 0, \quad f(0) = 0.]$$

Die zweite Ungleichung ist gleichbedeutend mit

$$e < \left(1+\frac{1}{n}\right)^n \left(1+\frac{1}{2n}\right) \qquad \textbf{[169]}.$$

171. [*I. Schur.*] Im zweiten Viertel, weil

$$\left(1+\frac{1}{n}\right)^n\left(1+\frac{1}{4n}\right) < e < \left(1+\frac{1}{n}\right)^n\left(1+\frac{1}{2n}\right), \qquad n = 1, 2, 3, \ldots.$$

Die erste Ungleichung folgt aus **170**, weil

$$1 + \frac{1}{4n} < \left(1+\frac{1}{n}\right)\left(1+\frac{1}{2n}\right)^{-1},$$

die zweite ist in **169** enthalten.

172. [*I. Schur.*] Aus

$$\log a_n = (n+1)\log\frac{1+\frac{x}{2n+x}}{1-\frac{x}{2n+x}} = (2n+2)\sum_{\nu=1}^{\infty}\frac{1}{2\nu-1}\left(\frac{x}{2n+x}\right)^{2\nu-1}$$

$$= \sum_{\nu=1}^{\infty}\frac{x^{2\nu-1}}{2\nu-1}\,\frac{1}{(2n+x)^{2\nu-2}} + (2-x)\cdot\sum_{\nu=1}^{\infty}\frac{x^{2\nu-1}}{2\nu-1}\,\frac{1}{(2n+x)^{2\nu-1}}$$

schließt man für $0 < x \leqq 2$, daß a_n fällt. Ferner

$$\log a_n = x + \frac{x^3}{3}\,\frac{1}{(2n+x)^2} + \frac{x(2-x)}{2n+x} + O\left(\frac{1}{n^3}\right),$$

$$\log a_n - \log a_{n+1} = \frac{2x(2-x)}{(2n+x)(2n+x+2)} + O\left(\frac{1}{n^3}\right),$$

d. h. < 0 für genügend große n, wenn $x < 0$ oder $x > 2$. Für $x = 0$ ist $a_n = 1$, $n = 1, 2, 3, \ldots$.

173. [Beweis nach Mitteilung von *E. Jacobsthal.*] Betreffs des Grenzwertes von $\sin_n x$ vgl. **174**. — Es ist

$$x - \frac{x^3}{6} < \sin x < x - \frac{x^3}{6} + \frac{x^5}{120}, \qquad x > 0 \ \textbf{[142]};$$

bei konstantem c ist ferner für genügend großes n, $n > N(c)$ (binomische Reihe!)

$$\frac{c}{\sqrt{n}} - \frac{1}{6}\left(\frac{c}{\sqrt{n}}\right)^3 > \frac{c}{\sqrt{n+1}} \quad \text{bzw.} \quad \frac{c}{\sqrt{n}} - \frac{1}{6}\left(\frac{c}{\sqrt{n}}\right)^3 + \frac{1}{120}\left(\frac{c}{\sqrt{n}}\right)^5 < \frac{c}{\sqrt{n+1}},$$

je nachdem $c<\sqrt{3}$ oder $c>\sqrt{3}$ ist. Es sei $c<\sqrt{3}$ und $\alpha>0$, α fest und so groß, daß $\sin_N x > \frac{c}{\sqrt{N+\alpha}}$. Dann ist

$$\sin_{N+1} x > \sin\frac{c}{\sqrt{N+\alpha}} > \frac{c}{\sqrt{N+\alpha}} - \frac{1}{6}\left(\frac{c}{\sqrt{N+\alpha}}\right)^3 > \frac{c}{\sqrt{N+\alpha+1}},$$

also $\sin_n x > \frac{c}{\sqrt{n+\alpha}}$, $n \geqq N$. Hieraus folgt $\liminf_{n\to\infty} \sqrt{n}\sin_n x \geqq c$, d. h. $\geqq \sqrt{3}$. Im Falle $c>\sqrt{3}$ sei m so groß, daß $\sin_m x < \frac{c}{\sqrt{N+1}}$. Man schließt dann ähnlich wie vorher, daß $\sin_{m+1} x < \frac{c}{\sqrt{N+2}}$, $\sin_{m+2} x < \frac{c}{\sqrt{N+3}}$, usw.

174. Die Folge ν_n fällt, $\nu_n>0$, also existiert $\lim_{n\to\infty}\nu_n=\nu$; aus $\nu=f(\nu)$ schließt man $\nu=0$. Es genügt somit, die Behauptung für beliebig kleine x zu beweisen. Es sei b' fest, $b'>b$. Für genügend kleine x ist

$$x - a x^k < f(x) < x - a x^k + b' x^l$$

und für genügend große n, $n>N(c)$

$$c n^{-\frac{1}{k-1}} - a\left(c n^{-\frac{1}{k-1}}\right)^k > c(n+1)^{-\frac{1}{k-1}}$$

bzw.

$$c n^{-\frac{1}{k-1}} - a\left(c n^{-\frac{1}{k-1}}\right)^k + b'\left(c n^{-\frac{1}{k-1}}\right)^l < c(n+1)^{-\frac{1}{k-1}},$$

je nachdem $c<[(k-1)a]^{-\frac{1}{k-1}}$ oder $c>[(k-1)a]^{-\frac{1}{k-1}}$ ist. Vgl. **173**. Die Voraussetzung über das Vorzeichen von b ist nicht wesentlich.

175. [*J. Ouspensky*, Aufgabe; Arch. d. Math. u. Phys. Serie 3, Bd. 20, S. 83, 1913.] Konvergenz für $s>2$, Divergenz für $s\leqq 2$ [**173**].

176. [Vgl. *E. Cesàro*, Aufgabe; Nouv. Ann. Serie 3, Bd. 7, S. 400, 1888. Lösung von *Audibert*, ebenda, Serie 3, Bd. 11, S. 35*, 1892.] Aus den Ungleichungen

$$x > \log\frac{e^x-1}{x} > 0, \quad x>0; \quad x<\log\frac{e^x-1}{x}<0, \quad x<0$$

schließt man, daß die Folge u_n im ersten Falle monoton fällt, $u_n>0$, im zweiten zunimmt, $u_n<0$. Es ist $\lim_{n\to\infty} u_n = u = 0$, weil

$$u \gtrless \log\frac{e^u-1}{u} \qquad \text{für} \qquad u \gtrless 0.$$

Die Rekursionsformel $e^{u_n}-1=u_n e^{u_{n+1}}$, $n=1,2,3,\ldots$ ergibt

$$e^{u_1} = 1 + u_1 + u_1u_2 + \cdots + u_1u_2\ldots u_{n-1} + u_1u_2\ldots u_n e^{u_{n+1}}$$

und $\lim_{n\to\infty} u_1u_2\ldots u_n e^{u_{n+1}} = 0$.

177. [*C. A. Laisant*, Aufgabe; Nouv. Ann. Serie 2, Bd. 9, S. 144, 1870. Lösung von *H. Rumpen*, ebenda, Serie 2, Bd. 11, S. 232, 1872.] $s = \frac{3}{4}\cos\varphi$. Man beachte $4\cos^3\varphi = 3\cos\varphi + \cos 3\varphi$.

178. [*I. Schur*, Aufgabe; Arch. d. Math. u. Phys. Serie 3, Bd. 27, S. 162, 1918. Vgl. *O. Szász*, Sitzungsber. Berl. Math. Ges. Bd. 21, S. 25—29, 1922.] Wenn $\varepsilon > 0$ so klein ist, daß $|q| + \varepsilon < r$, so gibt es eine von n und ν freie Konstante A, so beschaffen, daß

$$\left|\frac{b_{n-\nu}}{b_n}\right| < A(|q| + \varepsilon)^\nu, \quad \nu = 0, 1, \ldots, n; \quad n = 0, 1, 2, \ldots.$$

Für $n > m$ ist

$$\frac{c_n}{b_n} - f(q) = \sum_{\nu=0}^{m} a_\nu \left(\frac{b_{n-\nu}}{b_n} - q^\nu\right) + \sum_{\nu=m+1}^{n} a_\nu \frac{b_{n-\nu}}{b_n} - \sum_{\nu=m+1}^{n} a_\nu q^\nu;$$

die beiden letzten Summen sind absolut kleiner als

$$A\sum_{\nu=m+1}^{\infty} |a_\nu|(|q| + \varepsilon)^\nu + \sum_{\nu=m+1}^{\infty} |a_\nu||q|^\nu,$$

d. h. mit m^{-1} beliebig klein. Wir wählen m so groß, daß dieser Ausdruck $< \varepsilon$ sei, dann bei festem m wieder n so groß, daß die erste Summe absolut $< \varepsilon$ wird.

179. [Spezialfall eines wichtigen funktionentheoretischen Satzes von *Vitali*. Vgl. *E. Lindelöf*, S. M. F. Bull. Bd. 41, S. 171, 1913.] Wir zeigen nur $\lim\limits_{n\to\infty} a_{n1} = 0$. (Man bilde dann $x^{-1} f_n(x) - a_{n1}$, usw.). Unter ε eine beliebige positive Zahl verstanden, sei x so klein, daß $0 < A\frac{x}{1-x} < \varepsilon$. Dann ist

$$|a_{n1}| < x^{-1}|f_n(x)| + A\frac{x}{1-x} < x^{-1}|f_n(x)| + \varepsilon.$$

Man wähle jetzt bei festem x die Zahl n so groß, daß $|f_n(x)| < \varepsilon x$.

180. Es ist $|a_k| \leqq A_k$, $k = 0, 1, 2, \ldots$, daher $\sum\limits_{k=0}^{\infty} a_k$ konvergent. Man hat

$$|s_n - s| \leqq |a_{n0} - a_0| + |a_{n1} - a_1| + \cdots + |a_{nm} - a_m| + 2\sum_{k=m+1}^{\infty} A_k.$$

Es sei ε positiv, sonst beliebig. Wir wählen m so groß, daß die letzte Summe $< \varepsilon$ sei. Bei festem m wählen wir dann n so groß, daß $|a_{nk} - a_k| < \frac{\varepsilon}{m+1}$, $k = 0, 1, \ldots, m$. Dann ist

$$|s_n - s| < 3\varepsilon.$$

181. a) Da das unendliche Produkt $\prod\limits_{k=1}^{\infty}(1 - q^{2k})$ für $|q| < 1$ konvergiert, so liegen seine sämtlichen Partialprodukte zwischen zwei positiven Zahlen a und b, $a < b$. Daher gilt für die in **52** berechnete Größe C_ν die Abschätzung

$$|C_\nu| < \left(\frac{b}{a}\right)^2 q^{\nu^2}.$$

Man wende **180** an.

b) Es sei $y < 0$ in **59**, also $q > 1$. Dann ist

$$\frac{q^k}{1+q+q^2+\cdots+q^{k-1}} < q,$$

ferner ist $\left(1-\frac{y}{n}\right)^{-n+\nu} > e^y$, $\nu = 0, 1, 2, \ldots$, daher

$$\left[1-\left(1-\frac{y}{n}\right)^{-n}\right]\left[1-\left(1-\frac{y}{n}\right)^{-n+1}\right]\cdots\left[1-\left(1-\frac{y}{n}\right)^{-n+k-1}\right] < (1-e^y)^k.$$

Man wende **180** an.

182. Es handelt sich um den Grenzwert der Reihe

$$\sum_{k=1-n}^{\infty}{}' n^{\alpha-1}(n+k)^{\alpha-1}[(n+k)^\alpha - n^\alpha]^{-2} = \sum_{k=1-n}^{\infty}{}' \frac{1}{k^2}\varphi\left(\frac{k}{n}\right)$$

für $n \to \infty$; das Glied mit dem Index $k = 0$ ist wegzulassen und es ist

$$\varphi(x) = (1+x)^{\alpha-1}\left(\frac{x}{(1+x)^\alpha - 1}\right)^2$$

gesetzt. $\varphi(x)$ ist stetig für $-1 < x < \infty$, wenn $\varphi(0) = \alpha^{-2}$ definiert wird. Es ist $\varphi(x) \equiv 1$, wenn $\alpha = 1$; sonst ist

$$\varphi(x) \backsim x^{1-\alpha} \quad \text{für} \quad x \to \infty, \qquad \varphi(x) \backsim (1+x)^{\alpha-1} \quad \text{für} \quad x \to -1.$$

Im Falle $\alpha = 1$ folgt der Grenzwert sofort aus

$$1 + 2^{-2} + 3^{-2} + 4^{-2} + \cdots = \frac{\pi^2}{6}.$$

Im Falle $\alpha \neq 1$ strebt das allgemeine Glied für $n \to \infty$ und festes k gegen $k^{-2}\varphi(0)$.

Im Falle $\alpha > 1$ ist $\varphi(x)$ beschränkt für $-1 < x < \infty$. Bezeichnet man das Maximum von $\varphi(x)$ mit M, so wird die vorgelegte Reihe durch $\sum' M k^{-2}$ für $n = 1, 2, 3, \ldots$ majoriert. [**180**.]

Im Falle $0 < \alpha < 1$ gibt es eine positive Zahl M, so daß

$$\begin{aligned}
&\varphi(x) < M && \text{für} \quad -\tfrac{1}{2} \leqq x \leqq 2,\\
&\varphi(x) \leqq M(1+x)^{\alpha-1} && \text{für} \quad -1 < x \leqq -\tfrac{1}{2},\\
&\varphi(x) \leqq M x^{1-\alpha} && \text{für} \quad x \geqq 2.
\end{aligned}$$

Hieraus folgt

$$\sum_{k=1-n}^{-\frac{1}{2}n} \frac{1}{k^2}\varphi\left(\frac{k}{n}\right) \leqq \sum_{k=1-n}^{-\frac{1}{2}n} \frac{M}{k^2}\left(\frac{n}{n+k}\right)^{1-\alpha} \leqq M n^{1-\alpha} \sum_{k=\frac{1}{2}n}^{n-1} k^{-2} \to 0,$$

$$\varphi\left(\frac{k}{n}\right) \leqq M k^{1-\alpha} \quad \text{für} \quad n = 1, 2, 3, \ldots, \quad k = 2n, 2n+1, \ldots.$$

Somit wird der übrige Teil der Reihe (von $-\frac{1}{2}n$ bis ∞) durch $\sum' M|k|^{-1-\alpha}$ majoriert. [**180**.]

183. Es ist $\sqrt{2+\sqrt{2+\sqrt{2+\cdots+\sqrt{2}}}}<\sqrt{2+\sqrt{2+\sqrt{2+\cdots}}}=2$, so daß

$$a_n=\varepsilon_0\sqrt{2+\varepsilon_1\sqrt{2+\varepsilon_2\sqrt{2+\cdots+\varepsilon_n\sqrt{2}}}}$$

stets einen Sinn hat. Um

$$a_n=2\sin\left(\frac{\pi}{4}\sum_{\nu=0}^{n}\frac{\varepsilon_0\varepsilon_1\ldots\varepsilon_\nu}{2^\nu}\right)$$

zu beweisen, wende man vollständige Induktion an. Es ist

$$\operatorname{sg} a_n=\operatorname{sg} 2\sin\left(\frac{\pi}{4}\sum_{\nu=0}^{n}\frac{\varepsilon_0\varepsilon_1\ldots\varepsilon_\nu}{2^\nu}\right)=\varepsilon_0,$$

ferner für $\varepsilon_0 \neq 0$

$$a_n^2-2=\varepsilon_1\sqrt{2+\varepsilon_2\sqrt{2+\cdots+\varepsilon_n\sqrt{2}}}$$

und

$$\begin{aligned}4\sin^2\left(\frac{\pi}{4}\sum_{\nu=0}^{n}\frac{\varepsilon_0\varepsilon_1\ldots\varepsilon_\nu}{2^\nu}\right)-2&=-2\cos\left(\frac{\pi}{2}\sum_{\nu=0}^{n}\frac{\varepsilon_0\varepsilon_1\ldots\varepsilon_\nu}{2^\nu}\right)\\&=-2\cos\left(\frac{\pi}{2}+\frac{\pi}{2}\sum_{\nu=1}^{n}\frac{\varepsilon_1\varepsilon_2\ldots\varepsilon_\nu}{2^\nu}\right)\\&=\quad 2\sin\left(\frac{\pi}{4}\sum_{\nu=1}^{n}\frac{\varepsilon_1\varepsilon_2\ldots\varepsilon_\nu}{2^{\nu-1}}\right).\end{aligned}$$

Grenzübergang $n\to\infty$.

184. [Vgl. *S. Pincherle*, Torino Atti, Bd. 53, S. 745—763, 1917—18; Rom. Acc. L. Rend. Serie 5, Bd. 27, 2. Sem. S. 177—183, 1918.] Wir setzen $x=2\cos\varphi$, $0\leqq\varphi\leqq\pi$. Dann ist die dyadische Entwicklung

$$\frac{2\varphi}{\pi}=g_0+\frac{g_1}{2}+\frac{g_2}{2^2}+\cdots+\frac{g_n}{2^n}+\cdots,\qquad g_n=0 \text{ oder } 1,$$

eindeutig bestimmt, außer, wenn $\varphi=\frac{p}{2^q}\pi$, p, q ganz, $0<p<2^q$; in diesem Falle gibt es zwei Darstellungen. Die Gleichung

$$2\cos\varphi=\varepsilon_0\sqrt{2+\varepsilon_1\sqrt{2+\varepsilon_2\sqrt{2+\cdots}}}$$

ist [**183**] gleichwertig mit

$$2\sin\frac{\pi}{4}\left(2-\frac{4\varphi}{\pi}\right)=2\sin\frac{\pi}{4}\left(\sum_{n=0}^{\infty}\frac{\varepsilon_0\varepsilon_1\ldots\varepsilon_n}{2^n}\right),$$

oder da beide Arcus zwischen $-\frac{\pi}{2}$ und $\frac{\pi}{2}$ gelegen sind, mit

$$2-\frac{4\varphi}{\pi}=\sum_{n=0}^{\infty}\frac{\varepsilon_0\varepsilon_1\ldots\varepsilon_n}{2^n},\qquad\frac{2\varphi}{\pi}=\sum_{n=0}^{\infty}\frac{\frac{1-\varepsilon_0\varepsilon_1\ldots\varepsilon_n}{2}}{2^n};$$

also gilt

$$g_n = \frac{1 - \varepsilon_0 \varepsilon_1 \dots \varepsilon_n}{2}, \qquad n = 0, 1, 2, \dots,$$

wenn der oben genannte Ausnahmefall vorläufig ausgeschlossen wird. Mit Hilfe dieser Gleichungen können die ε_n aus den g_n (auch umgekehrt) eindeutig bestimmt werden.

Im Ausnahmefall $\varphi = \frac{p}{2^q}\pi$, p, q ganz, $0 < p < 2^q$, gelten zwei Darstellungen für $\frac{2\varphi}{\pi}$:

$$\frac{2\varphi}{\pi} = g_0 + \frac{g_1}{2} + \dots + \frac{g_{q-2}}{2^{q-2}} + \frac{1}{2^{q-1}} + \frac{0}{2^q} + \frac{0}{2^{q+1}} + \cdots$$

$$= g_0 + \frac{g_1}{2} + \dots + \frac{g_{q-2}}{2^{q-2}} + \frac{0}{2^{q-1}} + \frac{1}{2^q} + \frac{1}{2^{q+1}} + \cdots,$$

$q \geqq 2$ vorausgesetzt. In diesem Falle sind $\varepsilon_0, \varepsilon_1, \dots, \varepsilon_{q-2}$, wie früher, eindeutig bestimmt, $\varepsilon_q = -1$, $\varepsilon_{q+1} = \varepsilon_{q+2} = \dots = 1$, ε_{q-1} kann nach Belieben -1 oder $+1$ angenommen werden. Es ist also

$$x = 2\cos\varphi = \varepsilon_0\sqrt{2 + \varepsilon_1\sqrt{2 + \varepsilon_2\sqrt{2 + \dots + \varepsilon_{q-2}\sqrt{2}}}}.$$

Aus **183** folgt umgekehrt, daß jede Zahl letzterer Form $= 2\cos\frac{p}{2^q}\pi$ ist, p, q ganz, $0 < p < 2^q$.

Für $q = 1$ erleidet das Gesagte eine leichte Modifikation: die Ziffern $g_0, \dots, g_{q-2}, \varepsilon_0, \dots, \varepsilon_{q-2}$ sind nicht vorhanden, $\varphi = \frac{\pi}{2}$, $x = 0$.

185. Die Folge g_n ist dann und nur dann von einem gewissen Gliede ab periodisch, wenn dies für die Folge ε_n zutrifft.

Zweiter Abschnitt.

Integralrechnung.

1. $\frac{r-1}{x_\nu^r} < \frac{1}{x_\nu^{r-1} x_{\nu-1}} + \frac{1}{x_\nu^{r-2} x_{\nu-1}^2} + \cdots + \frac{1}{x_\nu x_{\nu-1}^{r-1}} < \frac{r-1}{x_{\nu-1}^r}.$

2. $(r+1) x_{\nu-1}^r < \frac{x_\nu^{r+1} - x_{\nu-1}^{r+1}}{x_\nu - x_{\nu-1}} < (r+1) x_\nu^r.$

3.
$$\sum_{\nu=1}^{n} h e^{a+(\nu-1)h}, \qquad \sum_{\nu=1}^{n} h e^{a+\nu h},$$

wenn $h = x_\nu - x_{\nu-1} = \frac{b-a}{n}$ gesetzt wird. Der Grenzwert von

$$h e^a \frac{1-e^{nh}}{1-e^h} = h \frac{e^b - e^a}{e^h - 1}$$

ist: $e^b - e^a$, da

$$\lim_{h \to 0} \frac{e^h - 1}{h} = \left(\frac{d e^x}{d x}\right)_{x=0} = 1.$$

4.
$$\sum_{\nu=1}^{n} \frac{a q^{\nu-1}(q-1)}{a q^\nu}, \qquad \sum_{\nu=1}^{n} \frac{a q^{\nu-1}(q-1)}{a q^{\nu-1}},$$

wenn $q = \frac{x_\nu}{x_{\nu-1}} = \sqrt[n]{\frac{b}{a}}$ gesetzt wird. Es ist [**3**]

$$\lim_{n \to \infty} n\left(\sqrt[n]{\frac{b}{a}} - 1\right) = \lim_{n \to \infty} \frac{e^{\frac{\log b - \log a}{n}} - 1}{\frac{\log b - \log a}{n}} (\log b - \log a) = \log b - \log a.$$

5. $H_n = 1 + \frac{1}{2} + \frac{1}{3} + \cdots + \frac{1}{n}$ gesetzt, ist

$$H_{2n} - 2(\tfrac{1}{2} H_n) = H_{2n} - H_n.$$

Ferner

$$\lim_{n \to \infty} \frac{1}{n} \sum_{\nu=1}^{n} \frac{1}{1 + \frac{\nu}{n}} = \int_0^1 \frac{dx}{1+x} = \log 2.$$

6. $$\lim_{n\to\infty}\frac{\pi}{n+1}\left(\frac{\sin\frac{\pi}{n+1}}{\frac{\pi}{n+1}}+\frac{\sin 2\frac{\pi}{n+1}}{2\frac{\pi}{n+1}}+\cdots+\frac{\sin n\frac{\pi}{n+1}}{n\frac{\pi}{n+1}}\right)$$

$$=\int_0^\pi\frac{\sin x}{x}\,dx>0. \qquad \text{(VI 25.)}$$

7. Nach dem Mittelwertsatz der Differentialrechnung ist

$$F(b)-F(a)=\sum_{\nu=1}^{n}[F(x_\nu)-F(x_{\nu-1})]=\sum_{\nu=1}^{n}f(\xi_\nu)(x_\nu-x_{\nu-1}),\quad x_{\nu-1}<\xi_\nu<x_\nu.$$

Es muß aber nicht *in dem hier gebrauchten Sinne*

$$F(b)-F(a)=\int_a^b f(x)\,dx$$

sein. [Vgl. *V. Volterra*, Batt. G. Bd. 19, S. 335, 1881.]

8. Es sei $\frac{k-1}{n}\leqq\xi<\frac{k}{n}$, dann ist

$$\Delta_n\leqq\sum_{\nu=k}^{n}\int_{\frac{\nu-1}{n}}^{\frac{\nu}{n}}\left[f(x)-f\left(\frac{\nu}{n}\right)\right]dx\leqq\frac{M-f\left(\frac{k}{n}\right)}{n}+\sum_{\nu=k+1}^{n}\frac{f\left(\frac{\nu-1}{n}\right)-f\left(\frac{\nu}{n}\right)}{n}$$

und

$$-\Delta_n\leqq\sum_{\nu=1}^{k}\int_{\frac{\nu-1}{n}}^{\frac{\nu}{n}}\left[f\left(\frac{\nu}{n}\right)-f(x)\right]dx\leqq\frac{f\left(\frac{k}{n}\right)-\operatorname{Min}\left[f\left(\frac{k-1}{n}\right),f\left(\frac{k}{n}\right)\right]}{n}$$

$$+\sum_{\nu=1}^{k-1}\frac{f\left(\frac{\nu}{n}\right)-f\left(\frac{\nu-1}{n}\right)}{n}=\frac{\operatorname{Max}\left[f\left(\frac{k-1}{n}\right),f\left(\frac{k}{n}\right)\right]-f(0)}{n}.$$

9. [Vgl. *G. Pólya*, Arch. d. Math. u. Phys. Serie 3, Bd. 26, S. 198, 1917.] Unter der totalen Schwankung von $f(x)$ im Intervalle a, b versteht man die obere Grenze des Ausdruckes

$$|f(x_1)-f(x_0)|+|f(x_2)-f(x_1)|+\cdots+|f(x_n)-f(x_{n-1})|,$$

der für alle möglichen Einteilungen des Intervalls a, b zu bilden ist (Bezeichnungen wie auf S. 34). Funktionen von endlicher totaler Schwankung heißen auch „von beschränkter Schwankung".

$$|\Delta_n|\leqq\int_0^{\frac{1}{n}}\left[\sum_{\nu=1}^{n}\left|f\left(x+\frac{\nu-1}{n}\right)-f\left(\frac{\nu}{n}\right)\right|\right]dx\leqq\int_0^{\frac{1}{n}}V\,dx.$$

10.
$$-\Delta_n = \sum_{\nu=1}^{n} \int\limits_{a+(\nu-1)\frac{b-a}{n}}^{a+\nu\frac{b-a}{n}} \left(a+\nu\frac{b-a}{n}-x\right) f'(\xi_\nu)\,dx\,,$$
wobei $a+(\nu-1)\dfrac{b-a}{n} < \xi_\nu < a+\nu\dfrac{a-b}{n}$, also
$$\frac{1}{2}\left(\frac{b-a}{n}\right)^2 \sum_{\nu=1}^{n} m_\nu \leqq -\Delta_n \leqq \frac{1}{2}\left(\frac{b-a}{n}\right)^2 \sum_{\nu=1}^{n} M_\nu\,,$$
wenn M_ν und m_ν die obere bzw. untere Grenze von $f'(x)$ im ν^{ten} Teilintervalle bezeichnen. Es ist
$$\lim_{n\to\infty} n\Delta_n = \frac{b-a}{2}\,[f(a)-f(b)]\,.$$

11.
$$\lim_{n\to\infty} n^2\Delta_n' = \frac{(b-a)^2}{24}\,[f'(b)-f'(a)]\,,$$
weil
$$f(x)-f\left(a+(2\nu-1)\frac{b-a}{2n}\right) = \left(x-a-(2\nu-1)\frac{b-a}{2n}\right) f'\left(a+(2\nu-1)\frac{b-a}{2n}\right)$$
$$+\frac{1}{2}\left(x-a-(2\nu-1)\frac{b-a}{2n}\right)^2 f''(\xi_\nu)\,.$$
Das lineare Glied fällt bei der Integration längs des Intervalls $a+(\nu-1)\dfrac{b-a}{n}$, $a+\nu\dfrac{b-a}{n}$ fort. Vgl. **10.**

12. Es ist [**11**]
$$\Delta_n'' = \int\limits_{a}^{a+\frac{b-a}{2n+1}} [f(x)-f(a)]\,dx + \sum_{\nu=1}^{n} \int\limits_{a+(2\nu-1)\frac{b-a}{2n+1}}^{a+(2\nu+1)\frac{b-a}{2n+1}} \left[f(x)-f\left(a+2\nu\frac{b-a}{2n+1}\right)\right]dx$$
$$= \int\limits_{a}^{a+\frac{b-a}{2n+1}} (x-a)\,f'(\xi_0)\,dx + \sum_{\nu=1}^{n} \frac{1}{2} \int\limits_{a+(2\nu-1)\frac{b-a}{2n+1}}^{a+(2\nu+1)\frac{b-a}{2n+1}} \left(x-a-2\nu\frac{b-a}{2n+1}\right)^2 f''(\xi_\nu)\,dx\,.$$
Der gesuchte Grenzwert ist
$$\frac{(b-a)^2}{24}\,[f'(b)+2f'(a)]\,.$$
Im Falle $f'(a)=0$ folgt dieses Resultat aus **11**, indem man die dort betrachtete Funktion $f(x)$ links von a mittels Spiegelung fortsetzt und n durch $2n+1$ ersetzt.

13. Man setze in **10** und **11**: $f(x) = \frac{1}{1+x}$, $a = 0$, $b = 1$. Vgl. auch **5**.

14. [Genaueres bei *G. N. Watson*, Phil. Mag. Serie 3, Bd. 31, S. 111—118, 1916.]

$$\sum_{\nu=1}^{n-1} \frac{1}{\sin\frac{\nu\pi}{n}} =$$

$$= \frac{2}{\pi}\left(\frac{n}{1} + \frac{n}{2} + \cdots + \frac{n}{n-1}\right) + n \sum_{\nu=1}^{n-1} \left(\frac{1}{\sin\frac{\nu\pi}{n}} - \frac{1}{\frac{\nu\pi}{n}} - \frac{1}{\frac{(n-\nu)\pi}{n}}\right)\frac{1}{n}$$

$$= \frac{2n}{\pi}\left[\log n + C + O\left(\frac{1}{n}\right)\right] + n\left[\int_0^1 \left(\frac{1}{\sin\pi x} - \frac{1}{\pi x} - \frac{1}{\pi(1-x)}\right) dx + O\left(\frac{1}{n}\right)\right]$$

$$= \frac{2n}{\pi}(\log n + C) - \frac{2n}{\pi}\log\frac{\pi}{2} + O(1),$$

mit Berücksichtigung von **9**.

15. [*E. Cesàro*, Aufgabe; Nouv. Ann. Serie 3, Bd. 17, S. 112, 1888. Lösung von *G. Pólya*, ebenda, Serie 4, Bd. 11, S. 377—381, 1911.] Man setze in **10**: $f(x) = x \log x$, $a = 0$, $b = 1$. Obwohl die Voraussetzung von **10** nicht völlig erfüllt ist, bleibt trotzdem die Behauptung von **10** richtig.

16. Man setze $P(x) = \frac{1}{2x} + \sum_{\nu=1}^{n} \frac{1}{x-\nu}$, $\beta = (1 - e^{-\alpha})^{-1}$. Die Gleichung $P(x) = \alpha$ ist vom $(n+1)^{\text{ten}}$ Grade und besitzt in jedem der Intervalle $(0, 1)$, $(1, 2)$, $(2, 3)$, $\ldots$, $(n-1, n)$, (n, ∞) je eine Wurzel. Die letzte ist x_n. Man setze in **12** $f(x) = \frac{1}{\beta - x}$, $a = 0$, $b = 1$; es ergibt sich

$$\int_0^1 \frac{dx}{\beta - x} = \alpha = P(x_n) = P\left((n + \tfrac{1}{2})\beta\right) + \Delta_n'', \qquad \Delta_n'' > 0.$$

Da $P(x)$ für $x > n$ abnimmt, ist $x_n < (n + \frac{1}{2})\beta$. Aus dem Mittelwertsatz schließt man ferner

$$0 < (n + \tfrac{1}{2})\beta - x_n = -\frac{\Delta_n''}{P'(\xi)} < -\frac{\Delta_n''}{P'\left((n+\frac{1}{2})\beta\right)}, \quad x_n < \xi < (n + \tfrac{1}{2})\beta.$$

Der rechtsstehende Quotient geht nach Null [**12**], weil

$$n P'\left((n + \tfrac{1}{2})\beta\right) \to -\int_0^1 \frac{dx}{(\beta - x)^2}.$$

17. Aus $\alpha = \int\limits_0^1 \frac{2\beta}{\beta^2 - x^2} dx$ ergibt sich $\beta = \frac{1 + e^{-\alpha}}{1 - e^{-\alpha}}$. Genaueres wie in **16**.

18. [*J. Franel;* vgl. *Cesàro*, S. 273. Verwandt mit der *Euler*schen Summenformel.] Man setze $F(x) = \int\limits_1^x f(t)\,dt$. Aus den Gleichungen

$$\left.\begin{aligned} F(\nu + \tfrac{1}{2}) - F(\nu) &= \tfrac{1}{2} f(\nu) + \tfrac{1}{8} f'(\xi_\nu), \\ -F(\nu + \tfrac{1}{2}) + F(\nu + 1) &= \tfrac{1}{2} f(\nu + 1) - \tfrac{1}{8} f'(\eta_\nu) \end{aligned}\right\} \begin{aligned} &\nu < \xi_\nu < \nu + \tfrac{1}{2} < \eta_\nu < \nu + 1; \\ &\nu = 1, 2, 3, \ldots, n - 1, \end{aligned}$$

folgt durch Addition

$$\begin{aligned} &\tfrac{1}{2} f(1) + f(2) + f(3) + \cdots + f(n-1) + \tfrac{1}{2} f(n) - F(n) \\ &= \tfrac{1}{8} [f'(\eta_1) - f'(\xi_1) + f'(\eta_2) - f'(\xi_2) + \cdots + f'(\eta_{n-1}) - f'(\xi_{n-1})]. \end{aligned}$$

Die Reihe

$$-f'(\xi_1) + f'(\eta_1) - f'(\xi_2) + f'(\eta_2) - f'(\xi_3) + f'(\eta_3) - \cdots = 8s$$

ist konvergent, weil ihre Glieder von abwechselndem Vorzeichen sind und dem Betrage nach monoton abnehmend gegen 0 konvergieren. Es ist, wenn $f'(x) < 0$,

$$\tfrac{1}{8} f'(n) < \tfrac{1}{8} f'(\xi_n) < -\tfrac{1}{8} [f'(\eta_n) - f'(\xi_n) + f'(\eta_{n+1}) - f'(\xi_{n+1}) + \cdots] < 0.$$

Für $f(x) = \frac{1}{x}$ ergibt sich die Existenz des Grenzwertes

$$\lim_{n \to \infty} \left(\frac{1}{1} + \frac{1}{2} + \frac{1}{3} + \cdots + \frac{1}{n} - \log n \right) = C \quad (\textit{Euler}\text{sche Konstante}),$$

ferner, daß

$$\frac{1}{2n} - \frac{1}{8n^2} < \frac{1}{1} + \frac{1}{2} + \frac{1}{3} + \cdots + \frac{1}{n} - \log n - C < \frac{1}{2n}.$$

Für $f(x) = -\log x$ erhält man

$$\log n! = (n + \tfrac{1}{2}) \log n - n + 1 - s + \varepsilon_n,$$

wobei s eine Konstante und $0 < \varepsilon_n < \frac{1}{8n}$ ist. Die *Stirling*sche Formel [**205**] besagt, daß $1 - s = \log\sqrt{2\pi}$ ist.

19. Vgl. Lösung **18**. Die dortige Summe

$$\tfrac{1}{8} [f'(\eta_1) - f'(\xi_1) + f'(\eta_2) - f'(\xi_2) + \cdots + f'(\eta_{n-1}) - f'(\xi_{n-1})]$$

ist in diesem Falle positiv. Ferner ist

$$\begin{gathered} f'(\eta_1) - f'(\xi_2) < 0, \quad f'(\eta_2) - f'(\xi_3) < 0, \ldots, \quad f'(\eta_{n-2}) - f'(\xi_{n-1}) < 0, \\ f'(\xi_1) > f'(1), \quad f'(\eta_{n-1}) < f'(n). \end{gathered}$$

20. [Vgl. z. B. a. a. O. **9**.] Es sei $f(x)$ etwa monoton wachsend [sonst betrachte man $-f(x)$]; dann ist

$$\int_0^{1-\frac{1}{n}} f(x)\,dx \leqq \frac{f\left(\frac{1}{n}\right)+f\left(\frac{2}{n}\right)+\cdots+f\left(\frac{n-1}{n}\right)}{n} \leqq \int_{\frac{1}{n}}^{1} f(x)\,dx .$$

Die Voraussetzung der Monotonie ist nur für die Umgebung der Unendlichkeitsstelle wesentlich.

21. Man kann annehmen, daß $f(x)$ wachsend [**20**] und $f(x) \geqq 0$ ist $\left[\text{sonst zerlege man } f(x) \text{ in } \frac{f(x)+|f(x)|}{2}+\frac{f(x)-|f(x)|}{2} \text{ und betrachte die einzelnen Summanden}\right]$. Es sei $\varepsilon > 0$, η so gewählt, daß $0<\eta<1$, $\int_{1-\eta}^{1} f(x)\,dx < \varepsilon$. Dann ist

$$\lim_{n\to\infty} \frac{1}{n} \sum_{\nu=1}^{[(1-\eta)n]} \varphi\left(\frac{\nu}{n}\right) f\left(\frac{\nu}{n}\right) = \int_0^{1-\eta} \varphi(x)\,f(x)\,dx .$$

Bezeichnet anderseits M die obere Grenze von $|\varphi(x)|$, dann ist

$$\left|\frac{1}{n} \sum_{\nu=[(1-\eta)n]+1}^{n-1} \varphi\left(\frac{\nu}{n}\right) f\left(\frac{\nu}{n}\right)\right| \leqq \frac{M}{n} \sum_{\nu=[(1-\eta)n]+1}^{n-1} f\left(\frac{\nu}{n}\right) \leqq M \int_{1-\eta}^{1} f(x)\,dx \leqq M\varepsilon .$$

22. Man setze in **20**: $f(x) = x^{\alpha-1}$.

23.

$$a_n = 1^{\alpha-1}(n-1)^{\beta-1} + 2^{\alpha-1}(n-2)^{\beta-1} + \cdots + (n-1)^{\alpha-1}1^{\beta-1}$$

$$= n^{\alpha+\beta-1} \sum_{\nu=1}^{n-1} \frac{1}{n}\left(\frac{\nu}{n}\right)^{\alpha-1}\left(1-\frac{\nu}{n}\right)^{\beta-1} \sim n^{\alpha+\beta-1} \int_0^1 x^{\alpha-1}(1-x)^{\beta-1}\,dx .$$

Vgl. **20**.

24. $f(x) = \frac{1}{x} - \frac{1}{1-x}$.

25. Es sei $f(x)$ z. B. für $x = 1$ endlich und monoton abnehmend. Aus der Ungleichung [**20**]

$$\int_{\frac{1}{n}}^{1} f(x)\,dx \leqq \frac{f\left(\frac{1}{n}\right)+f\left(\frac{2}{n}\right)+\cdots+f\left(\frac{n-1}{n}\right)}{n}$$

folgt, daß die linke Seite beschränkt, d. h.

$$\lim_{\varepsilon\to+0} \int_{\varepsilon}^{1} f(x)\,dx$$

endlich ist.

26. Es sei $f(x)$ etwa abnehmend, dann ist

$$\frac{1}{n} f\left(\frac{2n-1}{2n}\right) + \int_{\frac{1}{2n}}^{\frac{2n-1}{2n}} f(x)\,dx \leqq \frac{1}{n} \sum_{\nu=1}^{n} f\left(\frac{2\nu-1}{2n}\right) \leqq \frac{1}{n} f\left(\frac{1}{2n}\right) + \int_{\frac{1}{2n}}^{\frac{2n-1}{2n}} f(x)\,dx,$$

also a fortiori

$$2\int_{\frac{2n-1}{2n}}^{1} f(x)\,dx + \int_{\frac{1}{2n}}^{\frac{2n-1}{2n}} f(x)\,dx \leqq \frac{1}{n} \sum_{\nu=1}^{n} f\left(\frac{2\nu-1}{2n}\right) \leqq 2\int_{0}^{\frac{1}{2n}} f(x)\,dx + \int_{\frac{1}{2n}}^{\frac{2n-1}{2n}} f(x)\,dx.$$

Übrigens gilt auch

$$\lim_{n\to\infty} \frac{2}{n} \sum_{\nu=1}^{\left[\frac{n}{2}\right]} f\left(\frac{2\nu-1}{n}\right) = \int_0^1 f(x)\,dx.$$

27. Vgl. **28** für $f(x) = x^{\alpha-1}$.

28. $$\frac{1}{n}\sum_{\nu=1}^{n-1}(-1)^{\nu-1} f\left(\frac{\nu}{n}\right) = \frac{2}{n}\sum_{\nu=1}^{\left[\frac{n}{2}\right]} f\left(\frac{2\nu-1}{n}\right) - \frac{1}{n}\sum_{\nu=1}^{n-1} f\left(\frac{\nu}{n}\right).$$

[**20** und Lösung **26**.]

29. Vgl. **26**.

30. Wegen $\lim_{x\to\infty} f(x) = 0$ muß $f(x)$ stets dasselbe Vorzeichen haben; wird $f(x)$ als abnehmend und positiv vorausgesetzt, dann ist

$$\int_h^{(m+1)h} f(x)\,dx \leqq h\left(f(h) + f(2h) + \cdots + f(mh)\right) \leqq \int_0^{mh} f(x)\,dx,$$

d. h. für $m \to \infty$

$$\int_h^\infty f(x)\,dx \leqq h\sum_{n=1}^{\infty} f(nh) \leqq \int_0^\infty f(x)\,dx.$$

Die Voraussetzung der Monotonie ist nur für große x wesentlich.

31. Aus **30** folgt für $f(x) = e^{-x} x^{\alpha-1}$, $e^{-h} = t$

$$\Gamma(\alpha) = \lim_{t\to 1-0}\left(\log\frac{1}{t}\right)^{\alpha}\left(1^{\alpha-1}t + 2^{\alpha-1}t^2 + 3^{\alpha-1}t^3 + \cdots\right)$$

$$= \lim_{t\to 1-0}(1-t)^{\alpha}\sum_{n=1}^{\infty} n^{\alpha-1}t^n = \lim_{n\to\infty}\frac{n^{\alpha-1}n!}{\alpha(\alpha+1)\cdots(\alpha+n-1)} \text{ [I **89**]}.$$

32. Aus **30** für $f(x) = e^{-x}\left(\frac{1}{1-e^{-x}} - \frac{1}{x}\right)$, $e^{-h} = t$. Es ist

$$h\sum_{n=1}^{\infty}\frac{e^{-nh}}{nh} = \log\frac{1}{1-e^{-h}}.$$

33. Aus **30** für $f(x) = \frac{e^{-x}}{1+e^{-x}}$, $e^{-h} = t$ mit Beachtung von

$$\int_0^\infty \frac{e^{-x}}{1+e^{-x}} dx = \int_0^1 \frac{dy}{1+y} = \log 2 .$$

Oder aus **32**, mit Rücksicht auf

$$\sum_{n=1}^\infty \frac{t^n}{1+t^n} = \sum_{n=1}^\infty \frac{t^n}{1-t^n} - 2\sum_{n=1}^\infty \frac{t^{2n}}{1-t^{2n}} .$$

34. Aus dem Integral

$$\int_0^\infty \frac{x e^{-x}}{1-e^{-x}} dx = \int_0^\infty x\left(\sum_{n=1}^\infty e^{-nx}\right) dx = \sum_{n=1}^\infty \frac{1}{n^2} .$$

Man könnte auch folgendermaßen schließen: Es ist [VIII **49**, VIII **65**]

$$\sum_{n=1}^\infty n^\alpha \frac{t^n}{1-t^n} = \sum_{n=1}^\infty \sigma_\alpha(n)\, t^n ,$$

$$\frac{1}{1-t} \sum_{n=1}^\infty \sigma_\alpha(n)\, t^n = \sum_{n=1}^\infty (\sigma_\alpha(1) + \sigma_\alpha(2) + \cdots + \sigma_\alpha(n)) t^n .$$

Mit Beachtung von **45** läßt sich hier I **88** anwenden.

35. Aus **30** für $f(x) = e^{-x^2}$, e^{-x^α}; e^{-h^2} bzw. $e^{-h^\alpha} = t$.

36. Der Grenzwert ist π. Aus **30** für $f(x) = \frac{2}{1+x^2}$, $h^{-1} = t$. — Vgl. die Formel

$$\frac{1}{t} + \frac{2t}{t^2+1^2} + \frac{2t}{t^2+2^2} + \cdots + \frac{2t}{t^2+n^2} + \cdots = \pi \frac{e^{\pi t} + e^{-\pi t}}{e^{\pi t} - e^{-\pi t}}$$

[*Hurwitz-Courant*, S. 120].

37. Aus **30** für $f(x) = \log(1 + x^{-\alpha})$, $h = t^{-\frac{1}{\alpha}}$. Durch Variablenvertauschung und partielle Integration:

$$\int_0^\infty \log(1 + x^{-\alpha})\, dx = \int_0^\infty \frac{u^{-\frac{1}{\alpha}}}{1+u} du = \frac{\pi}{\sin\frac{\pi}{\alpha}} .$$

38. Man wende **30** mit $f(x) = \log(1 - 2x^{-2}\cos 2\varphi + x^{-4})$ an. Aus der Formel für $\frac{\sin t}{t}$ ergibt sich, $t = \frac{\pi}{h} e^{i\varphi}$ gesetzt, und auf beiden Seiten das Quadrat des absoluten Betrages genommen,

$$\prod_{n=1}^\infty \left(1 - \frac{2\cos 2\varphi}{n^2 h^2} + \frac{1}{n^4 h^4}\right) = \frac{h^2}{4\pi^2}\left[e^{\frac{2\pi}{h}\sin\varphi} + e^{-\frac{2\pi}{h}\sin\varphi} - 2\cos\left(\frac{2\pi}{h}\cos\varphi\right)\right].$$

39. $\sum_{n=0}^{\infty}(aq^n - aq^{n+1})\log aq^{n+1} < \int_0^a \log x\,dx < \sum_{n=0}^{\infty}(aq^n - aq^{n+1})\log aq^n$

$$= a\log a + \frac{aq\log q}{1-q} \to a\log a - a$$

für $q \to 1$. — Man kann sich Allgemeineres in Analogie zu **30** überlegen.

40. Mit Beachtung von **58** erhält man

$$\sum_{\nu=0}^{n}\binom{n}{\nu}^k \sim 2^{kn}\left(\frac{2}{\pi}\right)^{\frac{k}{2}} n^{-\frac{k-1}{2}} \sum_{\nu=0}^{n} e^{-2k\left(\frac{\nu-\frac{n}{2}}{\sqrt{n}}\right)^2} \cdot \frac{1}{\sqrt{n}} \sim 2^{kn}\left(\frac{2}{\pi}\right)^{\frac{k}{2}} n^{-\frac{k-1}{2}} \int_{-\infty}^{\infty} e^{-2kx^2}dx$$

$$= 2^{kn}\left(\frac{2}{\pi}\right)^{\frac{k}{2}} n^{-\frac{k-1}{2}} \left(\frac{\pi}{2k}\right)^{\frac{1}{2}}.$$

Für die Einzelheiten des Grenzüberganges vgl. z. B. *C. Jordan*, Cours d'analyse, Bd. 2, 3. Auflage, S. 218—221. Paris: Gauthier-Villars 1913.

41. [Bezüglich der Aufgaben **41**—**47** vgl. *G. Pólya*, Arch. d. Math. u. Phys. Serie 3, Bd. 26, S. 196—201, 1917.]

42.

$$\lim_{n\to\infty}\frac{1}{n}\sum_{\nu=1}^{n}\left(\frac{n}{\nu} - \left[\frac{n}{\nu}\right]\right) = \int_0^1\left(\frac{1}{x} - \left[\frac{1}{x}\right]\right)dx = \lim_{n\to\infty}\int_{\frac{1}{n}}^{1}\left(\frac{1}{x} - \left[\frac{1}{x}\right]\right)dx$$

$$= 1 - \lim_{n\to\infty}\left(1 + \frac{1}{2} + \frac{1}{3} + \cdots + \frac{1}{n} - \log n\right) = 1 - C,$$

wo C die *Euler*sche Konstante ist. — Man beachte, daß

$$\Phi(\alpha) = \int_0^1 \frac{1-x^\alpha}{1-x}dx = \frac{\Gamma'(\alpha+1)}{\Gamma(\alpha+1)} + C$$

gesetzt, auch

$$\int_0^1 \alpha\,d\Phi(\alpha) = \Phi(1) - \int_0^1 \Phi(\alpha)\,d\alpha = 1 - C$$

ist. D. h. [**44**] Mittelwertbildung und Grenzübergang stellen sich als vertauschbar heraus.

43. [Vgl. *E. Cesàro*, Aufgabe; Nouv. Ann. Serie 3, Bd. 2, S. 239, 1883.]

$$\lim_{n\to\infty}\frac{1}{n}\sum_{\nu=1}^{n}\left(1 - \left[\frac{n}{\nu}\right]\frac{\nu}{n}\right) = 1 - \int_0^1\left[\frac{1}{x}\right]x\,dx$$

$$= 1 - \sum_{n=1}^{\infty}\frac{n}{2}\left(\frac{1}{n^2} - \frac{1}{(n+1)^2}\right) = 1 - \frac{\pi^2}{12}.$$

44. [*G. L. Dirichlet*, Werke, Bd. 2, S. 97—104. Berlin: G. Reimer 1897; vgl. *G. Pólya* a. a. O. **41**, S. 197 und Gött. Nachr. 1917, S. 149—159.] Es handelt sich [VIII **4**] um den Grenzwert

$$\lim_{n\to\infty}\frac{1}{n}\sum_{\nu=1}^{n}\left(\left[\frac{n}{\nu}\right]-\left[\frac{n}{\nu}-\alpha\right]\right)=\int_0^1\left(\left[\frac{1}{x}\right]-\left[\frac{1}{x}-\alpha\right]\right)dx$$

$$=\lim_{n\to\infty}\int_{\frac{1}{n}}^{1}\left(\left[\frac{1}{x}\right]-\left[\frac{1}{x}-\alpha\right]\right)dx=\lim_{n\to\infty}\sum_{\nu=1}^{n-1}\left(\frac{1}{\nu}-\frac{1}{\nu+\alpha}\right)$$

$$=1-\frac{1}{1+\alpha}+\frac{1}{2}-\frac{1}{2+\alpha}+\cdots=\int_0^1\frac{1-x^\alpha}{1-x}\,dx\,.$$

Für $\alpha=\frac{1}{2}$ Übereinstimmung mit **41**.

45. [A. a. O. **41**, S. 199—200.] Es sei zunächst $\alpha>1$; dann ist

$$(\alpha+1)\int_0^1\left[\frac{1}{x}\right]x^\alpha dx=\sum_{n=1}^{\infty}n\int_{\frac{1}{n+1}}^{\frac{1}{n}}(\alpha+1)x^\alpha dx=1+\frac{1}{2^{\alpha+1}}+\frac{1}{3^{\alpha+1}}+\cdots$$
$$=\zeta(\alpha+1)\,.$$

Die totale Schwankung [vgl. Lösung **9**] von $\left[\frac{1}{x}\right]x^\alpha=f(x)$ ist

$$\left(f(1)-f(\tfrac{1}{2}+0)\right)+\left(f(\tfrac{1}{2}-0)-f(\tfrac{1}{2}+0)\right)+\left(f(\tfrac{1}{2}-0)-f(\tfrac{1}{3}+0)\right)+\cdots$$
$$=1(1^{-\alpha}-2^{-\alpha})+2^{-\alpha}+2(2^{-\alpha}-3^{-\alpha})+3^{-\alpha}+\cdots=2\zeta(\alpha)-1\,.$$

Hieraus folgen beide Behauptungen [**9**]. Der Grenzwertsatz gilt auch für $\alpha=1$. Wenn $0<\alpha<1$ ist, so betrachte man $\left(\frac{1}{x}-\left[\frac{1}{x}\right]\right)x^\alpha$ und beachte **22**.

46. [A. a. O. **41**, S. 200—201.] $\frac{1}{x}-\left[\frac{1}{x}\right]=f(x)$ gesetzt, ist [**42**] $\int_0^1 f(x)\,dx=1-C$; ferner ist die totale Schwankung von $f(x)$ im Intervall $\left(\frac{1}{m},1\right)$ gleich $2(m-1)$. Man hat

$$\left|\frac{1}{n}\sum_{\nu=1}^{n}\left[\frac{n}{\nu}\right]-\sum_{\nu=1}^{n}\frac{1}{\nu}+1-C\right|=\left|\int_0^1 f(x)\,dx-\frac{1}{n}\sum_{\nu=1}^{n}f\left(\frac{\nu}{n}\right)\right|$$

$$\leqq\left|\int_{\frac{m}{n}}^{1}f(x)\,dx-\frac{1}{n}\sum_{\nu=m+1}^{n}f\left(\frac{\nu}{n}\right)\right|+\sum_{\nu=1}^{m}\int_0^{\frac{1}{n}}\left|f\left(\frac{\nu-1}{n}+x\right)-f\left(\frac{\nu}{n}\right)\right|dx\,.$$

Da $\frac{m}{n}>\frac{1}{m}$, ist das erste Glied $\leqq\frac{2(m-1)}{n}$ [**9**]; das zweite ist $<\frac{m}{n}$.

47.

$$\sum_{\nu=1}^{n}(U_\nu-G_\nu)=\sum_{\nu=1}^{n}(-1)^{\nu-1}\left[\frac{n}{\nu}\right]=\sum_{\nu=1}^{n}(-1)^{\nu-1}\left(\left[\frac{n}{\nu}\right]-\frac{n}{\nu}\right)+n\sum_{\nu=1}^{n}\frac{(-1)^{\nu-1}}{\nu}.$$

Die erste Summe, dividiert durch n, strebt gegen 0 [**28**].

48. Aus der Definition des bestimmten Integrals.

49. Spezialfall von **20** für $f(x) = \log x$. Wegen $\int_0^1 \log x\, dx$ vgl. **39**.

50. Es ist, $c = \frac{a}{d}$ gesetzt,

$$\frac{G_n}{A_n} = \frac{\sqrt[n]{\frac{c}{n}\,\frac{c+1}{n}\,\frac{c+2}{n}\cdots\frac{c+n-1}{n}}}{\frac{c}{n}+\frac{n-1}{2n}}. \qquad [\mathbf{29}.]$$

51. $A_n = \frac{2^n}{n+1}$. Ferner

$$\binom{n}{0}\binom{n}{1}\binom{n}{2}\cdots\binom{n}{n} = \frac{n!^{n+1}}{(1!\,2!\,3!\ldots n!)^2} = \prod_{\nu=1}^{n}(n+1-\nu)^{n+1-2\nu}$$
$$= \prod_{\nu=1}^{n}\left(\frac{n+1-\nu}{n+1}\right)^{n+1-2\nu},$$

da $\sum_{\nu=1}^{n}(n+1-2\nu) = 0$. Es folgt, **20** sinngemäß angewendet,

$$\lim_{n\to\infty}\frac{1}{n}\log G_n = \lim_{n\to\infty}\frac{1}{n}\sum_{\nu=1}^{n}\left(1-\frac{2\nu}{n+1}\right)\log\left(1-\frac{\nu}{n+1}\right)$$
$$= \int_0^1 (1-2x)\log(1-x)\,dx = \tfrac{1}{2}.$$

52. Man setze in **48**: $f(x) = 1 - 2r\cos x + r^2 = |r - e^{ix}|^2$, $a = 0$, $b = 2\pi$. Auf Grund der Identität

$$r^n - 1 = \prod_{\nu=1}^{n}\left(r - e^{\frac{2\pi i\nu}{n}}\right)$$

schließt man

$$f_{1n} f_{2n} \ldots f_{nn} = (r^n - 1)^2.$$

Im Falle $r = 1$ ist der verschwindende Faktor f_{nn} wegzulassen und **20** zu beachten.

53. [*G. Szegö*, Aufgabe; Arch. d. Math. u. Phys. Serie 3, Bd. 25, S. 196, 1917. Lösung von *J. Mahrenholz*, ebenda, Serie 3, Bd. 28, S. 79—80, 1920.] Die Voraussetzung besagt, daß $e^{-i\frac{x}{2}}(e^{i\xi} - r)$ reell ist, d. h. e^{ix} und $e^{i\xi} - r$ von gleichem oder entgegengesetztem Arcus sind. Da ξ die zu x nächstgelegene Zahl dieser Art ist, so tritt der erste Fall ein, d. h. $e^{i\xi}$ ist der Schnittpunkt des von r ausgehenden, zu dem Vektor e^{ix} parallelen Halbstrahl mit dem Einheitskreis. Ist also $0 \leqq x < \pi$ und gehört ξ' zu $x + \pi$, so liegen $e^{i\xi}$, r und $e^{i\xi'}$ auf einer Geraden; nach dem Sehnensatz ist somit

$$|e^{i\xi'} - r|^2 \, |e^{i\xi} - r|^2 = (1 - 2r\cos\xi' + r^2)(1 - 2r\cos\xi + r^2) = (1 - r^2)^2,$$

also

$$\frac{1}{2\pi}\int_0^\pi [\log(1 - 2r\cos\xi + r^2) + \log(1 - 2r\cos\xi' + r^2)]\,dx$$
$$= \frac{1}{2\pi}\int_0^\pi \log(1 - r^2)^2\,dx = \log(1 - r^2).$$

54. Es ist [*Maclaurin*sche Reihe]

$$|\log(1 + x) - x| \leqq x^2 \qquad \text{für} \qquad |x| \leqq \tfrac{1}{2}.$$

Es sei $|f(x)| < M$. Sobald $\delta_n M \leqq \frac{1}{2}$ ist, gilt

$$\left|\sum_{\nu=1}^{n} \log(1 + f_{\nu n}\delta_n) - \sum_{\nu=1}^{n} f_{\nu n}\delta_n\right| \leqq \delta_n \sum_{\nu=1}^{n} f_{\nu n}^2 \delta_n.$$

Die Summe rechts strebt gegen ein Integral. Vgl. auch **67**. — An Stelle einer Einteilung des Intervalls a, b durch Zwischenpunkte, die eine arithmetische Reihe bilden, kann man auch andere Einteilungen betrachten und an Stelle der Ordinate im rechten Endpunkt die Ordinate in einem anderen Punkt des Teilintervalls wählen, ebenso wie bei der Definition des Integrals. Wie ein unendliches Produkt zu einer unendlichen Reihe, so verhält sich die betrachtete Bildung zu einem Integral.

55. Nach **54** ist

$$\lim_{n \to \infty} \prod_{\nu=1}^{n} \frac{1 + \frac{\nu}{n}\frac{1}{n}}{1 - \frac{\nu}{n}\frac{1}{n}} = \frac{e^{\int_0^1 x\,dx}}{e^{-\int_0^1 x\,dx}} = e.$$

56. Das fragliche Produkt ist

$$= \frac{1 \cdot 3 \cdot 5 \ldots (2n-1)\alpha^n \cdot 2^n}{[(n+1)\alpha - 1][(n+2)\alpha - 1]\ldots(2n\alpha - 1)}$$
$$= \frac{(n+1)\alpha}{(n+1)\alpha - 1} \cdot \frac{(n+2)\alpha}{(n+2)\alpha - 1} \cdots \frac{(n+n)\alpha}{(n+n)\alpha - 1}$$
$$= \frac{1}{\left(1 - \frac{1}{n}\frac{1}{\left(1+\frac{1}{n}\right)\alpha}\right)\left(1 - \frac{1}{n}\frac{1}{\left(1+\frac{2}{n}\right)\alpha}\right)\cdots\left(1 - \frac{1}{n}\frac{1}{\left(1+\frac{n}{n}\right)\alpha}\right)}$$
$$\to \frac{1}{e^{-\frac{1}{\alpha}\int_0^1 \frac{dx}{1+x}}} \qquad [\mathbf{54}].$$

Der Spezialfall $\alpha = 2$, d. h.

$$\frac{1}{2}\cdot\frac{3}{2}\cdot\frac{5}{6}\cdot\frac{7}{6}\cdot\frac{9}{10}\cdot\frac{11}{10}\cdots = \frac{1}{\sqrt{2}}$$

folgt auch aus der Produktdarstellung von $\cos x$ für $x = \frac{\pi}{4}$. [*Euler*, Opera Omnia, Serie 1, Bd. 17, S. 419. Leipzig und Berlin: B. G. Teubner 1915.]

57. $$\frac{a+\nu d}{b+\nu d} = 1 + \frac{\alpha-\beta}{\delta}\,\frac{1}{1+\frac{\beta+\nu\delta}{n}}\,\frac{\delta}{n}.$$

Man wende die Bemerkung zur Lösung von **54** auf $f(x) = \frac{\alpha-\beta}{\delta}\,\frac{1}{1+x}$ im Intervall $0, \delta$ an.

58. Es sei n gerade, $n = 2m$, $\frac{\nu-m}{\sqrt{m}} \to \lambda\sqrt{2}$, ferner sei $\lambda \geqq 0$, $\nu > m$. Dann ist

$$\frac{\binom{2m}{\nu}}{\binom{2m}{m}} = \frac{m}{m+1}\,\frac{m-1}{m+2}\cdots\frac{m-(\nu-m-1)}{m+(\nu-m)}$$

$$= \frac{1}{1+\frac{1}{\sqrt{m}}\frac{1}{\sqrt{m}}}\;\frac{1-\frac{1}{\sqrt{m}}\frac{1}{\sqrt{m}}}{1+\frac{2}{\sqrt{m}}\frac{1}{\sqrt{m}}}\cdots\frac{1-\frac{\nu-m-1}{\sqrt{m}}\frac{1}{\sqrt{m}}}{1+\frac{\nu-m}{\sqrt{m}}\frac{1}{\sqrt{m}}}$$

$$\to \frac{e^{-\int_0^{\lambda\sqrt{2}} x\,dx}}{e^{\int_0^{\lambda\sqrt{2}} x\,dx}} = e^{-2\lambda^2} \quad [\mathbf{54}].$$

Man beachte, daß $\binom{2m}{m} \sim \frac{2^{2m}}{\sqrt{m\pi}}$ [**202**], ferner daß

$$\frac{\binom{2m+1}{\nu}}{\binom{2m+1}{m+1}} = \frac{m+1}{\nu}\,\frac{\binom{2m}{\nu-1}}{\binom{2m}{m}}.$$

59.

$$\prod_{\nu=1}^{n}\left|\frac{2n-\nu}{z-\nu}\right|^2 = \prod_{\nu=1}^{n}\frac{(2n-\nu)^2}{4n^2-4n\nu\cos\frac{t}{\sqrt{n}}+\nu^2} = \prod_{\nu=1}^{n}\frac{1}{1+\frac{8n\nu}{(2n-\nu)^2}\sin^2\frac{t}{2\sqrt{n}}}$$

$$\sim\prod_{\nu=1}^{n}\frac{1}{1+\frac{8n\nu}{(2n-\nu)^2}\frac{t^2}{4n}} \sim e^{-\int_0^1\frac{2xt^2}{(2-x)^2}dx}.$$

Das Ersetzen von $\sin\frac{t}{2\sqrt{n}}$ durch $\frac{t}{2\sqrt{n}}$ läßt sich durch Reihenentwicklung nach $\frac{t}{\sqrt{n}}$ und Logarithmieren des Produktes auf die Art wie in **54**, rechtfertigen.

60. Man setze für die fragliche zweite Differenz

$$F(b,d) - F(b,c) - F(a,d) + F(a,c) = \underset{R}{\Delta^2} F(x,y),$$

dann ist

$$\underset{R}{\Delta^2} F(x,y) = \sum_{\mu=1}^{m} \sum_{\nu=1}^{n} \underset{R_{\mu\nu}}{\Delta^2} F(x,y).$$

Anwendung des Mittelwertsatzes der Differentialrechnung auf

$$G_\nu(x) = F(x, y_\nu) - F(x, y_{\nu-1})$$

liefert

$$\underset{R_{\mu\nu}}{\Delta^2} F(x,y) = G_\nu(x_\mu) - G_\nu(x_{\mu-1}) = (x_\mu - x_{\mu-1})\,(F'_x(\xi_\mu, y_\nu) - F'_x(\xi_\mu, y_{\nu-1})$$

$$= (x_\mu - x_{\mu-1})\,(y_\nu - y_{\nu-1})\,f(\xi_\mu, \eta_\nu),\; x_{\mu-1} < \xi_\mu < x_\mu,\; y_{\nu-1} < \eta_\nu < y_\nu.$$

Vgl. **7**.

61. Wenn die fragliche Determinante mit der aus $\bar{\varepsilon}$ ähnlich gebildeten nach Zeilen multipliziert wird, dann entsteht

$$\left| 1 + \varepsilon^{\lambda-\mu} + \varepsilon^{2(\lambda-\mu)} + \cdots + \varepsilon^{(n-1)(\lambda-\mu)} \right|_{\lambda,\mu=0,1,\ldots,n-1} = n^n.$$

Andererseits ist

$$\prod_{j<k}^{0,1,\ldots,n-1} |\varepsilon^j - \varepsilon^k|^2 = \prod_{j<k}^{0,1,\ldots,n-1} \left(2\sin\frac{j-k}{n}\pi\right)^2.$$

Hieraus schließt man durch Vergleichung

$$\sum_{j<k}^{0,1,\ldots,n-1} \frac{\pi^2}{n^2} \log\left|\sin\left(\frac{j\pi}{n} - \frac{k\pi}{n}\right)\right| = \frac{\pi^2}{2n}\log n - \left(1 - \frac{1}{n}\right)\frac{\pi^2}{2}\log 2.$$

Überlegung **20**!

62. Vgl. **54**.

63. Bezeichnet man den fraglichen Ausdruck mit Π_n, so folgt aus der in Lösung **54** benutzten Ungleichung

$$\left|\log \Pi_n - \frac{1}{n^2}\sum_{\mu=1}^{n}\sum_{\nu=1}^{n} f\left(\frac{\mu}{n}, \frac{\nu}{n}\right)\right| \leq \frac{1}{n^4}\sum_{\nu=1}^{n}\left[\sum_{\mu=1}^{n} f\left(\frac{\mu}{n}, \frac{\nu}{n}\right)\right]^2,$$

n genügend groß. Die *Cauchy*sche Ungleichung [**80**] liefert für die rechte Seite die obere Schranke

$$n^{-4}\sum_{\nu=1}^{n} n \sum_{\mu=1}^{n}\left[f\left(\frac{\mu}{n}, \frac{\nu}{n}\right)\right]^2,$$

die mit wachsendem n gegen 0 konvergiert, so daß

$$\lim_{n\to\infty} \Pi_n = e^{\int_0^1\int_0^1 f(x,y)\,dx\,dy}.$$

64. [Vgl. *G. Pólya*, Math. Ann. Bd. 74, S. 204—208, 1913.] Man teile den Raum durch die drei Folgen von Ebenen

$$x, y, z = \cdots, \quad -\frac{5}{2n}, \quad -\frac{3}{2n}, \quad -\frac{1}{2n}, \quad \frac{1}{2n}, \quad \frac{3}{2n}, \quad \frac{5}{2n}, \ldots$$

in Würfel vom Inhalt n^{-3} ein. Der Ausdruck in I **30** stellt, $s = [n\sigma]$ gesetzt, die Anzahl derjenigen Würfel dar, deren Mittelpunkt in $\mathfrak{B}$ fällt. Diese Anzahl, multipliziert mit n^{-3}, strebt gegen das angegebene einfache Integral.

65. Es ist

$$a_n = \sum_{\nu_1+\nu_2+\cdots+\nu_p=n}\sum\cdots\sum \nu_1^{\alpha_1-1}\nu_2^{\alpha_2-1}\cdots\nu_p^{\alpha_p-1}$$

$$= \sum_{\nu_1+\nu_2+\cdots+\nu_{p-1}\leqq n}\sum\cdots\sum \nu_1^{\alpha_1-1}\nu_2^{\alpha_2-1}\cdots\nu_{p-1}^{\alpha_{p-1}-1}(n-\nu_1-\nu_2-\cdots-\nu_{p-1})^{\alpha_p-1},$$

also

$$\frac{a_n}{n^{\alpha_1+\alpha_2+\cdots+\alpha_p-1}} = \frac{1}{n^{p-1}}\sum_{\nu_1+\nu_2+\cdots+\nu_{p-1}\leqq n}\sum\cdots\sum\left(\frac{\nu_1}{n}\right)^{\alpha_1-1}\left(\frac{\nu_2}{n}\right)^{\alpha_2-1}\cdots\left(\frac{\nu_{p-1}}{n}\right)^{\alpha_{p-1}-1}$$

$$\cdot\left(1-\frac{\nu_1}{n}-\frac{\nu_2}{n}-\cdots-\frac{\nu_{p-1}}{n}\right)^{\alpha_p-1}.$$

Vgl. **23**.

66. Mit Beibehaltung der Bezeichnungen von **65** ist nach Lösung **31** für $t \to 1-0$

$$f_k(t) \sim \Gamma(\alpha_k)(1-t)^{-\alpha_k}, \qquad k = 1, 2, \ldots, p,$$

ferner,

$$F(z) = \sum_{n=1}^{\infty} n^{\alpha_1+\alpha_2+\cdots+\alpha_p-1} z^n$$

gesetzt,

$$F(t) \sim \Gamma(\alpha_1+\alpha_2+\cdots+\alpha_p)(1-t)^{-(\alpha_1+\alpha_2+\cdots+\alpha_p)};$$

d. h.

$$\lim_{t\to 1-0}\frac{f_1(t)f_2(t)\ldots f_p(t)}{F(t)} = \frac{\Gamma(\alpha_1)\Gamma(\alpha_2)\ldots\Gamma(\alpha_p)}{\Gamma(\alpha_1+\alpha_2+\cdots+\alpha_p)}.$$

Andererseits ist nach I **85** und nach **65** dieser Grenzwert gleich dem fraglichen Integral. — Hieraus ist auch das p-fache Integral von *Dirichlet-Jordan* leicht abzuleiten, vgl. *C. Jordan*, Cours d'analyse, Bd. 2, 3. Auflage, S. 223. Paris: Gauthier-Villars 1913.

67. Das fragliche Glied ist

$$\delta_n^p \sum_{1\leqq\nu_1<\nu_2<\cdots<\nu_p\leqq n}\sum\cdots\sum f_{\nu_1 n} f_{\nu_2 n}\ldots f_{\nu_p n}$$

$$\to \iint_{a\leqq x_1\leqq x_2\leqq\cdots\leqq x_p\leqq b}\cdots\int f(x_1)f(x_2)\ldots f(x_p)\,dx_1\,dx_2\ldots dx_p$$

$$= \frac{1}{p!}\int_a^b\int_a^b\cdots\int_a^b f(x_1)f(x_2)\ldots f(x_p)\,dx_1\,dx_2\ldots dx_p.$$

Es gilt übrigens [I **62**]

$$\prod_{\nu=1}^{n}(1 + z f_{\nu n}\delta_n) \ll (1 + zM\delta_n)^n \ll e^{zM\delta_n n} = e^{zM(b-a)},$$

woraus [I **180**] mit Benutzung der eben gelösten Aufgabe

$$\lim_{n\to\infty}\prod_{\nu=1}^{n}(1 + z f_{\nu n}\delta_n) = 1 + \frac{z}{1!}\int_a^b f(x)\,dx + \frac{z^2}{2!}\left(\int_a^b f(x)\,dx\right)^2 + \cdots$$

$$+ \frac{z^p}{p!}\left(\int_a^b f(x)\,dx\right)^p + \cdots = e^{z\int_a^b f(x)\,dx}$$

folgt. Diese neue Lösung von **54** ist zur Erläuterung des Grenzübergangs geeignet, der zu der *Fredholm*schen Auflösung der Integralgleichungen führt. Man kann umgekehrt **67** aus **54** mit Hilfe von I **179** folgern.

68. Zeilenweise Multiplikation gibt eine Determinante m^{ter} Ordnung P mit dem allgemeinen Element

$$\sum_{\nu=1}^{n} f_{\nu n}^{(\lambda)}\varphi_{\nu n}^{(\mu)} \sim \frac{n}{b-a}\int_a^b f_\lambda(x)\,\varphi_\mu(x)\,dx; \quad \lambda, \mu = 1, 2, \ldots, m.$$

Es ist andererseits ($n \geqq m$)

$$P = \sum_{1\leqq \nu_1 < \nu_2 < \cdots < \nu_m \leqq n} \begin{vmatrix} f_{\nu_1 n}^{(1)} & f_{\nu_2 n}^{(1)} & \ldots & f_{\nu_m n}^{(1)} \\ f_{\nu_1 n}^{(2)} & f_{\nu_2 n}^{(2)} & \ldots & f_{\nu_m n}^{(2)} \\ \cdots & \cdots & \cdots & \cdots \\ f_{\nu_1 n}^{(m)} & f_{\nu_2 n}^{(m)} & \ldots & f_{\nu_m n}^{(m)} \end{vmatrix} \cdot \begin{vmatrix} \varphi_{\nu_1 n}^{(1)} & \varphi_{\nu_2 n}^{(1)} & \ldots & \varphi_{\nu_m n}^{(1)} \\ \varphi_{\nu_1 n}^{(2)} & \varphi_{\nu_2 n}^{(2)} & \ldots & \varphi_{\nu_m n}^{(2)} \\ \cdots & \cdots & \cdots & \cdots \\ \varphi_{\nu_1 n}^{(m)} & \varphi_{\nu_2 n}^{(m)} & \ldots & \varphi_{\nu_m n}^{(m)} \end{vmatrix}.$$

Wenn hier $\nu_1, \nu_2, \ldots, \nu_m$ unabhängig voneinander sämtliche Werte $1, 2, \ldots, n$ durchlaufen, dann erhält man $m!\,P$. Die so entstehende Summe ist $\sim \left(\frac{n}{b-a}\right)^m$ mal dem in der Aufgabe angeschriebenen m-fachen Integral.

69. Aus dem Satz vom arithmetischen, geometrischen und harmonischen Mittel durch Grenzübergang [**48**].

70. [*J. L. W. V. Jensen*, Acta Math. Bd. 30, S. 175, 1906.] Analog wie in dem auf S. 50, Fußnote, angeführten *Cauchy*schen Beweis für den Satz vom arithmetischen, geometrischen und harmonischen Mittel (der dem Fall $\varphi(t) = \log t$ entspricht) erhält man die Behauptung zunächst, wenn n eine Potenz von 2 ist, dann allgemein.

71. [*J. L. W. V. Jensen*, a. a. O. **70**.] Mit einer ähnlichen Bezeichnung wie in **48** gilt für jedes n

$$\varphi\left(\frac{f_{1n} + f_{2n} + \cdots + f_{nn}}{n}\right) \leqq \text{oder} \geqq \frac{\varphi(f_{1n}) + \varphi(f_{2n}) + \cdots + \varphi(f_{nn})}{n}.$$

Man lasse n über alle Grenzen wachsen und beachte **124**, **110**.

72. t_1 und t_2 seien zwei beliebige Stellen in m, M, $t_1 \neq t_2$. Dann ist

$$\varphi(t_1) = \varphi\left(\frac{t_1+t_2}{2}\right) + \frac{t_1-t_2}{2}\varphi'\left(\frac{t_1+t_2}{2}\right) + \frac{(t_1-t_2)^2}{8}\varphi''(\tau_1),$$

$$\varphi(t_2) = \varphi\left(\frac{t_1+t_2}{2}\right) + \frac{t_2-t_1}{2}\varphi'\left(\frac{t_1+t_2}{2}\right) + \frac{(t_1-t_2)^2}{8}\varphi''(\tau_2);$$

τ_1 und τ_2 sind zwei passend gewählte Stellen zwischen t_1 und $\frac{t_1+t_2}{2}$ bzw. zwischen t_2 und $\frac{t_1+t_2}{2}$. Hieraus folgt, wenn überall $\varphi''(t) > 0$,

$$\varphi(t_1) + \varphi(t_2) - 2\varphi\left(\frac{t_1+t_2}{2}\right) > 0.$$

73. [**72.**]

74. [*J. L. W. V. Jensen*, a. a. O. **70.**] Für ganzzahlige p_ν folgt die Behauptung aus **70**, indem man **70** auf $p_1 + p_2 + \cdots + p_n$ Stellen anwendet, von denen p_1 Stellen nach t_1, p_2 Stellen nach $t_2, \ldots, p_n$ Stellen nach t_n fallen. Hieraus folgt der Satz auch für rationale p_ν; für beliebige p_ν beachte man die Stetigkeit von $\varphi(t)$ [**124**].

75. [*J. L. W. V. Jensen*, a. a. O. **70.**] Mit den Bezeichnungen

$$f_{\nu n} = f\left(x_1 + \nu\frac{x_2-x_1}{n}\right), \qquad p_{\nu n} = p\left(x_1 + \nu\frac{x_2-x_1}{n}\right), \qquad \nu = 1, 2, \ldots, n$$

gilt nach **73**

$$\varphi\left(\frac{p_{1n}f_{1n} + p_{2n}f_{2n} + \cdots + p_{nn}f_{nn}}{p_{1n} + p_{2n} + \cdots + p_{nn}}\right) \leqq$$

oder

$$\geqq \frac{p_{1n}\varphi(f_{1n}) + p_{2n}\varphi(f_{2n}) + \cdots + p_{nn}\varphi(f_{nn})}{p_{1n} + p_{2n} + \cdots + p_{nn}}.$$

Man lasse n über alle Grenzen wachsen.

76. [*O. Hölder*, Gött. Nachr. 1889, S. 38.] Setzt man

$$\frac{p_1 t_1 + p_2 t_2 + \cdots + p_n t_n}{p_1 + p_2 + \cdots + p_n} = M,$$

so ist

$$\varphi(t_\nu) = \varphi(M) + (t_\nu - M)\varphi'(M) + \frac{(t_\nu - M)^2}{2}\varphi''(\tau_\nu),$$

also

$$\frac{p_1\varphi(t_1) + p_2\varphi(t_2) + \cdots + p_n\varphi(t_n)}{p_1 + p_2 + \cdots + p_n} = \varphi(M) + \frac{\sum_{\nu=1}^{n} p_\nu \frac{(t_\nu - M)^2}{2}\varphi''(\tau_\nu)}{\sum_{\nu=1}^{n} p_\nu} > \varphi(M),$$

wenn mindestens eine der Zahlen $t_\nu - M$ von 0 verschieden ist.

77. [Vgl. *G. Pólya*, Aufgabe; Arch. d. Math. u. Phys. Serie 3, Bd. 21, S. 370—371, 1913.] Analog wie in **76**.

78. Man setze in **76**: $\varphi(t) = -\log t$ bzw. $t \log t$, $M > m > 0$; man ersetze ferner a_ν durch $\frac{1}{a_\nu}$, $\nu = 1, 2, \ldots, n$.

79. Man setze in **77**: $\varphi(t) = -\log t$ bzw. $t \log t$, $M > m > 0$; man ersetze ferner $f(x)$ durch $\frac{1}{f(x)}$.

80. Erster Beweis.

$$\sum_{\nu=1}^{n} a_\nu^2 \sum_{\nu=1}^{n} b_\nu^2 - \left(\sum_{\nu=1}^{n} a_\nu b_\nu\right)^2 = \sum_{i<k}^{1,2,\ldots,n} (a_i b_k - a_k b_i)^2 \geqq 0 .$$

Zweiter Beweis. Bezeichnen λ und μ zwei Variable, so ist die quadratische Form

$$(\lambda a_1 + \mu b_1)^2 + (\lambda a_2 + \mu b_2)^2 + \cdots + (\lambda a_n + \mu b_n)^2 = A\lambda^2 + 2B\lambda\mu + C\mu^2$$

für jedes λ und μ, $\lambda^2 + \mu^2 > 0$, positiv, bzw. nichtnegativ, falls für ein spezielles Wertsystem λ, μ die Gleichungen $\lambda a_\nu + \mu b_\nu = 0$, $\nu = 1, 2, \ldots, n$, gelten; also ist $AC - B^2$ positiv, bzw. nichtnegativ.

81. Grenzübergang aus **80**: Setzt man $f_{\nu n} = f\left(x_1 + \nu \frac{x_2 - x_1}{n}\right)$, $g_{\nu n} = g\left(x_1 + \nu \frac{x_2 - x_1}{n}\right)$, so ist [**80**]

$$\left(\frac{f_{1n} g_{1n} + f_{2n} g_{2n} + \cdots + f_{nn} g_{nn}}{n}\right)^2 \leqq \frac{f_{1n}^2 + f_{2n}^2 + \cdots + f_{nn}^2}{n} \cdot \frac{g_{1n}^2 + g_{2n}^2 + \cdots + g_{nn}^2}{n} .$$

Man lasse n über alle Grenzen wachsen. — Auch Übertragung der Beweismethoden von **80** möglich; in bezug auf die erste vgl. **68**.

82. Es sei $t \neq 0$ und man setze $a_\nu^t = A_\nu$, $\nu = 1, 2, \ldots, n$. Wegen **78** ist

$$t^2 \frac{\psi'(t)}{\psi(t)} = \frac{A_1 \log A_1 + A_2 \log A_2 + \cdots + A_n \log A_n}{A_1 + A_2 + \cdots + A_n} - \log \frac{A_1 + A_2 + \cdots + A_n}{n} > 0 .$$

Es ist

$$\psi(-\infty) = \mathrm{Min}(a), \quad \psi(-1) = \mathfrak{H}(a), \quad \psi(0) = \mathfrak{G}(a), \quad \psi(1) = \mathfrak{A}(a), \quad \psi(+\infty) = \mathrm{Max}(a) .$$

Daraus folgt ein neuer Beweis für den Satz vom arithmetischen, geometrischen und harmonischen Mittel.

83. Es sei $t \neq 0$ und man setze $[f(x)]^t = F(x)$. Wegen **79** ist

$$t^2 \frac{\Psi'(t)}{\Psi(t)} = \frac{\int_{x_1}^{x_2} F(x) \log F(x)\, dx}{\int_{x_1}^{x_2} F(x)\, dx} - \log\left(\frac{1}{x_2 - x_1} \int_{x_1}^{x_2} F(x)\, dx\right) \geqq 0 .$$

(Oder durch Grenzübergang aus **82**.) Es ist

$$\Psi(-1) = \mathfrak{H}(f), \quad \Psi(0) = \mathfrak{G}(f), \quad \Psi(1) = \mathfrak{A}(f) .$$

Es sei ferner M das Maximum von $f(x)$ in $x_1 \leqq x \leqq x_2$ und δ die Länge eines Teilintervalles von x_1, x_2, in welchem $f(x) > M - \varepsilon$. Dann ist für $t > 0$

$$(M-\varepsilon)\left(\frac{\delta}{x_2-x_1}\right)^{\frac{1}{t}} \leqq \Psi(t) \leqq M,$$

d. h. $\Psi(+\infty) = \lim\limits_{t\to+\infty} \Psi(t) = M$. Ähnlich berechnet man $\Psi(-\infty)$. Aus dem Satz folgt ein neuer Beweis für **69**.

84. [Vgl. *H. Minkowski*, Geometrie der Zahlen, S. 117, Fußnote. Leipzig und Berlin: B. G. Teubner 1910.] Erster Beweis. Es sei $0 \leqq t \leqq 1$; setzt man $\varphi(t) = \prod\limits_{\nu=1}^{n} [t a_\nu + (1-t) b_\nu]^{\frac{1}{n}}$, so ist [**80**]

$$\frac{\varphi''(t)}{\varphi(t)} = \frac{1}{n^2}\left(\sum_{\nu=1}^{n} \frac{a_\nu - b_\nu}{t a_\nu + (1-t) b_\nu}\right)^2 - \frac{1}{n}\sum_{\nu=1}^{n}\left(\frac{a_\nu - b_\nu}{t a_\nu + (1-t) b_\nu}\right)^2 < 0,$$

wenn nicht $a_\nu = \lambda b_\nu$, $\nu = 1, 2, \ldots, n$ ist. Spezialfall von **90**.

Zweiter Beweis. $\log b_\nu - \log a_\nu = t_\nu$ gesetzt, lautet die Ungleichung so:

$$\frac{\log(1+e^{t_1}) + \log(1+e^{t_2}) + \cdots + \log(1+e^{t_n})}{n} \geqq \log\left(1 + e^{\frac{t_1+t_2+\cdots+t_n}{n}}\right).$$

Nun ist $\log(1+e^t)$ von unten konvex [**73**].

85. [Vgl. *W. Blaschke*, Arch. d. Math. u. Phys. Serie 3, Bd. 24, S. 281, 1916.] Man setze

$$\varphi(t) = e^{\frac{1}{x_2-x_1}\int\limits_{x_1}^{x_2} \log[t f(x) + (1-t) g(x)]\, dx}, \qquad 0 \leqq t \leqq 1;$$

wegen **81** ist

$$\frac{\varphi''(t)}{\varphi(t)} = \left(\frac{1}{x_2-x_1}\int\limits_{x_1}^{x_2} \frac{f(x)-g(x)}{t f(x) + (1-t) g(x)}\, dx\right)^2$$

$$- \frac{1}{x_2-x_1}\int\limits_{x_1}^{x_2} \left(\frac{f(x)-g(x)}{t f(x) + (1-t) g(x)}\right)^2 dx \leqq 0.$$

(Oder durch Grenzübergang aus **84**.) Spezialfall von **91**.

86. Durch fortgesetzte Anwendung von **85** auf die Funktionen $p_1 f_1(x)$, $p_2 f_2(x)$, $\ldots$, $p_m f_m(x)$.

87. Es ist

$$l_k = \text{obere Grenze von } \sum_{\nu=1}^{n} \sqrt{(x^{(\nu)} - x^{(\nu-1)})^2 + [f_k(x^{(\nu)}) - f_k(x^{(\nu-1)})]^2}$$

für alle möglichen Einteilungen des Intervalls x_1, x_2 durch Zwischenpunkte $x_1 = x^{(0)} < x^{(1)} < \cdots < x^{(n-1)} < x^{(n)} = x_2$. Also ist für eine beliebige Einteilung

$$\frac{p_1 l_1 + p_2 l_2 + \cdots + p_m l_m}{p_1 + p_2 + \cdots + p_m} \geqq \sum_{\nu=1}^{n} \frac{\sum_{k=1}^{m} p_k \sqrt{(x^{(\nu)} - x^{(\nu-1)})^2 + [f_k(x^{(\nu)}) - f_k(x^{(\nu-1)})]^2}}{\sum_{k=1}^{m} p_k}.$$

Da $\sqrt{c^2 + t^2}$ in jedem Intervall von unten konvex ist [**73**], ist die rechte Seite

$$\geqq \sum_{\nu=1}^{n} \sqrt{(x^{(\nu)} - x^{(\nu-1)})^2 + [F(x^{(\nu)}) - F(x^{(\nu-1)})]^2},$$

woraus die Behauptung folgt.

88. Setzt man

$$p_\nu^{(n)} = \int_{(\nu-1)\frac{2\pi}{n}}^{\nu\frac{2\pi}{n}} p(\xi)\, d\xi, \quad \nu = 1, 2, \ldots, n; \qquad F_n(x) = \frac{\sum_{\nu=1}^{n} p_\nu^{(n)} f\left((\nu-1)\frac{2\pi}{n} + x\right)}{\sum_{\nu=1}^{n} p_\nu^{(n)}},$$

so ist *gleichmäßig* in x

$$\lim_{n\to\infty} F_n(x) = F(x),$$

weil ja

$$\left|\sum_{\nu=1}^{n} \int_{(\nu-1)\frac{2\pi}{n}}^{\nu\frac{2\pi}{n}} p(\xi)\left[f(\xi + x) - f\left((\nu-1)\frac{2\pi}{n} + x\right)\right] d\xi\right| < \omega_n \int_0^{2\pi} p(\xi)\, d\xi,$$

wenn ω_n das Maximum der Oszillation von $f(x)$ in einem Intervall von der Länge $\frac{2\pi}{n}$ bezeichnet [S. 60]. Es ist somit $\mathfrak{G}(F) = \lim_{n\to\infty} \mathfrak{G}(F_n)$; wegen **86** ist $\mathfrak{G}(F_n) \geqq \mathfrak{G}(f)$.

89. Zunächst ist mit den Bezeichnungen von Lösung **88** $\lim_{n\to\infty} F_n(x) = F(x)$, und zwar gleichmäßig für $0 \leqq x \leqq 2\pi$. Man hat nämlich

$$\left|\sum_{\nu=1}^{n} \int_{(\nu-1)\frac{2\pi}{n}}^{\nu\frac{2\pi}{n}} p(\xi)\left[f(\xi + x) - f\left((\nu-1)\frac{2\pi}{n} + x\right)\right] d\xi\right|$$

$$\leqq \operatorname{Max}(p) \int_0^{\frac{2\pi}{n}} \left[\sum_{\nu=1}^{n} \left| f\left((\nu-1)\frac{2\pi}{n} + \xi + x\right) - f\left((\nu-1)\frac{2\pi}{n} + x\right)\right|\right] d\xi,$$

folglich

$$|F_n(x) - F(x)| \leqq \frac{2\pi}{n} \frac{\operatorname{Max}(p)}{\int_0^{2\pi} p(\xi)\, d\xi} V,$$

wobei V die totale Schwankung von $f(x)$ in $(0, 2\pi)$ bedeutet.

Da die Länge von $y = f\left((\nu-1)\frac{2\pi}{n}+x\right)$ für jedes ν gleich l ist, so gilt [**87**] für die Länge L_n von $y = F_n(x)$ die Abschätzung $L_n \leqq l$. Außerdem ist bei einer beliebigen Einteilung des Intervalls $(0, 2\pi)$: $0 = x^{(0)} < x^{(1)} < x^{(2)} < \cdots < x^{(s-1)} < x^{(s)} = 2\pi$,

$$\sum_{\alpha=1}^{s}\sqrt{(x^{(\alpha)}-x^{(\alpha-1)})^2+[F(x^{(\alpha)})-F(x^{(\alpha-1)})]^2}$$

$$= \lim_{n\to\infty}\sum_{\alpha=1}^{s}\sqrt{(x^{(\alpha)}-x^{(\alpha-1)})^2+[F_n(x^{(\alpha)})-F_n(x^{(\alpha-1)})]^2} \leqq l.$$

Ein besonders interessanter Spezialfall der Aufgabe rührt von *F. Lukács* her und lautet: Die Bogenlängen der *Fejér*schen Mittel der *Fourier*reihe von $f(x)$ [**134**] können die Länge der Kurve $y = f(x)$, $0 \leqq x \leqq 2\pi$ niemals übertreffen. (An den Sprungstellen von $f(x)$ zählt der Sprung zur Bogenlänge mit; auch $|f(+0) - f(2\pi - 0)|$.)

90. Es sei $\varkappa \neq 0$ [**84**]. Man setze $A_\nu = t a_\nu + (1-t) b_\nu$, $0 \leqq t \leqq 1$, $\nu = 1, 2, \ldots, n$ und $\varphi(t) = \mathfrak{M}_\varkappa(A)$. Es ist dann

$$\varphi''(t) = (\varkappa-1)(A_1^\varkappa + A_2^\varkappa + \cdots + A_n^\varkappa)^{\frac{1}{\varkappa}-2}\cdot$$
$$\{(A_1^\varkappa + A_2^\varkappa + \cdots + A_n^\varkappa)[(a_1-b_1)^2 A_1^{\varkappa-2} + (a_2-b_2)^2 A_2^{\varkappa-2} + \cdots + (a_n-b_n)^2 A_n^{\varkappa-2}]$$
$$- ((a_1-b_1)A_1^{\varkappa-1} + (a_2-b_2)A_2^{\varkappa-1} + \cdots + (a_n-b_n)A_n^{\varkappa-1})^2\}.$$

Der Klammerausdruck ist stets positiv, wenn nicht $a_\nu = \lambda b_\nu$ ist [**80**]. Also ist $\operatorname{sg}\varphi''(t) = \operatorname{sg}(\varkappa - 1)$; es ist somit

$$2\varphi(\tfrac{1}{2}) \leqq \quad \text{oder} \quad \geqq \varphi(0) + \varphi(1),$$

je nachdem $\varkappa \geqq 1$ oder $\varkappa \leqq 1$ ist. Für $\varkappa = 2$ ist $\mathfrak{M}_\varkappa(a)$ die Entfernung des Punktes $(a_1, a_2, \ldots, a_n)$ im n-dimensionalen Raume vom Nullpunkt. Der Satz besagt dann im wesentlichen, daß die eine Seite eines Dreieckes stets kleiner ist als die Summe der beiden anderen.

91. Man setze in **90**: $a_\nu = f\left(x_1 + \nu\frac{x_2-x_1}{n}\right)$, $b_\nu = g\left(x_1 + \nu\frac{x_2-x_1}{n}\right)$, $\nu = 1, 2, \ldots, n$ und lasse n ins Unendliche wachsen.

92. [Für den Spezialfall $a_\nu b_\nu = 1$, $\nu = 1, 2, \ldots, n$ vgl. *P. Schweitzer*, Math. és phys. lapok, Bd. 23, S. 257—261, 1914.] Wir numerieren die Zahlen a_ν so, daß $a_1 \leqq a_2 \leqq \cdots \leqq a_n$ sei. Man kann sich dann bei der Aufsuchung des Maximums auf solche Wertsysteme $b_1, b_2, \ldots, b_n$ beschränken, bei denen $b_1 \geqq b_2 \geqq \cdots \geqq b_n$ ist. Wäre nämlich $b_\nu < b_\mu$, $\nu < \mu$, so vertausche man b_ν mit b_μ; es ist $b_\nu^2 + b_\mu^2 = b_\mu^2 + b_\nu^2$ und $a_\nu b_\nu + a_\mu b_\mu \geqq a_\nu b_\mu + a_\mu b_\nu$. Man kann ferner annehmen, daß nicht sämtliche a_ν und sämtliche b_ν untereinander gleich sind, d. h. daß

$$a_n b_1 - a_1 b_n = (a_n - a_1) b_1 + a_1(b_1 - b_n) > 0$$

ist. Ist $n > 2$, so bestimme man die Zahlen $u_2, u_3, \ldots, u_{n-1}, v_2, v_3, \ldots, v_{n-1}$ gemäß der Gleichungen

$$a_\nu^2 = u_\nu a_1^2 + v_\nu a_n^2, \qquad b_\nu^2 = u_\nu b_1^2 + v_\nu b_n^2, \quad \nu = 2, 3, \ldots, n-1.$$

Es ist $u_\nu \geqq 0$, $v_\nu \geqq 0$, ferner $a_\nu b_\nu \geqq u_\nu a_1 b_1 + v_\nu a_n b_n$ [**80**]. Dann und nur dann ist $u_\nu = 0$, wenn $v_\nu = 1$, $a_\nu = a_{\nu+1} = \cdots = a_n$, $b_\nu = b_{\nu+1} = \cdots = b_n$ ist. Ähnlich folgt aus $v_\nu = 0$, daß $u_\nu = 1$ ist, usw. Wenn $u_\nu > 0$, $v_\nu > 0$, dann ist $a_\nu b_\nu > u_\nu a_1 b_1 + v_\nu a_n b_n$.

Der fragliche Ausdruck ist somit, wenn $1 + u_2 + u_3 + \cdots + u_{n-1} = p$, $v_2 + v_3 + \cdots + v_{n-1} + 1 = q$ gesetzt wird,

$$\leqq \frac{(p\,a_1^2 + q\,a_n^2)(p\,b_1^2 + q\,b_n^2)}{(p\,a_1 b_1 + q\,a_n b_n)^2}.$$

Das Gleichheitszeichen gilt hier dann und nur dann, wenn die u_ν, v_ν teils 0, teils 1, p, q ganz sind, $a_1 = a_2 = \cdots = a_p$, $a_{p+1} = a_{p+2} = \cdots = a_n$, $b_1 = b_2 = \cdots = b_p$, $b_{p+1} = b_{p+2} = \cdots = b_n$. Der letzte Ausdruck ist aber

$$= 1 + pq\left(\frac{a_n b_1 - a_1 b_n}{p a_1 b_1 + q a_n b_n}\right)^2 \leqq 1 + pq\left(\frac{a_n b_1 - a_1 b_n}{2\sqrt{p\,a_1 b_1 q\,a_n b_n}}\right)^2 = \left(\frac{\sqrt{\frac{a_n b_1}{a_1 b_n}} + \sqrt{\frac{a_1 b_n}{a_n b_1}}}{2}\right)^2,$$

dann und nur dann mit dem Zeichen $=$, wenn $p\,a_1 b_1 = q\,a_n b_n$. Beim Übergang von a_1, a_n, b_1, b_n zu a, A, B, b tritt keine Verkleinerung ein.

93. [Für den Spezialfall $a = b$, $A = B$ vgl. *J. Kürschák*, Math. és phys. lapok, Bd. 23, S. 378, 1914.] Man setze in **92**:

$$a_\nu = f\left(x_1 + \nu\frac{x_2 - x_1}{n}\right), \qquad b_\nu = g\left(x_1 + \nu\frac{x_2 - x_1}{n}\right), \qquad \nu = 1, 2, \ldots, n$$

und lasse n ins Unendliche wachsen.

94. [*G. Pólya*, Aufgabe; Arch. d. Math. u. Phys. Serie 3, Bd. 28, S. 174. 1920.] Es sei $f(x)$ nicht konstant. Wir zeigen, daß die quadratische Form

$$\begin{aligned} Q(x,y) &= \int_0^1 f(t)\,[(2a+1)t^{2a}x^2 + 2(a+b+1)t^{a+b}xy + (2b+1)t^{2b}y^2]\,dt \\ &= Ax^2 + 2Bxy + Cy^2 \end{aligned}$$

indefinit ist, also $AC - B^2 < 0$. Partielle Integration liefert

$$\int_0^1 t^k f(t)\,dt = \left(\frac{t^{k+1}}{k+1} f(t)\right)_0^1 - \int_0^1 \frac{t^{k+1}}{k+1}\,d f(t) = \frac{f(1)}{k+1} - \int_0^1 \frac{t^{k+1}}{k+1}\,d f(t), \quad k > 0,$$

vorausgesetzt, daß $f(1) = \lim\limits_{t \to 1-0} f(t)$ endlich ist; also

$$Q(x,y) = f(1)(x+y)^2 - \int_0^1 (t^a x + t^b y)^2\, t\, d f(t).$$

Es ist $Q(1,1) > 0$, $Q(1,-1) < 0$. Im Falle, daß $f(1) = \infty$ ist, erhält man mit einiger Vorsicht [**112**] ebenfalls $Q(1,-1) < 0$.

95. [*G. Pólya*, Aufgabe; Arch. d. Math. u. Phys. Serie 3, Bd. 26, S. 65, 1917. Lösung von *G. Szegö*, ebenda, Serie 3, Bd. 28, S. 81—82, 1920.]

96. [Vgl. *I. Schur*, Sitzungsber. Berl. Math. Ges. Bd. 22, S. 16—17, 1923.] Es seien $x_1, x_2, \ldots, x_n$ positiv. Da $\log x$ in jedem positiven Intervall von oben konvex ist, folgt

$$\log y_\mu \geqq a_{\mu 1} \log x_1 + a_{\mu 2} \log x_2 + \cdots + a_{\mu n} \log x_n, \qquad \mu = 1, 2, \ldots, n.$$

Man addiere diese Ungleichungen.

97. [*G. Pólya*, Aufgabe; Arch. d. Math. u. Phys. Serie 3, Bd. 20, S. 272, 1913. Lösung von *G. Szegö*, ebenda, Serie 3, Bd. 22, S. 361 bis 362, 1914.]

98. [Vgl. *E. Steinitz*, Aufgabe; Arch. d. Math. u. Phys. Serie 3, Bd. 19, S. 361, 1912. Lösung von *G. Pólya*, ebenda, Serie 3, Bd. 21, S. 290, 1913.] $g(x) = 0$, wenn x ganz, $g(x) = 1$, wenn x nicht ganz ist. $G(x) = 0$, wenn x rational, $G(x) = 1$, wenn x irrational ist. Jede Untersumme von $G(x)$ ist $= 0$, jede Obersumme im Intervall $a \leqq x \leqq b$ ist $= b - a$, $G(x)$ ist in keinem Intervall integrabel.

99. Ist x irrational, $f(x) = 0$ und konvergiert h gegen 0, so ist $x + h$ entweder irrational, $f(x+h) = 0$, oder, wenn es rational ist, $x + h = \frac{p}{q}$, $f(x+h) = \frac{1}{q}$ und q^{-1} konvergiert mit h gegen 0. Ist $x = \frac{p}{q}$ rational, $f(x) = q^{-1}$ und $x + h$ irrational, $f(x+h) = 0$, so ist $f(x+h) - f(x) = -q^{-1}$. — Jede Untersumme ist gleich 0. Teilen wir ferner das Intervall $0 \leqq x \leqq 1$ in k^3 gleiche Teile. Da höchstens $1 + 2 + \cdots + (k-1) = \frac{k(k-1)}{2}$ positive echte Brüche mit Nennern $\leqq k$ existieren, ist die Obersumme $< \frac{k(k-1)}{2} \frac{1}{k^3} + \frac{2}{k^3} + \frac{1}{k} \cdot 1$.

100. Die Oszillation von $f(x)$ im Intervall $x_{\nu-1}$, x_ν mit Ω_ν bezeichnet, ist, wenn $|\varphi(x)| < M$,

$$\left|\sum_{\nu=1}^{n} f(y_\nu)\,\varphi(\eta_\nu)\,(x_\nu - x_{\nu-1}) - \sum_{\nu=1}^{n} f(\eta_\nu)\,\varphi(\eta_\nu)\,(x_\nu - x_{\nu-1})\right| < M \sum_{\nu=1}^{n} \Omega_\nu (x_\nu - x_{\nu-1}).$$

Der letzte Ausdruck konvergiert gegen 0.

101. Es sei n positiv ganz, $\delta < \frac{b-a}{n}$, und Ω_ν bezeichne die Oszillation von $\varphi(x)$ im Intervall $a + (\nu - 1)\frac{b-a}{n} \leqq x \leqq a + \nu\frac{b-a}{n}$, $\nu = 1, 2, \ldots, n$. Wenn $|\varphi(x)| < M$, dann ist

$$\int_a^b |\varphi(x+\delta) - \varphi(x)|\,dx < \frac{b-a}{n} \sum_{\nu=1}^{n-1} (\Omega_\nu + \Omega_{\nu+1}) + 2M\frac{b-a}{n}.$$

102. Man bilde wie auf S. 34 die zu den Zwischenpunkten $a = x_0 < x_1 < x_2 < \cdots < x_{n-1} < x_n = b$ gehörige Obersumme und Untersumme

$$O = \sum_{\nu=1}^{n} M_\nu (x_\nu - x_{\nu-1}), \qquad U = \sum_{\nu=1}^{n} m_\nu (x_\nu - x_{\nu-1})$$

und wähle die Einteilung so, daß $O - U < \varepsilon$ wird. Dann definiere man $\Psi(x)$ folgendermaßen: $\Psi(x) = M_\nu$ im ν^{ten} halboffenen Teilintervall $x_{\nu-1} \leqq x < x_\nu$, $\nu = 1, 2, \ldots, n-1$ und $= M_n$ im n^{ten} abgeschlossenen Teilintervall $x_{n-1} \leqq x \leqq x_n$. Ähnlich definiere man $\psi(x)$ mit Hilfe der m_ν. Dann ist

$$\int_a^b \Psi(x)\, dx = O, \qquad \int_a^b \psi(x)\, dx = U.$$

Die Wahl der Zwischenpunkte unterliegt der einzigen Einschränkung, daß die Maximallänge der Teilintervalle $x_{\nu-1} \leqq x \leqq x_\nu$, $\nu = 1, 2, \ldots, n$ mit wachsendem n gegen 0 konvergiert. Sie können also z. B. äquidistant gewählt werden. — Die so definierten Funktionen $\psi(x)$, $\Psi(x)$ sind von rechts stetig; man könnte ebensogut auch Stetigkeit von links erreichen.

103. Wenn $\Psi(x)$ und $\psi(x)$ wie in Lösung **102** definiert sind, dann ist die totale Schwankung von $\Psi(x)$ gleich

$$|M_2 - M_1| + |M_3 - M_2| + \cdots + |M_n - M_{n-1}|$$

und die von $\psi(x)$ gleich

$$|m_2 - m_1| + |m_3 - m_2| + \cdots + |m_n - m_{n-1}|.$$

Beide bleiben unterhalb der totalen Schwankung von $f(x)$, da im ν^{ten} Teilintervall $x_{\nu-1} \leqq x \leqq x_\nu$ Funktionswerte angenommen werden, die an M_ν bzw. m_ν beliebig nahe herankommen.

104. Es sei ν ganz, $\nu = 1, 2, \ldots, n$; in der ersten Hälfte des Intervalls $\frac{\nu-1}{n}, \frac{\nu}{n}$ ist $s(nx) = +1$, in der zweiten Hälfte ist $s(nx) = -1$. Daher hat man

$$\int_0^1 f(x)\, s(nx)\, dx = \int_0^{\frac{1}{2n}} \sum_{\nu=1}^{n} \left\{ f\left(\frac{\nu-1}{n} + y\right) - f\left(\frac{\nu-1}{n} + y + \frac{1}{2n}\right) \right\} dy.$$

Der Klammerausdruck ist absolut kleiner als die Oszillation von $f(x)$ im Intervalle $\frac{\nu-1}{n} \leqq x \leqq \frac{\nu}{n}$.

105. [*Riemann*, Werke, S. 240. Leipzig: B. G. Teubner 1876.] Man kann $a = 0$, $b = 2\pi$ setzen. Es ist

$$\int_0^{2\pi} f(x) \sin nx\, dx$$

$$= \int_0^{\frac{\pi}{n}} \sin ny \sum_{\nu=1}^{n} \left\{ f\left((\nu - 1)\frac{2\pi}{n} + y\right) - f\left((\nu - 1)\frac{2\pi}{n} + y + \frac{\pi}{n}\right) \right\} dy.$$

Der Klammerausdruck ist absolut kleiner als die Oszillation von $f(x)$ im Intervalle $(\nu - 1)\frac{2\pi}{n} \leqq x \leqq \nu\frac{2\pi}{n}$.

106. [*L. Fejér*, J. für Math. Bd. 138, S. 27, 1910.] Man kann $a = 0$, $b = 2\pi$ setzen. Es ist

$$\int_0^{2\pi} f(x) |\sin nx|\, dx = \sum_{\nu=1}^{n} \int_{(\nu-1)\frac{2\pi}{n}}^{\nu\frac{2\pi}{n}} f(x) |\sin nx|\, dx = \sum_{\nu=1}^{n} f_{\nu n} \int_{(\nu-1)\frac{2\pi}{n}}^{\nu\frac{2\pi}{n}} |\sin nx|\, dx,$$

unter $f_{\nu n}$ einen Wert zwischen der oberen und unteren Grenze von $f(x)$ im Intervall $(\nu - 1)\frac{2\pi}{n} \leqq x \leqq \nu\frac{2\pi}{n}$ verstanden.

107. Haben die Unstetigkeitspunkte der beschränkten Funktion $f(x)$ nur endlich viele Häufungsstellen in a, b, so lassen sich endlich viele Intervalle mit beliebig kleiner Gesamtlänge angeben, außerhalb welcher $f(x)$ stetig ist; eine solche Funktion ist somit eigentlich integrabel. — Die fragliche Funktion besitzt die Unstetigkeitsstellen $\frac{1}{2}, \frac{1}{3}, \frac{1}{4}, \ldots, \frac{1}{n}, \ldots$, zu denen für $\alpha = 0$ noch 0 hinzutritt.

108. Innerhalb eines beliebigen Teilintervalles a_0, b_0 von a, b kann man nach dem *Riemann*schen Kriterium ein kleineres Teilintervall a_1, b_1 angeben, $b_1 - a_1 < \frac{b_0 - a_0}{2}$, derart, daß die Oszillation von $f(x)$ in a_1, b_1 kleiner wird als $\frac{1}{2}$. So fortfahrend läßt sich eine Folge von ineinander geschachtelten Intervallen a_n, b_n, $n = 1, 2, 3, \ldots$ angeben, so beschaffen, daß $b_n - a_n < \frac{b_0 - a_0}{2^n}$ und die Oszillation von $f(x)$ in a_n, b_n kleiner ist als $\frac{1}{2^n}$. Der Punkt $\alpha = \lim_{n\to\infty} a_n = \lim_{n\to\infty} b_n$ liegt in a_0, b_0 und $f(x)$ ist stetig in α.

109. Es sei $f(\xi) = 0$ in jedem Stetigkeitspunkte ξ von $f(x)$, $a < \xi < b$. Es ist

$$\int_a^b f(x)^2\,dx = \lim \sum_{\nu=1}^{n} f(\xi_\nu)^2 (x_\nu - x_{\nu-1}),$$

wo $x_{\nu-1} < \xi_\nu < x_\nu$ und die Maximallänge der Teilintervalle $x_{\nu-1}, x_\nu$, $\nu = 1, 2, \ldots, n$, gegen Null geht. Nach **108** kann ξ_ν so gewählt werden, daß $f(x)$ in $x = \xi_\nu$ stetig, also $f(\xi_\nu) = 0$ ist.

Andererseits sei $f(\xi) \neq 0$ in einem Stetigkeitspunkt ξ von $f(x)$, $a < \xi < b$. Für ein genügend kleines δ, $\delta > 0$ ist dann $f(x)^2 > \frac{f(\xi)^2}{2}$, wenn $|x - \xi| < \delta$, also

$$\int_a^b f(x)^2\,dx \geqq \int_{\xi-\delta}^{\xi+\delta} f(x)^2\,dx \geqq \delta f(\xi)^2 > 0.$$

110. Es seien ε und η gegeben, $\varepsilon, \eta > 0$ und δ so gewählt, daß $|\varphi(y_1) - \varphi(y_2)| < \varepsilon$, wenn $|y_1 - y_2| < \delta$. Da $f(x)$ integrabel ist, kann man eine solche Einteilung des gegebenen Intervalls $a \leqq x \leqq b$ finden, daß die Gesamtlänge derjenigen Teilintervalle, in denen die Oszillation $\geqq \delta$ ist, $< \eta$ ausfällt. In den anderen Teilintervallen ist dann die Oszillation von $\varphi[f(x)]$ höchstens ε.

111. [Vgl. *C. Carathéodory*, Vorlesungen über reelle Funktionen, S. 379—380. Leipzig und Berlin: B. G. Teubner 1918.] Es sei $f(x)$ wie in **99**, $G(x)$ wie in **98** definiert und

$$\varphi(y) = \begin{cases} 1 & \text{für} \quad y = 0, \\ 0 & \text{für} \quad y \gtrless 0 \end{cases}$$

gesetzt. Dann ist $\varphi[f(x)] = G(x)$.

112. Es sei $f(x)$ nicht zunehmend. Für $0 < x < \frac{1}{2}$ gilt

$$\int_{\frac{x}{2}}^{x} t^a f(t)\,dt \geqq f(x) \int_{\frac{x}{2}}^{x} t^a\,dt = x^{a+1} f(x) \frac{1 - \left(\frac{1}{2}\right)^{a+1}}{a+1},$$

$$\int_{x}^{2x} t^a f(t)\,dt \leqq f(x) \int_{x}^{2x} t^a\,dt = x^{a+1} f(x) \frac{2^{a+1} - 1}{a+1}.$$

Für $a = -1$ sind die letzten Faktoren, die übrigens beide positiv sind, durch $\log 2$ zu ersetzen.

113. Durch Transformation von **112**: x mit $\frac{1}{x}$ vertauscht, oder direkt, ähnlich wie in **112**.

114. Das Integral, erstreckt von 0 bis ε, $\varepsilon > 0$, konvergiert dann und nur dann, wenn das von $x^\alpha \left(1 - \frac{x^2}{2}\right)^{x^\beta}$ oder von $x^\alpha e^{-\frac{1}{2} x^{\beta+2}}$ konvergiert, d. h. für $\beta < -2$ jedenfalls, für $\beta \geqq -2$ dann und nur dann, wenn $\alpha > -1$. Das Integral erstreckt von ω bis ∞, $\omega > 0$, ist bei $\beta \leqq 0$ dann und nur dann konvergent, wenn $\alpha < -1$. Es sei nun $\beta > 0$, n ganz, dann ist für $n \to \infty$

$$\int_{n\pi}^{(n+1)\pi} x^\alpha |\cos x|^{x^\beta} dx \sim (n\pi)^\alpha \int_0^\pi |\cos x|^{(x+n\pi)^\beta} dx.$$

Das letzte Integral liegt zwischen

$$\int_0^\pi |\cos x|^{(n\pi)^\beta} dx \qquad \text{und} \qquad \int_0^\pi |\cos x|^{[(n+1)\pi]^\beta} dx,$$

die beide so wachsen, wie $n^{-\frac{\beta}{2}}$ [**202**]. Zur Konvergenz muß somit $\alpha - \frac{\beta}{2} < -1$ sein. — Alles zusammenfassend ist das fragliche Integral dann und nur dann konvergent, wenn $\alpha < -1$, $\beta < -2$ oder wenn $-1 < \alpha < \frac{\beta}{2} - 1$.

115. Die Grenzfunktion $f(x)$ ist in jedem endlichen Intervall $-\omega \leqq x \leqq \omega$ eigentlich integrabel und $\lim\limits_{n\to\infty} \int_{-\omega}^{\omega} f_n(x)\,dx = \int_{-\omega}^{\omega} f(x)\,dx$. Da $|f(x)| \leqq F(x)$, so existiert auch $\int_{-\infty}^{\infty} f(x)\,dx$. Man hat $\left|\int_{-\infty}^{\infty} f(x)\,dx - \int_{-\infty}^{\infty} f_n(x)\,dx\right|$

$$\leqq \left|\int_{-\infty}^{-\omega} f(x)\,dx\right| + \left|\int_{\omega}^{\infty} f(x)\,dx\right| + \int_{-\infty}^{-\omega} F(x)dx + \int_{\omega}^{\infty} F(x)dx + \left|\int_{-\omega}^{\omega} f(x)\,dx - \int_{-\omega}^{\omega} f_n(x)\,dx\right|.$$

Die vier ersten Glieder rechterhand sind für genügend große ω beliebig klein und dasselbe gilt von dem letzten Glied, wenn nach Festlegung von ω die Zahl n genügend groß gewählt wird.

116. Aus VI **31** folgt, $\nu = \frac{n}{2} + \lambda_n \sqrt{n}$ gesetzt, $\lambda_n \to \lambda$, daß

$$\frac{\sqrt{n}}{2^n}\binom{n}{\nu} = \frac{1}{2\pi} \int_{-\pi\sqrt{n}}^{\pi\sqrt{n}} \left(\cos\frac{x}{2\sqrt{n}}\right)^n \cos\lambda_n x\,dx.$$

Man setze in **115**: $f_n(x) = \frac{1}{2\pi}\left(\cos\frac{x}{2\sqrt{n}}\right)^n \cos\lambda_n x$, wenn $|x| \leqq \pi\sqrt{n}$, und $f_n(x) = 0$, wenn $|x| > \pi\sqrt{n}$ ist. Es ist $f(x) = \frac{1}{2\pi} e^{-\frac{x^2}{8}} \cos\lambda x$. Eine Funktion $F(x)$ im Sinne von **115** ermittelt man folgendermaßen: Da

$$\frac{\log\cos x}{x^2}$$

im ganzen offenen Intervall $0 < x < \frac{\pi}{2}$ stetig und negativ ist, ferner für $x \to +0$ gegen $-\frac{1}{2}$, für $x \to \frac{\pi}{2} - 0$ gegen $-\infty$ konvergiert, so gibt es eine absolute Konstante K, $K > 0$, so beschaffen, daß

$$\frac{\log \cos x}{x^2} < -K, \qquad \cos x \leqq e^{-Kx^2}, \qquad 0 \leqq x \leqq \frac{\pi}{2}.$$

Man kann $F(x) = \frac{1}{2\pi} e^{-\frac{K}{4}x^2}$ setzen.

117. $\sum_{\nu=1}^{n} a_\nu e^{-\nu y} = P_n(y)$ gesetzt, ist

$$\int_0^\infty P_n(y) y^{s-1} dy = (a_1 1^{-s} + a_2 2^{-s} + \cdots + a_n n^{-s}) \Gamma(s) = D_n(s) \Gamma(s).$$

Nach **115** genügt es, zu zeigen, daß $|P_n(y) y^{s-1}| < F(y)$, wobei $\int_0^\infty F(y) dy$ existiert. Man erhält durch partielle Summation

$$P_n(y) = \sum_{\nu=1}^{n-1} D_\nu(\sigma) [\nu^\sigma e^{-\nu y} - (\nu+1)^\sigma e^{-(\nu+1)y}] + n^\sigma D_n(\sigma) e^{-ny}.$$

Da die Funktion $x^\sigma e^{-xy}$ im Intervall $0 \leqq x \leqq \frac{\sigma}{y}$ wächst und im Intervall $\frac{\sigma}{y} \leqq x < \infty$ abnimmt, ist ihr Maximum $= (\sigma e^{-1})^\sigma y^{-\sigma}$. Hieraus folgt

$$|P_n(y)| < A y^{-\sigma}, \qquad |P_n(y) y^{s-1}| < A y^{s-\sigma-1},$$

A von n und y unabhängig. Man setze $F(y) = A y^{s-\sigma-1}$ für $0 < y < 1$, $F(y) = B e^{-y}$ für $y \geqq 1$, $B > 0$, B von y unabhängig.

118. Es sei $\omega > 0$; es ist

$$\left|\int_{-\infty}^{\infty} f(x) \sin nx \, dx\right| \leqq \int_{-\infty}^{-\omega} |f(x)| \, dx + \int_{\omega}^{\infty} |f(x)| \, dx + \left|\int_{-\omega}^{\omega} f(x) \sin nx \, dx\right|.$$

Die beiden ersten Integrale rechts gehen nach Null für $\omega \to \infty$. Bei festem ω geht das dritte Integral gegen Null für $n \to \infty$ [**105**]. Ähnlich schließt man bei dem Beweis der zweiten Hälfte der Aufgabe:

$$\left|\int_{-\infty}^{\infty} f(x) |\sin nx| \, dx - \frac{2}{\pi} \int_{-\infty}^{\infty} f(x) \, dx\right| \leqq \left(1 + \frac{2}{\pi}\right) \int_{-\infty}^{-\omega} |f(x)| \, dx + \left(1 + \frac{2}{\pi}\right) \int_{\omega}^{\infty} |f(x)| \, dx$$

$$+ \left|\int_{-\omega}^{\omega} f(x) |\sin nx| \, dx - \frac{2}{\pi} \int_{-\omega}^{\omega} f(x) \, dx\right| \qquad [\mathbf{106}].$$

119. 1. Darstellung möglich. — $\varphi(x, y)$ soll verschiedenen Wertepaaren x, y verschiedene Werte $u = \varphi(x, y)$ zuordnen (z. B. eine eineindeutige Abbildung der x, y-Ebene auf die Zahlgerade u vermitteln). Zu einer vorgelegten Funktion $f(x, y, z)$ bestimmt man $\psi(u, z)$ folgendermaßen:

Wenn u^* nicht zum Wertvorrat von $\varphi(x,y)$ gehört, so bestimme man $\psi(u^*,z)$ willkürlich, z. B. sei in diesem Fall stets $\psi(u^*,z)=1$.

Wenn u^* zum Wertvorrat von $\varphi(x,y)$ gehört, so rührt es von einem *eindeutig bestimmten* Wertepaar x^*,y^* her, $u^*=\varphi(x^*,y^*)$; man setze in diesem Fall $\psi(u^*,z)=f(x^*,y^*,z)$.

Dann gilt für alle x,y,z: $\psi(\varphi(x,y),z)=f(x,y,z)$.

2. Darstellung unmöglich, z. B. für die Funktion $f(x,y,z)=yz+zx+xy$.

Zu jeder stetigen Funktion $\varphi(x,y)$ gehören beliebig viele verschiedene Wertepaare x_1,y_1; x_2,y_2; ...; x_n,y_n, für welche $\varphi(x,y)$ denselben Wert annimmt:

$$\varphi(x_1,y_1)=\varphi(x_2,y_2)=\cdots=\varphi(x_n,y_n).$$

(Es existieren „Punkte von gleichem Niveau".) Wenn $\varphi(x,y)=$ konst., so ist die Behauptung selbstverständlich. Wenn $\varphi(x,y)\neq$ konst. und z. B. $\varphi(x',y')=1$, $\varphi(x''',y''')=3$, gibt es auf jedem Kreisbogen, der die Punkte x',y' und x''',y''' verbindet, einen Zwischenpunkt x'',y'', für den $\varphi(x'',y'')=2$ ist.

Falls die Funktion $f(x,y,z)$ auf die besagte Art dargestellt, $=\psi(\varphi(x,y),z)$ mit stetigem $\varphi(x,y)$ ist, so gibt es beliebig viele Wertepaare x_1,y_1; x_2,y_2; ...; x_n,y_n, für welche *identisch* in z

$$f(x_1,y_1,z)=f(x_2,y_2,z)=\cdots=f(x_n,y_n,z)$$

gilt.

Soll identisch in z

$$(x_1+y_1)\,z+x_1y_1=(x_2+y_2)\,z+x_2y_2$$

gelten, so muß

$$x_1+y_1=x_2+y_2, \qquad x_1y_1=x_2y_2$$

sein, also nach Elimination von y_1,

$$x_1^2-(x_2+y_2)\,x_1+x_2y_2=0.$$

Soll das Wertepaar x_2,y_2 von dem vorgelegten Wertepaar x_1,y_1 überhaupt verschieden sein, so muß $x_1=y_2$, $y_1=x_2$ sein. Somit ist für $n=3$ die zur speziellen Darstellung notwendige Bedingung nicht erfüllt. Weil $yz+zx+xy$ eine symmetrische Funktion ist, ist auch die Unmöglichkeit einer Darstellung in der Form $\psi(\varphi(y,z),x)$ oder $\psi(\varphi(z,x),y)$ mitbewiesen.

Auf dieselbe Art zeigt man, daß die stetige Funktion $xy+yz+z$ nicht durch Ineinanderschachtelung *zweier* stetiger Funktionen zweier Variablen dargestellt werden kann; wohl kann man sie durch Ineinanderschachtelung *dreier* solcher Funktionen darstellen:

$$xy+yz+z=(x+z)y+z=S\,\{P\,[S\,(x+z),y],z\}$$

(Bezeichnung **119a**).

Für engere Funktionenklassen sind ähnliche Fragen leichter zu behandeln [**119a**]. Eine analytische Funktion dreier Variablen, die keiner algebraischen partiellen Differentialgleichung genügt, kann nicht durch endlich-vielmalige Ineinanderschachtelung von analytischen Funktionen zweier Variablen dargestellt werden. Vgl. das 13te der „Mathematischen Probleme" von *D. Hilbert*, Gött. Nachr. 1900, S. 280.

119a. Es sei $yz + zx + xy = f(x, y, z)$ gesetzt; die partiellen Ableitungen sind durch Indices angedeutet.

1. Aus $f(x, y, z) = \varphi\{\psi[\chi(x, y), z], z\}$ folgt für alle Wertsysteme x, y, z mit $f_y = z + x \neq 0$,

$$\frac{\partial}{\partial z}\left(\frac{f_x}{f_y}\right) = \frac{\partial}{\partial z}\left(\frac{\varphi_\psi \psi_\chi \chi_x}{\varphi_\psi \psi_\chi \chi_y}\right) = 0,$$

folglich $f_{xz} f_y - f_x f_{yz} = 0$; $yz + zx + xy$ genügt *nicht* dieser Gleichung.

2. Erster Beweis. Aus $f(x, y, z) = \varphi[\psi(x, z), \chi(y, z)]$ folgt durch Differentiation nach x, y, z und Elimination von φ_ψ und φ_χ,

$$\begin{vmatrix} f_x & \psi_x & 0 \\ f_y & 0 & \chi_y \\ f_z & \psi_z & \chi_z \end{vmatrix} = 0.$$

Man kann voraussetzen, daß $\psi_x \not\equiv 0$, $\chi_y \not\equiv 0$. Setzt man bei $\psi_x \neq 0$, $\chi_y \neq 0$

$$\frac{\psi_z}{\psi_x} = -v, \qquad \frac{\chi_z}{\chi_y} = -u,$$

dann ist $v = v(x, z)$, $u = u(y, z)$, also $v_y = u_x = 0$. Es ist ferner

$$f_y u + f_x v + f_z = 0.$$

Hieraus ergibt sich ein Widerspruch, wenn man beachtet, daß $F = f_y u + f_x v + f_z$, wegen $f = yz + zx + xy$, der Gleichung

$$F - \frac{\partial F}{\partial x} f_y - \frac{\partial F}{\partial y} f_x + \frac{\partial^2 F}{\partial x\, \partial y} f_x f_y = -2z$$

genügt.

Zweiter Beweis. Differentiiert man wieder nach x, y, z und setzt man in den so entstandenen drei Gleichungen $z = -y$, so liefert die erste Gleichung $0 = \varphi_\psi \psi_x$. Es kann $\psi_x \not\equiv 0$ angenommen werden, so daß für die erwähnten speziellen Wertsysteme, wenn noch $\psi_x \neq 0$ ist, $\varphi_\psi = 0$ gilt. D. h.

$$f_y = x - y = \varphi_\chi \chi_y, \qquad f_z = x + y = \varphi_\chi \chi_z.$$

Ist $x \neq y$, so ist $\varphi_\chi \neq 0$, $\chi_y \neq 0$ und

$$\frac{x + y}{x - y} = \frac{\chi_z}{\chi_y}.$$

Die rechte Seite hängt hier nur von y und z, folglich wegen $z = -y$, nur von y ab: Widerspruch.

3. Aus $f(x, y, z) = \varphi\{\psi[\chi(x, y), z], x\}$ folgt durch Differentiation

$$f_x = \varphi_\psi \psi_\chi \chi_x + \varphi_x,$$
$$f_y = \varphi_\psi \psi_\chi \chi_y,$$
$$f_z = \varphi_\psi \psi_z,$$
$$f_{xy} = \cdots + \varphi_\psi \chi_x \chi_y \psi_{\chi\chi},$$
$$f_{yy} = \cdots + \varphi_\psi \chi_y^2 \psi_{\chi\chi}.$$

In den beiden letzten Gleichungen sind die Glieder, in welchen ψ_χ auftritt, nicht ausgeschrieben.

Setzt man $z = -x$, dann ist $\varphi_\psi \psi_\chi \chi_y = 0$. Wegen der dritten Gleichung, da ferner $\chi_y \neq 0$ angenommen werden kann, schließt man hieraus bei $x + y \neq 0$, $\chi_y \neq 0$, daß $\psi_\chi = 0$ ist. Es ist also für solche speziellen Wertsysteme

$$1 = \varphi_\psi \chi_x \chi_y \psi_{\chi\chi}, \qquad 0 = \varphi_\psi \chi_y^2 \psi_{\chi\chi}.$$

Diese Gleichungen enthalten einen Widerspruch, da nach der zweiten mindestens eine der drei Funktionen φ_ψ, χ_y, $\psi_{\chi\chi}$ verschwinden muß.

120. Nein. Beispiel: $f(x) = x^3$; $\xi = 0$ ist Wendepunkt.

121. [Vgl. *G. Pólya*, Tôhoku Math. J. Bd. 19, S. 3, 1921.] Es sei M die obere Grenze von $|f'(x)|$. Es ist

$$f(x) = f'(\xi)(x-a) \leqq M(x-a) \qquad \text{für} \qquad a \leqq x \leqq \frac{a+b}{2},$$

$$f(x) = f'(\eta)(x-b) \leqq M(b-x) \qquad \text{für} \qquad \frac{a+b}{2} \leqq x \leqq b,$$

$a < \xi < x$, $x < \eta < b$. Es kann nicht in beiden Ungleichungen identisch das Gleichheitszeichen eintreten, weil die so bestimmte Funktion in $x = \frac{a+b}{2}$ aufhört differentiierbar zu sein. Es ist somit

$$\int_a^b f(x)\,dx < M \int_a^{\frac{a+b}{2}} (x-a)\,dx + M \int_{\frac{a+b}{2}}^b (b-x)\,dx = M\,\frac{(b-a)^2}{4}.$$

122. [*W. Blaschke*, Aufgabe; Arch. der Math. u. Phys. Serie 3, Bd. 25, S. 273, 1917.] Nach dem *Taylor*schen Satz ist für $x \gtrless x_0$

$$f(x) - f(x_0) = (x - x_0) f'(x_0) + \frac{(x-x_0)^2 f''(\bar{x})}{2}, \qquad x_0 - r < \bar{x} < x_0 + r.$$

Gliedweise Integration und Anwendung des ersten Mittelwertsatzes der Integralrechnung liefert

$$\int_{x_0-r}^{x_0+r} [f(x) - f(x_0)]\,dx = \int_{x_0-r}^{x_0+r} \frac{(x-x_0)^2}{2} f''(\bar{x})\,dx = f''(\xi) \int_{x_0-r}^{x_0+r} \frac{(x-x_0)^2}{2}\,dx,$$

da die Funktion $f''(x)$ als Derivierte *alle* Werte zwischen ihrer unteren und oberen Grenze annimmt.

123. Erster Beweis. Es sei die Reihe $=\sum_{n=0}^{\infty} p_n e^{nx} = f(x)$ konvergent im Intervall $a < x < b$; dann ist sie daselbst beliebig oft differentiierbar und

$$f'(x) = \sum_{n=0}^{\infty} n p_n e^{nx}, \qquad f''(x) = \sum_{n=0}^{\infty} n^2 p_n e^{nx},$$

$$f(x) f''(x) - [f'(x)]^2 = \sum_{m=0}^{\infty} \sum_{n=0}^{\infty} \tfrac{1}{2}(m-n)^2 p_m p_n e^{(m+n)x} > 0 \qquad \textbf{[72]}.$$

Zweiter Beweis. Aus **80** ergibt sich für $x_1 < x_2$, $a_\nu = \sqrt{p_\nu}\, e^{\frac{\nu x_1}{2}}$, $b_\nu = \sqrt{p_\nu}\, e^{\frac{\nu x_2}{2}}$, daß

$$f\left(\frac{x_1 + x_2}{2}\right)^2 < f(x_1)\, f(x_2).$$

124. [Vgl. *J. L. W. V. Jensen*, a. a. O. **70**, S. 187—190.] Die Funktion $\varphi(x)$ sei im Intervall a, b von unten konvex, ferner sei dort $\varphi(x) < G$. Aus

$$\varphi\left(\frac{x_1 + x_2 + \cdots + x_n}{n}\right) \leqq \frac{\varphi(x_1) + \varphi(x_2) + \cdots + \varphi(x_n)}{n}$$

folgt für $x_1 = x_2 = \cdots = x_m = x + n\delta$, $x_{m+1} = \cdots = x_n = x$, x eine beliebige innere Stelle des Intervalls $a, b, |\delta|$ genügend klein, $m < n$, daß

$$\frac{\varphi(x + n\delta) - \varphi(x)}{n} \geqq \frac{\varphi(x + m\delta) - \varphi(x)}{m}.$$

Ersetzt man hier δ durch $-\delta$, so ergibt sich mit Berücksichtigung von $\varphi(x + m\delta) - \varphi(x) \geqq \varphi(x) - \varphi(x - m\delta)$,

$$(*) \quad \begin{cases} \dfrac{\varphi(x + n\delta) - \varphi(x)}{n} \geqq \dfrac{\varphi(x + m\delta) - \varphi(x)}{m} \geqq \\[2ex] \qquad \geqq \dfrac{\varphi(x) - \varphi(x - m\delta)}{m} \geqq \dfrac{\varphi(x) - \varphi(x - n\delta)}{n}. \end{cases}$$

Hieraus schließt man für $m = 1$

$$\frac{G - \varphi(x)}{n} \geqq \varphi(x + \delta) - \varphi(x) \geqq \varphi(x) - \varphi(x - \delta) \geqq \frac{\varphi(x) - G}{n}.$$

Läßt man δ gegen 0 und n derart gegen Unendlich konvergieren, daß $x \pm n\delta$ aus a, b nicht heraustritt, so folgt die Stetigkeit von $\varphi(x)$.

Es sei nun $\delta > 0$ und man ersetze in (*) δ durch $\frac{\delta}{n}$:

$$\frac{\varphi(x+\delta)-\varphi(x)}{\delta} \geqq \frac{\varphi\left(x+\frac{m}{n}\delta\right)-\varphi(x)}{\frac{m}{n}\delta} \geqq$$

$$\geqq \frac{\varphi(x)-\varphi\left(x-\frac{m}{n}\delta\right)}{\frac{m}{n}\delta} \geqq \frac{\varphi(x)-\varphi(x-\delta)}{\delta}.$$

Wegen der Stetigkeit von $\varphi(x)$ ist also

$$\left.\begin{aligned} &\frac{\varphi(x+\delta)-\varphi(x)}{\delta} \geqq \frac{\varphi(x+\delta')-\varphi(x)}{\delta'} \geqq \\ &\geqq \frac{\varphi(x)-\varphi(x-\delta')}{\delta'} \geqq \frac{\varphi(x)-\varphi(x-\delta)}{\delta} \end{aligned}\right\} \quad 0 < \delta' < \delta.$$

Für $\delta \to 0$ hat sowohl der erste wie auch der letzte Ausdruck einen Grenzwert.

125. [*G. Pólya*, Aufgabe; Arch. d. Math. u. Phys. Serie 3, Bd. 24, S. 283, 1916.] Die Werte, die $y = f(x)$ in einem Intervall von der Länge l annimmt, erfüllen ein abgeschlossenes Intervall, dessen Länge

$$L = \operatorname{Max}|f(x_1) - f(x_2)| = \operatorname{Max}\left|\int_{x_1}^{x_2} f'(x)\,dx\right| \leqq l \operatorname{Max}|f'(x)|.$$

Es sei $\varepsilon > 0$. Man lege um jeden Punkt x, in dem $f'(x) = 0$ ist, das größte Intervall mit $|f'(x)| \leqq \varepsilon$. Die Länge dieses Intervalls sei l_x. Die Werte, welche $f(x)$ in einem solchen Intervall annimmt, erfüllen ein Intervall höchstens von der Länge $l_x \varepsilon$. Die y-Punkte, welche der Menge M angehören und von Stellen x im Intervall $a \leqq x \leqq b$ herrühren, sind in abzählbar viele Intervalle eingeschlossen, deren Gesamtlänge $\leqq \varepsilon(b-a)$ ist. — Der obige Beweis zeigt, daß die Menge M sogar vom Maße 0 ist.

126. [*U. Dini;* vgl. *C. Carathéodory*, a. a. O. **111**, S. 176—177.] Es genügt, folgenden Fall zu betrachten: $f_1(x) \geqq f_2(x) \geqq \cdots \geqq f_n(x) \geqq \cdots$, $f_n(x)$ stetig, $\lim_{n\to\infty} f_n(x) = 0$, $0 \leqq x \leqq 1$. Wäre die Konvergenz nicht gleichmäßig, so existierten unendlich viele Stellen x_n, so daß $f_n(x_n) > a > 0$, $0 \leqq x_n \leqq 1$, a von n frei. Es sei ξ eine Häufungsstelle der x_n und m so gewählt, daß $f_m(\xi) < a$. Man bestimme ferner eine Umgebung von ξ derart, daß dort $f_m(x) < a$, also $f_n(x) < a$ wird für $n \geqq m$. Es gibt unendlich viele x_n, die in dieser Umgebung liegen: Widerspruch.

127. [Vgl. *G. Pólya*, Aufgabe; Arch. d. Math. u. Phys. Serie 3, Bd. 28, S. 174, 1920.] Die Grenzfunktion $f(x)$ ist auch monoton, z. B. monoton wachsend. Das Konvergenzintervall der Folge $f_n(x)$, $n = 1, 2, 3, \ldots$, sei in so kleine Intervalle $x_{\nu-1}, x_\nu$, $\nu = 1, 2, \ldots, N$, eingeteilt, daß $f(x_\nu) - f(x_{\nu-1}) < \varepsilon$. Man wähle ferner n so groß, daß $|f_n(x_\nu) - f(x_\nu)| < \varepsilon$ für jedes ν. Dann ist, wenn x in $x_{\nu-1}, x_\nu$ liegt, $f(x_{\nu-1}) - \varepsilon < f_n(x_{\nu-1}) \leqq f_n(x) \leqq f_n(x_\nu) < f(x_\nu) + \varepsilon$, also $|f_n(x) - f(x)| < 2\varepsilon$; $f_n(x)$ war hierbei auch als wachsend vorausgesetzt.

128. Klar.

129. Es sei $a < x < b$. (Aus dem nachfolgenden Beweis geht klar hervor, was zu ändern ist, wenn $x = a$ oder $x = b$.)

$$\int_a^b p_n(t) f(t)\,dt - f(x) = \int_{x-\varepsilon}^{x+\varepsilon} p_n(t)[f(t) - f(x)]\,dt + \int_a^{x-\varepsilon} + \int_{x+\varepsilon}^b .$$

Das erste Glied rechter Hand ist absolut $< \delta \int_{x-\varepsilon}^{x+\varepsilon} p_n(t)\,dt \leqq \delta$, wenn $|f(t) - f(x)| < \delta$ ist für $x - \varepsilon \leqq t \leqq x + \varepsilon$. Die beiden letzten Glieder sind absolut kleiner als

$$2 \operatorname*{Max}_{a \leqq t \leqq b} |f(t)| \left(\int_a^{x-\varepsilon} p_n(t)\,dt + \int_{x+\varepsilon}^b p_n(t)\,dt \right).$$

Die Bedingung ist also hinreichend. — Setzt man ferner

$$f(t) = \begin{cases} 0 & \text{für} \quad x - \varepsilon + \eta \leqq t \leqq x + \varepsilon - \eta, \\ 1 & \text{für} \quad a \leqq t \leqq x - \varepsilon \quad \text{und} \quad x + \varepsilon \leqq t \leqq b, \\ \text{linear} & \text{für} \quad x - \varepsilon \leqq t \leqq x - \varepsilon + \eta \quad \text{und} \quad x + \varepsilon - \eta \leqq t \leqq x + \varepsilon, \end{cases}$$

$0 < \eta < \varepsilon$, dann ist $f(t)$ stetig und aus

$$\int_a^b p_n(t) f(t)\,dt - f(x) = \int_{x-\varepsilon}^{x-\varepsilon+\eta} p_n(t) f(t)\,dt + \int_{x+\varepsilon-\eta}^{x+\varepsilon} p_n(t) f(t)\,dt + \int_a^{x-\varepsilon} p_n(t)\,dt + \int_{x+\varepsilon}^b p_n(t)\,dt \to 0$$

folgt, da hier alles nichtnegativ ist, die Notwendigkeit der Bedingung.

130. Die Behauptung von **129** läßt sich auf den Fall $b = \infty$, $x = \infty$ erweitern. Man setze in **129**: $n = \frac{1}{\varepsilon}$, $p_n(t) = \varepsilon e^{-\varepsilon t}$; es ist, ω positiv und von ε frei,

$$\lim_{\varepsilon \to 0} \varepsilon \int_0^\omega e^{-\varepsilon t}\,dt = 0, \qquad \varepsilon \int_0^\infty e^{-\varepsilon t}\,dt = 1 .$$

131. Ersetzt man t durch e^t, so geht das Integrationsintervall in $(-\infty, \infty)$ über. Man zerspalte das neue Integral in zwei Teile, erstreckt über $(-\infty, 0)$ bzw. $(0, \infty)$ und untersuche die beiden Teile einzeln. Wenn das Integral

$$\int_0^\infty e^{\lambda t} f(e^t) e^t\,dt = \int_0^\infty e^{\lambda t} \varphi(t)\,dt$$

für $\lambda = \beta$ konvergiert, so konvergiert es auch für jedes kleinere λ, $\lambda = \beta - \varepsilon$, $\varepsilon > 0$. Es ist nämlich, $e^{\beta t}\varphi(t) = \psi(t)$ gesetzt,

$$\int_0^\omega e^{-\varepsilon t}\psi(t)\,dt = e^{-\varepsilon\omega}\int_0^\omega \psi(t)\,dt + \varepsilon\int_0^\omega e^{-\varepsilon t}\left(\int_0^t \psi(\tau)\,d\tau\right)dt,$$

woraus für $\omega \to \infty$

$$\int_0^\infty e^{-\varepsilon t}\psi(t)\,dt = \varepsilon\int_0^\infty e^{-\varepsilon t}\left(\int_0^t \psi(\tau)\,d\tau\right)dt$$

folgt. Diese Funktion von ε ist in $\varepsilon = 0$ von rechts stetig [**130**].

132. Vgl. **128** und den ersten Teil des Beweises von **129**. Die dort definierte Zahl δ kann mit ε beliebig klein gemacht werden, unabhängig von x (gleichmäßige Stetigkeit!).

133. [*E. Landau*, Palermo Rend. Bd. 25, S. 337—345, 1908.] Anwendung von **132**: $a = 0$, $b = 1$, $p_n(x,t) = \dfrac{[1-(x-t)^2]^n}{\int_0^1 [1-(x-t)^2]^n\,dt}$.

Es ist für $0 < \varepsilon \leqq x \leqq 1 - \varepsilon$

$$\int_0^{x-\varepsilon} p_n(x,t)\,dt + \int_{x+\varepsilon}^1 p_n(x,t)\,dt < \frac{(1-\varepsilon^2)^n}{\int_{x-\varepsilon}^{x+\varepsilon}[1-(x-t)^2]^n\,dt} = \frac{(1-\varepsilon^2)^n}{\int_{-\varepsilon}^{\varepsilon}(1-t^2)^n\,dt}.$$

Nach **201**, **202** konvergiert dieser Ausdruck für $n \to \infty$ gegen 0, weil

$$\int_{-\varepsilon}^{\varepsilon}(1-t^2)^n\,dt \sim \sqrt{\frac{\pi}{n}} \sim \frac{2}{1}\cdot\frac{2}{3}\cdot\frac{4}{5}\cdots\frac{2n}{2n+1}.$$

134. [*L. Fejér*, Math. Ann. Bd. 58, S. 51—69, 1904.] Anwendung von **132**: $a = 0$, $b = 2\pi$, $p_n(x,t) = \dfrac{1}{n\pi}\left(\dfrac{\sin n\dfrac{x-t}{2}}{\sin\dfrac{x-t}{2}}\right)^2$. Nach VI **18** ist

$$\int_0^{2\pi} p_n(x,t)\,dt = 1,$$

ferner, $0 < \varepsilon \leqq x \leqq 2\pi - \varepsilon$,

$$\int_0^{x-\varepsilon} p_n(x,t)\,dt + \int_{x+\varepsilon}^{2\pi} p_n(x,t)\,dt < \frac{2}{n\sin^2\frac{\varepsilon}{2}}.$$

Wegen der Periodizität des Integranden kann jedes Intervall von einer Länge $< 2\pi$ als inneres Teilintervall betrachtet werden.

135. Vgl. **133**.

136. Vgl. **134**.

137. Die Funktion darf als nichtnegativ, ferner [**102**] als streckenweise konstant angenommen werden. Eine solche kann man durch Addition und Multiplikation mit positiven Konstanten aus Funktionen $f(x)$ von folgender spezieller Art zusammenlegen:

$$f(x) = \begin{cases} 1 \text{ in einem Teilintervall } \alpha, \beta \text{ von } a, b, \; a \leqq \alpha < \beta \leqq b; \\ 0 \text{ außerhalb von } \alpha, \beta. \end{cases}$$

Es sei der Einfachheit halber $a < \alpha$, $\beta < b$. Für genügend kleine η, $\eta > 0$, definiere man

$$f_\eta(x) = \begin{cases} 1 + \eta, & \text{wenn} \quad \alpha \leqq x \leqq \beta; \\ \eta, & \text{wenn} \quad a \leqq x \leqq \alpha - \eta \quad \text{oder} \quad \beta + \eta \leqq x \leqq b; \\ \text{linear}, & \text{wenn} \quad \alpha - \eta \leqq x \leqq \alpha \quad \text{oder} \quad \beta \leqq x \leqq \beta + \eta. \end{cases}$$

Dann ist $f_\eta(x) - f(x) \geqq \eta$, ferner

$$0 < \int_a^b f_\eta(x)dx - \int_a^b f(x)dx = \eta(\alpha - \eta - a) + \eta(b - \beta - \eta) + \eta(1 + 2\eta) + \eta(\beta - \alpha),$$

d. h. mit η beliebig klein. Die Funktion $f_\eta(x)$ ist überall stetig. Wird das Polynom $P(x)$ so gewählt, daß $|f_\eta(x) - P(x)| < \eta$, dann ist $f(x) \leqq f_\eta(x) - \eta < P(x)$ und

$$\int_a^b P(x)\,dx - \int_a^b f(x)\,dx < \eta(b - a) + \int_a^b f_\eta(x)\,dx - \int_a^b f(x)\,dx.$$

Für $\alpha = a$ oder $\beta = b$ unwesentliche Änderungen. — Ein ähnlicher Satz gilt für trigonometrische Polynome, wenn $a = 0$, $b = 2\pi$.

138. [*M. Lerch*, Acta Math. Bd. 27, S. 345—347, 1903; *E. Phragmén*, ebenda, Bd. 28, S. 360—364, 1904.] Unter $P(x)$ ein beliebiges Polynom verstanden, ist

$$\int_a^b [f(x)]^2 dx = \int_a^b f(x)[f(x) - P(x)]\,dx + \int_a^b f(x)P(x)\,dx = \int_a^b f(x)[f(x) - P(x)]\,dx,$$

also

$$\int_a^b [f(x)]^2 dx \leqq \underset{a \leqq x \leqq b}{\operatorname{Max}} |f(x) - P(x)| \cdot \int_a^b |f(x)|\,dx. \qquad [\mathbf{135}, \mathbf{109}.]$$

Ein ähnlicher Satz gilt für die „trigonometrischen Momente" (*Fourier*schen Konstanten) $\int_0^{2\pi} f(x) \begin{smallmatrix}\cos\\ \sin\end{smallmatrix} nx\,dx$, $n = 0, 1, 2, \ldots$.

139. Man bestimme $p(x)$ wie in **137**, und es sei $|f(x)| \leqq M$. Dann ist [vgl. Lösung **138**]

$$\int_a^b [f(x)]^2 dx \leqq M \int_a^b [f(x) - p(x)]\,dx < M\varepsilon.$$

140. Es sei $f(x)$ nicht identisch Null und habe weniger als n Zeichenänderungen. Nach der ersten Bedingung $\int_a^b f(x)\,dx = 0$ gibt es dann Zahlen $x_1, x_2, \ldots, x_k$, $a < x_1 < x_2 < \cdots < x_k < b$ von folgender Beschaffenheit: $f(x)$ ist in keinem der Teilintervalle (a, x_1), (x_1, x_2), $\ldots$, (x_{k-1}, x_k), (x_k, b) identisch Null, $f(x)$ ist in jedem Teilintervall von konstantem Vorzeichen (V, Kap. 1, § 2) und zwar abwechselnd positiv und negativ. Daher ist $f(x)(x-x_1)(x-x_2)\cdots(x-x_k)$ von konstantem Vorzeichen im ganzen Intervall $a < x < b$ und nicht identisch 0. Laut Voraussetzung wäre aber, wenn $k \leqq n-1$ sein sollte,

$$\int_a^b f(x)(x-x_1)(x-x_2)\cdots(x-x_k)\,dx = 0,$$

d. h. [**109**] $f(x)(x-x_1)(x-x_2)\cdots(x-x_k) \equiv 0$, $f(x) \equiv 0$: Widerspruch.

141. [Vgl. *A. Hurwitz*, Math. Ann. Bd. 57, S. 425—446, 1903.] Es sei $f(0) > 0$ und $f(x)$ habe weniger als $2n+2$ Zeichenänderungen im Intervalle $0 < x < 2\pi$; die Anzahl derselben ist gerade $= 2k$. Es seien x_1, x_1', x_2, x_2', $\ldots$, x_k, x_k', $0 < x_1 < x_1' < x_2 < x_2' < \cdots < x_k < x_k' < 2\pi$ die Zeichenänderungsstellen, ähnlich wie in Lösung **140**. Man bilde nun analog wie dort

$$f(x)\sin\frac{x-x_1}{2}\sin\frac{x-x_1'}{2}\sin\frac{x-x_2}{2}\sin\frac{x-x_2'}{2}\cdots\sin\frac{x-x_k}{2}\sin\frac{x-x_k'}{2}$$

und beachte, daß die Funktion

$$\sin\frac{x-\alpha}{2}\sin\frac{x-\beta}{2} = \frac{1}{2}\cos\frac{\alpha-\beta}{2} - \frac{1}{2}\cos\left(x - \frac{\alpha+\beta}{2}\right)$$

(α, β Konstanten, $0 < \alpha < 2\pi$, $0 < \beta < 2\pi$) im Intervall $0 < x < 2\pi$ nur an den Stellen α und β ihr Vorzeichen ändert. Man benutze ferner VI **10**. Wenn $f(0) = 0$, betrachte man $f(x+a)$, wobei $f(a) \neq 0$.

142. [A. a. O. **138**.] Wird $\int_0^x e^{-k_0 t}\varphi(t)\,dt = \Phi(x)$ gesetzt, so ist für $k > k_0$

$$J(k) = [\Phi(x)e^{-(k-k_0)x}]_0^\infty + (k-k_0)\int_0^\infty \Phi(x)e^{-(k-k_0)x}\,dx.$$

Setzt man ferner

$$e^{-\alpha x} = y, \quad \Phi\left(\frac{1}{\alpha}\log\frac{1}{y}\right) = \psi(y), \quad \psi(0) = J(k_0) = 0,$$

dann ist $\psi(y)$ stetig im Intervall $0 \leqq y \leqq 1$, ferner

$$\int_0^1 \psi(y)y^{n-1}\,dy = 0, \qquad n = 1, 2, \ldots.$$

Also ist [**138**] $\psi(y) \equiv 0$, $\Phi(x) \equiv 0$, $\varphi(x) \equiv 0$.

143. [*M. Lerch*, nach Mitteilung von *M. Plancherel*.] Hätte die Γ-Funktion eine Nullstelle s_0, so hätte sie auch die Nullstellen s_0+1, s_0+2, ..., s_0+m, ... [Funktionalgleichung]. Es sei m so groß, daß s_0+m von positivem Realteil ist, und man setze $s=s_0+m+1=\sigma+it$, $\sigma>1$. Aus

$$\int_0^\infty e^{-nx}x^{\sigma-1}\cos(t\log x)\,dx=\Re\int_0^\infty e^{-nx}x^{s-1}\,dx=\Re\frac{\Gamma(s)}{n^s}=0,\quad n=1,2,3,\ldots$$

würde dann [**142**] $x^{\sigma-1}\cos(t\log x)\equiv 0$ folgen: Widerspruch.

144. Bezüglich $f(x)=1, x, x^2$ vgl. I **40**. Für $f(x)=e^x$ ist

$$K_n(x)=\sum_{\nu=0}^{n}e^{\frac{\nu}{n}}\binom{n}{\nu}x^\nu(1-x)^{n-\nu}=\left(e^{\frac{1}{n}}x+1-x\right)^n=\left[1+\left(e^{\frac{1}{n}}-1\right)x\right]^n.$$

145. Es ist [I **40**]

$$\sum_{\nu=0}^{n}(\nu-nx)^2\binom{n}{\nu}x^\nu(1-x)^{n-\nu}=nx(1-x),$$

also

$$n^{\frac{3}{2}}\sum{}^{II}\leqq nx(1-x)\leqq\frac{n}{4}.$$

146. [Vgl. *S. Bernstein*, Communic. Soc. Math. Charkow, Serie 2, Bd. 13, S. 1—2, 1912.] Bezeichnet $\varepsilon_n(x)$ das Maximum von $\left|f(x)-f\left(\frac{\nu}{n}\right)\right|$ für sämtliche ν mit $\left|\frac{\nu}{n}-x\right|<n^{-\frac{1}{4}}$, dann ist gleichmäßig $\lim\limits_{n\to\infty}\varepsilon_n(x)=0$, d. h. $\varepsilon_n(x)<\varepsilon_n$, $\lim\limits_{n\to\infty}\varepsilon_n=0$. Ferner

$$f(x)-K_n(x)=\sum_{\nu=0}^{n}\left[f(x)-f\left(\frac{\nu}{n}\right)\right]\binom{n}{\nu}x^\nu(1-x)^{n-\nu}.$$

Nach **145** ist, wenn $|f(x)|<M$,

$$|f(x)-K_n(x)|<\varepsilon_n\sum{}^{I}+2M\sum{}^{II}<\varepsilon_n+\frac{M}{2}n^{-\frac{1}{2}}.$$

147. [Vgl. *J. Franel*, Math. Ann. Bd. 52, S. 529—531, 1899.] Klar für $0\leqq r\leqq r_1$. Es sei $r_m\leqq r<r_{m+1}$, dann ist die rechte Seite gleich

$$mf(r)-1[f(r_2)-f(r_1)]-2[f(r_3)-f(r_2)]-\cdots-(m-1)[f(r_m)-f(r_{m-1})]$$
$$-m[f(r)-f(r_m)]$$

und dies stimmt mit der linken Seite überein. Die bewiesene Formel ist eigentlich die der partiellen Integration:

$$\int_0^r f(t)\,dN(t)=N(r)f(r)-\int_0^r N(t)f'(t)\,dt.$$

148. Ist

$$r_{n-k-1} < r_{n-k} = \cdots = r_n = r_{n+1} = \cdots = r_{n+l} < r_{n+l+1}$$

(ev. $k = 0$ oder $l = 0$; $r_0 = 0$), so hat man

$$\frac{N(r_n - 0) + 1}{r_n} = \frac{n-k}{r_n} \leqq \frac{n}{r_n} \leqq \frac{n+l}{r_n} = \frac{N(r_n)}{r_n}, \qquad \lim_{n \to \infty} \frac{1}{r_n} = 0.$$

Wenn $r_m \leqq r < r_{m+1}$, so ist $N(r) = m$ und

$$\frac{m+1}{r_{m+1}} - \frac{1}{r_{m+1}} = \frac{m}{r_{m+1}} < \frac{N(r)}{r} \leqq \frac{m}{r_m}.$$

Im zweiten Falle analog.

149. Vgl. **148** und I **113**.

150. [*E. Landau*, Bull. Acad. Belgique, 1911, S. 443—472. Vgl. *G. Pólya*, Gött. Nachr. 1917, S. 149—159.] Es sei $c > 1$ und die positive ganze Zahl m so groß gewählt, daß $1 < c < 2^m$. Dann ist

$$1 < \frac{L(cr)}{L(r)} < \frac{L(2^m r)}{L(r)} = \frac{L(2r)}{L(r)} \frac{L(2^2 r)}{L(2r)} \cdots \frac{L(2^m r)}{L(2^{m-1} r)} \to 1.$$

Für $c < 1$ wende man das eben Bewiesene mit $\frac{1}{c}$ anstatt c auf die ebenfalls langsam wachsende Funktion $L(cr)$ an.

151. Vollständige Induktion zeigt, daß für positives ganzes k

$$\lim_{r \to \infty} \frac{\log_k 2r}{\log_k r} = 1.$$

Für $k = 1$ ist dies nämlich klar; für $k > 1$ hat man, wenn r genügend groß ist,

$$1 < \frac{\log_k(2r)}{\log_k r} < \frac{\log_k r^2}{\log_k r} = \frac{\log_{k-1}(2\log r)}{\log_{k-1}(\log r)}.$$

152. Es genügt,

$$\lim_{m \to \infty} \frac{\log L(2^m)}{m} = 0$$

zu beweisen. Dies folgt aus der Ungleichung $\frac{L(2^m)}{L(2^{m-1})} < 1 + \delta$, wo $\delta > 0$ beliebig und m genügend groß, $m > M(\delta)$ ist.

153. [**149**, **152**.]

154.
$$\frac{N(cr)}{N(r)} \sim c^\lambda \frac{L(cr)}{L(r)}.$$

155. Jede von links stetige, streckenweise konstante Funktion setzt sich durch Multiplikation mit konstanten Faktoren und durch Addition aus Funktionen folgender Art zusammen:

$$f(x) = \begin{cases} 1 & \text{für} \quad 0 < x \leqq \gamma, \\ 0 & \text{für} \quad \text{andere Werte von } x. \end{cases} \qquad \gamma > 0,$$

Für solche lautet aber die Behauptung

$$\lim_{r\to\infty} \frac{N(\gamma r)}{N(r)} = \gamma^\lambda \qquad [\mathbf{154}].$$

Für andere Funktionen vgl. **156.**

156. Man schließe $f(x)$ zwischen zwei von links stetige, streckenweise konstante Funktionen ein

$$\psi(x) \leqq f(x) \leqq \Psi(x)$$

derart, daß

$$\int_0^{c^\lambda} \Psi\left(x^{\frac{1}{\lambda}}\right) dx - \int_0^{c^\lambda} \psi\left(x^{\frac{1}{\lambda}}\right) dx < \varepsilon$$

ist, $\varepsilon > 0$, ε beliebig [**102**]. Es ist

$$\frac{1}{N(r)} \sum_{r_n \leqq cr} \psi\left(\frac{r_n}{r}\right) \leqq \frac{1}{N(r)} \sum_{r_n \leqq cr} f\left(\frac{r_n}{r}\right) \leqq \frac{1}{N(r)} \sum_{r_n \leqq cr} \Psi\left(\frac{r_n}{r}\right).$$

Der Limes superior und Limes inferior des mittleren Ausdruckes liegen also [**155**] zwischen den beiden Grenzen $\int_0^{c^\lambda} \psi\left(x^{\frac{1}{\lambda}}\right) dx$, $\int_0^{c^\lambda} \Psi\left(x^{\frac{1}{\lambda}}\right) dx$, deren Unterschied von $\int_0^{c^\lambda} f\left(x^{\frac{1}{\lambda}}\right) dx$ kleiner ist als ε.

157. Nach **147** ist

$$\frac{1}{N(r)} \sum_{r_n \leqq r} \left(\frac{r_n}{r}\right)^{\alpha-\lambda} = \frac{r^{\lambda-\alpha}}{N(r)} \left(\frac{N(r)}{r^{\lambda-\alpha}} + (\lambda - \alpha) \int_0^r N(t)\, t^{-\lambda+\alpha-1}\, dt\right)$$

$$\sim 1 + \frac{(\lambda-\alpha) r^{-\alpha}}{L(r)} \int_0^r L(t)\, t^{\alpha-1}\, dt.$$

Es ist für $0 < c < 1$

$$\frac{r^{-\alpha} L(cr)}{L(r)} \int_{cr}^r t^{\alpha-1}\, dt < \frac{r^{-\alpha}}{L(r)} \int_0^r L(t)\, t^{\alpha-1}\, dt < r^{-\alpha} \int_0^r t^{\alpha-1}\, dt = \frac{1}{\alpha};$$

der Limes superior und Limes inferior des mittleren Ausdruckes liegen somit zwischen $\frac{1}{\alpha}$ und $\frac{1-c^\alpha}{\alpha}$. Hier ist c beliebig klein!

158. Aus **147** folgt

$$\sum_{r < r_n \leqq R} r_n^{-\alpha-\lambda} = N(R)\, R^{-\alpha-\lambda} - N(r)\, r^{-\alpha-\lambda} + (\alpha+\lambda) \int_r^R N(t)\, t^{-\alpha-\lambda-1}\, dt,$$

also [**152, 153**]

$$\frac{1}{N(r)}\sum_{r_n>r}\left(\frac{r_n}{r}\right)^{-\alpha-\lambda} = -1 + \frac{(\alpha+\lambda)\,r^{\alpha+\lambda}}{N(r)}\int_r^\infty N(t)\,t^{-\alpha-\lambda-1}\,dt$$

$$\sim -1 + \frac{(\alpha+\lambda)\,r^{\alpha}}{L(r)}\int_r^\infty L(t)\,t^{-\alpha-1}\,dt.$$

Es sei nun $0<\varepsilon<2^\alpha-1$; für genügend große r ist $L(2r)<L(r)(1+\varepsilon)$, also $L(2^\nu r)<L(r)(1+\varepsilon)^\nu$ für $\nu=1, 2, 3, \ldots$; folglich

$$\frac{1}{\alpha}<\frac{r^\alpha}{L(r)}\int_r^\infty L(t)\,t^{-\alpha-1}\,dt<\frac{r^\alpha}{L(r)}\sum_{\nu=1}^\infty L(2^\nu r)\int_{2^{\nu-1}r}^{2^\nu r} t^{-\alpha-1}\,dt<$$

$$\frac{1}{\alpha}\sum_{\nu=1}^\infty (1+\varepsilon)^\nu\left(2^{-\alpha(\nu-1)}-2^{-\alpha\nu}\right)=\frac{1+\varepsilon}{\alpha}\,\frac{2^\alpha-1}{2^\alpha-1-\varepsilon}.$$

159. [Bezüglich **159**—**161** s. *G. Pólya*, Math. Ann. Bd. 88, S. 173 bis 177, 1923.] Verallgemeinerung von **155**—**158**. Man schließe $f(x)$ wie in **156** zwischen zwei Funktionen $\psi(x)$, $\Psi(x)$ ein, die von 0 bis δ gleich $-x^{\alpha-\lambda}$ bzw. $x^{\alpha-\lambda}$, von δ bis ω gleich $f(x)$ und von ω bis $+\infty$ gleich $-x^{-\alpha-\lambda}$ bzw. $x^{-\alpha-\lambda}$ sind. Es ist [**157**]

$$\lim_{r\to\infty}\frac{1}{N(r)}\sum_{r_n\leq\delta r}\left(\frac{r_n}{r}\right)^{\alpha-\lambda}=\lim_{r\to\infty}\frac{\delta^{\alpha-\lambda}N(\delta r)}{N(r)}\,\frac{1}{N(\delta r)}\sum_{r_n\leq\delta r}\left(\frac{r_n}{\delta r}\right)^{\alpha-\lambda}=\delta^\alpha\frac{\lambda}{\alpha}$$

und [**158**]

$$\lim_{r\to\infty}\frac{1}{N(r)}\sum_{r_n>\omega r}\left(\frac{r_n}{r}\right)^{-\alpha-\lambda}=\lim_{r\to\infty}\frac{\omega^{-\alpha-\lambda}N(\omega r)}{N(r)}\,\frac{1}{N(\omega r)}\sum_{r_n>\omega r}\left(\frac{r_n}{\omega r}\right)^{-\alpha-\lambda}=\omega^{-\alpha}\frac{\lambda}{\alpha}.$$

Der Limes superior und Limes inferior von $\frac{1}{N(r)}\sum_{n=1}^{\infty} f\left(\frac{r_n}{r}\right)$ liegen also zwischen

$$-\delta^\alpha\frac{\lambda}{\alpha}+\int_{\delta^\lambda}^{\omega^\lambda} f\left(x^{\frac{1}{\lambda}}\right)dx-\omega^{-\alpha}\frac{\lambda}{\alpha}\quad\text{und}\quad\delta^\alpha\frac{\lambda}{\alpha}+\int_{\delta^\lambda}^{\omega^\lambda} f\left(x^{\frac{1}{\lambda}}\right)dx+\omega^{-\alpha}\frac{\lambda}{\alpha}.$$

Man lasse δ gegen Null, ω gegen Unendlich konvergieren.

160. $f(x)$ sei abnehmend, $\beta>\lambda$. Es gibt [I **115**] unendlich viele Werte von n so beschaffen, daß

$$\frac{r_\mu}{r_n}<\left(\frac{\mu}{n}\right)^{\frac{1}{\beta}},\qquad \mu=1,2,\ldots,n-1.$$

Man wähle eine Zahl r, $r_{n-1}<r<r_n$, so daß noch die Ungleichungen

$$\frac{r_\mu}{r}<\left(\frac{\mu}{n}\right)^{\frac{1}{\beta}},\qquad \mu=1,2,\ldots,n-1$$

bestehen, woraus, da $f(x)$ abnimmt,

$$f\left(\frac{r_\mu}{r}\right) \geqq f\left[\left(\frac{\mu}{n}\right)^{\frac{1}{\beta}}\right], \qquad \mu = 1, 2, \ldots, n-1$$

folgt. Es ist $N(r) = n - 1$, folglich

$$\frac{1}{N(r)} f\left(\frac{r_\mu}{r}\right) \geqq \frac{1}{n-1} f\left[\left(\frac{\mu}{n}\right)^{\frac{1}{\beta}}\right] \geqq \frac{n}{n-1} \int\limits_{\frac{\mu}{n}}^{\frac{\mu+1}{n}} f\left(x^{\frac{1}{\beta}}\right) dx,$$

$$\frac{1}{N(r)} \sum_{\mu=1}^{n-1} f\left(\frac{r_\mu}{r}\right) = \frac{1}{N(r)} \sum_{r_\mu \leqq r} f\left(\frac{r_\mu}{r}\right) \geqq \frac{n}{n-1} \int\limits_{\frac{1}{n}}^{1} f\left(x^{\frac{1}{\beta}}\right) dx.$$

Das Integral $\int\limits_0^1 f\left(x^{\frac{1}{\beta}}\right) dx$ ist eine stetige Funktion von β [**131**]. Ähnlich schließt man, wenn $f(x)$ wächst. Man ersetze dann $f(x)$ durch $-f(x)$.

161. Es sei $0 < \alpha < \lambda < \beta$. In Anwendung von I **116** ergibt sich ähnlich wie in **160** die Existenz beliebig großer n, für welche

$$\frac{1}{N(r_n)} \sum_{k=1}^{\infty} f\left(\frac{r_k}{r_n}\right) \leqq \int\limits_0^1 f\left(x^{\frac{1}{\alpha}}\right) dx + \int\limits_1^{\infty} f\left(x^{\frac{1}{\beta}}\right) dx$$

gilt. Man wähle α und β genügend nahe an λ [**131**].

162. [Bezüglich **162**—**166** vgl. *H. Weyl*, Gött. Nachr. 1914, S. 235 bis 236; Math. Ann. Bd. 77, S. 313—315, 1916.] Die Bedingung besagt, daß die Gleichung (*) auf S. 70 erfüllt ist, wenn $f(x)$ in einem Teilintervall $\alpha \leqq x \leqq \beta$ von 0, 1 gleich 1, sonst gleich 0 ist. Die Bedingung ist also gewiß notwendig. Andererseits sei angenommen, daß sie erfüllt ist. Man bemerke zunächst, daß es belanglos ist, ob das Teilintervall α, β als abgeschlossen, halboffen oder offen angenommen wird. Da aus der Gültigkeit von (*) für mehrere Funktionen $f_1(x), f_2(x), \ldots, f_l(x)$ die für eine beliebige lineare Kombination $c_1 f_1(x) + c_2 f_2(x) + \cdots + c_l f_l(x)$ aus ihnen folgt, $c_1, c_2, \ldots, c_l$ Konstanten, gilt (*) auch für eine beliebige streckenweise konstante Funktion. Wenn nun $f(x)$ eigentlich integrabel ist, so wende man **102** mit $a = 0$, $b = 1$ an. Es ist

$$\frac{\psi(x_1) + \psi(x_2) + \cdots + \psi(x_n)}{n} \leqq \frac{f(x_1) + f(x_2) + \cdots + f(x_n)}{n}$$
$$\leqq \frac{\Psi(x_1) + \Psi(x_2) + \cdots + \Psi(x_n)}{n}.$$

Der erste und dritte Mittelwert konvergiert gegen $\int_0^1 \psi(x)\,dx$ bzw. $\int_0^1 \Psi(x)\,dx$; beide unterscheiden sich beliebig wenig von $\int_0^1 f(x)\,dx$.

Die weniger fordernde Bedingung

$$\lim_{n\to\infty} \frac{\nu_n(0,\beta)}{n} = \beta, \qquad 0 < \beta < 1,$$

oder auch

$$\lim_{n\to\infty} \frac{\nu_n(\beta,1)}{n} = 1-\beta, \qquad 0 < \beta < 1$$

ist auch hinreichend. Es genügt sogar die Gültigkeit einer dieser Gleichungen für eine in 0, 1 überall dichte Menge von β-Werten vorauszusetzen.

163. Die Bedingung ist gewiß notwendig. Um ihre Hinlänglichkeit zu beweisen, bemerke man zunächst dasselbe wie in Lösung **162**, bezüglich der Abgeschlossenheit der Intervalle α, β. Man kann nun in **102**, wenn $a > 0$, beide Funktionen $\psi(x)$ und $\Psi(x)$ durch solche *streckenweise lineare* ersetzen, bei welchen die Verlängerung der einzelnen Geradenstücke durch den Nullpunkt hindurchgeht ($y = kx$). Hieraus schließt man wie in Lösung **162** die Gültigkeit von (*) für eine solche in 0, 1 eigentlich integrable Funktion $f(x)$, die in einem den Nullpunkt enthaltenden Intervall verschwindet; es ist z. B.

$$\lim_{n\to\infty} \frac{\nu_n(\beta,1)}{n} = 1-\beta, \quad 0 < \beta < 1 \text{ [Lösung **162**].}$$

164. Vgl. **162**. Anstatt **102** wende man **137** an.

165. Vgl. **162**. Anstatt **102** wende man **137** an.

166. Die Bedingung von **165** ist erfüllt, weil

$$e^{2\pi i k x_1} + e^{2\pi i k x_2} + \cdots + e^{2\pi i k x_n} = \sum_{\nu=1}^{n} e^{2\pi i k \nu\theta} = e^{2\pi i k\theta}\,\frac{e^{2\pi i k n\theta}-1}{e^{2\pi i k\theta}-1}.$$

167. Es handelt sich mit den Bezeichnungen von **166** um

$$\lim_{n\to\infty} \frac{f(x_1)+f(x_2)+\cdots+f(x_n)}{n}, \qquad f(x) = \varphi(a\theta - \theta d + x d),$$

wo $\varphi(y) = 1$ oder 0, je nachdem die zu y nächstgelegene ganze Zahl rechts oder links von y liegt. (Für $y = n$, $n + \frac{1}{2}$, n ganz, sei z. B. $\varphi(y) = \frac{1}{2}$.) Aus **166** folgt, daß dieser Grenzwert

$$= \int_0^1 f(x)\,dx = \int_0^1 \varphi(y)\,dy = \tfrac{1}{2}$$

ist. Auch für arithmetische Progressionen höherer Ordnung [I **128**] gültig, wie sich mit tieferen Hilfsmitteln beweisen läßt [*H. Weyl*, a. a. O. **162**, S. 326]. Dieses Resultat kann als Ausdruck eines gewissen Grades von „Regellosigkeit" der Folge $\varepsilon_1, \varepsilon_2, \varepsilon_3, \ldots, \varepsilon_n, \ldots$ aufgefaßt werden (vgl. *R. v. Mises*, Math. Zeitschr. Bd. 5, S. 57, 1919).

168. [*E. Hecke*, Abhdl. Math. Sem. Hamburg, Bd. 1, S. 57—58, 1922.] Nach I **88** ist

$$\lim_{r\to 1-0}(1-r)\sum_{n=1}^{\infty} a_n r^n = \lim_{n\to\infty}\frac{a_1+a_2+\cdots+a_n}{n},$$

vorausgesetzt, daß der letzte Grenzwert existiert. Dieser ist aber für $a_n = (n\theta - [n\theta])\, e^{2\pi i n\alpha}$ nach **166**

$$= \int_0^1 x\, e^{2\pi i q x}\, dx = \frac{1}{2\pi i q}.$$

169. [*E. Steinitz*, Aufgabe; Arch. d. Math. u. Phys. Serie 3, Bd. 19, S. 361, 1912. Lösung von *G. Pólya*, ebenda, Serie 3, Bd. 21, S. 290, 1913.] Der Grenzwert ist die in **99** erklärte Funktion $f(x)$. Für irrationales x vgl. **166**, für rationales x einfacher.

170. Man erhält $10^n\theta - [10^n\theta]$, wenn man das Komma des Dezimalbruches θ um n Stellen nach rechts verlegt und alle Ziffern links vom Komma wegläßt. Es sei $\alpha = 0, \alpha_1\alpha_2\ldots\alpha_k$ ein endlicher Dezimalbruch. Man wähle n so, daß $10^n\theta - [10^n\theta]$ mit den Ziffern $\alpha_1, \alpha_2, \ldots, \alpha_k$ anfängt und darauf r Nullen folgen; dann ist

$$|10^n\theta - [10^n\theta] - \alpha| < \frac{1}{10^{k+r}}.$$

171. Nach dem *Taylor*schen Satz ist

$$e = 1 + \frac{1}{1!} + \frac{1}{2!} + \cdots + \frac{1}{n!} + \frac{e^{\theta_n}}{(n+1)!}, \qquad 0 < \theta_n < 1,$$

woraus $n!\,e = n! + \frac{n!}{1!} + \frac{n!}{2!} + \cdots + 1 + \frac{e^{\theta_n}}{n+1}$ folgt. Für $n \geqq 2$ ist $\frac{e^{\theta_n}}{n+1} < \frac{e}{n+1} < 1$, also $n!\,e - [n!\,e] = \frac{e^{\theta_n}}{n+1} < \frac{3}{n+1}$.

172. [Nach Mitteilung von *H. Prüfer*; *H. Weyl* hat bewiesen, a. a. O. **162**, daß die fragliche Menge überall dicht, sogar gleichverteilt ist im Intervall $0 \leqq x \leqq 1$.] Für $r = 1$ folgt der Satz aus **166**. Es sei also $r > 1$. Man kann annehmen, daß a_r irrational ist [sonst läßt man die höchsten rationalen Glieder von $P(x)$, die sich mod. 1 periodisch wiederholen, fort]. Hätten die fraglichen Zahlen nur endlich viele Häufungsstellen, so könnte man dasselbe von den „Resten" der Zahlen

$$P(n+r-1) - \binom{r-1}{1}P(n+r-2) + \binom{r-1}{2}P(n+r-3) - \cdots$$
$$+ (-1)^{r-1}P(n) = a_r r!\left(n + \frac{r-1}{2}\right) + a_{r-1}(r-1)!,$$

mod. 1 genommen, behaupten, was **166** widerspricht.

173. Es sei k positiv ganz, dann ist

$$e^{2\pi i k x_1} + e^{2\pi i k x_2} + \cdots + e^{2\pi i k x_n}$$

beschränkt [**166**]; partielle Summation zeigt, daß auch

$$\alpha_1 e^{2\pi i k x_1} + \alpha_2 e^{2\pi i k x_2} + \cdots + \alpha_n e^{2\pi i k x_n}$$

beschränkt ist [**165**].

174. [*L. Fejér.*] Es sei $N(x)$ die Anzahlfunktion der Folge $g(1), g(2), \ldots, g(n), \ldots$. Wenn $t = \gamma(x)$ die inverse Funktion von $x = g(t)$ bezeichnet, dann ist $N(x) = [\gamma(x)]$. Die Funktion $\gamma(x)$ besitzt entsprechend den Bedingungen 1.—4. folgende Eigenschaften, wenn $x \geqq g(1)$ ist: $\gamma(x)$ ist stetig differentiierbar, $\gamma(x)$ wächst monoton mit x ins Unendliche, $\gamma'(x)$ wächst monoton mit x ins Unendliche, $\frac{\gamma'(x)}{\gamma(x)} \to 0$.

Hieraus schließt man, da $\frac{x}{\gamma(x)} < 2 \frac{x - \frac{x}{2}}{\gamma(x) - \gamma\left(\frac{x}{2}\right)} = \frac{2}{\gamma'(x_1)}$, $\frac{x}{2} < x_1 < x$, daß $\frac{x}{\gamma(x)} \to 0$; ferner $\frac{\gamma(x+\varepsilon)}{\gamma(x)} \to 1$, wenn ε fest ist oder bei wachsendem x beschränkt bleibt.

Es sei $0 < \alpha < 1$. Es genügt, zu beweisen [**162**], daß

$$\frac{\sum_{k=1}^{m-1} (N(k+\alpha) - N(k)) + N(m+\lambda_n) - N(m)}{N(m+x_n)}, \quad m = [g(n)], \; \lambda_n = \operatorname{Min}(x_n, \alpha)$$

für $n \to \infty$ gegen α konvergiert. Ersetzt man hier $N(x)$ durch $\gamma(x)$, so folgt nach dem über $\gamma(x)$ Gesagten, daß diese Behauptung mit

$$\lim_{m\to\infty} \frac{1}{\gamma(m)} \sum_{k=1}^{m} (\gamma(k+\alpha) - \gamma(k)) = \alpha$$

gleichwertig ist. Nach **19** ist dieser Quotient, $g(1) = x_0$ gesetzt,

$$= \frac{\gamma(m+\alpha) - \gamma(m)}{2\gamma(m)} + \frac{1}{\gamma(m)} \int_{x_0}^{m} (\gamma(x+\alpha) - \gamma(x))\, dx + O\left(\frac{\gamma'(m)}{\gamma(m)}\right)$$

$$= \frac{\alpha}{\gamma(m)} \int_{x_0}^{m} \gamma'(\xi)\, dx + o(1),$$

$x < \xi = \xi(x) < x + \alpha$. Da $\gamma'(x)$ monoton ist, hat man

$$\gamma(m) - \gamma(x_0) = \int_{x_0}^{m} \gamma'(x)\, dx < \int_{x_0}^{m} \gamma'(\xi)\, dx < \int_{x_0}^{m} \gamma'(x+\alpha)\, dx$$
$$= \gamma(m+\alpha) - \gamma(x_0+\alpha).$$

175. Spezialfall von **174**: $g(t) = a t^{\sigma}$.

176. Spezialfall von **174**: $g(t) = a(\log t)^{\sigma}$.

177. Es sei $0 < \varrho \leqq 1$. Setzt man

$$s_n = |\sin 1^\sigma \xi| + |\sin 2^\sigma \xi| + \cdots + |\sin n^\sigma \xi|,$$

dann folgt aus **174** für

$$g(t) = \frac{\xi}{2\pi} t^\sigma, \qquad f(x) = |\sin 2\pi x|,$$

daß

$$\lim_{n\to\infty} \frac{s_n}{n} = \int_0^1 |\sin 2\pi x|\, dx = \frac{2}{\pi}$$

ist. Es ist also ($s_0 = 0$)

$$\sum_{\nu=1}^{n} \frac{s_\nu - s_{\nu-1}}{\nu^\varrho} = \sum_{\nu=1}^{n-1} s_\nu \left(\frac{1}{\nu^\varrho} - \frac{1}{(\nu+1)^\varrho}\right) + \frac{s_n}{n^\varrho} \to +\infty.$$

178. [*J. Franel*, Zürich. Naturf. Ges. Bd. 62, S. 295, 1917.] Es sei im Dezimalsystem geschrieben

$$\sqrt{n} = c^{(n)},\ c_1^{(n)} c_2^{(n)} c_3^{(n)} \ldots$$

(der Fall, wo alle $c_j^{(n)}$ von einem gewissen j an $= 9$ sind, sei ausgeschlossen) und man setze in **175**: $\sigma = \frac{1}{2}$, $a = 10^{j-1}$; es ist dann

$$x_n = 10^{j-1}\sqrt{n} - [10^{j-1}\sqrt{n}] = 0,\ c_j^{(n)} c_{j+1}^{(n)} c_{j+2}^{(n)} \ldots,$$

d. h. $c_j^{(n)} = [10 x_n]$. Dann und nur dann ist also $c_j^{(n)} = g$, wenn $\frac{g}{10} \leqq x_n < \frac{g+1}{10}$ ist. D. h.

$$\lim_{n\to\infty} \frac{\nu_g(n)}{n} = \int_{\frac{g}{10}}^{\frac{g+1}{10}} dx = \frac{1}{10}.$$

179. Mit den Bezeichnungen von Lösung **174** ist zu beweisen:

$$\lim \frac{\sum\limits_{k=1}^{m-1} (N(k+\alpha) - N(k)) + N(m+\lambda_n) - N(m)}{N(m+x_n)} = \int_0^\alpha K(x,\xi)\, dx,$$

wenn $n \to \infty$, $m \to \infty$, $x_n \to \xi$. Hierbei ist $N(x) = [q^x]$. Ersetzt man im fraglichen Ausdruck $N(x)$ durch q^x, was wegen $m q^{-m} \to 0$ berechtigt ist, so erhält man

$$\frac{\sum\limits_{k=1}^{m-1} q^k (q^\alpha - 1) + q^m (q^{\lambda_n} - 1)}{q^{m+x_n}} \to \frac{q^\alpha - 1}{q-1} q^{-\xi} + (q^\lambda - 1) q^{-\xi}, \quad \lambda = \operatorname{Min}(\xi, \alpha).$$

Der letzte Ausdruck ist $= \int_0^\alpha K(x,\xi)\, dx$, wie man durch Integration oder besser durch Differentiation nach α einsieht.

180. Die Funktion

$$\varphi(\xi)=\int_0^1 f(x)K(x,\xi)\,dx=\frac{\log q}{q-1}q^{-\xi}\left(\int_\xi^1 f(x)q^x\,dx+(q-1)\int_0^\xi f(x)q^x\,dx\right)$$

ist stetig im Intervalle $0\leqq\xi\leqq 1$, ferner ist $\varphi(0)=\varphi(1)$. Sie ist dann und nur dann konstant, wenn $f(x)$ an jeder Stetigkeitsstelle denselben Wert annimmt (differentiieren!). Für $a\to\infty$ hat man $q\to 1$, für $a\to 0$ hat man $q\to\infty$. Dementsprechend ist

$$\lim_{q\to 1}\int_0^1 f(x)K(x,\xi)\,dx=\int_0^1 f(x)\,dx.$$

Bei unbegrenzt wachsendem a schrumpft also $J(a;f)$ zu dem einzigen Punkt $\int_0^1 f(x)\,dx$ zusammen; die Verteilung ist für große a nahezu gleichmäßig [**176**]. Wenn $0<\xi<1$ ist, ist ferner

$$\lim_{q\to\infty}\int_0^1 f(x)K(x,\xi)\,dx=f(\xi)$$

an jeder Stelle ξ, wo $f(x)$ stetig ist [**132**]. Wenn $f(x)$ an der Stelle ξ eine Unstetigkeit erster Art aufweist, dann ist der Grenzwert $=f(\xi-0)$. Für $\xi=0$ oder $\xi=1$ ist dieser Grenzwert $=f(1-0)$. Ist also $f(x)$ z. B. von beschränkter Schwankung, so nähert sich $J(a;f)$ für $a\to 0$ dem Intervall, das aus dem gesamten Variabilitätsbereich von $f(x)$ im offenen Intervall $0<x<1$ besteht, an den Unstetigkeitsstellen erster Art die Strecke zwischen den Grenzwerten von links und rechts dazugerechnet; die Verteilung ist für kleine Werte von a nahezu so wie in **182**.

181. [*J. Franel*, a. a. O. **178**, S. 285—295.] Unter Log n den *Briggs*schen Logarithmus von n verstanden, sei im Dezimalsystem geschrieben

$$\operatorname{Log} n=\frac{\log n}{\log 10}=c^{(n)},\,c_1^{(n)}c_2^{(n)}c_3^{(n)}\ldots.$$

Man setze in **179**, **180**: $a=\dfrac{10^{j-1}}{\log 10}$, dann ist

$$x_n=10^{j-1}\operatorname{Log} n-[10^{j-1}\operatorname{Log} n]=0,\,c_j^{(n)}c_{j+1}^{(n)}c_{j+2}^{(n)}\ldots,$$

d. h. $c_j^{(n)}=[10x_n]$. Es handelt sich also um den Wertevorrat der stetigen Funktion

$$\varphi(\xi)=\int_{\frac{g}{10}}^{\frac{g+1}{10}}K(x,\xi)\,dx$$

im Intervalle $0\leqq\xi\leqq 1$, wobei $K(x,\xi)$ wie in **179** definiert ist, $q=e^{\frac{\log 10}{10^{j-1}}}=10^{10^{1-j}}$.

182. Es sei [Lösung **174**]

$$m=[g(n)]\,,\quad x=g(t)\,,\quad t=\gamma(x)\,,\quad N(x)=[\gamma(x)]\,;$$

kraft 1.—4. ist $\gamma(x)$ für $x\geqq g(1)$ stetig differentiierbar, wächst monoton ins Unendliche mit x, ferner $\gamma'(x)\to+\infty$, $\frac{\gamma'(x)}{\gamma(x)}\to+\infty$. Hieraus schließt man $\frac{\gamma(x-\varepsilon)}{\gamma(x)}\to 0$ für $x\to\infty$ und auch $\frac{N(x-\varepsilon)}{N(x)}\to 0$, wenn $\varepsilon>0$ oder bei wachsendem x oberhalb einer festen positiven Zahl bleibt. Es sei $0<\xi<1$, $f(x)$ stetig an der Stelle ξ, $\varepsilon>0$ beliebig, $\delta>0$ so bestimmt, daß $|f(x)-f(\xi)|<\varepsilon$ ist für $|x-\xi|<\delta$. Dann gilt, wenn n so gewählt wird, daß $|x_n-\xi|<\frac{\delta}{2}$ [I **101**],

$$\left|\frac{f(x_1)+f(x_2)+\cdots+f(x_n)}{n}-f(\xi)\right|$$

$$\leqq\frac{|f(x_1)-f(\xi)|+|f(x_2)-f(\xi)|+\cdots+|f(x_n)-f(\xi)|}{n}<2M\frac{N(m+\xi-\delta)}{n}+\varepsilon,$$

vorausgesetzt, daß $|f(x)|<M$ ist. Laut Voraussetzung ist aber

$$\frac{N(m+\xi-\delta)}{n}<\frac{N(m+\xi-\delta)}{N\left(m+\xi-\frac{\delta}{2}\right)}\to 0\quad\text{für}\quad m\to\infty.$$

Es habe jetzt $f(x)$ eine Unstetigkeit erster Art an der Stelle ξ und sei wieder $|x_n-\xi|<\frac{\delta}{2}$. Wenn $\mu(\delta)$ und $M(\delta)$ die untere bzw. obere Grenze von $f(x)$ im Intervall $|x-\xi|<\delta$ bezeichnen, dann ist

$$-2M\frac{N(m+\xi-\delta)}{n}+\mu(\delta)<\frac{f(x_1)+f(x_2)+\cdots+f(x_n)}{n}$$

$$<2M\frac{N(m+\xi-\delta)}{n}+M(\delta);$$

aus diesen Ungleichungen folgt, daß die fraglichen Häufungswerte sicher zwischen $f(\xi-0)$ und $f(\xi+0)$ liegen. Daß die ganze Strecke zwischen $f(\xi-0)$ und $f(\xi+0)$ von den Häufungswerten ausgefüllt wird, zeigt man folgendermaßen: Da $f(x)$ eigentlich integrabel ist, so gibt es in beliebiger Nähe von ξ Stetigkeitsstellen von $f(x)$ [**108**]; es seien ξ' und ξ'' zwei solche, $0<\xi'<\xi<\xi''<1$. Die Indices n', n'' sollen je eine Folge von positiven ganzen Zahlen durchlaufen, für welche $x_{n'}\to\xi'$, $x_{n''}\to\xi''$, $[g(n')]=[g(n'')]$ gilt. Setzt man $f(x_1)+f(x_2)+\cdots+f(x_n)=nF_n$, so ist $F_{n'}\to f(\xi')$, $F_{n''}\to f(\xi'')$. Es ist ferner für jedes n

$$|F_n-F_{n+1}|=\left|\frac{F_n}{n+1}-\frac{f(x_{n+1})}{n+1}\right|<\frac{2M}{n+1}.$$

Die Sequenz $F_{n'}, F_{n'+1}, F_{n'+2}, \ldots, F_{n''}$ ist „langsam auf- oder absteigend" im Sinne von Lösung I **100**.

Für den Fall $\xi = 0$ oder $\xi = 1$ ist der Beweis leicht zu modifizieren.

183. Spezialfall von **182**: $g(t) = a(\log t)^\sigma$.

184. Folgt aus **182**, **183** für $g(t) = 10^{j-1}\sqrt{\operatorname{Log} t} = \frac{10^{j-1}}{\sqrt{\log 10}}\sqrt{\log t}$, $f(x) = 1$ für $[10x] = g$, sonst $f(x) = 0$. Vgl. **178**, **181**.

185. [*H. Weyl*, a. a. O. **162**, S. 319—320.] Es genügt, den Satz für $f(x_1, x_2, \ldots, x_p) = e^{2\pi i(k_1 x_1 + k_2 x_2 + \cdots + k_p x_p)}$ zu beweisen, $k_1, k_2, \ldots, k_p$ ganze, nicht durchweg verschwindende Zahlen [**165**]. Wird

$$k_1 a_1 + k_2 a_2 + \cdots + k_p a_p = a, \quad k_1\theta_1 + k_2\theta_2 + \cdots + k_p\theta_p = \theta$$

gesetzt, dann ergibt sich

$$\frac{1}{t}\int_0^t e^{2\pi i(a+\theta t)}\,dt = e^{2\pi i a}\frac{e^{2\pi i\theta t} - 1}{2\pi i\theta t} \to 0.$$

186. Spezialfall von **185**: $p = 2$, $f(x_1, x_2) = 1$, wenn $\alpha_1 \leqq x_1 \leqq \alpha_2$, $\beta_1 \leqq x_2 \leqq \beta_2$, sonst $f(x_1, x_2) = 0$ im Einheitsquadrat.

187. [Vgl. *D. König* und *A. Szücs*, Palermo Rend. Bd. 36, S. 79—83, 1913.] Man kann annehmen, daß die fragliche Bewegung in dem Quadrate $0 \leqq x \leqq \frac{1}{2}$, $0 \leqq y \leqq \frac{1}{2}$ vor sich geht. Durch Spiegelung an den Geraden $x = \frac{1}{2}$ bzw. $y = \frac{1}{2}$ erhält man außer $\mathfrak{f}$ noch drei Bereiche, die mit $\mathfrak{f}$ einen Teilbereich $\mathfrak{f}^*$ des Einheitsquadrates $0 \leqq x \leqq 1$, $0 \leqq y \leqq 1$ ausmachen. Wird $\mathfrak{f}^*$ achsenparallel um ganze Zahlen verschoben, so entsteht eine unendliche Anzahl von Bereichen, ähnlich wie in **186**. Die ursprüngliche Zickzackbewegung im Quadrat $0 \leqq x \leqq \frac{1}{2}$, $0 \leqq y \leqq \frac{1}{2}$ kann durch eine geradlinige Bewegung ersetzt werden. Spezialfall von **185**: $p = 2$, $f(x_1, x_2) = 1$, wenn x_1, x_2 in $\mathfrak{f}^*$ liegt, sonst $f(x_1, x_2) = 0$ im Einheitsquadrat.

188. [*G. Pólya*, Gött. Nachr. 1918, 28—29.] Man setze in VIII **35**: $\psi(y) = e^{2\pi i k y}$, k positiv ganz; dann ist mit den dortigen Bezeichnungen $g(n) = 0$ für $n > k$. D. h.

$$\left|\sum_{(r,n)=1}\psi\left(\frac{r}{n}\right)\right| = \left|\sum_{t|n;\, t\leqq k}\mu\left(\frac{n}{t}\right)g(t)\right| \leqq |g(1)| + |g(2)| + \cdots + |g(k)|$$

für jeden Wert von n [**165**]. Wegen $\varphi(n) \to \infty$ vgl. VIII **264**.

189. Mit den Bezeichnungen von **188** setze man in I **70**:

$$a_n = f\left(\frac{r_{1n}}{n}\right) + f\left(\frac{r_{2n}}{n}\right) + \cdots + f\left(\frac{r_{\varphi n}}{n}\right),$$

$$b_n = \varphi(n), \qquad n = 1, 2, 3, \ldots.$$

190. Man wende **137** auf $x^{-p}f(x)$ an. Für die speziellen Funktionen $a_0x^p + a_1x^{p+1} + \cdots + a_lx^{p+l}$, $a_0, a_1, \ldots, a_l$ Konstanten, vgl. **40**. Das Resultat verallgemeinert einen bekannten Satz der Wahrscheinlichkeitsrechnung. Vgl. z. B. *A. A. Markoff*, Wahrscheinlichkeitsrechnung, S. 33—34. Leipzig: B. G. Teubner 1912.

191. Wenn $k_n = \frac{(2n)!}{2^n n!^2}$ den höchsten Koeffizienten von $P_n(x)$ bezeichnet [Lösung VI **84**], dann ist

$$\left(1+\frac{x_{1n}}{\lambda}\right)\left(1+\frac{x_{2n}}{\lambda}\right)\cdots\left(1+\frac{x_{nn}}{\lambda}\right) = k_n^{-1}(-\lambda)^{-n}P_n(-\lambda) = k_n^{-1}\lambda^{-n}P_n(\lambda)$$

[**49**, **203**].

192. Es ist [**52**]

$$\log\frac{\lambda+\sqrt{\lambda^2-1}}{2\lambda} = \frac{1}{\pi}\int_0^\pi \log\left(1+\frac{\cos\vartheta}{\lambda}\right)d\vartheta.$$

Man setze in I **179**

$$x = \frac{1}{\lambda}, \quad a_{nk} = \frac{(-1)^{k-1}}{k}\left(\frac{x_{1n}^k + x_{2n}^k + \cdots + x_{nn}^k}{n} - \frac{1}{\pi}\int_0^\pi \cos^k\vartheta\, d\vartheta\right), \quad A = 2.$$

193. [Vgl. *G. Szegö*, Math. és term. tud. ért. Bd. 36, S. 531, 1918.] Aus **192** analog wie in **164**.

194. Spezialfall von **193**: $f(x) = 1$, wenn $\alpha \leqq x \leqq \beta$ ist, sonst $f(x) = 0$ im Intervalle $-1 \leqq x \leqq 1$.

195. Man kann $a_1 > a_2 > \cdots > a_l$ annehmen; dann ist

$$p_1 a_1^n + p_2 a_2^n + p_3 a_3^n + \cdots + p_l a_l^n$$
$$= p_1 a_1^n\left[1 + \frac{p_2}{p_1}\left(\frac{a_2}{a_1}\right)^n + \frac{p_3}{p_1}\left(\frac{a_3}{a_1}\right)^n + \cdots + \frac{p_l}{p_1}\left(\frac{a_l}{a_1}\right)^n\right].$$

Der Klammerausdruck konvergiert gegen 1. — Anderer Beweis aus **196** und I **68**. Vgl. **82**.

196. [Lösung **195**.]

197. Es sei $f(x) = c(x-a_1)(x-a_2)\ldots(x-a_l)$, $c \neq 0$. Wegen

$$\frac{f'(x)}{f(x)} = \frac{1}{x-a_1} + \frac{1}{x-a_2} + \cdots + \frac{1}{x-a_l}$$

ist

$$c_n = a_1^{-n-1} + a_2^{-n-1} + \cdots + a_l^{-n-1}, \qquad n = 0, 1, 2, \ldots.$$

Man wende **195**, **196** an. (III **242**.)

198. $f(x)$ sei für $x = \xi$ Maximum, $a \leqq \xi \leqq b$, $\varepsilon > 0$, δ positiv und so klein, daß

$$f(\xi) - \varepsilon < f(x) \leqq f(\xi),$$

wenn nur $|x - \xi| < \delta$, $a \leqq x \leqq b$ ist. Es ist

$$[f(\xi) - \varepsilon]^n \int_{\xi-\delta}^{\xi+\delta} \varphi(x)\,dx \leqq \int_a^b \varphi(x)[f(x)]^n\,dx \leqq [f(\xi)]^n \int_a^b \varphi(x)\,dx$$

(für $\xi - \delta < a$ ersetze man die untere Integrationsgrenze $\xi - \delta$ durch a, für $\xi + \delta > b$ die obere Integrationsgrenze $\xi + \delta$ durch b). Man ziehe die n^{te} Wurzel, lasse n über alle Grenzen wachsen und nachher ε gegen 0 konvergieren. — Vgl. **83**.

199. Erster Beweis [*P. Csillag*]. Es sei $0 < \varepsilon < M = \operatorname{Max} f(x)$. Dann ist

$$\int_a^b \varphi(x)\,[f(x)]^{n+1}\,dx \geqq \int_{f(x) \geqq M-\varepsilon} \varphi(x)\,[f(x)]^{n+1}\,dx \geqq (M - \varepsilon) \int_{f(x) \geqq M-\varepsilon} \varphi(x)\,[f(x)]^n\,dx\,,$$

$$\int_{f(x) \geqq M-\varepsilon} \varphi(x)\,[f(x)]^n\,dx \geqq \int_{f(x) \geqq M-\frac{\varepsilon}{2}} \varphi(x)\,[f(x)]^n\,dx \geqq C\left(M - \frac{\varepsilon}{2}\right)^n,$$

wobei die positive Konstante C von n unabhängig ist. Folglich hat man

$$M \geqq \frac{\int_a^b \varphi(x)\,[f(x)]^{n+1}\,dx}{\int_a^b \varphi(x)\,[f(x)]^n\,dx} \geqq (M - \varepsilon)\,\frac{\int_{f(x) \geqq M-\varepsilon} \varphi(x)\,[f(x)]^n\,dx}{\int_{f(x) \geqq M-\varepsilon} \varphi(x)\,[f(x)]^n\,dx + \int_{f(x) < M-\varepsilon} \varphi(x)\,[f(x)]^n\,dx}$$

Der letzte Quotient konvergiert für $n \to \infty$ gegen 1, weil

$$\frac{\int_{f(x) < M-\varepsilon} \varphi(x)\,[f(x)]^n\,dx}{\int_{f(x) \geqq M-\varepsilon} \varphi(x)\,[f(x)]^n\,dx} \leqq \frac{(M - \varepsilon)^n \int_a^b \varphi(x)\,dx}{C\left(M - \frac{\varepsilon}{2}\right)^n}.$$

Der Beweis stützt sich eigentlich auf den *Lebesgue*schen Integralbegriff.

Zweiter Beweis. Setzt man

$$I_n = \int_a^b \varphi(x)[f(x)]^n\,dx = \int_a^b \sqrt{\varphi(x)}\,[f(x)]^{\frac{n-1}{2}} \cdot \sqrt{\varphi(x)}\,[f(x)]^{\frac{n+1}{2}}\,dx\,,$$

dann gilt [**81**]

$$I_n^2 \leqq I_{n-1} I_{n+1}\,, \qquad n = 1, 2, 3, \ldots.$$

Die Folge $\frac{I_{n+1}}{I_n}$ ist somit monoton wachsend, ihr Grenzwert ergibt sich aus **198** und I **68**.

200. Einführung einer neuen Variablen $\sqrt{kn}(x-\xi)=t$ liefert

$$\frac{1}{\sqrt{kn}}\int\limits_{-\sqrt{kn}(\xi-a)}^{\sqrt{kn}(b-\xi)} e^{-t^2}\,dt\,.$$

Dieses Integral konvergiert für $n\to\infty$ gegen $\int\limits_{-\infty}^{\infty} e^{-t^2}dt=\sqrt{\pi}\,.$

201. [*Laplace,* Théorie analytique des probabilités, Bd. 1, Teil 2, Kap. 1; Oeuvres, Bd. 7, S. 89. Paris: Gauthier-Villars 1886. *G. Darboux,* Journ. de Math. Serie 3, Bd. 4, S. 5—56, 377—416, 1878. *T. J. Stieltjes, Ch. Hermite,* Correspondance d'*Hermite* et de *Stieltjes,* Bd. 2, S. 185, 315—317, 333. Paris: Gauthier-Villars 1905. *H. Lebesgue,* Toulouse Ann. Serie 3, Bd. 1, S. 119—128, 1909. *H. Burkhardt,* Münch. Ber. 1914, S. 1—11. *O. Perron,* Münch. Ber. 1917, S. 191—219.] Es sei $\varepsilon>0$, δ positiv und so klein, daß $a<\xi-\delta<\xi+\delta<b$ und

$$\varphi(\xi)-\varepsilon<\varphi(x)<\varphi(\xi)+\varepsilon\,,\qquad h''(\xi)-\varepsilon<h''(x)<h''(\xi)+\varepsilon<0\,,$$

wenn nur $\xi-\delta<x<\xi+\delta$. Dann ist

$$\int\limits_a^b\varphi(x)\,e^{n[h(x)-h(\xi)]}\,dx=\int\limits_{\xi-\delta}^{\xi+\delta}\varphi(x)\,e^{n[h(x)-h(\xi)]}\,dx+O(\alpha^n)$$

$$=\varphi(\xi')\int\limits_{\xi-\delta}^{\xi+\delta}e^{\frac{n}{2}(x-\xi)^2h''(\xi'')}\,dx+O(\alpha^n)\,;$$

$0<\alpha<1$, α hängt von ε, jedoch nicht von n ab, $\xi-\delta<\xi'<\xi+\delta$, $\xi-\delta<\xi''<\xi+\delta$. Das erste Glied rechter Hand liegt zwischen den beiden Schranken

$$[\varphi(\xi)-\varepsilon]\int\limits_{\xi-\delta}^{\xi+\delta}e^{\frac{n}{2}(x-\xi)^2[h''(\xi)-\varepsilon]}\,dx\,,\qquad[\varphi(\xi)+\varepsilon]\int\limits_{\xi-\delta}^{\xi+\delta}e^{\frac{n}{2}(x-\xi)^2[h''(\xi)+\varepsilon]}\,dx\,,$$

die nach **200** asymptotisch gleich

$$[\varphi(\xi)-\varepsilon]\sqrt{-\frac{2\pi}{[h''(\xi)-\varepsilon]n}}\qquad\text{bzw.}\qquad[\varphi(\xi)+\varepsilon]\sqrt{-\frac{2\pi}{[h''(\xi)+\varepsilon]n}}$$

sind. — Der Satz gilt auch für kontinuierlich ins Unendliche wachsendes n.

202. [*Wallis*sche Formel.]

$$\frac{1\cdot3\ldots(2n-1)}{2\cdot4\ldots2n}=\frac{1}{\pi}\int\limits_0^{\pi}\sin^{2n}x\,dx\,.$$

Spezialfall von **201**:

$$a=0,\ \ b=\pi,\ \ \varphi(x)=\frac{1}{\pi},\ \ f(x)=\sin^2x,\ \ \xi=\frac{\pi}{2}.\quad\text{(Folgt auch aus **205**.)}$$

203. $$P_n(\lambda) = \frac{1}{2\pi}\int_{-\pi}^{\pi}(\lambda + \sqrt{\lambda^2 - 1}\cos x)^n dx .$$

Spezialfall von **201**:

$$a = -\pi, \quad b = \pi, \quad \varphi(x) = \frac{1}{2\pi}, \quad f(x) = \lambda + \sqrt{\lambda^2 - 1}\cos x, \quad \xi = 0 .$$

204. $$i^{\;\nu} J_\nu(it) = \frac{1}{2\pi}\int_0^{2\pi} e^{-t\cos x}\cos\nu x\, dx .$$

Spezialfall von **201**:

$$a = 0, \quad b = 2\pi, \quad \varphi(x) = \frac{1}{2\pi}\cos\nu x, \quad f(x) = e^{-\cos x}, \quad \xi = \pi, \quad n = t .$$

205. [*Stirling*sche Formel.]

$$\Gamma(n+1) = n^{n+1}\int_0^\infty (e^{-x}x)^n dx .$$

Spezialfall von **201**:

$$a = 0, \; b = \infty, \; \varphi(x) = 1, \; f(x) = e^{-x}x, \; \xi = 1 .$$

Die schärfere Formel folgt aus Lösung **18** oder I **167**.

206. Nach **205** ist

$$\binom{nk+l}{n} = \frac{\Gamma(nk+l+1)}{\Gamma(n+1)\Gamma(nk-n+l+1)} \sim \left(\frac{nk}{nk-n}\right)^l \frac{\Gamma(nk+1)}{\Gamma(n+1)\Gamma(nk-n+1)}$$

$$\sim \left(\frac{k}{k-1}\right)^l \left(\frac{nk}{e}\right)^{nk} \left(\frac{e}{n}\right)^n \left(\frac{e}{nk-n}\right)^{nk-n} \sqrt{\frac{2\pi nk}{2\pi n \cdot 2\pi(nk-n)}} .$$

207. Ersetzt man x durch tx, so lautet das fragliche Integral

$$t^\alpha \int_{t^{-1}}^{\infty} x^{\alpha-1}\left(\frac{e}{x}\right)^{tx} dx .$$

Es sei t so groß, daß $t^{-1} < \frac{1}{2}$. Das Integral

$$t^\alpha \int_{t^{-1}}^{\frac{1}{2}} x^{\alpha-1}\left(\frac{e}{x}\right)^{tx} dx$$

kann weggelassen werden, weil die Funktion $f(x) = \left(\frac{e}{x}\right)^x$ im Intervalle $0 \leqq x \leqq \frac{1}{2}$ wächst, also dort $f(x) \leqq \sqrt{2e} < e$ ist. Auf das Integral

$$\int_{\frac{1}{2}}^{\infty} x^{\alpha-1}\left(\frac{e}{x}\right)^{tx} dx$$

wende man **201** an:

$$a = \frac{1}{2}, \quad b = \infty, \quad \varphi(x) = x^{\alpha-1}, \quad f(x) = \left(\frac{e}{x}\right)^x, \quad \xi = 1, \quad n = t .$$

208. Ersetzt man x durch $\tau^{-\frac{1}{1-\alpha}}(1+x)$, dann ergibt sich

$$\tau^{-\frac{1}{1-\alpha}}\exp\left(\frac{1-\alpha}{\alpha}\,\tau^{-\frac{\alpha}{1-\alpha}}\right)\int\limits_{-1}^{\infty}\exp\left(\tau^{-\frac{\alpha}{1-\alpha}}\,\frac{(1+x)^{\alpha}-1-\alpha x}{\alpha}\right)dx\,.$$

Spezialfall von **201**:

$$a=-1,\quad b=\infty,\quad \varphi(x)=1,\quad h(x)=\frac{(1+x)^{\alpha}-1-\alpha x}{\alpha},$$

$$\xi=0,\qquad n=\tau^{-\frac{\alpha}{1-\alpha}}.$$

209. Ersetzt man x durch $e^{-1}t^{\frac{1}{\alpha}}(1+x)$, dann ergibt sich

$$e^{-1}t^{\frac{1}{\alpha}}\exp\left(e^{-1}\alpha\, t^{\frac{1}{\alpha}}\right)\int\limits_{-1}^{\infty}\exp\left\{e^{-1}\alpha\, t^{\frac{1}{\alpha}}\left[x-(1+x)\log(1+x)\right]\right\}dx\,.$$

Spezialfall von **201**:

$$a=-1,\quad b=\infty,\quad \varphi(x)=1,\quad h(x)=x-(1+x)\log(1+x),$$

$$\xi=0,\qquad n=e^{-1}\alpha\, t^{\frac{1}{\alpha}}.$$

210. Wir setzen $\eta=n^{-\frac{1}{2}+\varepsilon}$, $0<\varepsilon<\frac{1}{6}$. Der fragliche Ausdruck ist [**205**]

$$=\sqrt{\frac{n}{2\pi}}\left[1+O\left(\frac{1}{n}\right)\right]\int\limits_{-1}^{\alpha n^{-\frac{1}{2}}+\beta n^{-1}}[e^{-x}(1+x)]^{n}\,dx$$

$$=\sqrt{\frac{n}{2\pi}}\left[1+O\left(\frac{1}{n}\right)\right]\int\limits_{-\eta}^{\alpha n^{-\frac{1}{2}}+\beta n^{-1}}[e^{-x}(1+x)]^{n}\,dx+O\left(\sqrt{n}\,e^{-\frac{1}{2}n^{2\varepsilon}}\right);$$

die Funktion $e^{-x}(1+x)$ wächst nämlich für $x<0$, so daß in dem vernachlässigten Teil der Integrand kleiner ist als $[e^{\eta}(1-\eta)]^{n}$. In dem restierenden Integrationsintervall entwickelt, ist

$$e^{-x}(1+x)=e^{-\frac{x^{2}}{2}+\frac{x^{3}}{3}-\frac{x^{4}}{4}(1+\theta x)^{-4}},\quad 0<\theta=\theta(x)<1.$$

Der Faktor $e^{-n\frac{x^{4}}{4}(1+\theta x)^{-4}}$ ist $=1+O(n^{-1+4\varepsilon})$. Wir erhalten somit

$$\sqrt{\frac{n}{2\pi}}\left[1+O(n^{-1+4\varepsilon})\right]\int\limits_{-\eta}^{\alpha n^{-\frac{1}{2}}+\beta n^{-1}}e^{-n\left(\frac{x^{2}}{2}-\frac{x^{3}}{3}\right)}dx+O\left(\sqrt{n}\,e^{-\frac{1}{2}n^{2\varepsilon}}\right).$$

Der Faktor $e^{n\frac{x^{3}}{3}}$ ist $=1+n\frac{x^{3}}{3}+O(n^{-1+6\varepsilon})$. Da $\int\limits_{-\eta}^{\alpha n^{-\frac{1}{2}}+\beta n^{-1}}e^{-n\frac{x^{2}}{2}}dx$ von der

Größenordnung $n^{-\frac{1}{2}}$ ist, so liefert das O-Glied von $e^{n\frac{x^3}{3}}$ einen Beitrag $O(n^{-1+6\varepsilon})$. Es ergibt sich somit

$$\sqrt{\frac{n}{2\pi}}[1+O(n^{-1+4\varepsilon})]\int\limits_{-\eta}^{\alpha n^{-\frac{1}{2}}+\beta n^{-1}} e^{-n\frac{x^2}{2}}\left(1+n\frac{x^3}{3}\right)dx+O(n^{-1+6\varepsilon})$$

$$=\frac{1}{\sqrt{2\pi}}\int\limits_{-n^{\varepsilon}}^{\alpha+\beta n^{-\frac{1}{2}}} e^{-\frac{x^2}{2}}\left(1+\frac{x^3}{3\sqrt{n}}\right)dx+O(n^{-1+6\varepsilon})=\frac{1}{\sqrt{2\pi}}\int\limits_{-\infty}^{\alpha+\beta n^{-\frac{1}{2}}} e^{-\frac{x^2}{2}}\left(1+\frac{x^3}{3\sqrt{n}}\right)dx+$$
$$+O(n^{-1+6\varepsilon})$$

$$=\frac{1}{\sqrt{2\pi}}\int\limits_{-\infty}^{\alpha} e^{-\frac{x^2}{2}}dx+\frac{1}{\sqrt{2\pi}}\int\limits_{\alpha}^{\alpha+\beta n^{-\frac{1}{2}}} e^{-\frac{x^2}{2}}dx+\frac{1}{\sqrt{2\pi n}}\int\limits_{-\infty}^{\alpha+\beta n^{-\frac{1}{2}}} e^{-\frac{x^2}{2}}\frac{x^3}{3}dx+O(n^{-1+6\varepsilon}).$$

211. [Vgl. *A. de Moivre*, The doctrine of chances, 2. Auflage, S. 41—42. London 1738.] Man hat

$$K_n(x)=\frac{1}{n!}\int\limits_0^x e^{-x}x^n dx=1-e^{-x}\left(1+\frac{x}{1!}+\frac{x^2}{2!}+\cdots+\frac{x^n}{n!}\right),$$

so daß x_n die einzige positive Wurzel der transzendenten Gleichung $K_n(x)=1-\lambda$ ist. Nach **210** ist für beliebige von n freie α und β

$$K_n(n+\alpha\sqrt{n}+\beta)=A+\frac{B}{\sqrt{n}}+o\left(\frac{1}{\sqrt{n}}\right),$$

wo A und B die dortige Bedeutung haben. Man bestimme α und β derart, daß $A=1-\lambda$, $B=0$ ist. Dann muß $x_n-(n+\alpha\sqrt{n}+\beta)$ gegen Null konvergieren. Wäre nämlich für unendlich viele n etwa $x_n-(n+\alpha\sqrt{n}+\beta)>c>0$, so könnte man

$$1-\lambda=K_n(x_n)>K_n(n+\alpha\sqrt{n}+\beta+c)=A+\frac{B'}{\sqrt{n}}+o\left(\frac{1}{\sqrt{n}}\right)$$

schließen, wo B' analog von α und $\beta+c$ abhängt, wie B von α und β. Es ist namentlich $B'=B+\frac{1}{\sqrt{2\pi}}ce^{-\frac{\alpha^2}{2}}=\frac{1}{\sqrt{2\pi}}ce^{-\frac{\alpha^2}{2}}>0$. Wegen $A=1-\lambda$ ist die letzte Ungleichung unmöglich. Ähnlich zeigt man, daß $x_n-(n+\alpha\sqrt{n}+\beta)<-c<0$ für unendlich viele n nicht bestehen kann.

212. Durch eine ähnliche Rechnung wie in **201**; man beachte anstatt **200** die Formel

$$\int\limits_a^{\xi+\frac{\alpha}{\sqrt{n}}} e^{-kn(x-\xi)^2}dx\sim\frac{1}{\sqrt{2kn}}\int\limits_{-\infty}^{\alpha\sqrt{2k}} e^{-\frac{t^2}{2}}dt,$$

a reell, $k>0$, a, k fest. — **210** ergibt sich nicht völlig hieraus.

213. Durch eine ähnliche Rechnung wie in **201**, ergibt sich, daß das fragliche Integral

$$\sim\int\limits_{\xi-\delta}^{\xi+\varepsilon_n}\varphi(x)\,e^{nh(x)}\,dx=\varphi(\xi')\,e^{nh(\xi)}\int\limits_{\xi-\delta}^{\xi+\varepsilon_n}e^{n[h(x)-h(\xi)]}\,dx\,.$$

Hierbei ist $\varepsilon_n=\alpha n^{-1}\log n+\beta n^{-1}$, δ positive Konstante, δ so klein und n so groß gewählt, daß im Integrationsintervalle $\varphi(x)$ stetig, $h(x)$ zweimal stetig differentiierbar und $h'(x)>0$ wird; es ist $\xi-\delta<\xi'<\xi+\varepsilon_n$. Es sei $\eta_n=n^{-\frac{3}{5}}$ gesetzt und n weiterhin so groß gewählt, daß $\varepsilon_n<\eta_n<\delta$. Im Intervall $\xi-\delta$, $\xi-\eta_n$ ist dann der Integrand von der Größenordnung $e^{-n\eta_n h'}=e^{-n^{\frac{2}{5}}h'}$, wo h' eine positive untere Schranke für $h'(x)$ bezeichnet. In dem restierenden Teil entwickle man bis zu den Gliedern zweiter Ordnung

$$\int\limits_{\xi-\eta_n}^{\xi+\varepsilon_n}e^{nh'(\xi)(x-\xi)+\frac{n}{2}(x-\xi)^2h''(\xi'')}\,dx\,,\qquad \xi-\eta_n<\xi''<\xi+\varepsilon_n\,.$$

Hier ist $h''(\xi'')$ beschränkt und $n(x-\xi)^2\leqq n\eta_n^2=n^{-\frac{1}{5}}$. Man hat ferner

$$\int\limits_{\xi-\eta_n}^{\xi+\varepsilon_n}e^{nh'(\xi)(x-\xi)}\,dx=\frac{e^{n\varepsilon_n h'(\xi)}-e^{-n\eta_n h'(\xi)}}{nh'(\xi)}\sim\frac{e^{(\alpha\log n+\beta)h'(\xi)}}{nh'(\xi)}\,.$$

214. Variablenvertauschung ergibt:

$$\frac{e^{-n}n^{n+1}}{n!}\int\limits_0^{\xi+\frac{\alpha\log n}{n}+\frac{\beta}{n}}(e^{1+x}x)^n\,dx \qquad [\mathbf{205},\ \mathbf{213}].$$

215. Nach Lösung **211** ist

$$\frac{1}{n!}\int\limits_0^{-x_n}e^{-x}x^n\,dx=\frac{1}{n!}\int\limits_0^{x_n}e^{x}x^n\,dx=1\,.$$

Man bestimme die Konstanten α und β in **214** derart, daß $A=0$, $B=1$ wird. Dann muß $x_n-(\xi n+\alpha\log n+\beta)$ gegen Null konvergieren [Lösung **211**].

216. Es sei $\dfrac{g(x)}{x}<G=$ konst. für $x>1$; das Integral

$$a_n=\frac{e^{-n}n^{n+1}}{n!}\int\limits_0^{\infty}\left(e^{1-x+x\frac{g(nx)}{nx}}x\right)^n dx$$

zerspalten wir in vier Teile, entsprechend den vier Intervallen $(0,\varepsilon)$, $(\varepsilon,1-\varepsilon)$, $(1-\varepsilon,1+\varepsilon)$, $(1+\varepsilon,+\infty)$. Hierbei sei ε von n frei, $0<\varepsilon<\frac{1}{2}$, $\varepsilon<\gamma$ und so klein, daß im ersten Intervall $x\,e^{1-x+G\varepsilon}<1$ ist. Im zweiten und vierten Intervall ist $x\,e^{1-x}<1$; man wähle $\delta=\delta(\varepsilon)$ so klein, daß daselbst sogar $x e^{1-x+\delta x} < 1$ gilt, ferner n so groß, $n > N = N(\varepsilon)$, daß ebenda $\frac{g(nx)}{nx} < \delta$ und $n\varepsilon > 1$ ist. Der Integrand ist dann mit Ausnahme des dritten Intervalls $O(\theta^n)$, $0 < \theta < 1$, θ von x und n frei, $\theta = \theta(\varepsilon)$. Aus dem Mittelwertsatz der Integralrechnung folgt [man beachte noch **205**]

$$a_n = e^{g(n\xi)} \frac{e^{-n} n^{n+1}}{n!} \int_{1-\varepsilon}^{1+\varepsilon} (e^{1-x} x)^n dx + O(\sqrt{n}\,\theta^n), \quad 1-\varepsilon < \xi < 1+\varepsilon.$$

Es ist somit

$$\frac{\log a_n}{g(n)} = \frac{g(n\xi)}{g(n)} + o(1).$$

Nun existiert $\lim\limits_{n\to\infty} \frac{g(\alpha n)}{g(n)}$ gleichmäßig für $1-\varepsilon \leqq \alpha \leqq 1+\varepsilon$ und der Grenzwert unterscheidet sich beliebig wenig von 1, wenn ε genügend klein ist.

217. Das fragliche Integral läßt sich folgendermaßen schreiben:

$$\frac{n!\,2^{2n}}{(2n-1)(2n-2)(2n-3)\ldots n} \frac{1}{\sqrt{n}} \int_{-\pi\sqrt{n}}^{\pi\sqrt{n}} 2^{2n\left(\cos\frac{x}{\sqrt{n}}-1\right)} \prod_{\nu=1}^{n} \left| \frac{2n-\nu}{2n e^{\frac{ix}{\sqrt{n}}} - \nu} \right| dx.$$

Man wende **115** an. Der Grenzwert des Integranden ist e^{-x^2} [**59**], und zwar gleichmäßig in jedem endlichen Intervall, wie eine Ergänzung des Beweises von **59** bestätigt. Für ein passendes $F(x)$ im Sinne von **115** vgl. *G. Pólya*, Gött. Nachr. S. 6—7, 1920. — Bezüglich der verallgemeinerten *Laplace*schen Formel vgl. auch *R. v. Mises*, Math. Zeitschr. Bd. 4, S. 9, 1919.

218. [Vgl. *G. Pólya*, Aufgabe; Arch. d. Math. u. Phys. Serie 3, Bd. 24, S. 282, 1916.] Es sei x_n, $x_n > n$, die Stelle, an welcher M_n erreicht wird.

$$\frac{M_n}{n!} = \frac{\sqrt{x_n}(x_n-1)(x_n-2)\ldots(x_n-n)}{n!} a^{-x_n} = \frac{x_n - n}{\sqrt{x_n}} \binom{x_n}{n} a^{-x_n},$$

$$\frac{1}{2x_n} + \frac{1}{x_n-1} + \frac{1}{x_n-2} + \cdots + \frac{1}{x_n-n} = \log a.$$

Hieraus schließt man wegen **16**, daß, $b = (1-a^{-1})^{-1}$ gesetzt, $x_n = (n+\frac{1}{2})b + \varepsilon_n$ ist, $\lim\limits_{n\to\infty} \varepsilon_n = 0$. Es ist $b > 1$. Wenn also ε eine positive Zahl und n genügend groß ist, gilt

$$\binom{(n+\frac{1}{2})b - \varepsilon}{n} < \binom{x_n}{n} < \binom{(n+\frac{1}{2})b + \varepsilon}{n}.$$

Diese beiden Schranken sind nach **206** asymptotisch gleich

$$\frac{(b-1)^n}{\sqrt{2\pi n}} \left(\frac{b}{b-1}\right)^{(n+\frac{1}{2})b+\frac{1}{2}-\varepsilon} \quad \text{bzw.} \quad \frac{(b-1)^n}{\sqrt{2\pi n}} \left(\frac{b}{b-1}\right)^{(n+\frac{1}{2})b+\frac{1}{2}+\varepsilon}.$$

219. Wie in **218**, unter Benutzung von **17**.

220. $f(n, x) = |Q_n(x)| a^{-x}$ gesetzt, ist für $m - 1 \leqq x < m$, m positiv ganz,

$$f(m-1, x) \geqq f(m, x) \geqq f(m+1, x) \geqq \cdots$$

[III **12**], so daß die obere Grenze von $f(n, x)$ bei festem $x > 0$ und variablem n für $n < x$ erreicht wird. Vgl. **218**.

221. [**219**, **220**.]

222. Die Stelle x_n, an welcher M_n erreicht wird, bestimmt sich aus $n = x_n + a\mu x_n^\mu$. Es ist $n > x_n$, $\lim_{n\to\infty} \frac{x_n}{n} = 1$, $\lim_{n\to\infty} \frac{n - x_n}{n^\mu} = a\mu$. Daraus folgt $x_n = n - a\mu n^\mu + o(n^\mu)$, $\log x_n = \log n - a\mu n^{\mu-1} + o(n^{\mu-1})$, also

$$\log \frac{M_n}{n!} = n \log x_n - x_n - a x_n^\mu - n \log \frac{n}{e} + o(n^\mu) = -a n^\mu + o(n^\mu).$$

Dritter Abschnitt.

Funktionen einer komplexen Veränderlichen.

Allgemeiner Teil.

1. $z + \bar{z} = 2x, \quad z - \bar{z} = 2iy, \quad z\bar{z} = r^2.$

2. Die offene rechte Halbebene; die abgeschlossene rechte Halbebene; der offene Parallelstreifen, welcher von den Parallelen im Abstand a bzw. b zur reellen Achse begrenzt wird; der abgeschlossene Winkelraum zwischen den beiden Halbstrahlen, die mit der positiven reellen Achse die Winkel α bzw. β einschließen; die imaginäre Achse; die Kreislinie um z_0 vom Radius R; die offene bzw. abgeschlossene Kreisscheibe um z_0 vom Radius R; der abgeschlossene Kreisring zwischen den beiden Kreisen vom Radius R bzw. R' um den Nullpunkt; der Kreis um $\frac{R}{2}$ vom Radius $\frac{R}{2}$.

3. Eine Ellipse bzw. eine Ellipsenscheibe mit den Brennpunkten a und b und der großen Achse k für $|a - b| \leqq k$. (Für $|a - b| = k$ entartet die Ellipse in eine Strecke.) Ist $k < |a - b|$, so genügt kein Punkt z der Bedingung.

4. Sind z_1 und z_2 die beiden Wurzeln der Gleichung $z^2 + az + b = 0$, so handelt es sich um das Innere der Kurve $|z - z_1|\,|z - z_2| = R^2$ mit den „Brennpunkten" z_1 und z_2. Sie ist der geometrische Ort sämtlicher Punkte, deren Abstände von z_1 und z_2 das konstante Produkt R^2 ergeben, und besteht aus zwei getrennten Stücken für $R \leqq \frac{|z_1 - z_2|}{2}$, hingegen aus einem Stück für $R > \frac{|z_1 - z_2|}{2}$. Wenn $R = \frac{|z_1 - z_2|}{2}$ ist, so heißt die Kurve Lemniskate.

5. Die fragliche Bedingung ist äquivalent mit

$$|z - a|^2 \lesseqgtr |1 - \bar{a}z|^2, \text{ oder mit } (1 - |a|^2)(|z|^2 - 1) \lesseqgtr 0.$$

Die Punkte der ersten Kategorie liegen im Innern $|z| < 1$ des Einheitskreises, die der zweiten auf dem Einheitskreise $|z| = 1$, die der dritten im Äußeren $|z| > 1$ des Einheitskreises. (Der Wert des in Rede stehenden Ausdruckes ist für $z=\infty$ gleich $-\frac{1}{\overline{a}}$; $z=\infty$ gehört in die dritte Kategorie.)

6. Die fragliche Bedingung ist äquivalent mit

$$|a-z|^2 \lesseqgtr |\overline{a}+z|^2, \qquad \text{oder mit} \qquad -\Re(a+\overline{a})z \lesseqgtr 0.$$

Da $a+\overline{a}$ reell und positiv ist, lautet diese Bedingung: $\Re z \gtreqless 0$. Die Punkte der ersten Kategorie liegen rechts, die der dritten links von der imaginären Achse, die der zweiten auf der imaginären Achse. (Der Wert des in Rede stehenden Ausdruckes ist für $z=\infty$ gleich -1; $z=\infty$ gehört in die zweite Kategorie.)

7. Setzt man $a=\gamma+i\delta$, $\frac{z_1}{z_2}=x+iy$, so lautet die Gleichung

$$\alpha(x^2+y^2)+2(\gamma x+\delta y)+\beta=0.$$

8. Ein Rad vom Radius a rolle auf der reellen Achse, mit ihm sei ein Punkt P im Abstand b vom Mittelpunkt fest verbunden. Der Punkt z_1 beschreibt eine Gerade, die Bahn des Radmittelpunktes, der Punkt z_2 den Kreis, den der Punkt P beschreiben würde, wenn das Rad sich drehte, ohne fortzuschreiten. Der Punkt $z=z_1+z_2$ beschreibt eine verlängerte, gewöhnliche oder verkürzte Zykloide, je nachdem $a \lesseqgtr b$ ist.

9. Beschreibt eine Epizykloide.

10.
$$\frac{dz}{dt}=\frac{dr}{dt}e^{i\vartheta}+ire^{i\vartheta}\frac{d\vartheta}{dt},$$
$$\frac{d^2z}{dt^2}=\frac{d^2r}{dt^2}e^{i\vartheta}+2i\frac{dr}{dt}\frac{d\vartheta}{dt}e^{i\vartheta}-re^{i\vartheta}\left(\frac{d\vartheta}{dt}\right)^2+ire^{i\vartheta}\frac{d^2\vartheta}{dt^2}$$
$$=\left[\frac{d^2r}{dt^2}-r\left(\frac{d\vartheta}{dt}\right)^2\right]e^{i\vartheta}+\frac{ie^{i\vartheta}}{r}\frac{d}{dt}\left(r^2\frac{d\vartheta}{dt}\right).$$

Der Koeffizient von $e^{i\vartheta}$ ist die radiale, der von $ie^{i\vartheta}$ die dazu senkrechte Komponente.

11. In dem Kreisring

$$\mathfrak{G}_n: \qquad n<|z|<n+1, \qquad n=0,1,2,\ldots$$

ist

$$1<\left|\frac{z}{1!}\right|<\left|\frac{z^2}{2!}\right|<\cdots<\left|\frac{z^{n-1}}{(n-1)!}\right|<\left|\frac{z^n}{n!}\right|>\left|\frac{z^{n+1}}{(n+1)!}\right|>\cdots,$$

d. h. in $\mathfrak{G}_n$ ist das n^{te} Glied das absolut größte. Auf dem gemeinsamen Rand von $\mathfrak{G}_n$ und $\mathfrak{G}_{n+1}$ sind das n^{te} und $(n+1)^{\text{te}}$ Glied absolut $=$ und $>$ als irgendein anderes.

Ist allgemein

$$a_0+a_1z+a_2z^2+\cdots+a_nz^n+\cdots, \qquad a_0 \neq 0$$

eine überall konvergente, nicht abbrechende Potenzreihe, so kann man die ganze z-Ebene durch konzentrische Kreise um den Nullpunkt in Kreisringe einteilen, derart, daß in jedem einzelnen Kreisring ein bestimmtes Glied das absolut größte (Maximalglied) ist. Die Indices dieser Glieder wachsen, wenn man von einem Kreisring auf den benachbarten umschließenden übergeht. [I **119**, I **120**.]

12. Die Peripherien der Kreise

$$\mathfrak{K}_n: \qquad |z - n| < n + 1, \qquad n = 0, 1, 2, \ldots$$

berühren einander im Punkte $z = -1$, stehen dort senkrecht auf der reellen Achse und schneiden diese in den Punkten $2n + 1$. $\mathfrak{K}_{n+1}$ enthält $\mathfrak{K}_n$. In dem sichelförmigen Gebiet $\mathfrak{G}_n$ innerhalb $\mathfrak{K}_n$ und außerhalb $\mathfrak{K}_{n-1}$ gilt:

$$\left|\frac{z}{1}\right| > 1, \ \left|\frac{z-1}{2}\right| > 1, \ldots, \left|\frac{z-n+1}{n}\right| > 1, \ \left|\frac{z-n}{n+1}\right| < 1, \ \left|\frac{z-n-1}{n+2}\right| < 1, \ldots.$$

Daher ist dort

$$1 < \left|\binom{z}{1}\right| < \left|\binom{z}{2}\right| < \cdots < \left|\binom{z}{n-1}\right| < \left|\binom{z}{n}\right| > \left|\binom{z}{n+1}\right| > \cdots,$$

d. h. in $\mathfrak{G}_n$ ist das n^{te} Glied das absolut größte. Auf dem gemeinsamen Rand von $\mathfrak{G}_n$ und $\mathfrak{G}_{n+1}$ sind das n^{te} und $(n+1)^{\text{te}}$ Glied absolut $=$ und $>$ als irgendein anderes. (In $z = -1$ sind sämtliche Glieder absolut $= 1$.)

Die $\mathfrak{G}_n$ samt Rändern erschöpfen die ganze Halbebene $\Re z > -1$ samt $z = -1$. Für $\Re z \leqq -1$, $z \neq -1$ wachsen die absoluten Beträge monoton, es gibt kein größtes Glied.

13. Die Peripherien der Lemniskaten

$$\mathfrak{L}_n: \qquad |z^2 - n^2| < n^2, \qquad n = 1, 2, 3, \ldots$$

berühren einander und die Geraden $\Re z = \pm \Im z$ im Punkte $z = 0$, und schneiden die reelle Achse in den Punkten $\pm n\sqrt{2}$. $\mathfrak{L}_{n+1}$ enthält $\mathfrak{L}_n$. In dem sichelförmigen Gebiet $\mathfrak{G}_n$ innerhalb $\mathfrak{L}_{n+1}$ und außerhalb $\mathfrak{L}_n$ ($\mathfrak{G}_0 = \mathfrak{L}_1$) gilt:

$$\left|1 - \frac{z^2}{1^2}\right| > 1, \quad \left|1 - \frac{z^2}{2^2}\right| > 1, \quad \ldots, \quad \left|1 - \frac{z^2}{n^2}\right| > 1,$$

$$\left|1 - \frac{z^2}{(n+1)^2}\right| < 1, \quad \left|1 - \frac{z^2}{(n+2)^2}\right| < 1, \quad \ldots.$$

Daher ist dort

$$|P_0(z)| < |P_1(z)| < |P_2(z)| < \cdots < |P_{n-1}(z)| < |P_n(z)| > |P_{n+1}(z)| > \cdots,$$

d. h. in $\mathfrak{G}_n$ ist $P_n(z)$ das absolut größte unter allen Partialprodukten. Auf dem gemeinsamen Rand von $\mathfrak{G}_n$ und $\mathfrak{G}_{n+1}$ sind das n^{te} und $(n+1)^{\text{te}}$ Partialprodukt absolut $=$ und $>$ als irgendein anderes. (In $z = 0$ sind sie sämtlich gleich 0.)

Die $\mathfrak{G}_n$ samt Rändern erschöpfen die Winkelräume

$$-\frac{\pi}{4} < \operatorname{arc} z < \frac{\pi}{4}, \qquad \frac{3\pi}{4} < \operatorname{arc} z < \frac{5\pi}{4}$$

samt $z = 0$. Für die anderen z wachsen die absoluten Beträge monoton. Es gibt unter ihnen keinen größten.

14. Es sei $\vartheta = \operatorname{arc}\int_a^b f(t)\,e^{i\varphi(t)}\,dt$, dann ist

$$\left|\int_a^b f(t)\,e^{i\varphi(t)}\,dt\right| = e^{-i\vartheta}\int_a^b f(t)\,e^{i\varphi(t)}\,dt = \int_a^b f(t)\cos[\varphi(t) - \vartheta]\,dt < \int_a^b f(t)\,dt,$$

ausgenommen, wenn $\varphi(t) \equiv \vartheta$ (mod. 2π) ist an sämtlichen Stetigkeitsstellen von $\varphi(t)$.

15. [*K. Löwner*, Math. Ann. Bd. 89, S. 120, 1923.] Es genügt $\Re(4P^2 - 2Q) \leqq 3$ zu beweisen. [Man ersetze $\varphi(t)$ durch $\varphi(t) + \frac{\vartheta}{2}$, wenn $\vartheta = \operatorname{arc}(4P^2 - 2Q)$ ist, vgl. Lösung **14.**] Nun ist [II **81**]

$$\begin{aligned}
\Re(4P^2 - 2Q) &= 4\left(\int_0^\infty e^{-t}\cos\varphi(t)\,dt\right)^2 - 4\left(\int_0^\infty e^{-t}\sin\varphi(t)\,dt\right)^2 - \\
&\quad - 2\int_0^\infty e^{-2t}\cos 2\varphi(t)\,dt \leqq \\
&\leqq 4\left(\int_0^\infty e^{-t}\,|\cos\varphi(t)|\,dt\right)^2 - 2\int_0^\infty e^{-2t}\cos 2\varphi(t)\,dt \leqq \\
&\leqq 4\int_0^\infty e^{-t}\cos^2\varphi(t)\,dt - 2\int_0^\infty e^{-2t}\cos 2\varphi(t)\,dt = \\
&= 4\int_0^\infty (e^{-t} - e^{-2t})\cos^2\varphi(t)\,dt + 1 \leqq 4\int_0^\infty (e^{-t} - e^{-2t})\,dt + 1 = 3.
\end{aligned}$$

Gilt $\Re(4P^2 - 2Q) = 3$, dann muß $\cos^2\varphi(t) = 1$ und $\cos\varphi(t)$ stets von gleichem Vorzeichen sein an jeder Stetigkeitsstelle von $\varphi(t)$, d. h. $\varphi(t) \equiv 0$ oder $\varphi(t) \equiv \pi$ (mod. 2π).

16. Die Funktion $p_1 z^{-1} + p_2 z^{-2} + \cdots + p_n z^{-n}$ nimmt mit positiv zunehmendem z monoton von ∞ bis 0 ab; sie nimmt also an genau einer positiven Stelle ζ den Wert 1 an. Es ist

$$z^n - p_1 z^{n-1} - p_2 z^{n-2} - \cdots - p_n > 0 \quad \text{oder} \quad \leqq 0,$$

je nachdem $z > \zeta$ bzw. $z \leqq \zeta$ ist.

17. Es ist

$$\begin{aligned}
|z_0|^n &= |a_1 z_0^{n-1} + a_2 z_0^{n-2} + \cdots + a_n| \\
&\leqq |a_1|\,|z_0|^{n-1} + |a_2|\,|z_0|^{n-2} + \cdots + |a_n|,
\end{aligned}$$

also nach **16**: $|z_0| \leqq \zeta$.

18. Man wende **17** auf $a_n^{-1} z^n P(z^{-1})$ an.

19. Die beiden in **17**, **18** betrachteten Vergleichspolynome sind in diesem Falle identisch, nämlich $z^n - |c|$.

20. Nehmen wir an, daß $|a_1| + |a_2| + \cdots + |a_n| > 0$ sei, sonst ist die Behauptung trivial. Nach **17** genügt es, zu beweisen, daß die positive Zahl ζ, für die

$$\zeta^n = |a_1|\,\zeta^{n-1} + |a_2|\,\zeta^{n-2} + \cdots + |a_n|$$

ist, der Ungleichung $\zeta \leqq \operatorname{Max}\left(\frac{d_n}{d_{n-1}}, \sqrt{\frac{d_n}{d_{n-2}}}, \ldots, \sqrt[n]{\frac{d_n}{d_0}}\right)$ genügt. Aus

$$\sum_{k=1}^{n} |a_k|\,\zeta^{-k} = 1 \geqq \sum_{k=1}^{n} |a_k| \frac{d_{n-k}}{d_n}$$

folgt

$$\sum_{k=1}^{n} |a_k| \left(\zeta^{-k} - \frac{d_{n-k}}{d_n}\right) \geqq 0.$$

Also gibt es unter den Zahlen $\zeta^{-k} - \frac{d_{n-k}}{d_n}$ mindestens eine, die $\geqq 0$ ist.

21. a) Man setze in **20**: $d_n = n$, ferner $d_{n-k} = |a_k|^{-1}$ für $a_k \neq 0$ und $d_{n-k} = \varepsilon^{-1}$ für $a_k = 0$, $\varepsilon > 0$. Es ist

$$\sqrt[k]{\frac{d_n}{d_{n-k}}} = \begin{cases} \sqrt[k]{n\,|a_k|} & \text{für} \quad a_k \neq 0, \\ \sqrt[k]{n\,\varepsilon} & \text{für} \quad a_k = 0. \end{cases}$$

Für $\varepsilon \to 0$ folgt hieraus die Behauptung.

b) Man setze in **20**: $d_n = \binom{n}{1} + \binom{n}{2} + \cdots + \binom{n}{n} = 2^n - 1$, ferner $d_{n-k} = \binom{n}{k} |a_k|^{-1}$ für $a_k \neq 0$ und $d_{n-k} = \varepsilon^{-1}$ für $a_k = 0$, $\varepsilon > 0$. Man schließt jetzt wie in a).

22. [*G. Eneström*, Öfv. af vet.-akad. förh. 1893, S. 405—415; Tôhoku Math. J. Bd. 18, S. 34—36, 1920; *S. Kakeya*, Tôhoku Math. J. Bd. 2, S. 140—142, 1912; *A. Hurwitz*, ebenda, Bd. 4, S. 89, 1913.] Es ist für $|z| \leqq 1$, $z \neq 1$,

$$\begin{aligned} &|(1-z)(p_0 + p_1 z + p_2 z^2 + \cdots + p_n z^n)| \\ &= |p_0 - (p_0 - p_1) z - (p_1 - p_2) z^2 - \cdots - (p_{n-1} - p_n) z^n - p_n z^{n+1}| \\ &\geqq p_0 - |(p_0 - p_1) z + (p_1 - p_2) z^2 + \cdots + p_n z^{n+1}| \\ &> p_0 - (p_0 - p_1 + p_1 - p_2 + \cdots + p_n) = 0, \end{aligned}$$

weil $(p_0 - p_1) z$, $(p_1 - p_2) z^2, \ldots, p_n z^{n+1}$ nicht alle den gleichen Arcus haben können. (Abgesehen vom Falle $z \geqq 0$, in welchem die Behauptung ohnehin klar ist.) Schwächeres ($<$ anstatt $\leqq$) folgt ohne weiteres aus **17**.

23. Man ersetze z durch $\frac{z}{\varrho}$ bzw. durch $\frac{\varrho}{z}$ mit positivem ϱ und wende (im zweiten Fall nach Multiplikation mit z^n) **22** auf die so entstandene Gleichung nach passender Wahl von ϱ an.

24. Nennen wir das fragliche Polynom $f(z)$. Für $\Re z \geqq 0$, $|z| > 1$ ist $\Re \frac{1}{z} \geqq 0$, folglich

$$\left|\frac{f(z)}{z^n}\right| \geqq \left|a_n + \frac{a_{n-1}}{z}\right| - \frac{a_{n-2}}{|z|^2} - \frac{a_{n-3}}{|z|^3} - \cdots - \frac{a_0}{|z|^n}$$
$$> \Re\left(a_n + \frac{a_{n-1}}{z}\right) - \frac{9}{|z|^2} - \frac{9}{|z|^3} - \cdots$$
$$\geqq 1 - \frac{9}{|z|^2 - |z|}.$$

Diese letzte Zahl ist $\geqq 0$, wenn $|z| \geqq r$, wo r die positive Wurzel der Gleichung $r^2 - r = 9$ bezeichnet, $r = \frac{1+\sqrt{37}}{2}$, $3 < r < 4$. Das der Zahl 109 entsprechende Polynom hat die Nullstellen $\pm 3i$.

25. [*Ch. Hermite* und *Ch. Biehler*; vgl. *Laguerre*, Oeuvres, Bd. 1, S. 109. Paris: Gauthier-Villars 1898.] Es sei

$$P(z) = U(z) + iV(z) = a_0(z - z_1)(z - z_2) \ldots (z - z_n), \quad a_0 \neq 0$$

und x eine Wurzel von $U(x) = 0$ oder $V(x) = 0$. Dann ist

$$U(x) + iV(x) = U(x) - iV(x) \quad \text{bzw.} \quad U(x) + iV(x) = -[U(x) - iV(x)],$$

je nachdem der zweite oder erste Fall vorliegt; d. h.

$$a_0(x - z_1)(x - z_2) \ldots (x - z_n) = \pm \bar{a}_0(x - \bar{z}_1)(x - \bar{z}_2) \ldots (x - \bar{z}_n).$$

Eine solche Gleichung ist aber nur möglich, wenn x reell ist. Liegt nämlich x etwa in der oberen Halbebene, so ist $|x - z_\nu| < |x - \bar{z}_\nu|$ für jedes ν, also $\left|a_0 \prod_{\nu=1}^{n}(x - z_\nu)\right| < \left|a_0 \prod_{\nu=1}^{n}(x - \bar{z}_\nu)\right|$. Ebensowenig kann x in der unteren Halbebene liegen.

26. [Vgl. *I. Schur*, J. für Math. Bd. 147, S. 230, 1917.] Es sei $P(z) = a_0(z - z_1)(z - z_2) \ldots (z - z_n)$, $a_0 \neq 0$ und x eine Wurzel von $P(x) + P^*(x) = 0$. Dann ist $|P(x)| = |P^*(x)|$, d. h. da $P^*(z) = \bar{a}_0(1 - \bar{z}_1 z)(1 - \bar{z}_2 z) \ldots (1 - \bar{z}_n z)$,

$$\prod_{\nu=1}^{n} |x - z_\nu| = \prod_{\nu=1}^{n} |1 - \bar{z}_\nu x|.$$

Eine solche Gleichung ist aber nur möglich, wenn $|x| = 1$ ist. Ist nämlich etwa $|x| < 1$, dann ist [**5**] $|x - z_\nu| < |1 - \bar{z}_\nu x|$ für jedes ν, also das erste Produkt kleiner als das zweite. Ebensowenig kann $|x| > 1$ sein. Analog schließt man bei der Gleichung $P(z) + \gamma P^*(z) = 0$, $|\gamma| = 1$.

27. [*M. Fekete.*] Es sei $\gamma = \lambda P(a) + \mu P(b)$, $0 < \lambda < 1$, $\lambda + \mu = 1$. Lägen sämtliche Nullstellen von $P(z) - \gamma = a_0 (z - z_1)(z - z_2) \ldots (z - z_n)$ außerhalb des fraglichen Kreisbogenzweieckes, so wäre

$$-\frac{\pi}{n} < \operatorname{arc} \frac{a - z_\nu}{b - z_\nu} < \frac{\pi}{n}, \qquad \nu = 1, 2, \ldots, n,$$

also

$$-\pi < \operatorname{arc} \frac{P(a) - \gamma}{P(b) - \gamma} < \pi, \quad \text{entgegen} \quad \frac{P(a) - \gamma}{P(b) - \gamma} = -\frac{\mu}{\lambda}.$$

28. Man kann annehmen, daß die fragliche Gerade die imaginäre Achse und $\Re z_\nu > 0$ ist für jedes ν (dies ist durch Muliplikation mit passendem $e^{i\alpha}$ stets zu erreichen); dann ist auch $\Re \frac{1}{z_\nu} > 0$ und

$$\Re(z_1 + z_2 + \cdots + z_n) > 0, \qquad z_1 + z_2 + \cdots + z_n \neq 0,$$

$$\Re\left(\frac{1}{z_1} + \frac{1}{z_2} + \cdots + \frac{1}{z_n}\right) > 0, \qquad \frac{1}{z_1} + \frac{1}{z_2} + \cdots + \frac{1}{z_n} \neq 0.$$

Die Behauptung gilt übrigens auch dann, wenn alle Punkte in der einen *abgeschlossenen* Halbebene liegen, die durch die gegebene Gerade bestimmt ist, es sei denn, daß sie alle auf der Geraden selbst liegen.

29. Vgl. **28**.

30. Man wende **29** auf $m_1(z_1 - z), m_2(z_2 - z), \ldots, m_n(z_n - z)$ an. Liegt $m_\nu(z_\nu - z)$ auf einer bestimmten Seite irgend einer Geraden g' durch den Nullpunkt, so liegt z_ν auf der entsprechenden Seite der Geraden g, die durch z hindurchgeht und parallel zu g' ist.

31. [*Gauß*, Werke, Bd. 3, S. 112. Göttingen, Ges. d. Wiss. 1886; Bd. 8, S. 32, 1900; *Ch. F. Lucas*, C. R. Bd. 67, S. 163—164, 1868; Bd. 106, S. 121—122, 1888. Vgl. auch *L. Fejér*, C. R. Bd. 145, S. 460, 1907 und Math. Ann. Bd. 65, S. 417, 1907.] Erste Lösung. Der durch die komplexe Zahl

$$\frac{1}{\overline{z - a}}$$

bestimmte Vektor stellt eine von a nach z gerichtete Kraft dar, deren Größe der Entfernung umgekehrt proportional ist. Sind $z_1, z_2, \ldots, z_n$ die Nullstellen von $P(z)$ und z eine von diesen verschiedene Nullstelle von $P'(z)$, so ist

$$\frac{P'(z)}{P(z)} = \sum_{\nu=1}^{n} \frac{1}{z - z_\nu} = 0, \quad \text{d. h.} \quad \frac{1}{\overline{z - z_1}} + \frac{1}{\overline{z - z_2}} + \cdots + \frac{1}{\overline{z - z_n}} = 0,$$

d. h. z stellt eine *Gleichgewichtslage* eines materiellen Punktes dar, auf welchen die festen Punkte $z_1, z_2, \ldots, z_n$ dem Abstand umgekehrt proportionale abstoßende Kräfte ausüben. Läge nun z außerhalb des kleinsten konvexen Polygons, das die z_ν enthält, so würden die durch die einzelnen Glieder bestimmten Kräfte eine in z angreifende, von Null verschiedene Resultante ergeben, was unmöglich ist. (**315**.)

Zweite Lösung. Es ist, mit denselben Bezeichnungen wie vorhin,

$$\frac{z-z_1}{|z-z_1|^2}+\frac{z-z_2}{|z-z_2|^2}+\cdots+\frac{z-z_n}{|z-z_n|^2}=0,$$

also

$$z=m_1z_1+m_2z_2+\cdots+m_nz_n, \quad m_1+m_2+\cdots+m_n=1,$$

wobei die ν^{te} „Masse" m_ν mit $\frac{1}{|z-z_\nu|^2}$ proportional ist, $\nu=1,2,\ldots,n$.

32. [*L. Fejér, O. Toeplitz.*] Wenn ζ einen beliebigen inneren Punkt des fraglichen konvexen Polygons bezeichnet, dann ist

$$\zeta=\lambda_1z_1+\lambda_2z_2+\cdots+\lambda_nz_n, \quad \lambda_1>0, \quad \lambda_2>0, \quad \ldots, \quad \lambda_n>0,$$
$$\lambda_1+\lambda_2+\cdots+\lambda_n=1,$$

also, wenn $\zeta\neq z_\nu$,

$$\frac{m_1}{\zeta-z_1}+\frac{m_2}{\zeta-z_2}+\cdots+\frac{m_n}{\zeta-z_n}=0,$$

$$m_\nu=\frac{\lambda_\nu|\zeta-z_\nu|^2}{\lambda_1|\zeta-z_1|^2+\lambda_2|\zeta-z_2|^2+\cdots+\lambda_n|\zeta-z_n|^2}, \quad \nu=1,2,\ldots,n.$$

Man approximiere m_ν durch rationale Zahlen $\frac{p_\nu}{P}$, $\nu=1,2,\ldots,n$; $p_1+p_2+\cdots+p_n=P$ und beachte, daß die Wurzeln algebraischer Gleichungen sich bei stetiger Abänderung der Koeffizienten stetig ändern. Die Ableitung des Polynoms $\prod_{\nu=1}^{n}(z-z_\nu)^{p_\nu}$ hat eine Nullstelle, die beliebig nahe an ζ liegt. — Da ζ innerhalb oder auf dem Rande mindestens eines durch drei der Zahlen z_ν bestimmten Dreieckes liegt, genügt es für die vorliegende Aufgabe, die stetige Abhängigkeit der Nullstellen von den Koeffizienten für Polynome zweiten Grades zu kennen, was klar ist. [Bemerkung von *A.* und *R. Brauer.*]

33. [*M. Fujiwara*, Tôhoku Math. J. Bd. 9, S. 102—108, 1916; *T. Takagi*, Proc. Phys.-Math. Soc. of Japan, Serie 3, Bd. 3, S. 175—179, 1921.] Es sei $P(z)=a_0(z-z_1)(z-z_2)\ldots(z-z_n)$ und z eine Stelle mit

$$P(z)-cP'(z)=0, \qquad P(z)\neq 0.$$

Dann folgt

$$\text{(1)} \qquad \frac{P'(z)}{P(z)}-\frac{1}{c}=\frac{1}{z-z_1}+\frac{1}{z-z_2}+\cdots+\frac{1}{z-z_n}-\frac{1}{c}=0.$$

Durch Benutzung der Bezeichnungen

$$m_1=\frac{1}{|z-z_1|^2}, \quad m_2=\frac{1}{|z-z_2|^2}, \quad \ldots, \quad m_n=\frac{1}{|z-z_n|^2},$$

$$M=\frac{1}{|c|^2(m_1+m_2+\cdots+m_n)}$$

läßt sich (1) so schreiben:

$$z = \frac{m_1 z_1 + m_2 z_2 + \cdots + m_n z_n}{m_1 + m_2 + \cdots + m_n} + Mc. \tag{2}$$

Auf der rechten Seite von (2) stehen zwei Glieder: das erste stellt den Schwerpunkt einer gewissen Massenbelegung in den Punkten $z_1, z_2, \ldots, z_n$ dar, also einen Punkt, der sicher im Innern des kleinsten, diese Punkte umfassenden konvexen Polygons liegt. Das zweite Glied ist ein dem Vektor c parallel gerichteter Vektor. Daraus folgt die Behauptung. — Vgl. V **114**.

34. [*T. J. Stieltjes*, Acta Math. Bd. 6, S. 321—326, 1885; *G. Pólya*, C. R. Bd. 155, S. 767, 1912.] Es sei z_ν, $\nu = 1, 2, \ldots, n$ irgendeine Nullstelle von $P(z)$ und $A(z_\nu) \neq 0$. Dann ist auch $P'(z_\nu) \neq 0$. Im gegenteiligen Falle würde nämlich aus der Differentialgleichung von $P(z)$ folgen, daß auch $P''(z_\nu) = 0$ ist und weiter durch Differentiation, daß $P(z)$ überhaupt identisch 0 ist. Die Gleichung

$$\frac{P''(z_\nu)}{2P'(z_\nu)} + \frac{B(z_\nu)}{A(z_\nu)} = 0,$$

$$\frac{1}{z_\nu - z_1} + \frac{1}{z_\nu - z_2} + \cdots + \frac{1}{z_\nu - z_{\nu-1}} + \frac{1}{z_\nu - z_{\nu+1}} + \cdots + \frac{1}{z_\nu - z_n}$$

$$+ \frac{\varrho_1}{z_\nu - a_1} + \frac{\varrho_2}{z_\nu - a_2} + \cdots + \frac{\varrho_p}{z_\nu - a_p} = 0$$

besagt [**31**], daß z_ν *im Innern* des kleinsten, die Zahlen $z_1, z_2, \ldots, z_{\nu-1}, z_{\nu+1}, \ldots, z_n, a_1, a_2, \ldots, a_p$ enthaltenden konvexen Polygons (bzw. im Innern der alle diese Zahlen enthaltenden Strecke) liegt. Betrachtet man somit das kleinste konvexe Polygon, das die Zahlen $z_1, z_2, \ldots, z_n, a_1, a_2, \ldots, a_p$ enthält, so können nur die a_ν und kein einziges solches z_ν am Rande desselben liegen, das nicht zugleich Nullstelle von $A(z)$ ist.

35. [*J. L. W. V. Jensen*, Acta Math. Bd. 36, S. 190, 1913; *J. v. Sz. Nagy*, Deutsche Math.-Ver. Bd. 31, S. 239—240, 1922.] Es seien $z_1, z_2, \ldots, z_n$ die Nullstellen von $f(z)$ und

$$\frac{1}{z - z_1} + \frac{1}{z - z_2} + \cdots + \frac{1}{z - z_n} = 0, \quad z \neq \bar{z}, \quad z \neq z_\nu, \qquad \nu = 1, 2, \ldots, n.$$

Hieraus folgt wegen der symmetrischen Lage der Nullstellen

$$\sum_{\nu=1}^{n} \Im\left(\frac{1}{z - z_\nu} + \frac{1}{z - \bar{z}_\nu}\right) = 0,$$

was unmöglich ist, wenn z außerhalb aller fraglichen Kreisscheiben liegt, wie die folgende Formel lehrt:

$$z = x + iy, \ z_0 = x_0 + iy_0, \ \Im\left(\frac{1}{z - z_0} + \frac{1}{z - \bar{z}_0}\right) = 2y \frac{y_0^2 - (x - x_0)^2 - y^2}{|(z - z_0)(z - \bar{z}_0)|^2}.$$

36. Setzt man $z_n = x_n + iy_n$, so ist $|z_n| \leqq \frac{x_n}{\cos\alpha}$. Es folgt somit aus der Konvergenz von $\sum_{n=1}^{\infty} x_n$ die von $\sum_{n=1}^{\infty} |z_n|$. Das Umgekehrte ist selbstverständlich.

37. Es sei $z_n = x_n + iy_n$. Aus der Voraussetzung folgt nacheinander die Konvergenz von

$$\sum_{n=1}^{\infty} x_n, \quad \sum_{n=1}^{\infty} \Re z_n^2 = \sum_{n=1}^{\infty} (x_n^2 - y_n^2), \quad 2\sum_{n=1}^{\infty} x_n^2 - \sum_{n=1}^{\infty} (x_n^2 - y_n^2) = \sum_{n=1}^{\infty} |z_n|^2.$$

38. Beispiel: $z_n = e^{2\pi i n\theta}(\log(n+1))^{-1}$, θ irrational. $\sum_{\nu=1}^{n} e^{2\pi i \nu k\theta}$ ist beschränkt für $n \to \infty$ [Lösung II **166**, *Knopp*, S. 316].

39. Man nehme an, daß sämtliche Zahlen von 0 verschieden und nach wachsenden Beträgen geordnet sind, $0 < |z_1| \leqq |z_2| \leqq |z_3| \leqq \cdots$. Man schließe ferner jede Zahl z_ν, $\nu = 1, 2, \ldots, m$, in eine Kreisscheibe ein, deren Mittelpunkt z_ν und deren Durchmesser δ ist. Diese Kreisscheiben haben keine inneren Punkte miteinander gemeinsam und sind ganz in $|z| \leqq |z_m| + \frac{\delta}{2}$ enthalten. Daher ist

$$m\pi \frac{\delta^2}{4} < \pi\left(|z_m| + \frac{\delta}{2}\right)^2, \quad \text{d. h.} \quad \limsup_{m\to\infty} \frac{\log m}{\log |z_m|} \leqq 2 \qquad [\text{I } \mathbf{113}].$$

40. Der fragliche Ausdruck ist

$$= n^{i\alpha} \sum_{\nu=1}^{n} \left(\frac{\nu}{n}\right)^{i\alpha} \cdot \frac{1}{n}.$$

Der erste Faktor füllt den Einheitskreis überall dicht aus [I **101**]; der zweite ist eine Rechtecksumme und konvergiert gegen

$$\int_0^1 x^{i\alpha}\, dx = \frac{1}{1+i\alpha}.$$

41. $$\lim_{n\to\infty} |z_n|^2 = \left(1 + \frac{1}{1^2}\right)\left(1 + \frac{1}{2^2}\right)\left(1 + \frac{1}{3^2}\right) \cdots \left(1 + \frac{1}{n^2}\right) \cdots$$
$$= \left(\frac{\sin \pi x}{\pi x}\right)_{x=i} = \frac{e^\pi - e^{-\pi}}{2\pi}.$$

Setzt man $i + n = \sqrt{1+n^2}\, e^{2\pi i \vartheta_n}$, $0 < \vartheta_n < 1$, so ist $\operatorname{tg} 2\pi\vartheta_n = \frac{1}{n}$, so daß die Reihe $\vartheta_1 + \vartheta_2 + \cdots + \vartheta_n + \cdots$ divergiert, ferner $\lim_{n\to\infty} \vartheta_n = 0$. Es ist

$$\operatorname{arc} z_n = 2\pi(\vartheta_1 + \vartheta_2 + \cdots + \vartheta_n - [\vartheta_1 + \vartheta_2 + \cdots + \vartheta_n]).$$

Wegen I **101** erfüllen die Häufungswerte von z_n den Kreisrand

$$|z| = \left(\frac{e^\pi - e^{-\pi}}{2\pi}\right)^{\frac{1}{2}}.$$

42.

$$r_n^2 = |z_n|^2 = \left(1+\frac{1}{1}\right)\left(1+\frac{1}{2}\right)\cdots\left(1+\frac{1}{n}\right) = \frac{2}{1}\cdot\frac{3}{2}\cdots\frac{n+1}{n} = n+1,$$

$$|z_{n+1}-z_n| = \left|\frac{i z_n}{\sqrt{n+1}}\right| = 1, \quad \frac{r_n - r_{n-1}}{\varphi_n - \varphi_{n-1}} = \frac{\sqrt{n+1}-\sqrt{n}}{\operatorname{arctg}\frac{1}{\sqrt{n}}} \sim n\left(\sqrt{1+\frac{1}{n}}-1\right)$$

$$= \frac{1}{2} - \frac{1}{8n} + \cdots.$$

Hieraus folgt $r_n \sim \frac{1}{2}\varphi_n$ [I **70**].

43. Nach II **59** und II **202** konvergiert der absolute Betrag des fraglichen Ausdruckes gegen e^{-t^2}. Es genügt also, nur

$$2n\sin\frac{t}{\sqrt{n}}\log 2 - \sum_{\nu=1}^{n}\operatorname{arctg}\frac{2n\sin\frac{t}{\sqrt{n}}}{2n\cos\frac{t}{\sqrt{n}}-\nu} = o(1)$$

zu beweisen. Hierbei bedeutet $\operatorname{arctg} x$ diejenige Bestimmung, die für $x=0$ verschwindet. Es sei $n > t^2$, dann ist [I **142**]

$$\left|\frac{2n\sin\frac{t}{\sqrt{n}}}{2n\cos\frac{t}{\sqrt{n}}-\nu}\right| \leqq \frac{2\sqrt{n}\,|t|}{2n\left(1-\frac{t^2}{2n}\right)-\nu} \leqq \frac{2\sqrt{n}\,|t|}{n-t^2} = O(n^{-\frac{1}{2}}).$$

Man kann hiernach $\operatorname{arctg} x = x - \frac{x^3}{3} + \cdots$ durch x ersetzen. Die Behauptung folgt dann reichlich aus

$$\log 2 - \frac{1}{n}\sum_{\nu=1}^{n}\frac{1}{2-\left[\frac{\nu}{n}+2\left(1-\cos\frac{t}{\sqrt{n}}\right)\right]} = O(n^{-1}).$$

Letzteres ergibt sich aus einer leichten Erweiterung von II **10**: ersetzt man in der dortigen Summe Δ_n das Glied $f\left(a+\nu\frac{b-a}{a}\right)$ durch $f\left(a+\nu\frac{b-a}{n}+\varepsilon_n\right)$, wobei $\varepsilon_n = O(n^{-1})$, so ist noch immer $\Delta_n = O(n^{-1})$. ($f(x)$ sei etwas links von a und etwas rechts von b auch definiert und beschränkt.)

44. Es sei $\lim\limits_{n\to\infty}\sigma_n = \sigma$, $\zeta_n < K$, ferner $\lim\limits_{n\to\infty} z_n = z$, $|z_n| < M$, $|z| \leqq M$, K und M von n frei. Die Reihen

$$\alpha = a_0 + a_1 + a_2 + \cdots + a_n + \cdots$$

und

$$\beta = a_0 z_0 + a_1 z_1 + a_2 z_2 + \cdots + a_n z_n + \cdots$$

sind absolut konvergent; ε sei eine beliebige positive Zahl und $N = N(\varepsilon)$ so groß, daß $|z_n - z| < \varepsilon$, sobald $n > N$. Aus

$$w_n = \left(\sigma_n - \sum_{\nu=0}^{n} a_\nu\right) z + \sum_{\nu=0}^{n} a_\nu z_\nu + \sum_{\nu=0}^{n} (a_{n\nu} - a_\nu)(z_\nu - z)$$

schließt man, $w = (\sigma - \alpha) z + \beta$ gesetzt, daß

$$|w - w_n| < M|\sigma - \sigma_n| + M\left|\sum_{\nu=n+1}^{\infty} a_\nu\right| + \left|\sum_{\nu=n+1}^{\infty} a_\nu z_\nu\right|$$
$$+ 2M\sum_{\nu=0}^{N} |a_{n\nu} - a_\nu| + 2K\varepsilon.$$

45. [Vgl. *I. Schur*, J. für Math. Bd. 151, S. 100—101, 1921; *F. Mertens*, J. für Math. Bd. 79, S. 182—184, 1875.] Sind V_n bzw. W_n die Partialsummen der Reihen $\sum_{n=0}^{\infty} v_n$, $\sum_{n=0}^{\infty}(u_0 v_n + u_1 v_{n-1} + \cdots + u_n v_0)$, dann gilt

$$W_n = u_n V_0 + u_{n-1} V_1 + \cdots + u_0 V_n, \quad n = 0, 1, 2, \ldots.$$

Damit aus jeder konvergenten Folge V_n eine ebensolche W_n hervorgeht, müssen die Summen $|u_n| + |u_{n-1}| + \cdots + |u_0|$ jedenfalls beschränkt sein, d. h. die Reihe $u_0 + u_1 + u_2 + \cdots$ muß absolut konvergieren. Dann sind schon die anderen Bedingungen 1. 2. (vgl. S. 91—92) von selbst erfüllt. Die absolute Konvergenz der Reihe

$$u_0 + u_1 + u_2 + \cdots + u_n + \cdots$$

ist somit die gesuchte notwendige und hinreichende Bedingung.

46. [Vgl. *I. Schur*, a. a. O. **45**, S. 103—104; *T. J. Stieltjes*, Nouv. Ann. Serie 3, Bd. 6, S. 210—213, 1887.] Die Teilsummen der Reihen $\sum_{n=1}^{\infty} v_n$, $\sum_{n=1}^{\infty}\left(\sum_{t/n} u_t v_{\frac{n}{t}}\right)$ mit V_n und W_n bezeichnet, wird [VIII **81**]

$$W_n = u_1 V_n + u_2 V_{\left[\frac{n}{2}\right]} + u_3 V_{\left[\frac{n}{3}\right]} + \cdots + u_n V_{\left[\frac{n}{n}\right]}, \quad n = 1, 2, 3, \ldots.$$

Hierbei ist der Koeffizient von V_k gleich der Summe derjenigen u_l, für die $\left[\frac{n}{l}\right] = k$ ist. Insbesondere sind, wenn man $\nu = [\sqrt{n}]$ setzt, die Koeffizienten von $V_n, V_{\left[\frac{n}{2}\right]}, V_{\left[\frac{n}{3}\right]}, \ldots, V_{\left[\frac{n}{\nu}\right]}$ gleich bzw. $u_1, u_2, \ldots, u_\nu$, weil für $2 \leqq l \leqq \nu$

$$\frac{n}{l-1} - \frac{n}{l} = \frac{n}{l(l-1)} > \frac{n}{l^2} \geqq 1$$

ist. Wenn die Summe der absoluten Beträge der Koeffizienten in der n^{ten} Zeile beschränkt sein soll, so gilt dies erst recht für $|u_1| + |u_2| + \cdots + |u_\nu|$, das heißt $u_1 + u_2 + \cdots + u_n + \cdots$ ist absolut konvergent. Die übrigen Bedingungen sind dann von selbst erfüllt. Die gesuchte notwendige und hinreichende Bedingung ist also die absolute Konvergenz von $u_1 + u_2 + \cdots + u_n + \cdots$.

47. [*R. Dedekind*, vgl. *P. G. Lejeune-Dirichlet*, Vorlesungen über Zahlentheorie, 4. Auflage, S. 376. Braunschweig: Fr. Vieweg 1894; *J. Hadamard*, Acta Math. Bd. 27, S. 177—183, 1903. — Vgl. *I. Schur*, a. a. O. **45**, S. 104—105.] Setzt man

$$A_n = a_0 + a_1 + a_2 + \cdots + a_n, \quad B_n = \gamma_0 a_0 + \gamma_1 a_1 + \gamma_2 a_2 + \cdots + \gamma_n a_n,$$

so ist

$$B_n = \sum_{\nu=0}^{n-1} (\gamma_\nu - \gamma_{\nu+1}) A_\nu + \gamma_n A_n.$$

48. [Vgl. *G. Pólya*, Aufgabe; Arch. d. Math. u. Phys. Serie 3, Bd. 24, S. 282, 1916. Lösung von *S. Sidon*, ebenda, Serie 3, Bd. 26, S. 68, 1917.] Man setze

$$c u_0 = z_0, \quad u_0 + u_1 + \cdots + u_{n-1} + c u_n = z_n, \qquad n = 1, 2, 3, \ldots,$$

$$u_0 + u_1 + \cdots + u_{n-1} + u_n = w_n, \qquad n = 0, 1, 2, \ldots,$$

$$\sum_{n=0}^{\infty} u_n \zeta^n = U(\zeta), \quad \sum_{n=0}^{\infty} z_n \zeta^n = Z(\zeta), \quad \sum_{n=0}^{\infty} w_n \zeta^n = W(\zeta).$$

Koeffizientenvergleichung liefert

$$W(\zeta) = \frac{U(\zeta)}{1-\zeta}, \qquad Z(\zeta) = \frac{U(\zeta)}{1-\zeta} + (c-1)\, U(\zeta),$$

also

$$W(\zeta) = \frac{Z(\zeta)}{c + (1-c)\zeta}.$$

Es sei $c \neq 0$. Aus der letzten Gleichung folgt durch Koeffizientenvergleichung

$$w_n = \frac{(c-1)^n}{c^{n+1}} z_0 + \frac{(c-1)^{n-1}}{c^n} z_1 + \cdots + \frac{c-1}{c^2} z_{n-1} + \frac{1}{c} z_n, \quad n = 0, 1, 2, \ldots.$$

Das Kriterium auf S. 91—92 angewendet, ergibt sich, daß $\sum_{n=0}^{\infty} \frac{(c-1)^n}{c^{n+1}}$ absolut konvergent sein muß; dies ist dann und nur dann der Fall, wenn $\left|\frac{c-1}{c}\right| < 1$, d. h. $\Re c > \frac{1}{2}$ ist.

49. [*I. Schur*, Math. Ann. Bd. 74, S. 453—456, 1913.] Den Fall, wo $c = -k$ eine negative ganze Zahl ist, können wir von vornherein ausschließen; Beispiel: $u_n = \binom{n}{k-1}$, $u_n + c\,\frac{u_0 + u_1 + \cdots + u_n}{n+1} = 0$ für $k \geqq 2$, $u_n = \log(n+1)$ für $k = 1$ [I **69**]. Der Fall $c = 0$ ist klar. Wir setzen $u_n + c\,\frac{u_0 + u_1 + \cdots + u_n}{n+1} = z_n$, $u_n = w_n$, und es sei wie auf S. 91

$$w_n = a_{n0} z_0 + a_{n1} z_1 + \cdots + a_{nn} z_n.$$

Aus

$$(n+1)z_n - n z_{n-1} = (n+1)w_n - n w_{n-1} + c w_n, \qquad n = 1, 2, 3, \ldots$$

folgt durch Multiplikation mit $\frac{\Gamma(n+c+1)}{\Gamma(n+1)}$ und durch Addition der n ersten Gleichungen

$$\frac{\Gamma(n+c+2)}{\Gamma(n+1)} w_n - \Gamma(c+2) w_0 = \sum_{\nu=1}^{n} \frac{\Gamma(\nu+c+1)}{\Gamma(\nu+1)} [(\nu+1)z_\nu - \nu z_{\nu-1}]$$

$$= \frac{\Gamma(n+c+1)}{\Gamma(n+1)} (n+1) z_n - c \sum_{\nu=1}^{n-1} \frac{\Gamma(\nu+c+1)}{\Gamma(\nu+1)} z_\nu - \Gamma(c+2) z_0,$$

d. h.

$$w_n = \frac{n+1}{n+c+1} z_n - c \frac{\Gamma(n+1)}{\Gamma(n+c+2)} \sum_{\nu=0}^{n-1} \frac{\Gamma(\nu+c+1)}{\Gamma(\nu+1)} z_\nu .$$

Bei festem ν ist $a_{n\nu} \sim -c \frac{\Gamma(\nu+c+1)}{\Gamma(\nu+1)} n^{-c-1}$ [I **155**], so daß $\lim\limits_{n\to\infty} a_{n\nu}$ dann und nur dann existiert, wenn $\Re c > -1$ ist. Es sei also $\Re c > -1$. Setzt man $u_0 = u_1 = u_2 = \cdots = \frac{1}{1+c}$, dann ist $z_n = 1$, $w_n = \frac{1}{1+c}$, also

$$a_{n0} + a_{n1} + a_{n2} + \cdots + a_{nn} = \frac{1}{1+c} .$$

Es ist ferner, $\Re c = \gamma$ gesetzt,

$$\left| \frac{\Gamma(n+c+1)}{\Gamma(n+1)} \right| < A n^{\gamma}, \qquad \left| \frac{\Gamma(n+1)}{\Gamma(n+c+2)} \right| < B n^{-\gamma-1},$$

wo A und B von n freie Konstanten sind. Es ist daher

$$|a_{n0}| + |a_{n1}| + \cdots + |a_{n,n-1}| < |c| A B n^{-\gamma-1} \sum_{\nu=0}^{n-1} \nu^{\gamma}$$

$$\to |c| A B \int_0^1 x^{\gamma} dx = \frac{|c| A B}{1+\gamma} \qquad \text{[II 22]}.$$

Die gesuchte notwendige und hinreichende Bedingung lautet also: $\Re c > -1$.

50. Es sei $a_n = \alpha_n + i\beta_n$, α_n, β_n reell. Durch Verallgemeinerung des Beweises von I **75** folgt zunächst mit Beachtung von

$$\sum_{\nu=1}^{n} |\nu^{s} - (\nu+1)^{s}| = \sum_{\nu=1}^{n} \nu^{\sigma} \left| 1 - \left(1 + \frac{1}{\nu}\right)^{s} \right| = O(n^{\sigma})$$

(binomische Reihe!), daß $\lim\limits_{n\to\infty} (a_1 + a_2 + \cdots + a_n) n^{-\sigma} = 0$, d. h.

$$\lim_{n\to\infty} (\alpha_1 + \alpha_2 + \cdots + \alpha_n) n^{-\sigma} = \lim_{n\to\infty} (\beta_1 + \beta_2 + \cdots + \beta_n) n^{-\sigma} = 0 .$$

Nun kann auf die einzelnen Potenzreihen

$$\alpha_1 t + \alpha_2 t^2 + \cdots + \alpha_n t^n + \cdots, \qquad \beta_1 t + \beta_2 t^2 + \cdots + \beta_n t^n + \cdots$$

I **92** angewendet werden, und es ergibt sich

$$\lim_{t\to 1-0} (1-t)^\sigma (\alpha_1 t + \alpha_2 t^2 + \cdots + \alpha_n t^n + \cdots)$$
$$= \lim_{t\to 1-0} (1-t)^\sigma (\beta_1 t + \beta_2 t^2 + \cdots + \beta_n t^n + \cdots) = 0 .$$

51. Wenn die vier Teilreihen, deren Glieder in den vier abgeschlossenen Quadranten ($\Re z \geqq 0$, $\Im z \geqq 0$, usw.) liegen, konvergieren, konvergiert die Reihe absolut.

52. Sukzessive Zweiteilung: Die Glieder $z_{r_1}, z_{r_2}, \ldots$ mögen sämtlich im Winkelraum $\vartheta_1 \leqq \operatorname{arc} z \leqq \vartheta_2$ liegen und $|z_{r_1}| + |z_{r_2}| + \cdots$ möge divergieren; man bilde die Teilreihe, deren Glieder in $\vartheta_1 \leqq \operatorname{arc} z \leqq \frac{\vartheta_1 + \vartheta_2}{2}$ und die, deren Glieder in $\frac{\vartheta_1+\vartheta_2}{2} \leqq \operatorname{arc} z \leqq \vartheta_2$ liegen; eine der beiden divergiert.

53. Man wähle entsprechend jedem der sukzessiven Winkelräume

$$\left(-\frac{\pi}{2}, \frac{\pi}{2}\right), \quad \left(-\frac{\pi}{4}, \frac{\pi}{4}\right), \quad \ldots, \quad \left(-\frac{\pi}{2^n}, \frac{\pi}{2^n}\right), \quad \ldots$$

eine endliche Anzahl Glieder $z_m = x_m + i y_m$ aus, verschiedenen Winkelräumen entsprechend verschiedene Glieder, derart, daß die Glieder $z_{r_h}, z_{r_{h+1}}, \ldots, z_{r_{h+k}}$, die $\left(-\frac{\pi}{2^n}, \frac{\pi}{2^n}\right)$ entsprechen, in diesen Winkelraum fallen und

$$1 < x_{r_h} + x_{r_{h+1}} + \cdots + x_{r_{h+k}} < 2 \quad \text{ist.}$$

54. [Weitergehendes bei *P. Lévy*, Nouv. Ann. Serie 4, Bd. 5, S. 506—511, 1905; *E. Steinitz*, J. für Math. Bd. 143, S. 128—175, 1913.] Es sei die positive reelle Richtung die Verdichtungsrichtung (dies ist durch Multiplikation mit passendem $e^{i\alpha}$ stets zu erreichen), $z_{r_1} + z_{r_2} + \cdots$ die in **53** ausgewählte Teilreihe; auf den Realteil ist I **134**, auf den Imaginärteil I **133** anzuwenden.

55. $z = x + iy$, $z^2 = x^2 - y^2 + 2ixy$ sind analytisch, $|z| = \sqrt{x^2+y^2}$, $\bar{z} = x - iy$ hingegen nicht.

56. 1. Setzt man $f(x+iy) = u + iv$, so ist u bekannt und

$$f(x+iy) = u(x,y) + i\left(\int_0^x v'_x(x,0)\,dx + \int_0^y v'_y(x,y)\,dy\right)$$
$$= u(x,y) + i\left(-\int_0^x u'_y(x,0)\,dx + \int_0^y u'_x(x,y)\,dy\right)$$

eindeutig bestimmt.

2. Wir suchen die Funktion $f(z)$ unter denjenigen, die für konjugiert komplexe Werte des Argumentes konjugiert komplex sind. Dann ist

$$f(z) + f(\bar{z}) = 2u(x,y) = \frac{(z+\bar{z})(1+z\bar{z})}{1+z^2+\bar{z}^2+z^2\bar{z}^2} = \frac{z}{1+z^2} + \frac{\bar{z}}{1+\bar{z}^2},$$

folglich, da die Funktion gemäß 1. eindeutig bestimmt ist, da ferner rationale Funktionen von z analytisch sind [*Hurwitz-Courant*, S. 46, S. 255],

$$f(z) = \frac{z}{1+z^2}.$$

57. Erste Lösung. Es ist ω durch x und y auszudrücken, $\frac{\partial^2\omega}{\partial x^2} + \frac{\partial^2\omega}{\partial y^2} = 0$ zu verifizieren und nachher $\Im f(z)$ durch Integration zu bestimmen [**56**].

Zweite Lösung. $\pi - \Im\log(z-a) = \pi + \Re i\log(z-a)$ ist der Winkel, unter dem der Teil der reellen Achse von a bis $+\infty$ von z aus erscheint. Daher ist, mit c eine reelle Konstante bezeichnet,

$$f(z) = \pi + i\log(z-a) - [\pi + i\log(z-b)] + ic = ic + i\log\frac{z-a}{z-b}.$$

58. Es sei $f(x+iy) = u(x,y) + iv(x,y)$. Die partiellen Ableitungen von u und v mit $u_x, u_y, u_{xx}, \ldots$ bezeichnet, erhält man durch Differentiation

$$\frac{\partial^2}{\partial x^2}(u^2+v^2) = 2(u_x^2 + v_x^2 + u u_{xx} + v v_{xx}),$$

$$\frac{\partial^2}{\partial y^2}(u^2+v^2) = 2(u_y^2 + v_y^2 + u u_{yy} + v v_{yy}).$$

Man beachte die aus den *Cauchy-Riemann*schen Differentialgleichungen folgenden Relationen

$$u_x^2 + v_x^2 = u_y^2 + v_y^2 = |f'(x+iy)|^2, \quad u_{xx} + u_{yy} = v_{xx} + v_{yy} = 0.$$

59. Vgl. Lösung **58**; man beachte außerdem, daß

$$(u u_x + v v_x)^2 + (u u_y + v v_y)^2 = (u^2+v^2)(u_x^2+v_x^2)$$
$$= |f(x+iy)|^2 |f'(x+iy)|^2.$$

60. Aus ähnlichen Dreiecken folgt

$$x:\xi = y:\eta = 1:1-\zeta, \text{ also } x+iy = \frac{\xi+i\eta}{1-\zeta}, \; x^2+y^2 = \frac{\xi^2+\eta^2}{(1-\zeta)^2} = \frac{2}{1-\zeta} - 1,$$

$$\xi = \frac{2x}{x^2+y^2+1}, \quad \eta = \frac{2y}{x^2+y^2+1}, \quad \zeta = \frac{x^2+y^2-1}{x^2+y^2+1}.$$

61. Es ist der Reihe nach [**60**]

$$P: x + iy = \frac{\xi + i\eta}{1 - \zeta}, \quad P': \xi, \eta, \zeta, \quad P'': \xi, -\eta, -\zeta;$$

also

$$u + iv = \frac{\xi - i\eta}{1 + \zeta} = \frac{(x - iy)(1 - \zeta)}{1 + \zeta} = \frac{x - iy}{x^2 + y^2} = \frac{1}{x + iy}.$$

62. Bei der *Mercator*schen Projektion: achsenparallele Geraden in dem abgewickelten, Erzeugende und Leitkreise auf dem nicht abgewickelten Zylinder. Durch diese Eigenschaft und durch die Forderung der Konformität ist die *Mercator*sche Projektion eindeutig bestimmt (vgl. z. B. *É. Goursat,* Cours d'analyse mathématique, Bd. 2, 3. Auflage, S. 58. Paris: Gauthier-Villars 1918). Bei der stereographischen Projektion: Halbstrahlen durch den Nullpunkt und darauf senkrechte konzentrische Kreise.

63. $x + iy = \dfrac{\xi + i\eta}{1 - \zeta} = \dfrac{\cos\varphi\, e^{i\theta}}{1 - \sin\varphi} = \operatorname{tg}\left(\dfrac{\varphi}{2} + \dfrac{\pi}{4}\right) e^{i\theta},$

also

$$x + iy = e^{u + iv}.$$

64. Setzt man $w = u + iv$, so ist

$$|z| = e^u, \qquad \operatorname{arc} z = v.$$

Die gesuchten Kurven sind somit konzentrische Kreise um den Nullpunkt und darauf senkrechte Halbstrahlen. [**62**, **63**.]

65. Aus $w = u + iv = z^2 = (x + iy)^2$ folgt durch Trennung von Reellem und Imaginärem

$$u = x^2 - y^2, \qquad v = 2xy.$$

Die gesuchten Kurven bilden daher zwei Hyperbelscharen. Sie sind als konforme Bilder der beiden achsenparallelen Geradenscharen $u =$ konst., $v =$ konst. in der w-Ebene orthogonal.

66. Es sei $z = x + iy$, $w = u + iv$, dann ist $x = u^2 - v^2$, $y = 2uv$; durch Elimination von v bzw. u ergibt sich, daß den Geraden $u =$ konst. die Parabeln $y^2 = 4u^2(u^2 - x)$, den Geraden $v =$ konst. die Parabeln $y^2 = 4v^2(v^2 + x)$ entsprechen. Alle diese Parabeln haben die gemeinsame Achse $y = 0$ und den Brennpunkt $x = y = 0$. Durch jeden von $z = 0$ verschiedenen Punkt der z-Ebene gehen zwei orthogonale Parabeln.

67. Es sei $z = x + iy$, $w = u + iv$, dann ist

$$u + iv = \frac{e^{i(x+iy)} + e^{-i(x+iy)}}{2}, \text{ also } u = \frac{e^y + e^{-y}}{2}\cos x, \quad v = \frac{e^{-y} - e^y}{2}\sin x;$$

den Geraden $x =$ konst. entsprechen die Hyperbeln $\dfrac{u^2}{\cos^2 x} - \dfrac{v^2}{\sin^2 x} = 1$,

den Geraden $y =$ konst. die Ellipsen $\dfrac{u^2}{\left(\dfrac{e^y + e^{-y}}{2}\right)^2} + \dfrac{v^2}{\left(\dfrac{e^{-y} - e^y}{2}\right)^2} = 1$.

Sie haben alle die gemeinsamen Brennpunkte $w=-1$, $w=1$. Die beiden Kurvenscharen stehen aufeinander senkrecht (konfokale Kegelschnitte).

68. Aus $x=u+e^u\cos v$, $y=v+e^u\sin v$ folgt durch Elimination von v bzw. u

$$x-u=e^u\cos\left(y-\sqrt{e^{2u}-(x-u)^2}\right),\qquad y-v=e^{x-(y-v)\operatorname{ctg}v}\sin v.$$

Die Gerade $v=0$ geht in $y=0$, die Gerade $v=\pi$ in die zweifach überdeckte Strecke $y=\pi$, $-\infty<x\leqq-1$ über.

69. Der Bildbereich wird von den beiden Halbstrahlen $\operatorname{arc} w=\varepsilon$ bzw. $-\varepsilon$ und den beiden Kreisen $|w|=e^{a+\varepsilon}$ bzw. $e^{a-\varepsilon}$ begrenzt. Sein Inhalt ist somit $=\varepsilon(e^{2a+2\varepsilon}-e^{2a-2\varepsilon})$. Das gesuchte Verhältnis ist

$$\lim_{\varepsilon\to+0}\frac{e^{2a+2\varepsilon}-e^{2a-2\varepsilon}}{4\varepsilon}=e^{2a}.$$

70. $\displaystyle\int_{x_1}^{x_2}\int_{y_1}^{y_2}|f'(z)|^2\,dx\,dy=\int_{x_1}^{x_2}\int_{y_1}^{y_2}|\sin(x+iy)|^2\,dx\,dy.$

Wegen

$$|\sin(x+iy)|^2=\sin(x+iy)\sin(x-iy)=-\tfrac{1}{2}\cos 2x+\tfrac{1}{4}(e^{2y}+e^{-2y})$$

ergibt sich folgendes Resultat:

$$\frac{x_2-x_1}{8}(e^{2y_2}-e^{2y_1}-e^{-2y_2}+e^{-2y_1})-\frac{y_2-y_1}{4}(\sin 2x_2-\sin 2x_1).$$

Für $x_1=0$, $x_2=\frac{\pi}{2}$, $y_1=0$, $y_2=y$ erhält man den durch 4 geteilten Flächeninhalt einer Ellipse mit den Halbachsen

$$a=\frac{e^y+e^{-y}}{2},\quad b=\frac{e^y-e^{-y}}{2}.$$

71. $f'(z)=2z$. Auf Kreisen um den Nullpunkt, wo $|z|=$ konst., bzw. auf Halbstrahlen, die vom Nullpunkt ausgehen, wo $\operatorname{arc} z=$ konst. ist.

72. Das Bild ist, solange $0<a\leqq\pi$ ist, das einfach überdeckte Gebiet zwischen den beiden Kreisen vom Radius e^a bzw. e^{-a} und zwischen den beiden Halbstrahlen, die mit der positiven reellen Achse die Winkel a bzw. $-a$ einschließen. Für $a>\pi$ ist das Bildgebiet mehrfach überdeckt, teilweise oder ganz. Für $a=n\pi$ ist das Bild genau n-mal bedeckt, abgesehen von gewissen Punkten der reellen Achse, die nur $(n-1)$-mal bedeckt sind.

73. Der Schnittpunkt des Halbstrahls mit der Kreislinie $|w|=1$; diejenige in der Kreisscheibe $|z|\leqq r$ befindliche vertikale Strecke, die möglichst viele unter den Parallelen $\Im z=\alpha,\ \alpha+2\pi,\ \alpha-2\pi,\ \alpha+4\pi,\ \alpha-4\pi,\ \dots$ trifft, liegt nämlich in $\Re z=0$, d. h. im Bilde von $|w|=1$. (VIII **16**; $N(r,a,\alpha)$ ist bei festem r, α dann möglichst groß, wenn $\log a=0$.)

74. Es ist für $z_1 \neq z_2$, $|z_1| < 1$, $|z_2| < 1$

$$z_2^2 + 2z_2 + 3 - (z_1^2 + 2z_1 + 3) = (z_2 - z_1)(z_2 + z_1 + 2) \neq 0.$$

75. Ist $z = re^{i\vartheta}$, $r > 0$, $0 < \vartheta < \pi$, so ist $w = Re^{i\Theta} = r^2 e^{2i\vartheta}$, $R = r^2$, $\Theta = 2\vartheta$, d. h. $R > 0$, $0 < \Theta < 2\pi$. Sind umgekehrt R, Θ vorgegeben, so lassen sich r, ϑ eindeutig bestimmen.

76. Die fragliche Funktion ist schlicht im Einheitskreise $|z| \leqq 1$, ferner ist dort $|w| \leqq 1$ [**5**]. Daß jeder Wert w, $|w| \leqq 1$, angenommen wird, folgt daraus, daß die inverse Funktion

$$z = \frac{a + e^{-i\alpha} w}{1 + \bar{a} e^{-i\alpha} w},$$

aufgefaßt als Funktion von $e^{-i\alpha} w$, von derselben Gestalt ist wie die gegebene. — Für die Punkte von konstantem Vergrößerungsverhältnis ist

$$\frac{1 - |a|^2}{|1 - \bar{a} z|^2} = \text{konst.}$$

Ist $a \neq 0$, so liegen diese auf gewissen Kreisbögen um den Mittelpunkt $\frac{1}{\bar{a}}$ (Spiegelpunkt von a in bezug auf den Einheitskreis).

77. [Vgl. *A. Winternitz*, Monatshefte d. Math. Bd. 30, S. 123, 1920.] Wenn z die Kreislinie K durchläuft, dann ist laut Voraussetzung $\left|\frac{z - a}{1 - \bar{a} z}\right| = \text{konst.}$, d. h. a und $\frac{1}{\bar{a}}$ (wenn $a = 0$ ist, 0 und ∞) sind das gemeinsame harmonische Punktepaar von K und vom Einheitskreis. Es sei nun z_0 der Mittelpunkt, r der Radius von K, $z_0 \neq 0$, $r < 1 - |z_0|$. Dann ergibt sich a, $|a| < 1$, aus der quadratischen Gleichung

$$(a - z_0)\left(\frac{1}{a} - \bar{z}_0\right) = r^2 \quad \text{oder} \quad (|a| - |z_0|)\left(\frac{1}{|a|} - |z_0|\right) = r^2, \quad \operatorname{arc} a = \operatorname{arc} z_0;$$

α ist beliebig.

78. $w = \text{konst.}\,\frac{z - i}{z + i}$.

79. Es sei $z = re^{i\vartheta}$. Es ist

$$w = \frac{\frac{1}{r} + r}{2} \cos\vartheta - i \frac{\frac{1}{r} - r}{2} \sin\vartheta.$$

Den Kreisen $|z| = r$, $0 < r < 1$, entsprechen konfokale Ellipsen mit den Halbachsen $\frac{\frac{1}{r} + r}{2}$ bzw. $\frac{\frac{1}{r} - r}{2}$. Die gemeinsamen Brennpunkte sind $w = +1$, $w = -1$. Den Halbstrahlen $\vartheta = \text{konst.}$ entsprechen konfokale Hyperbeln, gleichfalls mit den Brennpunkten $+1$, -1, die auf den vorhin definierten Ellipsen senkrecht stehen. Für $|z| = 1$, $z = e^{i\vartheta}$ ist $w = \cos\vartheta$. Durchläuft also z den Einheitskreis $|z| = 1$, so beschreibt w doppelt die reelle Strecke $-1 \leqq w \leqq 1$.

80. Die Funktion

$$w = kz + \frac{1}{kz}, \qquad 0 < kr_1 < kr_2 < 1,$$

bildet den fraglichen Kreisring auf das Ringgebiet zwischen den beiden Ellipsen ab, deren Brennpunkte -2 und 2 und deren große Halbachsen $kr_1 + \frac{1}{kr_1}$ bzw. $kr_2 + \frac{1}{kr_2}$ sind. Man setze

$$k = \frac{a_1 - \sqrt{a_1^2 - 1}}{r_1} = \frac{a_2 - \sqrt{a_2^2 - 1}}{r_2}.$$

81. Setzt man $w = -\frac{z + \frac{1}{z}}{2}$, $z = re^{i\vartheta}$, so ist [**79**]

$$w = -\frac{\frac{1}{r} + r}{2}\cos\vartheta + i\frac{\frac{1}{r} - r}{2}\sin\vartheta; \qquad \Im w > 0 \quad \text{für} \quad 0 < \vartheta < \pi.$$

Das lineare Vergrößerungsverhältnis ist

$$\left|\frac{\frac{1}{z^2} - 1}{2}\right| = \frac{1}{2}$$

für diejenigen Punkte $z = x + iy$, für welche

$$|x^2 - y^2 - 1 + 2ixy|^2 = |x^2 - y^2 + 2ixy|^2, \quad \text{d. h.} \quad x^2 - y^2 = \tfrac{1}{2}$$

ist. Sie liegen auf einer gleichseitigen Hyperbel, welche die reelle Achse in den Punkten $z = \pm\frac{1}{\sqrt{2}}$ schneidet. Für die Punkte, für welche die Drehung

$$\operatorname{arc}\frac{\frac{1}{z^2} - 1}{2} = \pm\frac{\pi}{2}$$

ist, hat man $\Re\frac{1}{z^2} = 1$, d. h. $r^2 = \cos 2\vartheta$. Sie liegen auf der Lemniskate $\left|z - \frac{1}{\sqrt{2}}\right|\left|z + \frac{1}{\sqrt{2}}\right| = \frac{1}{2}$.

82. Durch die Hilfsabbildung $\zeta = -\frac{z + \frac{1}{z}}{2}$ geht das fragliche Gebiet der z-Ebene in die obere Halbebene $\Im\zeta > 0$ der ζ-Ebene über [**81**]; hierbei wird $\zeta = \infty$ aus $z = 0$, $\zeta = 0$ aus $z = i$ und $\zeta = \mp 1$ aus $z = \pm 1$. Durch die weitere Abbildung $w = \frac{1}{\zeta^2}$ geht ferner die obere Halbebene $\Im\zeta > 0$, mit Rücksicht auf **75**, in die längs der nichtnegativen reellen Achse aufgeschlitzte w-Ebene über, wobei $\zeta = \infty$, $w = 0$; $\zeta = 0$,

$w = \infty$ und $\zeta = \pm 1$, $w = 1$ einander entsprechen. Die gesuchte Abbildung ist somit

$$w = \left(\frac{2}{z + \frac{1}{z}}\right)^2 = \frac{4z^2}{(1+z^2)^2}.$$

Die Bildpunkte von $z = \pm 1$ liegen beide in $w = 1$, nur an verschiedenen „Ufern" des Schlitzes.

83. $\operatorname{arc} w = \dfrac{2\pi}{\beta - \alpha}(\operatorname{arc} z - \alpha)$, d. h. $0 < \operatorname{arc} w < 2\pi$.

84. Durch die erste Hilfsabbildung $\zeta = (e^{-i\alpha} z)^{\frac{\pi}{\beta - \alpha}}$ wird der Kreissektor in die obere Hälfte des Kreises $|\zeta| < 1$, dieser durch die zweite Hilfsabbildung $s = -\dfrac{\zeta + \frac{1}{\zeta}}{2}$ [**81**] in die obere Halbebene $\mathfrak{J} s > 0$ übergeführt. Man wende jetzt **78** an.

85. Aus

$$u - iv = \frac{\partial}{\partial x}[\varphi(x, y) + i\psi(x, y)] = \frac{1}{i}\frac{\partial}{\partial y}[\varphi(x, y) + i\psi(x, y)]$$

durch Trennung von Reellem und Imaginärem.

86. Sie sind die Bilder der achsenparallelen Geraden $\mathfrak{R} f = \text{konst.}$, $\mathfrak{J} f = \text{konst.}$ bei der konformen Abbildung $f = f(z)$.

87. Aus **85** mit Rücksicht auf die *Cauchy-Riemann*sche Differentialgleichung $\dfrac{\partial u}{\partial x} + \dfrac{\partial v}{\partial y} = 0$. Auch die Funktion ψ genügt der *Laplace*schen Differentialgleichung.

88.

$$u \cos\tau + v \sin\tau = \mathfrak{R}(u - iv)e^{i\tau},$$

so daß das fragliche Integral

$$= \mathfrak{R}\int\limits_L \frac{df}{dz} e^{i\tau} ds = \mathfrak{R}\int\limits_L \frac{df}{dz} dz = \mathfrak{R}[f(z_2) - f(z_1)]$$

ist. Hierbei bezeichnet dz das gerichtete Linienelement, dessen absoluter Betrag ds und dessen Arcus τ ist.

89. $u \sin\tau - v \cos\tau = \mathfrak{J}(u - iv)e^{i\tau}$; vgl. **88**.

90. Die dritte Gleichung ist mit der zweiten *Cauchy-Riemann*schen Differentialgleichung identisch. Die beiden ersten ergeben sich durch direkte Differentiation und durch Berücksichtigung der ersten *Cauchy-Riemann*schen Differentialgleichung:

$$\frac{1}{\varrho}\frac{\partial p}{\partial x} = -u\frac{\partial u}{\partial x} - v\frac{\partial v}{\partial x} = -u\frac{\partial u}{\partial x} - v\frac{\partial u}{\partial y},$$

$$\frac{1}{\varrho}\frac{\partial p}{\partial y} = -u\frac{\partial u}{\partial y} - v\frac{\partial v}{\partial y} = -u\frac{\partial v}{\partial x} - v\frac{\partial v}{\partial y}.$$

91. Der Vektor $\bar{w} = \frac{1}{r} e^{i\vartheta}$ schließt mit der positiven reellen Achse den Winkel ϑ ein, sein Absolutwert ist $\frac{1}{r}$. Es ist (abgesehen von einer additiven Konstante)

$$f(z) = \log z, \qquad \varphi(x, y) = \log r = \log \sqrt{x^2 + y^2}, \qquad \psi(x, y) = \vartheta = \operatorname{arctg} \frac{y}{x}.$$

Die Niveaulinien sind konzentrische Kreise um den Nullpunkt, die Stromlinien zu diesen senkrechte Halbstrahlen.

92. $\varphi_2 - \varphi_1 = \log r_2 - \log r_1 = \log \frac{r_2}{r_1}, \qquad \psi' - \psi = 2\pi,$

$$\frac{\frac{1}{4\pi}(\psi' - \psi)}{\varphi_2 - \varphi_1} = \frac{1}{2 \log \frac{r_2}{r_1}}.$$

93. Die Amplitude von $\bar{w}$ ist $= \vartheta + \frac{\pi}{2}$, der Absolutwert $= \frac{1}{r}$. Ferner ist (abgesehen von einer additiven Konstante)

$$f(z) = -i \log z, \quad \varphi(x, y) = \vartheta = \operatorname{arctg} \frac{y}{x}, \quad \psi(x, y) = -\log r = -\log \sqrt{x^2 + y^2}.$$

Die Niveau- und Stromlinien sind gegenüber **91** vertauscht. Das Potential φ ist unendlich vieldeutig.

94. Nach **93** ist (abgesehen von einem reellen konstanten Faktor)

$$w = \frac{2i}{z^2 - 1}, \text{ also } f(z) = i \log \frac{z-1}{z+1}, \quad \psi = \log \left| \frac{z-1}{z+1} \right|, \quad -\varphi = \operatorname{arc} \frac{z-1}{z+1}.$$

Die Niveaulinien sind Kreise durch die Punkte $z = -1$, $z = 1$, die Stromlinien ebenfalls Kreise, und zwar diejenigen, in bezug auf welche $z = -1$ und $z = 1$ spiegelbildlich liegen (*Apollonis*che Kreise).

95. Es handelt sich um diejenigen Punkte z, für die [**93**]

$$-\frac{i\lambda_1}{z - z_1} - \frac{i\lambda_2}{z - z_2} - \cdots - \frac{i\lambda_n}{z - z_n} = 0,$$

d. h.

$$\frac{\lambda_1}{z - z_1} + \frac{\lambda_2}{z - z_2} + \cdots + \frac{\lambda_n}{z - z_n} = 0$$

ist; die positiven Zahlen $\lambda_1, \lambda_2, \ldots, \lambda_n$ sind den Stromintensitäten proportional. Vgl. **31**, insbesondere die erste dort gegebene Lösung.

96. $w = f'(z)$ ist so zu bestimmen, daß auf den gegebenen Ellipsen $\Re f =$ konst. ist. Durch die Abbildung [**80**]

$$z = kZ + \frac{1}{kZ}, \qquad 2kZ = z - \sqrt{z^2 - 4}$$

geht das gegebene Ringgebiet in den Kreisring $r_1 < |Z| < r_2$ über. Hierbei ist, $a_1 > a_2$ vorausgesetzt,

$$\frac{r_1}{r_2} = \frac{a_1 - \sqrt{a_1^2 - 1}}{a_2 - \sqrt{a_2^2 - 1}}, \qquad k = \frac{a_1 - \sqrt{a_1^2 - 1}}{r_1} = \frac{a_2 - \sqrt{a_2^2 - 1}}{r_2},$$

die Quadratwurzeln positiv genommen. Die Frage ist mithin auf **91** zurückgeführt: durch $w = \frac{1}{Z}$ wird ein Vektorfeld in der Z-Ebene definiert, für das die konzentrischen Kreise um den Nullpunkt $Z = 0$ Niveaulinien sind, d. h. auf diesen ist $\Re \int \frac{dZ}{Z} =$ konst. Hieraus folgt Analoges für

$$\int \frac{dZ}{dz} \frac{1}{Z} dz = -\int \frac{dz}{\sqrt{z^2 - 4}}$$

auf den gegebenen Ellipsen der z-Ebene, d. h.

$$w = -\frac{1}{\sqrt{z^2 - 4}}, \qquad f(z) = \log(z - \sqrt{z^2 - 4}).$$

Die Stromlinien sind konfokale Hyperbeln, die Niveaulinien konfokale Ellipsen mit den Brennpunkten -2, 2. Es ist

$$\psi' - \psi = 2\pi, \qquad \varphi_2 - \varphi_1 = \log \frac{r_2}{r_1} = \log \frac{a_2 - \sqrt{a_2^2 - 1}}{a_1 - \sqrt{a_1^2 - 1}},$$

die Kapazität ist

$$\frac{1}{2 \log \frac{a_2 - \sqrt{a_2^2 - 1}}{a_1 - \sqrt{a_1^2 - 1}}}.$$

97. Man setze [**93**]

$$w = -\frac{i}{z}; \quad \psi_1 = -\log a, \quad \psi_2 = -\log b, \quad \varphi_1 = \alpha, \quad \varphi_2 = \beta.$$

Der Widerstand ist (Vorzeichen hier unwesentlich!) gleich

$$-\frac{\beta - \alpha}{\log b - \log a}.$$

98. Nach **85** ist der Einheitskreis $|z| = 1$ Stromlinie. Wird der konstante Wert der Stromfunktion längs des Einheitskreises und auf dem Teil der reellen Achse, der im Vektorfeld liegt, $= 0$ angenommen, so wird durch $f = f(z)$ der Kreis $|z| = 1$ in eine reelle Strecke übergeführt. Nach **79** setzt man

$$f(z) = k\left(z + \frac{1}{z}\right) + k_0, \qquad k, k_0 \text{ reell},$$

wobei wegen $\overline{w} = 1$ für $z = \infty$ die Konstante $k = 1$ wird, d. h.

$$w = 1 - \frac{1}{z^2}.$$

99. Staupunkte: $z = \pm 1$; $\overline{w}$ nimmt in je zwei in bezug auf den Nullpunkt symmetrisch gelegenen Punkten den gleichen Wert an; daher ist die Resultierende aller auf den Pfeiler wirkenden Druckkräfte $= 0$ [vgl. **90**]. Der Druck ist dann Minimum bzw. Maximum, wenn $\left|1 - \frac{1}{z^2}\right|$ Maximum bzw. Minimum ist, d. h. für $z = \pm i$ bzw. $z = \pm 1$. Nach Drehung aller Vektoren um 90° entsteht ein Kraftfeld, das folgendermaßen interpretiert werden kann: Ein homogenes, elektrostatisches Feld wird durch einen kreisrunden, drahtförmigen, zur Feldrichtung senkrechten, isolierten und ungeladenen Leiter gestört (einfachstes Beispiel elektrostatischer Influenz).

100. [*G. Kirchhoff*, Vorlesungen über Mechanik, 4. Auflage, S. 303 bis 307, 1897.] Ergänzende Stetigkeitsbedingung: Die Begrenzung des Totwassers reicht ins Unendliche, wo $|w| = 1$ ist; daher ist am ganzen Rand des Totwassers der fragliche konstante Wert $|w| = 1$. — An den Begrenzungsstücken AB, AD (Hindernis) ist die *Richtung*, an den Begrenzungsstücken BC, DC (Totwasser) der *Betrag* von $\overline{w}$ bekannt, in den vier Punkten A, B, C, D ist $\overline{w}$ vollständig bekannt. Beachtet man die *Konstanz* der Richtung bzw. des Betrages an den betreffenden Begrenzungsstücken, so ergibt sich als Bild der Begrenzung des Strömungsfeldes die Begrenzung eines Halbkreises in der $\overline{w}$-Ebene. — Fixieren wir die in f steckende additive Konstante [S. 103] so, daß $f = 0$ dem Staupunkt $z = 0$ entspricht, dann entsprechen die beiden Ufer der positiven reellen Achse der f-Ebene den beiden Stromlinien ABC und ADC. Die längs der positiven reellen Achse aufgeschlitzte f-Ebene entspricht dem ganzen Strömungsfeld; und zwar kann nicht bloß ein Teilgebiet dieser aufgeschlitzten Ebene dem Strömungsfeld entsprechen, deshalb, weil für $z \to \infty$ $w = \frac{df}{dz} \sim i$, also $f \sim iz$ sein muß. Den beiden Punkten B, D des Strömungsfeldes entspricht wegen der Symmetrie derselbe Punkt der f-Ebene, der einmal zum oberen, das andere Mal zum unteren Ufer des Schlitzes gerechnet wird. Man beachte, daß bei festgehaltenem $\overline{w}$ eine Dilatation der f-Ebene eine gleiche Dilatation der z-Ebene nach sich zieht, da $df = w \cdot dz$ ist. Dilatieren wir nun die f-Ebene so, daß $f = 1$ das Bild von $z = \pm l$ wird. Hierdurch haben wir l einen numerischen Wert beigelegt. — Wenn ein eineindeutiges Entsprechen der betreffenden Teile der z-, $\overline{w}$- und f-Ebenen möglich ist, so können wir bestimmen [vgl. **188**], ob bei Umlaufung des Randes im Sinne $ABCDA$ das Innere links oder rechts bleibt (letzte Zeile der Tabelle). In der nachfolgenden Tabelle und in den Abbildungen sind die dem Punkte A der z-Ebene entsprechenden Punkte in den übrigen Ebenen auch mit A bezeichnet; ähnlich sind B, C, D gebraucht.

	z	$\overline{w}$	w	f
A	0	0	0	0
B	l	1	1	1
C	∞	$-i$	i	∞
D	$-l$	-1	-1	1
Gebiet bleibt	links	rechts	links	links.

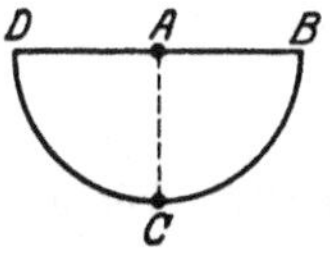

Geschwindigkeits-ebene ($\overline{w}$-Ebene).

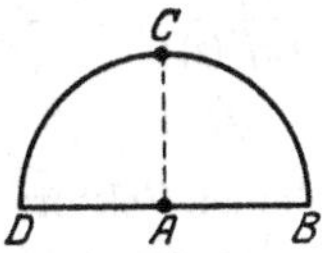

(w-Ebene).

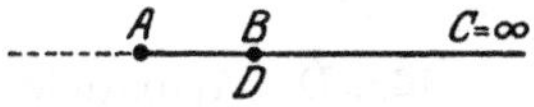

Potentialebene (f-Ebene).

101. Nach **82** ist

$$f = \frac{4w^2}{(1+w^2)^2}, \qquad \text{d. h.} \qquad \frac{1}{w} = \frac{1+\sqrt{1-f}}{\sqrt{f}},$$

wobei $\sqrt{1-f}$ für $f=0$ sich auf 1 reduziert; man verfolge den Wert von w auf den beiden Ufern des Schlitzes in der f-Ebene! Hieraus folgt

$$z = \int_0^f \frac{df}{w} = 2\sqrt{f} + \sqrt{f}\sqrt{1-f} + \arcsin\sqrt{f},$$

$$z = x + iy = 2\sqrt{f} + \frac{\pi}{2} - i\left[f\sqrt{1-\frac{1}{f}} - \log\left(\sqrt{f} + \sqrt{f-1}\right)\right].$$

Die erste Formel für z ist insbesondere für $0 < f < 1$, die zweite dann zu gebrauchen, wenn $f > 1$ ist (Wurzel positiv!), und ergibt die Form der Begrenzung des Totwassers: $z = l = 2 + \frac{\pi}{2}$ für $f = 1$, $x \sim 2\sqrt{f}$, $y \sim -f$, also die Breite des Totwassers $2x \sim 4\sqrt{|y|}$ in großer Entfernung von dem Hindernis.

102. Ist der Druck $p = c - \frac{1}{2}|w|^2$ im Punkte z [**90**], so ist er insbesondere $= p_1 = c - \frac{1}{2}$ an der Begrenzung und folglich in der ganzen Ausdehnung des Totwassers. Der gesuchte Gesamtdruck ist

$$\int_{-l}^{+l} (p - p_1)\,dz = \int_{-l}^{+l} \tfrac{1}{2}(1 - |w|^2)\,dz = \int_0^l (1 - w^2)\,dz$$

$$= \int_0^1 (1 - w^2)\frac{df}{w} = \int_0^1 4\sqrt{1-f}\,d\sqrt{f} = \pi.$$

103. Man setze $z = r e^{i\vartheta}$. Weil das Vorzeichen der Winkelgeschwindigkeit positiv ist, wächst ϑ, d. h. z durchschreitet den Kreis in positiver Richtung. Es ist $\frac{dz}{d\vartheta} = iz$, und der gesuchte Geschwindigkeitsvektor lautet

$$\frac{df(z)}{d\vartheta} = \frac{df(z)}{dz}\frac{dz}{d\vartheta} = izf'(z).$$

104. Bezeichnet ω den Winkel, um den man den Vektor w (Radiusvektor) in positiver Richtung drehen muß, bis er in die Richtung des Vektors $izf'(z)$ [Tangentenvektor, **103**] fällt, so ist der gesuchte Abstand

$$|f(z)|\sin\omega = |f(z)|\frac{\Im\frac{izf'(z)}{f(z)}}{\left|\frac{izf'(z)}{f(z)}\right|} = \frac{\Re zf'(z)\overline{f(z)}}{|zf'(z)|}.$$

105. Die Amplitude des fraglichen Vektors ist $\Im\log f(z)$. Die gesuchte Winkelgeschwindigkeit ist also, $z = re^{i\vartheta}$,

$$\frac{d}{d\vartheta}\Im\log f(z) = \Im\frac{d\log f(z)}{dz}\frac{dz}{d\vartheta} = \Im\frac{f'(z)}{f(z)}iz = \Re z\frac{f'(z)}{f(z)}.$$

106. Die Krümmung ist $\frac{1}{\varrho} = \frac{d\Theta}{dS}$, wo $d\Theta$ die Änderung der Richtung der Geschwindigkeit von $f(z)$, also nach **103** die Änderung von $\Im\log izf'(z)$, dS das Linienelement der durch $f(z)$ beschriebenen Kurve bezeichnet. Nach **103** ist $\frac{dS}{d\vartheta} = |izf'(z)|$, also, $z = re^{i\vartheta}$,

$$\frac{1}{\varrho} = \frac{\frac{d\Theta}{d\vartheta}}{\frac{dS}{d\vartheta}} = \frac{\frac{d}{d\vartheta}\Im\log izf'(z)}{|izf'(z)|} = \frac{\Im\frac{d\log zf'(z)}{dz}\frac{dz}{d\vartheta}}{|zf'(z)|}.$$

Die Krümmung ist laut Definition positiv oder negativ, je nachdem der Drehungssinn des Geschwindigkeitsvektors $izf'(z)$ positiv oder negativ ist.

107.

	konkav	konvex
links	+	—
rechts	—	+

Wenn $w = z^n + a$, $n \gtrless 0$, dann ist $\frac{1}{\varrho} = \frac{\operatorname{sg} n}{r^n}$. Die vier Möglichkeiten sind schon in den Spezialfällen $r = 1$, $|a| > 1$, $n = 1$ oder -1 vertreten, wenn $w = 0$ der fragliche feste Punkt ist.

108. [**106**, **107**.]

109. Die Winkelgeschwindigkeit des Vektors $w = f(z)$ ist stets positiv. [**105**.]

110. Aus **108** und **109** oder direkt durch folgende Überlegung: Der Winkel zwischen dw und der positiven reellen Achse ist bei der Abbildung $w = f(z)$ durch den Arcus von $izf'(z)$ gegeben [**103**]. Konvexität heißt, daß dieser Arcus sich stets in derselben Richtung ändert, das ist aber die Sternförmigkeit des Bildes bei der Abbildung $w = zf'(z)$.

111. [*Thekla Lukács.*] Sind a und b zwei Punkte der w-Ebene von der fraglichen Art, dann ist für $|z| = r$

$$\Re z \frac{f'(z)}{f(z) - a} > 0, \qquad \Re z \frac{f'(z)}{f(z) - b} > 0,$$

d. h.

$$\Re z f'(z) \overline{f(z) - a} > 0, \qquad \Re z f'(z) \overline{f(z) - b} > 0.$$

Hieraus folgt, wenn $\lambda > 0$, $\mu > 0$, $\lambda + \mu = 1$ ist,

$$\Re z f'(z) \overline{f(z) - (\lambda a + \mu b)} > 0, \quad \text{also} \quad \Re z \frac{f'(z)}{f(z) - (\lambda a + \mu b)} > 0.$$

Auch elementargeometrisch leicht zu beweisen.

112. $h(\varphi) = \Re \bar{a} e^{i\varphi} = |a| \cos(\varphi - \alpha)$.

113. 1. Der in **103** berechnete Geschwindigkeitsvektor $izf'(z)$ schließt mit der positiven reellen Achse den Winkel $\varphi + \frac{\pi}{2}$ ein; $\varphi = \operatorname{arc} zf'(z) = \Im \log zf'(z)$.

2. $$h(\varphi) = \frac{\Re z f'(z) \overline{f(z)}}{|zf'(z)|}$$

[**104**] mit Berücksichtigung des Vorzeichens.

114.

$$\varphi = \Im \log \frac{z}{1+z} = \Im \log \frac{e^{\frac{i\vartheta}{2}}}{2\cos\frac{\vartheta}{2}} = \frac{\vartheta}{2}, \qquad z = e^{i\vartheta} \qquad [\mathbf{113}].$$

115. Für $\frac{\pi}{4} \leqq \varphi \leqq \frac{3\pi}{4}$ ist die Stützfunktion identisch mit der des Punktes πi [**112**]. Sonst auf Grund von **113**

$$\varphi = \Im \log \frac{2z}{\sqrt{1+z^2}} = \Im \log \frac{2e^{\frac{i\vartheta}{2}}}{\sqrt{2\cos\vartheta}} = \frac{\vartheta}{2}.$$

116. $\varphi = \operatorname{arc} zf'(z) = \operatorname{arc} \frac{w}{1-w}$, $h(\varphi) = \left|\frac{w}{1-w}\right| \Re(1-w)$, wenn die Stützgerade eine Tangente der Randkurve ist; $h(\varphi) = \cos\varphi$, wenn die Stützgerade durch die Ecke $w = 1$ geht.

117. $\frac{1}{2\pi}\int_0^{2\pi} e^{i(k-l)\vartheta}\,d\vartheta = \frac{1}{2\pi}\int_0^{2\pi} e^{in\vartheta}\,d\vartheta = 0$ oder 1, je nachdem die ganze Zahl $n = k - l$ von 0 verschieden ist oder nicht.

118. Aus

$$f(re^{i\vartheta}) = a_0 + a_1 re^{i\vartheta} + a_2 r^2 e^{2i\vartheta} + \cdots + a_n r^n e^{in\vartheta} + \cdots$$

durch Integration unter Beachtung von **117**.

119. Man wende **118** auf $\log f(z)$ an und trenne den reellen Teil ab.

120. [*Jensen*sche Formel, vgl. **175**.] Das geometrische Mittel der einzelnen Faktoren $|z - z_\nu|$ läßt sich nach II **52**, das von $|f^*(z)|$ nach **119** berechnen.

121. Für $f(z) \neq 0$ in $|z| \leqq r$ ist $\mathfrak{g}(r) = \mathfrak{G}(r) = |f(0)|$ [**119**]. Zerfällt $f(z)$ in das Produkt von zwei für $|z| \leqq r$ regulären Funktionen, $f(z) = f_1(z) f_2(z)$, so sind die Mittelwerte $\mathfrak{g}(r)$, $\mathfrak{G}(r)$ bzw. gleich dem Produkt der entsprechenden zu $f_1(z)$ und $f_2(z)$ gehörigen Mittelwerte. Es genügt also, den Spezialfall $f(z) = z - z_0$, $|z_0| \leqq r$ zu betrachten. Man hat [II **52**]

$$\mathfrak{G}(r) = e^{\frac{1}{2\pi}\int_0^{2\pi}\log|re^{i\vartheta} - z_0|\,d\vartheta} = \operatorname{Max}(r, |z_0|) = r,$$

$$\mathfrak{g}(r) = e^{\frac{1}{\pi r^2}\int_0^r\int_0^{2\pi}\log|\varrho e^{i\vartheta} - z_0|\,\varrho\,d\varrho\,d\vartheta} = e^{\frac{2}{r^2}\int_0^r \operatorname{Max}(\log\varrho, \log|z_0|)\,\varrho\,d\varrho} = e^{\log r - \frac{1}{2} + \frac{|z_0|^2}{2r^2}}.$$

122. [Vgl. *M. A. Parseval*, Mém. par divers savans, Bd. 1, S. 639 bis 648, 1805; *A. Gutzmer*, Math. Ann. Bd. 32, S. 596—600, 1888.] Es ist

$$\frac{1}{2\pi}\int_0^{2\pi} f(re^{i\vartheta})\overline{f(re^{i\vartheta})}\,d\vartheta = \sum_{k=0}^{\infty}\sum_{l=0}^{\infty} r^{k+l}\frac{1}{2\pi}\int_0^{2\pi} e^{i(k-l)\vartheta}\,d\vartheta \cdot a_k\bar{a}_l \qquad [\mathbf{117}].$$

123. Setzt man $P(z) = x_0 + x_1 z + x_2 z^2 + \cdots + x_n z^n$ mit beliebigen komplexen Koeffizienten $x_0, x_1, \ldots, x_n$, so ist

$$\frac{1}{2\pi}\int_0^{2\pi} |f(e^{i\vartheta}) - P(e^{i\vartheta})|^2\,d\vartheta$$
$$= |a_0 - x_0|^2 + |a_1 - x_1|^2 + \cdots + |a_n - x_n|^2 + |a_{n+1}|^2 + |a_{n+2}|^2 + \cdots.$$

Dieser Ausdruck ist für alle Werte von $x_0, x_1, \ldots, x_n$ dann und nur dann Minimum, wenn die $n + 1$ ersten Glieder verschwinden.

124. [Bezüglich **124**—**127** vgl. *L. Bieberbach*, Palermo Rend. Bd. 38, S. 98—112, 1914; Berl. Ber. 1916, S. 940—955 und *T. Carleman*, Math. Zeitschr. Bd. 1, S. 208—212, 1918.] Spezialfall von **125**; man ersetze dort r, R durch 0, r.

125. Setzt man $w = f(x + iy) = u + iv$, so ist der fragliche Flächeninhalt

$$F = \iint\limits_{r^2 \leq x^2+y^2 \leq R^2} du\,dv = \iint\limits_{r^2 \leq x^2+y^2 \leq R^2} \left|\frac{\partial(u,v)}{\partial(x,y)}\right| dx\,dy = \int\limits_r^R \int\limits_0^{2\pi} \left|\frac{\partial(u,v)}{\partial(x,y)}\right| \varrho\, d\varrho\, d\vartheta .$$

Man hat (vgl. S. 96)

$$\frac{\partial(u,v)}{\partial(x,y)} = \frac{\partial u}{\partial x}\frac{\partial v}{\partial y} - \frac{\partial u}{\partial y}\frac{\partial v}{\partial x} = \left(\frac{\partial u}{\partial x}\right)^2 + \left(\frac{\partial v}{\partial x}\right)^2 = \left|\frac{\partial(u+iv)}{\partial x}\right|^2 = |f'(z)|^2,$$

daher

$$F = \int\limits_r^R \int\limits_0^{2\pi} |f'(\varrho e^{i\vartheta})|^2 \varrho\, d\varrho\, d\vartheta = 2\pi \int\limits_r^R \left(\sum_{n=-\infty}^{\infty} n^2 |a_n|^2 \varrho^{2n-1}\right) d\varrho$$

$$= \pi \sum_{n=-\infty}^{\infty} n\, |a_n|^2 (R^{2n} - r^{2n}) .$$

126. Spezialfall von **127**. Betreffend Umlaufssinn vgl. **188** oder **190**. — Was bedeutet der erhaltene Ausdruck für $c = 0$? [**124**.]

127. Die Fläche wird dargestellt als Summe von, mit Vorzeichen versehenen, Elementardreiecken, begrenzt durch Bogenelemente der Kurve L und durch Radienvektoren, die vom Nullpunkt ausgehen. Das Vorzeichen ist positiv oder negativ, je nachdem der Punkt $w = 0$ vom begrenzenden gerichteten Bogenelement links oder rechts liegt. Es stimmt mit dem Vorzeichen von $\sin\omega$ überein, unter Benutzung der Bezeichnung von Lösung **104**. Somit ist der gesuchte Inhalt

$$\left.\begin{aligned} &= \tfrac{1}{2}\int\limits_0^{2\pi} |izf'(z)|\,|f(z)| \sin\omega\, d\vartheta = \tfrac{1}{2}\int\limits_0^{2\pi} \Re\, z f'(z) \overline{f(z)}\, d\vartheta \\ &= \tfrac{1}{2}\Re \int\limits_0^{2\pi} \sum_{k=-\infty}^{\infty} k a_k r^k e^{ik\vartheta} \sum_{l=-\infty}^{\infty} \overline{a}_l r^l e^{-il\vartheta} d\vartheta , \end{aligned}\right\} \quad z = re^{i\vartheta}.$$

128. Nach **124** ist

$$4\int\limits_0^r \frac{J(\varrho)}{\varrho}\, d\varrho = 2\pi \sum_{n=1}^{\infty} |a_n|^2 r^{2n} \qquad [\textbf{122}].$$

129. [Vgl. *K. Löwner* und *Ph. Frank*, Math. Zeitschr. Bd. 3, S. 84, 1919.] Die „Dichtigkeitsfunktion" der fraglichen Belegung ist proportional mit $|\varphi'(z)|^{-1}$, weil $\int |\varphi'(z)|^{-1} |dw|$, erstreckt über einen beliebigen Bogen von L, die Länge des entsprechenden Bogens des Kreises $|z| = r$ liefert. Es ist somit

$$\xi \int\limits_L |\varphi'(z)|^{-1} |dw| = \int\limits_L \varphi(z)\, |\varphi'(z)|^{-1} |dw| , \qquad \text{d. h.} \qquad \xi \int\limits_0^{2\pi} r\, d\vartheta = \int\limits_0^{2\pi} \varphi(re^{i\vartheta})\, r\, d\vartheta .$$

130. Setzt man $z = \varrho e^{i\vartheta}$, so ist der fragliche Inhalt gleich

$$\int_0^r \int_0^{2\pi} |f(\varrho e^{i\vartheta})|^2 \varrho \, d\varrho \, d\vartheta = 2\pi \int_0^r \left(\sum_{n=0}^{\infty} |a_n|^2 \varrho^{2n+1} \right) d\varrho .$$

131. [*J. L. W. V. Jensen*, Acta Math. Bd. 36, S. 195, 1912.]

$$\cos\gamma = \left[1 + \left(\frac{\partial\zeta}{\partial x}\right)^2 + \left(\frac{\partial\zeta}{\partial y}\right)^2\right]^{-\frac{1}{2}}, \qquad \operatorname{tg}^2\gamma = \left(\frac{\partial\zeta}{\partial x}\right)^2 + \left(\frac{\partial\zeta}{\partial y}\right)^2.$$

Aus $\zeta = u^2 + v^2$ ergibt sich

$$\frac{1}{4}\operatorname{tg}^2\gamma = \left(u\frac{\partial u}{\partial x} + v\frac{\partial v}{\partial x}\right)^2 + \left(u\frac{\partial u}{\partial y} + v\frac{\partial v}{\partial y}\right)^2 = (u^2 + v^2)\left[\left(\frac{\partial u}{\partial x}\right)^2 + \left(\frac{\partial v}{\partial x}\right)^2\right]$$

kraft der *Cauchy-Riemann*schen Differentialgleichungen.

132. Ist z_0 ein Punkt mit horizontaler Tangentialebene, so ist nach **131** entweder $f(z_0) = 0$ oder $f(z_0) \neq 0$, $f'(z_0) = 0$. Im ersten Fall beachte man, daß eine analytische Funktion nur isolierte Nullstellen besitzt. Im zweiten Falle sei etwa $f'(z_0) = f''(z_0) = \cdots = f^{(l-1)}(z_0) = 0$, $f^{(l)}(z_0) \neq 0$ [$l \geqq 2$, Sattelpunkt $(l-1)^{\text{ter}}$ Ordnung], also

$$f(z_0 + h) = f(z_0) + \frac{f^{(l)}(z_0)}{l!} h^l + \cdots,$$

$$\zeta = |f(z_0 + h)|^2 = |f(z_0)|^2 + f(z_0)\frac{\overline{f^{(l)}(z_0)}}{l!}\bar{h}^l + \overline{f(z_0)}\frac{f^{(l)}(z_0)}{l!}h^l + \cdots$$
$$= |f(z_0)|^2 + A|h|^l \cos(l\varphi - \alpha) + \cdots,$$

wo $h = |h| e^{i\varphi}$ ist, A, α reelle Konstanten, $A \gtrless 0$, die durch $f(z_0)$ und $f^{(l)}(z_0)$ bestimmt sind. Die $2l$ Werte von φ, die den Einmündungsrichtungen der $2l$ Züge entsprechen, sind

$$\varphi = \frac{\alpha}{l} + \frac{2k-1}{2l}\pi, \qquad k = 1, 2, \ldots, 2l.$$

Zwischen diesen Richtungen ist das Vorzeichen von $A\cos(l\varphi - \alpha)$ abwechselnd positiv und negativ.

133. Das fragliche Polynom sei $a_0(z - \alpha_1)(z - \alpha_2)\ldots(z - \alpha_n)$, $\alpha_1, \alpha_2, \ldots, \alpha_n$ reell. Dann ist

$$\zeta = |a_0|^2 \prod_{\nu=1}^{n} [(x - \alpha_\nu)^2 + y^2] \geqq |a_0|^2 \prod_{\nu=1}^{n} (x - \alpha_\nu)^2, \qquad \frac{\partial^2\zeta}{\partial y^2} > 0.$$

134. Aus **122** folgt

$$|f(z_0)|^2 + \left|\frac{f'(z_0)}{1!}\right|^2 r^2 + \left|\frac{f''(z_0)}{2!}\right|^2 r^4 + \cdots + \left|\frac{f^{(n)}(z_0)}{n!}\right|^2 r^{2n} + \cdots$$
$$= \frac{1}{2\pi}\int_0^{2\pi} |f(z_0 + re^{i\vartheta})|^2 d\vartheta \leqq M^2,$$

d. h. $|f(z_0)| \leqq M$. Gilt das Zeichen $=$, so muß

$$f'(z_0) = f''(z_0) = \cdots = f^{(n)}(z_0) = \cdots = 0$$

sein, d. h. $f(z) \equiv f(z_0)$, konstant.

135. Die stetige Funktion $|f(z)|$ muß in dem abgeschlossenen Bereiche $\mathfrak{B}$ ihr Maximum erreichen. Nach **134** ist es unmöglich, daß $|f(z)|$ diesen größten Wert in einem inneren Punkt z_0 von $\mathfrak{B}$ erreicht.

136. Das Flächenstück, welches ein beliebiger, zur x, y-Ebene senkrechter Zylinder aus der Betragfläche herausschneidet, hat seinen höchstgelegenen Punkt am Rande, es sei denn, daß die ganze Betragfläche eine der x, y-Ebene parallele Ebene ist. Eine „analytische Landschaft" besitzt keine „Gipfel".

137. Geometrische Einkleidung des Satzes, daß ein Polynom $(z-z_1)(z-z_2)\cdots(z-z_n)$ in jedem Bereiche seinen Maximalbetrag am Rande annimmt [**135**].

138. $\dfrac{1}{f(z)}$ ist regulär in $\mathfrak{B}$ [**135**].

139. Es sei $|z_\nu| < R$, $\nu = 1, 2, \ldots, n$. Die Funktion

$$f(z) = \frac{1}{R}\sqrt[n]{(R^2 - \bar{z}_1 z)(R^2 - \bar{z}_2 z)\cdots(R^2 - \bar{z}_n z)}$$

hat einen für $|z| \leqq R$ regulären Zweig, ferner ist $f(z)$ von 0 verschieden in $|z| \leqq R$. Nach **135** und **138** liegt also $|f(0)| = R$ zwischen dem Maximum und Minimum von $|f(z)|$ für $|z| = R$. Es ist für $|z| = R$ [**5**]

$$|f(z)| = \sqrt[n]{|z-z_1|\,|z-z_2|\cdots|z-z_n|}.$$

Die einzige Ausnahme bildet der Fall, wo $f(z) \equiv$ konst., d. h. $z_1 = z_2 = \cdots = z_n = 0$ ist.

140. Für $|z| = R$ ist

$$R \leqq \operatorname{Max}\left|\frac{1}{R}\,\frac{(R^2-\bar{z}_1 z)+(R^2-\bar{z}_2 z)+\cdots+(R^2-\bar{z}_n z)}{n}\right| \leqq$$

$$\leqq \operatorname{Max}\left(\frac{1}{R}\,\frac{|R^2-\bar{z}_1 z|+|R^2-\bar{z}_2 z|+\cdots+|R^2-\bar{z}_n z|}{n}\right) =$$

$$= \operatorname{Max}\frac{|z-z_1|+|z-z_2|+\cdots+|z-z_n|}{n} \qquad [\mathbf{5}].$$

Das Gleichheitszeichen kann nur dann eintreten, wenn $z_1 + z_2 + \cdots + z_n = 0$, wenn ferner sämtliche z_ν vom gleichen Arcus sind, d. h. $z_\nu = 0$, $\nu = 1, 2, \ldots, n$. — Man beachte den Spezialfall $n = 4$, $z_1 = 1$, $z_2 = i$, $z_3 = -1$, $z_4 = -i$, $R > 1$. Das arithmetische Mittel der *Projektionen* der fraglichen Abstände auf den durch den Punkt P gehenden Durchmesser ist schon $= R$.

141. Die Funktion

$$\frac{1}{R^2 - \bar{z}_1 z} + \frac{1}{R^2 - \bar{z}_2 z} + \cdots + \frac{1}{R^2 - \bar{z}_n z}$$

ist regulär für $|z| \leqq R$. Es ist somit [**135**] für $|z| = R$

$$\operatorname{Min} \frac{n}{\sum\limits_{\nu=1}^{n} \frac{1}{|z - z_\nu|}} = \operatorname{Min} \frac{n}{\sum\limits_{\nu=1}^{n} \frac{R}{|R^2 - \bar{z}_\nu z|}} \leqq \frac{n}{\operatorname{Max} \left| \sum\limits_{\nu=1}^{n} \frac{R}{R^2 - \bar{z}_\nu z} \right|} \leqq R.$$

Man beachte den Spezialfall $n = 3$, $z_1 = e^{i\vartheta_1} = 1$, $z_2 = e^{i\vartheta_2} = e^{i\frac{2\pi}{3}}$, $z_3 = e^{i\vartheta_3} = e^{i\frac{4\pi}{3}}$, $R \geqq 5$. Dann ist für $z = Re^{i\vartheta}$, $\nu = 1, 2, 3$,

$$\frac{1}{|z - z_\nu|} = \frac{1}{\sqrt{R^2 + 1 - 2R\cos(\vartheta - \vartheta_\nu)}} = \sum_{k=0}^{\infty} \frac{P_k[\cos(\vartheta - \vartheta_\nu)]}{R^{k+1}},$$

wobei $P_k(x)$ das k^{te} *Legendre*sche Polynom bezeichnet [VI, § 11]. Es ist $P_0(\cos\vartheta) = 1$, $P_1(\cos\vartheta) = \cos\vartheta$, $P_2(\cos\vartheta) = \frac{1}{4} + \frac{3}{4}\cos 2\vartheta$. Hieraus folgt [VI **91**].

$$\frac{1}{3}\sum_{\nu=1}^{3} \frac{1}{|z - z_\nu|} = \frac{1}{R} + \frac{1}{4R^3} +$$

$$+ \sum_{k=3}^{\infty} \frac{P_k[\cos(\vartheta - \vartheta_1)] + P_k[\cos(\vartheta - \vartheta_2)] + P_k[\cos(\vartheta - \vartheta_3)]}{3\,R^{k+1}}$$

$$> \frac{1}{R} + \frac{1}{4R^3} - \sum_{k=3}^{\infty} \frac{1}{R^{k+1}} = \frac{1}{R} + \frac{R-5}{4R^3(R-1)} \geqq \frac{1}{R}.$$

142. Ist $f(z) \neq 0$ überall im Innern der fraglichen Kurve, so erreicht $|f(z)|$ nach **135** und **138** sowohl sein Maximum als auch sein Minimum auf dieser Kurve; daraus folgt, daß $|f(z)|$ in dem ganzen Innern konstant sein müßte, d. h. $f(z) \equiv$ konst. Geometrisch: Da innerhalb einer geschlossenen Niveaulinie der Betragfläche kein Gipfel liegen kann, muß mindestens eine Mulde darin liegen, es sei denn, daß die Betragfläche eine horizontale Ebene ist.

143. Innerhalb jeder geschlossenen Linie, längs welcher der Betrag des Polynoms $(z - z_1)(z - z_2) \cdots (z - z_n)$ konstant ist, muß mindestens eine Nullstelle dieses Polynoms liegen [**142**]. Es sind bloß n Nullstellen vorhanden.

144. Der Satz gilt nicht, wenn $f(z) =$ konst. Sonst ist $f(z_0) \neq 0$. Liegt ein Sattelpunkt an der Kreisperipherie $|z| = r$, so ragt die Projektion mindestens eines derjenigen in **132** erwähnten winkelförmigen Gebiete, deren Punkte höher als der Sattelpunkt gelegen sind, in das Kreisinnere $|z| < r$ hinein. Also kann z_0 kein Sattelpunkt sein, d. h. $f'(z_0) \neq 0$.

Setzen wir $f(z) = w$ und betrachten wir die Bildkurve der Kreisperipherie $|z| = r$ in der w-Ebene. Ihr vom Punkt $w = 0$ am meisten entfernter Punkt ist $w_0 = f(z_0)$; sie hat in w_0 eine bestimmte Tangente, weil $f'(z_0) \neq 0$. Diese Tangente, d. h. der Vektor $iz_0 f'(z_0)$ [**103**] steht senkrecht auf dem Vektor $w_0 = f(z_0)$ (geometrisch klar). Daher ist $\frac{iz_0 f'(z_0)}{f(z_0)}$ rein imaginär. Der dem Nullpunkt zugewandten Seite der Kreisperipherie entspricht in der Umgebung von w_0 die dem Nullpunkt zugewandte Seite der Bildkurve, laut Voraussetzung. Daher ist $\frac{iz_0 f'(z_0)}{f(z_0)}$ positiv imaginär.

145. [Vgl. *A. Pringsheim*, Münch. Ber. 1920, S. 145; 1921, S. 255.]

$$2\sum_{\nu=1}^{n} \frac{a(\omega^{\nu} - \omega^{\nu-1})}{a(\omega^{\nu} + \omega^{\nu-1})} = 2\sum_{\nu=1}^{n} \frac{\omega^{\frac{1}{2}} - \omega^{-\frac{1}{2}}}{\omega^{\frac{1}{2}} + \omega^{-\frac{1}{2}}} = 2ni\operatorname{tg}\frac{\pi}{n} \to 2\pi i.$$

146. [*A. Pringsheim*, a. a. O. **145**.] Setzt man

$$\zeta_{\nu}^{(k)} = \begin{cases} \frac{1}{k+1}(z_{\nu-1}^{k} + z_{\nu-1}^{k-1} z_{\nu} + \cdots + z_{\nu}^{k}) & \text{für } \quad k = 0, 1, 2, \ldots, \\ -\frac{1}{k+1}(z_{\nu-1}^{k+1} z_{\nu}^{-1} + z_{\nu-1}^{k+2} z_{\nu}^{-2} + \cdots + z_{\nu-1}^{-1} z_{\nu}^{k+1}) & \\ & \text{für } k = -2, -3, \ldots, \end{cases}$$

dann ist

$$\zeta_1^{(k)}(z_1 - z_0) + \zeta_2^{(k)}(z_2 - z_1) + \cdots + \zeta_n^{(k)}(z_n - z_{n-1}) = \frac{z_n^{k+1} - z_0^{k+1}}{k+1} = 0.$$

Es sei l die Gesamtlänge von L, R ihr größter, r ihr kleinster Abstand vom Nullpunkt $z = 0$. Es ist

$$|z_1 - z_0| + |z_2 - z_1| + |z_3 - z_2| + \cdots + |z_n - z_{n-1}|$$

die Länge eines eingeschriebenen Polygons, folglich $\leqq l$. Ist δ gegeben, $\delta > 0$, und n genügend groß, so ist es *möglich*, die Wahl von $z_0, z_1, z_2, \ldots, z_n$ so zu treffen, daß $|z_{\nu} - z_{\nu-1}| \leqq \delta$, $\nu = 1, 2, \ldots, n$. Dann ist, $k \geqq 0$ vorausgesetzt,

$$|(\zeta_{\nu}^{(k)} - z_{\nu}^{k})(z_{\nu} - z_{\nu-1})| = \frac{1}{k+1}|(z_{\nu-1}^{k} - z_{\nu}^{k}) + z_{\nu}(z_{\nu-1}^{k-1} - z_{\nu}^{k-1}) + \cdots|\,|z_{\nu} - z_{\nu-1}|$$

$$\leqq \frac{1}{k+1}[k + (k-1) + \cdots + 1 + 0]R^{k-1}|z_{\nu} - z_{\nu-1}|^2,$$

folglich

$$\left|\sum_{\nu=1}^{n} z_{\nu}^{k}(z_{\nu} - z_{\nu-1})\right| \leqq \frac{k}{2} R^{k-1} \sum_{\nu=1}^{n} |z_{\nu} - z_{\nu-1}|^2 \leqq \frac{k}{2} R^{k-1} l\delta.$$

Wenn $k \leqq -2$ ist, dann muß r zur Abschätzung herangezogen werden.

147. [Vgl. *G. N. Watson*, Complex Integration and *Cauchy's* Theorem. Cambr. Math. Tracts, Nr. 15, S. 66, 1914.] Das Innere der fraglichen Ellipse ist durch die Bedingung

$$x^2 - xy + y^2 + x + y < 0$$

gekennzeichnet. Von den vier Polen $\pm\frac{1}{\sqrt{2}} \pm \frac{i}{\sqrt{2}}$ des Integranden liegt bloß $z_0 = -\frac{1}{\sqrt{2}} - \frac{i}{\sqrt{2}}$ in diesem Gebiet. Es ist somit

$$\oint \frac{dz}{1+z^4} = \frac{2\pi i}{4z_0^3} = \frac{\pi}{2\sqrt{2}}(-1+i).$$

148. $$4i\int_0^{\frac{\pi}{2}} \frac{x\,d\vartheta}{x^2+\sin^2\vartheta} = \int_{-\pi}^{\pi} \frac{ix\,d\vartheta}{\sin^2\vartheta + x^2} = \int_{-\pi}^{\pi} \frac{d\vartheta}{\sin\vartheta - ix} = \oint \frac{2dz}{z^2+2zx-1},$$

$z = e^{i\vartheta}$ gesetzt. Die Integration ist längs des Kreises $|z| = 1$ erstreckt, worin nur der Pol $z_0 = -x + \sqrt{x^2+1}$ liegt. Es ergibt sich somit

$$\frac{4\pi i}{z_0 + z_0^{-1}} = \frac{2\pi i}{\sqrt{1+x^2}}.$$

149. [*G. Pólya*, Aufgabe; Arch. d. Math. u. Phys. Serie 3, Bd. 24, S. 84, 1916. Lösung von *J. Mahrenholz*; ebenda, Serie 3, Bd. 26, S. 66, 1917.]

$$\int_0^{2\pi} \frac{(1+2\cos\vartheta)^n e^{in\vartheta}}{1-r-2r\cos\vartheta}\,d\vartheta = \frac{1}{i}\oint \frac{(1+z+z^2)^n}{(1-r)z - r(1+z^2)}\,dz,$$

das Integral längs des Kreises $|z| = 1$ erstreckt. Für $r \gtrless 0$, $-1 < r < \frac{1}{3}$ hat man $\left|\frac{1}{r} - 1\right| > 2$, so daß die beiden Wurzeln der quadratischen Gleichung $(1-r)z - r(1+z^2) = 0$ durch den Einheitskreis getrennt liegen. Es sei ϱ die Wurzel im Innern des Einheitskreises, d. h. $|\varrho| < 1$, $(1-r)z - r(1+z^2) = -r(z-\varrho)\left(z - \frac{1}{\varrho}\right)$. Wir erhalten

$$2\pi\left[\frac{(1+z+z^2)^n}{-r\left(z-\frac{1}{\varrho}\right)}\right]_{z=\varrho} = \frac{2\pi}{r\left(\frac{1}{\varrho}-\varrho\right)}\left(\frac{\varrho}{r}\right)^n;$$

ϱ ist reell, $\varrho = \frac{1-r-\sqrt{1-2r-3r^2}}{2r}$.

150. Setzt man $z = x + iy$, dann läßt sich das fragliche Integral folgendermaßen schreiben:

$$\frac{1}{2i}\oint \frac{z\,dz - \bar{z}\,d\bar{z} + z\bar{z}(\bar{z}\,dz - z\,d\bar{z})}{1 + z^2 + \bar{z}^2 + z^2\bar{z}^2} = \frac{1}{2i}\oint \frac{(1+\bar{z}^2)z\,dz - (1+z^2)\bar{z}\,d\bar{z}}{(1+z^2)(1+\bar{z}^2)}$$
$$= \mathfrak{J}\oint \frac{z\,dz}{1+z^2} = \mathfrak{J}\,2\pi i = 2\pi.$$

Die Brennpunkte der Ellipse sind die Pole des Integranden.

151. Es ist, $\omega > 0$,

$$\int_0^\omega x^{s-1} e^{-x}\,dx + \omega^s i \int_0^{\frac{\pi}{2}} e^{is\vartheta - \omega e^{i\vartheta}}\,d\vartheta - e^{\frac{i\pi s}{2}} \int_0^\omega x^{s-1} e^{-ix}\,dx = 0.$$

Wenn ω gegen $+\infty$ konvergiert, dann konvergiert das erste Integral gegen $\Gamma(s)$ und das dritte gegen das fragliche Integral. Der Betrag des zweiten Integrals ist

$$< A\int_0^{\frac{\pi}{2}} e^{-\omega\cos\vartheta}\,d\vartheta = A\int_0^{\frac{\pi}{2}-\varepsilon} e^{-\omega\cos\vartheta}\,d\vartheta + A\int_{\frac{\pi}{2}-\varepsilon}^{\frac{\pi}{2}} e^{-\omega\cos\vartheta}\,d\vartheta < \frac{A\pi}{2} e^{-\omega\sin\varepsilon} + A\varepsilon,$$

wobei $A = e^{\frac{\pi}{2}|\mathfrak{J}s|}$, $0 < \varepsilon < \frac{\pi}{2}$. Setzt man hier $\varepsilon = \frac{1}{\omega^k}$, $\Re s < k < 1$, dann sieht man, daß das zweite Glied gegen 0 konvergiert.

152. Das fragliche Integral ist

$$= \frac{1}{n}\int_0^\infty x^{\frac{1}{n}-2} \sin x\,dx.$$

Aus **151** folgt für reelles s, $0 < s < 1$

$$\int_0^\infty x^{s-1} \sin x\,dx = \Gamma(s)\sin\frac{\pi s}{2}.$$

Dieses Integral konvergiert für $-1 < \Re s < 1$ und die rechte Seite ist ebenda regulär. Daher gilt diese Formel für $-1 < \Re s < 1$.

153. [Vgl. Correspondance d'*Hermite* et de *Stieltjes*, Bd. 2, S. 337. Paris: Gauthier-Villars 1905; vgl. *G. H. Hardy*, Messenger, Bd. 46, S. 175—182, 1917.]

$$\int_0^\infty e^{-x^\mu e^{i\alpha}} x^n\,dx = \frac{1}{\mu} e^{-i\frac{(n+1)\alpha}{\mu}} \int e^{-z} z^{\frac{n+1}{\mu}-1}\,dz;$$

das letzte Integral ist über den Halbstrahl $\operatorname{arc} z = \alpha$ erstreckt und

$$= \int_0^{+\infty} e^{-x} x^{\frac{n+1}{\mu}-1}\,dx = \Gamma\left(\frac{n+1}{\mu}\right),$$

weil der Integrand für $z = re^{i\vartheta}$, $0 \leqq \vartheta \leqq \alpha$ mit $\frac{1}{r}$ gegen 0 konvergiert, und zwar gleichmäßig in ϑ.

Für $\alpha = \mu\pi$, $0 < \mu < \frac{1}{2}$ erhält man die Funktion

$$e^{-x^\mu \cos\mu\pi} \sin(x^\mu \sin\mu\pi),$$

deren sämtliche „*Stieltjes*sche Momente" verschwinden, ohne daß sie selbst verschwände (kein Widerspruch zu II **138**, II **139**). Nach *Borel* [Leçons sur les séries divergentes S. 73—75, Paris: Gauthier-Villars 1901; vgl. noch *G. Pólya*, Astr. Nachr. Bd. 208, S. 185, 1919] kann ähnliches für eine Funktion $f(x)$ mit $|f(x)| < e^{-k\sqrt{x}}$, $k > 0$, k konstant, niemals zutreffen. Unsere Formel lehrt, daß in diesem *Borel*schen Satz $\sqrt{x}$ nicht durch eine niedrigere Potenz x^μ, $\mu < \frac{1}{2}$ von x ersetzt werden kann. *H. Hamburger* zeigte sogar [Math. Zeitschr. Bd. 4, S. 209—211, 1919], daß anstatt $\sqrt{x}$ nicht einmal $\frac{\sqrt{x}}{(\log x)^2}$ stehen kann, indem er bewies:

$$\int_0^\infty \exp\left(-\frac{\pi\sqrt{x} - \log x}{(\log x)^2 + \pi^2}\right) \sin\left(\frac{\sqrt{x}\log x + \pi}{(\log x)^2 + \pi^2}\right) x^n\,dx = 0, \qquad n = 0, 1, 2, \ldots .$$

154. $x^{\mu+1}\int_0^{+\infty} e^{-t^\mu} \cos xt\,dt = x^\mu \int_0^{+\infty} \sin xt \cdot \mu t^{\mu-1} e^{-t^\mu}\,dt = \Im \int_0^{+\infty} e^{iz^\nu - \delta z}\,dz,$

als Integrationsvariable $z = x^\mu t^\mu$ eingeführt und zur Abkürzung $\mu^{-1} = \nu$, $x^{-\mu} = \delta$ gesetzt. Man drehe die Integrationsgerade um einen kleinen positiven Winkel, setze $\delta = 0$, dann drehe man die Integrationsgerade in positiver Richtung weiter, bis $\operatorname{arc} z = \frac{\mu\pi}{2}$.

155. Man ersetze den geradlinigen Integrationsweg in

$$\frac{1}{2\pi i}\int_{a-iT}^{a+iT} \frac{e^{\alpha s}}{s^2}\,ds, \qquad T > a$$

durch den rechten bzw. linken Halbkreis über der Strecke $(a - iT, a + iT)$ als Durchmesser, je nachdem, ob $\alpha \leqq 0$ oder $\alpha > 0$ ist. Im ersten Falle bleibt das Integral unverändert und ist absolut $< \frac{1}{2\pi}\frac{e^{\alpha a}}{T^2}\pi T = \frac{e^{\alpha a}}{2T}$; im zweiten Falle wird es um α (Residuum im Pol $s = 0$) vermindert und das neue Integral ist absolut $< \frac{1}{2\pi}\frac{e^{\alpha a}}{(T - a)^2}\pi T$. Man lasse jetzt T gegen $+\infty$ wandern.

156. [Der Fall $\lambda = 1 + e^{-1}$ von *H. Weyl*.] Es ist

$$\mu(t) = \frac{t^n}{n!} \qquad \text{für} \qquad n \leqq t \leqq n + 1,$$

also (das Schlußresultat der Integrations- und Summationsvertauschungen läßt sich auf mehrere Arten rechtfertigen)

$$\int_0^{+\infty}\mu(t)e^{-\lambda t}\,dt=\sum_{n=0}^{\infty}\int_n^{n+1}\frac{t^n}{n!}e^{-\lambda t}\,dt=\sum_{n=0}^{\infty}\int_0^{+\infty}\frac{t^n}{n!}e^{-\lambda t}\left(\frac{1}{\pi}\int_{-\infty}^{+\infty}\frac{\sin\frac{u}{2}\,e^{i(n+\frac{1}{2}-t)u}\,du}{u}\right)dt$$

$$=\frac{1}{\pi}\int_{u=-\infty}^{+\infty}\int_{t=0}^{+\infty}\frac{\sin\frac{u}{2}\,e^{\frac{iu}{2}}}{u}\,e^{-t\lambda}\,e^{-itu}\sum_{n=0}^{\infty}\frac{t^n e^{inu}}{n!}\,dt\,du$$

$$=\frac{1}{2\pi i}\int_{-\infty}^{+\infty}\int_0^{+\infty}\frac{e^{iu}-1}{u}\,e^{t(-\lambda-iu+e^{iu})}\,dt\,du=\frac{1}{2\pi i}\int_{-\infty}^{+\infty}\frac{e^{iu}-1}{u(\lambda+iu-e^{iu})}\,du.$$

Dieses Integral ist gleich der Summe der Residuen in der oberen Halbebene, weil das Integral von $\frac{e^{iu}-1}{u(\lambda+iu-e^{iu})}$, erstreckt über den Halbkreis $u=re^{i\vartheta}$, $0\leqq\vartheta\leqq\pi$ mit wachsenden r gegen 0 konvergiert. Der einzige Pol in der oberen Halbebene ist $u=iz$ [**196**], das zugehörige Residuum ist gleich $\frac{1}{z}$. (Vgl. **215**, IV **55**.)

157. [*Dirichlet*, J. für Math. Bd. 17, S. 35, 1837; *Mehler*, Math. Ann. Bd. 5, S. 141, 1872.] Es sei $-1<x<1$, $x=\cos\vartheta$, $0<\vartheta<\pi$. Es ist

$$P_n(\cos\vartheta)=\frac{1}{2\pi i}\oint\frac{z^n}{\sqrt{1-2z\cos\vartheta+z^2}}\,dz,$$

das Integral längs irgendeines, die beiden singulären Punkte $e^{i\vartheta}$ und $e^{-i\vartheta}$ in positivem Sinne umschließenden Weges erstreckt. Man kann nun diesen entweder auf die geradlinige Verbindungsstrecke von $e^{i\vartheta}$ und $e^{-i\vartheta}$ (*Laplace*sche Formel) oder aber auf den Bogen $-\vartheta\leqq\operatorname{arc}z\leqq\vartheta$ des Einheitskreises (*Dirichlet-Mehler*sche Formel) zusammenziehen. (Beidemal ist Vorsicht geboten, weil der Integrand in den Endpunkten unendlich wird, jedoch nur von der Ordnung $\frac{1}{2}$.) Nach Umkreisen des singulären Punktes ändert der Integrand bloß sein Vorzeichen; daher ist:

$$P_n(\cos\vartheta)=\frac{2}{2\pi i}\int_{-1}^{1}\frac{(\cos\vartheta+i\alpha\sin\vartheta)^n\,i\sin\vartheta\,d\alpha}{\sqrt{1-2(\cos\vartheta+i\alpha\sin\vartheta)\cos\vartheta+(\cos\vartheta+i\alpha\sin\vartheta)^2}}$$

$$=\frac{2}{2\pi i}\int_{-\vartheta}^{\vartheta}\frac{e^{int}\cdot i\,e^{it}\,dt}{\sqrt{1-2e^{it}\cos\vartheta+e^{2it}}}.$$

Die dritte Formel entsteht entweder durch Zusammenziehen des Integrationsweges auf den Bogen $\vartheta \leqq \operatorname{arc} z \leqq 2\pi - \vartheta$ des Einheitskreises oder durch Variablenvertauschung aus der zweiten und gleichzeitiges Ersetzen von ϑ durch $\pi - \vartheta$. [Es ist $P_n(-\cos\vartheta) = (-1)^n P_n(\cos\vartheta)$.]

158. Wenn z reell und negativ ist, dann liefern irgend zwei zur reellen Achse symmetrische Elemente von L zueinander konjugierte Beiträge. Man bezeichne mit L_α die im negativen Sinne umfahrene Berandung des Halbstreifens $\Re z > \alpha$, $-\pi < \Im z < \pi$ (speziell $L_0 = L$). Wenn z außerhalb $\mathfrak{G}$ liegt und $\alpha > 0$ ist, so hat das Integral längs jeder Kurve L_α denselben Wert. Läßt man α gegen $+\infty$ wandern, so kann man $E(z)$ nach und nach über die ganze Ebene hin fortsetzen.

159. Das Integral, längs $L = L_0$ erstreckt, hat denselben Wert wie längs L_α, $\alpha \gtrless 0$. Da $e^{e^{x+i\pi}} = e^{e^{x-i\pi}} = e^{-e^x}$, heben sich die Beiträge der beiden horizontalen Strecken von L_α auf. Die vertikale Strecke von L_α ergibt

$$\frac{1}{2\pi}\int_{-\pi}^{\pi} e^{e^{\alpha+iy}}\,dy.$$

Dieser Wert ist unabhängig von α, also $= 1$, wie für $\alpha \to -\infty$ ersichtlich.

160. 1. Es sei z außerhalb $\mathfrak{G}$. Es ist [**159**]

$$E(z) = -\frac{1}{z} + \frac{1}{z^2}\frac{1}{2\pi i}\int_L \left(-\zeta + \frac{\zeta^2}{\zeta - z}\right) e^{e^\zeta}\,d\zeta.$$

Man erstrecke das Integral rechts nicht längs L, sondern längs einer inneren Parallelkurve L' im Abstand δ (Berandung des Gebietes $\Re z > \delta$, $-\pi + \delta < \Im z < \pi - \delta$), wobei $0 < \delta < \frac{\pi}{2}$, und beachte, daß das reelle Integral

$$\int_0^\infty \xi^2 e^{-e^\xi \cos\delta}\,d\xi$$

konvergiert.

2. Es sei z im Rechteck $-1 < \Re z < 0$, $-\pi < \Im z < \pi$ gelegen; dann ist nach dem Residuensatz

$$\int_L \frac{e^{e^\zeta}}{\zeta - z}\,d\zeta - \int_{L_{-1}} \frac{e^{e^\zeta}}{\zeta - z}\,d\zeta = 2\pi i\, e^{e^z}.$$

Folglich gilt zunächst im Rechteck und dann auf Grund analytischer Fortsetzung im Halbstreifen $\mathfrak{G}$

$$E(z) = e^{e^z} - \frac{1}{z} + \frac{1}{z^2}\frac{1}{2\pi i}\int_{L_{-1}} \left(-\zeta + \frac{\zeta^2}{\zeta - z}\right) e^{e^\zeta}\,d\zeta.$$

Man wähle anstatt L_{-1} die äußere Parallelkurve im Abstand δ, $0 < \delta < \frac{\pi}{2}$, als Integrationslinie.

161. Der Zähler ist

$$= 2\pi i \sum_{\nu=0}^{n} (-1)^{n-\nu} \frac{2^\nu}{\nu!\,(n-\nu)!} = \frac{2\pi i}{n!}.$$

Der Nenner ist

$$= \int_{-\pi}^{\pi} \frac{2^{2n\cos\vartheta}}{\prod_{\nu=1}^{n} |2n e^{i\vartheta} - \nu|} d\vartheta \sim \frac{2\pi}{n!} \qquad \text{[II 217]}.$$

Zur Erklärung: Der überwiegende Teil beider Integrale rührt von einem Teilbogen her, dessen Mittelpunkt $z = 2n$ und dessen Länge von der Größenordnung $\sqrt{n}$ ist. Auf ihm ist der Arcus von dz nahezu $\frac{\pi}{2}$, der Arcus von $f_n(z)$ nahezu 0 [**43**].

162. Die Anzahl der Nullstellen im Kreise $|z| < r$ ist

$$= \frac{1}{2\pi i} \oint_{|z|=r} \frac{f'(z)}{f(z)} dz = \frac{1}{2\pi} \int_0^{2\pi} z \frac{f'(z)}{f(z)} d\vartheta = \frac{1}{2\pi} \int_0^{2\pi} \Re z \frac{f'(z)}{f(z)} d\vartheta, \quad z = re^{i\vartheta}.$$

163. $\frac{\omega(\zeta) - \omega(z)}{\zeta - z}$ ist ein Polynom $(n-1)^{\text{ten}}$ Grades von z. Ferner ist

$$P(z_\nu) = \frac{1}{2\pi i} \oint_L \frac{f(\zeta)}{\zeta - z_\nu} d\zeta = f(z_\nu), \qquad \nu = 1, 2, \ldots, n.$$

164. Beide Seiten nach dem Residuensatz ausgewertet, identisch mit V **97**.

165. Es sei $\varepsilon > 0$. Man betrachte den Teil der z-Ebene, in dem sämtliche Ungleichungen $\left| z - \frac{n\pi}{\varrho} \right| > \varepsilon$, $n = 0, \pm 1, \pm 2, \ldots$ erfüllt sind (durchlöcherte Ebene). Es existiert eine von ε abhängige Konstante K, so beschaffen, daß in der ganzen durchlöcherten Ebene

$$|\sin \varrho(x + iy)| > K^{-1} e^{\varrho |y|}$$

ist. Es genügt, dies im Gebiet $-\frac{\pi}{2\varrho} \leqq x \leqq +\frac{\pi}{2\varrho}$, $|z| > \varepsilon$ einzusehen, $0 < \varepsilon < \frac{\pi}{2\varrho}$. Das Integral

$$\frac{1}{2\pi i} \oint \frac{F(\zeta)}{\sin \varrho \zeta} \frac{d\zeta}{(\zeta - z)^2},$$

erstreckt längs des Kreises $|\zeta| = \left(n + \frac{1}{2}\right) \frac{\pi}{\varrho}$, konvergiert für $n \to \infty$ gegen Null, da längs der Integrationslinie $|F(\zeta)(\sin \varrho \zeta)^{-1}| < CK$ ist. Man berechne die Summe der Residuen [*Hurwitz-Courant*, S. 115—120].

166. Ersetzt man in **165**: $F(z)$ durch $G\left(z+\frac{\pi}{2\varrho}\right)$ und nachher z durch $z-\frac{\pi}{2\varrho}$, so ergibt sich

$$-\frac{d}{dz}\frac{G(z)}{\cos\varrho z}=-\sum_{n=-\infty}^{\infty}\frac{\varrho(-1)^n G\left(\frac{(n+\frac{1}{2})\pi}{\varrho}\right)}{(\varrho z-(n+\frac{1}{2})\pi)^2}.$$

Vereinigt man hier die Glieder, die zu den Indices n und $-n-1$ gehören, so erhält man:

$$\frac{d}{dz}\frac{G(z)}{\cos\varrho z}=\sum_{n=0}^{\infty}(-1)^n G\left(\frac{(n+\frac{1}{2})\pi}{\varrho}\right)\left(\frac{\varrho}{[\varrho z-(n+\frac{1}{2})\pi]^2}+\frac{\varrho}{[\varrho z+(n+\frac{1}{2})\pi]^2}\right)$$

und nach Integration:

$$\frac{G(z)}{\cos\varrho z}=-\sum_{n=0}^{\infty}(-1)^n G\left(\frac{(n+\frac{1}{2})\pi}{\varrho}\right)\left(\frac{1}{\varrho z-(n+\frac{1}{2})\pi}+\frac{1}{\varrho z+(n+\frac{1}{2})\pi}\right).$$

Die Integrationskonstante ist 0, weil beiderseits eine ungerade Funktion stehen muß.

167. Die Funktion $f(z)\log z$ bzw. $z^k f(z)$ ist regulär in dem in der Abbildung angedeuteten Bereiche.

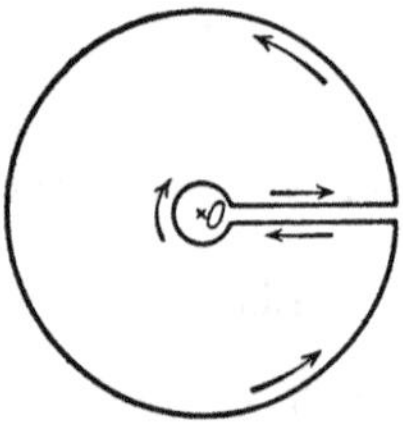

168. Aus **167** folgt, da $|\log z - i\pi|\leqq\pi$ für $|z|=1$ ist, daß

$$\left|\int_0^1 f(x)\,dx\right|\leqq\tfrac{1}{2}.$$

Für ganzzahliges k ersetze man $f(z)$ durch $z^k f(z)$. Für nicht ganzes k wende man die zweite Formel in **167** an.

169. [*D. Hilbert*. Vgl. *H. Weyl*, Diss. Göttingen 1908, S. 83; *F. Wiener*, Math. Ann. Bd. 68, S. 361, 1910; *I. Schur*, J. für Math. Bd. 140, S. 16, 1911; *L. Fejér* und *F. Riesz*, Math. Zeitschr. Bd. 11, S. 305–314, 1921.] Man setze in **168**:

$$f(z)=\frac{1}{2\pi}(x_1+x_2z+x_3z^2+\cdots+x_nz^{n-1})^2,\quad k=\alpha+1.$$

Dann ist [**122**]

$$\int_0^{2\pi}|f(e^{i\vartheta})|\,d\vartheta=x_1^2+x_2^2+x_3^2+\cdots+x_n^2=1$$

und

$$\int_0^1 x^k f(x)\,dx=\frac{1}{2\pi}\sum_{\lambda=1}^{n}\sum_{\mu=1}^{n}x_\lambda x_\mu\int_0^1 x^{\lambda+\mu+\alpha-1}\,dx=\frac{1}{2\pi}\sum_{\lambda=1}^{n}\sum_{\mu=1}^{n}\frac{x_\lambda x_\mu}{\lambda+\mu+\alpha}.$$

170. Es sei L eine geschlossene, doppelpunktlose, stetige Kurve, die ganz im Gebiete $\mathfrak{G}$ verläuft, und z liege im Innern von L. Nach dem *Cauchy*schen Satz ist

$$f_n(z) = \frac{1}{2\pi i}\oint_L \frac{f_n(\zeta)}{\zeta - z}\, d\zeta .$$

Daraus folgt, da auf L gleichmäßig

$$\lim_{n\to\infty} \frac{f_n(\zeta)}{\zeta - z} = \frac{f(\zeta)}{\zeta - z}$$

gilt, daß $f(\zeta)$ auf L stetig ist. Ferner ist

$$\lim_{n\to\infty} f_n(z) = \frac{1}{2\pi i}\oint_L \frac{f(\zeta)}{\zeta - z}\, d\zeta .$$

Letztere Funktion ist regulär im Innern von L.

171. [*T. Carleman.*] $F_r(z)$ ist das Flächenintegral von f über einer Kreisfläche, deren Begrenzungskreis K_r den Mittelpunkt z und den Radius r hat. Es sei $dz = e^{i\tau}|dz|$ das Bogenelement von K_r. Wenn x sich um Δx ändert, d. h. wenn die Integrationsfläche in der Richtung der positiven x-Achse um Δx verschoben wird, dann beträgt, wie geometrisch klar, die Änderung der Fläche pro Bogenelement $|dz| \cdot \Delta x \sin\tau$; d. h.

$$\frac{\partial F_r(z)}{\partial x} = \oint_{K_r} f \sin\tau\, |dz| ,$$

das Integral längs der Kreislinie K_r erstreckt. Ähnlich erhält man

$$\frac{\partial F_r(z)}{\partial y} = -\oint_{K_r} f \cos\tau\, |dz| ,$$

woraus wegen der Voraussetzung

$$\frac{\partial F_r(z)}{\partial x} - \frac{1}{i}\frac{\partial F_r(z)}{\partial y} = \frac{1}{i}\oint_{K_r} f\, dz = 0$$

folgt. Daher ist [S. 94] $F_r(z)$ analytisch, ebenso $r^{-2}F_r(z)$ und endlich auch [**170**]

$$\lim_{r\to 0} \frac{F_r(z)}{r^2\pi} = f(z) .$$

An Stelle aller Kreise könnte man auch alle diejenigen Kurven betrachten, die zu einer gegebenen geschlossenen, doppelpunktlosen Kurve ähnlich und ähnlich gelegen sind.

172. Um zu zeigen, daß die Differenz

$$\int_0^{2\pi} f(e^{i\vartheta})\, d\vartheta - 2\pi f(0) = \int_0^{2\pi} [f(e^{i\vartheta}) - f(re^{i\vartheta})]\, d\vartheta , \quad 0 \leqq r < 1 \qquad [\mathbf{118}]$$

gleich 0 ist, beweisen wir, daß sie mit $1 - r$ beliebig klein gemacht werden kann. Man lege um die eventuellen Unstetigkeitspunkte als Mittelpunkte offene Kreisscheiben vom Radius ε, die keine gemeinsamen Punkte miteinander haben. Nach Wegnahme derselben bleibt vom Einheitskreis $|z| \leqq 1$ ein Bereich übrig, in dem $f(z)$ gleichmäßig stetig ist. Wir zerspalten nun das letzte Integral in zwei Teile: der erste Teil ist erstreckt längs derjenigen Bögen, die in die eben definierten Kreisscheiben hineinfallen, der zweite längs der anderen. Der erste Teil wird mit ε beliebig klein [$f(z)$ ist beschränkt], der zweite kann nach Festlegung von ε, wenn nur $1 - r$ genügend klein gewählt ist, beliebig klein gemacht werden.

173. Vgl. **174**. Vgl. auch **231** und *Hurwitz-Courant*, S. 268.

174. Es ist vorteilhaft, die folgende allgemeine Situation zu betrachten: Der in der ζ-Ebene gelegene einfach zusammenhängende Bereich $\mathfrak{B}$ sei durch die Funktion $\psi(\zeta) = Z$ im Innern konform, am Rande in genügendem Ausmaß stetig, im ganzen eineindeutig auf den Kreis $|Z| \leqq 1$ abgebildet, und zwar soll der Punkt $\zeta = z$ in $Z = 0$ übergehen. Die inverse Funktion von ψ mit ψ^{-1} bezeichnet, ist $\zeta = \psi^{-1}(Z)$. Wir „verpflanzen" die im Bereiche $\mathfrak{B}$ reguläre Funktion $f(\zeta)$ von der ζ- in die Z-Ebene, indem wir

$$f(\zeta) = f[\psi^{-1}(Z)] = F(Z)$$

setzen. Es gilt

$$F(0) = \oint F(Z) \frac{dZ}{2\pi i Z},$$

das Integral längs des Kreises $|Z| = 1$ im positiven Sinne erstreckt [**172**]. Nach Variablentransformation $Z = \psi(z)$ wird hieraus, wenn man

$$F[\psi(\zeta)] = f(\zeta), \qquad \psi(z) = 0$$

beachtet,

$$f(z) = \oint \frac{f(\zeta)\, d\psi(\zeta)}{2\pi i \psi(\zeta)},$$

das Integral längs des Randes von $\mathfrak{B}$ im positiven Sinne erstreckt. **173** und **174** sind Spezialfälle:

$$\mathfrak{B}\colon |\zeta| \leqq R, \quad \psi(\zeta) = \frac{(\zeta - z) R}{R^2 - \zeta \bar{z}}, \quad \frac{\psi'(\zeta)\, d\zeta}{i\psi(\zeta)} = \frac{(R^2 - r^2)\, d\Theta}{R^2 - 2Rr\cos(\Theta - \vartheta) + r^2},$$

$$\zeta = Re^{i\Theta}, \quad z = re^{i\vartheta};$$

$$\mathfrak{B}\colon \Re\zeta \geqq 0, \quad \psi(\zeta) = \frac{z - \zeta}{\bar{z} + \zeta}, \quad \frac{\psi'(\zeta)\, d\zeta}{i\psi(\zeta)} = -\frac{2x\, d\eta}{x^2 + (\eta - y)^2},$$

$$\zeta = i\eta, \quad z = x + iy.$$

175. [*J. L. W. V. Jensen*, Acta Math. Bd. 22, S. 359—364, 1899. Vgl. *É. Goursat*, Cours d'analyse, mathématique, Bd. 2, 3. Auflage, S. 121—123. Paris: Gauthier-Villars 1918.]

Der Integrand ist in $\mathfrak{G}_\varepsilon$ eindeutig; $\mathfrak{G}_\varepsilon$ enthält den Punkt $r = 0$, wenn ε genügend klein ist [Voraussetzung], und dann ist der Wert des Integrals $= 2\pi i \log f(0)$. Es sei α_1 bzw. $\alpha_2, \ldots, \alpha_m, \beta_1, \ldots, \beta_n$ der Endpunkt des Weges, welcher den den Punkt a_1 bzw. $a_2, \ldots, a_m, b_1, \ldots, b_n$ bedeckenden ε-Kreisbereich mit $|z| = 1$ verbindet ($|\alpha_1| = \cdots = |\alpha_m| = |\beta_1| = \cdots = |\beta_n| = 1$). Die Schlinge, die in α_μ anfängt und nach Umfahren des a_μ abschnürenden ε-Kreises wieder in α_μ mündet, liefert, wie für $\varepsilon \to 0$ ersichtlich, den Beitrag

$$-2\pi i \int_{a_\mu}^{\alpha_\mu} \frac{dz}{z} = -2\pi i \log \frac{\alpha_\mu}{a_\mu}$$

(die Nullstelle a_μ ist Bestimmtheit halber als *einfach* vorausgesetzt worden). Die Peripherie $|z| = 1$ liefert den Beitrag $\int_0^{2\pi} \log f(e^{i\vartheta})\, i\, d\vartheta$. Man nehme den Imaginärteil auf beiden Seiten der Gleichung

$$\int_0^{2\pi} \log f(r e^{i\vartheta})\, i\, d\vartheta - 2\pi i \sum_{\mu=1}^{m} \log \frac{\alpha_\mu}{a_\mu} + 2\pi i \sum_{\nu=1}^{n} \log \frac{\beta_\nu}{b_\nu} = 2\pi i \log f(0).$$

Ein anderer Beweis ist nach der Methode in **120** zu führen.

176. Vgl. **177**. Vgl. auch **232**.

177. [*F.* und *R. Nevanlinna*, Acta Soc. Sc. Fennicae, Bd. 50, Nr. 5, 1922.] Bezeichnungen wie in Lösung **174**. Man betrachte eine Funktion $f(\zeta)$, die in dem Bereich $\mathfrak{B}$ meromorph, auf dessen Rand und in dem inneren Punkt z von 0 und ∞ verschieden ist und im Innern von $\mathfrak{B}$ die Nullstellen $a_1, a_2, \ldots, a_m$ und die Pole $b_1, b_2, \ldots, b_n$ besitzt. Die „verpflanzte" Funktion $F(Z) = f[\psi^{-1}(Z)]$ hat die Nullstellen $A_\mu = \psi(a_\mu)$ und die Pole $B_\nu = \psi(b_\nu)$; es gilt [**175**]

$$\log|F(0)| + \sum_{\mu=1}^{m} \log \frac{1}{|A_\mu|} - \sum_{\nu=1}^{n} \log \frac{1}{|B_\nu|} = \oint \log F(Z) \frac{dZ}{2\pi i Z},$$

die Integration längs $|Z| = 1$ erstreckt; hieraus folgt durch Variablenvertauschung [**174**]

$$\sum_{\mu=1}^{m} \log \frac{1}{|\psi(a_\mu)|} - \sum_{\nu=1}^{n} \log \frac{1}{|\psi(b_\nu)|} = \oint \log|f(\zeta)| \frac{d\psi(\zeta)}{2\pi i \psi(\zeta)} - \log|f(z)|,$$

die Integration längs des Randes von $\mathfrak{B}$ erstreckt. Die Vorzeichen links sind in Evidenz gesetzt: $|\psi(a_\mu)| < 1$, $|\psi(b_\nu)| < 1$; $\frac{d\psi(\zeta)}{2\pi i \psi(\zeta)}$ ist positiv. Denkt man sich $f(\zeta)$ variabel und den speziellen Wert $|f(z)|$ fest, so kann man den Inhalt der Formel etwas vag so aussprechen: Nullstellen im Innern vergrößern, Pole im Innern verkleinern die Beträge der Randwerte. — Aus dieser allgemeinen *Jensen*schen Formel folgen **176, 177** so, wie **173, 174** aus der in Lösung **174** gegebenen allgemeinen Formel. — Man kann auch den Beweis von **120** sinngemäß verallgemeinern [**174**]. — Die Voraussetzung, daß $f(z)$ am Rande von 0 verschieden ist, läßt sich stets [**120**], daß $f(z)$ am Rande regulär ist, in vielen Fällen abstreifen.

178. [Vgl. *F. Nevanlinna*, C. R. Bd. 175, S. 676, 1922; *T. Carleman*, Ark. för Mat., Astron. och Fys. Bd. 17, Nr. 9, S. 5, 1923.] Man lege um a_μ den Kreis vom Radius ε, ε genügend klein und verbinde den ε-Kreis mit dem Halbkreis $|z| = R$, $-\frac{\pi}{2} \leqq \operatorname{arc} z \leqq +\frac{\pi}{2}$, so daß die Verbindungswege ($\mu = 1, 2, \ldots, n$) sich nicht kreuzen. Nach Wegnahme der ε-Kreisbereiche und der Verbindungswege bleibt von $\mathfrak{B}$ ein einfach zusammenhängendes Gebiet $\mathfrak{G}_\varepsilon$ übrig, über dessen Berandung das besagte Integral im positiven Sinne zu erstrecken ist. Die Schleife um a_μ, deren Anfangs- und Endpunkt derselbe Punkt z_μ ist, $|z_\mu| = R$, ergibt

$$-2\pi\left(\frac{1}{a_\mu} - \frac{a_\mu}{R^2} - \frac{1}{z_\mu} + \frac{z_\mu}{R^2}\right).$$

Man nehme nun den Realteil des Ausdruckes

$$\int_{-\frac{\pi}{2}}^{+\frac{\pi}{2}} \log f(Re^{i\vartheta})\,\frac{2\cos\vartheta}{R}\,d\vartheta + \left(\int_R^r + \int_{-r}^{-R}\right)\left(-\frac{1}{y^2} + \frac{1}{R^2}\right)\log f(iy)\,dy$$

$$+\int_{+\frac{\pi}{2}}^{-\frac{\pi}{2}} \log f(re^{i\vartheta})\left(\frac{e^{-i\vartheta}}{r} + \frac{re^{i\vartheta}}{R^2}\right)d\vartheta - 2\pi\sum_{\mu=1}^{m}\left(\frac{1}{a_\mu} - \frac{a_\mu}{R^2} - \frac{1}{z_\mu} + \frac{z_\mu}{R^2}\right) = 0.$$

Die Einfachheit der Formel ist dem Umstand zu verdanken, daß am Rande des Halbkreises $|z| < R$, $\Re z > 0$, das Differential $\left(\frac{1}{z^2} + \frac{1}{R^2}\right)\frac{dz}{i}$ stets reell und die Funktion $\frac{1}{z} - \frac{z}{R^2}$ rein imaginär ist.

179. Es sei $a_0 = |a_0|e^{i\gamma} \neq 0$, $z - z_\nu = r_\nu e^{i\varphi_\nu}$, also

$$U(z) + iV(z) = a_0(z - z_1)(z - z_2)\ldots(z - z_n)$$
$$= |a_0|\,e^{i\gamma} r_1 e^{i\varphi_1} \cdot r_2 e^{i\varphi_2} \ldots r_n e^{i\varphi_n};$$

wenn $z = x$ reell ist und von $-\infty$ bis $+\infty$ wächst, dann wachsen sämtliche Winkel φ_ν, $\nu = 1, 2, \ldots, n$ von $-\pi$ bis 0, also wächst auch $\operatorname{arctg}\frac{V(x)}{U(x)} = \gamma + \varphi_1 + \varphi_2 + \cdots + \varphi_n$, und zwar im ganzen um $n\pi$.

Daraus folgt, daß der Quotient $\frac{V(x)}{U(x)} = \operatorname{tg}(\gamma + \varphi_1 + \varphi_2 + \cdots + \varphi_n)$ im Intervall $-\infty \leqq x \leqq +\infty$ im ganzen n mal 0 und n mal ∞ wird. — Zugleich zeigt diese Schlußweise, daß die Nullstellen von $U(x)$ und $V(x)$ abwechselnd aufeinander folgen.

180. Wegen der stetigen Änderung des Arcus klar.

181. Nach dem Prinzip des Arguments klar, da die entsprechende Aussage bezüglich der Anzahl der Nullstellen und Pole klar ist, auch dann, wenn Stellen vorhanden sind, an denen $\varphi(z)$ und $\psi(z)$ beide interessiert sind. — Anders: $\operatorname{arc} f(z) = \operatorname{arc} \varphi(z) + \operatorname{arc} \psi(z)$.

182. Ein Polynom zerfällt in das Produkt von linearen Faktoren $z - z_0$, wobei z_0 eine Nullstelle bedeutet. Nach **181** genügt es also, den Satz für eine lineare Funktion $z - z_0$ zu beweisen. Bei der Abbildung $w = z - z_0$ wird L um den Vektor $-z_0$ verschoben. Liegt also z_0 im Innern von L, so liegt der Punkt $w = 0$ im Innern der Bildkurve, die Windungszahl ist $= 1$. Im anderen Falle ist die Windungszahl $= 0$.

183. Wenn $f(z)$ in dem Bereich $\mathfrak{B}$, abgesehen ev. von gewissen Polen, regulär, auf L selbst endlich und von 0 verschieden ist, dann ist $f(z) = R(z)\,\varphi(z)$, $R(z)$ eine rationale Funktion, $\varphi(z)$ genügt den Bedingungen der in der Aufgabe formulierten speziellen Fassung des Prinzips vom Argument. [**181**, **182**.]

184. [*A. Hurwitz*, Math. Ann. Bd. 57, S. 444, 1903. Vgl. auch *Ch. Sturm*, Journ. de Math. Bd. 1, S. 431, 1836.] Daß die Nullstellenanzahl $\leqq 2n$ ist, folgt aus VI **14**. Die Windungszahl der Kurve, die $P(z)$ beschreibt, wenn $z = re^{i\vartheta}$, $r > 0$ ist und ϑ von Null bis 2π läuft, ist $\geqq m$, weil $P(z)$ im Nullpunkt eine m-fache Nullstelle hat. Daher durchsetzt sie mindestens $2m$-mal die imaginäre Achse. Man fasse $r = 1 - \varepsilon$, ε positiv und geeignet gewählt, oder $r = 1$ ins Auge, je nachdem $P(z)$ an dem Kreis $|z| = 1$ Nullstellen hat oder nicht. — Ein wesentlich verschiedener Beweis folgt aus II **141**.

185. Das Polynom $P(z) = a_0 + a_1 z + a_2 z^2 + \cdots + a_n z^n$ besitzt n Nullstellen im Einheitskreis $|z| < 1$ [**22**]. Daher ist die Windungszahl der Kurve, die dem Einheitskreis $|z| = 1$ bei der Abbildung $w = P(z)$ entspricht, $= n$. Man wende **180** auf die positive bzw. negative Hälfte der reellen Achse an.

186. [*A. Ostrowski.*] Man beschreibe in der w-Ebene einen Kreis vom Mittelpunkt $w = a$, dessen Radius das Maximum von $|f(z)|$ auf L ist. Dieser Kreis enthält nicht den Punkt $w = 0$. Die Kurve, in welche L bei der Abbildung $w = a - f(z)$ übergeht, verläuft im besagten Kreis, hat daher die Windungszahl 0.

187. Für $z = iy$, $-\frac{1}{2} \leqq y \leqq \frac{1}{2}$ ist $w = e^{\pi i y} - e^{-\pi i y} = 2i \sin \pi y$. Für $z = x \pm \frac{1}{2} i$, $x \geqq 0$ ist $w = \pm i(e^{\pi x} + e^{-\pi x})$. Wenn also z die Begrenzung des gegebenen Halbstreifens in positiver Richtung durchläuft, dann beschreibt w die imaginäre Achse, und zwar von $+i\infty$

bis $-i\infty$. Es sei ferner $z = x + iy$, x eine feste positive Zahl, $-\frac{1}{2} \leqq y \leqq \frac{1}{2}$. Aus

$$w = e^{\pi x} \cdot e^{\pi i y} - e^{-\pi x} \cdot e^{-\pi i y} = (e^{\pi x} - e^{-\pi x}) \cos \pi y + i (e^{\pi x} + e^{-\pi x}) \sin \pi y$$

ist ersichtlich, daß, wenn z die Strecke $\Re z = x$, $-\frac{1}{2} \leqq \Im z \leqq \frac{1}{2}$ durchläuft, w eine in der rechten Halbebene gelegene halbe Ellipsenlinie beschreibt, deren Mittelpunkt der Nullpunkt und deren Halbachsen $e^{\pi x} - e^{-\pi x}$ bzw. $e^{\pi x} + e^{-\pi x}$ sind.

Wenn also w_0 irgendeine Zahl der rechten Halbebene $\Re w > 0$ ist, dann kann x so groß gewählt werden, daß folgendes gilt: Wenn z den Rand des viereckförmigen Gebietes

$$0 < \Re z < x, \qquad -\tfrac{1}{2} < \Im z < \tfrac{1}{2}$$

beschreibt, dann ist die Windungszahl der von $w - w_0$ beschriebenen Kurve der w-Ebene gleich 1. Vgl. auch **188**.

188. Es sei w_0 ein beliebiger Punkt im Innern der Bildkurve K von $|z| = r$ und man betrachte diejenige Kurve K', die aus K durch Verschiebung um den Vektor $-w_0$ entsteht. Sie ist das Bild des Kreises $|z| = r$ bei der Abbildung $w = f(z) - w_0$. Ihre Windungszahl kann laut Voraussetzung nur $+1$ oder -1 sein. Da $f(z) - w_0$ regulär ist, so ist sie [Prinzip des Arguments] nichtnegativ, also $= +1$. Die Funktion $f(z) - w_0$ hat also genau eine Nullstelle im Kreise $|z| < r$. Analog zeigt man, daß ein außerhalb K gelegener Punkt w_0 nicht zum Wertvorrat von $f(z)$ in $|z| \leqq r$ gehört (entsprechende Windungszahl $= 0$).

189. Man betrachte bei der Abbildung $w = \int\limits_0^z e^{-\frac{x^2}{2}} dx$ die Bildkurve des Randes von einem Kreissektor, dessen Radien mit der positiven reellen Achse bzw. den Winkel $+\frac{\pi}{4}$ und $-\frac{\pi}{4}$ einschließen. Die Bilder der beiden Radien können aus der rechten Hälfte der bei *Drude*, a. a. O. abgebildeten Kurve (*Cornu*sche Spirale) durch Drehung um 45° bzw. durch Spiegelung und Drehung konstruiert werden. Das Bild des begrenzenden Kreises verläuft in der Nähe des Punktes $w = \sqrt{\frac{\pi}{2}}$ [IV **189**]. Es sei die positive Zahl r so klein gewählt, daß das Bild des Kreisbogens $z = re^{i\vartheta}$, $-\frac{\pi}{4} \leqq \vartheta \leqq \frac{\pi}{4}$ die Bilder der Radien nur in den beiden, den Punkten $re^{\frac{i\pi}{4}}$ und $re^{-\frac{i\pi}{4}}$ entsprechenden Punkten trifft. Man betrachte dann diejenige Kurve, welche aus der Begrenzung jenes Teiles des oben genannten Sektors hervorgeht, der im Kreisäußern $|z| \geqq r$ liegt. Diese Kurve hat die Windungszahl 0. Man schließt hieraus, daß $w \neq 0$, wenn $-\frac{\pi}{4} < \operatorname{arc} z < \frac{\pi}{4}$ ist. Anderer Beweis in V **178**.

190. Das Integral
$$\frac{1}{2\pi i}\oint\frac{f'(z)\,dz}{f(z)-a}$$
hat einen ganzzahligen Wert, kann sich also bei stetiger Änderung des Integrationsweges überhaupt nicht ändern. Die fraglichen Kurven der z-Ebene lassen sich stetig ineinander überführen.

191. Es sei $f(z) \not\equiv 0$, dann ist $f(z) \neq 0$ auf L. Die Funktion $\log f(z) = \log R + i\Theta$ ist regulär in jedem Punkt von L. Daher hat man [*Hurwitz-Courant*, S. 255, Formel (2)]
$$\frac{\partial \log R}{\partial \nu} = \frac{\partial \Theta}{\partial s},$$
wobei die Differentiation in der Richtung der äußeren Normalen bzw. der positiven Richtung der Tangente in dem Punkt z der Kurve L gemeint ist. Die linksstehende Ableitung ist positiv [Prinzip des Maximums], das gleiche gilt somit für die rechtsstehende. — Das Bild von L ist eine (ev. mehrfach in demselben Sinne durchlaufene) Kreislinie.

192. [*B. Riemann*, Werke, S. 106—107. Leipzig: B. G. Teubner 1876; *H. M. Macdonald*, Lond. M. S. Proc. Bd. 29, S. 576—577, 1898; vgl. auch *G. N. Watson*, ebenda, Serie 2, Bd. 15, S. 227—242, 1916.] Es sei auf L (Bezeichnungen von Lösung **191**) $f'(z) = Ri e^{i\Theta}\frac{d\Theta}{dz} \neq 0$. Es seien W und W' die Windungszahlen der von $f(z)$ bzw. $f'(z)$ beschriebenen Kurven (W ist die Windungszahl einer in konstanter Richtung im allgemeinen mehrfach durchlaufenen Kreislinie). Dann ist $2\pi(W'-W)$ gleich der Änderung des Arcus von $\frac{d\Theta}{dz}$, während z die Kurve L durchläuft. Es sei $ds = |dz|$ das Bogenelement von L, dann ist $\frac{d\Theta}{dz} = \frac{d\Theta}{ds}\frac{ds}{dz}$. Der erste Faktor ist stets reell, es kommt also nur auf die Änderung des Arcus des zweiten Faktors an. Der Arcus von $\frac{ds}{dz} = \frac{|dz|}{dz}$ ist gleich dem negativ genommenen Arcus von dz. Die Richtungsänderung von dz, d. h. die des Tangentenvektors bei dem positiven Durchlaufen einer geschlossenen, doppelpunktlosen Kurve beträgt 2π; dies sei, mit Bezugnahme auf den Fall eines Polygons, der Anschauung entnommen. Verschwindet $f'(z)$ auf L, so nehme man anstatt L eine im Innern von L verlaufende, an L genügend nahe gelegene Niveaulinie. — Die geometrische Fassung des Satzes ist auch direkt einzusehen; vgl. *H. M. Macdonald*, a. a. O.

193. $f(z)$ ist keine Konstante, da $f'(z) \neq 0$. $f(z)$ besitzt im Innern von $\mathfrak{B}$ genau eine Nullstelle [**192**]. Also ist die Windungszahl des (kreisförmigen) Weges, den $w = f(z)$ beschreibt, wenn z den Rand von $\mathfrak{B}$ umkreist, $=1$. Die Windungszahl des von $f(z) - w_0$ beschriebenen

Weges ist 1 oder 0, je nachdem $|w_0|$ $<$ oder $>$ ist, als der konstante Betrag von $|f(z)|$ am Rande von $\mathfrak{B}$.

194. [*E. Rouché*, J. de l'Éc. Pol. Bd. 39, S. 217, 1862.] Da in denjenigen Punkten im Innern von L, die genügend nahe an L liegen, $f(z)$ und $f(z)+\varphi(z)$ von 0 verschieden sind, und die Ungleichung $|f(z)|>|\varphi(z)|$ besteht, so können wir $f(z)$ und $\varphi(z)$ als regulär auf L voraussetzen. Auf L ist die Funktion $1+\frac{\varphi(z)}{f(z)}$ stets vom positiven Realteil, die Änderung ihres Arcus beim Durchlaufen von L ist also $=0$. Man hat ferner $f(z)+\varphi(z)=f(z)\left(1+\frac{\varphi(z)}{f(z)}\right)$, so daß [**181**] die Windungszahl der $f(z)$ entsprechenden Bildkurve mit der der $f(z)+\varphi(z)$ entsprechenden übereinstimmt.

195. Spezialfall von **194**: $f(z)=ze^{\lambda-z}$, $\varphi(z)=1$, L der Einheitskreis $|z|=1$. Daß auf der reellen Strecke $0\leqq z\leqq 1$ jedenfalls eine Wurzel liegt, folgt daraus, daß $ze^{\lambda-z}$ mit z wächst und zwar von 0 bis $e^{\lambda-1}>1$.

196. Wenn $z=iy$, y reell, so ist $|\lambda-iy|\geqq\lambda>1=|e^{-iy}|$. Wenn $|z|$ genügend groß, $\Re z\geqq 0$ ist, so ist $|\lambda-z|>1\geqq|e^{-z}|$. $\lambda-z=0$ hat in der rechten Halbebene die Wurzel $z=\lambda$. Spezialfall von **194**: $f(z)=\lambda-z$, $\varphi(z)=-e^{-z}$, L ein genügend großer Halbkreis in $\Re z\geqq 0$. Die Realität der einzigen Wurzel folgt aus der Symmetrie der Betragfläche in bezug auf eine durch die reelle Achse gelegte Vertikalebene.

197. [Vgl. *G. Julia*, Journ. de Math. Serie 8, Bd. 1, S. 63, 1918.] Spezialfall von **194**: Auf dem Einheitskreis ist $|z|=1>|f(z)|$.

198. [Beispiel zu einem allgemeinen Satz von *G. Julia*, Ann. de l'Éc. Norm. Serie 3, Bd. 36, S. 104—108, 1919.] Es sei R_n das Rechteck mit den vier Ecken $n\pm\frac{1}{2}\pm id$, n ganz, d fest, $d>0$, man setze ferner $z=x+iy=re^{i\vartheta}$. Wegen I **155** ist auf dem Rand von R_n für $n\to+\infty$

$$\log|\Gamma(z)|\sim(x-\tfrac{1}{2})\log r-y\vartheta-x,$$

so daß das Minimum von $|\Gamma(z)|$ auf R_n für $n\to+\infty$ gegen $+\infty$ strebt. Andererseits bleibt $|\sin\pi z|$ auf dem Rand von R_n oberhalb einer von n unabhängigen Zahl c, $c>0$. Daher konvergiert das Minimum von

$$\left|\frac{1}{\Gamma(z)}\right|=\frac{|\sin\pi z|}{\pi}|\Gamma(1-z)|$$

auf dem Rande von R_{-n} für $n\to+\infty$ gegen $+\infty$. Wenn a beliebig ist, so ist also für genügend große n

$$\left|\frac{1}{\Gamma(z)}\right|>|a|$$

auf dem Rande von R_{-n}, während im Mittelpunkt von R_{-n}: $\frac{1}{\Gamma(z)}=0$ gilt. Man wende **194** an: $f(z)=\frac{1}{\Gamma(z)}$, $\varphi(z)=-a$.

199. Man erhält durch zweimalige partielle Integration

$$zF(z) = f(0) - f(1)\cos z + \frac{1}{z}\left[f'(1)\sin z - \int_0^1 f''(t)\sin zt\,dt\right]$$
$$= f(0) - f(1)\cos z + \varphi(z).$$

Man schlage um alle Nullstellen der periodischen Funktion $f(0) - f(1)\cos z$ Kreise vom Radius ε, wobei $\varepsilon > 0$ und 2ε kleiner ist, als die Distanz irgend zweier Nullstellen. Werden die umgrenzten Kreisscheiben entfernt, so strebt $\frac{\varphi(z)}{f(0) - f(1)\cos z}$ in der übrigbleibenden durchlöcherten z-Ebene für $z \to \infty$ gegen 0. [Man zeige dies zuerst für den Streifen $-\pi \leqq \Re z \leqq \pi$.] Abgesehen von endlich vielen hat also $zF(z)$ in jeder Kreisscheibe ebensoviel Nullstellen als die Funktion $f(0) - f(1)\cos z$ [**194**], also *eine*. Diese ist notwendigerweise reell im Falle $|f(1)| > |f(0)|$, in dem die Kreisscheibe durch die reelle Achse halbiert wird: denn die imaginären Nullstellen der für reelles z reellen Funktion $F(z)$ treten *paarweise* auf [Lösung **196**].

200. Das Glied $z^n a^{-n^2}$ tritt sein Amt als Maximalglied der Reihe

$$1 + \frac{z}{a} + \frac{z}{a}\cdot\frac{z}{a^3} + \frac{z}{a}\cdot\frac{z}{a^3}\cdot\frac{z}{a^5} + \cdots$$

am Kreisrand $|z| = |a|^{2n-1}$ an und legt es am Kreisrand $|z| = a^{2n+1}$ nieder [I **117**]. Um das Überwiegen des Maximalgliedes zwischen diesen Grenzen zu studieren, beachte man die Formel

$$\frac{F(z) - z^n a^{-n^2}}{z^n a^{-n^2}} = \frac{z}{a^{2n+1}} + \frac{z}{a^{2n+1}}\cdot\frac{z}{a^{2n+3}} + \frac{z}{a^{2n+1}}\cdot\frac{z}{a^{2n+3}}\cdot\frac{z}{a^{2n+5}} + \cdots$$
$$+ \frac{a^{2n-1}}{z} + \frac{a^{2n-1}}{z}\cdot\frac{a^{2n-3}}{z} + \frac{a^{2n-1}}{z}\cdot\frac{a^{2n-3}}{z}\cdot\frac{a^{2n-5}}{z} + \cdots.$$

Am Kreisrand $|z| = |a|^{2n}$ sind die entsprechenden Glieder der beiden Teilreihen rechts dem Betrage nach gleich und somit

$$\left|\frac{F(z) - z^n a^{-n^2}}{z^n a^{-n^2}}\right| < 2\left(\frac{1}{|a|} + \frac{1}{|a|}\cdot\frac{1}{|a|^3} + \frac{1}{|a|}\cdot\frac{1}{|a|^3}\cdot\frac{1}{|a|^5} + \cdots\right)$$
$$< \frac{2}{|a|}\,\frac{1}{1 - |a|^{-3}} = \frac{2|a|^2}{|a|^3 - 1} < 1,$$

da die einzige positive Wurzel der Gleichung $z^3 - 2z^2 - 1 = 0$ kleiner als 2,5 ist [**20**: $d_0 = 0{,}5$, $d_1 = 2{,}5$, $d_2 = 1$, $d_3 = 2{,}5$]. Innerhalb des Kreises $|z| = |a|^{2n}$ hat also $F(z)$ ebensoviel Nullstellen als $z^n a^{-n^2}$, d. h. n Nullstellen. Auf die Kreisscheibe $|z| \leqq |a|^{2n-2}$ entfallen hiervon, nach demselben Beweis, $n - 1$ Nullstellen. — Vgl. V **176**.

201. [*A. Hurwitz*, Math. Ann. Bd. 33, S. 246–266, 1889.] Wird die abgeschlossene Kreisscheibe K um den Punkt a als Mittelpunkt so gewählt, daß K in $\mathfrak{G}$ liegt, und außer ev. a keine Nullstelle von $f(z)$

enthält, dann ist für genügend große n: $|f(z)| > |f_n(z) - f(z)|$ auf der Begrenzung von K. Man wende **194** an, $f_n(z) - f(z) = \varphi(z)$. Allgemeiner: jeder Teilbereich von $\mathfrak{G}$, an dessen Rand keine Nullstelle von $f(z)$ liegt, enthält ebensoviele Nullstellen von $f_n(z)$ wie von $f(z)$, wenn n genügend groß ist. Wichtig für die Anwendungen!

202. $f(z)$ ist regulär im Einkeitskreis $|z| < 1$ [**170**]. Gesetzt den Fall, daß $f(z_1) = f(z_2)$ wäre mit $z_1 \neq z_2$, $|z_1| < 1$, $|z_2| < 1$, betrachte man die Folge $f_n(z) - f_n(z_1)$, $n = 1, 2, 3, \ldots$, die gegen $f(z) - f(z_1)$ konvergiert. In einer Kreisscheibe um z_2, die ganz im Innern des Einheitskreises liegt und z_1 nicht enthält, müßte dann $f_n(z) - f_n(z_1)$ für genügend große n verschwinden [**201**]: Widerspruch.

203. [**170**, **201**.]

204. Wenn a und d ganz sind, folgt der Satz wie in Lösung **185**, weil die Nullstellen des Polynoms $a_0 z^a + a_1 z^{a+d} + a_2 z^{a+2d} + \cdots + a_n z^{a+nd}$ im Kreise $|z| \leqq 1$ liegen [**23**]. Für rationale a und d ersetze man z durch ein passend gewähltes ganzzahliges Vielfaches von z. Für irrationale a und d approximiere man a und d durch rationale Zahlen und wende **203** an.

205. [*G. Pólya*, Math. Zeitschr. Bd. 2, S. 354, 1918.] Es ist [II **21**]

$$\int_0^1 f(t) \cos zt\, dt = \lim_{n \to \infty} \sum_{\nu=0}^{n-1} \frac{1}{n} f\left(\frac{\nu}{n}\right) \cos \frac{\nu}{n} z \qquad [\mathbf{185}, \mathbf{203}].$$

206. Gegenbeispiel:

$$f_n(z) = z^2 + \frac{1}{n}, \quad n = 1, 2, 3, \ldots; \quad \mathfrak{B}: |z| \leqq 2; \quad a = -1, \quad b = +1.$$

207. Aus $z - w\varphi(z) = 0$ folgt $1 - w\varphi'(z) = \varphi(z) \dfrac{dw}{dz}$. Aus der *Lagrange*schen Formel (L), S. 125 für $f(z)$ ergibt sich also durch Differentiation nach w

$$\frac{f'(z)\varphi(z)}{1 - w\varphi'(z)} = \sum_{n=1}^{\infty} \frac{w^{n-1}}{(n-1)!} \left[\frac{d^{n-1} f'(x)\varphi(x)[\varphi(x)]^{n-1}}{dx^{n-1}}\right]_{x=0},$$

d. h. die zu beweisende Formel für $f'(z)\varphi(z)$. Zugleich mit $f(z)$ durchläuft $f'(z)\varphi(z)$ alle zulässigen Funktionen, da $\varphi(0) \neq 0$. Daher gelangt man umgekehrt von **207** zu der *Lagrange*schen Formel (L), S. 125 mittels Integration.

208. $$\frac{1}{n!}\left[\frac{d^n f(x)[\varphi(x)]^n}{dx^n}\right]_{x=0} = \frac{1}{2\pi i} \oint \frac{f(\zeta)[\varphi(\zeta)]^n}{\zeta^n} \frac{d\zeta}{\zeta},$$

$$\sum_{n=0}^{\infty} \frac{w^n}{n!} \left[\frac{d^n f(x)[\varphi(x)]^n}{dx^n}\right]_{x=0} = \frac{1}{2\pi i} \oint \frac{f(\zeta)\, d\zeta}{\zeta} \sum_{n=0}^{\infty} \left(\frac{w\varphi(\zeta)}{\zeta}\right)^n,$$

das Integral längs eines Kreises vom Mittelpunkt $\zeta = 0$ erstreckt, für so kleine Werte von w, daß entlang der Integrationslinie $|\zeta| > |w\varphi(\zeta)|$ gilt. Dann liegen aber innerhalb der Integrationslinie ebenso viele Nullstellen von $\zeta - w\varphi(\zeta)$, wie von ζ [**194**], d. h. nur eine; diese einzige Nullstelle mit z bezeichnet, ist weiter

$$= \frac{1}{2\pi i}\oint \frac{f(\zeta)\,d\zeta}{\zeta - w\varphi(\zeta)} = \frac{f(z)}{1 - w\varphi'(z)}.$$

209. [*L. Euler*, De serie Lambertiana, Opera Omnia, Serie 1, Bd. 6, S. 354. Leipzig und Berlin: B. G. Teubner 1921.] Man setze in (L), S. 125: $\varphi(z) = e^z$, $f(z) = z$,

$$z = w + \frac{2w^2}{2!} + \frac{3^2 w^3}{3!} + \cdots + \frac{n^{n-1} w^n}{n!} + \cdots.$$

210. Man setze in (L), S. 125: $\varphi(z) = e^z$, $f(z) = e^{\alpha z}$,

$$e^{\alpha z} = 1 + \sum_{n=1}^{\infty} \frac{\alpha(\alpha + n)^{n-1}}{n!} w^n.$$

211. Man setzt $x = 1 + z$, $\varphi(z) = (1 + z)^\beta$, $f(z) = 1 + z$; (L), S. 125 ergibt

$$x = 1 + z = 1 + \sum_{n=1}^{\infty} \binom{\beta n}{n-1} \frac{w^n}{n}.$$

212. [Vgl. a. a. O. **209**, S. 350.] Man setzt $x = 1 + z$, $\varphi(z) = (1 + z)^\beta$, $f(z) = (1 + z)^\alpha$; (L), S. 125 ergibt

$$y = x^\alpha = (1 + z)^\alpha = 1 + \sum_{n=1}^{\infty} \binom{\alpha + \beta n - 1}{n - 1} \frac{\alpha w^n}{n}.$$

213. Für $\beta = 0$, $\beta = 1$ erhält man die binomische Reihe, für $\beta = 2$

$$\left(\frac{1 - \sqrt{1 - 4w}}{2w}\right)^\alpha = 1 + \alpha \sum_{n=1}^{\infty} \binom{\alpha + 2n - 1}{n - 1} \frac{w^n}{n};$$

für $\beta = -1$ im wesentlichen dieselbe Reihe, für $\beta = \frac{1}{2}$

$$\left(\sqrt{1 + \frac{w^2}{4}} + \frac{w}{2}\right)^{2\alpha} = 1 + \alpha \sum_{n=1}^{\infty} \binom{\alpha + \frac{n}{2} - 1}{n - 1} \frac{w^n}{n}.$$

$x = 1 + \frac{\xi}{\beta}$, $w = \frac{\omega}{\beta}$, $\alpha = a\beta$ gesetzt, halte man ξ, ω, a fest und lasse $\beta = +\infty$ werden. Die Gleichung in **211** lautet

$$\omega = \xi\left(1 + \frac{\xi}{\beta}\right)^{-\beta} \sim \xi e^{-\xi}.$$

214. $\varphi(z) = e^z$, $f(z) = e^{\alpha z}$ gesetzt, **207** angewendet, wird

$$\sum_{n=0}^{\infty} \frac{(n+\alpha)^n w^n}{n!} = \frac{e^{\alpha z}}{1 - w e^z} = \frac{e^{\alpha z}}{1-z},$$

wobei z die Bedeutung in **209** besitzt. Der Konvergenzradius ist

$$= \lim_{n\to\infty} \frac{(n+\alpha)^n}{n!} \frac{(n+1)!}{(n+1+\alpha)^{n+1}} = e^{-1}.$$

215. Es handelt sich um

$$\sum_{n=0}^{\infty} \int_n^{n+1} \frac{t^n}{n!} e^{-\lambda t} dt = \sum_{n=0}^{\infty} \int_0^1 \frac{(n+\alpha)^n}{n!} e^{-\lambda(n+\alpha)} d\alpha.$$

Es ist gleichmäßig für $0 \leqq \alpha \leqq 1$

$$\sum_{n=0}^{\infty} \frac{(n+\alpha)^n}{n!} e^{-\lambda n} = \frac{e^{\alpha z}}{1-z},$$

wobei z aus der Gleichung $z e^{-z} = e^{-\lambda}$, $|z| < 1$ bestimmt wird [**214**, **209**]. Das fragliche Integral ist somit

$$= \int_0^1 \frac{e^{\alpha(z-\lambda)}}{1-z} d\alpha = \frac{e^{z-\lambda} - 1}{(1-z)(z-\lambda)} = \frac{1}{\lambda - z}.$$

Man verifiziert unmittelbar, daß $\zeta = \lambda - z$ der Gleichung $\lambda - \zeta - e^{-\zeta} = 0$ genügt; $\lambda - z$ ist reell und positiv.

216. [Bezüglich **216**—**218**, **225**, **226** s. *G. Pólya*, Ens. Math. Bd. 22, S. 38—47, 1922.] $\varphi(z) = (1+z)^\beta$, $f(z) = (1+z)^\alpha$ gesetzt, **207** angewendet, ist

$$\sum_{n=0}^{\infty} \binom{\alpha + \beta n}{n} w^n = \frac{(1+z)^\alpha}{1 - w\beta(1+z)^{\beta-1}} = \frac{x^{\alpha+1}}{(1-\beta)x + \beta},$$

wobei $1 + z = x$ und x die Wurzel der für rationales β algebraischen Gleichung **211** ist.

217. [*L. Euler*, Opuscula analytica, Bd. 1, S. 48—62. Petropoli 1783.] $\varphi(z) = 1 + z + z^2$, $f(z) = 1$ gesetzt, **207** angewendet, ist

$$z = \frac{1 - w - \sqrt{1 - 2w - 3w^2}}{2w}, \qquad \sum_{n=0}^{\infty} \frac{w^n}{n!} \left[\frac{d^n(1+x+x^2)^n}{dx^n}\right]_{x=0} =$$

$$= \frac{1}{1 - w(1+2z)} = \frac{1}{\sqrt{1 - 2w - 3w^2}}.$$

218. Die k^{te} Kolonne nach links von der mittleren ergibt [**216**]

$$1+\binom{k+2}{1}w+\binom{k+4}{2}w^2+\cdots+\binom{k+2n}{n}w^n+\cdots$$
$$=\frac{1}{\sqrt{1-4w}}\left(\frac{1-\sqrt{1-4w}}{2w}\right)^k.$$

219. [Vgl. *Jacobi*, Werke, Bd. 6, S. 22. Berlin: G. Reimer 1891.] Es genügt, die Fälle 2. 3. zu betrachten.

2. Es sei $\xi \neq -1$, $\xi \neq 1$; für nicht ganze α und β sei die Bestimmung von $(1-\xi)^\alpha$ und $(1+\xi)^\beta$ fest gewählt. Man setze in **207**

$$\varphi(z)=\frac{(\xi+z)^2-1}{2};\ f(z)=(1-\xi-z)^\alpha(1+\xi+z)^\beta,\ f(0)=(1-\xi)^\alpha(1+\xi)^\beta.$$

Rechter Hand ergibt sich dann $(1-\xi)^\alpha(1+\xi)^\beta\sum_{n=0}^{\infty}P_n^{(\alpha,\beta)}(\xi)w^n$, während aus $w=\dfrac{z}{\varphi(z)}$

$$z=\frac{1-\xi w-\sqrt{1-2\xi w+w^2}}{w},$$
$$f(z)=2^{\alpha+\beta}(1-\xi)^\alpha(1+\xi)^\beta\left(1-w+\sqrt{1-2\xi w+w^2}\right)^{-\alpha}\left(1+w+\sqrt{1-2\xi w+w^2}\right)^{-\beta},$$
$$1-w\varphi'(z)=\sqrt{1-2\xi w+w^2},$$

also

$$\sum_{n=0}^{\infty}P_n^{(\alpha,\beta)}(\xi)\,w^n$$
$$=\frac{2^{\alpha+\beta}}{\sqrt{1-2\xi w+w^2}}\left(1-w+\sqrt{1-2\xi w+w^2}\right)^{-\alpha}\left(1+w+\sqrt{1-2\xi w+w^2}\right)^{-\beta}$$

folgt. Die Fälle $\xi=-1$, $\xi=1$ lassen sich direkt erledigen [Lösung VI **98**].

3. Es sei $\xi \neq 0$ und in **207**

$$\varphi(z)=z+\xi;\qquad f(z)=e^{-(z+\xi)}(z+\xi)^\alpha,\qquad f(0)=e^{-\xi}\xi^\alpha$$

gesetzt. Rechter Hand steht $e^{-\xi}\xi^\alpha\sum_{n=0}^{\infty}L_n^{(\alpha)}(\xi)w^n$, während man aus $w=\dfrac{z}{\varphi(z)}$

$$z=\frac{\xi w}{1-w},\qquad f(z)=\frac{\xi^\alpha}{(1-w)^\alpha}e^{\frac{\xi}{w-1}},\qquad 1-w\varphi'(z)=1-w$$

erhält, also

$$\sum_{n=0}^{\infty}L_n^{(\alpha)}(\xi)w^n=\frac{1}{(1-w)^{\alpha+1}}e^{\frac{\xi w}{w-1}}.$$

Der Fall $\xi=0$ läßt sich direkt erledigen [Lösung VI **99**].

220. $\Delta e^{sz} = e^{sz}(e^s - 1)$, $\Delta^n e^{sz} = e^{sz}(e^s - 1)^n$.

1. $(1+w)^z = 1 + \frac{z}{1}w + \frac{z(z-1)}{2!}w^2 + \cdots + \frac{z(z-1)\ldots(z-n+1)}{n!}w^n + \cdots;$

$w = e^s - 1$ gesetzt, gültig für $|e^s - 1| < 1$, z beliebig.

2. $s = e^s - 1 - \frac{1}{2}(e^s-1)^2 + \frac{1}{3}(e^s-1)^3 - \cdots + (-1)^{n-1}\frac{1}{n}(e^s-1)^n + \cdots,$
$|e^s - 1| < 1$.

3. $e^{sz} = 1 + \frac{z}{1!}se^s + \frac{z(z-2)}{2!}(se^s)^2 + \cdots + \frac{z(z-n)^{n-1}}{n!}(se^s)^n + \cdots,$

aus **210**, $z = -s$, $\alpha = -z$ gesetzt. Es ist nach II **205**

$$\frac{z(z-n)^{n-1}}{n!}(se^s)^n \sim (-1)^{n-1} z e^{-z}(2\pi)^{-\frac{1}{2}} n^{-\frac{3}{2}} (se^{s+1})^n,$$

also konvergiert die Reihe, so lange $|se^{s+1}| \leqq 1$; jedenfalls ist die Formel in der Umgebung von $s = 0$ gültig.

4. Man setze in **212**: $x = e^s$, $\beta = \frac{1}{2}$, also $w = e^{\frac{s}{2}} - e^{-\frac{s}{2}}$, $\alpha = z$,

$$e^{sz} = 1 + \sum_{n=1}^{\infty} \frac{z}{n} \binom{z + \frac{n}{2} - 1}{n-1} \left(e^{\frac{s}{2}} - e^{-\frac{s}{2}}\right)^n.$$

Man vertausche s mit $-s$ und addiere die beiden Formeln:

$$\frac{e^{sz} + e^{-sz}}{2} = 1 + \sum_{m=1}^{\infty} \frac{z}{2m} \binom{z+m-1}{2m-1} \left(e^{\frac{s}{2}} - e^{-\frac{s}{2}}\right)^{2m}.$$

Aus **216** folgt für $x = e^s$, $\beta = \frac{1}{2}$, $w = e^{\frac{s}{2}} - e^{-\frac{s}{2}}$, $\alpha = z - \frac{1}{2}$, nach Vertauschung von s mit $-s$, Substraktion und Umformung:

$$\frac{e^{sz} - e^{-sz}}{2} = \sum_{m=1}^{\infty} \frac{1}{2} \binom{z+m-1}{2m-1} \left(e^{\frac{s}{2}} - e^{-\frac{s}{2}}\right)^{2m-2} (e^s - e^{-s}).$$

Die Summe der beiden letzten Formeln ergibt die gewünschte Entwicklung von e^{sz}. Es ist

$$\frac{z}{2m}\binom{z+m-1}{2m-1}\left(e^{\frac{s}{2}} - e^{-\frac{s}{2}}\right)^{2m} \sim -\frac{z \sin \pi z}{\sqrt{\pi}} \left(\sin \frac{is}{2}\right)^{2m} m^{-\frac{3}{2}}$$

auf Grund der *Stirling*schen Formel und der Produktdarstellung von $\sin \pi z$; Konvergenz für $\left|\sin \frac{is}{2}\right| < 1$; die Formel ist jedenfalls richtig in der Umgebung von $s = 0$.

221. [Bezüglich der Formeln 2. 3. vgl. *N. H. Abel*, Oeuvres, Bd. 2, Nouvelle édition, S. 72, 73. Christiania: Grøndahl & Son, 1881.] Man entwickle in **220**, $F(z) = e^{sz}$, beide Seiten nach wachsenden Potenzen von s und vergleiche den Koeffizienten von $\frac{s^k}{k!}$ rechts und links. Es ist

$$\Delta^n F(z) = \Delta^n\left(1 + \frac{s}{1!}z + \frac{s^2}{2!}z^2 + \cdots + \frac{s^k}{k!}z^k + \cdots\right) = \sum_{k=0}^{\infty} \frac{s^k}{k!}\Delta^n z^k.$$

222. Es genügt, 1. 2. für $F(z) = (z - w)^{-1}$ zu beweisen, für andere rationale Funktionen wende man Differentiation nach w, Partialbruchzerlegung und **221** an. Es gelten 1. 2. für $F(z) = e^{sz}$, wenn s reell und negativ ist. [Lösung **220**.] Durch Multiplikation mit $e^{-sw}ds$ und Integration von $s = -\infty$ bis $s = 0$ erhält man 1. 2. für $F(z) = (z - w)^{-1}$. Der Gültigkeitsbereich ist leichter zu diskutieren folgendermaßen: Zu beweisen ist, da

$$\Delta^n(z - w)^{-1} = \frac{(-1)^n n!}{(z - w)(z - w + 1) \cdots (z - w + n)},$$

1. $$\frac{1}{z - w} = -\frac{1}{w} - \sum_{n=0}^{\infty} \frac{z(z-1)\cdots(z-n)}{w(w-1)\cdots(w-n-1)},$$

2. $$-\frac{1}{(z-w)^2} = -\sum_{n=0}^{\infty} \frac{n!}{(z-w)(z-w+1)\cdots(z-w+n+1)}.$$

Man erhält 2., wenn man in 1. w bzw. z durch $w - z - 1$ bzw. -1 ersetzt. Man erhält 1. durch Grenzübergang aus der durch vollständige Induktion verifizierbaren Identität

$$\frac{1}{w - z} = \frac{1}{w} + \frac{z}{w(w-1)} + \frac{z(z-1)}{w(w-1)(w-2)} + \cdots$$
$$+ \frac{z(z-1)\cdots(z-n+1)}{w(w-1)(w-2)\cdots(w-n)} + \frac{z}{w}\frac{z-1}{w-1}\cdots\frac{z-n}{w-n}\frac{1}{w-z}.$$

Das Restglied ist, wenn w und z als von 0, 1, 2, 3, ... und voneinander verschieden vorausgesetzt werden [vgl. II **31**],

$$\frac{(-z)(-z+1)\cdots(-z+n)}{n^{-z}n!} \frac{n^{-w}n!}{-w(-w+1)\cdots(-w+n)} \frac{n^{w-z}}{w-z}$$
$$\sim \frac{\Gamma(-w)}{\Gamma(-z)} \frac{n^{w-z}}{w-z}.$$

Die Formeln 3. und 4. sind für gebrochene Funktionen $F(z)$ in keinem Bereich gültig. Andernfalls müßten nämlich die Teilsummen n^{ter} bzw. $2n^{\text{ter}}$ Ordnung nach **255** und **254** in *jedem* endlichen Bereich gleichmäßig konvergieren, also müßte $F(z)$ überall regulär sein: Widerspruch.

223. Die fragliche Identität ist rein formal zu verstehen; sie ist lediglich die Zusammenfassung der unendlich vielen Gleichungen, welche die Größen $\Delta^n a_k$, $k = 0, \pm 1, \pm 2, \ldots$ definieren.

224. Da die Entwicklung von $\frac{t}{1+t}$ kein absolutes Glied aufweist, hängt der Koeffizient von t^n in der Entwicklung von $\frac{1}{1+t}F\left(\frac{t}{1+t}\right)$ nur von $a_0, a_1, \ldots, a_n$ ab. Man kann sich also auf den Fall beschränken, daß $F(z)$ ein Polynom ist. Jedes Polynom läßt sich aber als lineare Kombination der speziellen Polynome $(1-z)^m$, $m = 0, 1, 2, \ldots$ schreiben; außerdem ist, wenn a_k und b_k zwei Zahlenfolgen, c_1, c_2 Konstanten bezeichnen, $\Delta^n(c_1 a_k + c_2 b_k) = c_1 \Delta^n a_k + c_2 \Delta^n b_k$. Es genügt also die Behauptung für $F(z) = (1-z)^m$, $m = 0, 1, 2, \ldots$ zu beweisen. Dann ist aber [**223**] $\Delta^n a_0 =$ dem Koeffizienten von z^n in der Entwicklung von $(1-z)^n \cdot (1-z)^m = (1-z)^{n+m}$, d. h. $= (-1)^n \binom{n+m}{n}$. Es ist

$$\sum_{n=0}^{\infty} (-1)^n \binom{n+m}{n} t^n = \frac{1}{(1+t)^{m+1}} = \frac{1}{1+t} F\left(\frac{t}{1+t}\right).$$

225. Es genügt die Behauptung für $F(z) = (1-z)^m$, $m = 0, 1, 2, \ldots$ zu beweisen [Lösung **224**]. Dann ist [**223**] $\Delta^{2n} a_{-n} =$ dem Koeffizienten von z^n in der Entwicklung von

$$(1-z)^{2n} \sum_{k=-\infty}^{\infty} a_k z^k = (1-z)^{2n} \frac{F(z) + F(z^{-1})}{2} = (1-z)^{2n+m} \cdot \frac{1 + (-1)^m z^{-m}}{2},$$

d. h. $= (-1)^n \binom{2n+m}{n}$. [Lösung **218**.]

226. Man setze $F(z) = (1-z)^m - 1$, $m = 1, 2, 3, \ldots$ [Lösung **224**, **225**]. Dann ist [**223**] $\Delta^{2n} a_{-n+1} - \Delta^{2n} a_{-n-1}$ der Koeffizient von z^n in der Entwicklung von

$$(1-z)^{2n}(z^{-1} - z) \sum_{k=-\infty}^{\infty} a_k z^k = (1-z)^{2n}(z^{-1} - z) \frac{F(z) - F(z^{-1})}{2}$$

$$= (1-z)^{2n+m}(z^{-1} - z) \frac{1 + (-1)^{m+1} z^{-m}}{2},$$

d. h.

$$= (-1)^n \left\{ \binom{2n+m+1}{n} - \binom{2n+m+1}{n+1} \right\}$$

$$= (-1)^{n+1} \frac{m}{n+1} \binom{2n+m+1}{n}.$$

Man setze in Lösung **213**: $\beta = 2$, $\alpha = m$, $w = -t$.

227. Es sei $\alpha = z$, $\beta = 1 - z$, dann ist

$$n^2 + n + z(1-z) = (n+\alpha)(n+\beta)$$

identisch in n. D. h.

$$\prod_{n=1}^{\infty}\left(1+\frac{z(1-z)}{n(n+1)}\right)$$

$$=\prod_{n=1}^{\infty}\left(1+\frac{\alpha}{n}\right)e^{-\frac{\alpha}{n}}\prod_{n=1}^{\infty}\left(1+\frac{\beta}{n}\right)e^{-\frac{\beta}{n}}\left\{\prod_{n=1}^{\infty}\left(1+\frac{1}{n}\right)e^{-\frac{1}{n}}\right\}^{-1}.$$

Mit Beachtung von $\prod_{n=1}^{\infty}\left(1+\frac{x}{n}\right)e^{-\frac{x}{n}}=\Gamma(x)^{-1}e^{-Cx}x^{-1}$, C die *Euler*sche Konstante, ergibt sich folgendes Resultat:

$$\Gamma(\alpha)^{-1}\Gamma(\beta)^{-1}e^{-C}(\alpha\beta)^{-1}e^{C}=\frac{1}{\Gamma(z)\Gamma(1-z)}\,\frac{1}{z(1-z)}=\frac{\sin\pi z}{\pi z(1-z)}.$$

228. [*I. Schur.*] Durch Ausmultiplizieren des unendlichen Produktes in **227**.

229. Man setze in (L), S. 125:

$$\varphi(z)=\frac{1}{1-z},\qquad f(z)=\sin\pi z,\qquad w=z(1-z).$$

Es ist

$$\sin\pi z=\sum_{n=1}^{\infty}\frac{A_n}{n!}w^n,\qquad A_n=\left[\frac{d^{n-1}(1-x)^{-n}\pi\cos\pi x}{dx^{n-1}}\right]_{x=0}\qquad [\mathbf{228}].$$

230. Es sei $f(re^{i\vartheta})=U(r,\vartheta)+iV(r,\vartheta)$, $U(r,\vartheta)$, $V(r,\vartheta)$ reell, $a_n=b_n+ic_n$, b_n, c_n reell. Aus den für $0\leqq\vartheta\leqq 2\pi$ gleichmäßig konvergenten Entwicklungen

$$U(r,\vartheta)=b_0+\sum_{n=1}^{\infty}r^n(b_n\cos n\vartheta-c_n\sin n\vartheta),$$

$$V(r,\vartheta)=c_0+\sum_{n=1}^{\infty}r^n(c_n\cos n\vartheta+b_n\sin n\vartheta)$$

folgt [**117**]

$$a_n=b_n+ic_n=\frac{1}{\pi r^n}\int_0^{2\pi}U(r,\vartheta)\,e^{-in\vartheta}\,d\vartheta$$

$$=\frac{i}{\pi r^n}\int_0^{2\pi}V(r,\vartheta)e^{-in\vartheta}d\vartheta,\qquad n=1,2,3,\ldots.$$

231. Nach Lösung **230** ist

$$f(z)=a_0+\sum_{n=1}^{\infty}(b_n+ic_n)z^n=\frac{1}{2\pi}\int_0^{2\pi}U(r,\vartheta)\left[1+2\sum_{n=1}^{\infty}\left(\frac{ze^{-i\vartheta}}{r}\right)^n\right]d\vartheta.$$

232. 1. Spezialfall: $f(z)$ hat keine Nullstellen im Kreise $|z| \leqq r$. Man wende **231** auf die für $|z| \leqq r$ reguläre Funktion $\log f(z)$ anstatt $f(z)$ an.

2. Spezialfall: $f(z) = \frac{(z-c)r}{r^2 - \bar{c}z}$, $|c| < r$. Da $\log|f(re^{i\vartheta})| = 0$ [**5**], verschwindet das Integral rechts.

Aus speziellen Funktionen von der Art wie 1. und 2. läßt sich jede in dem Kreis $|z| \leqq r$ reguläre, am Rande von 0 verschiedene Funktion durch Multiplikation zusammensetzen. Die Bedingung, daß am Kreisrande $f(z) \neq 0$ ist, kann zuletzt auch weggelassen werden, da beide Seiten stetig von r abhängen. — Andere Lösung aus **176** nach Muster von Lösung **56**.

233. Es sei $0 < \alpha < 2\pi$ und $Re^{i\vartheta}$, $0 < \vartheta < \alpha$, ein Punkt des fraglichen Bogens. Mit den Bezeichnungen von **231** und $U(R, \vartheta) = 0$ für $0 < \vartheta < \alpha$ erhält man nach *zweimaligem* Grenzübergang, $f(0)$ als reell vorausgesetzt,

$$\lim_{r \to R-0} f(re^{i\vartheta}) = f(Re^{i\vartheta}) = \frac{1}{2\pi}\int_{\alpha}^{2\pi} U(R, \Theta)\,\frac{1 + e^{i(\vartheta - \Theta)}}{1 - e^{i(\vartheta - \Theta)}}\,d\Theta,$$

$$\Im f(Re^{i\vartheta}) = \frac{1}{2\pi}\int_{\alpha}^{2\pi} U(R, \Theta)\operatorname{ctg}\frac{\vartheta - \Theta}{2}\,d\Theta,$$

$$\frac{d}{d\vartheta}\Im f(Re^{i\vartheta}) = -\frac{1}{2\pi}\int_{\alpha}^{2\pi} U(R, \Theta)\left(\sin\frac{\vartheta - \Theta}{2}\right)^{-2} d\Theta \leqq 0.$$

234. Die Bezeichnungen von Lösung **230** beibehalten, ist

$$\frac{1}{2\pi}\int_0^{2\pi} [U(r, \vartheta)]^2\,d\vartheta = b_0^2 + \frac{1}{2}\sum_{n=1}^{\infty} r^{2n}(b_n^2 + c_n^2),$$

$$\frac{1}{2\pi}\int_0^{2\pi} [V(r, \vartheta)]^2\,d\vartheta = c_0^2 + \frac{1}{2}\sum_{n=1}^{\infty} r^{2n}(b_n^2 + c_n^2).$$

235. [Vgl. *C. Carathéodory*, Palermo Rend. Bd. 32, S. 193—217, 1911.] Die Bezeichnungen von Lösung **230** beibehalten, ist $R = 1$, $a_0 = \frac{1}{2}$ und

$$a_n = \frac{1}{\pi r^n}\int_0^{2\pi} U(r, \vartheta)e^{-in\vartheta}\,d\vartheta, \qquad |a_n| \leqq \frac{1}{\pi r^n}\int_0^{2\pi} U(r, \vartheta)\,d\vartheta = \frac{1}{r^n},$$

$$0 < r < 1; \quad n = 1, 2, 3, \ldots.$$

Man lasse r gegen 1 konvergieren. — Beispiel:

$$f(z) = \frac{1}{2}\,\frac{1+z}{1-z} = \frac{1}{2} + z + z^2 + \cdots + z^n + \cdots.$$

236. Die Funktion

$$\frac{1}{2}\,\frac{A - f(Rz) + i\Im a_0}{A - \Re a_0} = \frac{1}{2} - \frac{1}{2}\sum_{n=1}^{\infty}\frac{a_n R^n}{A - \Re a_0}\, z^n$$

erfüllt die Voraussetzungen von **235**. Es ist somit

$$|a_n| \leqq \frac{2(A - \Re a_0)}{R^n}, \quad \text{d. h.} \quad \sum_{n=1}^{\infty} |a_n| r^n \leqq 2(A - \Re a_0)\sum_{n=1}^{\infty}\left(\frac{r}{R}\right)^n.$$

Im Beispiel ist die Grenze erreicht.

237. Es genügt, die erste Gleichung zu beweisen $\left(\text{man ersetze dann } z \text{ durch } \frac{1}{z}\right)$. Die Funktion $\sum_{n=-\infty}^{-1} a_n z^n$ bleibt beschränkt für $|z| \geqq 1$, es sei $\left|\sum_{n=-\infty}^{-1} a_n z^n\right| < M$. Bezeichnet $A^*(r)$ das Maximum des reellen Teiles der ganzen Funktion $\sum_{n=0}^{\infty} a_n z^n$ auf der Kreislinie $|z| = r$, dann ist für $r > 1$ [Lösung **236**]

$$A^*(r) \geqq \Re a_0 + \tfrac{1}{2}|a_n| r^n, \qquad n = 1, 2, 3, \ldots.$$

Es ist ferner $A(r) \geqq A^*(r) - M$, also

$$A(r) \geqq \Re a_0 - M + \tfrac{1}{2}|a_n| r^n.$$

Wenn a_n von 0 verschieden ist, so schließt man hieraus

$$\liminf_{r\to\infty} \frac{\log A(r)}{\log r} \geqq n.$$

Es gibt beliebig große n mit $a_n \neq 0$.

238. [*E. Landau*, Arch. d. Math. u. Phys. Serie 3, Bd. 11, S. 32 bis 34, 1907; vgl. *F. Schottky*, J. für Math. Bd. 117, S. 225—253, 1897.] Es genügt, nur die Ungleichung $|\Re a_1| R \leqq \frac{2}{\pi}\Delta(f)$ zu beweisen. Wenn nämlich α eine reelle Konstante ist, dann ist die größte Schwankung des reellen Teiles von $f(e^{i\alpha} z)$ ebenfalls $\Delta(f)$ und aus dem Bestehen von $|\Re e^{i\alpha} a_1| R \leqq \frac{2}{\pi}\Delta(f)$ für jedes α folgt auch $|a_1| R \leqq \frac{2}{\pi}\Delta(f)$.

Es sei nun A das arithmetische Mittel der oberen und unteren Grenze von $\Re f(z)$ im Kreise $|z| < R$. Dann ist $|\Re f(z) - A| \leqq \frac{1}{2}\Delta(f)$ für $|z| < R$. Ferner ist [**230**]

$$\pi r a_1 = \int_0^{2\pi} [\Re f(re^{i\vartheta})]\, e^{-i\vartheta} d\vartheta, \qquad 0 < r < R,$$

also

$$\pi r \Re a_1 = \int_0^{2\pi} [\Re f(re^{i\vartheta}) - A]\cos\vartheta\, d\vartheta, \quad \pi r |\Re a_1| \leqq \frac{\Delta(f)}{2}\int_0^{2\pi} |\cos\vartheta|\, d\vartheta = 2\Delta(f).$$

Man lasse r gegen R konvergieren. — Für $R = 1$,

$$f(z) = \frac{1}{2i}\log\frac{1-z}{1+z} = iz + \frac{i}{3}z^3 + \frac{i}{5}z^5 + \cdots$$

ist

$$\Delta(f) = \frac{\pi}{2}, \qquad |a_1| = 1.$$

Geometrisch formuliert lautet der Satz wie folgt: Ein Kreis sei konform auf ein (nicht notwendig einfach bedecktes) Gebiet abgebildet. Die Breite dieses Gebietes in irgendeiner Richtung ist mindestens gleich dem $\frac{\pi}{2}$-fachen Produkt aus dem Radius des Kreises und dem Vergrößerungsverhältnis in dem Kreismittelpunkt. In dem genannten Spezialfall ist das Bild der Parallelstreifen $-\frac{\pi}{4} < \Re f(z) < \frac{\pi}{4}$.

239. [*E. Landau, O. Toeplitz*, Arch. d. Math. u. Phys. Serie 3, Bd. 11, S. 302—307, 1907.] Es sei $D^*(f)$ die obere Grenze von $|f(z) - f(-z)|$ für $|z| < R$, dann ist $D^*(f) \leqq D(f)$. Es sei $0 < r < R$. Aus

$$4\pi r a_1 = \int_0^{2\pi} [f(re^{i\vartheta}) - f(-re^{i\vartheta})]\, e^{-i\vartheta} d\vartheta$$

schließt man $4\pi r |a_1| \leqq D^*(f) \cdot 2\pi \leqq D(f) \cdot 2\pi$; man lasse r gegen R konvergieren. Wenn $f(z)$ linear ist, $f(z) = a_0 + a_1 z$, dann ist $D(f) = 2|a_1|R$. Der Satz läßt sich geometrisch folgendermaßen aussprechen: Ein Kreis sei konform auf ein (nicht notwendig einfach bedecktes) Gebiet abgebildet. Die Maximaldistanz der Randpunkte (Durchmesser) dieses Gebietes ist mindestens gleich dem Produkt aus dem Durchmesser des Kreises und dem Vergrößerungsverhältnis im Kreismittelpunkt. In dem genannten Spezialfall ist das Bild eine offene Kreisscheibe.

240. [Vgl. *E. Landau*, Math. Zeitschr. Bd. 20, S. 99—100, 1924.] Aus **232** folgt mittels Differentiation und $z = 0$ gesetzt [**117**]

$$-\frac{f'(0)}{f(0)} = \sum_{\mu=1}^{m}\left(\frac{1}{c_\mu} - \frac{\bar{c}_\mu}{r^2}\right) + \frac{1}{\pi r}\int_0^{2\pi}\Big(\log M - \log|f(re^{i\vartheta})|\Big)e^{-i\vartheta}d\vartheta,$$

$$-\Re\frac{f'(0)}{f(0)} \leqq \sum_{\mu=1}^{m}\Re\left(\frac{1}{c_\mu} - \frac{\bar{c}_\mu}{r^2}\right) + \frac{1}{\pi r}\int_0^{2\pi}\Big(\log M - \log|f(re^{i\vartheta})|\Big)d\vartheta$$

$$= \sum_{\mu=1}^{m}\Re\left(\frac{1}{c_\mu} - \frac{\bar{c}_\mu}{r^2} - \frac{2}{r}\log\frac{r}{|c_\mu|}\right) + \frac{2}{r}\log\frac{M}{|f(0)|}$$

[**120**]. Laut Voraussetzung 2. ist $\Re c_\mu < 0$, also

$$\Re\left(\frac{1}{c_\mu} - \frac{\bar{c}_\mu}{r^2}\right) = \frac{r^2 - |c_\mu|^2}{r^2}\Re\frac{1}{c_\mu} < 0.$$

Dies ist für $\mu > l$ zu beachten. Für $\mu \leqq l$ ist

$$\Re\left(-\frac{\bar{c}_\mu}{r} - 2\log\frac{r}{|c_\mu|}\right) \leqq \frac{|c_\mu|}{r} + 2\log\frac{|c_\mu|}{r} < 0.$$

Es ist nämlich $x + 2\log x < 0$ für $0 < x \leqq \frac{2}{3}$, da die linke Seite mit x wächst und $e^{\frac{2}{3}}\left(\frac{2}{3}\right)^2 < 1$, d. h. $8e < 27$.

241. Die fragliche Potenzreihe läßt sich in der Form schreiben

$$\sum_{n=0}^{\infty} a_n z^n = \frac{c_1}{1 - z_1 z} + \frac{c_2}{1 - z_2 z} + \cdots + \frac{c_k}{1 - z_k z} + \sum_{n=0}^{\infty} b_n z^n,$$

$|z_1| = |z_2| = \cdots = |z_k| = 1$, $\limsup_{n\to\infty} \sqrt[n]{|b_n|} < 1$. Daraus folgt

$$a_n = c_1 z_1^n + c_2 z_2^n + \cdots + c_k z_k^n + b_n, \qquad |b_n| < B.$$

242. Den Konvergenzradius gleich 1 vorausgesetzt, sei

$$\sum_{n=0}^{\infty} a_n z^n = \frac{c_0 + c_1 z + \cdots + c_k z^k}{(z_0 - z)^{k+1}} + \sum_{n=0}^{\infty} b_n z^n,$$

$c_0 + c_1 z_0 + \cdots + c_k z_0^k \neq 0$, $c_k \neq 0$, $\limsup_{n\to\infty} \sqrt[n]{|b_n|} < 1$. Daraus folgt für $n > k$

$$a_n = \binom{n}{k} c_k z_0^{-n+1} + \binom{n+1}{k} c_{k-1} z_0^{-n+2} + \binom{n+2}{k} c_{k-2} z_0^{-n+3} + \cdots +$$
$$+ \binom{n+k}{k} c_0 z_0^{-n+k+1} + b_n$$
$$= \binom{n}{k} z_0^{-n+k+1} \left(\sum_{\mu=0}^{k} \frac{(n+k-\mu)(n+k-\mu-1)\cdots(n-\mu+1)}{n(n-1)\cdots(n-k+1)} c_\mu z_0^{\mu} + \frac{b_n}{\binom{n}{k}} z_0^{n+k+1} \right).$$

Der Klammerausdruck konvergiert für $n \to \infty$ gegen

$$c_0 + c_1 z_0 + \cdots + c_k z_0^k \neq 0.$$

Vgl. auch I **178**.

243. [*G. Pólya*, J. für Math. Bd. 151, S. 24—25, 1921.] Durch passende Wahl des Polynoms $P(z) = c_0 + c_1 z + \cdots + c_{q-2} z^{q-2} + z^{q-1}$ läßt sich erreichen, daß die Potenzreihe $P(z)\sum_{n=0}^{\infty} a_n z^n = \sum_{n=0}^{\infty} b_n z^n$ der Voraussetzung von **242** genügt. Aus $\frac{|b_n|}{|b_{n+1}|} \to \varrho$ folgt $\sqrt[n]{|b_n|} \to \frac{1}{\varrho}$ [I **68**]. Es ist ferner

$$|b_n| = |c_0 a_n + c_1 a_{n-1} + \cdots + c_{q-2} a_{n-q+2} + a_{n-q+1}|$$
$$\leqq A_n(|c_0| + |c_1| + \cdots + |c_{q-2}| + 1).$$

244. Es sei k die fragliche Anzahl. Wir setzen $a_n = \alpha_n + b_n$, $\limsup_{n\to\infty} \sqrt[n]{|b_n|} = b < \frac{1}{\varrho}$, $\sum_{n=0}^{\infty} \alpha_n z^n$ rational mit genau k Polen am

Konvergenzkreis $|z| = \varrho$. Es sei ε so klein, daß $b + \varepsilon < \frac{1}{\varrho} - \varepsilon$. Nach **243** ist

$$\operatorname{Max}(|\alpha_n|, |\alpha_{n-1}|, \ldots, |\alpha_{n-k+1}|) > \operatorname{Max}\left[\left(\frac{1}{\varrho} - \varepsilon\right)^n, \left(\frac{1}{\varrho} - \varepsilon\right)^{n-k+1}\right]$$

für genügend große n, d.h. $|\alpha_{\bar{n}}| > \left(\frac{1}{\varrho} - \varepsilon\right)^{\bar{n}} > |b_{\bar{n}}|$ für mindestens ein $\bar{n}$ mit $n \geqq \bar{n} \geqq n - k + 1$; folglich $a_{\bar{n}} = \alpha_{\bar{n}} + b_{\bar{n}} \neq 0$. Daraus folgt $\nu_n \geqq \frac{n}{k} - c$, c von n frei. — Auch wenn man die Pole ohne Multiplizität rechnet, gilt der Satz, erheischt aber andere Hilfsmittel.

245. [*J. König*, Math. Ann. Bd. 9, S. 530—540, 1876.] Wenn die Pole k^{ter} Ordnung sind, so ist $a_n = A n^{k-1} \varrho^{-n}(\sin(n\alpha + \delta) + \varepsilon_n)$, A, α, δ reell, $\lim\limits_{n\to\infty} \varepsilon_n = 0$ [Lösung **242**]. Es sei $A > 0$, $0 < 2\eta < \alpha < \pi - 2\eta$ und es soll für $n > N$ stets $|\varepsilon_n| < \sin\eta$ gelten. Ist die Distanz zwischen $n\alpha + \delta$ und dem nächstbenachbarten ganzzahligen Vielfachen von π größer als η, so hat a_n das Vorzeichen von $\sin(n\alpha + \delta)$. Ist $n > N$ und hat a_n *nicht* das Vorzeichen von $\sin(n\alpha + \delta)$, so haben a_{n-1} und a_{n+1} sicher bzw. das Vorzeichen von $\sin((n-1)\alpha + \delta)$ und $\sin((n+1)\alpha + \delta)$, und zwar haben dann a_{n-1} und a_{n+1} entgegengesetzte Vorzeichen; denn aus $-\eta < n\alpha + \delta - m\pi < \eta$ folgt $-\pi + \eta < (n-1)\alpha + \delta - m\pi < -\eta$, $\eta < (n+1)\alpha + \delta - m\pi < \pi - \eta$. Darum ist die Anzahl der Zeichenwechsel

zwischen	a_{n-1}	a_n	a_{n+1}	dieselbe wie
zwischen	$\sin((n-1)\alpha + \delta)$	$\sin(n\alpha + \delta)$	$\sin((n+1)\alpha + \delta)$.	

Jetzt wende man VIII **14** an.

246. Der Konvergenzradius der Reihe $\sum\limits_{n=0}^{\infty} a_n z^n$ sei $= 1$. Wenn dieselbe in irgend einem Punkte des Konvergenzkreises konvergiert, ist $\lim\limits_{n\to\infty} a_n = 0$, also [I **85**]

$$\lim_{z\to 1-0} (1 - z)(a_0 + a_1 z + \cdots + a_n z^n + \cdots) = \lim_{n\to\infty} \frac{a_n}{1} = 0,$$

folglich der Punkt $z = 1$ kein Pol.

247. [*M. Fekete*, C. R. Bd. 150, S. 1033—1036, 1910; *G. H. Hardy*, Lond. M. S. Proc. Serie 2, Bd. 8, S. 277—294, 1910.] Es sei

$$f(e^{-x}) = c_{-h} x^{-h} + c_{-h+1} x^{-h+1} + \cdots, \qquad h \geqq 0, \qquad c_{-h} \neq 0$$

und $0 < \varrho < 1$, ferner ϱ so klein, daß diese Reihe für $|x| \leqq \varrho$ absolut und gleichmäßig konvergiert. Dann ist, wenn zunächst $\Re s > h$,

$$\int_0^{\varrho} x^{s-1} f(e^{-x})\, dx = \sum_{n=-h}^{\infty} c_n \frac{\varrho^{s+n}}{s+n}.$$

Multiplikation mit $\Gamma(s)^{-1}$ hebt hier sämtliche Pole fort, eventuell bis auf $s=h, h-1, \ldots, 1$, wenn $h \geqq 1$. In diesem Falle ist der Pol $s=h$ jedenfalls vorhanden, weil $c_{-h} \neq 0$.

248. Die Reihe $\sum_{n=1}^{\infty} e^{-\alpha\sqrt{n}}$, $\alpha>0$, ist konvergent. — Das Integral $F(u)$ ist konvergent, weil $\Phi(a+it)$ für alle t beschränkt ist. Gliedweise Integration [II **115**] liefert

$$F(u)=\sum_{n=0}^{\infty} \frac{a_n}{2\pi i} \int_{a-i\infty}^{a+i\infty} \frac{e^{s(\sqrt{n}-u)}+e^{-s(\sqrt{n}+u)}}{s^2}\, ds .$$

Nach **155** ist für $\sqrt{m-1} \leqq u \leqq \sqrt{m}$

$$F(u)=a_m(\sqrt{m}-u)+a_{m+1}(\sqrt{m+1}-u)+a_{m+2}(\sqrt{m+2}-u)+\cdots,$$

d. h. $F(u)$ ist eine streckenweise lineare Funktion, deren Ableitung im Intervall $\sqrt{m-1}<u<\sqrt{m}$

$$-a_m-a_{m+1}-a_{m+2}-\cdots$$

ist. Wenn $\Phi(s)$ identisch verschwindet, dann ist $F(u) \equiv 0$ für $u>0$, also $a_m+a_{m+1}+a_{m+2}+\cdots=0$ für $m=1,2,3,\ldots$.

249. $\Phi^{(2k+1)}(0)=0$; $\Phi^{(2k)}(0)$ verschwindet auch, weil

$$\left(z \frac{d}{dz}\right)^k f(z)=\sum_{n=0}^{\infty} a_n n^k z^n \quad \text{und} \quad \lim_{z \to 1} \sum_{n=0}^{\infty} a_n n^k z^n=\sum_{n=0}^{\infty} a_n n^k ; \text{ d. h. } \Phi(s) \equiv 0.$$

250. Die in der Aufgabe genannte Funktion $f(z)$ hat folgende Eigenschaften:

1. Sie ist regulär für $|z|<1$, weil das Integral absolut konvergiert, wenn $\Re z \leqq 1$ ist; es ist

$$a_n=\int_0^{\infty} e^{-\left(x+x^{\mu} \cos \mu \pi\right)} \sin \left(x^{\mu} \sin \mu \pi\right) \frac{x^n}{n!}\, dx, \qquad n=0,1,2,\ldots;$$

2. es kann nicht $a_n=0$ sein für $n=0,1,2,\ldots$, weil

$$\left|e^{-\left(x+x^{\mu} \cos \mu \pi\right)} \sin \left(x^{\mu} \sin \mu \pi\right)\right|<e^{-x} \qquad \text{[Lösung } \mathbf{153}\text{]};$$

3. man hat für $|z|<1$

$$f^{(n)}(z)=\int_0^{\infty} e^{-x^{\mu} \cos \mu \pi} \sin \left(x^{\mu} \sin \mu \pi\right) e^{-x(1-z)} x^n\, dx, \qquad n=0,1,2,\ldots;$$

dieses Integral konvergiert absolut und gleichmäßig für $\Re z \leqq 1$, also gilt bei reeller Annäherung an die Stelle $z=1$

$$\lim_{z \to 1} f^{(n)}(z)=\int_0^{\infty} e^{-x^{\mu} \cos \mu \pi} \sin \left(x^{\mu} \sin \mu \pi\right) x^n\, dx=0 \qquad [\mathbf{153}];$$

4.

$$|a_n| < \frac{1}{n!}\int_0^\infty e^{-(x+x^\mu \cos\mu\pi)} x^n dx < \frac{1}{n!} + \frac{1}{n!}\operatorname*{Max}_{x\geqq 0}\left(e^{-(x+x^\mu\cos\mu\pi)} x^{n+2}\right)\int_1^\infty x^{-2} dx,$$

also [II **222**]

$$\limsup_{n\to\infty} \frac{\log|a_n|}{n^\mu} \leqq -\cos\mu\pi < 0.$$

Die Benutzung der in Lösung **153** angegebenen *Hamburger*schen Funktion $\exp\left(-\frac{\pi\sqrt{x}-\log x}{(\log x)^2+\pi^2}\right)\sin\left(\frac{\sqrt{x}\log x+\pi}{(\log x)^2+\pi^2}\right)$ anstatt $e^{-x^\mu\cos\mu\pi}\sin(x^\mu\sin\mu\pi)$ lehrt auf ähnliche Weise, daß man in **249** $\frac{\log|a_n|}{\sqrt{n}}$ nicht einmal durch $(\log n)^2\frac{\log|a_n|}{\sqrt{n}}$ ersetzen darf.

251. [*G. Pólya*, Aufgabe; Arch. d. Math. u. Phys. Serie 3, Bd. 25, S. 337, 1917. Lösung von *H. Prüfer*, *K. Scholl*, ebenda, Serie 3, Bd. 28, S. 177, 1920.] Es sei

$$g(z) = c_0 + \frac{c_1}{1!}(z-a) + \frac{c_2}{2!}(z-a)^2 + \cdots + \frac{c_n}{n!}(z-a)^n + \cdots$$

und die Reihe für $z = a$, d. h. $c_0 + c_1 + c_2 + \cdots + c_n + \cdots$ konvergent, also $|c_{m+k} + c_{m+k+1} + \cdots + c_{m+k+n}| < \varepsilon$, wenn m genügend groß ist, $k, n = 0, 1, 2, 3, \ldots$. Dann ist

$$\left|g^{(m)}(z) + g^{(m+1)}(z) + \cdots + g^{(m+n)}(z)\right|$$
$$= \left|\sum_{k=0}^{\infty}(c_{m+k} + c_{m+1+k} + \cdots + c_{m+n+k})\frac{(z-a)^k}{k!}\right| < \varepsilon e^{|z-a|}.$$

252. Es sei

$$g(z) = a_0 + \frac{a_1}{1!}(z-z_0) + \frac{a_2}{2!}(z-z_0)^2 + \cdots + \frac{a_n}{n!}(z-z_0)^n + \cdots$$

und die Folge $|a_1|, \sqrt{|a_2|}, \ldots, \sqrt[n]{|a_n|}, \ldots$ sei beschränkt, $\limsup_{n\to\infty}\sqrt[n]{|a_n|} = A$. Zu jedem ε, $\varepsilon > 0$, existiert dann ein N so, daß $|a_n| < (A+\varepsilon)^n$ für $n > N$, folglich

$$g^{(n)}(z) = \left|a_n + \frac{a_{n+1}}{1!}(z-z_0) + \frac{a_{n+2}}{2!}(z-z_0)^2 + \cdots\right|$$
$$< (A+\varepsilon)^n + \frac{(A+\varepsilon)^{n+1}}{1!}|z-z_0| + \frac{(A+\varepsilon)^{n+2}}{2!}|z-z_0|^2 + \cdots$$
$$= (A+\varepsilon)^n e^{(A+\varepsilon)|z-z_0|}.$$

Hieraus folgt $\limsup_{n\to\infty}\sqrt[n]{|g^{(n)}(z)|} \leqq A = \limsup_{n\to\infty}\sqrt[n]{|g^{(n)}(z_0)|}$. D. h. in keinem Punkt z ist der fragliche Limes superior größer als in irgendeinem anderen Punkte z_0.

253. [*J. Bendixson*, Acta Math. Bd. 9, S. 1, 1887.] Ähnlich wie **254** mit Beachtung von

$$Q_{n+1}(z) - Q_n(z) = \gamma_n \prod_{\nu=0}^{n}\left(1 - \frac{z}{a_\nu}\right) \sim \gamma_n \prod_{\nu=0}^{\infty}\left(1 - \frac{z}{a_\nu}\right).$$

254. [Vgl. *N. E. Nörlund*, Differenzenrechnung, S. 210. Berlin: Julius Springer 1924.] Wenn $P_n(z)$ dieselbe Bedeutung wie in **13** hat, dann ist

$$Q_{2n+2}(z) - Q_{2n}(z) = (\gamma_n z + \delta_n) P_n(z),$$

γ_n und δ_n Konstanten. Sind a und b die beiden Konvergenzstellen, so sind, $(\gamma_n a + \delta_n) P_n(a) = A_n$, $(\gamma_n b + \delta_n) P_n(b) = B_n$ gesetzt, die beiden Reihen $\sum\limits_{n=0}^{\infty} A_n$, $\sum\limits_{n=0}^{\infty} B_n$ konvergent. Da die Reihe

$$\sum_{n=1}^{\infty}\left|\frac{P_n(z)}{P_n(\alpha)} - \frac{P_{n-1}(z)}{P_{n-1}(\alpha)}\right| = \sum_{n=1}^{\infty}\left|\frac{P_{n-1}(z)}{P_{n-1}(\alpha)}\,\frac{z^2-\alpha^2}{\alpha^2-n^2}\right|,$$

worin $\alpha = a$ oder $\alpha = b$ ist und z einen beliebigen Punkt eines im Endlichen gelegenen Bereiches bezeichnet, gleichmäßig konvergiert $\left(P_n(z) \to \frac{\sin \pi z}{\pi}\right)$, so gilt dasselbe von

$$\sum_{n=0}^{\infty} A_n \frac{P_n(z)}{P_n(a)}, \qquad \sum_{n=0}^{\infty} B_n \frac{P_n(z)}{P_n(b)}$$

[*Knopp*, S. 349]. Es ist aber

$$\sum_{n=0}^{\infty} (\gamma_n z + \delta_n) P_n(z) = \frac{z-b}{a-b} \sum_{n=0}^{\infty} A_n \frac{P_n(z)}{P_n(a)} + \frac{z-a}{b-a} \sum_{n=0}^{\infty} B_n \frac{P_n(z)}{P_n(b)}.$$

255. Gemäß VI **76** ist

$$Q_n(z) = c_0 + c_1 z + \frac{c_2 z(z-2)}{2!} + \cdots + \frac{c_n z(z-n)^{n-1}}{n!}.$$

Es sei a ein Konvergenzpunkt, $a \neq 0$, $\frac{c_n a(a-n)^{n-1}}{n!} = a_n$, $\sum\limits_{n=0}^{\infty} a_n$ konvergent. Für $n > |z|$, $n > |a|$ gilt eine Reihenentwicklung

$$\left(1 - \frac{a}{n}\right)^{-n+1}\left(1 - \frac{z}{n}\right)^{n-1} = e^{a-z}\left(1 + \frac{A'}{n} + \frac{A''}{n^2} + \cdots\right),$$

$A', A'', \ldots$ von a, z, nicht von n abhängig. Die Reihe mit dem allgemeinen Glied

$$\left(1 - \frac{a}{n}\right)^{-n+1}\left(1 - \frac{z}{n}\right)^{n-1} - \left(1 - \frac{a}{n+1}\right)^{-n}\left(1 - \frac{z}{n+1}\right)^{n} = \frac{e^{a-z}A'}{n(n+1)} + \cdots$$

ist absolut konvergent und daher konvergiert auch [*Knopp*, S. 349]

$$c_0 + \sum_{n=1}^{\infty} a_n \frac{z}{a}\left(1 - \frac{a}{n}\right)^{-n+1}\left(1 - \frac{z}{n}\right)^{n-1}.$$

256. Vgl. **285**. Allgemeiner gilt der Satz: Sind die Funktionen $f_n(z)$ regulär, von Null verschieden und absolut kleiner als 1 in einem Gebiete $\mathfrak{G}$ und ist in einem Punkt a von $\mathfrak{G}$: $\lim\limits_{n\to\infty} f_n(a) = 0$, so ist überall in $\mathfrak{G}$: $\lim\limits_{n\to\infty} f_n(z) = 0$, und zwar gleichmäßig in jedem Teilbereich von $\mathfrak{G}$. Beweis durch sukzessive „dachziegelartige" Überdeckung von $\mathfrak{G}$ mit Kreisscheiben.

257. [*A. Harnack*, Math. Ann. Bd. 35, S. 23, 1890.] Es sei $v_n(x, y)$ konjugiert zu $u_n(x, y)$ und $g_n(z) = e^{-u_n(x,y) - i v_n(x,y)}$, $z = x + iy$. Wäre $\sum\limits_{n=0}^{\infty} u_n(x, y)$ in einem einzigen Punkt $z_0 = x_0 + iy_0$ von $\mathfrak{G}$ divergent, also

$$f_n(z) = g_0(z)\, g_1(z) \ldots g_n(z)$$

gesetzt, $\lim\limits_{n\to\infty} f_n(z_0) = 0$, so würde $\lim\limits_{n\to\infty} f_n(z) = 0$ im ganzen Gebiete $\mathfrak{G}$ gelten [Lösung **256**]: Widerspruch.

258. $f_n(z) = u_n(x, y) + i v_n(x, y)$ gesetzt, ist

$$v_n(x, y) = v_n(x_0, y_0) + \int\limits_{x_0,\, y_0}^{x,\, y} \frac{\partial u_n(x, y)}{\partial x}\, dy - \frac{\partial u_n(x, y)}{\partial y}\, dx,$$

wobei die Integration längs einer beliebigen Kurve, die den beliebig gewählten festen Punkt x_0, y_0 von $\mathfrak{G}$ mit dem variablen Punkt x, y verbindet und ganz in $\mathfrak{G}$ verläuft, zu erstrecken ist. Das Integral konvergiert für $n \to \infty$ in jedem Teilbereich von $\mathfrak{G}$ gleichmäßig, weil die abgeleiteten Folgen $\frac{\partial u_n}{\partial x}$, $\frac{\partial u_n}{\partial y}$ in jedem Teilbereich von $\mathfrak{G}$ gleichmäßig konvergieren [vgl. **230**]. Die Folge $v_n(x, y)$ konvergiert also dann und nur dann, wenn die Folge $v_n(x_0, y_0)$ konvergiert, und zwar dann gleichmäßig in jedem Teilbereich von $\mathfrak{G}$.

259. Es seien $a_0, a_1, a_2, \ldots$ beliebige Zahlen. Aus der Identität

$$a_0(1 - a_1) + a_0 a_1(1 - a_2) + a_0 a_1 a_2(1 - a_3) + \cdots + a_0 a_1 \ldots a_{n-1}(1 - a_n) = a_0 - a_0 a_1 a_2 \ldots a_n$$

schließt man, daß

$$\sum_{n=0}^{\infty} a_0 a_1 a_2 \ldots a_n(1 - a_{n+1}) = a_0 - \lim_{n\to\infty} a_0 a_1 a_2 \ldots a_n,$$

vorausgesetzt, daß der letzte Grenzwert existiert. Man setze

$$a_0 = 1, \qquad a_n = \frac{1}{1 + z^{2^{n-1}}}, \qquad n = 1, 2, 3, \ldots \qquad \text{[I 14]}.$$

260. Die Potenzreihe

$$1 + \sum_{n=1}^{\infty} \frac{\alpha(\alpha + n)^{n-1}}{n!} w^n$$

hat den Konvergenzradius e^{-1} [**214**]; daher konvergiert die fragliche Reihe in jedem zusammenhängenden Gebiet der x-Ebene, wo $|xe^{-x}| < e^{-1}$ ist und stellt dort eine analytische Funktion dar. Sowohl das Intervall $0 \leqq x < 1$, wie auch das Intervall $1 < x < +\infty$ lassen sich in je ein solches Gebiet $\mathfrak{G}_1$ bzw. $\mathfrak{G}_2$ einbetten, jedoch nicht *beide* Intervalle in *ein* Gebiet. Nach **210** ist die Reihensumme $= e^{\alpha x}$, wenn x genügend klein ist, daher überhaupt $= e^{\alpha x}$, wenn x in $\mathfrak{G}_1$ liegt. Es sei nun $1 < x < +\infty$ und x' bestimmt durch $xe^{-x} = x'e^{-x'}$, $0 < x' < 1$. Die gegebene Reihe bleibt unverändert, wenn x durch x' ersetzt wird, daher ist ihre Summe $e^{\alpha x'} \neq e^{\alpha x}$. — Die Reihe konvergiert auch für $x = 1$ [**220**, 3.] und hat e^{α} zur Summe, nach dem *Abel*schen Satz [I **86**].

261.
$$f_n(z) = \frac{\sum\limits_{\nu=1}^{n}\left(\left[\frac{n}{\nu}\right] - \frac{n}{\nu}\right)\nu^z}{n\sum\limits_{\nu=1}^{n}\nu^{z-1}} + 1 .$$

Für $\mathfrak{R}z > 0$ ist

$$\lim_{n\to\infty} f_n(z) = \lim_{n\to\infty} \frac{\sum\limits_{\nu=1}^{n}\left(\left[\frac{n}{\nu}\right] - \frac{n}{\nu}\right)\left(\frac{\nu}{n}\right)^z\frac{1}{n}}{\sum\limits_{\nu=1}^{n}\left(\frac{\nu}{n}\right)^{z-1}\frac{1}{n}} + 1 = \frac{\int\limits_0^1\left(\left[\frac{1}{x}\right] - \frac{1}{x}\right)x^z dx}{\int\limits_0^1 x^{z-1}dx} + 1$$

$= z(z+1)^{-1}\zeta(z+1)$ [II **45**]. Für $\mathfrak{R}z < 0$, $\mathfrak{R}z = x$ ist

$$\left|\sum_{\nu=1}^{n}\left(\left[\frac{n}{\nu}\right] - \frac{n}{\nu}\right)\nu^z\right| < \sum_{\nu=1}^{n}\nu^x < \begin{cases} A n^{x+1}, & \text{wenn } x \neq -1, \\ A\log n, & \text{wenn } x = -1, \end{cases}$$

A von n frei. Es existiert ferner

$$\lim_{n\to\infty}\sum_{\nu=1}^{n}\nu^{z-1} = 1^{z-1} + 2^{z-1} + \cdots + n^{z-1} + \cdots = \zeta(1-z) \neq 0$$

[VIII **48**]. Daher ist in diesem Falle

$$\lim_{n\to\infty} f_n(z) = 1 .$$

262. [*G. Pólya*, Aufgabe; Arch. d. Math. u. Phys. Serie 3, Bd. 25, S. 337, 1917. Lösung von *H. Prüfer*, ebenda, Serie 3, Bd. 28, S. 179—180, 1920.] Setzt man

$$\frac{z-1}{z+1} = \zeta, \qquad \frac{\varphi(z)-1}{\varphi(z)+1} = \psi(\zeta),$$

dann ist

$$\frac{\varphi[\varphi(z)]-1}{\varphi[\varphi(z)]+1}=\psi[\psi(\zeta)],\qquad \frac{\varphi\{\varphi[\varphi(z)]\}-1}{\varphi\{\varphi[\varphi(z)]\}+1}=\psi\{\psi[\psi(\zeta)]\},\ldots,$$

$$\psi(\zeta)=\zeta\,\frac{\zeta+\alpha-\beta}{1+(\alpha-\beta)\zeta}$$

und die Behauptung lautet folgendermaßen: Die Folge

$$\psi(\zeta),\quad \psi[\psi(\zeta)],\quad \psi\{\psi[\psi(\zeta)]\},\quad \ldots$$

konvergiert gegen 0, wenn $|\zeta|<1$, konvergiert gegen ∞, wenn $|\zeta|>1$, konvergiert gegen 1 oder divergiert, wenn $|\zeta|=1$ ist.

Es sei $|\zeta|=r$, $r<1$ und $M(r)$ sei das Maximum von

$$\left|\frac{\zeta+\alpha-\beta}{1+(\alpha-\beta)\zeta}\right|$$

für $|\zeta|\leqq r$; es ist $M(r)<1$ [**5**] und $M(r)$ wächst monoton mit r [**267**]. Aus der Definition von $\psi(\zeta)$ folgt

$$|\psi(\zeta)|\leqq rM(r),\quad |\psi[\psi(\zeta)]|\leqq|\psi(\zeta)|\,M[rM(r)]\leqq r[M(r)]^2,$$
$$|\psi\{\psi[\psi(\zeta)]\}|\leqq|\psi[\psi(\zeta)]|\,M\{r[M(r)]^2\}\leqq r[M(r)]^3,\ \text{usw.}$$

Analog schließt man, wenn $|\zeta|>1$ ist.

Es sei endlich $|\zeta|=1$. Dann ist $|\psi(\zeta)|=|\psi[\psi(\zeta)|=|\psi\{\psi[\psi(\zeta)]\}|=\cdots=1$. Konvergiert die fragliche Folge gegen einen Grenzwert ζ_0, $|\zeta_0|=1$, dann ist

$$\zeta_0=\zeta_0\,\frac{\zeta_0+\alpha-\beta}{1+(\alpha-\beta)\zeta_0},\quad \text{d. h. } \zeta_0=1.$$

263. Setzt man $\dfrac{(z-1)(z-2)\cdots(z-n)}{n!}=P_n(z)$, so ist auf der positiven imaginären Achse

$$z=iy,\quad y>0,\quad |\sqrt{iy}\,P_n(iy)|^2=y\left(1+\frac{y^2}{1}\right)\left(1+\frac{y^2}{4}\right)\cdots\left(1+\frac{y^2}{n^2}\right)<\frac{\sin i\pi y}{i\pi}$$
$$=\frac{e^{\pi y}-e^{-\pi y}}{2\pi}.$$

Für festes z ist

$$\lim_{n\to\infty}(-1)^n P_n(z)\,n^z=\frac{1}{\Gamma(1-z)}.$$

Die Folge ist somit beschränkt, z. B. im Halbkreise $\Re z\geqq 0$, $|z|\leqq 1$. In der Kreissichel

$$|z-n|\geqq n,\quad |z-n-1|\leqq n+1$$

ist $P_n(z)$ dem Betrage nach größer als $P_{n-1}(z), P_{n-2}(z),\ldots,P_{n+1}(z),\ldots$ [**12**]. Auf dem Innenrand der Kreissichel ist $|z-n|=n$, $z=2n\cos\varphi\, e^{i\varphi}$, und $|z| \geqq 1$ vorausgesetzt, [für einen Beweis der *Stirling*schen Formel in dem hier benutzten Umfang vgl. z. B. *E. Landau*, Elementare und analytische Theorie der algebraischen Zahlen, S. 77—79; Leipzig und Berlin: B. G. Teubner 1918]

$$|\sqrt{z}\,P_n(z)| = \left|\frac{\sqrt{z}\,\Gamma(z)}{\Gamma(z-n)\,\Gamma(n+1)}\right| = \left|\frac{\sqrt{z}\,z^{z-\frac{1}{2}}e^{-z}}{(z-n)^{z-n-\frac{1}{2}}e^{-z+n}n^{n+\frac{1}{2}}e^{-n}}\right| e^{\psi(z,n)}$$

$$= \left|\left(\frac{z}{z-n}\right)^z\right| \left|\frac{z-n}{n}\right|^{n+\frac{1}{2}} e^{\psi(z,n)} = \left|(2\cos\varphi\, e^{-i\varphi})^{e^{i\varphi}}\right|^r e^{\psi(z,n)},$$

wo $\psi(z, n)$ für alle fraglichen Wertsysteme z, n beschränkt bleibt. Auf dem Außenrand der Kreissichel gilt dieselbe Abschätzung für $P_{n+1}(z)$, also weil daselbst $|P_n(z)| = |P_{n+1}(z)|$, auch für $P_n(z)$. Zieht man vom Punkt $z = 0$ aus einen Halbstrahl von der Neigung φ, $0 \leqq \varphi \leqq \frac{\pi}{2}$, so wächst $|P_n(z)|$ an der Strecke des Halbstrahls, die die Kreissichel durchschneidet, da alle Faktoren $(z-1)$, $(z-2)$, ..., $(z-n)$ dort wachsen, wie z. B. geometrisch ersichtlich ist.

264. [Vgl. *N. E. Nörlund*, a. a. O. **254**, S. 214.] Auf dem Innenrand der lemniskatischen Sichel

$$2n^2\cos 2\varphi \leqq r^2 \leqq 2(n+1)^2\cos 2\varphi,$$

aber außerhalb des Einheitskreises gilt

$$\left|z\left(1-\frac{z^2}{1^2}\right)\left(1-\frac{z^2}{2^2}\right)\cdots\left(1-\frac{z^2}{n^2}\right)\right| = \left|\frac{\Gamma(z+n+1)}{\Gamma(z-n)[\Gamma(n+1)]^2}\right|$$

$$= \left|\left(\frac{z+n}{z-n}\right)^z\right| \cdot \left|\frac{z^2-n^2}{n^2}\right|^{n+\frac{1}{2}} e^{\psi(z,n)} = \left|\left(\frac{e^{i\varphi}\sqrt{2\cos 2\varphi}+1}{e^{i\varphi}\sqrt{2\cos 2\varphi}-1}\right)^{e^{i\varphi}}\right|^r e^{\psi(z,n)}$$

$$= \left|(e^{-i\varphi}\sqrt{2\cos 2\varphi}+e^{-2i\varphi})^{e^{i\varphi}}\right|^{2r} e^{\psi(z,n)},$$

$\psi(z, n)$ beschränkt [**13**, **263**].

265. Das Maximum von $\left|\left(1+\frac{z}{n}\right)^{\frac{n}{|z|}}\right|$ längs des Halbstrahls $z = re^{i\varphi}$, φ fest, ist von n *unabhängig;* man setze $z = n\zeta$, $\zeta = \varrho e^{i\varphi}$. Das Maximum von

$$\frac{1}{|\zeta|}\log|1+\zeta| = \cos\varphi - \frac{\varrho}{2}\cos 2\varphi + \frac{\varrho^2}{3}\cos 3\varphi - \cdots$$

findet man durch Differentiation nach ϱ und Diskussion; es ist $= \cos\varphi$ und wird für $\varrho = 0$ erreicht, wenn $-\frac{\pi}{4} \leqq \varphi \leqq \frac{\pi}{4}$ ist; es wird erreicht für

$$-\frac{1}{2}\log(\varrho^2+2\varrho\cos\varphi+1)+\frac{\varrho^2+\varrho\cos\varphi}{\varrho^2+2\varrho\cos\varphi+1} = \Re\left(\log\frac{1}{\zeta+1}+1-\frac{1}{\zeta+1}\right) = 0,$$

$|\bar{\zeta}+1|>1$, wenn $\frac{\pi}{4}<\varphi<\frac{7\pi}{4}$ und ist

$$=\frac{1}{|\zeta|}\Re\log(\bar{\zeta}+1)=\frac{1}{|\zeta|}\Re\left(1-\frac{1}{\bar{\zeta}+1}\right).$$

Setzt man $\frac{1}{\bar{\zeta}+1}=w$, so genügt w der Gleichung $|we^{-w+1}|=1$; es ist $|w|<1$, $\varphi=\operatorname{arc}\frac{1}{\bar{\zeta}}=\operatorname{arc}\frac{w}{1-w}$ und das fragliche Maximum ist

$$=\left|\frac{w}{1-w}\right|\Re(1-w).$$

Die Diskussion des Vorzeichens der Derivierten kann durch die Untersuchung des Bereiches **116** ersetzt werden. — Das Auftreten konvexer Kurven in **263**—**265** ist kein Zufall; vgl. *G. Pólya*, Math. Ann. Bd. 89, S. 179—191, 1923.

266. [**135**.]

267. [**135**.]

268. $f(z)=f(\zeta^{-1})$ ist regulär im Kreisinnern $|\zeta|<\frac{1}{R}$ und $M(r)$ ist das Maximum von $|f(\zeta^{-1})|$ auf der Kreislinie $|\zeta|=\frac{1}{r}$ [**266**, **267**].

269. $\frac{f(z)}{z^n}$ ist regulär in der „punktierten Ebene" $|z|>0$, den Punkt $z=\infty$ einbegriffen [**268**].

270. [*S. Bernstein*, Communic. Soc. Math. de Charkow, Serie 2, Bd. 14; *M. Riesz*, Acta Math. Bd. 40, S. 337, 1916.] Man wende **268** auf $\zeta^{-n}f\left(\frac{\zeta+\zeta^{-1}}{2}\right)$ an [**79**]. Es ist für $|\zeta|=r$, $r>1$, $r=a+b$,

$$\left|\frac{f\left(\frac{\zeta+\frac{1}{\zeta}}{2}\right)}{\zeta^n}\right|<\operatorname*{Max}_{|\zeta|=1}\left|\frac{f\left(\frac{\zeta+\frac{1}{\zeta}}{2}\right)}{\zeta^n}\right|\leqq M.$$

Im Grenzfall $z\to\infty$ lautet der Satz: Der Maximalbetrag eines Polynoms n^{ten} Grades im Intervall $-1\leqq z\leqq 1$ ist mindestens gleich dem Betrag seines höchsten Koeffizienten, multipliziert mit 2^{-n}.

271. Man kann annehmen, daß die Achsen von E_1 und E_2 mit den Koordinatenachsen, ihre Brennpunkte mit $z=\pm 1$ zusammenfallen. Entsprechen bei der Abbildung $z=\frac{\zeta+\frac{1}{\zeta}}{2}$ die Kreise $|\zeta|=r_1$, $|\zeta|=r_2$ den beiden Ellipsen, $1<r_1<r_2$, dann ist $r_1=a_1+b_1$, $r_2=a_2+b_2$. Man schließe wie in **270** mit Beachtung von **268**.

Der Grenzfall, in dem E_1 auf die doppelt zu zählende reelle Strecke -1, 1 zusammenschrumpft, liefert **270**. Fallen die beiden Brennpunkte zusammen, so erhält man zwei Kreise, es ergibt sich **269**.

272. Man kann ohne Beschränkung annehmen, daß $f(0) > 0$; $f(z) = f(\varrho e^{i\vartheta}) = U(\varrho, \vartheta) + iV(\varrho, \vartheta)$ gesetzt, ist

$$f(0) = \frac{1}{2\pi}\int_0^{2\pi} [U(\varrho, \vartheta) + iV(\varrho, \vartheta)]\,d\vartheta$$

$$= \frac{1}{2\pi}\int_0^{2\pi} U(\varrho, \vartheta)\,d\vartheta \leqq \frac{1}{2\pi}\int_0^{2\pi} [U^2(\varrho, \vartheta) + V^2(\varrho, \vartheta)]^{\frac{1}{2}}\,d\vartheta.$$

Wenn hier das Gleichheitszeichen gilt, dann ist $V(\varrho, \vartheta) = 0$ für $0 \leqq \vartheta \leqq 2\pi$, also $f(z) \equiv f(0)$ [**230**].

273. [**134**.]

274. Die Funktion $f(z) = \dfrac{\varphi(z)}{\psi(z)}$ ist regulär für $|z| < 1$. Sie ist regulär auch für $|z| = 1$, ferner ist daselbst $|f(z)| = 1$, so lange $\psi(z) \neq 0$ ist. Ist z_0 eine eventuelle Nullstelle von $\psi(z)$, so muß auch $\varphi(z)$ die nämliche Nullstelle besitzen, und zwar mit der gleichen Multiplizität als $\psi(z)$ [sonst hätte nämlich $f(z)$ einen Pol oder eine Nullstelle in $z = z_0$, was offenbar unmöglich ist, weil doch in Punkten des Einheitskreises, die beliebig nahe an z_0 liegen, $|f(z)| = 1$ ist]. Nach Fortheben der gemeinsamen Faktoren von $\varphi(z)$ und $\psi(z)$ erweist sich $f(z)$ als regulär und von Null verschieden für $|z| \leqq 1$, $|f(z)| = 1$ für $|z| = 1$, also [**138**] $f(z) \equiv c$, $|c| = 1$. Da $\varphi(0)$ und $\psi(0)$ reell und positiv sind, folgt $c = 1$.

275. $|f(z)|$ ist eine reelle stetige Funktion in $\mathfrak{B}$; sie erreicht also in $\mathfrak{B}$ ihr Maximum. Dies kann in keinem inneren Punkt eintreten [**134**].

276. [Vgl. *E. Lindelöf*, Acta Soc. Sc. Fennicae, Bd. 46, Nr. 4, S. 6, 1915.] Durch Drehung um den Winkel $\dfrac{2\pi\nu}{n}$ um den Punkt ζ entsteht aus $\mathfrak{B}$ ein Bereich $\mathfrak{B}_\nu$ und aus $\mathfrak{R}$ eine Punktmenge $\mathfrak{R}_\nu$, $\nu = 0, 1, 2, \ldots, n-1$, $\mathfrak{B}_0 = \mathfrak{B}$, $\mathfrak{R}_0 = \mathfrak{R}$. Der Durchschnitt (größter gemeinsamer Teil) $\mathfrak{D}$ der Bereiche $\mathfrak{B}_0, \mathfrak{B}_1, \ldots, \mathfrak{B}_{n-1}$ enthält ζ als inneren Punkt. Diejenigen inneren Punkte von $\mathfrak{D}$, die mit ζ durch eine im Innern von $\mathfrak{D}$ verlaufende stetige Kurve verbunden werden können, bilden ein zusammenhängendes Gebiet $\mathfrak{D}^*$. Die Begrenzung von $\mathfrak{D}^*$ besteht nach Voraussetzung und Konstruktion aus gewissen Punkten der Punktmengen $\mathfrak{R}_0, \mathfrak{R}_1, \ldots, \mathfrak{R}_{n-1}$. Die Funktion $f[\zeta + (z-\zeta)\,\omega^{-\nu}]$ ist dem Betrage nach $\leqq A$ in allen Randpunkten von $\mathfrak{D}^*$ [**275**] und $\leqq a$ in denjenigen Randpunkten von $\mathfrak{D}^*$, die $\mathfrak{R}_\nu$ angehören. Der Betrag der Funktion

$$f[\zeta + (z-\zeta)]\,f[\zeta + (z-\zeta)\,\omega^{-1}] \cdots f[\zeta + (z-\zeta)\,\omega^{-n+1}]$$

ist also $\leqq a \cdot A^{n-1}$ in allen Randpunkten von $\mathfrak{D}^*$ und folglich [**275**] auch im inneren Punkt $z = \zeta$.

277. [Vgl. *E. Lindelöf*, a. a. O. **276**.] Man nehme $\alpha < \pi$ an; dies ist keine Beschränkung, denn anstatt $f(z)$ können wir $f(z^\beta)$ betrachten, wo β passend gewählt ist, $\beta > 0$. Man beschreibe um einen beliebigen Punkt des Halbstrahls $\operatorname{arc} z = \frac{1}{2}(\alpha - \varepsilon)$ einen Kreis, der den Halbstrahl $\operatorname{arc} z = \alpha$ berührt; die in der reellen Achse liegende Sehne dieses Kreises erscheint von dem längs des Halbstrahls $\operatorname{arc} z = \frac{1}{2}(\alpha - \varepsilon)$ gleitenden Mittelpunkt aus gesehen unter einem *unveränderlichen* Winkel. Man wende **276** an, unter $\mathfrak{B}$ den in der oberen Halbebene gelegenen Teil des Kreises, unter $\mathfrak{R}$ die in der reellen Achse liegende Sehne verstanden; es ergibt sich $\lim f(z) = 0$ längs $\operatorname{arc} z = \frac{1}{2}(\alpha - \varepsilon)$. Modifikation des Schlusses ergibt $\lim f(z) = 0$ gleichmäßig im Winkelraum $0 \leqq \operatorname{arc} z \leqq \frac{1}{2}(\alpha - \varepsilon)$. Wiederholung des Schlusses für die Halbstrahlen

$$\operatorname{arc} z = \tfrac{3}{4}(\alpha - \varepsilon), \quad \tfrac{7}{8}(\alpha - \varepsilon), \quad \tfrac{15}{16}(\alpha - \varepsilon), \ldots .$$

278. [Vgl. *E. Lindelöf*, a. a. O. **276**.] Es sei G die obere Grenze von $|f(z)|$ in $\mathfrak{G}$. Es gibt mindestens einen Punkt P in $\mathfrak{G}$ oder unter den Randpunkten von $\mathfrak{G}$, so beschaffen, daß in dem Teil von $\mathfrak{G}$, der einer genügend kleinen Kreisscheibe um P angehört, die obere Grenze von $|f(z)|$ gleich G ist.

Wenn in $\mathfrak{G}$ kein solcher Punkt P vorhanden ist, dann ist $|f(z)| < G$ in $\mathfrak{G}$. Es gibt dann einen Randpunkt P von der erwähnten Art und nach Voraussetzung 3. ist $G \leqq M$, d. h. $|f(z)| < M$ in $\mathfrak{G}$.

Wenn es in $\mathfrak{G}$ mindestens einen Punkt $P = z_0$ von der erwähnten Art gibt, dann ist $|f(z_0)| = G$. Längs einer genügend kleinen Kreislinie um z_0 gilt $|f(z)| \leqq G$, aus **134** folgt also, daß $f(z) \equiv$ konst.

279. [*P. Fatou*, Acta Math. Bd. 30, S. 395, 1906.] Es sei $\omega = e^{\frac{2\pi i}{n}}$. Wenn n genügend groß ist, dann ist

$$\lim_{r \to 1-0} f(z) f(\omega z) f(\omega^2 z) \cdots f(\omega^{n-1} z) = 0, \qquad z = r e^{i\vartheta},$$

und zwar gleichmäßig im ganzen Einheitskreis $0 \leqq \vartheta \leqq 2\pi$. Die Funktion $f(z) f(\omega z) f(\omega^2 z) \cdots f(\omega^{n-1} z)$ muß also gemäß **278** identisch verschwinden. [Der Satz folgt nicht unmittelbar aus **275**.]

280. [*H. A. Schwarz*, Gesammelte mathematische Abhandlungen, Bd. 2, S. 110—111. Berlin: J. Springer 1890.] Man wende **278** auf die im Kreise $|z| < 1$ reguläre Funktion $\frac{f(z)}{z}$ an.

281. [Vgl. *E. Lindelöf*, Acta Soc. Sc. Fennicae, Bd. 35, Nr. 7, 1908. Bezüglich der Aufgaben **282—289** vgl. *P. Koebe*, Math. Zeitschr. Bd. 6, S. 52, 1920. Dort findet man auch ausführlichen Literaturnachweis.] Es sei $\zeta = \psi^{-1}(w)$ die inverse Funktion von $w = \psi(\zeta)$. Dann stellt

$$F(\zeta) = \psi^{-1}\{f[\varphi(\zeta)]\}$$

eine Funktion von ζ dar, die die Voraussetzungen von **280** erfüllt. Es gilt daher $|F(\zeta)| \leqq \varrho$ für $|\zeta| \leqq \varrho$, und zwar nur dann mit dem

Zeichen =, wenn $F(\zeta) = e^{i\alpha}\zeta$, α reell. Diese Ungleichung bedeutet, daß die Werte $F(\zeta)$ in der Kreisscheibe $|\zeta| \leqq \varrho$, also die Werte $\psi[F(\zeta)] = f[\varphi(\zeta)]$ in dem Bereich $\mathfrak{h}$ liegen; $z = \varphi(\zeta)$ stellt hierbei einen beliebigen Wert in $\mathfrak{g}$ dar. Im extremen Fall ist $\psi(e^{i\alpha}\zeta) = f[\varphi(\zeta)]$, d. h. $f(z) = \psi[e^{i\alpha}\varphi^{-1}(z)]$, wobei $\zeta = \varphi^{-1}(z)$ die inverse Funktion von $z = \varphi(\zeta)$ bedeutet, α reell. Diese ist die allgemeinste Funktion, welche $\mathfrak{G}$ auf $\mathfrak{H}$ schlicht abbildet, derart, daß $z = z_0$ in $w = w_0$ übergeht [IV **86**].

282. [*C. Carathéodory*, Math. Ann. Bd. 72, S. 107, 1912.] Man wende **281** auf folgenden Spezialfall an:

$\mathfrak{G}$: die Kreisscheibe $|z| < 1$, $\mathfrak{H}$: die Kreisscheibe $|w| < 1$, $z_0 = 0$, $w_0 = f(0)$,

$$\varphi(\zeta) = \zeta, \qquad \psi(\zeta) = \frac{\zeta + w_0}{1 + \bar{w}_0\zeta}.$$

$\mathfrak{g}$ ist die Kreisscheibe $|z| \leqq \varrho$, $\mathfrak{h}$ ist das Bild von $|\zeta| \leqq \varrho$ bei der Abbildung $w = \psi(\zeta)$, d. h. auch eine Kreisscheibe. Es gilt für die Punkte von $\mathfrak{h}$:

$$|w - w_0| = \frac{|\zeta|(1 - |w_0|^2)}{|1 + \bar{w}_0\zeta|} \leqq \varrho\,\frac{1 - |w_0|^2}{1 - |w_0|\,\varrho}.$$

Wenn das Gleichheitszeichen eintritt, dann muß $f(z) = \psi[e^{i\alpha}\varphi^{-1}(z)]$ $= \psi(e^{i\alpha}z) = \dfrac{e^{i\alpha}z + w_0}{1 + \bar{w}_0 e^{i\alpha}z}$ sein, ferner ist dann $|1 + \bar{w}_0 e^{i\alpha}z| = 1 - |w_0|\,|z|$, d. h. $\operatorname{arc} z = \operatorname{arc} w_0 - \alpha + \pi$.

283. Spezialfall von **281**:

$\mathfrak{G}$: die Kreisscheibe $|z| < R$,
$\mathfrak{H}$: die Halbebene $\Re w < A(R)$, $z_0 = 0$, $w_0 = f(0)$, $\Re w_0 = A(0)$,

$$\varphi(\zeta) = R\zeta, \quad \psi(\zeta) = \frac{w_0 + [\bar{w}_0 - 2A(R)]\zeta}{1 - \zeta} = w_0 + [w_0 + \bar{w}_0 - 2A(R)]\,\frac{\zeta}{1 - \zeta}.$$

$\mathfrak{g}$ ist die Kreisscheibe $|z| \leqq \varrho R = r$, $\mathfrak{h}$ ist das Bild von $|\zeta| \leqq \varrho$ bei der Abbildung $w = \psi(\zeta)$. Es gilt für die Punkte von $\mathfrak{h}$:

$$\Re w = \Re w_0 + [w_0 + \bar{w}_0 - 2A(R)]\,\Re\,\frac{\zeta}{1 - \zeta} \leqq \Re w_0 - 2[\Re w_0 - A(R)]\,\frac{\varrho}{1 + \varrho}$$
$$= \frac{1 - \varrho}{1 + \varrho}\,\Re w_0 + \frac{2\varrho}{1 + \varrho}\,A(R).$$

Das Gleichheitszeichen gilt nur für $f(z) = \psi[e^{i\alpha}\varphi^{-1}(z)] = \psi\left(e^{i\alpha}\dfrac{z}{R}\right)$.

284. Es gilt [Lösung **283**]

$$|w| \leqq |w_0| + [2A(R) - w_0 - \bar{w}_0]\,\frac{\varrho}{1 - \varrho} = M(0) + \frac{2\varrho}{1 - \varrho}\,[A(R) - A(0)].$$

Besagt weniger als **236**.

285. Man wende **283** auf $\log f(z)$ an:

$$\Re \log f(z) = \log |f(z)| \leqq \log M(r).$$

286. Aus **285** folgt

$$|f_n(z)|^2 \leqq |f_n(0)|^{2\frac{1-|z|}{1+|z|}}.$$

Für $|z| \leqq \frac{1}{3}$ ist $2\frac{1-|z|}{1+|z|} \geqq 1$, folglich $|f_n(z)|^2 \leqq |f_n(0)|$.

287. Man wende **281** an:

$\mathfrak{G}$: die Kreisscheibe $|z|<1$, $\mathfrak{H}$: die Halbebene $\mathfrak{R}w>0$, $z_0=0$, $w_0=f(0)>0$,

$$\varphi(\zeta)=\zeta, \qquad \psi(\zeta)=w_0\frac{1+\zeta}{1-\zeta}.$$

$\mathfrak{g}$ ist die Kreisscheibe $|z|\leqq\varrho$, $\mathfrak{h}$ die Kreisscheibe, deren Begrenzungskreis die reelle Achse in den Punkten $w_0\frac{1+\varrho}{1-\varrho}$ und $w_0\frac{1-\varrho}{1+\varrho}$ orthogonal schneidet. Der Radius dieses Kreises ist $w_0\frac{2\varrho}{1-\varrho^2}$. Für die Punkte von $\mathfrak{h}$ gelten die Ungleichungen:

$$w_0\frac{1-\varrho}{1+\varrho}\leqq\mathfrak{R}w\leqq w_0\frac{1+\varrho}{1-\varrho}, \qquad |\mathfrak{J}w|\leqq w_0\frac{2\varrho}{1-\varrho^2},$$

$$w_0\frac{1-\varrho}{1+\varrho}\leqq|w|\leqq w_0\frac{1+\varrho}{1-\varrho}.$$

Das Gleichheitszeichen findet nur für $f(z)=\psi[e^{i\alpha}\varphi^{-1}(z)]=\psi(e^{i\alpha}z)$ statt, α reell.

288. Spezialfall von **281**:

$\mathfrak{G}$: die Kreisscheibe $|z|<1$,

$\mathfrak{H}$: der Parallelstreifen $-1<\mathfrak{R}w<1$, $\quad z_0=0$, $\quad w_0=0$,

$$\varphi(\zeta)=\zeta, \qquad \psi(\zeta)=\frac{2}{i\pi}\log\frac{1+\zeta}{1-\zeta}.$$

$\mathfrak{g}$ ist die Kreisscheibe $|z|\leqq\varrho$. Wenn $|\zeta|\leqq\varrho$ ist, dann erfüllen die Werte von $\frac{1+\zeta}{1-\zeta}$ die Kreisscheibe, welche die reelle Achse in den Punkten $\frac{1+\varrho}{1-\varrho}$ und $\frac{1-\varrho}{1+\varrho}$ orthogonal schneidet. Sie liegt ganz im Winkel, dessen Mittellinie die reelle Achse ist und dessen halbe Öffnung $\operatorname{arctg}\frac{2\varrho}{1-\varrho^2}=2\operatorname{arctg}\varrho$ beträgt. Daher liegt $\mathfrak{h}$ ganz im Streifen $|\mathfrak{R}w|\leqq\frac{4}{\pi}\operatorname{arctg}\varrho$. Es gilt ferner in $\mathfrak{h}$

$$|\mathfrak{J}w|=\frac{2}{\pi}\log\left|\frac{1+\zeta}{1-\zeta}\right|\leqq\frac{2}{\pi}\log\frac{1+\varrho}{1-\varrho}.$$

Wenn das Zeichen $=$ stattfindet, muß $f(z)=\psi[e^{i\alpha}\varphi^{-1}(z)]=\psi(e^{i\alpha}z)$ sein, α reell.

289. Man kann annehmen, daß $R = 1$, $\Delta = 2$ und $|\Re f(z)| < 1$ ist für $|z| < 1$ wie in **288**; hingegen ist $f(0) = w_0$ beliebig im Streifen $-1 < \Re w < 1$. Je nach der Wahl von w_0 erhält man in diesem Streifen für jedes $\varrho < 1$ ein Gebiet, dessen Punkte für die Funktionswerte $f(z)$ zulässig sind, und es handelt sich um die Maximalbreite dieser Gebiete, in der auf die reelle bzw. imaginäre Achse senkrechten Richtung, während w_0 den ganzen Streifen durchläuft. Offenbar genügt es, sich auf reelle w_0, $-1 < w_0 < 1$ zu beschränken. In diesem Falle ist

$$w = \psi(\zeta) = \frac{2}{i\pi}\log\frac{e^{\frac{i\pi w_0}{2}} + i\zeta}{1 - ie^{\frac{i\pi w_0}{2}}\zeta} = w_0 + \frac{2}{i\pi}\log\frac{1 + ie^{-\frac{i\pi w_0}{2}}\zeta}{1 - ie^{\frac{i\pi w_0}{2}}\zeta}.$$

Das Bild von $|\zeta| = \varrho$ in der w-Ebene ist konvex [**318**], ferner in bezug auf die reelle Achse symmetrisch, weil $\psi(\zeta)$ für reelles ζ reelle Werte annimmt. Daher wird das Maximum und Minimum von $\Re w$ für reelles $\zeta = \pm\varrho$ erreicht. Die Breite in horizontaler Richtung ist somit

$$w_0 + \frac{2}{i\pi}\log\frac{1 + ie^{-\frac{i\pi w_0}{2}}\varrho}{1 - ie^{\frac{i\pi w_0}{2}}\varrho} - \left(w_0 + \frac{2}{i\pi}\log\frac{1 - ie^{-\frac{i\pi w_0}{2}}\varrho}{1 + ie^{\frac{i\pi w_0}{2}}\varrho}\right)$$

$$= \frac{4}{\pi}\left(\operatorname{arctg}\frac{\varrho\cos\frac{\pi w_0}{2}}{1 + \varrho\sin\frac{\pi w_0}{2}} + \operatorname{arctg}\frac{\varrho\cos\frac{\pi w_0}{2}}{1 - \varrho\sin\frac{\pi w_0}{2}}\right).$$

Wenn hier w_0 zwischen -1 und 1 variiert, dann ist die Ableitung nach w_0 stets vom Vorzeichen von $-\sin\frac{\pi w_0}{2}$. Das Maximum tritt also für $w_0 = 0$ ein und ist $= \frac{8}{\pi}\operatorname{arctg}\varrho$.

Die Schwankung von $\Im w$ kann das Doppelte der in **288** gegebenen oberen Schranke von $|\Im w|$ nicht übertreffen; Beweis ähnlich.

290. [*H. Bohr*, Nyt Tidsskr. for Math. (B) Bd. 27, S. 73—78, 1916.] Es sei η so gewählt, daß $|\eta| = 1$, $\eta F(1) > 0$. Unter $\log \eta F(z)$ denjenigen Zweig verstanden, der für $z = 1$ reell ist, setze man

$$w = f(z) = \frac{\log \eta F(z) - \log c}{\log \eta F(1) - \log c}.$$

Es ist $f(1) = 1$, $\Re f(z) > 0$. Man wende nun **281** mit $\mathfrak{G} = \mathfrak{Z}$, $\mathfrak{H} =$ rechte Halbebene, $z_0 = 1$, $w_0 = 1$ an. Die Abbildungsfunktionen $z = \varphi(\zeta)$, $w = \psi(\zeta)$ seien so normiert, daß reellen Werten von ζ reelle Werte von z bzw. w entsprechen, ferner sei $\varphi(1) = \infty$, $\psi(1) = \infty$ [IV **119**]. Wir haben daher

$$\psi(\zeta) = \frac{1 + \zeta}{1 - \zeta}.$$

Es sei $x > 1$ und $x = \varphi(\varrho)$, $0 < \varrho < 1$. Nach **281** liegt $f(x)$ in demjenigen Gebiet der w-Ebene, das bei der Abbildung $w = \psi(\zeta)$ dem Kreis $|\zeta| \leqq \varrho$ entspricht. Dies ist aber ein Kreis, dessen äußerster Abstand vom Nullpunkt $\psi(\varrho)$ beträgt, d. h. $|f(x)| \leqq \psi(\varrho)$. Man kann somit $h(x) = \psi[\varphi^{-1}(x)]$ setzen.

291. [*K. Löwner.*] Nach **280** ist $|f(z)| \leqq |z|$ für $|z| < 1$; es gilt also für positive z, $0 < z < 1$

$$\left|\frac{1 - f(z)}{1 - z}\right| \geqq 1.$$

Hieraus folgt durch Grenzübergang $z \to 1$

$$|f'(1)| \geqq 1.$$

Ist $\operatorname{arc} f'(1) = \alpha$, so geht ein genügend kleiner Vektor mit dem Arcus $\frac{\pi}{2} < \vartheta < \frac{3\pi}{2}$, der von $z = 1$ aus ins Innere des Einheitskreises gerichtet ist, durch die Abbildung $w = f(z)$, $f'(1) \neq 0$ in ein analytisches Kurvenstück über, das von $w = 1$ ausgeht und die Richtung $\vartheta + \alpha$ besitzt. Wegen $|f(z)| < 1$ für $|z| < 1$ muß aber auch

$$\frac{\pi}{2} < \vartheta + \alpha < \frac{3\pi}{2}$$

sein für jedes zulässige ϑ, was nur bei $\alpha = 0$ möglich ist.

292. Es sei z_0 ein fester Wert, $|z_0| < 1$, $f(z_0) = w_0$, $|w_0| < 1$. Man wähle die Konstanten ε und η so, daß $\varepsilon \frac{1 - z_0}{1 - \bar{z}_0} = \eta \frac{1 - w_0}{1 - \bar{w}_0} = 1$ ist, $|\varepsilon| = |\eta| = 1$. Wenn

$$\varepsilon \frac{z - z_0}{1 - \bar{z}_0 z} = Z, \qquad \eta \frac{w - w_0}{1 - \bar{w}_0 w} = W$$

gesetzt wird, dann erfüllt die durch die Funktionsbeziehung $w = f(z)$ definierte Funktion $W = F(Z)$ die Voraussetzungen von **291**, folglich ist

$$1 \leqq F'(1) = \left(\frac{dW}{dw}\right)_{w=1} \left(\frac{dw}{dz}\right)_{z=1} \left(\frac{dz}{dZ}\right)_{Z=1} = \frac{\eta(1 - |w_0|^2)}{(1 - \bar{w}_0)^2} f'(1) \frac{(1 - \bar{z}_0)^2}{\varepsilon(1 - |z_0|^2)}.$$

293. [*G. Julia*, Acta Math. Bd. 42, S. 349, 1920.] Es sei z_0 ein fester Wert, $\Im z_0 > 0$, $f(z_0) = w_0$, $\Im w_0 > 0$. Man wähle die Konstanten ε und η so, daß $\varepsilon \frac{a - z_0}{a - \bar{z}_0} = \eta \frac{b - w_0}{b - \bar{w}_0} = 1$ ist, $|\varepsilon| = |\eta| = 1$. Wenn

$$\varepsilon \frac{z - z_0}{z - \bar{z}_0} = Z, \qquad \eta \frac{w - w_0}{w - \bar{w}_0} = W$$

gesetzt wird, dann ist [**291**, **292**]

$$1 \leqq \left(\frac{dW}{dZ}\right)_{Z=1} = \left(\frac{dW}{dw}\right)_{w=b} f'(a) \left(\frac{dz}{dZ}\right)_{Z=1} = \frac{\eta(w_0 - \bar{w}_0)}{(b - \bar{w}_0)^2} f'(a) \frac{(a - \bar{z}_0)^2}{\varepsilon(z_0 - \bar{z}_0)}.$$

294. $f(z)\frac{1-\bar{z}_1 z}{z-z_1}\cdot\frac{1-\bar{z}_2 z}{z-z_2}\cdots\frac{1-\bar{z}_n z}{z-z_n}$ ist eine im Kreise $|z|<1$ reguläre Funktion, deren Betrag in genügender Nähe irgendeines Randpunktes $<M+\varepsilon$ ist, $\varepsilon>0$ [**5**]. Anwendung von **278**. Anderer Beweis durch vorsichtige Anwendung von **176**.

295. $f(z)\frac{\bar{z}_1+z}{z_1-z}\cdot\frac{\bar{z}_2+z}{z_2-z}\cdots\frac{\bar{z}_n+z}{z_n-z}$ ist eine in der Halbebene $\Re z>0$ reguläre Funktion, deren Betrag in genügender Nähe irgendeines Randpunktes $<M+\varepsilon$ ist, $\varepsilon>0$ [**6**]. Anwendung von **278**. Anderer Beweis auf Grund von **177**. Beide Beweismethoden gelten nicht bloß für die Halbebene $\Re z>0$ und führen leicht zu einem Satz, der **294** ähnlich verallgemeinert wie **281** das *Schwarz*sche Lemma **280**.

296. Die Funktion $f(z)$ möge in $|z|\leqq 1$ meromorph sein, daselbst die Nullstellen $a_1, a_2, \ldots, a_m$ und die Pole $b_1, b_2, \ldots, b_n$ besitzen (mit richtiger Multiplizität angeschrieben) und es sei $|f(z)|=c>0$ für $|z|=1$. Die Funktion

$$f(z)\prod_{\mu=1}^{m}\frac{1-\bar{a}_\mu z}{z-a_\mu}\prod_{\nu=1}^{n}\frac{z-b_\nu}{1-\bar{b}_\nu z}=\varphi(z)$$

ist regulär und von 0 verschieden für $|z|<1$ und ihr Betrag ist auf $|z|=1$ konstant, $=c$. $\varphi(z)$ ist eine Konstante [**142**].

297. [*W. Blaschke*, Leipz. Ber. Bd. 67, S. 194, 1915.] Es sei α reell, $0\leqq\alpha<1$, $f(\alpha)\neq 0$. Es folgt aus **294**, daß das Produkt $\prod_{\nu=1}^{\infty}\left|\frac{\alpha-z_\nu}{1-\alpha z_\nu}\right|$ nicht gegen 0 divergiert. Also ist die Reihe

$$\sum_{\nu=1}^{\infty}\left(1-\left|\frac{\alpha-z_\nu}{1-\alpha z_\nu}\right|^2\right)=\sum_{\nu=1}^{\infty}\frac{(1-\alpha^2)(1+|z_\nu|)}{|1-\alpha z_\nu|^2}(1-|z_\nu|)\geqq\frac{1-\alpha}{1+\alpha}\sum_{\nu=1}^{\infty}(1-|z_\nu|)$$

konvergent.

298. Es sei α reell, $\alpha>1$, $f(\alpha)\neq 0$. Es folgt aus **295**, daß das Produkt $\prod_{\nu=1}^{\infty}\left|\frac{z_\nu-\alpha}{z_\nu+\alpha}\right|^2$ nicht gegen 0 divergiert. Also ist die Reihe

$$\sum_{\nu=1}^{\infty}\left(1-\left|\frac{z_\nu-\alpha}{z_\nu+\alpha}\right|^2\right)=\sum_{\nu=1}^{\infty}\frac{4\alpha}{\left|1+\frac{\alpha}{z_\nu}\right|^2}\frac{z_\nu+\bar{z}_\nu}{2z_\nu\bar{z}_\nu}\geqq\frac{4\alpha}{(1+\alpha)^2}\sum_{\nu=1}^{\infty}\Re\frac{1}{z_\nu}$$

konvergent.

299. [*T. Carleman;* vgl. auch *P. Csillag*, Math. és phys. lapok, Bd. 26, S. 74–80, 1917.] Es sei z_0 ein innerer Punkt von $\mathfrak{B}$ und man setze $|f_\nu(z_0)|=\varepsilon_\nu f_\nu(z_0)$, $\nu=1,2,\ldots,n$. (Wenn $f_\nu(z_0)=0$, dann sei $\varepsilon_\nu=1$.) Die in $\mathfrak{B}$ reguläre und eindeutige Funktion

$$F(z)=\varepsilon_1 f_1(z)+\varepsilon_2 f_2(z)+\cdots+\varepsilon_n f_n(z)$$

erreicht das Maximum ihres Betrages in einem Randpunkt z_1 von $\mathfrak{B}$. Daher ist

$$\varphi(z_1)\geqq|F(z_1)|\geqq|F(z_0)|=\varphi(z_0).$$

300. Einfacher als durch Verschärfung des Schlusses in Lösung **299** beweist man die Behauptung folgendermaßen: Es sei z_0 ein innerer Punkt von $\mathfrak{B}$ und der Kreis $|z - z_0| \leqq r$ liege im Innern von $\mathfrak{B}$. Addition der Ungleichungen [**272**]

$$(*) \qquad |f_\nu(z_0)| \leqq \frac{1}{2\pi}\int_0^{2\pi} |f_\nu(z_0 + re^{i\vartheta})|\, d\vartheta, \qquad \nu = 1, 2, \ldots, n$$

liefert

$$\varphi(z_0) \leqq \frac{1}{2\pi}\int_0^{2\pi} \varphi(z_0 + re^{i\vartheta})\, d\vartheta,$$

und zwar gilt hier das Zeichen $<$, wenn es mindestens in einer der Ungleichungen (*) gilt, d. h. wenn mindestens ein $f_\nu(z)$ nicht konstant ist. In letzterem Falle kann also das Maximum nicht in z_0, d. h. in keinem inneren Punkt erreicht werden.

301. [*G. Szegö*, Aufgabe; Deutsch. Math.-Ver. Bd. 32, S. *16*, 1923.] Es genügt, zu beweisen, daß in jedem *ebenen* Bereich $\mathfrak{B}$ das Maximum von $\varphi(P)$ am Rande angenommen wird, wobei die Punkte P_ν nicht notwendig in derselben Ebene liegen. Legt man in $\mathfrak{B}$ rechtwinklige Koordinaten x, y, $z = x + iy$, fest, dann ist zu beweisen: Eine Funktion der Form

$$\prod_{\nu=1}^{n} (|z - a_\nu|^2 + b_\nu^2),$$

a_ν beliebige komplexe, b_ν reelle Konstanten, $\nu = 1, 2, \ldots, n$, nimmt in einem beliebigen Bereich der z-Ebene ihr Maximum am Rande an. Man multipliziere das Produkt aus. [**299**.]

302. Es sei z_0 ein innerer Punkt von $\mathfrak{B}$, in dem einige der vorgelegten Funktionen, generell mit $f_\mu(z)$ bezeichnet, nicht verschwinden, andere, generell mit $f_\nu(z)$ bezeichnet, verschwinden. (Die eine Kategorie kann fehlen.) Es sei r so klein, daß die Kreisscheibe $|z - z_0| \leqq r$ ganz $\mathfrak{B}$ angehört und außer z_0 keine Nullstelle der Funktionen enthält. In dieser Kreisscheibe sind die Funktionen $f_\mu(z)^{p_\mu}$ regulär. Nach **299** existiert ein Punkt z_1, $|z_1 - z_0| = r$, so beschaffen, daß

$$\sum_\mu |f_\mu(z_1)|^{p_\mu} \geqq \sum_\mu |f_\mu(z_0)|^{p_\mu}.$$

Selbstverständlich ist

$$\sum_\nu |f_\nu(z_1)|^{p_\nu} \geqq 0 = \sum_\nu |f_\nu(z_0)|^{p_\nu},$$

d. h. $\varphi(z_1) \geqq \varphi(z_0)$; und zwar ist $\varphi(z_1) > \varphi(z_0)$, wenn mindestens ein $f_\mu(z)$ nicht identisch konstant, oder im anderen Falle mindestens ein $f_\nu(z)$ nicht identisch Null ist. Da $\mathfrak{B}$ abgeschlossen, $\varphi(z)$ stetig, gibt es einen Punkt in $\mathfrak{B}$, in dem die Funktion $\varphi(z)$ ihr Maximum erreicht: dieser ist kein innerer Punkt, abgesehen von dem in der Aufgabe genannten Ausnahmefall.

303. Da $\mathfrak{B}$ abgeschlossen, erreicht darin die daselbst eindeutige stetige Funktion $|f(z)|$ ihr Maximum. Daß dies, abgesehen vom Fall $f(z) =$ konst. in keinem inneren Punkt geschehen kann, zeigt **134**.

304. [*J. Hadamard*, S. M. F. Bull. Bd. 24, S. 186, 1896; *O. Blumenthal*, Deutsch. Math. Ver. Bd. 16, S. 108, 1907; *G. Faber*, Math. Ann. Bd. 63, S. 549, 1907.] Die Funktion $z^\alpha f(z)$ selber nicht, aber ihr Betrag ist jedenfalls eindeutig im Kreisring $r_1 \leqq |z| \leqq r_3$. Folglich ist daselbst das Maximum von $|z^\alpha f(z)|$ entweder $r_1^\alpha M(r_1)$ oder $r_3^\alpha M(r_3)$ [**303**]. Man wähle α so, daß

(*) $$r_1^\alpha M(r_1) = r_3^\alpha M(r_3)\,.$$

Indem man einen besonderen Punkt der Kreisperipherie $|z| = r_2$ ins Auge faßt, ersieht man

$$r_2^\alpha M(r_2) \leqq r_1^\alpha M(r_1) = r_3^\alpha M(r_3)\,.$$

Man setze hierin den Wert von α aus (*) ein. (Es genügt, wenn $f(z)$ in der „punktierten Kreisfläche“ $0 < |z| < R$ regulär und $|f(z)|$ daselbst eindeutig ist.)

305. Das Maximum von $z^\alpha f(z)$ kann nur dann in einem Punkt des Kreisrandes $|z| = r_2$, d. h. in einem inneren Punkt des Kreisringes $r_1 \leqq |z| \leqq r_3$ erreicht werden, wenn $z^\alpha f(z)$ konstant ist.

306. $f(z) = a_0 + a_1 z + a_2 z^2 + \cdots + a_n z^n + \cdots$ gesetzt, ist

$$I_2(r) = |a_0|^2 + |a_1|^2 r^2 + |a_2|^2 r^4 + \cdots + |a_n|^2 r^{2n} + \cdots = \sum_{n=0}^{\infty} p_n r^n,$$

wo $p_n \geqq 0$ und mindestens zwei von den p_n positiv sind [II **123**].

307. Ist $f(z)$ nicht konstant und bezeichnen $z_1, z_2, \ldots, z_n$ die von Null verschiedenen Nullstellen von $f(z)$ im Kreise $|z| \leqq r$, so ist (der Einfachheit halber $f(0) = 1$ vorausgesetzt) [**120**]

$$\log \mathfrak{G}(r) = n \log r - \log|z_1| - \log|z_2| - \cdots - \log|z_n|\,.$$

Daraus folgt, daß $\log \mathfrak{G}(r)$ als Funktion von $\log r$ aus stetig aneinanderschließenden Geradenstücken besteht, deren Richtungen monoton ansteigen. Ein Knickpunkt für $\log r = \log r_0$ rührt von dem Auftreten neuer Nullstellen auf dem Kreise $|z| = r_0$ her. Die Zunahme der Richtungstangente ist dabei gleich der Anzahl der neu aufgetretenen Nullstellen mit der richtigen Multiplizität gezählt.

308. [*G. H. Hardy*, Lond. M. S. Proc. Serie 2, Bd. 14, S. 270, 1915.] Es sei $0 < r_1 < r_2 < r_3 < R$. Man definiere die Funktionen $\varepsilon(\vartheta)$, $F(z)$ durch die Gleichungen

$$\varepsilon(\vartheta) f(r_2 e^{i\vartheta}) = |f(r_2 e^{i\vartheta})|\,, \qquad 0 \leqq \vartheta \leqq 2\pi\,, \qquad F(z) = \frac{1}{2\pi}\int_0^{2\pi} f(z e^{i\vartheta})\,\varepsilon(\vartheta)\,d\vartheta\,.$$

Die Funktion $F(z)$ ist regulär im Kreise $|z| \leqq r_3$ und erreicht das Maximum ihres Betrages an dessen Rand, etwa im Punkte $r_3 e^{i\vartheta_3}$. Daher ist

$$I(r_2) = F(r_2) \leqq |F(r_3 e^{i\vartheta_3})| \leqq I(r_3)\,,$$

d. h. $I(r)$ nicht abnehmend. Man bestimme die reelle Zahl α aus der Gleichung

$$r_1^\alpha I(r_1) = r_3^\alpha I(r_3).$$

Der absolute Betrag der im Kreisring $r_1 \leqq |z| \leqq r_3$ regulären Funktion $z^\alpha F(z)$ ist daselbst eindeutig. Hieraus schließt man [**303**]

$$r_2^\alpha I(r_2) = r_2^\alpha F(r_2) \leqq \underset{r_1 \leqq |z| \leqq r_3}{\operatorname{Max}} |z^\alpha F(z)| \leqq r_1^\alpha I(r_1) = r_3^\alpha I(r_3),$$

woraus weiter die Konvexitätseigenschaft von $I(r)$ folgt [**304**].

309. $l(r) = \int\limits_0^{2\pi} |f'(re^{i\vartheta})| \, r \, d\vartheta$ [**308**].

310. Man setze $e^{\frac{2\pi i \nu}{n}} = \omega_\nu$, $\nu = 1, 2, \ldots, n$; es sei $0 \leqq r_1 < r_2 < R$. Es gibt [**302**] auf dem Kreisrand $|z| = r_2$ einen Punkt $r_2 e^{i\vartheta_2}$, so beschaffen, daß

$$\frac{1}{n} \sum_{\nu=1}^{n} |f(r_1 \omega_\nu)|^p \leqq \frac{1}{n} \sum_{\nu=1}^{n} |f(r_2 \omega_\nu e^{i\vartheta_2})|^p.$$

Für $n \to \infty$ erhält man hieraus

$$I_p(r_1) \leqq I_p(r_2).$$

Es sei $0 < r_1 < r_2 < r_3 < R$, α reell. Die Funktionen

$$z^{\frac{\alpha}{p}} f(\omega_1 z), \quad z^{\frac{\alpha}{p}} f(\omega_2 z), \quad \ldots, \quad z^{\frac{\alpha}{p}} f(\omega_n z)$$

sind im Kreisring $r_1 \leqq |z| \leqq r_3$ zwar regulär, aber nur ihr Betrag ist darin notwendigerweise eindeutig. Trotzdem [**303**, **302**] kann man schließen, daß die Summe der p^{ten} Potenzen ihrer Beträge am Rande des Kreisringes das Maximum erreicht. Hieraus fließt die Konvexitätseigenschaft von $I_p(r)$ nach der Schlußweise in **304**, **308** und durch Grenzübergang. — Zu den Grenzfällen $p = 0$ und $p = \infty$ vgl. II **83**.

311. Man kann annehmen, daß der Mittelpunkt von $\mathfrak{K}$ der Nullpunkt ist. Man wende dann **230** an. Anders formuliert lautet der Satz: Wenn eine harmonische Funktion in jedem Punkt einer abgeschlossenen Kreisfläche regulär ist und in jedem Punkt des Kreisrandes verschwindet, dann verschwindet sie identisch.

312. Es sei $u(x, y)$, $z = x + iy$, eine harmonische Funktion, welche im Kreis $(x - x_0)^2 + (y - y_0)^2 \leqq r^2$ regulär ist. Es ist

$$u(x_0, y_0) = \frac{1}{2\pi} \int\limits_0^{2\pi} u(x_0 + r\cos\vartheta, y_0 + r\sin\vartheta) \, d\vartheta \quad [\mathbf{118}],$$

folglich

$$|u(x_0, y_0)| \leqq \frac{1}{2\pi} \int\limits_0^{2\pi} |u(x_0 + r\cos\vartheta, y_0 + r\sin\vartheta)| \, d\vartheta.$$

Wenn in dieser Ungleichung das Zeichen = eintritt, dann ist

$$\frac{1}{2\pi}\int_0^{2\pi}[|u(x_0+r\cos\vartheta,\ y_0+r\sin\vartheta)| \pm u(x_0+r\cos\vartheta,\ y_0+r\sin\vartheta)]\,d\vartheta = 0,$$

wobei das Zeichen — bzw. + gilt, je nachdem ob $u(x_0, y_0) \geqq 0$ oder $u(x_0, y_0) \leqq 0$ ist; der Integrand muß identisch verschwinden, d. h. $u(x, y)$ ist vom konstanten Vorzeichen auf der gegebenen Kreislinie (ev. stellenweise 0).

313. Liegt der Punkt x_0, y_0, in dem das Maximum erreicht wird, im Innern von $\mathfrak{B}$, so sei r so klein gewählt, daß die Kreisfläche vom Radius r um x_0, y_0 dem Innern von $\mathfrak{B}$ angehört. Aus

$$\frac{1}{2\pi}\int_0^{2\pi}[u(x_0, y_0) - u(x_0+r\cos\vartheta,\ y_0+r\sin\vartheta)]\,d\vartheta = 0 \qquad \text{[Lösung } \mathbf{312}]$$

folgt dann

$$u(x_0, y_0) - u(x_0+r\cos\vartheta,\ y_0+r\sin\vartheta) = 0, \quad 0 \leqq \vartheta \leqq 2\pi,$$

d. h. [**311**] $u(x, y) \equiv$ konst.

314. Aus **313**.

315. $\log|z-z_1| + \log|z-z_2| + \cdots + \log|z-z_n| = \Re \log P(z)$,

das Potential des Kräftesystems, hat als harmonische Funktion in keinem regulären Punkte Maximum oder Minimum.

316. Man schließe aus $\mathfrak{B}$ die endlich vielen Ausnahmepunkte durch so kleine Kreise aus, daß diese keine gemeinsamen Punkte miteinander haben, daß ferner der Wert der Funktion in diesen Kreisen kleiner als das Maximum im Gesamtbereich sei. Man wende dann auf den übrig bleibenden Bereich **313** an.

317. Nach **188** wird die Begrenzungskurve des Bildes im selben Sinn durchlaufen wie die Kreislinie $|z| = R$. Daher ist **109** anwendbar. Die harmonische Funktion

$$\Re z \frac{f'(z)}{f(z)},$$

welche im Kreise $|z| \leqq R$ regulär ist [wegen der Schlichtheit hat $f(z)$ nur die einzige einfache Nullstelle $z = 0$], ist positiv für $|z| = R$. Sie ist daher positiv auch auf jedem kleineren konzentrischen Kreise $|z| = r < R$ [**313**]. Nach **109** sind also die Bildkurven der Kreise $|z| = r$ sternförmig in bezug auf den Nullpunkt.

318. Nach **188** wird die Begrenzungskurve des Bildes im selben Sinn durchlaufen wie die Kreislinie $|z| = R$. Daher ist **108** anwendbar. Die harmonische Funktion

$$\Re z \frac{f''(z)}{f'(z)} + 1,$$

welche im Kreise $|z| \leqq R$ regulär ist [$f'(z) \neq 0$ wegen der Schlichtheit!], ist positiv für $|z| = R$. Sie ist mithin positiv auch auf jedem kleineren konzentrischen Kreise $|z| = r < R$. Nach **108** sind also die Bildkurven der Kreise $|z| = r$ konvex. Die Behauptung ist damit für den Fall bewiesen, in dem die innere Kreislinie mit der Kreisscheibe $|z| < R$ konzentrisch ist.

Es habe nun die innere Kreislinie eine beliebige Lage im Kreise $|z| < R$. Wir setzen die gegebene Abbildung $w = f(z)$ aus zwei Abbildungen zusammen: aus einer linearen Transformation des Kreises $|z| \leqq R$ in sich, bei der die innere Kreislinie den Mittelpunkt $z = 0$ erhält [**77**] und aus einer zweiten, die so definiert ist, daß die Zusammensetzung der beiden Abbildungen zu demselben Ergebnis führt als $w = f(z)$. Damit ist die Aufgabe auf den vorhin erledigten Spezialfall zurückgeführt.

319. Analog zu beweisen wie **299.**

320. [Vgl. *A. Walther*, Math. Zeitschr. Bd. 11, S. 158, 1921.] Wenn $u(x, y)$ die fragliche harmonische Funktion ist, $z = x + iy$, so ist die Funktion $u(x, y) + \alpha \log r$, α beliebige reelle Konstante, regulär im Kreisring $r_1 \leqq |z| \leqq r_3$; ihr Maximum ist dort entweder $A(r_1) + \alpha \log r_1$ oder $A(r_3) + \alpha \log r_3$. Man wähle α so, daß

$$A(r_1) + \alpha \log r_1 = A(r_3) + \alpha \log r_3 \qquad [\mathbf{313}, \mathbf{304}].$$

321. [Vgl. *A. Walther*, a. a. O. **320.**] 1. Der in **320** bewiesene Dreikreisesatz gilt auch für solche harmonische Funktionen, die im Kreise $|z| < R$ endlich oder unendlich viele isolierte singuläre Stellen haben, vorausgesetzt, daß diese sich nur am Rande häufen können, daß ferner bei der Annäherung an eine solche singuläre Stelle die Funktion gegen $-\infty$ strebt [**316**]. Man wende den so erweiterten Dreikreisesatz auf $\Re \log f(z) = \log |f(z)|$ an.

2. Wenn $u(x, y)$, $z = x + iy$, eine im Kreise $|z| < R$ reguläre harmonische Funktion, $v(x, y)$ die zu $u(x, y)$ konjugierte Funktion ist, dann wende man **304** auf $f(z) = e^{u(x,y) + iv(x,y)}$ an; $|f(z)| = e^{u(x,y)}$, daher $\log M(r) = A(r)$.

322. [Bezüglich der befolgten Methode und der Aufgaben **322**—**340** vgl. außer *E. Phragmén* und *E. Lindelöf*, Acta Math. Bd. 31, S. 386, 1908, insbesondere *P. Persson*, Thèse (Uppsala, 1908) und *E. Lindelöf*, Palermo Rend. Bd. 25, S. 228, 1908.]

323. Durch irgendwelche stetige Kurven, die den einen Begrenzungsstrahl mit dem anderen innerhalb des Winkelraumes verbinden und deren Minimalabstand vom Nullpunkt über alle Grenzen wächst.

324. Im Zwischenraum bleiben die Abschätzungen der Lösung von **322** alle bestehen.

325. Lösung s. S. 147.

326. Die Funktion $e^{\omega z} f(z)$ genügt den Voraussetzungen 1. 2. und der modifizierten Voraussetzung 3. von **325** [Schlußbemerkung im Beweis], wie groß auch ω sei. Folglich ist

$$|f(z)| \leqq e^{-\omega x} \qquad \text{für} \qquad \Re z = x \geqq 0.$$

Man lasse ω gegen $+\infty$ streben.

327. Es sei $\operatorname{arctg} \frac{y}{x+1} = \psi$ gesetzt. Dann ist

$$z \log(z+1) = (r\cos\vartheta + ir\sin\vartheta)[\tfrac{1}{2}\log(r^2 + 2r\cos\vartheta + 1) + i\psi],$$

also für $-\frac{\pi}{2} \leqq \vartheta \leqq \frac{\pi}{2}$, $r > 1$,

$$\begin{aligned}\Re[-z\log(z+1)] &= r\psi\sin\vartheta - \tfrac{1}{2} r\log(r^2 + 2r\cos\vartheta + 1)\cdot\cos\vartheta \\ &\leqq r\frac{\pi}{2} - r\log r\cos\vartheta \leqq r\frac{\pi}{2}.\end{aligned}$$

Es sei $0 < \beta < \frac{2\gamma}{\pi}$. Die Funktion

$$\frac{1}{C} f(z)\, e^{-\beta z \log(z+1)}$$

erfüllt die Voraussetzungen 1. 2. 3. von **326** mit $\alpha = 0$. — Man könnte, anstatt **326**, **325** zu zitieren, dessen Gedankengang auf die Funktion

$$f(z) \exp\left(\omega z - \beta z \log(z+1) - \varepsilon e^{-\frac{i\lambda\pi}{4}} z^{\lambda}\right)$$

anwenden und zuerst $\varepsilon = 0$, dann $\omega = +\infty$ setzen.

328. [*F. Carlson*, Math. Zeitschr. Bd. 11, S. 14, 1921; Thèse, Uppsala 1914.] Erste Lösung. Auf $\frac{f(z)}{\sin \pi z}$ ist **327** anwendbar. Das Bestehen einer Ungleichung

$$\left|\frac{f(z)}{\sin\pi z}\right| < A' e^{B|z|}$$

(mit $A' > A$) weist man am besten zuerst außerhalb, dann innerhalb der Kreise $|z - n| = \frac{1}{2}$, $n = 0, 1, 2, \ldots$ nach [Lösung **165**].

Zweite Lösung. Aus **178** folgt, indem man die Positivität der Summanden links beachtet, daß

$$\sum_{\mu=1}^{n}\left(\frac{1}{\mu} - \frac{\mu}{n^2}\right) \leqq \frac{1}{2\pi}\int_1^n \left(\frac{1}{\varrho^2} - \frac{1}{n^2}\right)[2\log C + 2(\pi - \gamma)\varrho]\, d\varrho + C',$$

wo C, C' Konstanten sind. Die linke Seite ist $\sim \log n$, die rechte $\sim \frac{\pi - \gamma}{\pi} \log n$: Widerspruch. Diese Schlußweise ist verallgemeinerungsfähig [*F.* und *R. Nevanlinna*, a. a. O. **177**].

329. Es sei $\varepsilon > 0$; die Funktion $\varphi(z) = \frac{e^z}{[f(z)]^{\varepsilon}}$ ist regulär in der Halbebene $\Re z \geqq 0$. Es ist

$$|\varphi(z)| \leqq 1 \quad \text{für} \quad \Re z = 0 \quad \text{und} \quad |\varphi(z)| \leqq 1 \quad \text{für} \quad |z| = r,$$

sofern r so groß ist, daß $\omega(r) > \frac{1}{\varepsilon}$. Daraus folgt $|\varphi(z)| \leqq 1$ in der ganzen Halbebene $\Re z \geqq 0$, und schließlich für $\varepsilon \to 0$,

$$|e^z| \leqq 1: \text{ Widerspruch.}$$

Auch Grenzfall von **290**: das Gebiet $\mathfrak{Z}$ nimmt die volle Halbebene ein.

330. Es sei $\varepsilon > 0$, $h = \varepsilon e^{-i\frac{\alpha+\beta}{2}}$, $0 < \sigma < \delta$, $\sigma(\beta - \alpha) < \pi$. Wendet man auf die Funktion

$$F(z) = f(z) \exp\left(-(hz)^{\frac{\pi}{\beta-\alpha} - \sigma}\right)$$

die Schlußweise von **322** an, so ergibt sich $|F(z)| \leqq 1$ im ganzen Winkelraum. Man lasse ε gegen 0 konvergieren. — Man könnte auch den Satz durch Variablentransformation auf **322** zurückführen, indem man den Winkelraum $\alpha \leqq \operatorname{arc} z \leqq \beta$ auf den Winkelraum $-\gamma \leqq \operatorname{arc} z \leqq \gamma$, $\gamma = \frac{\pi}{2} - \frac{\delta(\beta - \alpha)}{2}$, mit Festhaltung von $z = 0$ und $z = \infty$ abbildet.

331. Für $\alpha = -\frac{\pi}{2}$, $\beta = \frac{\pi}{2}$ ergibt dies einen schwächeren Satz als der in **325** bewiesene. Beweis des Satzes mit Hilfe der Funktion

$$f(z) \exp\left(-\eta e^{-i\frac{\beta+\alpha}{\beta-\alpha}\frac{\pi}{2}} z^{\frac{\pi}{\beta-\alpha}}\right).$$

Man zeigt zunächst mit Hilfe von **330**, daß das Maximum des Betrages längs der Winkelhalbierenden $\leqq 1$ ist [**325**].

332. Gesetzt den Fall, daß $|g(-r)| \leqq C$ wäre, wende man **331** auf die Funktion $\frac{g(z)}{C}$ in dem Winkelraum $-\pi \leqq \vartheta \leqq \pi$ an; es ergibt sich $|g(z)| \leqq C$ in der ganzen Ebene, also $g(z)$ eine Konstante. Man kann auch direkt

$$g(z)\, e^{-\eta\sqrt{z} - \varepsilon(-iz)^{\frac{3}{4}}}$$

betrachten; diese Funktion ist im Innern des Winkelraumes $0 \leqq \vartheta \leqq \pi$ analytisch, im abgeschlossenen Winkelraum (samt Begrenzung) stetig. Vgl. **325**. — Man kann auch **325** auf $C^{-1} g(z^2)$ anwenden. Wie scharf der Satz ist, sieht man an der Funktion $\frac{\sin\sqrt{z}}{\sqrt{z}}$.

333. Es sei $a < b < 1$. Der Absolutwert der Vergleichsfunktion $e^{e^{bz}}$ ist

$$\left|e^{e^{b(x+iy)}}\right| = e^{e^{bx}\cos by};$$

er ist also am Rande von $\mathfrak{G}$: $\geqq e^{\cos b\frac{\pi}{2}} > 1$. Es sei $l > \frac{1}{b-a} \log \frac{A}{\varepsilon \cos b \frac{\pi}{2}}$.

Dann gilt am Rande des Rechteckes $0 \leqq x \leqq l$, $-\frac{\pi}{2} \leqq y \leqq \frac{\pi}{2}$ die Ungleichung

$$\left|f(z)\, e^{-\varepsilon e^{bz}}\right| < 1.$$

334. Man betrachte im gegenteiligen Falle die Funktion

$$\varphi(z) = e^{e^z}[f(z)]^{-\varepsilon}, \qquad \varepsilon > 0, \; z = x + iy$$

im Rechteck

$$0 \leqq x \leqq x_1, \qquad -\frac{\pi}{2} \leqq y \leqq \frac{\pi}{2},$$

wo x_1 so gewählt wird, daß $\varepsilon\omega(x_1) > 1$. Es ist am Rande dieses Rechteckes

$$|\varphi(iy)| \leqq e^{\cos y} \cdot e^{-\varepsilon\omega(0)} \leqq e, \qquad \left|\varphi\left(x \pm i\frac{\pi}{2}\right)\right| \leqq 1,$$

$$|\varphi(x_1 + iy)| \leqq e^{e^{x_1}[\cos y - \varepsilon\omega(x_1)]} < 1;$$

daher ist im Innern $|\varphi(z)| \leqq e$. Für $\varepsilon \to 0$ erhält man

$$|e^{e^z}| \leqq e,$$

also z. B. $e^e \leqq e$: Widerspruch. Die Rolle von e^{e^z} wird aufgeklärt durch **290, 187**.

335. Es genügt, den im Fingerzeig angegebenen Fall zu betrachten [lineare Transformation]. Es sei $\varepsilon > 0$; die Funktion

$$\varphi(z) = f(z)\prod_{\nu=1}^{n}\left(\frac{z - z_\nu}{2r}\right)^{\varepsilon}$$

ist im gemeinsamen Teil $\mathfrak{G}_r$ von $\mathfrak{G}$ und der Kreisfläche $|z| \leqq r$ regulär und ihr absoluter Betrag daselbst eindeutig [**303**]. Das Maximum von $|f(z)|$ am Kreisrande $|z| = r$ sei $M(r)$. Beachtet man die Bedingung am Rande von $\mathfrak{G}$ [**278**], so findet man, daß in $\mathfrak{G}_r$

$$|\varphi(z)| \leqq \operatorname{Max}[M, M(r)].$$

Für $\varepsilon \to 0$ fließt hieraus

$$|f(z)| \leqq \operatorname{Max}[M, M(r)].$$

Insbesondere ist, wenn r' auch zulässig [s. Fingerzeig] und $r' < r$,

$$M(r') \leqq \operatorname{Max}[M, M(r)].$$

Andererseits hat man [**268**]

$$M(r) \leqq M(r').$$

Hieraus folgt die Alternative: Entweder ist $M(r) \geqq M$, also $M(r) = M(r')$, $f(z) \equiv$ konst. [**268**], oder $M(r) < M$, $|f(z)| \leqq M$, woraus sogar $|f(z)| < M$ folgt [**278**].

336. An der reellen Achse sollen n Begrenzungsstrecken von $\mathfrak{B}$ liegen, die von einem beweglichen Punkte z der oberen Halbebene bzw. unter dem Winkel $\omega_1, \omega_2, \ldots, \omega_n$ gesehen werden. Man bestimme eine für $\mathfrak{J}z > 0$ reguläre analytische Funktion $\varphi_\nu(z)$, so daß $\pi\Re\varphi_\nu(z) = \omega_\nu$ ist [**57**], und setze

$$\Phi(z) = a \cdot \left(\frac{A}{a}\right)^{\varphi_1(z) + \varphi_2(z) + \cdots + \varphi_n(z)}.$$

Die Funktion $f(z)\,\Phi(z)^{-1}$ ist regulär und beschränkt im Innern, $\leqq 1$ in den Randpunkten des Bereiches $\mathfrak{B}$, mit eventueller Ausnahme von $2n$ Randpunkten [**335**].

337. $f(e^u)$ ist eindeutig, regulär und beschränkt in der Halbebene $\Re u \leqq 0$. In jedem Randpunkt dieser Halbebene gilt $|f(e^u)| \leqq 1$ mit Ausnahme des einzigen Randpunktes $u = \infty$. [**335**.]

338. Wäre $z = \infty$ kein Randpunkt, so müßte [genügt schon **135**] in $\mathfrak{G}$: $|g(z)| \leqq k$ gelten: Widerspruch. Also ist $z = \infty$ Randpunkt von $\mathfrak{G}$. Wäre $g(z)$ beschränkt in $\mathfrak{G}$, so könnte man **335** (einziger Ausnahmepunkt $z = \infty$) anwenden und es würde sich $|g(z)| \leqq k$ in $\mathfrak{G}$ ergeben.

339. Es gibt nach Voraussetzung eine Konstante $M, M > 0$, so daß im Zwischenraum von Γ_1 und Γ_2, $|f(z)| < M$ ist. Es sei $R > 1$ und R so groß gewählt, daß längs desjenigen Teiles von Γ_1 und Γ_2, der außerhalb des Kreises $|z| = R$ liegt, $|f(z)| < \varepsilon$ gilt. Man betrachte den Zweig von $\log z$, der für positives z positiv ausfällt. Dieser Zweig ist regulär und eindeutig im Zwischenraum von Γ_1 und Γ_2, und es ist daselbst $|\log z| < \log|z| + \pi$ der geometrischen Voraussetzung gemäß. Es ist

$$|M(\log R + \pi) + \varepsilon(\log z + \pi)| \geqq M(\log R + \pi) + \varepsilon(\log|z| + \pi),$$

und für $|z| \geqq R$ sind beide Summanden rechts positiv. Daher ist, wenn $|z| = R$, z im Zwischenraum,

$$\left|\frac{\log z}{M(\log R + \pi) + \varepsilon(\log z + \pi)} f(z)\right| < \frac{\log R + \pi}{M(\log R + \pi)} M = 1.$$

Wenn $|z| \geqq R$, z auf Γ_1 oder Γ_2, so gilt

$$\left|\frac{\log z}{M(\log R + \pi) + \varepsilon(\log z + \pi)} f(z)\right| < \frac{\log|z| + \pi}{\varepsilon(\log|z| + \pi)} \varepsilon = 1.$$

Daher ist nach **335** im ganzen Zwischenraum außerhalb des Kreises $|z| = R$

$$|f(z)| < \left|\frac{\varepsilon(\log z + \pi) + M(\log R + \pi)}{\log z}\right|.$$

Dieser Ausdruck ist, wenn $|z|$ genügend groß, $< 2\varepsilon$.

340. Man nehme, wenn möglich, $a \neq b$ an und grenze in der w-Ebene zwei Kreisscheiben K_1 und K_2 um a bzw. b ab, die keinen gemeinsamen Punkt haben; außerhalb dieser Kreisscheiben hat $\left|\left(w - \frac{a+b}{2}\right)^2 - \left(\frac{a-b}{2}\right)^2\right|$ ein positives Minimum $= \varepsilon$. Durch Anwendung von **339** auf die Funktion $\left(f(z) - \frac{a+b}{2}\right)^2 - \left(\frac{a-b}{2}\right)^2$ folgt, daß der Betrag derselben im bewußten Zwischenraum $< \varepsilon$ wird, wenn $|z| > R = R(\varepsilon)$ ist: Auf solche Werte von z beschränken wir uns. Man suche auf Γ_1 einen Punkt z_1, auf Γ_2 einen z_2, so daß $w_1 = f(z_1)$ in K_1, $w_2 = f(z_2)$ in K_2 liegt und verbinde z_1 mit z_2 durch eine im Zwischenraum verlaufende Kurve. Das Bild derselben in der w-Ebene muß von K_1 in K_2 gelangen, also einen Punkt $w = f(z)$ besitzen, für den $\left|\left(w - \frac{a+b}{2}\right)^2 - \left(\frac{a-b}{2}\right)^2\right| \geqq \varepsilon$ ist: Widerspruch.

Namenverzeichnis.

Die Zahlen sind Seitenzahlen. Kursiv gedruckte Zahlen beziehen sich auf Originalbeiträge.

Offsetnachdruck Julius Beltz, Weinheim/Bergstr.

Heidelberger Taschenbücher

Mathematik

12 B. L. van der Waerden: Algebra I.
7. Auflage der Modernen Algebra. DM 10,80

15 L. Collatz/W. Wetterling: Optimierungsaufgaben. DM 10,80

23 B. L. van der Waerden: Algebra II.
5. Auflage der Modernen Algebra. DM 14,80

26 H. Grauert/I. Lieb: Differential- und Integralrechnung I.
2. Auflage. DM 12,80

30 R. Courant/D. Hilbert: Methoden der mathematischen Physik I.
3. Auflage. DM 16,80

31 R. Courant/D. Hilbert: Methoden der mathematischen Physik II.
2. Auflage. DM 16,80

36 H. Grauert/W. Fischer: Differential- und Integralrechnung II.
DM 12,80

38 R. Henn/H. P. Künzi: Einführung in die Unternehmensforschung I.
DM 10,80

39 R. Henn/H. P. Künzi: Einführung in die Unternehmensforschung II
DM 12,80

43 H. Grauert/I. Lieb: Differential- und Integralrechnung III.
DM 12,80

44 J. H. Wilkinson: Rundungsfehler. DM 14,80

49 Selecta Mathematica I. Verf. und hrsg. von K. Jacobs. DM 10,80

50 H. Rademacher/O. Toeplitz: Von Zahlen und Figuren. DM 8,80

51 E. B. Dynkin/A. A. Juschkewitsch: Sätze und Aufgaben über Markoffsche Prozesse. DM 14,80

64 F. Rehbock: Darstellende Geometrie. 3. Auflage. DM 12,80

65 H. Schubert: Kategorien I. DM 12,80

66 H. Schubert: Kategorien II. DM 10,80

67 Selecta Mathematica II. Hrsg. von K. Jacobs. DM 12,80

73 G. Pólya/G. Szegö: Aufgaben und Lehrsätze aus der Analysis I.
DM 12,80

74 G. Pólya/G. Szegö: Aufgaben und Lehrsätze aus der Analysis II.

Die übrigen Fachgebiete

1 M. Born: Die Relativitätstheorie Einsteins.

2 K. H. Hellwege: Einführung in die Physik der Atome.

3 W. Weidel: Virus und Molekularbiologie.

4 L. S. Penrose: Einführung in die Humangenetik.

5 H. Zähner: Biologie der Antibiotica.

6 S. Flügge: Rechenmethoden der Quantentheorie.

7/8 G. Falk: Theoretische Physik I und Ia auf der Grundlage einer allgemeinen Dynamik.

9 K. W. Ford: Die Welt der Elementarteilchen.

10 R. Becker: Theorie der Wärme.

11 P. Stoll: Experimentelle Methoden der Kernphysik.

13 H. S. Green: Quantenmechanik in algebraischer Darstellung.

14 A. Stobbe: Volkswirtschaftliches Rechnungswesen.

16/17 A. Unsöld: Der neue Kosmos.
18 F. Lembeck/K. F. Sewing: Pharmakologie-Fibel.
19 A. Sommerfeld/H. Bethe: Elektronentheorie der Metalle.
20 K. Marguerre: Technische Mechanik. I. Teil: Statik.
21 K. Marguerre: Technische Mechanik. II. Teil: Elastostatik.
22 K. Marguerre: Technische Mechanik. III. Teil: Kinetik.
24 M. Körner: Der plötzliche Herzstillstand.
25 W. Reinhard: Massage und physikalische Behandlungsmethoden.
27/28 G. Falk: Theoretische Physik II und IIa.
29 P. D. Samman: Nagelerkrankungen.
32 F. W. Ahnefeld: Sekunden entscheiden — Lebensrettende Sofortmaßnahmen.
33 K. H. Hellwege: Einführung in die Festkörperphysik I.
34 K. H. Hellwege: Einführung in die Festkörperphysik II.
37 V. Aschoff: Einführung in die Nachrichtenübertragungstechnik.
40 M. Neumann: Kapitalbildung, Wettbewerb und ökonomisches Wachstum.
41 G. Martz: Die hormonale Therapie maligner Tumoren.
42 W. Fuhrmann/F. Vogel: Genetische Familienberatung.
45 G. H. Valentine: Die Chromosomenstörungen.
46 R. D. Eastham: Klinische Hämatologie.
47 C. N. Barnard/V. Schrire: Die Chirurgie der häufigen angeborenen Herzmißbildungen.
48 R. Gross: Medizinische Diagnostik — Grundlagen und Praxis.
52 H. M. Rauen: Chemie für Mediziner — Übungsfragen.
53 H. M. Rauen: Biochemie — Übungsfragen.
54 G. Fuchs: Mathematik für Mediziner und Biologen.
55 H. N. Christensen: Elektrolytstoffwechsel.
57/58 H. Dertinger/H. Jung: Molekulare Strahlenbiologie.
59/60 C. Streffer: Strahlen-Biochemie.
61 W. Hort: Herzinfarkt.
62 K. W. Rothschild: Wirtschaftsprognose. Methoden und Probleme.
63 Z. G. Szabó: Anorganische Chemie.
68 W. Doerr/G. Quadbeck: Allgemeine Pathologie.
69 W. Doerr: Spezielle pathologische Anatomie I.
70a W. Doerr: Spezielle pathologische Anatomie II.
70b W. Doerr/G. Ule: Spezielle pathologische Anatomie III.
71 O. Madelung: Grundlagen der Halbleiterphysik.
72 M. Becke-Goehring/H. Hoffmann: Vorlesungen über Anorganische Chemie: Komplexchemie.
75 Technologie der Zukunft. Hrsg. von R. Jungk.
76 H.-G. Boenninghaus: Hals-Nasen-Ohrenheilkunde für Medizinstudenten.
77 F. D. Moore: Transplantation.
78 A. Heertje: Kerngedanken der Volkswirtschaftslehre.